老人言

让你受益一生的老话

姚凯◎编

中国華僑出版社
北京

图书在版编目（CIP）数据

老人言：让你受益一生的老话 / 姚凯编. —北京：中国华侨出版社，2015.7（2023.4重印）

ISBN 978-7-5113-5556-0

Ⅰ.①老… Ⅱ.①姚… Ⅲ.①人生哲学－通俗读物Ⅳ.① B821-49

中国版本图书馆 CIP 数据核字（2015）第 159000 号

老人言：让你受益一生的老话

编　　者：姚　凯
责任编辑：滕　森
封面设计：中英智业
美术编辑：宇　枫
经　　销：新华书店
开　　本：720 毫米 ×1040 毫米　1/16 开　印张：26　字数：598 千字
印　　刷：北京德富泰印务有限公司
版　　次：2015 年 9 月第 1 版
印　　次：2023 年 4 月第 4 次印刷
书　　号：ISBN 978-7-5113-5556-0
定　　价：59.00 元

中国华侨出版社　北京市朝阳区西坝河东里 77 号楼底商 5 号　邮编：100028
发 行 部：（010）88866779　传　真：（010）88877396

前 言
PREFACE

中国有句老话叫“不听老人言，吃亏在眼前”。为什么要听老人言?因为老人的“老”，不光体现在年龄，更体现在智慧的古老、经验的老道、洞察世事的深刻。姜还是老的辣，很多时候，时间本身就是一种资本。经过的事多，走过的路多，吃过的盐多，也就相当于在这个世界上接受过的历练多，对这个世界的认识深刻，看人就能看到骨子里去。这些老人言都是来自生活的经验，是我们的祖辈们吃过亏、受过苦、交过学费后一点点积攒下来的。那些口耳相传的智慧，让我们无法不去敬畏。不听老人言，吃亏在眼前，听老人言，是一种智慧寻根。

老人言是祖辈留给我们的财富，只不过它没有以实物的形式存在，而是一种以口耳相传的方式传播的智慧，也正因为如此，老人言才显得更加宝贵。因为口耳相传实际上是一个通过岁月大浪淘沙的过程，在这个过程中，岁月帮我们淘汰掉那些并不值得流传的经验，留下来的就都是能够指导我们人生的至理名言。

翻开历史我们能够看到，每一个胜败兴衰的故事背后，都有我们中华民族的老人之言曾做出预测、做出总结。在一些成功的人身上，我们总能够看到他们遵循老人言的特质；那些失败者的身上，我们则可以清晰地察觉他违背老人之言的行为。“忍得一时，风光一世”，这是老人之言。韩信遵之而忍胯下之辱，终成一代名将；项羽未遵之而乌江自刎，终令天下英雄扼腕叹息。“得意之时不可忘形”，这是老人言，曾国藩遵之自裁其军，终于得保天年；年羹尧未遵之居功自傲，落得被赐自尽下场。“身轻失天下，自重方存身”，这是老人言，朱元璋遵之以广积粮、缓称王，终于雄踞天下；袁术未遵而夺玉玺、僭君位，终为天下所不容。历史上这些一正一反的事例实在值得我们思考。其实即便是不讲历史，就看我们当代的成功者与失败者，其背后不一样有老人言在起作用吗？“世上无难事，只要肯攀登”，这句老人言是对马云、俞敏洪这样的成功者最好的诠释；而“十个空想家，抵不上一个实干家”，这句老人言不也正好是那些天赋过人却耽于幻想而最终一事无成的失败者的注脚吗？由此可见，对于老人言这简单而朴素的生活智慧，我们是不能不重视的。

“取敌之长，补己之短”“吃水不忘掘井人”“不抢风头不越位”之类俗语更是一个人能够立足于社会的处世箴言。在社会上摸爬滚打，一定要懂得人情世故，这是最基本的要求，不懂人情世故，那么，还没有和人比赛，便已经输了。大凡成功的人，无一例外都深深地明白人情世故的重要性。除了处世做人之外，老人言还教我们要注重细节，如“针尖大的窟窿斗大的风”“大船只怕钉眼漏，粒火能烧万重山”；教我们要善于学习，如“井淘三遍吃甜水，人从三师武艺高”“刀不磨要生锈，人不学要落后”等。“兄弟合力山成玉，父子同心土变金”“恩爱夫妻多长寿”“没事常走路，不用进药铺”等更是老人们口中的经典。

老人言不同于名人之言、圣人之言，它更体现出一种草根性，草根智慧实实在在，草根智慧更接地气。其实咱们大多数人，都是普通老百姓。草根智慧有草根智慧的和蔼可亲——通俗、易懂、平易近人，不让人感觉高高在上，而让人感觉伸手可及。在生活中，处处有这样的老人言，它可能就是我们的爷爷、奶奶不经意的某句话，当时咱们觉得“老土”，但突然某一天，就会觉得那些话说到了我们的骨子里！常常听到身边的朋友们感慨“早知道这样就听父母的了”“还是老爸老妈有远见啊”“我当初怎么就没想到呢”诸如此类的话，其实不是没想到，而是老人们早就说过了，我们没有用心去聆听，去感悟。如果多听些老人言，那么在面临选择时我们将会知道如何取舍，少走一些弯路；如果多听些老人言，一帆风顺时我们不会洋洋自得，忘记风险；如果多听些老人言，困顿无助时我们不会顾影自怜、一味消沉。

《老人言：让你受益一生的老话》隽永有味，字字珠玑。智慧的盛宴在这里展开——这些经验是思想的火花，是智慧的浓缩，是立身处世的法则，是向生活求索的启迪。这些老人言涉及人生的各个方面，包括命运成败、品行修养、交际处世、家庭生活、职场生存、健康养生等等。书中的内容内涵丰富，实用性强，饱含生活智慧，可以为我们的人生指引航向。只要能深明其中的道理，必然会让你受益终生。听了老人言，幸福在眼前。衷心希望本书能对您的人生有所帮助。

目录

Contents

益智成才篇

第一章　知识积淀：求学无笨者，努力就成功

——从实践中来，到实践中去 …… 2

读书百遍，其义自见 …… 2

近水知鱼性，近山识鸟音 …… 4

咬着石头才知道牙疼 …… 5

要知山下路，须问过来人 …… 7

一遭生，二遭熟 …… 9

听君一席话，胜读十年书 …… 11

好记性比不上烂笔头 …… 12

井淘三遍吃甜水，人从三师武艺高 …… 14

千招要会，一招要好 …… 15

千般易学，一窍难通 …… 17

莫道君行早，更有早行人 …… 18

艺多不压身 …… 20

不怕学问浅，就怕志气短 …… 21

若得惊人艺，须下苦功夫 …… 22

常说口里顺，常做手不笨 …… 23

黑发不知勤学早，白首方悔读书迟 …… 24

天才出于勤奋 …… 26

第二章　求知益智：生活是知识的源泉，知识是生活的明灯

——激活心中的无尽宝藏 …… 28

若要好，问三老 …… 28

不懂装懂，一世饭桶 …… 29

头回上当，二回心亮 …… 30

饿出来的聪明，穷出来的智慧 …… 32

不经冬寒，不知春暖 …… 33

第三章　准则培养：习惯成自然
——品质生活来自良好的准则 …… 36
挨金似金，挨玉似玉 …… 36
白沙在涅，不染自黑 …… 37
百人百姓，各人各性 …… 38
习惯成自然 …… 40
与善人居，择善而从 …… 42
今日事，今日毕 …… 43

处世篇

第一章　世态人情：世事如棋局局新
——洞察世故，掌握主动权 …… 46
远亲不如近邻，近邻不抵对门 …… 46
名重好题诗 …… 48
取敌之长，补己之短 …… 49
人见利而不见害，鱼见食而不见钩 …… 49
挫锐解纷，和光同尘 …… 51
常善人者，人必善之 …… 53
身轻失天下，自重方存身 …… 53
吃水不忘掘井人 …… 55
与其苛求环境，不如改变自己 …… 56
想人所想，急人所急 …… 57
不管闲事终无事 …… 59

第二章　生活处境：得意失意莫大意，顺境逆境无止境
——花开花落，顺逆有常 …… 61
饮水思源，缘木思本 …… 61
想喝甜水自己挑 …… 62
得意不可再往 …… 63
居上以仁，居下以智 …… 64
忍得一时，风光一世 …… 66
心安茅屋稳 …… 67
塞翁失马，焉知非福 …… 68
冬长三月，早晚打春 …… 69

第三章　个人涵养：茶也醉人何必酒，书能香我不须花

——为人若君子，不可当小人 ………………………… 72
君子坦荡荡，小人长戚戚 ………………………………………… 72
玩人丧德，玩物丧志 ……………………………………………… 74
人靠衣装，佛靠金装 ……………………………………………… 75
输钱只为赢钱起 …………………………………………………… 76
诚信无须假于笔墨，美丽无须假于粉黛 ………………………… 77
别让陋习成自然 …………………………………………………… 79
有求皆苦，无欲则刚 ……………………………………………… 80

第四章　立身处世：信者行之基，行者人之本

——修炼自己，把握人生福祸之密钥 ………………… 82
有钱难买"早知道" ……………………………………………… 82
过头饭不吃，过头话不说 ………………………………………… 83
学好三年，学坏三天 ……………………………………………… 85
享百人之欢，不如释一人之怨 …………………………………… 86
凡事留一线，他日好相见 ………………………………………… 87
前事不忘，后事之师 ……………………………………………… 88
路径窄处，留一步与人行 ………………………………………… 89
人无远虑，必有近忧 ……………………………………………… 90
名誉是把双刃剑 …………………………………………………… 91
信誉重于泰山 ……………………………………………………… 91

交际篇

第一章　为人胸怀：造房要余地，做人要余情

——眼界决定境界，气度造就高度 ………………… 94
话不可说得太满 …………………………………………………… 94
得放手时且放手，得饶人处且饶人 ……………………………… 95
宠辱不惊，去留无意 ……………………………………………… 96
君子记恩不记仇 …………………………………………………… 98
话不说满，事不做绝 ……………………………………………… 99
水至清则无鱼，人至察则无徒 …………………………………… 101
说话留点余地 ……………………………………………………… 103

第二章　待人接物：敬人者人恒敬之，爱人者人恒爱之
——有礼才会有理，圆融但不圆滑 …… 105
苍蝇不叮无缝的蛋 …… 105
主雅客来勤 …… 106
将欲取之必先予之 …… 107
以德立身，以德服人 …… 108
重视别人的名字 …… 110

第三章　自我修炼：一等二靠三落空，一想二干三成功
——人必自重，才能让他人尊重 …… 113
不怕千着巧，只怕一着错 …… 113
忍得一时愤，终身无恼闷 …… 114
退一步，才能进十步 …… 115
清者自清，浊者自浊 …… 116
该装傻时则装傻，该聪明时不含糊 …… 117
人串门子惹是非，狗串门子挨棒槌 …… 118
人不在大，要有本事；山不在高，要有景致 …… 120

第四章　人际交往：岁寒知松柏，患难见真情
——做好自己，提高情商 …… 122
奉承你是害你，指教你是爱你 …… 122
信言不美，美言不信 …… 123
朋友也分类 …… 125
轻信他人，受害的是自己 …… 126
会表达，易成功 …… 127
礼多人不怪，多笑惹人爱 …… 129
话多不如话少，话少不如话好 …… 131
蚊子遭扇打，只因嘴伤人 …… 132
人情不可透支 …… 133
花香不在多，室雅不在大 …… 134
再精巧的算盘也有算错的时候 …… 135
一把米养个恩人，一斗米养个仇人 …… 136
打人莫打脸，骂人莫揭短 …… 137

职场谋略篇

第一章　工作态度：活着一分钟，战斗六十秒

——节制但不保守，进取但不冒进 …… 140

窍门满地跑，就看找不找 …… 140

世上无难事，只要肯攀登 …… 141

行不行，先尝试 …… 143

刀不磨要生锈，人不学要落后 …… 144

工作宜赶不宜急 …… 145

三个臭皮匠，赛过诸葛亮 …… 146

侥幸一阵子，受害一辈子 …… 148

三分苦干，七分巧干 …… 149

进攻才是最好的防守 …… 150

不担三分险，难练一身胆 …… 151

不怕百事不利，就怕灰心丧气 …… 153

第二章　竞争智慧：体魄和智慧是竞争的利剑

——在合作中竞争，在竞争中合作 …… 156

一寸不牢，万丈无用 …… 156

要埋头苦干，不好高骛远 …… 158

针尖大的窟窿斗大的风 …… 159

卒子过河能吃车马炮 …… 161

大船只怕钉眼漏，粒火能烧万重山 …… 162

先长的眉毛，不如后长的胡子长 …… 164

不抢风头不越位 …… 166

劝将不如激将，激将不如逼将 …… 167

做事不由东，累死也无功 …… 168

第三章　技能纯粹：书痴者文必工，艺痴者技必良

——做一个不可缺少的人才 …… 170

不怕人不请，就怕艺不精 …… 170

宁在人前全不会，不在人前会不全 …… 171

宁苦干，不苦熬 …… 173

失败是块磨刀石 …… 175

第四章　行思之道：休将我语同他语，未必他心似我心

——思而不行则无用，行而不思则无功 …… 177

老马通路数，老人通世故 …… 177

姜老辣味大，人老经验多 …… 178

留条后路，多条出路 …… 180

木秀于林，风必摧之 …… 180

枯树不结果，谎言不值钱 …… 181

伤人之言，深于矛戟 …… 183

一个篱笆三个桩，一个好汉三个帮 …… 184

忍一时风平浪静 …… 185

无声胜有声 …… 187

财富篇

第一章　买卖经：千卖万卖折本不卖，酒饮席面话讲当面

——既大手笔，也要精打细算 …… 190

货有贵贱，识货上策 …… 190

货无大小，缺者便贵 …… 191

货有高低三等价，客无远近一般看 …… 193

合理要价，诚信为本 …… 195

买卖不成仁义在 …… 196

买主买主，衣食父母 …… 198

第二章　经营致富：买卖不懂行，瞎子撞南墙

——推销自己，掌握财富流动的秘密 …… 200

三分掌柜，七分伙计 …… 200

先有交代，后有买卖 …… 201

先做朋友，后做生意 …… 203

买卖成交一句话 …… 204

卖得回头笑，不请还自到 …… 206

第三章　财富之道：要想吃鱼，就不能怕腥

——通往财富的路虽多却相似 …… 208

小钱不去，大钱不来 …… 208

生姜不老不辣，生意不活不发 …… 209
工多出巧艺 …… 210
有多大本钱，做多大生意 …… 211
生意不怕折，只怕歇 …… 213
好物不贱，贱物不好 …… 215

成功创业篇

第一章　利害得失：智者千虑必有一失，愚者千虑必有一得
——锁住目标，有的放矢 …… 218
驽马恋栈豆 …… 218
和气生财，怄气损财 …… 220
呼蛇容易遣蛇难 …… 221
斩草除根，萌芽不发 …… 222
砍一枝，损百枝 …… 224
当断不断，反受其乱 …… 226
选对行业，成就一生 …… 228
礼下于人，必有所求 …… 229
大智若愚 …… 230
做事要分轻重缓急 …… 231

第二章　危机防患：马临险崖收缰晚，船到江心补漏迟
——未雨绸缪，才能高枕无忧 …… 233
败家子挥金如粪，兴家人惜粪如金 …… 233
笨人先起身，笨鸟早出林 …… 235
不会做小事的人，也做不出大事来 …… 236
害人之心不可有，防人之心不可无 …… 238

第三章　务实精神：眼望高山，脚踏实地
——路不行不到，事不为不成 …… 240
眼望高山，脚踏实地 …… 240
车到山前必有路，船到桥头自然直 …… 241
十个空想家，抵不上一个实干家 …… 243
笨鸟先飞早入林 …… 244
说话要诚实，办事要公道 …… 245

第四章　机遇把握：君子藏器于身，待时而动

——善于捕捉时机，敢于果敢出手 …… 247
慈不主兵 …… 247
逢强智取，遇弱活擒 …… 248
将计就计，其计方易 …… 250
机会从来不等人 …… 251
不打无准备之仗 …… 252
善用现有资源 …… 254
磨刀不误砍柴工 …… 255
求人不如求己 …… 257

第五章　成功创业：人凭志气虎凭威

——经营自己，创造无愧无悔的事业 …… 259
不怕无能，就怕无恒 …… 259
铁匠没样，边打边像 …… 260
大胆天下去得，小心寸步难行 …… 262
宁走十步远，不走一步险 …… 263
守信者先守时 …… 265
保持谦逊才能邂逅成功 …… 267
反驳也要给别人留面子 …… 268

和谐家庭篇

第一章　夫妻伉俪：夫妻无隔宿之仇

——最浪漫的事就是一起慢慢变老 …… 272
丑是家中宝，可喜惹烦恼 …… 272
家有贤妻，夫不遭横祸飞灾 …… 273
捆绑不成夫妻 …… 275
宁拆三座庙，不破一家婚 …… 276
妻是枕边人，十事商量 …… 278
情人眼里出西施 …… 280
少年夫妻老来伴，一天不见问三遍 …… 281
易求无价宝，难得有心郎 …… 282
愿做鸳鸯不羡仙 …… 283
嫌人易丑，等人易久 …… 284

百年随缘过，万事转头空 …… 286

第二章　人伦之道：知子莫若父，百善孝为先

——孝是人道第一步，敬人在心不在貌 …… 289
家有一老，黄金活宝 …… 289
兄弟合力山成玉，父子同心土变金 …… 289
吃尽味道盐好，走遍天下娘好 …… 290
儿不嫌母丑，犬不嫌主贫 …… 292
儿孙自有儿孙福，莫为儿孙作牛马 …… 293
百善孝为先 …… 295
在家敬父母，何用远烧香 …… 297
大不正，小不敬 …… 299
久病床前无孝子 …… 300
再甜的甘蔗不如糖，再亲的婶子不如娘 …… 302
好帮好底做好鞋，好爹好娘养好孩 …… 303
至乐莫如读书，至要莫如教子 …… 305
国家有难思良将，人到中年想子孙 …… 307
不得乎亲不可为人，不顺乎亲不可为子 …… 308

健康生活篇

第一章　安卧起居：居行有常，坐卧有方

——生活要讲究品质 …… 312
宁可食无肉，不可饭无汤 …… 312
食不言，睡不语 …… 313
一夜不睡，十夜不醒 …… 314
枕头不对，越睡越累 …… 315
吃得巧，睡得好 …… 316
夜夜打呼噜，伴着阎王走 …… 317
冬睡不蒙头，夏睡不露肚 …… 318
经常开窗，有益健康 …… 319
中午睡觉好，犹如捡个宝 …… 320
胡须不能拔，越拔越麻达 …… 321
寒从脚起，火自头生 …… 323
耳不掏不聋，眼不揉不瞎 …… 325
鼻不掏不破，牙不剔不稀 …… 326

热水泡泡脚，胜过吃补药 …… 329
要想防病，春捂秋冻 …… 331
疾从食来，病从口入 …… 332
食药同源，凡膳皆药 …… 333
吃了端午粽，寒衣才可送 …… 334
一场秋雨一场寒，十场秋雨穿上棉 …… 335

第二章　居家过日子：当用时万金不惜，不当用时一文不费
——管理自己，将亲人带往幸福的明天 …… 336
人生最大的财富是健康 …… 336
恩爱夫妻多长寿 …… 337
老筋长，寿命长 …… 338
高枕未必无忧 …… 339
老来瘦，未必寿 …… 340
无病先防胜于有病再养 …… 341
早吃好，午吃饱，晚吃少 …… 341
少吃咸盐，多活十年 …… 344
五谷杂粮营养全，既保身体又省钱 …… 346
口水是个宝，常吞身体好 …… 348
可三日无餐，不可一日无水 …… 349

第三章　民以食为天：家财万贯，不过一日三餐
——吃得饱更要吃得好 …… 351
一天十个枣，医生不用找 …… 351
常吃素，好养肚 …… 352
适量饮酒，健康常有 …… 354
大蒜是个宝，天天少不了 …… 356
天天吃醋，年年无灾 …… 357
饭后一个梨，抗癌防便秘 …… 358
三天不吃青，两眼冒金星 …… 360
常吃葱，人轻松 …… 361
青菜豆腐保平安，山珍海味坏肚肠 …… 363
早晨喝杯淡盐汤，胜过医生去洗肠 …… 364
铁锅是个宝，家中不可少 …… 366
春季养肝，食补为先 …… 367
热天一块瓜，强如把药抓 …… 368
夏天一碗绿豆汤，解毒去暑赛仙方 …… 369
每顿八分饱，身体不显老 …… 370

老人食鱼，延年益寿 …… 372

第四章 治病养身：小病不治，大病难医
——提高免疫，增强体质 …… 374
吃药不如戒烟，治病不如防病 …… 374
感冒不是病，不治要了命 …… 375
十人九痔，早防早治 …… 376
大便一通，浑身轻松 …… 378
欲得长生，肠中常清 …… 379
有病及时治，切忌乱投医 …… 380
指甲颜色怪，小心把病害 …… 382
吃药不忌口，坏了大夫手 …… 383
常做噩梦，预示疾病 …… 384
三九补一冬，来年无病痛 …… 385

第五章 锻炼身体：早睡早起身体好
——提高睡眠质量 …… 387
登山登山，活过神仙 …… 387
要健脑，把绳跳 …… 388
出汗不迎风，跑步莫凹胸 …… 389
太阳是个宝，常晒身体好 …… 391
少跷二郎腿，保护背和腿 …… 392
没事常走路，不用进药铺 …… 393

第六章 强健身心：心病还须心药医
——好心情胜过一切良药 …… 395
饭养人，歌养心 …… 395
先睡心，后睡眼 …… 396
心宽能撑船，长寿过百年 …… 397
养生先养德，德高人自寿 …… 398
有泪尽情流，疾病自然愈 …… 399

益智成才篇

第一章

知识积淀：求学无笨者，努力就成功

——从实践中来，到实践中去

读书百遍，其义自见

晋陈寿曾在《三国志·魏志·王肃传》中说："人有从学者，遇不肯教，而云：'必当先读百遍'，言'读书百遍，其义自见。'"从字面意义看，就是要把一本书读到一百遍，其中的含义自然就心领神会了。这里的"百遍"只是概数，是一种强调的语气，有多次重复之意。意在告诉我们，"重复"乃学习之母。关于这点，古人还说过，"锲而不舍，金石可镂"，我们读书，要的正是这种锲而不舍的精神，只要静心研读，反复思考，定能悟出书中的"真谛"，如果每次都能从书本中悟出一些为人处世的哲学，日积月累，必将会开阔自己的胸怀和视野，在人生道路上少走弯路，对以后的人生也是一种指导。

东汉末年，有一个叫董遇的人，少时家境贫寒，只能靠去田间卖苦力或走街串巷做些贩夫走卒的活计养活自己。但无论做什么，走到哪里，环境多么恶劣，他总是随身携带着一些书，只要一有空就孜孜不倦地读起来。后来，他发达了，做了官吏，仍坚持博览群书，不断丰富自己的学识，最终成了远近闻名的大学问家。

董遇成名之后，一时间很多俊杰才子慕名而来，想要拜他为师。这其中就有一个叫李尧的书生，李尧是董遇的同乡，少年时就研读了很多书籍，待年龄稍大些，渐渐喜欢上了历史典藏。初见面，一番寒暄之后，董遇问："年轻人，给你一本书，你会去读几遍？"

李尧恭敬地作了个揖，谦卑地答道："三遍。"

董遇说："此话不假？"

答曰："是真的读三遍。"

董遇很失望，摆摆手对他说："年轻人，你还是回去吧。"

李尧不解："先生，此话何意？我是诚心诚意地来向您拜师学习的，您为什么不肯收下我呢？"

董遇回答道："不是我不想留你，也不是你资质不够，我觉得你没有悟出治学的精髓所在。在你来此之前，早已有很多人来向我请教学习的方法，其实，也谈不上什么高深方法，我只是读书读的遍数多罢了。"

李尧满脸困惑地问："先生会读多少遍呢？"

董遇笑了笑说："文章至少要一口气先读上百遍。我觉得一篇文章如果不读很多遍的话，是很难理解文章的真正含义的。”

古人所谓“书读百遍，其义自见”，说的就是这个道理。人们常说的“熟读唐诗三百首，不会做诗也会吟”，也强调了精读和多读在学习中的重要性。孔子读《易经》至“韦编三绝”，不知翻阅了多少遍。宋代大才子苏东坡满腹经纶，读《阿房宫赋》，夜不能寐，秉烛夜读，直到四鼓时分仍不肯休。

鲁迅先生少时在课桌上刻“早”字，勉励自己勤奋，早已为我们熟知。青年时，鲁迅在江南水师学堂读书，经常会准备几本书和一串红辣椒。每当晚上读书寒冷难耐的时候，又或者是夜深人静读书犯困的时候，就放一颗红辣椒进嘴里，慢慢嚼着，直到辣得唇齿发麻，四肢冒汗，困意全无，然后继续挑灯读书。由鲁迅先生的这个小故事可以看到，“读书百遍”并不仅仅指读书的次数，还要有一种锲而不舍的刻苦精神，“其义才能自见”。鲁迅正是凭着这种驱寒读书的精神，才成为中国现当代文学的一面旗帜。

无独有偶。我国著名的数学家张广厚，有次看到一篇论文，觉得很适合自己的研究领域，于是就多次研读。这篇共十多页的论文，他反反复复地读了半年之久。因为多次翻阅，纸张泛黄，页面也已卷曲，他的妻子跟他开玩笑说：“这哪叫读书啊，这简直就是‘吃书’啊。”

种种事迹表明，读书对做学问的重要性是不容置疑的，但我们也会疑惑：人生命短暂，日常琐事繁多，用在读书上的时间更是少之又少；加之，在当今这个信息爆炸的年代，生活节奏加快，书读百遍，更是不可能，哪能挤出那么多时间在一本书或一篇文章上？这确实是一个很难回答的问题。

在前面董遇与李尧的故事中，李尧也问了董遇同样的问题。董遇答曰：“读书时间就是挤出来的。冬天，大雪纷飞，无处劳作，人们都躲在屋子里取暖休息，这是读书时间；晚上，万籁俱寂，这也是读书时间；雨天，道路泥泞，人们不能出门劳作，这也是读书时间。你可以把这些时间利用起来读书呀！可以把它归结为‘三余’，即冬者岁之余，夜者日之余，阴雨者晴之余也。”

董遇的“三余”，用我们今天的话来概括就是：冬天是空闲的时间，夜晚是空闲的时间，阴雨天是空闲的时间。如果我们能抓住生活中的这些相对空闲的时间，何愁没有时间读书呢？

清朝一代名臣曾国藩是一位治学严谨、博览群书的理论家和古文学家。他一生以“勤”“恒”两字勉励自己。他说：“百种弊病皆从懒生，懒则事事松弛。”他抓住日常生活中一切能读书的机会，甚至死前一日仍手不释卷。曾国藩曾说读书时要有“耐”字与“专”字诀，专穷一经，不可泛骛，今日不通，明日再读；今年不精，明年再读。

世间万象，皆为身外之物，唯有多读书，读好书能够启迪人的灵魂，让人心领神会，耳聪目明，志存高远。一本好书，就如夏日午后的清茶，淡淡的，让人沉醉，它可以在夏日里读出雪意，于山间闻到泉鸣。书在某种程度上说是社会信息的载体，也是人类文明进步的标志。

一本好书，可以改变人们看待事物的方式，改变人们的思维习惯，影响人们处事的行为方式，进而影响人们每天的生活，甚至可能会改变人一生的命运。古人所说：“书中自有颜如玉，书中自有黄金屋”。书，只有反复阅读，才能体会到其中的妙处，才能够从懵懂无知走向睿智豁达。爱迪生说："要让书成为自己的注解，而不要做一颗绕书本旋转的卫星，不要做思想的鹦鹉。"那就让我们先从熟读开始吧，做到每一本书都"书读百遍，其义自见"。

近水知鱼性，近山识鸟音

岁月催人老，但不要伤悲，别忘了老有所用。在老人的世界里有着丰富的为人处世的哲学，其中"近水知鱼性，近山识鸟音"一句尤为精妙。如果仅从字面看，就是"临近水边，时间长了，就会懂得水中鱼的习性；深入山林，听得多了，就会辨别山中鸟的鸣叫。"再深入思考一下这句话，就会发现这句"老人言"我们可以从三个角度加以理解：一是，实践出真知；二是，做事专一，熟能生巧；三是，把握实践的主动性。

启示一：实践出真知

诗云："纸上得来终觉浅，绝知此事要躬行。"这句话也道出了"实践"的精髓。书本中的知识累积了前人的很多经验，能给我们带来很多启示。但通过读书间接获得这些经验虽然重要，自己亲身去实践，从中得来的第一手的知识，更能体现人生的大智慧。

明代李时珍可谓是"实践出真知"的典范，他少时阅读了大量古医籍，发现其中许多毒性草药，却被当作可以延年益寿的良药，以致遗祸无穷。于是，他决心要重新编纂一部医药书籍，就是后来的《本草纲目》。在编写此书的过程中，由于古籍上的那些记载大多不甚清楚，往往弄不清药材的性状，以致真假难辨。这让李时珍深切认识到，"读万卷书"固然很需要，但"近水""近山"的切身体会更是必不可少。于是，他既"搜罗万书"，又"采访四方"，深入山林进行实际调查。

李时珍穿上草鞋，背起采药筐，远涉深山密林，遍访名医宿儒，搜求民间秘方，收集药材标本，凡事必须亲自弄清楚才罢休。例如蕲蛇，即蕲州产的白花蛇，入药有医治惊悸、抽搐等功用。李时珍起初对它的了解，只是从蛇贩子、捕蛇人那里打听到的一些只言片语，而对蕲蛇的形态、习性等一无所知。于是，李时珍决定亲自进山观察蕲蛇，他请捕蛇人带他去蕲蛇时常出没的山上，进行实地观察。经过长时间的近距离的接触，李时珍在《本草纲目》写到蕲蛇时，就得心应手了，写得简明扼要："龙头虎口，黑质白花、胁有二十四个方胜文，腹有念珠斑，口有四长牙，尾上有一佛指甲，长一二分，肠形如连珠。"

从这则事例，我们知道要了解入药的药材，并不能满足于走马观花式的观察，而是要一一亲身实践，对照着实物进行比对，才能准确细致地描述药材。深入思考这个故事，可以发现"近水""近山"之后而能言的大道理：不要过度依赖"读万卷书"而要亲身"行万里路"，这样在做每件事情时，就容易把握该事物的发展规律，从而能够熟练掌握其处理方式。可能对于那些不亲身实践的外行人来说，是难于上青天的事情，对"近山""近水"的人来说，可能是得心应手之事。

启示二：做事专一，熟能生巧

在我们周围，有很多有目标有理想的人，他们努力，他们奋发，他们用理想去改变命运……但是由于在追求的路上往往会布满荆棘，他们就越来越倦怠、气馁，以致半途而废，一改“近山知鸟性”的初衷，去追逐“鱼性”，这样不仅不会成功，反而离成功会越来越远。试想，山中本无鱼，哪来的“鱼性”？如果他们能坚持久一点，如果他们能更高瞻远瞩一下，他们就会得到好的结果——“近水识得鱼性”。

再深入思考，我们在生活和工作中，即使选对了合适自己的领域，收获了可喜的成绩，但也不能抱着自己的长处，沾沾自喜，这未免夜郎自大了。试想，在你的领域之外，还有千千万万的行业，每个行业都会有自己的“状元”，他们懂得的事很可能你根本一无所知。

启示三：把握实践的主动性

克雷洛夫说：“现实是此岸，理想是彼岸，中间隔着湍急的河流，行动则是架在川上的桥。”

我们每个人都有自己的理想，理想使我们的内心充满对生活的热情，使我们在面对苦难的时候能够为了理想去勇敢面对，然而，我们必须在理想的基础上，迈出自己的步伐，勇敢去付诸实践，才能实现理想。我们到了水边，我们进了山林，我们不去观察鱼的嬉戏、摆尾，不去欣赏鸟悦耳动听的鸣叫，我们怎么可能识得“鱼性”“鸟音”？下面一则小故事将会告诉我们把握实践主动性的重要性。

一个穷和尚和一个富和尚同住在深山古刹中。

有一天，穷和尚对富和尚说：“我想去南海观世音那里去，您看我的这个想法可行不？”

富和尚不屑地问：“你凭什么去呢？”

穷和尚说：“一个紫金饭钵足够了。”

富和尚摇头说：“我多年想租船南下，都没能做到呢，你凭一个紫金饭钵怎么走？”

几年后，穷和尚从南海观世音处归来，修得正果。富和尚懊恼不已，很是惭愧。

在实现目标的路上，总会有很多困难，不过很多困难未必真如我们想象的那么难以克服，不过是自己在吓唬自己罢了。就像那个富和尚，他最大的问题，就是没有坚持自己的梦想。他总把希望寄托在以后，而懒于行动，但是不去行动，就永远没有机会。就如，聋人闭塞耳朵，那外界再美妙的声音都不能入耳，也就不能唱出美妙的歌声。

有人说，人生就如同骑着脚踏车奔驰，如果你不前进，就会翻倒在地。我们必须在人生的大道上选对方向，先确定到底“近水”还是“近山”之后，相应地去“观鱼嬉戏”“听鸟鸣叫”，最后定能达到“知鱼性”“知鸟音”的理想境界。

咬着石头才知道牙疼

老人言：“咬着石头才知道牙疼。”比喻只有当遇到挫折后才能真切地明白自己做错了事情。那么“牙疼”了怎么办？去记恨、诅咒“石头”，或者一味地感叹自己的不走运吗？还是我们以后就不吃饭了？我们都知道这么想是错的，事实是不但不能这么想，恰恰相反，我们还应该感谢“石头”，更应该从“咬着石头”中好好地总结经验教训，从而避免一而再、再而三地犯“咬着石头”的错误。

每当朋友职场不顺、生意失败或者生活遇到困难的时候，我们总会用“挫折是人生一笔宝贵的财富”“失败是人生最好的礼物”之类的话来劝解、鼓励朋友。是的，在当今这个竞争激烈的社会，没有人会不劳而获，每个人都会遇到这样那样的困难与挫折。有句话叫“人生不如意十之八九”，正是对漫漫人生路的真实描述。我们必须认清人生就是一段历练，就是一个不断感受失败的痛苦，并从痛苦中汲取经验，获得成长的过程。恩格斯说：“伟大的阶级，正如伟大的民族一样，无论从哪个方面学习都不如从自己失败所导致的痛苦中学习来得快。”这句话就是对这点最好的注解。

爱迪生是一名伟大的科学家、发明家。他从小就热爱科学，自己刻苦钻研，醉心于发明。爱迪生一生中，正式登记的发明达1300余种，其中很多发明大大方便了人们的日常生活，他因此也被称为世界发明大王。可谁又知道，这样一个伟大的发明家，从小因为家境贫寒，一生只在学校读过3个月的书。没有接受过正规教育的爱迪生，发明创造靠的不仅是聪明才智，更是艰辛的科学实践，他就是从一次次“咬石头”的经历中总结经验教训，才有了后来的成就的。例如，爱迪生发明电灯时，为了找到合适的灯丝，先后实验过铜丝、白金丝等1600多种耐热发光材料，还实验了人的头发和各种不同的植物纤维达6000多种，仅收集资料，就用了200本笔记本。这每篇材料的背后都是一次实验失败的经历，我们可以想象，他在这过程中付出了多少。

当时很多专家都认为电灯的前途黯淡。英国一些著名专家甚至讥讽爱迪生的研究是“毫无意义的”，是“在做一件愚蠢的事情”。一些记者也报道：“爱迪生的理想已成泡影。”然而，面对失败，面对有些人的冷嘲热讽，面对别人的质疑，爱迪生并没有退却。他说：“我只是再多找到一种发明不出灯泡的方法而已。”他明白，每一次失败，都意味着又向成功走近了一步。正是这千万次的失败成就了爱迪生一生的1300多种发明，成就了他“世界发明大王”的称号。

生活是多样的，有爱迪生那样能从“咬石头”中得到教训的人，也必然会有“咬石头”之后就立志不再吃饭的人。

相传，春秋战国时期，楚国有一个人走路去齐国，走出家门没多远，就因为路不平而摔了一跤，他爬了起来接着走，但是没走几步，又摔了一跤，于是他便趴在地上再也不愿意起来了。这个时候有个过路人问他：“你怎么趴在地上不起来啊？快爬起来继续赶路啊！”那人却说：“既然爬起来还会跌倒，那我何不就一直这么趴着呢？这样我就不会再摔倒了。”

看了这个故事，你一定会认为这是一个可笑的楚国人，因为他被摔怕了，所以不敢再爬起来继续走路，因而他也就永远无法到达齐国。所以说，失败之后，你可以选择成为“爱迪生”，也可以选择成为“趴在地上不愿意起来的人”。既然在通往成功的道路上失败不可避免，那就勇敢地面对吧。只有这样，你才能成就自己，取得成功。

但我们也必须认清，成功并不是我们想象的那么简单。俗话说：“台上十分钟，台下十年功。”可见通往成功的道路绝非坦途，必是一条充满荆棘的曲折道路。在茫茫人海中，绝大多数的成功人士都有一段倍感艰辛，不断受到挫折和失败打击的经历。然而他们在面对这些挫折和失败的时候都坚持了下来，并总结经验教训，最终成就了自己更大的成就。

新东方英语培训学校创始人和校长俞敏洪先生于1962年10月出生在农村，在江苏省江阴市第一中学上高中。历经3次高考才于1980年考入北京大学西语系。作为全班唯一从农村来的学生，俞敏洪开始因为不会讲普通话，结果从A班调到较差的C班。在学习上，也遇到了不少的困难，他进大学以前没有读过真正的“书”，大三的时候又因患肺结核休学一年。终于，1985年他从北京大学毕业，并留校担任北京大学外语系教师，但因为在外从事第二职业，被北京大学毫不留情地给予了行政处分。然而，他并没有被这些打倒，反而是重新振作，开始寻找新的自我。1991年9月，俞敏洪毅然从北京大学辞职，进入民办教育领域，开始追求自己的梦想，先后在北京市一些民办学校从事教学与管理工作。1993年11月16日，他创立了北京市新东方学校，并担任校长。从最初的几十个学生，自己一个人上街发传单、贴广告开始，踏上了新东方的创业之路。2001年，新东方教育科技集团成立，2006年9月7日新东方教育科技集团在美国纽约证券交易所成功上市。截至2011年5月31日，新东方已在全国设立了48所短期语言培训学校，6家产业机构，3所基础教育学校，1所高考复读学校，2所幼儿园，47家书店，累计培训学员1200余万人次。近年来，俞敏洪及其领衔的新东方创业团队已在全国多所高校举行上百场免费励志演讲，被誉为当下中国青年大学生和创业者的“心灵导师”。

俞敏洪先生经历了多次高考落榜及后来当老师的种种不如意，最后才成就一番事业。从他的经历，我们可以看出在人生的道路上失败和挫折是不可避免的一件事情，只有勇敢面对，不断提高自己才能有一番作为。

我们都见过一种叫作“不倒翁”的玩具，无论你怎么推它、按住它，只要一松手，它立刻又会直立起来。“不倒翁”的重心在下面，所以它永远都不会趴下。人生也是这样，失败与挫折不可避免，只有不断地经受这些失败与挫折，人才能变得更加坚强。所以我们应该记住，无论什么样的失败，只要你能够像“不倒翁”那样跌倒后又能马上爬起来，跌倒的教训就会成为有益的经验，并帮助你在未来取得更大的成就。

既然失败与挫折是人生的必修课之一，那么，决定人生成败的就不是遭遇挫折的大小了，而是你面对挫折的态度。如果你选择逃避，“咬石头”之后干脆就不吃饭了，那么必将遭遇失败。如果能像爱迪生、俞敏洪那样，“咬石头”之后，不但不怨恨，反而感谢那“石头”，并从这个过程中得到有益的人生经验，那么，你还会不成功吗？

要知山下路，须问过来人

据载，唐代长安城外有一位富甲一方的隐士，名叫张方之，字云游，他熟读古籍典史，精通音律，在当时深受风雅之士的尊敬，前来拜谒的各方人士络绎不绝，可谓“盛极一时”。然而他丝毫没有表现出傲慢无礼的态度，相反，遇到疑难问题时，他会谦卑地向别人请教。

一日，门下的学生告诉他，远在千里之外的深山中，有一位知识渊博的老人，据传能倒背“四书五经”，深知天下之事。于是张方之不远千里，跋山涉水，用了大半年的时间，终于到了这位老人那里，取得一句“要知山下路，须问过来人”的真经。张方之听完了这句话，觉得很受启发，回去以后，更加虚心，不时向别人请教学问，终其一生都受到人们的尊敬。

故事中这位老人的话“要知山下路，须问过来人”，从字面理解不难：“一个人要想知道山下蜿蜒曲折的路到底通向何方，就应问问那些从山下过来的人，他们走过，熟悉路径。”深究一下，老人的这句话是要我们明白：“世间的很多事，不是凭着自己一个人的力量，就能完全处理好的，我们遇到疑惑的事情或难解决的困难，一定要记得去向‘过来人’请教，这样的话，我们在成功的道路上才会找到许多捷径。”

那么所谓的“过来人”是怎样的人呢?

他可能是一位智者，熟读中外典籍，识得天下之事。他也可能是一位拥有实践经验的人，踏遍五湖四海，尝尽人间冷暖。我们在此强调的是后者，一个有着丰富实践经验的人，他深知人生道路上哪条路是坦途，哪条路是险途，这是最为宝贵的经验，因为他走过，他知道其中的艰辛。他们是我们的良师益友，我们要懂得多与他们交流。这样我们在做事的时候，可以通过吸取他们的经验或教训，少走不必要的弯路。

人生的确有很多捷径，就看你找不找。一些事情，我们不需要劳神费力地去调查钻研，也能成功，秘诀就是“要知山下路，须问过来人”。很多时候，可能因为学识、阅历、生存环境等一些原因，限制了我们对一些事情的了解，遇到这种情况，最好的办法就是去向那些知道此事的人请教。只要我们懂得了这个道理，事情也就成功了一大半。要知道学会了一种办事的方法，很多事情就会迎刃而解了。

古语说，“问则得之，不问则不得”，要想透彻懂得某种情况，就必须向懂行的人请教。

孔子是春秋时期人，是我国古代伟大的思想家、教育家，也是儒家学派的创始人。然而孔子一点儿都不倨傲，他认为，无论什么样的人，也包括他自己，都不是一生下来就有满腹学问的。

一日，孔子前往鲁国国君的祖庙去参加祭祖大典，其间，他逐一向人询问见到的不明白的事情。有人不解，“孔子也要请教别人？”孔子回答说：“对于不懂的事，问个明白，这正是我知礼的表现啊。”孔子尚且如此，更何况资质平庸的我们呢？与其固步自封，不如多向人请教。

由古论今，现今社会中，我们也要养成乐于向有经验的人请教的习惯，不输于古人。我们经常看到，那些多问多看多学的人永远都是跑在时代前面的人。而那些故步自封的家伙，大都没有什么成就。有些人可能为此自怨自艾：“我是这么努力，我觉得我这么优秀，可为什么不能取得成功？到底输在哪里？”其实，那些成功的人，是因为能够赶上时代的宏利，他们也许并不比普通人聪明睿智多少，但他们善于抓住机会，有一种乐于请教的态度，懂得向别人学习，当新挑战出现的时候，不知多少人把宝贵的精力白白地耗在故步自封的自我探索中，那些成功的人，则是低下身段，谦虚地向过来人讨教，在起点上，就已经迈出了一大步。

“要知山下路，须问过来人”，不仅是那些正在成功路上打拼的人要懂得这个道理，同样的，那些已经取得了一定成就的人，也应该识得其中的奥秘，不要以为自己取得了一点儿成绩，就盲目自大，要知道天外有天，人外有人，人活在世上不可能仅仅凭着“一己之力”闯天下，总得有那么几个人生导师，否则人生的路是很危险的。

有这样一位颇负盛名的老画家，他的画作力求工整严谨，精益求精。在作画时，哪怕一处细微的远景陪衬，他也要描绘得惟妙惟肖，力求画作没有一丝一毫的瑕疵。起初，他的画风迎合了时代，得到了界内外人士的高度赞誉，但随着时间的推移，也许因为时代转换得太快，也许因为自己个人的原因，他的作品出现了很大的缺陷，他自己琢磨了许久，也没弄出个所以然来。他的一个朋友给他一个建议说，有一个年轻的画家以前也遇到过类似的情况，不妨去问问他的意见。但这位老画家觉得自己去问一个后辈很没面子，就这样，他最终也没能解决自己作品的难题。时隔不久，这位老画家在界内就销声匿迹了。

我们可能会为这位老画家惋惜，但更应该看到不向有经验的人学习，是多么大的人生失误啊！你不要以为这只是不喜欢问别人而已，没什么大不了。其实不然，人生中一个不起眼的态度，可能就会改变我们一生的命运。不管什么时候，一定要记住，一个人的力量永远是有限的，每个人都不会比别人强多少。只有端正态度，懂得向别人请教，这样才能让你学到更多，也得到更多。我们要谨记“要知山下路，须问过来人”，虽是一句古话，但道理永存，按照这个标准行事，将会一生受用。

一遭生，二遭熟

老人们常说：“做人只要能勤快点，无论什么事情都不会被落下，做任何事情都能做得非常好，无论是工作上还是生活上。”古人亦云：“一遭生，二遭熟。”说的也是这个道理。当然，也有老人进一步把这句话说成“一回生，两回熟，三回变高手”，更好地阐释了其中的含义。不过，无论有多少种说法，都表明如果要想成才都要“勤”字当头，勤才能补拙，熟才能生巧。

北宋时期，有一个射箭能手叫陈尧咨，他的射箭本领在当时几乎无人能比，陈尧咨也经常在朋友面前吹嘘自己射箭技术了得。有一天，陈尧咨在自家的后花园里表演射箭，不时的博得观众一阵阵喝彩。这时有个卖油的老翁放下挑着的担子，站在一旁静静观看，并不在意地斜着眼看着陈尧咨。陈尧咨果真是名不虚传，射箭技术可以说是百步穿杨，箭箭射中靶心，观众们都情不自禁地大声喝彩，而卖油老翁却也只不过微微地点点头表示些许的赞许。慢慢地，陈尧咨注意到了这位老翁及他对自己射箭技术的态度，心中很是不满，于是就跑到卖油老翁的面前，问道：“这位老先生，您也懂射箭吗？看您那表情，难道说我的射箭技术不够精湛吗？”老翁说：“这位壮士的射箭技术确实很好，但是我认为其实这也没有什么别的奥秘，只不过是熟能生巧罢了，有什么值得炫耀的呢？”陈尧咨听后愤愤地说：“您怎么敢轻视我射箭的技术！”卖油老翁说：“年轻人，你先别生气，我说的是经验之谈。我卖油已经大半辈子了，凭着我多年倒油的经验就可知道这个道理。其实你射箭和我倒油的道理都是一样的。”于是老翁取过一个葫芦立放在地上，又取出一枚铜钱盖在葫芦的口上，然后舀了一勺油，小心翼翼地把油勺一歪，只见那油像一条细细的黄线一样从铜钱的孔中直接流进了葫芦里去，却丝毫没有沾到铜钱。卖油老翁说：“我这点手艺也没有什么别的奥秘，只是熟能生巧罢了。”陈尧咨见此，只好尴尬地笑着将老翁打发走了，从此更加努力地练习射箭技术，再也不在众人面前夸耀自己的箭术了。

无论是陈尧咨高超的射箭技术还是卖油老翁熟练的倒油技术，都经过了长期的锻炼，可以说是“台上十分钟，台下十年功”。任何过硬的本领都是练出来的，要想掌握一门技术，就要肯下功夫，只有勤学苦练，反复实践，才能做到“熟能生巧”。

“勤能补拙是良训，一分辛苦一分才。”自古以来任何伟大的成功和辛勤的劳动都是成正比的，有一分劳动才会有一分收获。日积月累，从少到多，才能做到“一遭生，两遭熟”。

中国科学院院士童第周先生是我国著名的生物学家、教育家，也是国际知名的科学家。他一直坚持实验胚胎学的研究达50余年，是我国实验胚胎学的主要创始人之一。童第周先生出生在浙江省鄞县的一个偏僻的小山村里。小时候因为家里比较贫困，童第周一直跟随父亲学习文化知识，一直到17岁才进入学校接受正规的教育。刚读中学的时候，童第周因为没有接受过正规的学校教育，学习十分吃力，结果第一学期期末考试平均成绩只有45分，当时学校甚至勒令他退学或留级。在家人的再三恳求下，校方同意他跟班试读一学期。此后，童第周“笨鸟先飞”，常与“路灯”相伴：天刚蒙蒙亮，他就已经在路灯下读外语了；晚上熄灯以后，他还去路灯下自修复习。果然功夫不负有心人，再次期末考试时，他的平均成绩达70多分，其中几何成绩100分。这件事让童第周悟出了一个道理：“别人能办到的事，我经过努力也能办到，世上没有天才，天才是用劳动换来的。”之后，这也就成了他的座右铭。

童第周刚开始进行科研工作的时候，工作条件非常艰苦，没有电灯，他就在阴暗的院子里利用天然光在显微镜下从事切割和分离卵子工作；没有培养胚胎的实验仪器，他就用粗陶瓷酒杯代替，所用的显微解剖器只是一根自己拉得极细的玻璃丝；实验用的材料蛙卵都是自己从野外采来的。就在这简陋的“实验室”里，童第周和他的同事们完成了若干篇有关金鱼卵子发育能力和蛙胚纤毛运动机理分析的论文。

新中国成立以后，童第周担任山东大学副校长期间，研究了文昌鱼卵的发育规律，取得了很大的成绩。到了晚年，他和美国坦普恩大学牛满江教授合作研究细胞核和细胞质的相互关系，他们从鲫鱼的卵子细胞质内提取一种核酸，注射到金鱼的受精卵中，结果出现了一种既有金鱼性状又有鲫鱼性状的子代，这种金鱼的尾鳍由双尾变成了单尾。

对于陈尧咨和卖油老翁而言，他们高超、娴熟的技术都是通过多年如一日的练习得来的，都经过了“一遭生，二遭熟”的过程。其实学习任何技术，任何本领都必然要经过这样一个过程，就像一个婴儿在学习走路的过程中，刚开始的时候他需要大人的搀扶，然后不断练习，而且会经常摔倒，但是只要经过练习，每个人都能学会走路、跑步。一个人如果想要成才，也和婴儿学步一样，必须要经过努力学习，而学习是一个日积月累的事情，唯有不断学习，才能使人知识渊博、富有智慧。

很多人之所以成功，并非因为他们天生聪明，而是因为他们善于使用“一遭生，二遭熟”“勤能补拙”“熟能生巧”等方法。比如童第周读中学第一学期平均成绩只有45分，经过努力最后也成为伟大的科学家。再比如我国数学家陈景润小的时候就非常木讷，甚至连自己的生活都照顾不好，伟大的发明家爱迪生小时候也不善言辞，但是他们都通过努力成为伟大的人。

无论一个人天生聪颖还是愚笨，只要经过努力都是可以成功的。但是如果他要想成才，要想成功，就需要有点精神，只有有了精神才会有动力。有了动力，有了成才的目标，只要坚信勤能补拙，就会赢得事业的成功，达到自己人生的光辉顶点

听君一席话，胜读十年书

日常生活中，我们经常听到人们说，“听君一席话，胜读十年书。”其实，这句话的原文是“同君一夜话，胜读十年书。”而且，这里面还有一个很有意思的传说。

在深山古寺之中，忽然不知从哪传出悠远嘹亮的笛声，声声惊起沉睡的鹧鸪，三两只拍打着翅膀，一路鸣叫着渐渐远去，这夜更显得幽静。

月下纸窗内，一僧人、一书生伴着孤灯。

书生是进京赴考的，他只顾着赶路，眼看着天已经黑了，错过了客栈，没有地方投宿，只得到山中古寺中留宿。僧人告诉他，因为寺内近来香火冷清，也只能款待书生一些粗茶淡饭，虽然这样，书生也很感激，前去僧人住处答谢，寒暄之后，二人闲聊几句，两人与聊得很投机。

僧人问书生说：“先生，万物都有公母，那么，大海里的水怎么分公母？高山上的树木怎么分公母？”

书生一下被问住了，寒窗苦读了十年，从没有看到哪本书籍记载此事。于是，书生虚心向僧人请教。

僧人说：“海水中有波浪，一般认为波为母，浪为公，因为波小浪高，公的总是强大些。”

书生觉得道理，连连点头，又问：“那树，怎么辨别是公树、母树呢？”

僧人说：“公树就是松树，‘松’字不是有个‘公’字吗？梅花树是母树，因为‘梅’字里有个‘母’字。”

书生闻言，恍然大悟，觉得很有道理。

话说这事也巧了，秀才到了京城，进了考场坐定，内心忐忑地把卷纸打开一看，惊讶地发现，皇上出的题目，正是僧人那夜说的“万物公母”之说。书生很高兴，不假思索地一挥而就。

不久，皇榜之上，书生金科第一名。皇上特赐他衣锦还乡，路上他特地绕道去那日留宿的寺庙中，答谢僧人，奉上丰厚的香火钱，还亲笔写了一块匾额送给僧人，只见上面题的是“同君一夜话，胜读十年书”。

从此，“听君一席话，胜读十年书”便传开了。

这个传说从本身内容来讲，就是一个仅供娱乐的小故事，不能当真。试想，一国皇帝再荒唐也万万不会出如此荒诞的题目，就是皇帝有此想法戏谑一下治下的文人，那一国的治国谋臣也断然不会同意。且不说这个传说的真假，仅仅“听君一席话，胜读十年书”这句话，就大有学问。学知识，并不就是埋头苦读，还要善于与人交流沟通，并且要与学识渊博的“良师”沟通，听他们一席教导，可能抵得过读很多本书。人生路上，如果想取得一番成就，成就一番大事业，与人沟通，得到“良师”的帮助，可能比什么都重要。

被誉为“短篇小说之王”的莫泊桑在文学上能取得如此大的成就，是与自己的“良

师”分不开的。莫泊桑的母亲对儿子期望很高，希望他在文学上能有好的成就。母亲算是他第一个“良师”，她亲自教莫泊桑读拉丁文，以此启发、鼓励他写诗。但是，她也认识到自己的力量是有限的。儿子要想成才，必须有一位德高望重的好老师来指导。经过母亲的努力，最终，大文学家福楼拜答应指导莫泊桑的文学创作，莫泊桑经常也把自己的作品拿去给福楼拜阅读，福楼拜也提出自己的指导意见。后来，在福楼拜的严格教导和精心培育之下，莫泊桑成功地走上了文学之路。

福楼拜和莫泊桑师生之间的情谊，是世界文坛上流传已久的一段佳话。纵观古今中外，有所作为的人大多都有交心的朋友以及一两个“良师”。他们通过自己的努力，再加上高人的指点，终于取得了巨大的成就。

但我们也要注意，与人沟通，并不是每次都会遇到“良师”，也并不是每听一席话，都能胜过“十年书”。很多时候，我们可能会遇到对自己思想发展不利的人，这也是在所难免的。为了避免交到不利于自己思想发展的人，我们就要注意，在选择沟通交流对象的时候，一定要注重其内在素养，品格涵养以及学识思想，这些应该在自己的能力之上，交流起来才能学到对方的长处，从而提高自己。《论语·学而》说：“主忠信，无友不如己者”，告诫世人交友择师要选择各方面能力比自己强的，才能对自己有益处。

那么，我们怎么才能避免交到不利于自己思想发展的人，交到之后又该怎么办呢？这时候，不妨学习管宁的做法。

一日，管宁和华歆两个人一同在园中锄地，同时发现地上有一块金子，管宁看都不看，把它当成石头瓦砾，而华歆却拾起察看一番之后才扔掉。管宁认为华歆利欲熏心，并不是君子所为。

又一日，大门外有官员的官轿以及随从前呼后拥地经过，管宁当作没看见，仍然专心读书，但华歆忍不住放下书本跑出去看热闹。管宁认为华歆贪慕权贵，也不是君子所为，于是毅然对华歆说：“看来你不是我的朋友。”并割断坐席，与之断了交情。

因此，在现实情况下，不仅要与人沟通，还要懂得分辨别人观点的优劣。只有这两点都做到了，才能够达到听人一席话，胜读十年书的效果。否则，反而可能会适得其反，让自己变得更糟。孔子的“三人行，必有我师焉。择其善而从之，其不善者而改之”，讲得就是这个道理。

总之，要想成功，就要经常向知识渊博的“良师”请教，对他们提出的观点融会贯通；对他们提出的一些中肯的建议虚心接受。当然，也不能对别人的言论采取盲信的态度，也要学会分辨。只有这样，你才能学到比书本中更多的知识，才能体会到那种有人“指路”给你带来的方便，才能体会到“听君一席话，胜读十年书”的乐趣。与人沟通，与“良师”沟通，彼此思想得以交流，彼此心智得到提高，这本来就是人际交往的一个至高境界。

好记性比不上烂笔头

民间有句谚语叫：“好记性比不上烂笔头。”说的是不管一个人记忆力多好，都会有忘事的时候，如果能养成在纸上多写几遍，或遇事记下来的习惯，就会好很多。其实，这句话出自我国明朝著名文学家张溥的故事。

话说张溥年少的时候，天资愚笨，记忆力很差，在学堂读书的时候，老师说过的话，张溥经常是这个耳朵进那个耳朵出，一转眼就忘个干净。但张溥并没有为此气馁，反而读书愈加刻苦认真，心想："别人读一遍就能记住，那么我就读两遍。"一段时间之后，张溥发现这个方法虽然有效，但是效果并不是很理想。有一次，张溥又把老师教过的文章，忘了个干净，一个字也想不起来，老师气极了，罚他把文章抄写十遍。张溥心中十分不情愿，觉得抄写十遍也没什么意义而且浪费时间，但是最终他还是认真按照老师的要求做了。没有想到的是，到了第二天，张溥竟然能流利地背诵出了自己抄写的文章。张溥非常高兴，发现原来动手把文章抄多遍对加强记忆有这么好的效果。从此，凡是重要的文章或是自己认为很优美的段落，他都会主动的抄写几遍，这样很快都能背出来，而且以后写文章时，一些语段也能信手拈来。

无论对于学习还是日常工作而言，勤动笔做记录都是一个良好的习惯，做笔记有利于整理自己的思路，帮助我们学习和记忆。在日常的学习过程中，及时做笔记，可以使注意力更加集中到学习的内容上，同时做笔记的过程也是一个积极思考的过程，可以充分的调动眼、脑、手一齐活动，促进对所学知识的理解，同时做笔记还有防止遗忘、方便查询等功能。

美国著名心理学家巴纳特为了研究在听课学习的过程中，做笔记的学生与不做笔记的学生学习效果究竟有多大的区别，曾经以大学生为对象做了一个实验。他提供给大学生们一份大约有1800个单词的介绍美国公路发展史的学习材料，并且以每分钟大约120个词的中等语速读给他们听。实验过程中，他把参加实验的大学生平均分成3组，要求每组学生以不同的方式进行学习。第一组为做摘要组，即要求他们一边听课，一边摘出要点；第二组为看摘要组，即首先给他们提供已经做好的学习要点，他们在听课的同时就可以参考这些学习要点，而自己不用动手做笔记；第三组为无摘要组，只是要求他们听讲，不给他们提供学习要点，也不要求他们自己动手做笔记。当三组学生完成学习之后，统一对所有的学生进行回忆测验，检查对文章的记忆效果。

实验结果表明：第一组学生在听课的同时，自己动手写摘要做笔记，考试成绩最好；在学习的同时有学习要点可以参考，但是自己不用亲自动手做笔记的第二组学生考试成绩次之；而单纯听讲而不做笔记，也看不到学习要点的第三组学生考试成绩最差。

通过这样一个实验可以充分表明做笔记对学习的重要作用。也许有人会说"我的记忆力好用不着这么做"，但是在学习的过程中亲自动手去做笔记会起到事半功倍的作用。因为在学习过程中，当一个人拿起纸和笔思考问题时，注意力很自然地高度集中，这样就有助于更全面地考虑问题，不但可以把学习的要点条理清楚地罗列出来，而且，还可以引出许多细节，帮助对所学内容更加深入的理解。相反，如果一个人只是呆呆地坐那儿想问题，思维就会很容易发散，不由自主就走神了，那么他就难以深入，全面地思考问题。

有这样一个视频，飞机正在机场跑道上滑行，做起飞前的加速，副驾驶员手中捧着飞行手册，依照手册上的顺序逐条朗读飞行指令，旁边的驾驶员则依照顺序，一边复述听到的飞行指令一边按照自己复述的指令执行动作，操纵飞机。其实每个驾驶员都可以说是身经百战，经历了无数次的起飞和降落。对于操作指令绝对是熟悉得不能再熟悉。可是他们为什么还要这样死板地对着飞行手册一边朗读，一边复述，然后才去执行动作呢？这就是我们俗话说的“好记性比不上烂笔头”。

“好记性不如烂笔头”这个道理已经说得很清楚，在日常的工作、学习中，做笔记不但可以加深你的记忆，提高你的学习效果，而且，还可以帮助你成为一个工作高效、办事有条理的人。所以从现在开始，让你的双手变得勤快，不要再吝惜你的纸和笔，随手记下生活中的点点滴滴，这些点点滴滴汇集起来必将成为你人生当中最宝贵的一笔财富。

井淘三遍吃甜水，人从三师武艺高

俗话说，“八仙过海，各显神通”。我们从事各行各业，有的人在这方面掌握了本领，取得了一定成绩；有的人在另一方面发挥了优势，取得了另一些成就；这都是与努力奋斗分不开的。如果一个人做事不努力，什么本领没掌握，那么他只能失败，一生碌碌无为。但是一个人想取得更大的成功，成为社会的精英人才，仅仅掌握一种本领，就显得有点不够了。所谓“井淘三遍吃甜水，人从三师武艺高”说的就是这个道理。

“井淘三遍”就是多次反复将井底的泥沙挖出来，将井底的水脉疏通，如果泥沙被清理干净，井水会清澈见底，并无一丝污泥的味道，井水自然也就甘甜了许多。但若每次淘井均不仔细彻底，水还会甘甜吗？“人从三师”也是这个道理，仅跟随一位老师，只能学到一种本领，如果向多人请教，就可以掌握多种本领。“人从三师”还可以从多个角度弥补自身的不足之处，这样就可以更快地提高自身的素质，更好地发挥自身的潜能。但是如果我们“术业不专攻”地从学三师，只求师之名，不求师之艺，“画虎不成反类犬”，即便是从艺百师，自身也不可能有所提高。

“井淘三遍吃甜水，人从三师武艺高”我们可以从两个角度来理解这句话：一是，井淘三遍，精益求精；二是，人从三师，技高一筹。

启示一：井淘三遍，精益求精——“王羲之吃墨”

王羲之少时，酷爱书法，每天练字十分刻苦。几年下来，据说他练字磨坏的毛笔，堆积在一起竟成了一座小山，人们叫它“笔山”。他家的附近有一个清澈的小池塘，他经常在这个小池塘里刷洗毛笔和砚台，这个小池塘的水渐渐地变黑了，人们就把这个小池塘叫作“墨池”。

成年之后，王羲之的字有“行云流水”之势了，但他还是每天坚持练字，从不懈怠。一日，他仍然聚精会神地倚靠在书桌旁练字，可谓到了废寝忘食的地步。家里的仆人端上他最爱吃的蒜泥和馍馍，催着他趁热吃，他充耳不闻，埋头练字。仆人见没法劝服他，只好去禀告王羲之的夫人。等夫人和仆人来到书房的时候，惊讶地发现王羲之正把一个沾满墨汁的馍馍往嘴里送，弄得满嘴漆黑，自己还在低头练字，仍没察觉。原来，王羲之边吃边练字，眼睛还一直盯着纸上的字，竟错把墨汁当成蒜泥蘸了。

夫人又是气他，又是心疼他，上前对王羲之说：“你一定要注意身体呀！你的字已经很好了，为什么还要逼迫自己这样苦练呢？”

王羲之抬起头，回答说：“我的字虽然算是不错了，可那都是效仿前人的技法派别，并没有自己的写法，我要自成一体，那就要下一番苦功夫。”

经过长时间的艰苦摸索，王羲之终于独创一体，造就了一种流畅的新字体。大家都称赞他的字如行云流水，像游龙那样雄劲矫健，他也成为我国历史上最杰出的书法家之一。

从王羲之吃墨的刻苦精神，我们可以明白这样的一个道理：“井淘三遍吃甜水”，只有精益求精，努力刻苦，才能有所成就。

启示二：人从三师，技高一筹——“宋濂冒雪访师”

宋濂，明朝著名散文家，他自幼聪敏好学，不仅学识渊博，而且写得一手好文章，明太祖朱元璋赞其为“开国文臣之首”。

宋濂平时很爱读书，遇到不明白的地方总是要刨根问底地问别人。一次，宋濂又遇到了感到疑惑的问题，于是他冒雪徒步数十里，去请教梦吉老师。梦吉老师是有名的大学问家，不过他年事已高，早已不再收学生了。但宋濂觉得自己只要有诚意，一定会受到接见的，就匆匆上路了。不过不巧正遇到老师外出，并不在家。宋濂并没有气馁，而是隔了几天之后再次拜访老师，但老师并没有接见他，宋濂只有守在门外等候，深冬时节，天气格外寒冷，宋濂被冻得瑟瑟发抖，回去发现，脚上都是冻疮。当宋濂第三次独自拜访的时候，不慎掉入了雪坑，所幸被人救起，没有大碍，老师被他的诚心请教所感动，耐心解答了宋濂疑惑的问题。这之后，宋濂为了求得更多的学问，增长自己的才干，不畏艰辛困苦，拜访了很多名师，最终成为闻名遐迩的散文家，受到朝廷的器重。

我们一定要刻苦认真，有着“井淘三遍吃甜水”的精神，才能让自己更加专业，只有博学，爱问，乐于求知，有“人从三师”的意识，才能掌握更多的知识。做到了这两点，才能更好地实现自己的人生价值。

千招要会，一招要好

现在流行着这样一种说法，做人就要一专多长。顾名思义，就是说首先要掌握并且精通一项技能，作为自己的核心资本；其次还要掌握多种其他技能，以适应高速发展的时代需求。老人们也常说：“千招要会，一招要好。”

现今的社会竞争日益激烈，对人才的要求越来越高。一个人要立身处世，事业有成，能够做到紧紧追随时代的发展、与时俱进，仅有一技之长是远远不够的，更要求全面发展，提高综合素质，成为一名一专多长的复合型人才。有人说能做到一招精就可以，为什么还要求做到千招要会呢?

这是因为当今社会职业结构变化频繁，新的职业纷至沓来，旧的职业不断被淘汰，这是不可逆转的历史潮流。随着社会的进步，新的职业不停出现，迫使我们不得不打破长久以来的习惯思维，一个人不可能像以前那样一辈子待在某一个单位里，人在一生中可能变换多个单位，也有可能变换多种职业，关键要不断掌握新技能，与时俱进。而要跟上时代发展的脚步，就要有“千招要会”的基础，再加上终身不断学习，这样才能真正做到与时俱进，而不被淹没在历史的潮流中。

根据数据我们知道，我国的旧职业已经消失了3000多个。每当有新的职业出现的时候，我们不禁想到那些渐渐消失在人们视线中的旧职业：几十年前，掏粪工被评为劳动模范还是一个重要的新闻，但是现如今掏粪工这个职业已经成为一个历史名词，取而代之的是现代化的专业机械设备；在电脑还没有普及的时候，抄写工也曾经是读书人的热门职业，打字员也是一项收入很高的工作，但是现在呢？还有几个人不会使用电脑、不会打字？甚至可以说语音录入的时代已经开始。再比如以前的“赤脚医生”走街串巷，也曾经为人们的健康做了很大的贡献并成为很多人谋生的职业，但是现在随着人们生活水平的提高，社会对公民健康越来越重视，“赤脚医生”已经淡出历史舞台，取而代之的是正规的医院。再比如以前的“理发员”成了现在的“美发师”，以前的“炊事员”变成为现在的“营养配餐师”……这不仅仅是名字的简单改变，更反映出这些职业对从业者技能有更高的要求。

但是我们也要注意到，老人们早就说过“吾生有崖，而知识无崖”。在这个知识大爆炸的信息时代，人类的智力水平是很有限的，所以如果想掌握所有的知识那绝对是不可能完成的任务。因此我们在“千招要会”的前提下，一定要做到“一招要好”。

对于大多数运动员来说，一般每个人只练习一至两个项目就可以，练习全能的人是非常少的。我国著名的跳水运动员郭晶晶其实最初学习的是游泳，但是经过很长一段时间的学习都没有学会。后来她的教练就让她练跳水。没想到郭晶晶悟性很好，而且胆子也很大，教练于是看中了她，觉得她有跳水冠军的潜质。

1996年奥运会后，郭晶晶训练当中受伤，小腿骨折，等腿伤好了，离全运会只剩下短短五个月的时间。而郭晶晶却身高长了5厘米，体重增加了10千克。为了能在全运会上取得好成绩，郭晶晶开始了魔鬼般的训练。每天6点起床，训练到8点才能吃早饭。中午，当别人休息的时候，她还要去跑步，下午和晚上继续高强度的训练，最终她体重下降并且跳水技术也达到了一个新的水平。

郭晶晶在跳水的职业生涯中，经历了连续两次奥运会的失败，骨折，改变技术等挫折，直到2004年的雅典奥运会，才最终取得奥运冠军。坚持不懈的努力，终于使郭晶晶成为世界著名的跳水运动员。

在各个方面都有一定能力，在某一个具体的方面能出类拔萃的人，即“复合型人才”，是最受欢迎的。这一类人的特点是多才多艺，能够在很多领域大显身手。当今社会的重大特征是学科交叉，知识融合，技术集成。这一特征决定每一个人既要拓展知识面又要不断调整心态，变革自己的思维，努力提高自身的综合素质。在这个竞争激烈的时代，社会越来越需要一专多长的人。“一专多长”也顺应了社会对复合型人才的需求。

现在大学毕业生越来越多，就业压力也越来越大，我们经常会听到身边有人感叹：自己命运不好，没有深厚的家庭背景，工作前途渺茫。如古人云“时运不济，命运多舛。冯唐易老，李广难封”。是的，社会的竞争越来越白热化，作为这个社会的一份子，在个人职业生涯中，我们一般人很难改变这个社会和工作的环境。但是我们能够做到的是改变自己。努力培养自己成为一专多长的人才。学习就是一个改变我们人生命运的武器。如果你在技术业务上钻得深一点，学得广一点，做一个一专多长的多面手，一定能够有所成就。有很多的工作岗位会选择你，或者是被你选择。人生旅途，华丽转身，何愁没有能够施展自己才能的舞台呢？

一专多长的学习，能够让我们更加充实，拓展我们的职业生涯，拓宽我们的职业道路，提高我们的综合素质。只要能够做到“千招要会，一招要好”，那么在我们的人生旅途上，路会越走越宽、越走越广！

千般易学，一窍难通

人生短暂，须臾几十年。在这有限的几十年间，我们能做的事情很多，但是能做好的却寥寥无几。这也就是老人们常说的“千般易学，一窍难通”吧。其实，在人生道路上，接触一件事物，认识它的表面现象，懂得怎样去做这件事情并不困难，而要认识这个事物的本质，掌握它的内在规律，并不是一件容易的事。这就告诫那些正在人生道路上打拼的人，不要贪图“千般易学”，而要攻克“一窍难通”的困难。只有这样，我们才能从千般的行业中脱颖而出，因为我们手中掌握着别人不懂的“一窍”，有了这“一窍”，成功何难?

生活中，易学难精的例子不胜枚举。就拿大家常见的钓鱼来说，也许钓过鱼的人都有过这样的处境，和同伴并肩垂钓的时候，坐在旁边的同伴总是有鱼上钩，而自己却是一味“傻等”。还有明明有鱼上钩了，却出现竿断鱼走的遗憾。这种情况是应该怪自己运气不好，还是钓鱼工具质量不高呢？或许这都不是答案，因为这些可能都只是外因，真正的内因可能是自己的技术不到家。

钱四是一位钓鱼的资深玩家。他常说：钓鱼是件有学问的事，它涉及的知识范围很广，包括物理、地理、生物等多方面的知识。因为每到一处水域钓鱼都应该考虑该地区的环境，水的深浅，用哪一种鱼饵等。由于需要考虑的东西实在太多了，所以钓鱼本身就充满了挑战和未知，这正是钓鱼吸引人的地方。

人们常说只要有耐性就总会钓到鱼。其实，钓鱼除了讲求耐性还得讲求方法，不是一味静静地等待就能成事的。钱四说，能钓到鱼不仅关乎鱼饵还关乎钓鱼者的操作技术，如果熟练的话，就不会走鱼，不会断竿断线。钓鱼需要讲求技巧。钱四总结的经验是钓鱼时应该将鱼竿竖起一定的角度，借助鱼竿的韧性卸去一些冲力。因为鱼在水中时，一斤的鱼有着三斤的力，所以应该把鱼弄得筋疲力尽了再用筛子去捞。鱼没力时，借着水中的浮力和鱼鳔的充气上浮，十斤的鱼就相当于六七斤的鱼了。

对很多人来说，钓鱼是一件挺费时间的事，没鱼上钩还会觉得闷。钱四先生笑言他在其中获得不少乐趣。他说，钓鱼期间其实会发生不少的趣事，还经常发生一些鱼没上来人倒是先栽进水塘的事。当一个人钓鱼钓困了，就会疏忽大意。有时候等了半天，看到有鱼上钩了，他们就会很兴奋，身体也就不自觉地往前倾，而一旦失去平衡就成“落汤鸡”了。他说就是他们参加钓鱼比赛期间，落水的事也是时有发生。因为比赛时用的竿是有长度限制的，竿不够长时，人就得尽量往前倾。人一激动，那肯定是落水没商量了。看到别人落水的窘态，周围人自然会笑得不可开交。

钓鱼给了钱先生不少生活的乐趣，他说钓鱼还给予了他平静的心态。当他一坐在水边垂钓，他就会很快进入忘我的境界，并将一些烦恼的事情都抛开，一心只放在钓鱼的事上。

故事说了这么多，都旨在证明一点，钓鱼是件难事，也是件考验人耐性的事，但是掌握了要领，这件事不但会变得简单，还有很多乐趣，也能对修身养性起到很多增益效果。所谓千般易学，一窍难通。每个人都会拿个鱼竿放上鱼饵垂钓，但这所谓的一窍就是能保证你钓到鱼的技巧了。

懂得了掌握“一窍”对于自己的重要性，那么怎么从千般的行业中找出适合自己的那一项呢？那就是靠自己的努力，比别人付出百倍的努力。事情往往就是这样，你只要付出了，就一定会得到回报的，要想成功就必须努力。

社会上那些成功人士，哪个不是付出百倍艰辛才有现在的成就的？所以，为了成功，为了成就一份顶天立地的事业，就不要怕吃苦，持续做下去吧，有一天，你会成功的。

由上，我们可以知道，“千般易学，一窍难通”。对我们日常生活的影响。它不仅告诉了我们一个道理，更是给我们的人生以指引。无论在学习上，自我定位上，还是日常的各种选择中，遵循这个道理，都能够让我们的价值得到更大的彰显。

莫道君行早，更有早行人

相信很多人都了解奋斗对于人生的意义，我们自己也确实每天都在奋斗着。但是，一般我们都更多地关注自身，而少去关注别人。所以，我们总是能看到自己的付出，却看不到别人的努力。当发现别人比我们强的时候，就会抱怨，就会不平，就会觉得人生失去了趣味；更有甚者，还会从此失去斗志，觉得自己无论多么努力，都得不到公平的回报。

可是，仔细想想，真的是这样吗？我们真的比别人付出得更多吗？我们有没有真的去观察过别人的日常行事和付出的努力？恐怕，很多人都会说，没有。那么，这时候，我们就要仔细思考一下了。我们要静下心来想一想，自己是否真的像想象中的那么努力。

关于这点，我们可以先来看一个故事，看看别人是怎么去努力奋斗的。

欧阳修是我国著名的大文学家，位列唐宋八大家之一。连著名文学家苏轼也是他的学生，可见他的学问有多么精深。可是，你知道欧阳修的这些学问是怎么来的吗？靠天赋？靠领悟力？当然，这些都会有，但主要的还是靠他自己的努力。

欧阳修四岁时父亲就去世了，父亲没了以后，家里失去了依靠，变得异常贫寒，自然也就没有钱供他读书。可是，他们家是一个重视知识的家庭，他母亲觉得，人可以贫穷，但是不能没有知识。于是，就用芦苇秆在沙地上写画，教给小欧阳修写字。还教给他诵读许多古人的篇章。小欧阳修也很争气，他学习非常刻苦，虽然条件不好，但从不抱怨，而是每天兢兢业业，认认真真地写字、背书，知识积累也越来越多了。

到欧阳修年龄大些的时候，家里的书早已经被他读完了，他便就近到读书人家去借书来读。当发现一本好书的时候，他还会把整本书抄下来，然后收藏。就这样，欧阳修凭借着夜以继日、废寝忘食的努力，一心致力于读书，才取得了后来的成就。

如今，很多学生都在抱怨自己的课业太重，抱怨没有时间去做些别的事情，还有的总是觉得自己已经很努力读书了，但成绩还是不好。他们不知道，其实原因不是出在别人身上，正是出在他们自己的身上。试想，如果他们能够做到像欧阳修那样，即使没有笔，在沙子上写字也要认真读书，还会有这样那样的抱怨吗？肯定不会了。所以，我们应该从刻苦奋斗的人身上学到东西，要明白，你本身认为的努力是没有多大意义的，跟人比较之后，发现比他人更努力才能说明问题。就像那句老话说的，“莫道君行早，更有早行人”。

其实人生就是如此，我们总会高看自己一眼，会从自己的感受出发，得出一些结论，然后就把它们当作是真理。可是，我们的这些发现很多时候都是有很大的局限性的。

可是，相信还是有人会不以为然的，他们会觉得，欧阳修不过是个别的现象罢了。还会认为，时代不同，我们所处的环境不同，采取的应对方法也就应该不同。我们如今已经不需要像欧阳修那样了。可是，这里要说的是，虽然时代变了，环境变了，但是道理是不会变的。不管到什么时候，想要成功，想要有所成，就必须努力，而且还是要比其他人更加辛勤地努力。关于这点，除了欧阳修还有很多人都做得很好，下面，我们再举另一个例子。

孙康是晋朝人，从小就喜欢读书，可他家里很穷，父母没有钱供他读书，也没有钱给他买书。不仅如此，为了维持生计，孙康还不得不很小就跟着家人去干活。这样，孙康白天就没有读书的时间，可由于家里太穷了，晚上没有灯，孙康晚上虽然有时间，也不能读书。

于是，小孙康就去问父亲：“爸爸，为什么别人家里有油灯，可以照亮夜晚，而我们没有呢？”父亲看了看年幼的儿子，回答说：“灯油很贵，我们买不起，咱们要是买灯油的话，全家就都要饿肚子了。”小孙康听了后，若有所思地点了点头，从此再没提此事。

可是，环境的恶劣并没有阻挡住孙康求知的欲望，家里没书，就去借书读，屋里无光，就借着月光看书。

有一年的冬天，雪很大。夜晚的时候，月光皎洁，与地上的白雪交相辉映。孙康忽然发现，书上的字在雪地里突然变得很清楚。于是，他非常高兴，赶忙坐在雪地里看书，坐累了就躺在雪地里，借着雪的反射光线读书。此后，每当遇到下雪后天空出月亮，孙康都会不顾严寒，躺在雪地里读书，一读就是大半夜。时间长了，孙康的手脚都长满了冻疮，但是通过这种方法他读了很多的书，学到了很多的知识。最后，孙康终于学有所成，官拜御史大夫。许多人知道这个故事之后，感动得泪流满面，而孙康的故事，也被流传了下来。

看过这个故事，你是不是也会产生同样的感觉，那就是成功是来之不易的？是啊，任何东西都不会凭空从天上掉下来的，想想看，天上连个馅饼都不掉，还会掉给你成功的机会吗？那些获得成功的人，都是靠自己的努力去争取，去拼搏的。

如果你细心观察，就会发现，失败者们往往都有很大差异，他们的失败原因各有不同；但是，成功者们则不然，他们大都有很多相似的地方。而奋斗，就是其中一个。并且，他们都比一般人更能吃苦。就像欧阳修和孙康一样，虽然时代不同，方式不同，但他们的那股子奋斗的劲头是一样的。

如果你把自己的故事跟这些人比较一下，就会发现，那句老话“莫道君行早，更有早行人”，实在是太经典了。我们每个人都会觉得自己是足够努力的，都是行得早的，但是翻开那些成功者的履历，就会发现，他们比我们还要早。而他们，也正是靠着这种更早的精神，才有了后来的成就。从今天开始，努力奋斗吧，学习欧阳修的精神，学习孙康的精神，让自己做一个真正的“早行人”。

艺多不压身

成功的脚步可能是平缓而坚实的，就如同玫瑰花的开放一样，先是一颗饱满的种子，再在阳光和雨露的滋润下抽枝发芽，再慢慢凝聚成一朵羞涩的花骨朵，最后才绽放成一朵鲜艳夺目的玫瑰花。

成功需要每天坚持，“不疾不徐”地稳步前进。在这个过程中我们要多尝试一些工作，多学一些本领，对我们以后的路有好处。姚雪垠的《李自成》中讲道：“艺多不压身，日后你们要是不愿跟着老子去打江山，可以到南京去跑马卖解，也饿不了肚皮。”《歧路灯》第四十四回：“这孙海仙说了些江湖本领，不耕而食，不织而衣，遨游海内，艺不压身。”用俗话说，就是我们通过学习各种技巧，提高自身生存的能力，这样，我们就能在这个激烈竞争的社会中，更好地立足。同时，在不断学习各种技能的过程中，我们可能找到更适合自己的岗位，找到自己的兴趣爱好，以便更好地实现自己的人生价值。这样我们也可以及时发现自己人生道路上一些错误的认识和决定，及时修正，以期实现一个完美的人生，何乐而不为呢?

晋代的祖逖是一个胸怀坦荡、具有远大抱负的人。可他年少的时候却是一个不爱读书、知识贫乏的少年。成年之后，他才意识到自己几乎没什么技能，深感这样的现状无以报效国家，于是就发奋学习各项技能，充实自己。他广泛阅读各种书籍，尤其对历史甚是着迷，从中汲取不少前人的经验，学问也大有长进。随着学问的增多，祖逖仍然感觉到只学习文化知识，是不能成为一个文武双全的治国人才的，于是在读书期间，也勤于练习武术，经过几载酷暑寒霜的努力，他的剑术也达到了很高的境界。

功夫不负有心人，经过长时间的努力充实自己，祖逖终于成为了文韬武略的全才，既能出口成章，又能骑马带兵，戎马倥偬。祖逖被封为镇西大将军，终于一腔热血，实现了报效国家的愿望。这也是“艺多不压身”的典范。试想，要不是掌握了文韬武略的多项本领，祖逖也不可能有如此大的成就，他的远大抱负也不能轻易实现，那也是一大憾事。

有这样一个小故事，虽然是逗趣的小笑话，但也给我们很多启示。

一天，乡下的老鼠徒步去看望城里的老鼠，两只老鼠见面之后，分外高兴，乡下老鼠对城市的很多事物感到很新奇。于是，城里的老鼠决定带着乡下老鼠去见见世面。当两只老鼠走到一条僻静小巷子的时候，前面竟然出现一只大花猫，乡下老鼠一看见它，立马吓了瑟瑟发抖，身上的毛都竖起来。城里的老鼠却很镇静，一点也不害怕，对着大花猫：“汪汪汪……”学着狗叫声，大花猫听见之后，立马逃得没了踪影。

这时，城里的老鼠对乡下老鼠说：“你看，掌握一门外语，是多么的重要！”

是啊，掌握一门本领是多么的重要，要是掌握多种本领，那不是更加重要。在这里，我们要学习城里小老鼠，多掌握一门本领，“艺多不压身”啊！

只有这样，才能让你在竞争日益激烈的社会中，有一席之地。“艺多不压身”不仅是一句口号，一个道理，更是一种智慧，一种实现自我的手段。如果你做到了，那么，不管走到哪里，你都会是一颗耀眼的明星。不管社会如何变迁，你都能够成就一番事业，当然，这个过程中可能会需要你付出很多，但只要懂得了“艺多不压身”的道理，你的付出定会得到回报。

不怕学问浅，就怕志气短

这里有两个小故事：

汉朝时有个大学问家叫孙敬，他年少的时候特别爱学习，记忆力也非常好，从小就立志做一个有学问的人，故而经常晚上读书到深夜。但是读书的时间长了，不免打起瞌睡，醒来后孙敬常常因为自己贪睡而懊悔不已。有一天，孙敬依然在书房里读书，当他抬头思考的时候，目光停在房梁上，顿时眼睛一亮，想出一个克服犯困的办法。他随即找来一根绳子，把绳子的一端系在房梁上，而另一端系在自己的头发上。这样，一旦他累了困了想要睡觉时，只要一低头，绳子就会猛地拽一下他的头发，产生的疼痛就会使他惊醒并且困意全无。从这以后，孙敬每天晚上读书时，都用这种办法克服自己的困意，发奋苦读，刻苦学习，终于成为一名通晓古今、博学多才的大学问家。

战国时期，有一个大谋略家叫苏秦，同时也是非常有名的政治家。苏秦年轻的时候，由于学问不深，虽然到过许多地方做事，但是都不被重视。回家后，就连他的家人对他也很冷淡，看不起他。这个事情使苏秦深受打击，所以，他立志要发奋读书。他常常读书到深夜，每当困意来袭想睡觉时，就拿出一把锥子，一打瞌睡，就用锥子在自己的大腿上刺一下。这样，就会突然感到疼痛，使自己清醒过来，坚持读书。

这就是历史上“头悬梁、锥刺股”的故事。这两个故事虽然是说刻苦学习的，但我们也能从中看出其他方面的道理。两个人之所以要如此刻苦，就是因为觉得自己的学问浅。同时，他们如此刻苦，则是因为有一番成大业、做大事的志气。正是有这样一种志气，他们才会有这样的行为。由此可见要想达到一定的学问，成就一番事业需要从小就要立下远大的志向，培养自己坚强的意志并付出艰苦的努力。而这其中，立志是取得成功的关键因素，没有志气的人会随波逐流，也不可能会磨炼出坚强的意志，最终只能是碌碌无为过一生。老人们常说“学在苦中求，艺在勤中练。不怕学问浅，就怕志气短”，说的就是这个道理。

古代大思想家墨子有这么一句话：“志不强者智不达。”就是说没有远大志向、意志不坚强的人，学问也不会做得很好。一个有高远志向的人，为了达到一个坚定的信念，可以不顾一切，勇敢面对各种各样的挫折和困难，排除前进道路上的所有障碍，义无反顾，大步前进。

司马光是我国北宋时代的大学问家。他小时候可是一个贪玩贪睡的孩子，和哥哥弟弟们一起学习，因为记忆力比较差，为此他没少受先生的责罚和同伴的嘲笑，在先生的谆谆教诲下，他立志要改掉这些坏毛病。为了提高记忆力，每当老师讲完书，哥哥弟弟们读上一会儿，勉强背得出来，便一个接一个丢开书本，跑到院子里玩。只有他不肯走，轻轻地关上门窗，集中注意力高声朗读，读了一遍又一遍，直到读得滚瓜烂熟，合上书，能够不错一字地背诵，才肯休息。

为了克服睡懒觉的坏习惯，他就在睡觉前刻意喝满满一肚子水，结果早上没有被憋醒，却尿了床。后来聪明的司马光把圆木枕头放到硬邦邦的木板床上，因为圆木枕头放到木板床上极容易滚动。只要稍微动一下，它就滚走了。头跌在木板床上，“咚”的一声，他惊醒了就会立刻爬起来读书。司马光给这个圆木枕头起了个名字叫“警枕”。

司马光即使做了官之后还是刻苦的学习，一直坚持不懈，终于成为一个学识渊博的大学问家，并写出了《资治通鉴》这样的惊世之作。而这些，都是因为他有一个伟大的志向。

“有志者事竟成，破釜沉舟，百二秦关终属楚；苦心人天不负，卧薪尝胆，三千越甲可吞吴”。无论现在的学问是深是浅，只要有志气，就一定能够能成事情。相反，就算现在学问很高，但是没有远大的志向，也只会是原地踏步，最终会被其他人超越，因为“学如逆水行舟，不进则退”。因此我们说“不怕学问浅，就怕志气短”。

若得惊人艺，须下苦功夫

一朵娇羞的花儿，开在春风中，引来踏青游人不断地赞美，但要知道，花儿如果没有经历种子最初的黑暗、破土而出的艰难，以及成长中所经受的风吹雨打，是不能开得如此娇美的。只有经历过地狱般的磨炼，才能练就创造天堂的力量；只有磨出茧的手指，才能弹出凄婉的绝唱。要知道“若得惊人艺，须下苦功夫”。著名科学家史蒂芬·霍金就是很好的例子。

史蒂芬·霍金，1942年出生于英国。但不幸的是，在他青春年少时，就身患绝症，然而他并没有被病魔击垮，反而坚强不屈，战胜了病痛的折磨，成为一位举世瞩目的科学家。

霍金从牛津大学毕业之后，立即进入剑桥大学攻读研究生学位，这时他却被诊断出患了罕见的“卢伽雷病”。不久之后，霍金就完全瘫痪了，失去了行动的能力。1985年，不幸再次降临，霍金因感染肺炎进行了穿气管手术，从那之后，他就完全不能说话，只能依靠安装在轮椅上的对话机以及语言合成器与人进行对话了；但他仍然坚持学习，看书要依赖一种机器帮助他翻动书页，读文献时需要请人将每一页都一一摊开在书桌上，然后他自己驱动轮椅挪动着逐页去阅读，即使这样，他也没气馁，坚持不懈。

霍金用我们常人都无法比拟的毅力，不断地探索，不断地前进，最终成为世界公认的科学巨人。霍金在剑桥大学曾担任过卢卡逊数学讲座教授一职，他的黑洞蒸发理论和量子宇宙论不仅在自然科学界引起强烈的反响，而且对哲学和宗教也有深远的影响力。

勤奋出才能，勤奋出成果，成功必然要经历刻苦，刻苦是成功的敲门砖。正如爱因斯坦所说：“人们把我的成功，归因于我的天才；其实我的天才只是刻苦罢了。”所有这些伟大人物的言谈和行动，都在告诉我们，“若得惊人艺，须下苦功夫。”我们也要认识到，付出不一定能有回报，但想要回报，就一定要付出。因为只有付出了，你才有机会，才有成功的可能。如果不思进取，害怕困难而不去付出，失掉的不仅是经历的乐趣，更是成功的机会。

常说口里顺，常做手不笨

爱迪生说；“天才是百分之九十九的汗水，再加上百分之一的灵感。”意思是说即使是天才也要流百分之九十九的汗水，再加上百分之一的灵感才会有成就。这就是勤奋的人们不断奋斗得出的至理名言。古今中外有成就的人不胜枚举，他们并非生下来就是天才，他们的才华也不是与生俱来的。他们的巨大成果都是通过他们不辞劳苦取得的。这里所说的勤奋，也正是接下来要讲的，要常说常做，勤于动口和动手，正所谓：“常说口里顺，常做手不笨。”

如果说梦想是成功的起跑线，决心是起步时的枪声，那么勤奋则如起跑者全力的奔驰，唯有坚持到最后一秒的，方能取得成功的锦旗。

司马迁幼年是在韩城龙门度过的。龙门在黄河边上，山岳起伏，河流奔腾，风景十分壮丽。这条中华民族的母亲之河滋养了幼年的司马迁。他常常帮助家里耕种庄稼，放牧牛羊，从小就积累了一定的农牧知识，养成了勤劳艰苦的习惯。在父亲的严格要求下，司马迁10岁就阅读古代的史书。他一边读一边做摘记，不懂的地方就请教父亲。由于他格外勤奋和绝顶聪颖，有影响的史书都读过了，中国三千年的古代历史在头脑中有了大致轮廓。后来，他又拜大学者孔安国和董仲舒等人为师。他学习十分认真，遇到疑难问题，总要反复思考，直到弄明白为止。在父亲的熏陶下，他从小立志做一名历史学家。

一天，快吃晚饭了，父亲把司马迁叫到跟前，指着一本书说：“孩子，近几个月，你一直在外面放羊，没工夫学习。我也公务缠身，抽不出空来教你。现在趁饭还不熟，我教你读书吧。”司马迁看了看那本书，又感激地望了望父亲：“爸爸，这本书我读过了，请你检查一下，看我读得对不对？”说完把书从头至尾背诵了一遍。

听完司马迁的背诵，父亲感到非常奇怪。他不相信世界上真有神童，不相信无师自通，也不相信传说中的神人点化。可是，司马迁是怎么会背诵的呢？他百思不得其解！

第二天，司马迁赶着羊群在前面走，父亲在后边偷偷地跟着。羊群翻过村东的小山，过了山下的溪水，来到一片洼地。洼地上水草丰美，绿油油的惹人喜爱。司马迁把羊群赶到草地中央，等羊开始吃草后，他就从怀中掏出一本书来读，那朗朗的读书声不时地在草地上萦绕回荡。看着这一切，父亲全明白了。他高兴地点点头，说：“孺子可教！孺子可教！”

从20岁起，司马迁开始到各地游历，考察历史和风土人情，为他日后编写史书提供了充足的史料。做太史令后，他常有机会随从皇帝在全国巡游，又搜集了大量的历史资料，了解到统治集团的许多内幕。他还如饥似渴地阅读宫廷收藏的大量书籍。就在他写《史记》的时候，为李陵说情触犯了汉武帝，被关入监狱，判处了重刑。司马迁出狱后继续写作，经过前后10年艰苦的努力，终于写成了《史记》。这部巨著，对后世史学与文学都有深远的影响。

人的才能不是天生的，是靠坚持不懈的努力，靠勤奋换来的。科学家诺贝尔就是很好的例子。

诺贝尔的父亲是一位颇有才干的机械师、发明家，但由于经营不佳，屡受挫折。后来，一场大火又烧毁了他的全部家当，生活完全陷入穷困潦倒的境地，要靠借债度日。父亲为躲避债主离家出走，到俄国谋生。诺贝尔的两个哥哥在街头巷尾卖火柴，以便赚钱维持家庭生计。由于生活艰难，诺贝尔一出生就体弱多病，身体不好。当别的孩子在一起玩耍时，他却常常充当旁观者。童年生活的境遇，使他形成了孤僻、内向的性格。

诺贝尔8岁才上学，但只读了一年书，这也是他所受过的唯一的正规学校教育。到他10岁时，全家迁居到俄国的彼得堡。在俄国由于语言不通，诺贝尔和两个哥哥都进不了当地的学校，只好在当地请了一个瑞典的家庭教师，指导他们学习俄、英、法、德等语言，体质虚弱的诺贝尔学习特别勤奋，他好学的态度，不仅得到教师的赞扬，也赢得了父兄的喜爱。然而到他15岁时，因家庭经济困难，交不起学费，兄弟三人只好停止学业。诺贝尔来到了父亲开办的工厂当助手，他细心地观察和认真地思索，学到了很多知识。

1850年，诺贝尔出国考察学习。两年的时间里，他先后去过德国、法国、意大利和美国。由于他善于观察、认真学习，知识迅速积累，很快成为一名精通多种语言的学者和有着科学训练的科学家。回国后，在工厂的实践训练中，他考察了许多生产流程，不仅增添了许多的实用技术，还熟悉了工厂的生产和管理。就这样，在历经坎坷磨难之后，没有正式学历的诺贝尔，终于靠刻苦、持久的自学，逐步成长为一位科学家和发明家。

诺贝尔的母亲去世后，他把30亿瑞典币——一生的财产，全部捐献给了慈善机构，只是留下了母亲的照片，以作为永久的纪念。后人为了永远记住他，以他的名字命名的科学奖，已经成为举世瞩目的最高科学大奖。

是什么使不起眼的小男孩变成举世瞩目的科学巨人？是靠坚持不懈的努力。

勤奋出才能，勤奋出成果，古今中外都不例外。王祯是中国著名的农业学家。他走遍了南北方的十七个省区，经过十几年时间，才编成了巨著《农书》。书刚问世不久，王祯就去世了。《农书》的规模宏大，范围广博。全书共三十七卷（现存三十六卷，另有编成二十二卷的版本，内容相同），大约十三万字，插图三百多幅。其中包括《农桑通诀》《百谷谱》和《农器图谱》三大部分，既有总论，又有分论，图文并茂，系统分明，体例完整。

这样的例子不胜枚举。正如爱因斯坦所说：“人们把我的成功，归因于我的天才；其实我的天才只是刻苦罢了。”

著名的数学家华罗庚先生说：“勤能补拙是良训，一分辛劳一分才。”勤奋终能越过暂时的失败和挫折，而最后取得成功。

黑发不知勤学早，白首方悔读书迟

“燕子去了，有再来的时候；杨柳枯了，有再青的时候；桃花谢了，有再开的时候；时间逝了，却永远不能挽回。”是啊！时间飞逝，不可再来。我们要明白，珍惜时间，就是珍惜生命。因为“燕子”“杨柳”“桃花”我们可以明年再见到，唯独时间，逝去了，就不会再来。

颜真卿《劝学》中有这样一句话：“三更灯火五更鸡，正是男儿读书时。黑发不知勤学早，白首方悔读书迟。”年轻的时候不努力奋斗，学到一身本领，成就一番事业。到老了，一头白发的时候再去努力，再去学习，纵是悲伤难过，也是徒劳无益的。这告诫我们应该珍惜现在的大好光阴。

古往今来，会有许许多多人，等他们到了白发苍苍的年纪，读到这首诗的时候，都会感叹自己蹉跎了岁月。如果时光可以倒流，他们肯定会珍惜时间。“黑发”所概括的是一个人人生最得意的时候，也就是从少年时代到成年时代，这个时期是每个人一生中最宝贵的时期。在这个时期，我们思维敏捷、激情澎湃、体力充沛、想象力丰富、勇于冒险，正可谓是“敢想敢做敢为”的大好时刻。遍观历史上有大作为的人，他们不管是在学业上的追求还是在事业上的成功，大抵都是在“黑发”时期实现的。一个人如果没有好好地利用这段宝贵的时间，实现自己的“理想壮志”，或者为实现自己的“理想壮志”打下坚实的基础，他这一辈子就很难有所作为了。因为到了“白发”时期，即使你还有少年时的激情、勇气和信心，但可能会有力不从心之感了。珍惜时间莫浪费，人生能有几度青春可以任我们虚度？古代贤哲孔子说过：“四十、五十而无闻焉，斯亦不足畏也已。”他的意思是说，如果人到了40岁，至多50岁，还没有做出一番事业，他一辈子也不可能再有什么更好的突破了。宋代名将岳飞在他的名作《满江红》里表达了他对人生的态度：“三十功名尘与土，八千里路云和月。莫等闲白了少年头，空悲切。”他更以自己短暂而荣耀的一生，给予后人鼓舞和鞭策。

再看这首《明日歌》：“明日复明日，明日何其多？我生待明日，万事成蹉跎！世人若被明日累，春去秋来老将至。朝看水东流，暮看日西坠。百年明日能几何？请君听我《明日歌》。”这首诗歌让我们明白：不要逃避今日，把万事都推到明日去做，而让无数个今日白白浪费的。耳边似乎传来“寒号鸟”在寒冷的冬夜微弱的叫声：“寒风冻死我，明日就垒窝。”

茂密的大森林里住着一群无忧无虑的鸟儿，它们晨起歌唱，一天勤劳劳作。传说有一种鸟儿，名叫寒号鸟。寒号鸟全身长满了光滑绚丽的羽毛，十分美丽。寒号鸟为此骄傲极了，它整天摇晃着羽毛，飞到这棵树上闲逛一下，飞到那棵树上炫耀一番，觉得自己是森林里最漂亮的鸟儿了，连凤凰也不能与它相媲美。

美好的季节过去了，秋风萧瑟，森林里的鸟儿们都开始各自忙着：候鸟们不畏艰难险阻，不远千里结伴飞到南方去了，准备在那里度过温暖潮湿的冬天；选择留在森林里度过冬季的鸟儿，整天辛勤忙碌，囤积窝巢过冬的粮食，搭建温暖的巢穴，为过冬做好积极的准备。唯独寒号鸟还在闲着晒太阳，既没有飞到南方去，也不愿辛勤劳动，搭建温暖的巢穴。它反而嘲笑其他的鸟儿，不及时享受现在温暖的阳光，去做那些无用的事情。它仍然是整日东游西荡的，炫耀自己身上漂亮的羽毛。

很快，树叶落光了，寒冷的冬天到来了，鸟儿们都躲到自己温暖的窝巢里，安逸地睡着。懒惰的寒号鸟没有巢穴。在寒冷的冬夜，它只好躲在石缝里，冻得浑身直哆嗦，不停地叫着：“寒风冻死我，明日就垒窝……”天亮了，太阳出来了，温暖的阳光照耀着大地，寒号鸟却又忘记了夜晚的寒冷，心想：先享受阳光吧，明天再开始垒窝也不迟。等到了晚上，寒号鸟又开始叫了："寒风冻死我，明日就垒窝。"但是第二天它又把垒窝的事推到明日，明日复明日……日子一天天的流逝，寒号鸟始终没有履行自己的诺言，建造自己的巢穴。夜晚仍旧扑打着翅膀在寒风中哆嗦着"寒风冻死我，明日就垒窝"。春天还没来，寒号鸟已被冻得奄奄一息了，但嘴里还在微弱地喊着"寒……风……冻……死我，明日……"。

因此，时间对于每个人来说都很重要。要接受寒号鸟的教训，不要把什么事，都推到明日。今日的事情今日做，珍惜现下时间。不要"白头"再嫌时间少。

鲁迅先生曾说过："节约时间就等于延长一个人的生命"，鲁迅非常珍惜宝贵的时间。他的身体状况一直不是很好，加之，在那个年代，他的工作、生活条件都很恶劣，但他每天都要坚持写作到深夜，白天也很少有闲暇时间休息，实在困了，就和衣躺到床上打个盹，醒后泡一杯浓茶，抽一支烟，又继续写作。

让我们最好不要再感叹逝去昨天了，因为不会再来；也不要把事情拖到明天，明天可能还有更重要的事等着你去做。我们最应该珍惜的是"现今"，一个我们唯一能抓得住的美好时间。正如文嘉先生所说："今日复今日，今日何其少！今日又不为，此事何时了？人生百年几今日，今日不为真可惜。若言姑待明朝至，明朝又有明朝事，为君聊赋《今日诗》，努力请从今日始。"把握现在，不要到老了才有"黑发不知勤学早，白首方悔读书迟"的感叹。

天才出于勤奋

所谓天才，就是努力的力量。没有加倍的勤奋，就既没有才能，也没有天才。

有句老话叫"天道酬勤"，也就是说天意总是厚报那些勤劳、勤奋的人。

迷信天意固然是虚幻的，但只要你付出了努力，你的一生就一定会向积极的方向转变。相信"工夫不负有心人"的真理，不投机不取巧，踏踏实实做人做事，你就一定能够成功。这个世界上，并没有真正的天才，有的只是一种天分，如果只依靠天分，就会越来越怠惰，越来越消沉，直至天分耗尽，最终一事无成。勤奋却能够将天分变为天才，只有勤奋，才能让人永远追求进步，永不停息。

从某种意义上讲，推动世界前进的人并不是那些所谓的天才，而是那些非常勤奋、埋头苦干的人，是那些不论在哪一个行业都勤勤恳恳、劳作不息的人们。

人的一生是短暂的。一个人在短暂的一生中真正要成就一番事业，就一定要勤奋。大凡事业有成者，无一不是事业的勤奋、执着的追求者。

勤奋出才能，勤奋出成果。勤奋是成功的支点。大千世界，五彩缤纷，人们很容易左顾右盼、见异思迁。但天才和灵感的女神，往往钟爱的只是不畏辛劳、甘洒血汗的勤奋者。我们应该看到，"勤"和"苦"总是紧密相连，如影随形。一切天才的机遇和灵感，从来都是以勤奋为前提的。勤奋不仅意味着吃苦与实干，而且必须持之以恒，百折不挠，才有可能叩开成功的大门。我国国画大师齐白石，年轻时就坚持每日作画，除身体不适和心情不好的几日外，无一日不动笔。正是这锲而不舍的勤奋，最终使他誉满世界。著名数学家陈景润，在六平方米的住处终日辛劳，奋战十年，在数学王国里为摘取哥德巴赫猜想这颗明珠做出了杰出贡献。勤奋便是他们成功最大的秘诀。实际上，“业精于勤”“勤能补拙”，这其中的道理对任何人都适用。

有人说过世界上能登上金字塔的生物有两种：一种是鹰，一种是蜗牛。天资奇佳的鹰和资质平庸的蜗牛，能登上塔尖，极目四望，俯视万里，都离不开两个字——勤奋。

一个人的进取和成才，环境、机遇、天赋学识等外部因素固然重要，但更重要的还是自身的勤奋与努力。缺少勤奋的精神，哪怕是天资奇佳的雄鹰也只能空振双翅，望塔兴叹；有了勤奋的精神，哪怕是行动迟缓的蜗牛也能雄踞塔顶。

有一分劳动就有一分收获，“天才出于勤奋”是一条不灭的真理。

第二章

求知益智：生活是知识的源泉，知识是生活的明灯

——激活心中的无尽宝藏

若要好，问三老

生活中，常会听到有人讲，“若要好，问三老”。其实，这话是有出处的。“三老”最早是作为古代的乡官之名，周代时乡、县、郡先后设置“三老”一职，职责是管教化。“三老”一般是由德高望重的老人担任。战国时期，国家动乱不堪，民不聊生。闾里、县也都设有“三老”的官职，这从某种程度上可以反映出“三老”对时代的重要性，越是社会动荡，越需要年老有经验人出谋划策。及至汉初，乡、县仍然延续前朝祖制，设立“三老”一职。

“三老”是一种职位，在理解上不能把它认为是三位老人，其实是一位老人。每个乡、县均设一位“三老”，县令等人若有什么疑难问题，都要一一向他请教，地位极高。但为什么称为“三老”呢？根据《礼记·文王世子》的记载：“三”是指三辰——日、月、星，意思是，德行像“日、月、星”一样可以照耀天下，能做天下人的楷模。所以从古代官职的命名上也可以看出，年长并有阅历的老人，是备受尊敬并能担当重任的。

《孝经》云：“天子尊事三老。”又据《白虎通义》：“王者父事三老，兄事五更者何？欲陈孝弟之德以示天下也。”所以天子也往往尊重并以礼相待“三老”，这里三老并不仅仅是一种“官职”的代名词，已经成了“尊贤纳士”的一种态度。

依照古代礼仪制度，帝王向“三老”表示尊敬的时候，还要举行一定的仪式，对待这件事相当隆重。据《周书》载，周武帝宇文邕在太学殿堂上，举行敬“三老”于谨的仪式，他让于谨“南面凭几而坐，以师道自居”，宇文邕反而西面“跪设酱豆，亲自袒割”，“三老食讫，皇帝又亲跪授爵以侑”，随后“皇帝北面立而访道”。于谨说了些虚心纳谏的话以表示对帝王的教诲，“皇帝再拜受之”。从这个记载可以看出，古代君王对“三老”是多么重视，不仅要行跪拜之礼，还要亲自执酱豆、执爵，以大礼对待之。

后来人们也将有声望的老者称为“三老”。

班超是东汉时期杰出的战将，著名史学家班彪之子，其长兄班固、妹妹班昭都是历史上著名的史学家。班超胸怀大志，一向不拘小节。他博览群书，雄心伟略，能够及时按照时事权衡轻重，审察事理。

汉明帝永平五年，班超随兄班固到了洛阳，开始时以缮写为生。之后投笔从戎，欲效法张骞建功西域。后来，班超被任命为西域都护使，他以卓越的政治和军事上的才

干，在西域的31年中，很好地执行了汉王朝推行的“断匈奴右臂”的怀柔政策，自始至终坚持采取争取大多数，打击、分化、瓦解匈奴势力的策略，因而每战必胜，每攻必取。不仅保障了黎民百姓的安居乐业，而且加强了与西域各族之间的联系，为我国多民族国家的形成和发展，做出了自己不可磨灭的贡献。

从戎30余年，班超已老，他在治理西域方面是“三老”级别人物，朝廷允许他告老还乡，颐养天年。任尚被任命接替他的职务，任尚前去拜访班超，问他治理西域的经验：“我到任后要怎样统治西域，使他们听命于我？”班超回答说：“你不能一下子靠武力强行使他们信服于你，所以我奉劝你几句，要知道，水至清则无鱼，为政也是一样的道理。对边境我朝百姓以及西域各族不能太苛刻，因为西域各国人们未受汉文化影响，思想尚未开化，在推行政策的时候，一定要讲求策略，凡是要大事化小，小事化了。”

任尚听了班超的这番话，心里很是不服气，“我还以为班超是一个多么有能耐的人呢，原来这么懦弱怕事，真令人失望”。

任尚上任之后，完全没把如同班超一般的“三老”的话当成一回事，他实行严厉的酷刑峻法，做事一意孤行，触怒了西域各国。不久，西域各族起兵进犯汉朝边境，此地失去和平，战祸连绵，生灵涂炭，民不聊生。

这也是任尚不听老人言的下场，班超毕竟治理西域30余年，对西域的人情世态都很熟悉，他给出的建议一定是宝贵的切身经验，任尚却不以为然，必定造成不良后果。

用现代话解释，要想把事情办好，就必须向有经验的老年人请教。老人随着岁月的流逝，会渐渐增长自身的阅历，阅历对于人生就是财富。我们遇到事，一定要多问，多听取老人的建议，听了会少走弯路。“若要好，问三老”。这句老人言也道出“好”与“问”之间的关系，这的确是指点迷津，开启智慧的箴言。

在人生路途中，我们会遇到各种各样的坎坷，譬如我们常常会处在人生的十字路口，面对向四处延伸的道路，我们不知何去何从。这个时候，如果有一位引路人，告诉我们哪条路的风景更美，我们会更快找对方向，轻松到达自己的目的地。但如果我们不听取指路人的指点，习惯于凭主观判断，自作主张，盲目上路，最终往往是走冤枉路，更可能会迷失方向，再也找不到正确的道路，人生也就会偏离航向。

不懂装懂，一世饭桶

在我们人生道路上会遇到很多疑惑的问题，要懂得多向明白事理的人请教，这样才能找到解决问题的捷径，要是“不懂装懂”，肯定会被人当作饭桶。孔子言：“三人行，必有我师焉。”在我们身边，总会有能力强于自己的人，遇到问题，还愁没办法解决？我们要多问，多虚心请教。

古人云：“师者，传道授业解惑也。”老师是什么？就是有我们人生道路上的引导者。在我们周围，有很多这样的老师，他可能是我们的长辈，也可能是我们同龄人，或者，他可能是比我们年少的人。遇到问题，一定要虚心请教，不要以不懂为耻，因为每个人都仅仅是在自己熟悉的领域内有所成就，不可能每个领域都精通。

这里讲一个孔子门生仲由的故事：

仲由，字子路，是孔子最为得意的门生之一。仲由少年的时候很顽劣，不爱读书，但自尊心很强，经常不懂装懂，闹出不少笑话。每次在学堂上课的时候，只要老师一提问，仲由立马就抢先站起来回答问题，但是他又不知道该怎么回答，于是，常站在那里抓耳挠腮很尴尬，大伙也经常笑话他。仲由这种“不懂装懂”的心态，经常被老师孔子批评，渐渐地仲由也感觉到很惭愧，时间久了，就变得谦虚好学起来，一遇到不懂的就请教老师。

一天，孔子问仲由：“你有没有听说过有六种美德，六种隐患呢？”

仲由回答说：“没听过。”

孔子告诉仲由：“喜欢仁爱而不喜欢学习，它的隐患是愚蠢；喜欢率直而不喜欢学习，它的隐患是尖刻；喜欢智慧而不喜欢学习，它的隐患是放荡；喜欢诚信为不喜欢学习，它的隐患是狭隘；喜欢勇敢而不喜欢学习，它的隐患是鲁莽；喜欢刚强而不喜欢学习，它的隐患是狂傲。”

仲由听完老师这一番话，深知老师是要他知道学习的重要性，以后，他努力刻苦地学习，终于在学问上大有长进，孔子很高兴。

仲由跟随孔子周游列国回到鲁国之后，仲由出仕做官，实现了自己的才能。

在孔子的教导和熏陶下，仲由不但摆脱了自己“不懂装懂”的不良心态，而且最终也成为一名颇有才干的政治家。我们看到，正是因为与老师切身交流，仲由弄懂了自己疑惑的问题，从而明白了很多人生的大道理，这是值得我们学习的。不管我们今后在什么岗位上，从事什么职业，遇到问题，不能不懂装懂，应虚心学习，解决问题。这是一种为人处世的哲学。

头回上当，二回心亮

老人们经常说：“头回上当，二回心亮。”意指如果一个人被别人骗了，就要吸取教训，再次遇见此类事情时，就会心里清楚明白，不再会犯相同的错误。人活在这个纷繁复杂的世界上，难免磕磕碰碰，这是谁也不可避免的事。莫不要为了一时的失足，就自怨自艾。不曾想，这些坏事有时候也是好事。唐僧历经九九八十一难才取得真经，这也不可当真，小说毕竟是小说，只是虚幻的生活而已。在我们现实生活中，也并不是非要经历八十一难不可，这是说经历了一些坏事，从中吸取教训，从而一步步才成长起来，也能成功。从某种意义上说，坏事也是好事。但是有些坏事，经受了一次，并不接受教训，相反地还要一而再，再而三的经受，那样的话，就是愚钝了。所以，我们一定要谨遵老人们的教诲：“头回上当，二回心亮。”

在小学的课本上讲到过一篇乌鸦和狐狸的故事。狐狸想尽了各种办法骗走了乌鸦叼在嘴里的肉。时隔多年以后，乌鸦的智商也是今非昔比了。自从被狐狸骗走了到嘴的一块肉以后，乌鸦一直很后悔。有一天，乌鸦又得到一块肉。当它在一棵大树上歇脚的时候，碰巧又被出来寻找食物的狐狸看见了。

这时乌鸦想：“真是冤家路窄，这次可不能再把好不容易得来的上好五花肉给了它了。”狐狸心想：“真是踏破铁鞋无觅处，得来全不费工夫呀！好香的一块肉，乌鸦，这肉你就准备‘送’给我吧！”

狐狸眼睛骨碌一转，便想了一个主意，立刻向乌鸦带着同情的眼光说：“乌鸦大姐，您母亲得了重病，正在动物医院抢救呢！您快去看看吧，不然以后可能都见不着了，我帮您拿肉在这儿等您回来，您看好吗？”

乌鸦想：“说谎连个草稿都不打，我妈三年前就去世了，我哪来的母亲！肯定是想骗我的肉，我才不上当呢！”

乌鸦假装没听见，狐狸又想出了一个主意说：“哎呀，乌鸦大姐，您家那边天气转冷了，您回去搬家，我帮您拿肉在这儿等您回来，您看好吗？”

乌鸦想：“不可能的，出门前我看了今天到明天的森林天气预报，我那不冷不热。狐狸一定是黄鼠狼给鸡拜年——没安好心。”

狐狸见乌鸦没有反应，又想：“不理我，哼，我用三十六计的苦肉计来对付你。”狐狸立刻装作可怜的样子努力挤出眼泪，泪眼汪汪地说：“乌鸦大姐，上次我偷你的肉是因为林子里的‘巨无霸’来我家了，他打了我一顿不说，还要我给他拿一块肉，不然就杀了我老母亲和刚生的一对儿女呀！呜……呜……这次我妈得了重病，医生说，要吃肉来补身子，不然就要死了！我儿子女儿也饿呀！”说完狐狸那鳄鱼的眼泪“哗”的一下就流了下来。

乌鸦有些被感动了，心想：“哎，狐狸还挺可怜的，自己妈得了重病，儿女又饿得慌。”可乌鸦又一想：“狐狸大妈不是早死了吗？还是和我们借钱办的葬礼呢，那钱到现在都还没还呢！他的儿女不是被送去孤儿院了吗？想骗我的肉，才没这么容易呢！你用三十六计的苦肉计，哼，那么我就用三十六计走为上计了。”

想好了之后，乌鸦拍拍翅膀飞走了，而狐狸呢，因为没有东西吃，饿得两眼冒金星连家都找不到了！

这个故事换成一句话，就是：“头回上当，二回心亮。”生活中，如果我们被人骗了，吃了亏，但是没有因此清醒过来，这对我们来说这肯定不是一件好事，还可能再次被别人骗，吃同样的亏。一次上当，情有可原，毕竟我们不可能把什么事情都看得很清楚，但是二次上当，甚至三次、四次，那就是我们的不对了，为什么我们不能从中吸取教训，以防备下次上当呢？如果我们能从中吸取教训，那就是一件好事了。

一个人在成长的道路上，也不是光靠自己亲身的经历，才能总结出一定的智慧。我们也要学会从前人或者其他人的经历中总结自己的教训。

教训是对挫折与失败的理性思考，它告诉我们的是“不该”。吸取教训，更加理性地分析产生问题的原因，从中寻找出带有普遍性的规律和特点，可以使我们对客观事物的认识更加准确深刻。教训既可以给遭受挫折的人留下避免再次失败的路标，同时又可为他人留下前车之鉴。

从失败中吸取教训，善待教训，无疑是智者的选择。对一个能够正确面对成败的人来说，教训一样可以催人奋进，激励自己去不断拼搏进取，使事业更有成就。相反，不会从失败中吸取教训的人，迎接他的可能是再一次的失败。

一个人的人生之路不可能永远都是平坦的，被骗不要紧，要从被骗的过程中吸取教训，以免下次再犯类似的错误，做到“头回上当，二回心亮”才是重中之重。记住，只有在失败中吸取教训，将教训转化为自己的经验，才能在事业上走得更远。

饿出来的聪明，穷出来的智慧

司马迁曾在《报任安书》中写道：“屈原放逐，乃赋《离骚》；左丘失明，厥有《国语》；孙子膑脚，《兵法》修列；不韦迁蜀，世传《吕览》；韩非囚秦，《说难》《孤愤》；《诗》三百篇，大抵圣贤发愤之所为作也。”意思是说，《离骚》《国语》《孙子兵法》等这些人类智慧的瑰宝，大都是圣人或贤士为抒发内心愤懑而作的。这也是所谓“饿出来的聪明，穷出来的智慧”。

智慧一：化逆境为成长的动力

汉朝时，有位名叫匡衡的少年，他非常勤奋好学，但由于家贫，白天他必须出外给人家干一些杂活，勉强维持生计，只有到了夜里，他才能有空闲读书。但是，那时候，家里买不起照明的火烛，天一黑下来，读书就完全不可能了。匡衡为不能利用晚上空闲时间读书而非常着急。一天，他突然发现，邻居家一到夜里就烛火通明，很兴奋，心想，“这不是可以借邻居家的烛光读书吗？”

匡衡犹豫再三，有一天终于鼓起勇气，对邻居说：“我想晚上读书学习，可我们家里实在买不起火烛，能不能让我到你家来借着烛火看书呢？”

邻居很吝啬，一向嫌贫爱富，非但没答应，而且很恶毒地挖苦匡衡说：“穷小子，连烛火都买不起，还读什么书呢！”

匡衡听后非常气愤，借地方读书不成，反受到邻居的侮辱，回去之后，他更下定决心，一定要把书读好，成就一番事业。

夜里仍然黑暗，不能读书，匡衡忽然心生一计，他悄悄地在墙上凿了个小洞，邻居家的烛光就从这洞中透到家里来。他就凭借着这点微弱的光线，如饥似渴地读起书来。

这之后不久，匡衡就把家里的书都读完了，他深感这些书是远远不能满足自己对知识的需求的。于是，怎样多读到书，又困扰着匡衡。

匡衡家附近有一官宦人家，家里藏有很多书籍。一天，匡衡不顾家人劝阻，主动到这官宦人家的家里，请求那位官人说：“请您收留我在您家里做工，我不要工钱，只要您允许我读您家里的藏书就行。”这位官人看他很诚恳，就答应了他“做工读书”的要求。

匡衡就是这样人穷志不短，在逆境中仍然坚持勤奋学习，后来成为汉元帝的丞相。匡衡就是在穷困的环境中，找到自己的人生智慧——在逆境中，不要气馁，要化逆境为动力。

智慧二：做越挫越勇的狮子

在广袤的非洲大草原上，生活着一群狮子，狮子是王者的标准，那雄伟矫健的狮王更是威风八面。每一头雄性狮子都渴望成为狮王，可是狮王也不是生来就注定的，它们也是在与其他雄狮一次次的生死搏斗中获得自己无法取代的地位的，一次次的拼杀造就了它们越挫越勇的坚忍性格，身上那一道道深深的疤痕，就见证了它们勇敢拼搏的成长之路。我们也要学习狮子的这样精神，为了实现自己的理想不畏艰难险阻，勇往直前。

美国第16任总统林肯是一位令世界为之叹服的传奇人物。他从小家境贫寒，7岁时，全家被赶出祖上居住的地方，流落荒野，只能住在临时搭建的窝棚里。但更不幸的是，两年之后，他年轻的母亲去世，留下幼小的他。少年时期他开始四处帮人干杂活，换点零钱，贴补家用。到了23岁，林肯开始活跃在美国政坛上，他参加州议员的竞选，宣告失败。于是他想学习法律，但也没能得成所愿，之后向朋友借钱经商，但也破产了，欠下很多的债务。

但林肯并没有在政治上善罢甘休，25岁时，再次参加州议员选举，居然成功赢得了选票，成为州议员。好运似乎开始光顾这个被苦难折磨的年轻人。一年之后，他定亲了，可是在他喜气洋洋地准备结婚事宜的时候，未婚妻不幸去世了。这件事对林肯造成了很大的打击，他的精神几近崩溃，卧床半年身体才渐渐有了起色。

之后，林肯先后竞选了州议员发言人、州内土地局长等，并几次参加国会大选，都以失败而告终，但林肯并没有在这些失败的困境中畏缩不前，反而越挫越勇。在1860年，他51岁的时候，当选美国的总统。这对他来说也是成为狮王的荣耀时刻。

林肯对自己一生的评价："虽然心碎，但依然保持火热；虽然痛苦，但依然懂得坚定；虽然崩溃，但依然拥有自信。因为我坚信，对付屡次失败的最好的方法，就是屡败屡战，越挫越勇。"这也是林肯在逆境中学到的为人处世的哲学。

要知道，人的一生要走的路不可能是平坦的，总有一些挫折使你跌倒。跌倒其实并不可怕，可怕的是跌倒之后对人生的态度。是越挫越勇，哪里跌倒从哪里爬起来？还是就此失去了继续前进的勇气和信念？我们要学习林肯这种越挫越勇的狮子一般的精神，清扫前路一切的障碍。

智慧三：化逆境为顺境

大海中，一粒沙进入了蚌的柔软的身体，蚌刚开始觉得很难受，又没法自己把沙子弄出体外，时间一天天过去，蚌的痛苦也在加深，它有时候都觉得大海不再那么蓝了，因为身体那颗沙子使它极度崩溃。后来有一天，它突然觉得浑身舒畅了，似乎那颗沙子不再使它那么痛苦了。因为它突然悟出一个道理：宁可这样整天痛苦，不如把这颗沙子看成自己身体的一部分，与它和平共处。

从此，蚌开始用自己的体液一点点把这颗沙子包裹起来，使这粒沙子不再那么粗粝，而渐渐变得圆润。有一天，蚌惊奇地发现，它开始时为之痛恨的那颗沙子，已经变成一颗通体发光的珍珠。

在面对困难的时候，如果退缩不前，从此颓废下去，那么必定会失败。如果能够从饥饿、贫困、失意、挫折中奋起，学到做人的道理，找到克服困难的方法，那么，必将会有所成就。就像例子中的那几个人一样，他们正是凭着"饿出来的聪明，穷出来的智慧"才会有后来的成就。

不经冬寒，不知春暖

挫折是每个人都会遇到的，有的人面对挫折就打退堂鼓，不去勇敢地面对，而是选择避而远之。殊不知只有经历了这些磨难才会到达幸福的彼岸。失败是成功之母，面对困难，去勇敢地解决，去毅然决然地前行，只有这样才会成功。只有经历了风雨，才会看到彩虹，不经历冬寒，则就不知道春暖。就像歌词里说的那样：“把握生命里的每一分钟，全力以赴我们心中的梦，不经历风雨，怎么见彩虹，没有人能随随便便成功。”

每一个成功都包含着无数的挫折与无奈，每一条通向成功的路上都洒满了数不清的辛酸和痛苦，每一条通向成功的路上都饱含着成功者的泪水和汗水。

“天下没有免费的午餐”，生活中也没有所谓的一帆风顺。要想学会走路，就要先学会摔跤，跌倒后再爬起来，再跌倒再爬起来。只有明白了跌倒的疼痛，才能成功地站起来，大踏步地前进。

海滩上，有一大一小两只蚌相遇了。小蚌见大蚌神情非常的沮丧，一副痛苦不堪的样子，便关心地问道：“伙计，你有什么不愉快的事吗？”

大蚌答道：“唉，别提了，前几天，我一不小心，让一颗沙砾跑进了我的身体里，粗糙的沙砾不断摩擦着我的身体，那种难言的痛苦，简直让我生不如死啊。”

“天哪，你也太不小心了，瞧瞧，你现在正承受多么巨大的痛苦啊。我一定要加倍小心，绝对不让任何异物进入到我坚硬外壳的防线内。”

这时一只海龟听见了它们的对话。“朋友们，你们知道如果沙粒跑进了你们的身体里会产生什么吗？”海龟向两只海蚌打招呼。

“除了令人难以忍受的痛苦，还会有什么呢”小蚌说道。

“是呀，除了撕心裂肺的疼痛，还能有什么新鲜玩意儿？”两个海蚌冷冷地白了一眼海龟。

“哦，朋友，我非常理解你的心情，此刻你感到非常痛苦，但你也许不知道，此时此刻，你的身体里会自动分泌出‘珠母质’，它们会一层一层地将粗糙的沙砾包裹起来，而若干年后就将会形成大海中最动人、最璀璨的珍珠。”

经过了痛苦的折磨，珍珠才会产生，珍珠之所以美丽不仅是因为它光彩夺目，更是因为它经过磨难，珍珠最有价值的地方也在于此。一颗精美的珍珠，必然经受过蚌的肉体无数次蠕动以及无数风浪的打磨，才能熠熠生辉。

辽阔苍穹中自由翱翔的老鹰，是经历了无数次跌下山崖的痛苦，才锤炼出一双凌空的翅膀。挫折是人生的一笔财富，是促使成功的一剂良药，不经历磨难的人生，怎么可能会散发出夺目的光彩呢？冬寒过后才能感受到春日的和煦，而风雨之后才能看见彩虹。

2005年感动中国的人物洪战辉说：“承受越多的苦难，你就会成长得越快，经历越大的撞击，你就会变得越发坚忍。”人生需要仰头迎接风雨，并呼喊让暴风雨来得更猛烈一些，因为风雨过后才会有彩虹，没有人可以避免失败，失败是通往成功路上必不可少的经历。想要做成一件事，就必须先学会正确对待失败的打击，并且要把失败当作成功的垫脚石。

有一个人遭受了挫折，他整天都闷在房间里。几个朋友劝他出去爬爬山散散心。于是这个人就跟着朋友去爬山。当他们开始爬山的时候还是阳光灿烂，可是爬到半山腰时却乌云密布，下起了倾盆大雨。这个人一看到下大雨了，就失去了爬山的兴趣，并想马上下山。朋友们说：“既然来了，就坚持到底吧，再说衣服也淋湿了。”于是他就很不情愿地跟着朋友们继续上山。快到山顶的时候，雨不知不觉地停了。他们站在山顶上看四周，虽然山腰被乌云所笼罩，但是峰巅的景色特别美丽，这是平时看不到的。

其中的一个朋友说道："我们已经站在有雨的云层之上，所以能够见到阳光。如果我们刚才犹豫了不继续往上爬，就欣赏不到此番美景。"

这个人听了朋友的一番话，顿时豁然开朗，并由此感悟人生，走出了烦恼和痛苦的苦海。

许多人一陷入苦难，就非常悲观失望，心生抱怨，并给自己施加特别重的压力，其实抱怨是另一种苦难的开始。如果在苦难之中放松自己，就可以得到另一种东西，因为彩虹总是出现在风雨后，不经历苦难，就看不到美丽的风景。

一天，一个人碰巧看到一只飞蛾正在破茧，出于好奇，他便一直耐心地观察。这只飞蛾十分艰难地将躯体从那道小口子中一点点地挣扎出来，一个小时过去了，两个小时过去了，三个小时过去了……飞蛾已经精疲力竭。但是无论飞蛾怎么奋力挣扎也无法摆脱茧的束缚，这个人因此觉得它肯定出不来了。

于是，他决定帮助一下这只可怜的飞蛾。他拿来一把剪刀，小心翼翼地将茧破开一道非常大的裂口，这个裂口足以让飞蛾轻易地钻出来。结果，那只飞蛾很客易地从茧里爬了出来。但是，它的身体是十分臃肿的，翅膀也瑟瑟地紧贴着身体。

这个人等着飞蛾飞起来，却只见它只是跌跌撞撞地往前爬，怎么也不能打开翅膀。又过了一会儿，它就死了。这个人怎么也不明白，这是为什么？

原来，飞蛾在由蛹变茧时，翅膀萎缩，十分柔软，而当破茧而出时，必须经过一番痛苦的挣扎，使身体上的体液流到翅膀上，翅膀才会变得坚韧有力，只有这样，出来以后才会飞翔。

这只飞蛾因为没有受到那一番痛苦的折磨而最终死去，没有得到破茧化蝶的壮丽。

总之，要想感受春天的温暖，就要先体会冬天的寒冷，要想成功就一定要品尝失败的滋味。只有经历了无数次的磨难后才会是真的人生。

第三章

准则培养：习惯成自然

——品质生活来自良好的准则

挨金似金，挨玉似玉

一个人有什么样的前途，或者说要走什么样的路，过怎样的人生，在某程度上取决于他交什么样的朋友。古话说得好“挨金似金，挨玉似玉”，通俗来讲，就是“近朱者赤，近墨者黑”。人是有感情的，互相接触久了，很容易在不知不觉之中被对方潜移默化。倘若与品行不端的人为友，那就有可能会沾染不良的习气；倘若是高朋净友，那就可能相互扶持、共同进步。所以，择友一定要慎重，不可盲目。

孔子说：“益者三友，损者三友。”意思是说，使人受益的朋友有三种类型，使人受损的朋友也有三种类型。哪三种朋友可以使我们受益呢？按孔子的说法是：“友直，友谅，友多闻，益矣。”也就是说，品性正直的朋友，互相体谅的朋友，博学而见多识广的朋友，这三种类型的朋友可以让我们受益良多，可与之交友。而他认为：“友便辟，友善柔，友便佞，损矣。”意思是，品性不正直的朋友，善于奉承别人的朋友，善于信口开河却没有真才实学的朋友，这三种类型的朋友，只会让人受到伤害，不可交往。

古人交友注重“心”交，更在乎那种“琴瑟和鸣，心领神会”的意境，在这方面达到极致的是“俞伯牙摔琴谢知音”。钟子期虽为山中樵夫，但俞伯牙与之相见倾心，二人因音乐而相交，又因音乐而相知。

春秋时期，俞伯牙擅长弹奏古琴，技艺美妙绝伦，堪称千古绝响，只是恨没有知音赏识。一次，他乘船郊游，夜泊在汉阳江口。那天恰好是中秋月圆之夜，只见皓月当空，万籁俱静，俞伯牙见此美景，取出古琴对月弹奏起来。一曲未终，琴弦却“啪”地断了一根，伯牙感觉有异常的事情发生。心想，这琴识得人心，定是有人在附近干扰，否则，琴弦不会轻易断掉。于是，伯牙命令身边的随从上岸看看。这时，岸上树林中走出一个樵夫，近前作揖说：“夜间突然下起雨来，我只好在这里避雨，听到琴声铿锵悦耳，不觉听得入神，谁知惊扰了您的雅兴，多有得罪。”伯牙暗自诧异，心想，一个山野樵夫也懂音律，定不能小看了他，便请那位樵夫上船一叙。

樵夫名叫钟子期，家有老父，平日里靠打柴度日。钟子期虽家境贫寒，但博学多才。二人在船上谈古论今，互通音律。伯牙每弹一首曲子，子期都能通晓曲子被赋予的情感，讲出曲子的曲风和音律。当俞伯牙弹奏知名的“高山流水”时，钟子期感叹俞伯牙的琴音“巍巍乎若高山，荡荡乎若流水”。天亮的时候，伯牙和子期依依惜别，相约一年后在此相会，弹琴论诗。

在第二年的中秋之夜，俞伯牙如约而至，但是迟迟不见钟子期，于是，取出琴来弹奏，琴音低沉幽怨，如泣如诉。后来，伯牙派人遍寻钟子期，并亲自登岸拜访。他被告知，钟子期已经亡故了，埋葬在与俞伯牙相会的岸上。

伯牙很沮丧，来到坟前，取出古琴，独自弹奏。弹罢，俞伯牙仰天长叹："子期不在了，我的琴音没有人能够懂得了，不弹也罢。"说完，他扯断了琴弦，把古琴摔了个粉碎，返身而去。要知道："摔碎瑶琴凤尾寒，子期不在对谁弹？春风满面皆朋友，欲觅知音难上难。"

是啊！人的一生交如钟子期这样的知音，足以，何必再强求？

一位外国作家曾说："选择朋友一定要谨慎！地道的自私自利，会带上友谊的假面具，却又设好陷阱来坑你"。他说的虽然犀利，但却不无道理。在与人相处的过程中，并不是人人都会与你交心的。有的人，喜欢言行于色；有的人，善于隐藏自己的本性。于是我们择友的时候，一定要慎之又慎。

孔子说："三人行，必有我师焉。择其善者而从之，其不善者而改之。"朋友是与我们经常相处的人，我们可以从他们身上的优缺点来体察自己，有长处就继续发扬，有了短处就改进，这样才能完善自己，使自己进步。

如果交上了品行端正的朋友，将终身受益，他可以在恰当的时候给你一些提醒或建议，能够让你避免误入歧途，也能够让你得以在逆境中重新奋起，走向人生的坦途。反之，如果交上品性不端的朋友，则会贻害无穷，他可能会使你丧失对事情的判断力，会使你失去前进的动力，更有甚者会使你失去人生航行的方向。

我们应该牢记古人的训诫，牢记"势利之友，难以经远；以财交者，财尽则交绝；以色交者，华落而爱渝"之忠告。时时刻刻不要被名和利所惑，时时刻刻谨慎交友，使自己永远在健康的人生路上行走。

白沙在涅，不染自黑

人的一生要面临很多选择，选择学校、专业、朋友、环境、工作……每当你做出一次选择，必将对你的人生造成这样或那样的影响。人毕竟是社会群体性的动物，任何人都不能脱离社会独立地存在，人总是会受到环境等外在因素的影响。《孔子家语》说："与善人居，如入芝兰之室，不闻其香，即与之化矣。与不善人居，如入鲍鱼之肆，久而不闻其臭，亦与之化矣。"意思是：与品格高尚的人居住在一起，就像处在芝兰花飘香的室内一样，时间长了可能闻不到芝兰的花香，其实本身已经充满香气了；与品性低劣的人居住在一起，就像到了卖鲍鱼的场所，时间长了倒也闻不到臭味，也是融入到环境里了。所以说人们必须谨慎地选择自己所处的环境。

荀子说："白沙在涅，与之俱黑。"这句话是围绕"环境与人"的关系说的：白色的沙子混在黑土中，时间久了，就同黑土一样黑了。这用来比喻好人处在恶劣的环境中也会随着变坏。对一个普通人来说，与其希望自己能意志坚定，能够洁身自好，还不如尽量少接触不良的周围环境。毕竟，一个人要去改变环境很难，但可以选择良好的环境。

欧阳修是北宋著名的文学家。他在颍州上任的时候，手下有一个名叫吕公著的人。某日，欧阳修的好友范仲淹巡游路过颍州，便到他家中拜访，欧阳修看吕公著谦逊有礼，就邀请他一同待客。席间，范仲淹对吕公著说："年轻人，你能有机会待在欧阳修身边做事，要珍惜啊！日后，你应该多向他请教写文章或作诗的技法，这样会对你大有好处的。"此后，在欧阳修的言传身教下，吕公著在北宋文坛也小有名气。在某种意义上说，良好的环境有利于成功。"孟母三迁"的故事，便很好地说明了这个道理。

孟子是战国时期的伟大的思想家。孟子自小丧父，家里全靠孟母倪氏一人支撑，她日夜纺纱织布，挑起生活重担。倪氏是一个对生活颇有见识的人，她希望儿子能读书上进，早日成才。

于是孟母对儿子的教育非常重视，也很注重环境对孩子的影响。

起先，孟子随母亲住在一个村落里，住的地方离墓地很近。孟子常常和邻居的孩子一起去墓地玩耍，有时还学着大人跪拜、哭嚎的样子，玩起葬礼的游戏。这被孟母看到了，心里非常着急，跟着这些孩子学，会学坏的，就皱着眉头说："不行！不能让我的孩子住在这里了！"于是，他们搬走了。

孟母不惜搬迁的劳苦，带着孟子搬到市集旁边去住。到了市集，孟子又和邻居的小孩，学起商人经商的样子。孟母发现这种状况，内心焦虑起来，又皱着眉头："这个地方也不适合我的孩子居住！"于是，他们又搬家了。

这一次，孟母带着孟子搬到了一所私塾附近。每月夏历初一时，文武官员到文庙，行礼跪拜，互相之间以礼相待，孟子见了，把这些礼节一一记在心里，并效仿着他们做着。孟母见了，非常高兴，点着头说："这才是我儿子应该住的地方呀！"他们就在这个地方定居下来。"孟母三迁"的故事就流传下来，后来，这个典故用来表示人应该要接近好的环境，才能学习到好的习惯，才能有大的作为。

《晏子春秋》有言："婴闻之：橘生淮南则为橘，生于淮北则为枳，叶徒相似，其实味不同。所以然者何？水土异也。"淮河以南的橘子树，移植到淮河以北就变为枳树，只能结又苦又涩的果子。这用来比喻环境一旦改变，事物的性质也随之发生改变。这说明不同的环境对同一事物地发展起着重要的作用。

如果一个人的周围都是高尚的人，那么在他们潜移默化的作用下，这个人也会通过自身的努力，去赶超他们，与他们看齐。同样的，如果一个人总是与一些道德素质低下的人交往，久而久之他的品性也会变得低下粗俗。

百人百姓，各人各性

17世纪末，在普鲁士王宫里，哲学家莱布尼茨在向王室贵族提出他的宇宙观："天地之间是没有两个彼此完全相同的东西。"在场的人都哗然，很多人摇头表示不理解，也有的人表示出很不屑。于是，有人请侍女到后宫花园里去找两片完全相同的树叶，想以此推翻这位哲学家的妄断。结果，令他们大失所望，因为任凭他们怎么找，也没找到完全相同的树叶。因为从外观粗略地看，树上的叶子似乎都是一个样子，但仔细比对，却发现每片树叶都是大小不一、厚薄不等、色调不均、形态各异的。其实何止是树叶，世界上的一切东西都没有绝对相同的，人的性格更是“各人各性”。

“一花一世界，一树一菩提”，在我们日常生活中，由于每个人的成长环境和所接触的事物是不一样的，所以造就了人与人之间的性格会有差异。要知道“百人百姓，各人各性”，我们要互相尊重，既不用自己的标准来衡量别人，也不用别人的标准衡量自己。

错误观点一：别拿自己的标准衡量别人

麦斯太太一辈子住在一所外墙斑驳的老房子里，她是一位寡妇，丈夫多年前去世之后，就没有再结婚。自己一个人孤孤单单地生活了大半辈子，她平时性格有点孤僻，处事敏感，有时候，邻居无意中的一句话都会伤害到她。她尤其不喜欢街对面住着的那位太太，多年来老是愤愤不平：“在路上见了面，老是不答理我，有时候甚至不看我一眼就走过去了。这个女人怎么这么不懂礼貌……。”就这样，麦斯太太在抱怨中，她和街对面房子的太太做了25年的邻居，但没有说一句话。

直到有一天，对面的太太竟然主动来麦斯太太家里拜访，麦斯太太虽然对她不满，但也客气地出来搭话，不想这位太太羞涩地说：“其实，这么多年来，我没有什么朋友，一直想和你说说话，但是，我眼睛看不见，性格也内向，一直没好意思开口，希望你能原谅，现在我要搬走了，想来跟你说一声。”

麦斯太太听完后热泪盈眶，紧紧抓住这位太太的手，久久不肯松开。她知道，是自己的偏见，失去了25年来本应该拥有的友情，要是以前自己主动跟对面太太打招呼，可能她的日子不会这么枯燥寂寞，至少有个朋友可以谈心。正是因为拿自己的眼光衡量别人，才伤害自己，也伤害了别人。

生活中，有些人总喜欢拿自己的标准衡量别人，如觉得好就一好百好；觉得人坏，就认为事事坏。如果我们转变心态，就会发现，人人都有自己的长处和优点。要懂得克制自己，善待他人，才是做人的根本。

错误观点二：别拿别人的标准衡量自己

世界上既然没有两片完全相同的叶子，也不可能有完全相同的人，尽管你现在可能很渺小，甚至是微不足道的，但请相信，你是独一无二的，这就是你存在的价值。拿别人的标准去衡量自己，盲目地改变自己，要求自己，并不能让自己像别人一样能有一番成就，反而有“东施效颦”之嫌。

麦克斯·威尔医师在罗斯福执政期间，曾为总统夫人的朋友做了很成功的手术。事后，总统夫人邀请麦克斯医师到白宫做客，他为此感到无比的荣幸。他在白宫留宿了一夜，恰好他住的房间的隔壁就是林肯曾经住过的寝室，他感到很兴奋和自豪。

第二天早上，他来到餐厅用早餐，总统夫人早就等在那里，他吃着盘中的早饭，心里别提多高兴了。

但是，问题出现了，因为侍者端来了一托盘的鲑鱼，他为此内心很挣扎，因为他吃鲑鱼有过不良的反应。

总统夫人看着麦克斯医师在发愣，就指着总统先生说：“他很爱吃鲑鱼。”

麦克斯医师略微迟疑了一下，心想：“总统都喜欢的东西，我还畏惧什么呢？”于是，就切下一块鲑鱼，吃了起来。

结果，在那天下午，麦克斯医师就出现了预料之中的不良反应，十分痛苦。

后来，麦克斯在其著作《心灵的慧剑》中写下了这么一段话："这件事的意义在于：我不想吃鲑鱼，但鉴于总统先生喜欢，我于是屈就自己迎合了总统先生的口味，从而背叛了自己。虽然，这仅仅是人生中的一件小事，很快就会淡忘，可换个角度想，这不正是很多人为了成功最常碰见的陷阱？"

所以，每个人都不要拿别人的眼光去衡量自己，更不要去违背自己的意愿，强制去做跟别人一样的人，做好自己才是最重要的。否则只会适得其反。因为"百人百姓，各人各性"，每个人都是独一无二的，要敢于保持自己的本色，不必执着于同别人比高低。你只需要按照自己生活的轨迹，坚定地 走下去，才能真正活出自己的精彩。

习惯成自然

拿破仑·希尔曾经说了这样一句话："习惯能成就一个人，也能摧毁一个人。"在我们的日常生活中，"习惯"不再仅仅是一个普通的名词，它实际上已经成为我们存在于这个世界的生存法则：良好的习惯可以使我们拒绝平庸，站在社会的巅峰，俯视芸芸众生；坏的习惯却能将我们淹没在平庸的洪流中，再也找寻不见。

也许，我们许多人都还没充分认识到习惯所带来的巨大能量，实际上，习惯影响我们一生。习惯，如三月的春雨，润物细无声，一个人可以在不知不觉中被习惯所潜移默化。从这点来看，习惯的确是一种可怕的力量。但我们也不能被习惯所掌握，我们必须保持一个高度警惕：作为好的习惯，我们应该继续保持；对人生没有任何帮助的不良习惯，我们要坚决抛弃。

在古代，老师和学生一块郊游，等走到一片树林里的时候，老师停下脚步，仔细观察四周的树木：

第一棵树，刚刚长出新芽，只能算一棵幼苗，算不得树。

第二棵树，已经有了细细的树干，是一棵挺拔的小树苗，它的根须已经牢牢地盘踞在肥沃的土壤中。

第三棵树，苍劲挺拔，枝繁叶茂，已经有手腕那么粗。

第四棵树，是一棵高大的万年松，它有着粗壮的树干，广袤的枝丫，那旺盛的生命活力，貌似要冲破云天。

老师指着第一棵树对学生说："把它拔起来。"学生不费吹灰之力就拔出了那棵娇嫩的幼苗。

老师又说："拔出第二棵。"学生稍微费了点力气，拔出了第二棵小树。

老师接着说："接着拔出那边的第三棵树。"学生略微迟疑了一下，还是试着拔出第三棵树，但是毕竟树高根深，很是费力，待学生终于拔出那棵树的时候，已经是满头大汗，气喘吁吁的了。

老师又让他尝试着去拔出那棵遒劲的松树，学生踌躇了一下，拒绝了老师的要求，他是不可能完成这个任务的，甚至没有去作任何尝试。

老师看了学生一眼，语重深长地说："你看到了吧，你刚才的举动已经告诉你，习惯对我们的生活是有多么大的影响啊！"

其实，我们的习惯就像故事中的树一样，幼苗的时候，我们是很容易拔除，而随着岁月的流逝，树渐渐地长大，根也深入地下，就很难再把它拔除掉了。如果我们的习惯变成了一棵万年松，那么我们任凭怎样努力，那棵松树仍然在那里屹立，风雨不倒，雷打不动。

习惯一旦养成就很难改变，好的习惯是这样，不好的习惯也不例外。我们一定要养成好的习惯，那么它们就如同故事中说的万年松一样，茁壮而牢固，任尔东西南北风，有了这样的习惯，何愁平庸，成功是早晚的事。但是坏的习惯，一旦养成也如万年松那般，不容易轻易改变，所以在我们日常生活中，要注意不染上一些不良的习惯，以免日后生悲。

一个年轻渔夫住在海边破旧的小木屋里，虽然日子过得清苦，但面朝大海，心里常是“春暖花开”。有一天，他出海捕鱼遇到了一个老渔夫，老渔夫年事已高，一生去过很多的地方，告诉了年轻的渔夫好多海那边的奇闻逸事，最后，还告诉了他一个“龙珠”的秘密。

据传说，谁要是得到这颗龙珠，就能拥有呼风唤雨的力量，以后出海捕鱼定是满载而归。可是，这个宝贵的东西，并不是轻易就能得到的。据老渔夫说，在黑海岸边，有不计其数的珍珠铺在沙滩上，这颗龙珠就混在这些珍珠之中。从外观上看，它的样子和普通的珍珠没多大的区别，但唯一的不同在于，它的表面有龙鳞状的暗纹，其他的普通珍珠是很光滑的。于是，年轻的渔夫思虑再三，回到小木屋收拾了行囊，驾着自己的小船，不远万里，来到了黑海岸边。

这里，正如老渔夫所说，到处铺满了明晃晃的珍珠。年轻的渔夫也没想太多，就开始了自己的寻宝计划，开始到处寻找龙珠。在这期间，他饿了就找些野果、小鱼充饥；困了，就蜷在岩石旁小睡一会儿。他捡起一颗珍珠，看一下没有龙纹，就顺手扔到海里。就这样他日复一日地重复着这个动作，转眼3年过去了，他还没找到那颗龙珠。但他非常坚信，他一定能找到那颗龙珠的。于是，他按部就班操作自己的动作，捡起一颗珍珠，看一下就扔到海里，接着再捡再扔，如此循环往复……

终于有一天，他捡起一颗较大的珠子，上面有很深的龙纹，他看了一眼，不假思索地就把这颗珠子扔到了大海里。

在以后的日子里，他还是一如既往地寻找那颗龙珠，殊不知，那颗龙珠已经在自己习惯的动作下，被扔到了海里。他已经形成了把珍珠扔进海里的“习惯”，习惯的力量很是可怕，它甚至让人忘记自己的使命是什么，只按照习惯养成的法则行事，这样人活着是非常可悲的，人处在习惯意识的支配下，机械地活着，这跟行尸走肉有什么区别？这是习惯给人带来的苦果，我们一定要警惕这样的不良影响。

在现实生活中，习惯无处不在，它影响我们的思维方式和行为模式，习惯可以成就未来，习惯也可以摧毁未来，习惯成自然，每个人都多多少少有自己的习惯，在我们众多的习惯中，我们要拣出那些不良的习惯，扔进大海，留下那些好的习惯，这些好的习惯定会领你走向成功。正如著名教育家乌申斯基说的那样：“好的习惯是人在自己的神经系统中存放的道德资本，这个资本可以不断增值，而人在一生中可能都会享受这个资本的利息。”

与善人居，择善而从

古希腊哲学家毕达哥拉斯说："要使你的朋友不致成为仇人，而使你的仇人成为你的朋友。"放开眼界，收起报复的心态，以一种大度宽容的方式对待周围的人，即便不能都使其成为朋友，也能避免其站到自己的对立面去。

哲人霍姆曾经说过："为朋友死并不难，难在有一个值得为之而死的朋友。"人不能没有朋友，但是，芸芸众生选谁为友，需要慎重选择。一个拥有真正朋友的人，比亿万富翁更富有——即使再多的金钱也不能改变这一事实。

有一个发生在越南的故事：

几发迫击炮弹落在一所由传教士创办的孤儿院里，传教士和两名儿童当场被炸死，还有几名儿童受伤，其中有一个小姑娘，大约8岁。一名医生和护士带着救护用品赶到，经过查看，这个小姑娘的伤最严重，如果不立刻抢救，她就会因为休克和流血过多而死去。输血迫在眉睫，但得有一个与她血型相同的献血者。经过验血医生发现，几名未受伤的孤儿可以给她输血。

医生用夹杂着英语的越南语，护士讲着相当于高中水平的法语，加上临时编出来的大量手势，竭力想让这些幼小而惊恐的听众知道，如果他们不能补足这个小姑娘失去的血，她一定会死去。他们询问是否有人愿意献血。一阵沉默做了回答。每个人都睁大了眼睛迷惑地望着他们。过了一会儿，一只小手缓慢而颤抖地举了起来，但忽然又放下了，然后又一次举起来。

"噢，谢谢你。"护士用法语说，"你叫什么名字？""恒。"小男孩很快躺在草垫上。他的胳膊被酒精擦拭以后，一根针扎进他的血管。输血过程中，恒一动不动，一句话也不说。过了一会儿，他忽然抽泣了一下，全身颤抖，并迅速用一只手捂住了脸。"疼吗？恒？"医生问道。恒摇摇头，但一会儿，他又开始呜咽，并再一次试图用手掩盖他的痛苦。医生问他是否针刺痛了他，他又摇了摇头。

就在此刻，一名越南护士赶来援助。她看见小男孩痛苦的样子，用极快的越南语向他询问。听完他的回答，护士用轻柔的声音安慰他。顷刻之后，他停止了哭泣，用疑惑的目光看着那位越南护士。护士向他点点头，一种消除了顾虑与痛苦的释然表情立刻浮现在他的脸上。

越南护士轻声对医生说："他以为自己就要死了，他误会了你们的意思。他认为你们让他把所有的鲜血都给那个小姑娘，以便让她活下来。""但是他为什么愿意这样做呢？"医生问。这个越南护士转身问这个小男孩："你为什么愿意这样做呢？"小男回答："她是我的朋友。"

为朋友牺牲，为友谊而奉献一切，除了感动，留给我们的只有思考：我们为朋友做了什么？很多时候，我们所需要的仅仅是一两句关心的话，朋友就知足了。当然，那话里包含着的是一颗真爱的心。真正的友情是我们宝贵的财富，为了友情，我们甚至可以放弃生命，这就是朋友的力量。

一个人结交什么样的朋友，对自己的思想、品德、情操、学识都会有很大的影响。俗话说："近朱者赤，近墨者黑，近贤则聪，近愚则聩。"古人很重视对朋友的选择。

孔子曰："君子慎取友也。"也有人说："匹夫不可以不慎取友。"品德高尚的人，历来受人推崇，也是人们愿意结交的对象。而品德低劣的人，常常被人鄙视，极少有人愿与之结交。这就告诫我们，选择朋友要选品德高尚、心胸宽广者。工作中更应如此。孔子说："与善人居，如入芝兰之室，久而不闻其香，即与之化矣。与不善人居，如入鲍鱼之肆，久而不闻其臭，亦与之化矣。"墨子有更形象的比喻，他把择友比作染丝："染于苍则苍，染于黄则黄，所入者变，其色亦变。五入而已，而已为五色，故染不可不慎也。"也许你说自己"抗腐性"强，可为什么不"择善而从之"，反而自讨苦吃呢？与高尚的人在一起，你也会感染他的气质，何乐而不为呢？

古人的交友择友之道，我们可以借鉴，慎重择友，时刻牢记，多交朋友，但不可滥交。只有这样，在工作和生活中，才能多一些快乐，少一些烦恼。

朋友多了路好走，普通人是这样，厚禄高官也是这样，足见朋友的重要。但是有时候滥交朋友等于自找麻烦，滥交朋友容易交到损友，损友之于我们有百害而无一益，所以朋友可以广交而不可滥交。

另外，对待各类朋友都应该秉承着择贤人而交，然后以宽和的心去对待他们，方不失交友之道。

今日事，今日毕

在很多情况下，一些人能够取得成功，就是因为形成了立即行动的好习惯，因此才会始终站在前列；而另一些人的习惯是一直拖延，直到无法应付的最后一刻，结果他们就被甩到后面去了。

当天的事情当天不做，就成了拖延。拖延不仅出不了成果，精神也不会轻松，要做的事堆积在心，既不动手做，又忘记不掉，就会像欠债似的感到沉重。

周杰必须在下周一的公司例会上提交一份非常重要的市场分析报告。他很清楚这份报告对公司和他个人的重要性，这会关系到他个人年底的绩效考核。但是，如果要做到尽善尽美，让报告无可挑剔，他就必须在接下来的三个工作日内搜集大量的资料，也许还不得不牺牲自己的业余时间。一想到那些烦琐的表格、数据，他就觉得透不过气来。他对自己说，还是先放一放，现在没心情，等状态好点再开工好了。

就这样，周杰随手打开电脑，看看新闻、聊聊天，一天很快过去，他的状态还是没有"调整"好。星期四、星期五依然如此。

星期六，他痛快地睡了一个懒觉，踢了一会儿球……

星期天的下午，周杰不得不坐下来，面对那份令人讨厌的报告。他连续工作了十多个小时，总算勉强完成了，可是，他自己很清楚，这份粗糙的报告绝对无法让任何人满意。

星期一，当周杰把报告交给上司时，他已经从上司脸上不悦的神情中看到了自己年底的绩效考核分数。他再一次品尝了拖延的苦果。

在日常生活中，有许多应该做的事，不是我们没有想到，而是因为我们没有立刻去做。时间一过，就把它给忘了。其原因，有时是因为忙，有时是因为懒惰。一个事务繁忙的人想到一件事应该做，但他当时没有时间，于是想等一下再说。但是等一下之后，为其他事务分神，就把这件事情给忘了。

有些人虽然不忙，可是喜欢拖延。该做的事虽然想到了，却懒得立刻着手去做，心里想着："等一下再做吧！"可是，等一下之后，他就忘了，或者已经时过境迁，失去做的意义了。

如果想要做事有效率，最好是"今日事，今日毕"。

养成了"今日事，今日毕"的习惯之后，你就会发现自己随手都有新的成绩，问题随手解决，事务即刻办妥。这种爽快的感觉，会使你觉得生活充实、心情愉快。拖延的习惯不但耽误了工作的进行，而且在自己的精神上也是一种负担。事情未能随到随做，又不敢忘，实在比多做事情更加疲累。

做事要有始有终，这样可以使我们产生强大的责任感，使我们拥有坚强的毅力和恒心，在今后的工作、生活中立于不败之地。

习惯中最耽误人的，莫过于拖延的习惯。你应该极力避免拖延的习惯，就像避免罪恶的引诱一样。如果对于某一件事，你发现自己有着拖延的倾向，你就应该立即跳起来，不管它有多么困难，也要马上动手去做。不要畏难，不要偷安。这样，久而久之你就能改掉拖延的习惯。应该将拖延当作你最可怕的敌人，不要让它偷走你的时间、品格、能力、机会与自由，让你成为它的奴隶。

总之，"今日事，今日毕"，千万不要拖延到明天！

处世篇

第一章

世态人情：世事如棋局局新

——洞察世故，掌握主动权

远亲不如近邻，近邻不抵对门

常言道："远水不解近渴，远亲不如近邻。"和谐的邻里关系也是良好家风的一部分。

晚清名臣曾国藩对邻里关系就十分重视。他在给儿子纪泽的信中写道：李申夫（曾国藩幕僚）的母亲曾经说过，"（有些人家）用钱和酒款待远方的亲戚，可一旦遇到火灾、盗贼，却只能央求邻居帮忙"，这是告诫富贵人家不能只知道善待远方的亲戚而怠慢近在眼前的邻居啊。

在处理邻里关系方面，曾国藩非常注重一些细节。咸丰二年（1825年）八月，在太湖县任职的曾国藩接到母亲病故的噩耗，连忙返乡奔丧。途中，他怕弟弟和儿子因此事影响邻里关系，就写了一封信给他们，特别叮嘱他们不要催讨亲族乡邻欠他们家的款项，并强调即使送来也可退还。欠债还钱本是天经地义的事，何况在曾家遭遇考妣之丧的大事的时候呢？但曾国藩也借过钱，知道借钱的人都是极为窘迫的，万不得已才开口借钱。所以，曾国藩不催讨是体谅借钱邻里的难处。正是这种想人所想、急人所急的做法，为曾家换来了和谐的邻里关系。

善待邻居也可以说是我们中华民族的优秀传统，这方面也有很多家喻户晓的故事，清代"六尺巷"的故事就是礼让待邻、促进邻里和谐的美谈。

清朝康熙年间，当朝宰相张英的家人打算扩建府宅，与邻居叶家产生了冲突，两家互不相让。张英的家人就给远在京城的张英写信，想请他出面干涉。张英对家人倚官欺人的做法很不满意，就写了一首诗作为回信："千里家书只为墙，让他三尺又何妨？万里长城今犹在，不见当年秦始皇。"意思是说："你千里迢迢写来家书，原来就是为了一面墙的事情。就让别人三尺的地方又会怎样呢？你看万里长城今天还在吧，但是修建长城的君王秦始皇早就作古了。"家人看到信后受到感化，打消了锱铢必较的念头，按照张英的意思后退三尺筑墙。叶家一看深受感动，也后退了三尺。结果在张、叶两家之间便让出了一条方便乡邻的六尺小巷。于是就有市井歌谣云："争一争，行不通，让一让，六尺巷。""六尺巷"的故事从此就成为和谐邻里关系的最佳教材。

《南史》中记载了一则"高价买邻"故事：

有个叫吕僧珍的人，生性诚恳老实，又是饱学之士，待人忠实厚道，从不跟人家耍心眼。吕僧珍的家教极严，他对每一个晚辈都耐心教导、严格要求、注意监督，所以他家形成了优良的家风，家庭中的每一个成员都待人和气、品行端正。吕僧珍家的好名声远近闻名。

南康郡守季雅是个正直的人，他为官清正耿直，秉公执法，从来不愿屈服于达官贵人的威逼利诱，为此他得罪了很多人，一些大官僚都视他为眼中钉、肉中刺，总想除去这块心病。终于，季雅被革了职。

季雅被罢官以后，一家人都只好从壮丽的大府第搬了出来。到哪里去住呢？季雅不愿随随便便找个地方住下，他颇费了一番心思，离开住所，四处打听，看哪里的住所最符合他的心愿。

很快，他就从别人口中得知，吕僧珍家是一个君子之家，家风极好，不禁大喜。季雅来到吕家附近，发现吕家子弟个个温文尔雅，知书达理，果然名不虚传。说来也巧，吕家隔壁的人家要搬到别的地方去，打算把房子卖掉。季雅赶快去找这家要卖房子的主人，愿意出1100万两的高价买房，那家人很是满意，二话不说就答应了。

于是季雅将家眷接来，就在这里住下了。

吕僧珍过来拜访这家新邻居。两人寒暄一番，谈了一会儿话，吕僧珍问季雅："先生买这幢宅院，花了多少钱呢？"季雅据实回答，吕僧珍很吃惊："据我所知，这处宅院已不算新了，也不很大，怎么价钱如此之高呢？"季雅笑了，回答说："我这钱里面，100万是用来买宅院的，1000万是用来买您这位道德高尚、治家严谨的好邻居的啊！"

季雅宁肯出高得惊人的价钱，也要选一个好邻居，这是因为他知道好邻居会给他的家庭带来良好的影响。

家家都有作难的时候，和谐的邻里关系此时就显得尤为重要，正如《教儿经》中所言：莫把邻居看轻了，许多好处说你听。夜来盗贼凭谁赶，必须喊叫左右邻。万一不幸遭火灾，左右邻舍求纷纷。或是走脚或报信，左右邻居亦可行。或是耕田并作地，左右邻居好请人。或是家中不和顺，左右邻居善调停。

生活中就有很多这样感人的事例：

一天，家住广西柳州的蒙先生在看摊时，发现一名小偷进入自己居住的居民楼，陆续搬下来邻居的冰箱、彩电，装在了外面等候多时的小货车上。蒙先生赶紧拨打110报警，并拦住了那辆准备离开的小货车。这时邻居们也纷纷上前，把小偷的车团团围住。几分钟之后，民警赶到现场，将企图逃跑的小偷制伏。

邻居的作用有时候是无可替代的。家住沈阳和平区的陈女士丈夫去世了，上学的儿子又住校，平时就自己一个人。一天晚上，陈女士肾结石发作，疼得昏死过去。邻居侯女士知道后，立即拦车将她送到医院，掏钱帮忙办手续，直到半夜还守在她身边。陈女士醒来后，第一个见到的就是她，"如果没有侯姨，我儿子就成孤儿了，她的恩情我终生难忘。"陈女士感激地说。

"邻居好，无价宝。"邻居在很多时候，比亲人更能帮助我们解决燃眉之急。好邻居对我们生活的益处，相信大多数人都体验到过，从中受过益，与邻居友好相处，也是生活中必做的功课。

名重好题诗

所谓，英雄天下晓，名重好题诗。一个人或者一个企业的知名度对自身的发展有非常大的作用。

有一家饭店，饭店里的生意清淡，店主正拿着一张报纸看今日的娱乐头条。他发现了那上面有自己喜欢的巨星，禁不住高兴地念叨了几句。突然，他觉得这名字有些奇怪，原来他的邻居中有一个与巨星同名的人。他真不愧是一个精明的商人，脑子里马上冒出了一个主意。

他当即打电话给这位邻居，邀请他来参加店庆酒宴，他可以免费获得该饭店的双份晚餐，时间是本星期一晚上9点，欢迎他偕夫人一起来。邻居高兴地同意了。

第二天，这家饭店门口贴出一幅巨型海报，上面写着："欢迎本星期一光临本店。"并在后面嘉宾栏上写上巨星的名字，海报引起当地居民的骚动。

到了星期一，来客大增，创造了该饭店有史以来的最高纪录，大家都要看看巨星的风采。到了晚上9点，店里扩音器开始广播："各位女士、各位先生，巨星光临本店，让我们一起欢迎他和他的夫人！"

霎时，餐厅内鸦雀无声，众人目光一齐投向大门，谁知那儿竟站着一位典型的老农民，身旁站着一位同他一样不起眼的夫人。人们开始一愣，当明白了这是怎么一回事之后，爆出了欢笑声。这种娱乐方式给当天晚上就餐的客人带来了快乐与新鲜感。

此后，店主又继续从电话簿上寻找一些与名人同名的人，请他们每周一来进晚餐，并出示海报告知顾客。从此，这家饭店的名声传开了，生意异常火爆。

虽然这种行为有赖于一点心计与策略，但饭店老板正是利用了这样一种名人效应招揽了客人，取得了生意上的成功。阿迪达斯公司的成功模式也类似于此。

阿迪达斯公司每生产一种新产品，都要请世界体坛明星穿着它参加比赛。为了让明星们心甘情愿地使用它们，还另赠数目可观的报酬。1936年柏林奥运会时，该公司把刚发明的短跑运动鞋赠送给夺标有望的美国黑人选手欧文斯使用。结果，这位"飞人"一连夺得4枚金牌，阿迪达斯的运动鞋，也因此名声大振，畅销世界各地。1982年的西班牙世界杯足球赛上，在参赛的24支球队中，有13队身穿阿迪达斯球衣，8队足穿阿迪达斯球鞋。决赛时，绿茵场上就有3/4的人员——球员、裁判员、巡边员等穿着该公司的产品，连决赛用的足球也是阿迪达斯公司制造的。公司因这次比赛大出风头，在世界体坛广为颂扬，它的产品成了世界体坛最时髦的抢手货。

阿迪达斯公司不但拿产品馈赠体坛明星，而且还馈赠给各界人士。仅1985年一年，该公司所赠总额就达3000万美元。它还在公司总部独出心裁地创建了世界上唯一的一座运动鞋博物馆，专门陈列体坛明星、能手穿过的阿迪达斯运动鞋。其中，有欧文斯穿过的钉鞋、拳王阿里穿过的高统拳击鞋，等等。当许多著名运动员来博物馆参观时，公司总是免费给予招待。名人们确实为阿迪达斯公司带来了更大的名气。

名人和名声是一种资源，古今皆然，只不过在商品社会它的价值得到了更大地利用和提高。

取敌之长，补己之短

敌人并非一无是处，学会利用敌人，在与敌人对抗的过程中，利用对方的优势，以弥补自己的劣势。这比单纯地对抗要更为明智。

在亚热带，有一个由三种动物组成的非常有意思的生物链：毒蛇、青蛙和蜈蚣。毒蛇的主要食物是青蛙，青蛙却以有毒的蜈蚣为美食，在青蛙面前是弱者的蜈蚣却能够使比自己体形大得多的毒蛇毙命，一般的毒蛇对他都无可奈何，三者间两两都是水火不相容的。有趣的是冬季里，捕蛇者却在同一洞穴中发现三个冤家相安无事地同居一室，和平相处。

他们经过世代的自然选择，不仅形成了捕食弱者的本领，也学会了利用自己的克星保护自己的本领：如果毒蛇吃掉青蛙，自己就会被蜈蚣所杀；而蜈蚣杀死毒蛇，自己就会被青蛙吃掉；青蛙吃掉蜈蚣，自己就成为毒蛇的盘中餐。这样一来，为了生存，青蛙不吃蜈蚣，以便让蜈蚣帮助自己抵御毒蛇；毒蛇不吃青蛙，以便让青蛙帮助自己抵御蜈蚣；蜈蚣不杀死毒蛇，以便让毒蛇帮助自己抵御青蛙。三者相克又相生，这是一个多么美妙的平衡局面。

这个平衡格局有个朴素的道理："取敌之长，补己之短"，在敌我争锋中，可以以敌制乱，用敌于我。利用敌人达到让自己更好地生存的目的。

众所周知，联想中国在商用、中小客户上的业务和戴尔一直是狭路相逢的老对手。联想却承认自己从对手身上甚至比从合作伙伴身上学到的东西还多：联想从2003年开始就在逐渐修改销售的薪酬体系，把工资加奖金的方式改得更加趋向于业绩导向，逐渐贴近戴尔的按照毛利提成；2004年，联想取消了客户经理上班打卡的制度，给予了他们更大的自由度；随着自由度的加大，联想对销售客户拜访的监测也开始完善。现在，联想的客户经理们和戴尔的同行一样，每周要递交上周的拜访汇总，并且按照规定接受上司的直接询问……

"戴尔最值得学习的地方是对流程和客户的管理。"前者完善到一个人只要跟着流程走就能做好销售的地步，后者则成为戴尔判断市场和预测销售最好的武器。这就是联想中国所希望移植过来的戴尔基因。在企业后端的供应链和后台的销售支撑系统上，戴尔的成功之处也正在被联想所参考。

向对手学习，是联想不断保持发展活力的根本原因之一。一个集团、企业尚且如此，对于我们个人来说，学会向对手学习，才能拥有永不枯竭的能源。

我们应该学会向敌人学习，从敌人那里吸取自己需要的经验。向敌人学习减少了自己探索的风险；向敌人学习还能发现自己的不足，以较小的付出获取较大的利益；向敌人学习更有益于审视自我，扬长避短，发挥优势。

人见利而不见害，鱼见食而不见钩

面对利害得失，世人往往只关注其得和利，而忽视害与失。就像鱼儿为贪吃而只见诱饵却看不到鱼钩一样。纵观古今中外，世间不知有多少人生悲剧源于这一规律。

我国古代有这样一个故事，鲁国的宰相公仪休非常喜欢鱼，赏鱼、食鱼、钓鱼、爱鱼成癖。

一天，府外有一人要求见宰相。从打扮上看，像是一个渔人，手中拎着一个瓦罐，急步来到公仪休面前，伏身拜见。公仪休抬手命他免礼，看了看，不认识，便问他是谁。

那人赶忙回答："小人子男，家处城外河边，以捕鱼为业糊口度日。"

公仪休又问："噢，那你找我所为何事，莫非有人欺你抢你的鱼了？"

子男赶紧说："不不不，大人，小人并不曾受人欺侮，只因小人昨夜出去捕鱼，见河水上金光一闪，小人以为定是碰到了金鱼，便撒网下去，却捕到一条黑色的小鱼，这鱼说也奇怪，身体黑如墨染，连鱼鳞也是黑色，几乎难以辨出。而且黑得透亮，仿佛一块黑纱罩住了灯笼，黑得泛光。鱼眼也大得出奇，直出眶外。

小人素闻大人喜爱赏鱼，便冒昧前来，将鱼献于大人，还望大人笑纳。"

公仪休听完，心中好奇，公仪休的夫人也觉纳闷儿。那子男将手中拎的瓦罐打开，果然见里面有一条小黑鱼，在罐中来回游动，碰得罐壁乒乓作响。公仪休看着这鱼，忍不住用手轻轻敲击罐底，那鱼便更加欢快地游跳起来。

公仪休笑起来，口中连连说："有意思，有意思。的确很有趣。"

公仪休的夫人也觉别有情趣，那子男见状将瓦罐向前一递，道："大人既然喜欢，就请大人笑纳吧，小人告辞——"公仪休却急声说："慢着，这鱼你拿回去，本大人虽说喜欢，但这是你辛苦得来之物，我岂能平白无故收下。你拿回去——"

子男一愣，赶紧跪下道："莫非是大人怪罪小人，嫌小人言过其实，这鱼不好吗？"

公仪休笑了，让子男起身，说："哈哈哈，你不必害怕，这鱼也确如你所说奇异喜人，我并无怪罪之意，只是这鱼我不能收。"

子男惶惑不解，拎着鱼，愣在那里，公仪休夫人在旁边插了一句话："既是大人喜欢，倒不如我们买下，大人以为如何？"

公仪休说好，当即命人取出钱来，付给子男，将鱼买下。子男不肯收钱，公仪休故意将脸一绷，子男只得谢恩离去。

又有好多人给公仪休送鱼，却都被公仪休婉言拒绝了。

公仪休身边的人很是纳闷儿，忍不住问："大人素来喜爱鱼，连做梦都为鱼担心，可为何别人送鱼大人却一概不收呢？"

公仪休一笑，道："正因为喜欢鱼，所以更不能接受别人的馈赠，我现在身居宰相之位，拿了人家的东西又要受人牵制，万一因此触犯刑律，必将难逃丢官之厄运，甚至会有性命之忧。我喜欢鱼现在还有钱去买，若因此失去官位，纵是爱鱼如命怕也不会有人送鱼，也更不会有钱去买。所以，虽然我拒绝了，却没有免官丢命之虞，又可以自由购买我喜欢的鱼。这不比那样更好吗？"

众人不禁暗暗敬佩。

公仪休身为鲁国宰相，喜欢鱼，却能保持清醒，头脑冷静，不肯轻易接受别人的馈赠，这实在很难得。

由此可见，有些事，表面看来能获得暂时的利益，但从长远来看，却"因小失大"，损失惨重，明智的人会既见利也见害，绝不会被眼前的利益所迷惑。

在利益前面我们要预见可能发生的负面影响，在权衡利害之后做出正确的抉择。像下面故事中的美国亨利食品公司做的一样。

有一次，美国亨利食品加工工业公司总经理亨利·霍金士突然从化验室的报告单上发现：他们生产食品的配方中，起保鲜作用的添加剂有毒，这种毒的毒性并不大，但长期食用会对身体有害。另一方面，如果食品中不使用添加剂，则又会影响食品的新鲜度，对公司将是一大损失。

亨利·霍金士陷入了两难的境地，诚实与欺骗之间他到底该怎样抉择？最终，他认为应以诚对待顾客，尽管自己有可能面对各种难以预料的后果，但他毅然决定把这一有损销量的事情向社会宣布，说防腐剂有毒，长期食用会对身体有害。

消息一公布就激起了千层浪，霍金士面临着相当大的压力，不仅自己的食品销路锐减，而且所有从事食品加工的老板都联合了起来，用一切手段向他施加压力，同时指责他的行为是别有用心，是为一己之私利，于是他们联合各家企业一起抵制亨利公司的产品。在这种自己食品销量锐减、又面临外界抵制的困境下，亨利公司一下子跌到了濒临倒闭的边缘。

在苦苦挣扎了4年之后，亨利·霍金士的公司已经危在旦夕了，但他的名声却家喻户晓。

后来，政府站出来支持霍金士，在政府的支持下，加之亨利公司诚实经营的良好口碑，亨利公司的产品又成了人们放心满意的热门货。

由于政府的大力支持，加上他诚实对待顾客的良好声誉，亨利公司在很短时间里便恢复了元气，而且规模扩大了两倍。也因此，亨利·霍金士一举登上了美国食品加工业第一的位置。

在诚信与欺骗之间，霍金士没有因为暂时利益而选择欺骗，而是顶住重重压力，退而居守“诚信”。事实证明，他的做法是明智的。实际上，世事往往就是这么奇妙，当你对于眼前利益唾手可得的时候，你一定不要被暂时的利益蒙蔽双眼；而要静下心来，守住阵脚，不要盲从大流，不要向压力妥协，而应坚定地选择自己认为正确的道路。这样，当大风大浪过去之后，你会发现，你当初的选择竟为你带来了如此巨大的回报。

挫锐解纷，和光同尘

《老子》中在提到“道”时说了一个道理，“挫其锐，解其纷，和其光，同其尘”，字面的意思便是，锉掉锋芒，消除纠纷，含敛光耀，混目尘世。

挫锐解纷，和光同尘，或许听来略显晦涩，其实是在告诉我们一个为人处世的方法。有一个人，可以让我们对这种生活态度有一个深刻的理解。

济颠和尚，又称之为“济公”，他佯狂应世，游戏风尘，为人排忧解难，看似疯疯癫癫，实则一切了然，表面嬉笑尘世，实际心怀慈悲。后人有诗赞曰：“非俗非僧，非凡非仙。打开荆棘林，透过金刚圈。眉毛厮结，鼻孔撩天。烧了护身符，落纸如云烟。有时结茅宴坐荒山巅，有时长安市上酒家眠。气吞九州，囊无一钱。时节到来，奄如蜕蝉。涌出舍利，八万四千。赞叹不尽，而说偈言。”

一个鞋儿破、帽儿破、身上袈裟破的行脚僧，一个人人都笑骂的癞头和尚，却是一个行走红尘惩恶扬善的活佛，这便是挫锐解纷，和光同尘。

冲虚自然，永远不盈不满，来而不拒，去而不留，除故纳新，流存无碍而长流不息，才能真正挫锐解纷，和光同尘。凡是有太过尖锐、呆滞不化的心念，便须顿挫而使之平息；倘有纷纭扰乱、纠缠不清的思念，也必须要解脱斩断。

冲而不盈，和合自然的光景，与世俗同流而不合污，周旋于尘境有无之间，却不流俗，混迹尘境，但仍保持着自身的光华。

在日本，耕田的农民被视为贱民，连出家当和尚的资格都没有。无三禅师虽然出身于贱民，但是他一心皈依佛门，于是假冒士族之姓，了却了自己的心愿。后来，无三禅师被众人拥戴为住持。举行就任仪式的那天，有个人突然从大殿中跳出来，指着法坛上的无三禅师，大声嘲弄道："出身贱民的和尚也能当住持，究竟是怎么回事啊？"

就任仪式庄严隆重，谁也没有想到会发生这样的事情，众僧都被眼前发生的事弄得不知所措。在这种情况下，谁都不能来阻止这个人说话，只好屏息噤声，注视着事态的发展。仪式被迫中断，场上静得连一根针掉在地上都能听见，众人都为无三禅师捏了一把汗。面对突如其来的发难，无三禅师从容地笑着回答："泥中莲花。"

绝对的佛禅妙语！在场的人全都喝彩叫好，那个刁难的人无言以对，不得不佩服无三和尚的深湛佛法。就任仪式继续进行，这突然的刁难并没有对仪式产生什么影响，因为禅师的妙语，为他赢得了更多的支持与拥护。

将"挫其锐，解其纷"的战略运用得得心应手的代表人物之一便是中唐时期的郭子仪。

由唐玄宗开始，儿子唐肃宗，孙子唐代宗，乃至曾孙唐德宗，四朝都由郭子仪保驾。唐玄宗时，安史之乱爆发，玄宗提拔郭子仪为卫尉卿，兼灵武郡太守，充朔方节度使，命令他带军讨逆，唐朝的国运几乎系于郭子仪一人之身。

不止一次，许多国难危急，都被郭子仪一一化解。天下无事时，皇帝担心其功高镇主，命其归野，虽然朝中的文臣武将多半都是郭子仪的门生部属，可是一旦皇帝心存疑虑，他就马上移交权柄，坦然离去。等国家有难，一接到圣旨，他又毫无怨言，化解危难，所以屡黜屡起，四代君主都要倚重于他。

郭子仪将冲虚之道运用得挥洒自如，以雅量荣天下，洞悉世情。汾阳郡王府从来都是大门洞开，贩夫走卒之辈都能进进出出。郭子仪的儿子多次劝告父亲，后来，郭子仪语重心长地说："我家的马吃公家草料的有500匹，我家的奴仆吃官粮的有1000多人，如果我筑起高墙，不与外面来往，只要有人与郭家有仇，略微煽风点火，郭氏一族就可能招来灭族之祸。现在我打开府门，任人进出，即使有人想诬陷我，也找不到借口啊。"儿子们恍然大悟，都十分佩服父亲的高瞻远瞩。

郭子仪晚年在家养老时，王侯将相前来拜访，郭子仪的姬妾从来不用回避。唐德宗的宠臣卢杞前来拜访时，郭子仪赶紧让众姬妾退下，自己正襟危坐，接待这位史书上记载"鬼貌蓝色"相貌丑陋的当朝重臣。卢杞走后，家人询问原因，郭子仪说道："卢杞此人，相貌丑陋，心地险恶，如果姬妾见到他，肯定会笑出声来，卢杞必然怀恨在心。将来他大权在握，追忆前嫌，我郭家就要大祸临头了。"果然，后来卢杞当上宰相，

“小忤己，不致死地不止”，但对郭家人一直十分礼遇，完全应验了郭子仪的说法，一场大祸无意间消于无形。

郭子仪一生历经武则天、唐中宗、唐睿宗、唐玄宗、唐肃宗、唐代宗、唐德宗七朝，福寿双全，名满天下。年八十五岁而终，子孙满堂，所提拔的部下幕府有六十多人，后来皆为将相。生前享有令名，死后成为历史上“富”“贵”“寿”“考”四字俱全的极少数名臣之一。历史对郭子仪的评议：“功盖天下而主不疑，位极人臣而众不嫉，穷奢极欲而人不非之。”郭子仪私人生活十分奢侈，但上至政府，下至民间，没有一个人批评他不对，于此，郭子仪乃古往今来第一人。

郭子仪的一生便是“挫锐解纷，和光同尘”的最好解读，做人如此，做官如斯，已是人中之极了。

泥中莲花，挫锐解纷，和光同尘，一切了然于胸，世事尽收眼底，看透了富贵名利，自然能够长久屹立。

常善人者，人必善之

在看到需要帮助的人就本能地伸出援手的人，当自己遭遇困难时，通常也会适时地得到援助。我们相信好人有好报，想好事，做好事，就会有好结果。正如日本实业家稻盛和夫先生指出的那样，善行必会衍生出另一个善行，善行终会招来善报。

“常善人者，人必善之”，要有愿意为别人服务的精神，俞敏洪就是因为为别人服务的精神而得到了“好结果”。

俞敏洪在北大读书的时候，每天为宿舍打扫卫生，这一打扫就打扫了4年。另外，他每天都拎着宿舍的水壶去给同学打水，把它当作一种体育锻炼。

又过了十年，到了1995年年底的时候新东方做到了一定规模，他想找合作者，结果就跑到了美国和加拿大去寻找他的那些同学。他说他自己当时为了诱惑他们回来还带了一大把美元，每天在美国非常大方地花钱，想让他们知道在中国也能赚钱。

俞敏洪当时想的是大概这样就能让他们回来。后来他们回来了，但是给了俞敏洪一个十分意外的理由。他们说回来是冲着俞敏洪过去为他们打了4年水。他们说，他们知道，俞敏洪有这样的一种精神，所以他们一起回中国，共同为新东方努力。正是由于俞敏洪的这种奉献精神才有了新东方的今天。

“常善人者，人必善之”，想好事，做好事，就会有好结果。一个人做好事不难，难的是一辈子做好事，这是雷锋的朴实语言，它激励并影响着一代代国人。学习雷锋好榜样，是个永恒的主题。好人好报，是中国传统文化的体现，也是人们的衷心期望。

身轻失天下，自重方存身

一个人要傲然矗立于天地间，首先必须自重。

“圣人终日行而不离辎重”，这是《老子》中的一句话，并非简单指旅途之中一定要有所承重，而是要学习大地负重载物的精神。

大地负载，生生不已，终日运行不息而毫无怨言，也不向万物索取任何代价。生而为人，应效法大地，有为世人众生挑负起一切痛苦重担的心愿，不可一日失却这种负重致远的责任心。这便是“圣人终日行而不离辎重”的本意。

志在圣贤的人们，始终要戒慎畏惧，随时随地存济世救人的责任感。倘使能做到功在天下、万民载德，自然荣光无限。道家老子的哲学，看透了“重为轻根，静为躁君”和“祸者福之所倚，福者祸之所伏”自然反复演变的法则，所以才提出“身轻先天下，自重方存身”的告诫。

虽然处在荣华之中，仍然恬淡虚无，不改本来的素朴；虽然燕然安处在富贵之中，依然超然物外，不以功名富贵而累其心。能够到此境界，方为真正悟道之士，奈何世上少有人及，老子感叹：“奈何万乘之主，而以身轻天下。”

有两个空布袋，想站起来，便一同去请教上帝。上帝对它们说，要想站起来，有两种方法，一种是得自己肚里有东西；另一种是让别人看上你，一手把你提起来。于是，一个空布袋选择了第一种方法，高高兴兴地往袋里装东西，等袋里的东西快装满时，袋子稳稳当当地站了起来。另一个空布袋想，往袋里装东西，多辛苦，还不如等人把自己提起来，于是它舒舒服服地躺了下来，等着有人看上它。它等啊等啊，终于有一个人在它身边停了下来。那人弯了一下腰，用手把空布袋提起来。空布袋兴奋极了，心想，我终于可以轻轻松松地站起来了。那人见布袋里什么东西也没有，便一手把它扔了。

“轻则失本，躁则失君。”人们不能自知修身涵养的重要，犯了不知自重的错误，不择手段，只图眼前攫取功利，不但轻易失去了天下，同时也戕杀了自己，犯了“轻则失本，躁则失君”的大错。

提及身轻失天下，不由想到了新朝王莽。当了15年新朝皇帝的王莽，是近两千年来中国历史上争议最多的人物之一，有人把他比作“周公再世”，是忠臣孝子的楷模，有人把他看成“曹瞒前身”，是奸雄贼子的榜首。白居易一语道破天机：“向使当初身便死，一生真伪复谁知！”

王莽是皇太后王政君弟弟王曼的儿子，父辈中九人封侯，父亲早死，孤苦伶仃。与同族同辈中声色犬马的纨绔子弟相比，王莽聪明伶俐，孝母尊嫂，生活俭朴，饱读诗书，结交贤士，声名远播。他曾几个月衣不解带地悉心侍候伯父王凤，深得这位大司马大将军的疼爱。加官晋爵后的王莽依旧行为恭谨，生活俭朴，深得赞誉。正当王莽踌躇满志之时，成帝去世，哀帝即位，王莽的靠山王政君被尊为太皇太后，失去了权力，王莽下野，并一度回到了自己的封国。这段期间，王莽依然克己节俭，结交儒生，韬光养晦。为了堵住悠悠之口，哀帝以侍候太皇太后的名义，把王莽重新召回到京师。随着年仅9岁的汉平帝即位，王莽将军国大政独揽一身，其野心也急剧膨胀。而后，一心想当帝王的王莽，假借天命，征集天下通今博古之士及吏民48万人齐集京师，“告安汉公莽为皇帝”的天书应运而生，王莽也理所应当的由“安汉公”而变为摄皇帝、假皇帝。“司马昭之心，路人皆知。”在平定了几多叛乱之后，王莽宣布接受天命，改国号为“新”，走完了代汉的最后一幕。

称帝后，他仿照周朝推行新政，屡次改变币制，更改官制与官名，削夺刘氏贵族的权利，引发豪强不满；他鄙夷边疆藩属，将其削王为侯，导致边疆战乱不断；赋役繁重，刑政苛暴，加之黄河改道，以致饿殍遍野。王莽最终在绿林军攻入长安之时于混乱中为商人杜吴所杀，新朝随之覆灭。

老子说："及吾无身，又有何患。"人的生命价值，在于其身存。志在天下，建丰功伟业者，正是因为身有所存。现在正因为还有此身的存在，因此，应该戒慎恐惧，燕然自处而游心于物欲以外。不以一己私利而谋天下大众的大利，立大业于天下，才不负生命的价值。可惜为政者，大多只图眼前私利而困于个人权势的欲望中，以身轻天下的安危而不能自拔，由此而引出老子的奈何之叹！

要知道，身轻失天下，自重方存身。

吃水不忘掘井人

乔治·马歇尔是美国的一代名将，在第二次世界大战中，他作为美国陆军参谋长，对建立国际反法西斯统一战线做出了重要贡献。

鉴于其卓越功勋，1943年，美国国会同意授予马歇尔美国历史上从未有过的最高军衔——陆军元帅。但马歇尔坚决反对，他的公开理由是如果称他"Field Marshal Marshall"（马歇尔元帅），后两字发音相同，听起来很别扭。其实真正的原因是这将使他的军衔高于当时已病倒的潘兴陆军四星上将，因为马歇尔深知"吃水不忘掘井人"这个知恩图报的道理。马歇尔认为潘兴才是美国当代最伟大的军人，自己又多次受到潘兴将军的提拔和力荐，马歇尔不愿使自己崇敬的老将军的地位和感情受到伤害。

第一次世界大战中，马歇尔随美军赴欧参战。当时的美国远征军司令潘兴非常欣赏马歇尔的才能，大战末期将他提拔为自己的副官，视为得意门生。后来潘兴虽然退役，仍然多次力荐马歇尔晋升。在潘兴的有力影响下，1939年马歇尔领临时四星上将军衔出任美国陆军参谋长。

有一段小插曲足以说明马歇尔对潘兴的深厚感情。1938年春，马歇尔前往医院探望潘兴。潘兴若有所思地说："乔治，总有一天你也会像我一样当上四星将军的。"马歇尔满怀感激地回答："美国只有您有资格获四星上将军衔，绝不可能再有另一个人！"听到马歇尔的肺腑之言，潘兴顿时热泪盈眶："谢谢你，乔治！"

马歇尔拒绝当元帅后，为了表示对他的敬意，美军从此不再设元帅军衔。1944年底，马歇尔晋升五星上将——美军的最高军衔。

现实生活中我们往往会发现这样的现象：一些取得成就的人，往往会上演一幕小人得志的丑剧，将最初的谦恭忘得一干二净，这样的人其实并不具备谦虚的美德。

伟大的人不会如跳梁小丑般，他们的谦恭是由内而外、自始至终的。越在名利的顶峰处显示出的虚心，越发显得弥足珍贵。

季羡林先生在德国留学期间，时逢战乱，生活得不到保障。此时，他得到了许多德国师友的真诚帮助与照顾，最终得以熬过难关。季先生对此一直感激莫名，晚年还趁曾赴德开会的机会特地去探望当年的师友，以示感激。

感恩是一种心态。一个人如果常存感恩之心，就会保持积极良好的心态，对自己的所得感到满足，而不会过多地挑剔；对自己的所失也会处之泰然，而不会过多地失落；

对自己的付出会感到自然，而不会认为是吃亏。因此，一个人常存感恩之心，无论对他人、对社会，还是对自己都是非常有益的。

对于我们来说，要常存感恩之心：我们能够来到这世上，享受生活，要感谢父母赋予我们生命；如果我们身体健康，没有疾病，那么我们应该对生活感恩；如果我们从未尝过战争的危险、牢狱的孤独，那么我们应该对社会感恩；如果我们银行里有存款，钱包里有票子，那么我们应该对政府感恩；如果我们父母双全，孩子上进，那么我们应该对家庭感恩；如果我们所在的单位发展迅速，领导关怀，同事团结，事业有成，那么我们应该对单位领导和同事感恩……

我国古代的贤哲和现代的智者都非常注重修炼感恩之心，他们留下了许多知恩图报的动人故事。

春秋时期的齐桓公能够成为五霸之首，鲍叔牙推荐管仲功不可没。当初，管仲辅佐公子纠，为了帮助公子纠争夺齐国王位而箭射公子小白（即后来的齐桓公），小白登上王位之后，不计前嫌，任用管仲为相，总理齐国朝政，终于称霸诸侯。

管仲功成名就之后，也始终未忘报答老朋友鲍叔牙的知遇之恩。当他走向生命尽头的时候，齐桓公请教在他之后谁能继任宰相之位，管仲问齐桓公自己有什么想法，齐桓公说准备让鲍叔牙接任宰相之位，总理齐国政务。可是管仲却建议齐桓公不要让鲍叔牙继任相位。齐桓公听得一头雾水，心想管仲既然要感激鲍叔牙，为什么又不让鲍叔牙继任宰相呢？

其实，管仲不愧是一位智者，考虑问题比一般人要远得多。作为鲍叔牙的好朋友，管仲太了解当时的局势和鲍叔牙的个性了。他不让鲍叔牙继任宰相，是真心对鲍叔牙报恩。因为管仲知道，自己一死，齐桓公也就完了，如果让鲍叔牙继任宰相，一定会死于非命，而不得善终，那他就对不起这位好朋友了。

于是，管仲对齐桓公说："鲍叔牙是君子。即使给他一个大国，但是如果不按照他的方法来治理的话，他也不会接受。鲍叔牙不可以做宰相，因为他喜欢良善，疾恶如仇，只要见到恶人就会非常忌恨，并且终身不忘。这样就会树敌太多，容易陷入敌手。因此，鲍叔牙不适合继任相位。"

管仲的真实意思是不想让鲍叔牙将命送到小人手里。历史的演绎果然不出管仲所料。管仲死后不久，齐桓公也死了，齐桓公家里争得不可开交，连安葬齐桓公的人都没有，过了很长时间，齐桓公的尸体都生了蛆才入葬。如果鲍叔牙继任相位，肯定难得善终。

人在受人恩惠的时候，会获得温暖和动力；人在施人以恩惠的时候，会获得内心的愉悦和安慰。在这个循环过程中，个人的价值和情感都进行了一次复制和传递，由此价值倍增，彼此受益。常存感恩之心，吃水不忘掘井人是一种高尚的道德境界，是人生最大的拥有，是事业成功的源泉，也是传递人间真爱最朴素的方式。

与其苛求环境，不如改变自己

任何人都不可能离开环境生存，在无法改变环境时，与其苛求环境，不如改变自己。只有弱者才会因为适应不了环境而惨遭淘汰。

有一句老话：“事必如此，别无选择。”这几个字令人心痛，却又是不得不承认的真实处境。在人的一生中，总是有一些事情，虽非心甘情愿，却也无可奈何。正如每一条所走过来的路径都有它不得不这样跋涉的理由一样，每一条要走上去的前途也都有它不得不那样选择的方向。逆来顺受是一种无奈，也是人生的必修课。

在面对生命的起伏不定与阴晴圆缺，有人仍然能够活得精彩。有人能从磨炼中汲取智慧，有人则在类似的经验中受伤屈服，成功者和普通人的差别就在于此。

一家500强之一的美国公司在选择北京办事处负责人时，通过一个很小的细节考察了应聘者的环境适应能力。当时，共有7名应聘者，其中只有一位是女士。考官故意把应聘者的位置安排在空调下，而且将其功率开得很大。结果，6位男士都无法忍受长达两小时的面试，只有这位女士坚持到了最后。当面试结束时，这位主考官说：“由于公司刚在北京成立办事处，属于万事开头难的阶段，所以只有能够适应环境，敢于接受挑战，并且能够以愉快的心情去面对压力的人才会被我们录用。钟女士，欢迎你加入到公司中来。”

改变自己，适应环境的能力是必须的，因为只有从容地适应环境，才能在不断变化的环境中保持旺盛的精力，好整以暇地迎接挑战。

所谓“适者生存”，适应环境是非常重要的。如果你想坦然地面对急剧变化的环境，就需要与现实环境保持良好的接触，心甘情愿以客观的态度面对现实，冷静地判断事实，理性地处理问题，随时调整，保持良好的适应状态。

在我们的人生中总有一些事情，虽非，却也无可奈何。有生之年，我们势必会有许多不愉快的经历，它们是无法逃避的，我们也是无法选择的。我们只能接受不可避免的现实，努力做自我调整。

当我们学会“与其苟求环境，不如改变自己”时，就会有能力开创更丰富的人生。人，贵为宇宙的精华、万物的灵长，是可以通过改变自己来接受任何现实的。

松树无法阻止大雪压在它的身上，蚌无法阻止沙粒磨蚀它的身体，但它们可以弯曲自己，可以包裹沙子来适应这悲惨的遭遇，学会和环境化敌为友，这是一种适应性，也是一种生存的技巧。人类作为万物的灵长，又怎能屈居于这些小生物之下？正如席慕蓉所说：“请让我们相信，每一条所走过来的路径都有它不得不这样跋涉的理由，每一条要走下去的前途都有它不得不那样选择的方向。”我们也许没有选择的权利，但我们有改变自己的能力。

想人所想，急人所急

胡雪岩说：“送礼，总要送人家求之不得的东西。”但是如果你能送对方急需的东西，那效果可就非同一般了，因为雪中送炭是最能打动人内心的。

左宗棠打败太平军，成功收复杭州，胡雪岩再一次察觉机会来了，立即赶到杭州，想要接近左宗棠。左宗棠对于这位远道而来的商客没有什么好脸色，传言他以购粮为名携带巨款逃到上海去了，来找我又是个什么名堂，不可能白白来送死，让我捉了他斩首示众？

胡雪岩来到左宗棠的府上，人家连个赐座的意思都没有，使胡雪岩尴尬不已。“人在屋檐下，不得不低头”，胡雪岩只能耐着性子，毕恭毕敬地同左宗棠交谈。首先当然是恭贺左宗棠收复杭州；其次，胡雪岩还不忘来段恭维的答谢词，感谢他解救了生灵涂炭的杭州城，让百姓过上了安宁的日子。本是故意给胡雪岩难堪的左宗棠，在这样一番礼数下倒也拉不下面子了，便示意胡雪岩坐下。

坐定后，左宗棠开门见山便提到了王有龄，还有关于杭州购粮一事。这倒正好给了胡雪岩一个陈述的机会。他前前后后细说了当初王有龄托付他带着巨款去上海购粮一事，从杭州城出来之后，不仅粮食买好了，连粮船都已经到了钱塘江，可当时，太平军把整个杭州城守的甚是森严，里面的人是出不来，外面的人进不去，在苦等数日之后，实在没有办法，才离开钱塘江的。这怎么算是逃跑呢？

左宗棠听完之后，对这件事情，甚至对胡雪岩都有了改观的态度。但是胡雪岩终究是个能说会道的商人，保不准添油加醋在里面。胡雪岩知道，光靠说是不能让他完全相信自己的，于是从身上拿出两万两银票，交给左宗棠，并且声称是当初王有龄给自己办粮所剩的银票，本是国家所有。两万两银票虽然对于整个军队而言算不了什么，但是眼下，还是能解燃眉之急的，左宗棠于是叫了手下，收下银票。

胡雪岩接着又说，对于王大人，我虽然尽力了，但是总觉得亏欠他，因为受了托，却没有办到手。不过，到了今天总算可以交差了。左宗棠问他，何以这样说？

胡雪岩说，我购买了一万石米，停在江面上，还有一批军用的药品，打算献给左大人的队伍，既感谢左大人为百姓的付出，也完成王大人生前所托，告慰他的在天之灵。

听了这话的左宗棠，可真是喜到了心底里。因为这几天以来，他一直在为士兵的粮食和药品愁眉不展，这几年庄稼收成不好，再加上杭州城里刚被战火洗劫，饿死的百姓不计其数，士兵吃饭也成了个问题，没有了粮食，哪还有力气来杀敌。一听到胡雪岩有一万石米就在江面的船上，而且还是以这样大义的理由，能不高兴吗？

左宗棠立即吩咐下人摆酒，同胡雪岩交谈起来。

粮食的问题是解决了，可军饷没着落。每月筹集二十万银两的军费，可不是简单的。胡雪岩这个时候倒是想到了一个办法。太平天国运动以来，其官兵积累的钱财是很多的，如今打了败仗，人可能能够苟且生存，但财不一定能够带走。假如左宗棠宣布，凡太平军官兵，只要你投降，便网开一面，允许你光明正大的做人，前提是你必须要缴纳一定的罚款。左宗棠听后，大赞这个方法极妙，当即命胡雪岩着手办理此事。为了让人相信，这并不是个什么幌子，胡雪岩还打出了自己钱庄的名号，果不其然，这个办法有了很好的成效。

粮食、军饷，样样都到了左宗棠的心坎上，于是对于胡雪岩的才华非常赏识，很快便把他视为自己的左右手。

胡雪岩初遇左宗棠时，遭到了冷遇，但是，胡雪岩没有就此打退堂鼓，而是胸有成竹地面对问题。他不仅分析了左宗棠的性格，按照他的性子冷静地应付着。还在事前了解到左宗棠最关心的问题——粮食、药品和军饷，并把这些需求都付诸实践，送给了左宗棠，胡雪岩由此在左宗棠心中的地位就完全不一样了。

与人交往，不在于你能给出多少物质上的东西，而是要懂得对方需要什么。想人所想，急别人之所急，自然能交到朋友。

不管闲事终无事

俗话说：“各人自扫门前雪，休管他人瓦上霜。”意思是告诉我们要管好自己，不要去管别人的事。这多少有些人情冷漠的意思，当然不值得推崇，然而这句话多少还有一些道理值得借鉴。帮助人是每个人都必须做的事情，但是在帮助别人的时候一定要考虑：这个帮助是否有必要，是不是正确的。如果帮忙的方式不对，那么最终帮忙就会变成管闲事，而管闲事只会招致别人的厌烦，而不管闲事终究会无事。

帮忙和管闲事其实只有一线之隔，帮忙帮到了点上就会让朋友心生温暖、充满感激，而管闲事只会让朋友哭笑不得，尴尬不已，甚至会反目成仇。想要帮忙就一定要帮到点子上，而不只是凭着自己盲目的“热情”去做事，而丝毫不去理会对方愿不愿意接受。

韩昭侯是战国时期韩国的国君，有一次他酒醉后坐在椅子上打瞌睡。为国君管理冠冕的侍从担心昭侯受凉，于是就给他盖上了一件衣服。不久，昭侯醒过来后看到身上盖的衣服很高兴，他觉得他的臣子对他非常忠心。于是便和蔼地询问左右道：“寡人打盹的时候，是什么人为寡人盖上的衣服呢？”左右侍卫回答说：“是管理冠冕的侍从担心大王受凉而为大王盖上的。”

韩昭侯听后，竟然出人意料地下令将管理冠冕的侍从以及管理衣服的侍从通通予以处罚。昭侯大声申斥道：“寡人处罚管理衣服的侍从，是因为他没有尽到他的职责。寡人处罚管理冠冕的侍从，是因为他逾越了自己的职责范围。”

韩昭侯认为，虽然管理冠冕的侍从给自己盖衣服是忠君的表现，使自己的身体免于寒冷的侵袭，但是犯他人职责带来的不良影响，远远超过了寒冷带给自己身体的不适。

尽好自己的本分，不要去管别人的闲事是一门非常深的学问，自己以为自己是在为别人分忧，其实是在插手自己不该做的事情，这不会得到任何的夸赞，相反会招致别人的厌恶。

《庄子·逍遥游》里记载了这样一个故事：相传在远古时候，在阳城有一位很有才能、很有修养的人，他的名字叫许由。他在箕山隐居，人们都十分敬佩他。

当时尧帝想把帝位让给许由，于是尧帝对他说：“你看，天上的日月已经出来了，这时还不熄灭蜡烛的火光，它的光同日月比起来，太微不足道了！天上的及时雨已经降落了，这时还要用人工去灌溉，难道不是徒劳吗？先生很有才华，要是当了帝王，一定会治理好天下。如果仍旧让我继续占着这个帝位，我心里会觉得非常惭愧，所以请允许我把天下交给您吧！”

许由不愿接受帝位，于是连忙推辞说：“您已经把天下治理得很好了，我再来代替你，这是非常不合理的。鹪鹩在森林里筑巢，有一根树枝的地方就足够了，鼹鼠在河边饮水，顶多喝满一肚子也就够了。算了吧，我的君主！天下对我来说又有什么用呢？厨师在祭祀的时候，又做菜，又备酒，忙得不可开交，可是掌管祭祀的人，并不能因为厨师很忙，而忘记了自己的本职工作，丢下手中的祭祀用具，去代替厨师做菜、备酒啊！

你就是丢开天下不管，我也绝不会代替你的职务。”说罢，许由就到田间劳作去了。

许由是聪明的，他懂得不是自己的事情，他绝对不会去插手，正所谓“不在其位，不谋其政”，不是自己的事情就不要去多管闲事。

帮助人是好的，但一定要掌握好帮忙与多管闲事之间的差别，只有用正确的方法帮助需要帮助的人，才叫真正的帮助人；而如果盲目地去插手别人的事情，最终只会换来别人的埋怨，那样多管闲事还不如不管闲事，不管闲事就会无事。

第二章

生活处境：得意失意莫大意，顺境逆境无止境

——花开花落，顺逆有常

饮水思源，缘木思本

我们生而为人，不能忘本，更不能忘却自己何以生、何以乐、何以福。饮水思源，缘木思本是我们做人的根本和正道所在。

梁元帝曾派遣庾信出使北朝的西魏。在他42岁那年，西魏灭梁朝，而庾信也被扣留在长安（西魏都城），长达28年。虽然他在北朝官至大将军，但是庾信却很想回去，常常思念故国和家乡，南朝也曾几次向北朝讨要庾信，却都被拒绝。于是他在《征调曲》中写道："落其实者思其树，饮其流者怀其源。"意指吃果子时不能忘了结果的果树，而喝水时要想想水的源头。如今，人们也常常用"饮水思源，缘木思本"来形容吃水不忘挖井人，怀念今日取得成功的根基，以表示不能忘本。

广州丰田公司的员工人人持有一张名片大小的彩色卡片，上面印着《广州丰田宪章》，上有"以人为本"的字眼。在"企业方针"里，也有"以人为本"的内容。不过，最让人感兴趣的是"企业精神"里那句具有中国传统的"感恩戴德，饮水思源"这句话，据说，这是广州丰田执行副总经理袁仲荣的一大主张。

袁仲荣表示，这八个字的含义非常深远。"作为一个刚入社会的人来说，他应该对他的父母、老师心怀感恩，进入社会以后，对同事、朋友，对培养自己的企业，也需要感恩戴德。每个人要时刻心怀感恩之心，在营造团队的时候大家就会更容易互相理解，可以互相换位思考，这样的话，就会创造一个和谐的环境气氛，对工作开展也是非常重要的。

"你知道招聘大学生的时候，我会问他们什么问题吗？我问，你是农村来的吗？他说，是农村来的。我再问，你能讲讲你的父母吗？我认为，如果一个农村孩子连自己父母都羞于启齿的话，那么这个人的道德观就有问题，这样的人我根本不会让他进公司。

"我还会问他们，第一个月工资你打算怎么分配？如果是农村孩子有贷款助学金，我会问你打算怎么还？在这些方面，如果一个人可以显现出感恩戴德的情操，那么我相信他是一个可塑造的人才。

"当然，公司对员工也应怀有感恩之心，因为企业的发展是由每个员工来完成的，企业希望为员工都能提供美好的未来。为此，我们已做了许多提高员工技能和福利的事。我们公司非常尊重人性，例如，工作服不一定是夏天最好的服装，所以我们就统一置办了透气吸汗的T恤衫。"

正是因为懂得“饮水思源，缘木思本”，广州丰田才能在日益激烈的竞争中越走越稳。而在生活中，感恩之心更是我们每一个人不可或缺的阳光雨露。无论你是何等尊贵，或者多么卑微；无论你生活在何地何处，或是你有着怎样的生活经历，只要常怀感恩的心，就必然会不断地涌动着诸如温暖、自信、坚定、善良等这些美好的处世品格，而这一切又必将让我们拥有一个丰富而充实的生命。

想喝甜水自己挑

世界上没有不劳而获的成就，即使天上掉馅饼，也要张开嘴巴去接啊。自助者，天助之。遇到问题时，不要抱怨，不要依赖别人，自己积极地动脑筋，想办法，一切困难都会迎刃而解的。

谁也无法带给你成功，除了你自己。当你懂得自立自助时，就开始走上了成功的旅途。抛弃依赖之日，就是发展自己潜在力量之时。外界的扶助，有时也许是一种幸福，但更多的时候，情况恰恰相反。只有依靠自己的力量，才是长久之计。有句话说得好，“想喝甜水自己挑”。

海尔集团的张瑞敏谈到当初创业时的艰辛，总是感慨万千。那时的海尔仅仅是一个生产电动葫芦的小厂，且亏损高达147万元，接手这样的烂摊子对于任何人来说都是需要极大的勇气的，但是张瑞敏没有退缩。1984年，为了签订与德国利勃海尔公司的电冰箱制造技术合同，海尔人于立民顶风冒雪用两个小时的等待叩开了项目合同的大门；1985年8月，为了能够申请到外汇，赵敦国和张瑞敏出差到山东经贸委，囊中羞涩的他们省吃俭用，住蒸笼一样的简易招待所，用借来的破旧自行车终于跑成了外汇批文；1985年春节，张瑞敏想方设法给每一个员工发了5斤鱼，但是过年不能不发奖金啊，为了能给职工发点奖金，他派人向大山大队三次“磕头”求援，用一颗赤诚的心感动了村公社党委书记王栋贵，终于在腊月二十八将奖金发到了职工的手中……那段日子，虽然很艰苦，但是勤奋的海尔人却都玩命似的跟着张瑞敏干，“领导敢为大伙儿借钱过年，咱也要争口气，好好跟他干，挣了钱把钱还回去”！就这样，海尔在张瑞敏的带领下艰苦奋斗、自力更生，仅仅用了几个月的时间就使得濒临破产的厂子起死回生了。

正是由于这种自力更生、艰苦奋斗的精神，海尔开创了中国家电行业的新纪元。而现实中的我们，也总会遭遇各种各样的困难，很多时候，我们却习惯于求助他人，忘却了自己。其实我们身上都有很多尚未开发的潜力，并拥有把难题变成机会的能力，为什么我们不去主动地主宰自己的命运，却要祈求他人的怜悯和帮助呢?

拿破仑年轻的时候，一次到郊外打猎，突然听见有人喊救命，他快步走到河边一看，见一男子正在水中挣扎。这河水并不深，拿破仑端着猎枪，对准落水者，大声喊道：“你若不自己游上来，我就把你打死在水里！”那人见求救无用，反而增添了一层危险，便只好奋力自救，终于游上岸来。

拿破仑拿枪逼迫落水者自救，是想告诉他，自己的生命本应该由自己负责，唯有自己对自己负责的生命才是真正有救的生命。

在我们处于困境，没有人救援和帮助时，就应该靠自己寻求生存。为了活下去，战胜困难，我们就要用自己的心智和困境作斗争，在某些危急时刻，就会激发出自己的潜能，发挥出超常的力量。

坐享其成是人性的弱点，更是人的劣根性。很多人在取得一点点成就之后，不是乘胜追击，借助良好的外界条件努力开创更伟大的事业，而是骄傲自满，忘乎所以，将自身的优势消耗殆尽，最终失败了。他们都忘却了一个真理：自己才是最有威力的那个法宝。

许多从艰苦环境中奋斗出来的人，并不比我们拥有更多的天赋，而他们之所以能取得成功，完全是因为他们能够战胜自己、坚强独立。即使我们最终没能到达彼岸，但只要我们努力了，用自己的力量征服痛苦，渡过难关，也能体会到一种快乐。

相信自己，你本身就有无限的潜能。只要能挖掘出潜能，发挥长处和优势，你的人生就会获得意想不到的精彩，创造出更大的价值。

得意不可再往

老话说得好："凡事当留余地，得意不可再往。"在生活中、事业上，让你大获成功或大占便宜之处，正是需要我们小心提防的"陷阱"。"得意不可再往"，蕴含的哲理虽然微妙，却是生命中的常态。

正如弘一法师所云："事当快意处，须转。言到快意时，须住。殃咎之来，未有不始于快心者。故君子得意而忧，逢喜而惧。"这句话的意思是，人在得意时需要打住，静静地内省，不能忘形，以免因此而使自己不慎犯错。

高明的人，能上能下，达则兼济天下，穷则独善其身，要想做到这一点，就得先从做事留余地来说。老子的"知足"哲学也就包括这种思想：过分自满，不如适可而止；金玉满堂，往往无法永远拥有；富贵而骄奢，必定自取灭亡；锋芒太露，势难保长久。

历史上凡是自表其功、自矜其能，不分场合的夸耀自己的人，十有八九会遭到猜忌甚至会招致杀身之祸。刘邦曾经问韩信："将军能看我带多少兵马？"韩信说："陛下带兵最多也不能超过十万。"刘邦一听，当然很不高兴，就问韩信："那么你能带多少兵马呢？"韩信说："我和大王不同，我带兵则是多多益善。"韩信说出这样的话，肯定让刘邦觉得丢了面子，又怎么不耿耿于怀呢？即使是自己有功劳，有才能，也要注意对方的感受，不能口无遮拦而让对方觉得难堪。

曾国藩曾经研究过《易经》，他说："日中则昃，月盈则亏，天有孤虚，地阙东南，未有常全不缺者。"事物就是这样此消彼长、祸福相依的。所以清代的朱柏卢在劝诫后人时说："凡事当留余地，得意不宜再往。"一旦什么事情做过了头，就要注意它会走向一个反面。

在与人交往的时候，尤其是在上司面前需要表现自己的时候，也要把握分寸，尽量让自己的言行举止都做到"适中"、恰到好处，千万不要过分表现、夸耀，若不然就有可能会遇到意想不到的麻烦或灾祸了。

电视剧《潜伏》中，余则成在事业上可以说是非常成功的，从单枪匹马刺杀民族败类李海峰，到找出潜伏在延安的特务"佛龛"，再到暗杀特务袁佩林，除掉凶恶之极的陆桥山……每一次都很漂亮地完成了任务，但在胜利面前，余则成没有欣喜若狂，在高兴到极点时，也只是和翠平两人躲在家里偷偷喝上几杯白酒而已。再看身为行动队队长的马奎，好大喜功，仗着自己和毛人凤的关系，毫无顾忌地怀疑余则成、与陆桥山作对、查站长……以致最后得罪了周围所有人，被五花大绑送到外地受审。

在工作中，我们也可能和余则成一样，有着骄人的成绩，深受领导的喜爱，但风光得意之时一定要保持理智，要警惕成功后随之而来的鲜花和掌声。不要像马奎那样觉得自己很了不起，目中无人，忘乎所以，否则只会让自己处于不利的境地。那些潜藏在得意和成功背后的祸患，才是真正值得我们注意的危险者。

一只风筝在微风中飘然升起，越过了屋顶，飘过了树梢。这时，站在树上的花喜鹊对它说："风筝大哥，你飞得真好！"

"不。"风筝谦虚地说，"要不是有风，要不是有线牵着我，我是飞不好的！"

风越来越大了，线越放越长了，风筝也越飞越高了。等它飞过山顶的时候，心里就有些飘飘然了："啊！当我躺在屋里桌子上的时候，怎么也不知道我原来也是一个飞翔的天才！"

风筝随着风在不停地上升、上升，一直飞到了白云之上。当它俯视地面的时候，地上的房屋、树木、河流，甚至大山都显得那么渺小，就连平时高飞的雄鹰，现在也在它的脚下。它心里有一种说不出的滋味，仿佛自己的身体也在膨胀，变得高大起来。

"喂！"它毫不客气地对在它脚下盘旋的雄鹰说，"抬起头来看看我！过去人们总是赞扬你飞得高，现在怎么样？我比你飞得还要高！"

雄鹰抬头看看它，并没有与它争辩，只是意味深长地瞅了瞅它身下那根长长的线，微微一笑。

这样一来，风筝更沉不住气了，涨红了脸说："你这是什么意思？好像我离了线就不能飞似的！其实，我还可以飞得更高些，都怪这根可恶的线！"为了显示自己的才能，风筝拼命挣扎，只听得"嘭"的一声，拴在它身上的线断了。风筝很得意，心里想：这下可好了！我可以自由飞翔了，想飞多高就飞多高！果然，在断线的瞬间，它迅猛地向上冲了好大一截。

谁知它很快便失去了重心，在风中身不由己地向下翻滚，最后一头栽进了臭水沟。

风筝离开了线便会跌跤，人过于忘形而脱离底线，就容易遭遇挫折。可见"得意忘形"会害人不浅。很多人在春风得意时容易喜形于色，在沾沾自喜中迷失自我。能够始终保持平常心的人总是少数，心态平和的人无论任何情况下都不显山露水，却往往能在"不显不露中出头"。

因此，越是春风得意之时，就越要停下来经常反躬自省，如果我们认识到眼前所看见的一切都可能在未来发生变化，那么我们就不会在成功的得意中被突然袭来的变化打倒。因此，保持随时应对变化的心态，并时时留意身边的变化，并以此调整我们生活或工作的方式，我们才能从容生活在每一个当下。

居上以仁，居下以智

春秋战国时期，很多小国为了自保和壮大，在如何治国和如何与邻国交往方面颇下功夫。齐宣王就曾经为了邻国交往之道问过孟子："交邻国有道乎？"即与邻国交往有什么好的策略吗？孟子回答说，当然有。"惟仁者能以大事小，是故汤事葛，文王事昆夷。惟智者为能以小事大，故大王事獯鬻，勾践事吴。以大事小者，乐天者也；以小事大者，畏天者也。乐天者，保天下；畏天者，保其国。"这里孟子提出了两个原则：一种是"以大事小"，这是仁者的风范，是顺应"天地万物"的乐天心理，不愿意去欺负弱小，这样可以使天下太平。另一种是"以小事大"，这是明智之举，顺从比自己强大的国家，则可以保护国家臣民的安全。这里的"天"在"天人合一"的哲学上，还包括了人事在内。人与人之间的和谐相处也要注意这一原则。就是说，在人之上要以人为人，在人之下要以己为人。

居上位时，一定要谦虚，切不可仗势欺人，人生总是盛极而衰的，一个人不可能永远风光无限，繁华过后总会凋零。对于真正悟透人生的仁者来说，谦卑才是应有的心态，而以恭敬心去尊重和对待每一个人，则是他们的特征。

在林肯的故居里，挂着他的两张画像，一张有胡子，一张没有胡子。在画像旁边贴着一张纸，上面歪歪扭扭地写着：

亲爱的先生：

我是一个11岁的小女孩，非常希望您能当选美国总统，因此请您不要见怪我给您这样一位伟人写这封信。

如果您有一个和我一样的女儿，就请您代我向她问好。要是您不能给我回信，就请她给我写吧。我有四个哥哥，他们中有两人已决定投您的票。如果您能把胡子留起来，我就能让另外两个哥哥也选您。您的脸太瘦了，如果留起胡子就会更好看。

所有女人都喜欢胡子，那时她们也会让她们的丈夫投您的票。这样，您一定会当选总统。

格雷西

1860年10月15日

在收到小格雷西的信后，林肯立即回了一封信。

我亲爱的小妹妹：

收到你15日的来信，非常高兴。我很难过，因为我没有女儿。我有三个儿子，一个17岁，一个9岁，一个7岁。我的家庭就是由他们和他们的妈妈组成的。关于胡子，我从来没有留过，如果我从现在起留胡子，你认为人们会不会觉得有点可笑？

忠实地祝愿你

亚·林肯

第二年2月，当选的林肯在前往白宫就职途中，特地在小女孩的家乡小城韦斯特菲尔德车站停了下来。他对欢迎的人群说："这里有我的一个小朋友，我的胡子就是为她留的。如果她在这儿，我要和她谈谈。她叫格雷西。"这时，小格雷西跑到林肯面前，林肯把她抱了起来，亲吻她的面颊。小格雷西高兴地抚摸他又浓又密的胡子。林肯对她笑着说："你看，我让它为你长出来了。"

原来林肯的胡子是为一个小小的女孩子而留。而这个女孩子他一开始并不认识。有人说，林肯是为了拉两张选票所以才留起胡子的。其实对于一场大选，两张选票能起的作用很微小。即便换位思考，如果你接到类似的信，多数人还是会一笑了之，觉得一个11岁的孩子不值得重视。可是林肯不但重视了一个小女孩的来信，还认真的写了回信并真的蓄起了胡子。在人之上要以人为人，林肯做到了这点，这也许就是他让人们拥护和爱戴的原因。

生活中有不少人难忍一时之气，而与人起了正面冲突，“伤敌一千，自损八百”，最后两败俱伤。但是，仔细想来，这又何苦呢？牺牲是一时的，保全却是一世的。牺牲是爆发，保全是维持。牺牲是激情，保全是平淡。浓肥辛甘非真味，真味只是淡，淡淡地融化在生活中。保全也许也是一种牺牲，牺牲狂热，牺牲内心深处的原始冲动，只是用最小的牺牲来求得更多的平和与幸福。

所以，人生就是如此玄妙，人上人下间也存在为人处世的大智慧，需要好好琢磨，认真对待。

忍得一时，风光一世

一个人能“忍”的程度也是他可“负”的程度，成大事者莫不是从危机四伏的人性丛林中杀开一条生路，其间所受之辱超乎想象。但正是如此，这般屈辱使他们百忍成金，磨砺似钢，挑起常人挑不起的重担，走上成功之路。

范雎是战国时期政治舞台上一位十分著名的政治家、外交家，而他走上政治舞台却历经了坎坷。

他原是魏国人，早年有意效力于魏王，由于出身贫贱，无缘直达魏王，便投靠在中大夫须贾的门下。

有一年，他随须贾出使齐国，齐襄王知范雎之贤，馈以重金及牛、酒等物，范雎辞谢没有接受。须贾得知此事后，以为范雎一定向齐国泄露了魏国的秘密，便将此事报告了魏国的相国魏齐。魏齐不问青红皂白，令人将范雎一阵毒打，直打得范雎肋断齿落。范雎装死，被用破席卷裹，丢弃在茅厕中。须贾目睹了这一幕，不置一词，还往范雎的身上撒尿。

范雎强忍着一时之气。他待众人走后，从破席中伸出头对看守茅厕的人说：“公公若能将我救出，以后定当重谢。”守厕人便去请求魏齐，允许让他将厕中的“尸体”运出。

范雎历经千辛万苦来到了秦国都城咸阳，并改名换姓为张禄。此时的秦国正是秦昭王当政，而实际上控制大权的却是秦昭王之母宣太后以及宣太后之弟穰侯、华阳君和她的另外两个儿子泾阳君、高陵君。这些人以权谋私，秦昭王完全被蒙在鼓里，形同傀儡。

但范雎看出秦国是最具实力的国家，秦昭王也不是一个无所作为的国君。几经周折，范雎终于见到了秦昭王。他以其出色的辩才向秦昭王指出秦国政策的失误，并提出了自己对内政外交等的一系列主张。

秦昭王立即采取果断措施，废太后，驱逐穰侯、高陵、华阳、泾阳四人于关外，将大权收归己有，并拜范雎为相。

范雎提出的外交政策，便是闻名于后世的“远交近攻”，而他所要进攻的第一个目标，便是他的故国魏国。

魏国大恐，派使臣须贾来向秦国求和。不过，须贾只知道秦的相国叫张禄，而不知他就是范雎。

范雎得知须贾到来，便换了一身破旧衣服，也不带随从，独自一人来到须贾的住处。须贾一见大惊，问道："范叔别后还好吗？"范雎道："勉强活着吧！"须贾又问："范叔想游说于秦国吗？"范雎道："没有。我自得罪魏国的相国以后，逃亡至此，哪里还敢游说。"须贾问："你现在干什么呢？"范雎道："给别人帮工。"须贾不由得起了一丝怜悯之情，便留范雎吃饭，说道："没想到范叔贫寒至此！"同时送给他一件丝袍。

席间，须贾问："秦的相国张禄，你认识吗？我听说如今天下之事，皆取决于这位张相国，我此行的成败也取决于他，你有什么朋友与这位相国认识吗？"范雎道："我的主人同他很熟，我倒也见过他，我可以设法让你见到相国。"

第二天，范雎赶来一辆驷马大车，并亲自当驭手，将须贾送往相国府。进入相府时，所有的人都避开，须贾觉得十分奇怪。到了相府大堂前，范雎说："你等一下，我先进去替你通报一声。"

须贾在门外等了好久，也不见有人出来，便向守门人问道："这位范先生怎么这么半天也不出来？"这时才明白刚才拉他进来的"范先生"就是他要找的相国。

须贾大惊失色，于是脱衣袒背，一副罪人的打扮，请守门人带他进去请罪。范雎雄踞堂上，身旁侍从如云。须贾膝行至范雎座前，叩头道："小人有必死之罪，请将我放逐到荒远之地，是死是活都由大人安排！"范雎问："你有几罪？"须贾说："小人之罪多于小人之发。"范雎道："你有三大罪：我生于魏，长于魏，至今祖先坟茔还在魏，我心向魏国，而你却诬我心向齐国，并诬告于魏齐，这是你的第一大罪。当魏齐在厕中羞辱我时，你不加阻止，这是你的第二大罪。不止如此，你还乘醉向我身上撒尿，这是你的第三大罪。我今天之所以不处死你，是因为你昨天送了我一件丝袍，看来你还没忘旧情，我可以放你回去，不过你替我转告魏王，赶快将魏齐的脑袋送来！要不然，我就要发兵血洗魏都大梁城！"

魏齐吓得仓皇出逃，可赵、楚等国畏于秦国的兵威，谁也不敢收留他，魏齐终于被迫自杀。

忍人之不能忍，方能成人所不能成之事。人生难免会遇到困难和挫折，只要你能忍受挫折中的屈辱和痛苦，将挫折当成成功来临前的磨砺，并以此自勉，一旦东山再起，就会爆发出巨大的力量。

心安茅屋稳

"心安茅屋稳"意思是：心平气和，即使住的是茅草屋，心里也会觉得踏实安稳。心不安，心里永远不会有"稳"的感觉；一个人心中的欲望太强，是无法懂得什么才是生活。只有真正安静下来用心去体悟，才会参透到世间人生的奥妙，内心淡泊而无杂念，才会安心于简单宁静的生活。一个心安性定的人，才能有如鱼得水般的人生，这也是一种"道"。

心安茅屋稳的法则：心态上要淡泊、明志、清幽、致远。

东晋大诗人陶渊明辞官归田园，过着“躬耕自资”的生活。其夫人翟氏，与他志同道合，“夫耕于前，妻锄于后”，一起下田地劳动，勤俭持家，他与当时老农日益接近，生活息息相关。“方宅十余亩，草屋八九间，榆柳荫后檐，桃李罗堂前。”陶渊明酷爱菊，宅子四周篱笆下，都种上了菊花。“采菊东篱下，悠然见南山”（《饮酒》）至今脍炙人口。他本性嗜酒，饮必醉。朋友来访，无论贫富贵贱，只要家中有酒，必与之同饮。他每次必先醉，便对客人说：“我醉欲眠，卿可去。”这是一种怎样的境界？淡泊、明志、清幽、致远。这一切陶渊明都达到了。

一个拥有淡泊、明志心态的人，就能够始终保持自己独有的作风，就能宠辱不惊，就能“心安茅屋稳”，风雨不动，在浮躁的环境中，自己还能够继续保持一颗恬淡安定的心，只要心性定，波澜不惊，就能安心学习、工作和生活。

《菜根谭》上讲：“身不宜忙，而忙于闲暇之时，亦可警惕惰气；心不可放，而放于收摄之后，亦可鼓畅天机。”这是讲在日常忙碌的生活中，如何偷得浮生半日闲。与其为名利而劳神费力，不如抛却杂念，静下心来，做一些自己喜欢的事情；与其为了名声殚精竭虑、心力交瘁，不如放弃身外之物，安贫乐道，“走自己的路，让别人说去吧”。人生要想幸福，稳稳当当走到百年，就应该追求内心的安定与自由。即使再忙也要带着一份淡泊的心态，不可把心沉没于追名逐利之中。

居里夫人不畏艰险发现了镭，对于是否把镭申请为专利时，又面临一个艰难的选择。如果申请了专利，那么肯定会得到一笔可观的收益，这无疑对现在贫寒的家境有很大的改善。

居里夫人说：“如果我们申请专利，那我们会获得亿万资产，那无疑会改变我们现在宁静的生活。难道现在的生活不是我们想要的吗？上帝已经赋予我们很多，我们不需要更多。更多的金钱不仅不会给我们所需要的任何财富，反而会打破我们简单而饱满的生活。”

伟大的科学家阿尔伯特·爱因斯坦评价说：“在我认识的所有著名人物里面，居里夫人是唯一不为盛名所颠倒的人。”当一个人的内心足够高贵淡泊时，外界的一切世俗事物，都是微不足道的。

淡泊宁静的人，往往是最清醒的，对人生的思考也是最深刻的。圣严法师说：“要有时时静悟的简静心态，反省自己的不足，感受生活赐予的美妙。这样，时时鞭策自己，才会对生活充满了敬重。”让我们淡泊宁静，抛弃浮躁，活在自由简约中，体味生活的从容，实现人生的价值。

塞翁失马，焉知非福

在《庄子》中，把“塞翁失马，焉知非福”的人生哲理讲得十分透彻。庄子引用古代人的迷信来说明一般人认为不吉利的东西，但“神人”却认为这种“不吉利”反而有益无害。比如说，一匹头上有白毛的马没人敢骑，反而因此免去了一辈子的奴役；一头鼻子高高翘起的猪不会被杀掉作祭祀，才会好好地活到老。所以，世人认为不吉利的，在上天看来却是大吉大利。任何事情都有它的两面性，关键是看你如何从不利的一面当中看到有利的那一面。

从前有一个国王，除了打猎以外，最喜欢与宰相微服私访。宰相除了处理国务以外，就是陪着国王下乡巡视，他常挂在嘴边的一句话就是“一切都是最好的安排”。

有一次，国王兴高采烈地到大草原打猎，他射伤了一只花豹。国王一时失去戒备心，居然在随从尚未赶到时，就下马检视花豹。谁想到，花豹突然跳起来，将国王的小手指咬掉小半截。

回宫以后，国王越想越不痛快，就找宰相来饮酒解愁。宰相知道了这事后，一边举酒敬国王，一边微笑着说：“大王啊！少了一小块肉总比少了一条命来得好吧！想开一点，一切都是最好的安排！”

国王听了很是生气：“你真是大胆！你真的认为一切都是最好的安排吗？”

“是的，大王，一切都是最好的安排。”

国王说：“如果我把你关进监狱，难道这也是最好的安排？”

宰相微笑说：“如果是这样，我也深信这是最好的安排。”

国王大手一挥，两名侍卫就架着宰相走出去了。

过了一个月，国王养好伤，又找了一个近臣出游了。谁知路上碰到一群野蛮人，他们把国王抓住用来祭神。就在最后关键时刻，大祭司发现国王的左手小指头少了小半截，他忍痛下令说：“把这个废物赶走，另外再找一个！”因为祭神要用“完美”的祭品，大祭司就把陪伴国王一起出游的近臣抓来代替。脱困的国王大喜若狂，飞奔回宫，立刻叫人将宰相释放了，在御花园设宴，为自己保住一命，也为宰相重获自由而庆祝。

国王向宰相敬酒说：“宰相，你说的真是一点也不错，如果不是被花豹咬一口，今天连命都没了。可我不明白，你被关进监狱一个月，难道也是最好的安排吗？”

宰相慢慢地说：“大王您想想看，如果我不是在监狱里，那么陪伴您微服私巡的人，不是我还会有谁呢？等到蛮人发现国王不适合拿来祭祀时，谁会被丢进大锅中烹煮呢？不是我还有谁呢？所以，我要为大王将我关进监狱而向您敬酒，您也救了我一命啊！”

宰相是一个明智的人，他能从事物的不利中看到有利的一面，并始终认为一切都是最好的安排，这无疑是一种积极的人生态度。

正是因为有些人不能正确地看待自己的利与不利，没有正确认清自己的价值，没有好好地活在这个世界里，才会自己给自己找麻烦。人生难免遭遇一些利害得失，学会辩证地看待事物的两面性，就会少一些挫折感，你的人生才能轻松愉快。

上天总是公平的，在这里多给你一些，就会在其他方面拿走一些，所以得失不要看得太重，像塞翁一样做个生活的哲学家，便会减去不少烦恼。

冬长三月，早晚打春

我们都喜欢生活中发生各种各样的“好事”，而不是诸如生病、事业失败等“坏事”。然而古人告诉我们：“物极必反。”人生总是一波三折，谁也无法永远一帆风顺，也无法一辈子坏运连连。当我们无法阻止这种变化时，不妨顺应变化，好事发生时，不要骄傲得意，而要乘机将人生提高到更高的一个高度；如若坏事临门时，也不要沮丧绝望，不妨韬光养晦，为下次的机会做足准备。要知道，世间事无绝对，“冬长三月，早晚打春”，当你处于人生的困顿期，颓丧绝望时，不妨说服自己多撑一天，一个月，甚至一年吧，你会惊讶地发现，当你拒绝退场时，生命将给予你怎样的惊喜。

法布尔19岁时从师范学院毕业，做了一名小学老师。他通过自修，一步步由初中老师、高中老师，最后升到大学讲师。这期间，法布尔一边教书，一边学习化学知识。他有一个想法，就是把用作染料的茜草色素的主要成分——茜素纯化提炼出来。

经过努力，实验成果很显著，他和印染厂的工人们都盼望着他的研究能够正式投产。当研究成功后，他却得知了另一个消息：人工茜素已经合制成功，这预示着法布尔的天然茜素纯化技术没有任何价值。

多年研究与实验的辛苦，瞬间就付之东流了，对法布尔而言，这是一个不小的打击。一段时间过后，法布尔从失落的情绪中恢复了过来，决定换一个研究方向，开始着手进行科普知识的推广。在87岁高龄时，他完成了自己的代表作《昆虫记》的最后一卷。

法布尔一生坚持自学，先后取得了物理学士学位、数学学士学位、自然科学学士学位及博士学位。《昆虫记》的成功给他带来了“昆虫界的荷马”以及“科学界的诗人”的美名，他本人也因为此书而获得了社会的广泛认可。

谁也不会天生“衰命”，只因我们未认识到这种无常而心生妄念，从而把生活和工作弄成一团乱麻。要知道，挫折与苦难是生命必然的悲痛，然而，落叶飘过腐烂之后，春天的新绿才能丝丝抽出，而春蚕吐丝作茧自缚的终极是新生命的诞生！我们生活在这起起落落、斑斓又黯淡的世界中，如一棵绿芽、一朵花的开放，一只大雁南飞，是自然的生生不息。而春的温暖、夏的炙热、秋的萧瑟和冬的肃杀，都让我们轮流经历着，以此启发我们不同于任何生物的智慧。正如林清玄所说的：“生命中虽有许多苦难，我们也要学会好好活在眼前，止息热恼的心，不做无谓的心灵投射。”

古希腊哲人苏格拉底说：“许多赛跑者的失败，都是失败在最后几步。跑‘应跑的路’已经不容易，‘跑到尽头’当然更困难。”一个人的成功往往来自自己内心的一份坚持，这一点点坚持使他们成为真正的赢家！

鲁冠球起家于一个只有3000块钱无牌照的小型米面加工厂，现在却是一家资产过百亿的跨国集团老总。他15岁辍学，20岁有了第一次艰苦创业。鲁冠球从亲戚那里东拼西凑借来3000块钱，创办了只有一台磨面机、米机，没敢挂牌子的小型米面加工厂。因为时代的原因，私营活动在当时被严令禁止，干出一番事业并不容易。第一次创业差点让鲁冠球倾家荡产，也让他背负上祖父和父亲的沉重压力，但他总不甘心，于是就有了第二次的创业经历和艰苦的原始积累。

第一次创业后没多久，鲁冠球就又发现了在当时铁锹、镰刀没处买，自行车没处修的日子里，鲁冠球又勒紧裤腰带借了4000块钱，和5个人合伙开了一个铁匠铺。没有原料，就大街小巷的收废钢废铁，回去后就打铁锹和镰刀，生意越来越红火。公社领导不久就发现了鲁冠球的才能，让他接管宁围公社农机汽配厂：一个84平方米的烂厂房。他没有丝毫犹豫就答应了下来，变卖了自己所有的家产投入厂子中。最开始，厂子的产品没有销路，鲁冠球就带领几十名骨干，兵分多路四处打听销售渠道。

终于，他们得知在这一年，山东胶南会举办一次全国性的汽车零部件订货会。这个消息让所有人乐得炸开了锅，鲁冠球用最快的速度租了两辆车，拉着产品和销售科长等人直奔胶南而去。最开始的3天无人问津，就在大家坚持不下去的时候，鲁冠球果断地说："调价！降20%，我看看有没有人来买！"果然，这招吸引了210万订单，农机厂的销路自此打开，工厂也渡过了最初的难关。

最初的艰苦磨砺不但使鲁冠球更具经商智慧，也使其具备了优良的品质。他曾经因为收到一位消费者的投诉，就收回3万余件产品，全部销毁，损失达40余万元。他并不心痛，只有防微杜渐，企业才能走得更远。

相比同时期的其他人，鲁冠球获得了一个"商界不倒翁"的名号，因为他的稳，他的持久和反思，更因为他能耐得住"坏运"时期的"熬"。

人生就像四季，有着寒暑之分，也会有冷暖交替的变化。情场失意、工作不得志、与家人无法沟通、在同事中不被认同、亲人病危……当我们面临人生的冬季时，不可避免地会陷入情绪的低潮，并经常在低潮与清醒中来回摇摆。当我们处于人生的冬季时，正是好好反省、重新认识自己的时候，因为在所谓的清醒时刻，往往并非真正的清醒。不管是刻意压抑或是在潜意识中，都会在有意或无心的时候，否定内心的种种孤寂、空虚的感受，也压抑了由恐惧所引起的各种负面情绪。当然，一般人也想解决这样的问题，有人尝试各种各样的方法，只是到了最后，还是不忘提醒自己这样的话："书上写的、朋友说的我都懂，不过，懂是一回事，能不能做到又是另外一回事！"就这样，不是畏惧改变，就是不耐心等待，而错失了反省自己的机会。

生命会衰老，心路无尽头。在人生的旅途上，有寒雾笼罩的抑郁窘迫，也会有丽日蓝天的欢欣舒畅，有风雪交加的漫漫长夜，也会有月朗星稀的锦绣黎明。心路上有喜悦也有哭泣，有鲜花也有荆棘，有坦荡也有坎坷，有春天也有冬季。这就是生命中原本的模样。而我们所要做的，便是由缰的思绪之马，慢慢地，走出冬季，向阳光明媚的春天走去。

第三章

个人涵养：茶也醉人何必酒，书能香我不须花

——为人若君子，不可当小人

君子坦荡荡，小人长戚戚

洋洋洒洒一部《春秋》，总不过都是君子与小人的故事。流芳百世者，多为君子；遗臭万年者，皆为小人。君子谦谦，小人戚戚。古往今来，人世百态，有君子处皆有小人。小人者，于承诺中背信弃义，置他人以致国家安危于不顾，只为求得一时苟活的性命；于坦荡中掖掖藏藏，置他人利益为罔闻，只为寻得一己私利。小人者，心中亦无爱，或利欲熏心，或心胸狭隘，或飞短流长。为求浮名荣耀甚至是蝇头小利，往往大打出手，近乎不择手段。

所以，君子与小人的度量皆在一个“德”字中。《论语·里仁》中就讲到了一个关于君子与小人的名句：“君子怀德，小人怀土；君子怀刑，小人怀惠。”所以说，君子胸有千壑，小人独善其身；君子顺道而行，小人贪图小惠。

而在生活中，我们总会难免碰到小人，往往在有意无意间和小人打上交道。如此情况，我们又该如何处置？

古语云：“君子动口，小人动手。”面对小人们的不择手段，死缠烂打，再聪明的人也会防不胜防。所以，一旦被他们带进沟里，定力不够者往往也会不顾一切地陷入到与小人的纠纷里，结果到最后往往弄得焦头烂额。

所以，与小人发生直接的冲突是一种不明智的行为，因为冲突正是他们施展自我“才能”的利器。动手者，小人之善道也。正所谓“新鞋不踩臭狗屎”，在与小人打交道时务必考虑周全，最好不要与其发生正面冲突，这对一般人来说，都无异于以卵击石。这并不是说在力上小人有多么的强大，而是在行为方式上，他们可以没有道德底线，心中无德者招数自然也是极尽下三烂之能事，所以，纵使你实力强势无敌，也难免不会躺着中枪。

“小人”随处可见，这种人常常是一个团体纷扰之所在，他们的造谣生事、挑拨离间、兴风作浪，很让人讨厌，所以人们对这种人不但厌而远之，甚至还抱着仇视的态度。

再坏的人也不愿意被人认为自己“很坏”，总要披一件伪善的外衣，而你偏要以正义之手，揭开他们的面纱，却照出了小人的原形，这不是故意和他们过不去吗？

所以，“宁得罪君子，不得罪小人”成了待人处世中与小人打交道至理名言。但是，在生活中碰到此等人，我们是不是唯有忍气吞声自认倒霉？或是亦步亦趋，也在红

尘的浸染中学会了那谄媚卑鄙的嘴脸？窃以为，不可如此。

对于动手的小人，我们自当以动口的君子之德去感化他，而即便不能做到如此，我们也应该时常怀有一颗君子之心，以大德之礼赢得天下苍生的厚爱，将眼光放得更长远，不要在某一个小人身上栽了跟头，失了感化更多有回头之心的浪子的机会。

所以，与君子共事，自是坦坦荡荡，无所谓小人的那些伎俩；与小人共事，当心胸开阔，目光高远，不要落入他们的窠臼。

孔子曾说："君子易事而难说也。说之不以道，不说也。及其使人也，器之。小人难事而易说也。说之虽不以道，说也。及其使人也，求备焉。"与君子一起做事很开心，也很容易。因为君子多半胸怀坦荡，没有什么偏见与私心，凡是合理的建议他自然会欣然接受。但是你若要讨好君子，或是送礼，或是奉承，皆是入了魔道，实不足取。所以，私情在君子中，抵不过秉公办理的半点威风。

但是小人呢？正好相反。对于小人，你只要送他所需，送他所急，送他所喜，他就一定很高兴。但是你要和他一起共事就难了，因为他们的眼中永远只有私利，无关大局，更何况是你呢？

所以，在现实生活中，与君子，心中无私，口中自是直来直去，勿藏藏掖掖；与小人，多半则要以君子动口的灵活来应对随时动手的他们了。

徐文远是名门之后，他幼年跟随父亲被抓到了长安，那时候生活十分困难，难以自给。他勤奋好学，通读经书，后来官居隋朝的国子博士，越王杨侗还请他担任祭酒一职。隋朝末年，洛阳一带发生了饥荒，徐文远只好外出打柴维持生计，凑巧碰上李密，于是被李密请进了自己的军队。李密曾是徐文远的学生，他请徐文远坐在朝南的上座，自己则率领手下兵士向他参拜行礼，请求他为自己效力。

徐文远对李密说："如果将军你决心效仿伊尹、霍光，在危险之际辅佐皇室，那我虽然年迈，仍然希望能为你尽心尽力。但如果你要学王莽、董卓，在皇室遭遇危难的时刻，趁机篡位夺权，那我这个年迈体衰之人就不能帮你什么了。"

李密答谢说："我敬听您的教诲。"

后来，李密战败，徐文远归属了王世充。王世充也曾是徐文远的学生，他见到徐文远十分高兴，赐给他锦衣玉食。徐文远每次见到王世充，总要十分谦恭地对他行礼。有人问他："听说您对李密十分倨傲，却对王世充恭敬万分，这是为什么呢？"

徐文远回答说："李密是个谦谦君子，所以像郦生对待刘邦那样用狂傲的方式对待他，他也能够接受；王世充却是个阴险小人，即使是老朋友也可能会被他陷害杀死，所以我必须小心谨慎地与他相处。我查看时机而采取相应的对策，难道不应该如此吗？"

等到王世充也归顺唐朝后，徐文远又被任命为国子博士，很受唐太宗李世民的重用。

灵活应对，而不是莽撞行事。徐文远当是有君子遗风。人世间，小人君子皆不尽，于不同时机里，尽可能维护全局，放眼更广阔的未来，当是成大事者，泽被万代。君子动口，自当晓之以理，不卑不亢，娓娓道来；小人动手，自当灵活机动，勿让自己的梦想折戟其中。动手者图的无非一时之快，却往往到最后，得不偿失。唯其如此，方能于纷乱世事间，谈笑自如，而君子之风，也定能代代传承下去。

玩人丧德，玩物丧志

孔子曾经提出自己的“君子三戒”：“少之时，血气未定，戒之在色；及其壮也，血气方刚，戒之在斗；及其老也，血气既衰，戒之在得。”大意是君子有三件事情要警惕：年轻时，精力不稳定，要警惕贪恋女色；到了壮年阶段，血气正旺，要警惕争强好斗；到了老年时，精力衰退，要警惕保守与贪婪。

人在少年的时候，很容易冲动，这个时候我们尤其要注意不能因男女关系而玩物丧志，或因感情的变故而导致人生走向不稳定。有不少青少年，因为谈朋友而误了学业，更有甚者为了争夺一个异性朋友而做出伤害他人的举动，想不开的时候，甚至会跳楼自杀。所以，在这个时期要慎重处理感情问题，切忌因色生事、情关难过。

人在中年，血气方刚，事业、家庭都很稳定。个人为了突破事业上的瓶颈，定会与人“大打出手”，所以孔子说“戒之在斗”。与他人斗的结果很可能是两强相争两败俱伤，此时既已家业有成，当静享人生乐趣，以一颗平和之心来看世相万千。

老人多半性情温和，如罗素所说，湍急的河流冲过山峦，终于汇入大海的时候，表现出来的就是一种平缓和辽阔。在这个时候，人要正确对待得到的东西。

其实，仔细想来，孔子的这番话归根结底说的都是一个道理，即人在不同的年龄段要戒除不同的玩性。少年时不可玩弄身体和感情，中年时忌讳玩弄权术和争斗；老年时亦不可玩弄悠闲和自己的所得。

“玩人丧德，玩物丧志”出自古代经典著作《尚书·旅獒》。说是大约三千多年前，周武王消灭了商纣王之后，威德广播四海。当时有人进贡了一只犬，威猛善斗，与当时中原的犬大不相同。武王很喜好它。这件事被太保召公奭看在眼里。退朝以后，他写了一篇《旅獒》呈现给周武王，文中说：“德盛不狎侮；狎侮君子，罔以尽人心；狎侮小人，罔以尽其力……玩人丧德，玩物丧志。”武王读了《旅獒》，想到商朝灭亡的教训，觉得召公奭的劝告很有益，于是就把所收贡品分赐给诸侯和有功之臣，自己则兢兢业业地致力于国家的治理。武王之时，国泰民安。

玩物丧志，这是古人传承下来的谆谆教诲。然而，在当今这个物欲横流的社会，对于每个年龄段的人来说，可玩的东西实在太多了。适度的玩自然是放松，但是如若沉迷其中不可自拔，不仅是对自身身体的摧残，更是对心智的一种侵蚀。长此以往，终会走向自我毁灭的深渊。

春秋时期，卫国的第十四代君主卫懿公特别喜欢鹤，整天与鹤为伴，如痴如迷。为此他时常不理朝政，更不说明察暗访体恤民情了。更有甚者，他还让鹤乘高级豪华的车子，待遇颇高。为此，国库不堪重负，大臣不满，百姓也是怨声载道。

终于，在公元前659年，北狄部落侵入卫国国境，当卫懿公命令军队前去战场的时候，没有人听他的，并且都气愤地说：“你的鹤享有那么高的地位和待遇，肯定是无所不能的，你让它去打仗吧！”懿公见无人听其差遣，只好亲自带兵出征，无奈军心不齐，卫懿公一战即死。为此，古人有诗云：

曾闻古训戒禽荒，一鹤谁知便丧邦。

荥泽当时遍磷火，可能骑鹤返仙乡？

卫懿公沉迷于玩鹤的心魔中，不仅让自己丧失了治国的契机，也让他的整个国家都陷入了不求进取的态势中，最终他玩掉了整个国家和自己的性命。

我们必须时刻警醒“玩人丧德，玩物丧志”。

人靠衣装，佛靠金装

在这个世界上，只有一件东西能够给予一个人真正而持久的力量，那就是一个人的魅力。而魅力最直观的表现就是你的外在形象。如果你想成为一个具有重大影响力的人，先做一个有魅力的人吧，用心为自己设计一个最佳的形象。

西方有句俗语：“你就是你所穿的！”这也是人类无法改变的天性。在远古时代，服装最基本的功能是御寒，遮羞是它作为文明的标志；在有了阶级的社会里，尤其在现代社会，它又有了自我展示和表现成就的作用。这也是为什么很多成功人士不惜花费大量的时间和金钱选择那些能让他们展现出最好风姿和成就的服饰的原因。你的形象在无声地帮助你交流、沟通，传递你的信息，告诉人们你的社会地位、个性、品位，等等。

如果说，形象是一个人通往成功的门票，这其实并不夸张。常言道，“人靠衣装，佛靠金装”，你的“外包装”在视觉上传递出你所属的社会阶层的信息，它也能够帮助你建立自己的社会地位。在大部分社交场所，你要看起来就属于这个阶层的人，就必须包装得像这个阶层的人。人们往往把优秀的服装与优质的人、不菲的收入、高贵的社会身份、一定的权威、高雅的文化品位等相关联，穿着出色、优质的服装意味着事业上有卓越的成就。

我们不妨想一想自己身边的人，那些形象不凡而出众的人，自然会让我们另眼相看；而对于那些衣衫不整的人，我们会低估他们的能力和品位。形象在事业上的作用不但不可忽略，而且相当重要。无论选择雇员还是提升职员，如果面临着竞争，我们可能更容易倾向于那个穿着出色者，庄重而有品位的着装能够赢得我们的信任。富有魅力的形象，在一遍一遍地向你周围的人们传递这样一个信息：“此人是一个重要人物，他很可靠、实力雄厚，因此不可小视。”

“人靠衣装，佛靠金装”，考究的服饰为你的形象增光添彩。虽然不能说形象决定成功，但成功与形象之间一定是相互促进的关系：你越成功，你的形象就越有影响力；你的形象越魅力十足，你也就越容易走向成功。

为了打造属于你的魅力形象，你应该掌握以下一些原则：

1.超越名牌思维。你必须知道，时装的作用不只是装饰，而是个性性格、品位的体现，简约、和谐远胜于华丽的堆砌。

2.张扬自我个性。跟风随大流会让你失去自我，在穿着上带着自我个性，带点创造力会让你脱颖而出，引起别人的注意，但切忌奇装异服，哗众取宠。

总之，你必须了解自己的个性特点才能做好自我形象的塑造，发挥自身优势，将你身上最好的、最闪亮的地方呈现给所有人。

输钱只为赢钱起

人们常说：“十赌九输。”可是赌这门东西非常邪门，因为几乎每个人都是，第一次赌的时候，是抱着试试、小赌怡情的心态，结果赢了，就觉得原来“赌”没什么难的。要不然就是觉得自己的运气盖过一切，应该下重手。结果，也就应验了“十赌九输”这句话。

仔细想想，几乎人人都有的这种“一定要赢”的心理其实是人的贪欲在作祟。俗话说，人心不足蛇吞象。我们常常被表象的繁荣所迷惑，沉溺其中不能自拔。现实生活中，的确也很难有人能够很好地控制自己的贪欲。而一旦贪念生起，便很难有回头的决心和勇气。

从前，一个想发财的人无意之间得到了一张密林藏宝图，图的上面标明在密林深处有一连串的宝藏。他惊喜不已，立即悄悄地准备好了一切旅行用具，特别是他还找出了四五个大袋子准备用来装宝物。等到一切就绪，他就进入了那片密林。他无畏眼前的困难，勇敢地斩断了挡路的荆棘，蹚过了小溪，冒险冲过了沼泽地，最后终于找到了第一个宝藏。进门后，他兴奋地发现：这个屋的金币熠熠夺目，虽然满屋的钱已经够他用上一辈子的，但是他依然打算装完以后再接着去第二个宝藏的地方，他急忙掏出袋子，把所有的金币装进了口袋。等到离开这一宝藏的时候，他看到了门上的一行字“知足常乐，适可而止”。

他看后只是笑了笑，心想：有谁会那么傻丢下这些闪光的金币呢？于是，他没留下一枚金币，就马上扛着大袋子来到了第二个宝藏处。进门后，呈现在他眼前的是成堆的金条。他见状可是激动坏了，兴奋地把所有的金条都放进了自己的袋子，当他拿起最后一条时，发现上面刻着：“如果你肯放弃下一个屋子中的宝物，那么你会得到更宝贵的东西。”

他没有理睬这些提醒，认为下一个宝藏里一定有比金币、金条更珍贵的宝物，于是迫不及待地走进了第三个宝藏处。这下打开门，他完全惊呆了：里面有一块磐石般大小的钻石，他那双眼睛发出了亮光，他知道这个钻石完全可以让他富可敌国，于是他贪婪的双手抬起了这块钻石，小心地将它放入了袋子中。忽然他发现，这块钻石下面还有一扇非常小的门，他不禁一阵窃喜，心想：看来下面一定有更多、更值钱的宝物。结果，等他进去之后才发现，里面不是金银财宝，而是一片流沙。他最终与金币、金条和钻石一起长埋在这一片流沙下了。

玩牌的人大多有这样的体会。你赢了一局又一局，于是总想赢更多，结果可能就是下一局，你把所有之前赢的东西全部都输掉了，更甚者连自己的老本都压了进去。这不就像这个发现宝藏的人吗？贪念引诱着他一步步打开那宝藏之门，而最后，与其说是流沙将他埋葬，倒不如说他被贪欲带进了坟墓。

现实生活中，很多人在物质上都有一种永不知足的疯狂的贪欲，当拥有的时候会引发更大的欲望，越是抓住的多，就更想要再多抓住一些，而当贪得无厌的心态不断地膨胀直至爆炸时，也就彻底走向了自我毁灭。

不想放手，就是因为开始时赢了觉得还不够，再继续，就没得翻身了。试问有多少人能抽身而去？而当你心底的贪欲被勾引出来后，你的心智究竟还有几分是你自己所能控制的？

有一天，一个乞丐无意中发现了一只跑丢的小狗，小狗很可爱，乞丐发现四周没人，便把狗抱回了他住的窑洞里，自己养了起来。

但这不是一条一般的狗，而是一只纯正的进口名犬，是一个百万富豪的宠物。这位富翁丢失爱犬后十分着急，于是，富翁就在当地电视台发了一则寻狗启事：如有拾到者请速还，付酬金2万元。

乞丐沿街行乞时，看到这则启事，感到又惊又喜。他迫不及待地抱着小狗准备去领那2万元酬金，可当他匆匆忙忙抱着狗又路过贴启事处时，发现启事上的酬金已经变成了3万元。原来，富翁寻不着狗，又把酬金提到了3万元。

乞丐这时向前走的脚步停了下来，他想了想又转身将狗抱回了窑洞，重新拴了起来，他想得到更多的酬金。到了第三天，酬金果然又涨了，第四天又涨了，直到第七天，酬金涨到了让人难以置信的地步，乞丐这才跑回窑洞去抱狗。可想不到的是那只可爱的小狗由于吃不惯乞丐的伙食，已被活活饿死了。

最终乞丐一分钱也没有得到。

对于乞丐而言，原本他拥有了一个翻身的绝好机会，但是在面对这个机会的时候，他却动了非分之想。人都有一种逢赌必想赢的心态，却从来没有真正领会到“愿赌服输”的真正含义。乞丐跟富翁赌上了，其实跟他赌上的是时间，是自然规律。他又岂能赢得了这广袤无垠的时空？

《伊索寓言》中有这样一句话：“有些人因为贪婪，想得到更多的东西，却把现在所拥有的也失掉了。”我们不要盼望别人给予我们什么，也不要期盼自己所想要的都能追逐得到，要学会自食其力，懂得知足常乐，懂得享受现在所拥有的，体验每一刻美好的时光。

不赌就是赢。

诚信无须假于笔墨，美丽无须假于粉黛

诚信，就是诚实信用，忠诚正直。即忠于事物的本来面貌，不隐瞒自己的真实想法，不掩饰自己的真实感情，不说谎，不作假，不为不可告人的目的而欺瞒别人。诚信是现实生活中维系人与人之间亲密关系的纽带。

诚信是做人之本，是一种至高无上的美德，是中华民族的传统美德。不诚信的人是很难被别人接受的。在人生的漫漫长路中，诚信就像是一盏明灯，指引着我们走向成功。现实生活中只有每个人都拥有诚信的品质，践行诚信的美德，才能相互信任，相互交流，搭建起友谊的桥梁。

我国著名的教育家、思想家孔子就曾经说过：“人而无信，不知其可也”。意思是说做人却不讲信用，我不知道那怎么可以。说的就是做人要诚信的基本道德。

在秦朝末年有一个叫季布的人，他一向说话算数，在当时社会上的信誉非常高，许

多人都非常崇拜他，也非常相信他，而且同他建立起了深厚的友情。在当时民间甚至流传着这样的谚语："得黄金百两，不如得季布一诺。"

秦朝灭亡后，他因故得罪了汉高祖刘邦，于是刘邦悬赏黄金百两全国捉拿他。他的朋友只要把他抓住献给刘邦，就可以得到百两黄金作为奖励，但是结果他的那些昔日的朋友不仅不被重金所惑，而且纷纷冒着被灭九族的危险来保护他，最终刘邦也没有抓到季布。

由此可见，一个诚实守信的人，自然能获得朋友的尊重和友谊，这就是俗话说的"得道多助"。反过来，如果一个人或者一国之君因贪图一时的安逸或者小便宜，而失信于自己的人民或者是朋友，表面上看好像是暂时得到了"实惠"。但是从长远来看，为了这点实惠，他毁了自己的声誉，这比他所得到的那点"实惠"要重要得多。所以，失信于朋友，无异于丢了西瓜捡芝麻，从长远看是得不偿失的。

有人因为诚信而在关键时刻挽救了自己的性命。那就有人会因为失信于人而吃亏甚至丢掉自己的生命。

如果一个人不守信，迟早会失去别人对他的信任。那么，一旦他处于困境，很可能就没有人再愿意出手相救了。所以孔子说："人而无信，不知其可也。"失信于人者，一旦遭难，也就只有坐以待毙了。

诚信对于一个国家也非常的重要。在美国，每年都会有许多游人去纽约河边公园的"南北战争阵亡战士纪念碑"前面祭奠亡灵。美国十八届总统、南北战争时期担任北方军统帅的格兰特将军的陵墓就在这个公园的北部。格兰特将军陵墓后方是一大片草坪，一直绵延到公园边的悬崖边上。格兰特将军的陵墓后边，更靠近悬崖边的地方，还有一座没有记载、没有名字的小孩子的坟墓。那是一座非常小也非常普通的墓，只有一块小小的墓碑，上面的文字已经模糊得几乎无法辨认，这个小小的坟墓记载着一个感人至深的关于诚信的故事：

这个故事发生在两百多年以前。有一年，这个小男孩才五岁时，不小心从这里的悬崖上坠落身亡。他的父母非常的伤心，便将他埋葬在这个地方，并修建了这样一个小小的坟墓来纪念他。很多年以后，小男孩的父亲要将这片土地转让。出于对儿子的爱心，他对买主提出一个很奇特的要求，那就是要求买主要把孩子的陵墓作为土地的一部分，一直保存着。买主被伟大的父爱感动，答应了这个奇特的条件，并把这个条件写进了契约。就这样，孩子的小小坟墓就一直被保留了下来。

沧海桑田，时光荏苒，一百年过去了。这片土地不知道中间换了多少次主人，但是小男孩子的小小坟墓却一直都是在那里。小男孩父亲那个奇特的条件随着一个又一个的买卖契约被传承下来，因而小男孩的坟墓也完整无损地保存下来。时间到了1897年，政府成了这块土地的主人，这里被政府选中作为格兰特将军的陵园。美国政府也遵从了契约中那个奇特的条件，将无名孩子的坟墓完整无损地保留下来，成了格兰特将军陵墓的邻居。

时间又过了一百年以后，在1997年，为了缅怀格兰特将军在南北战争中立下的丰功伟绩，当时的纽约市长朱利安尼来到这个陵园。朱利安尼市长亲自撰写了这个动人的故事，并把它刻在小男孩坟墓旁边的木牌上，让这个关于诚信的故事世世代代流传下去……

纵观古今，因诚信而成功的人比比皆是，败落在诚信脚下的人也是数不胜数。在当今物质生活非常发达的现实社会中，面对那么多的诱惑，做到诚实守信是非常困难的事情，但是如果你用自己的信心，用发自心底的责任和尊严去信守，那么，最终我们会发现这样的坚守对于我们的成功是值得的，而且是必需的。

别让陋习成自然

每个人或多或少的有些陋习，很多时候我们意识不到，正是那些陋习阻碍了我们向成功迈进的脚步。

习惯在长时间逐渐形成的，一时不容易改变的行为、倾向或社会风尚。但习惯有好坏之分，其中有些约定俗成的好习惯往往伴随人的一生。如闲暇则有手不释卷的习惯，见人有热心相助的习惯，待人接物有讲究礼节的习惯，等等，这些好习惯是一种内在品德的发扬与表现。与此相反，有的习惯则属于一种对事物偏颇的认识或生理本能的追求，如好吃懒做、好赌成瘾、出言不逊等等，这些坏习惯会让人性格扭曲，不仅对自身毫无益处，还会给社会带来许多不安定因素。当陋习刚刚染身的时候，人们往往不以为然，可是一旦病入膏肓，到了不可救药的地步，就后悔莫及了。

有一个著名的实验足以说明陋习的严重性，把青蛙放在开水中，青蛙会迅速跳出来，但是把它放在冷水中慢慢加热，青蛙就会感觉很舒服，直到最后烫死在里面。我们身上的很多不自觉的行为，就像青蛙所处的水一样，在慢慢加热。在学校里面，只知道背答案却不知道如何独立思考的习惯，使我们失去了重要的创造能力；在工作中，只知道服从却不知道提出更好意见的习惯，使我们失去了很多发展的机会；在生活中，天天上网聊天看电视连续剧的习惯，使我们失去了很多专心致志完成重要事情的时间。最后，我们这辈子平庸地来，平庸地去。

请给自己一段时间，总结一下你生活中的成功与失败，寻找一下成功与失败的根本原因，把这些原因一条条清晰地写下来，再把你生活中所有的习惯写下来，看看哪些习惯是好习惯，哪些是坏习惯。如果自己想不清楚，就求助于那些了解你的人，他们能一针见血地指出你的优点和缺点。当你把成功的原因和好习惯列成一栏，把失败的原因和坏习惯列成一栏之后，你会吃惊地发现，你的好习惯就是你成功的原因，而坏习惯也正是你失败的原因。

不以善小而不为，不以恶小而为之。习惯大都是从小积累起来的，这句话听起来非常老套，但却与我们的切身利益息息相关。达尔文曾经说过，不管社会如何发展，生存好的一定是那些平日里养成良好习惯的人。虽然有些残酷，却真的是一条经由实践检验证明的道理。

人常说，“习惯成自然”，当你将陋习也当成自然时，你必将走向失败。你习惯衣衫不整、头发凌乱地出入公众场合，或是打扮怪异，夺人眼球，丝毫不在乎周围那些惊讶的眼光；你习惯迟到、消极怠工，在所有人心中，你早已成了自由散漫、吊儿郎当、没有工作责任心的代名词；你习惯诸多借口，无论别人提出的批评多么富有建设性，你却只会搬出一大堆理由辩驳，推卸责任，你给人的印象就是胸襟狭窄、刚愎自用；你习惯于依赖别人，从来不敢提出自己的见解，人云亦云，拾人牙慧，又有谁能够放心地对你委以重任，安排你独当一面……于是，当你将陋习视为自然的时候，你将会品尝到自酿的苦果。

陋习会使你丧失成功的机会，它是阻碍你成功的障碍，让你扔掉握在手里的机会。因此，请检视一下你生活和工作中的所有习惯，看哪些习惯会成为你成功的障碍，然后，试图一项一项改正它们，切勿被坏习惯所束缚。

那么，如何改掉陋习呢？唯一的办法，是养成一个良好的习惯。

心理学原理告诉我们，改变一个习惯，至少需要两个星期。这就告诉我们，改变习惯是一个痛苦的过程，但这样的痛苦我们可以承受，可以制订切实可行的计划，一步一步地向前走，而放任陋习却是没有出路的。

有求皆苦，无欲则刚

怎样才算得上真正的刚强，老人言告诉我们："有求皆苦，无欲则刚。"

孔子说，我始终没有看见过一个够得上刚强的人。有一个人说，申枨不是很刚强吗？孔子说，申枨这个人有欲望，怎么能称得上刚强呢？一个人有欲望是刚强不起来的，碰到你所喜好的，就非投降不可，只有无欲时才能刚强。

如果一个人说什么都不求，只想成圣人、成佛、成仙，其实也是有所求，有求就苦。人到无求品自高，要到一切无欲才能真正刚正，才能真正作为一个大写的人，屹立于天地之间。

"事能知足心常惬，人到无求品自高"，这是清代陈伯崖写的一副千古绝对。李叔同曾经写过一首赠友人诗，诗中便引用了该联："今日方知心是佛，前身安见我非僧。事业文章俱草草，神仙富贵两茫茫。凡事须求恰好处，此心常懔自欺时。事能知足心常惬，人到无求品自高。"这里说的"无求"，不是对学问的漫不经心和对事业的不求进取，而是告诫人们要摆脱功名利禄的羁绊和低级趣味的困扰，有所不求才能有所追求。

林则徐最初在山东济宁当运河河道总督时，便立下一块石碑，上面镌刻着7个大字："人到无求品自高"，一针见血地道出无私无欲的崇高品德，作为自己的座右铭，时刻鞭策自己、激励自己。林则徐面对官场的腐败风气的污邪，曾语重心长地给在京翰林院任职的长子写过一封书信，信中说："吾儿年方三十，侥幸成务，何德何才，而能居此，唯有一言嘱汝者，服官者应时时作归计，勿贪利禄，恋权位，而一旦归家，则又应时时作用计，勿儿女情长，勿荒弃学业，须磨砺自修，以为旦之为。"林则徐故居厅堂中悬挂着一幅他亲笔所书的格言："海纳百川，有容乃大；壁立千仞，无欲则刚。"

道家说，有所求而无所得，无所求而有所得。表面上看是一种消极的处世态度，静心领悟，会发现这其实是一种深层次的人生哲理。正所谓：山高人为峰，无求品自高。

一位高僧和一位老道，互比道行高低。相约各自入定以后，彼此追寻对方的心究竟隐藏在何处。和尚无论把心安放在花心中、树梢上、山之巅、水之涯，都被道士的心于刹那之间，追踪而至。和尚忽悟因为自己的心有所执着，故被找到，于是便想："我现在自己也不知道心在何处。"和尚进入无我之乡，忘我之境，结果道士的心就追寻不到他了。超然忘我，放下得失之心，不苦苦执着于自己的失与得、喜与悲，便不会陷入欲求的痛苦之中了。

淡泊明志，宁静致远。拥有一颗宁静的心，我们才能从容地面对自己的生活。很多时候，当我们处在困窘的处境中时，似乎会有更多的渴望，然而，太多不切实际的杂念，也往往是我们登上人生顶峰的最大阻碍。这时候，如果你能够让你的心态平静下来，不受外界的干扰，那么你就可以得到你想要的一切。

第四章

立身处世：信者行之基，行者人之本

——修炼自己，把握人生福祸之密钥

有钱难买“早知道”

很多人一生都在追逐，追逐财富、追逐地位、追逐爱情。可是，追到头来，却发现自己就像掰棒子的狗熊，两手空空。这个时候，人们常常会悔恨，如果当初“早知道……，就好了。”

可是，为什么我们要等到失去以后才会懂得珍惜呢？就像电影《大话西游》里的这段经典台词：“曾经有一份真诚的爱情放在我面前，我没有珍惜，等我失去的时候我才后悔莫及，人世间最痛苦的事莫过于此。如果上天能够给我一个再来一次的机会，我会对那个女孩子说三个字：我爱你。如果非要在这份爱上加上一个期限，我希望是……一万年……”

有人说，摘不到的星星，总是最闪亮的，溜掉的小鱼，总是最美丽的。错过的电影，总是最好看的，失去的情人，总是最懂你的。

在这世界上，每一个人都有个想要寻找的人，但是，这个人，错过了，就再也找不回来。

在爱情里有多少个早知道？

早知道，你过得不好，我不会轻易让你离开；

早知道，我爱你，必须常挂在嘴边，我不会吝啬说出它；

早知道，喜欢你，必须过马路时拉着你的手，我不会介意伸出手来；

早知道，我爱你，必须在吵架时依然讨你欢心，即使错在你，我可以颠倒是非；

早知道，我爱你，爱与被爱，我不会选择，50%我爱你，50%你爱我，会选择70%我爱你，30%你爱我，因为爱你多一点，你会倍感幸福；

早知道，我爱你，是一种支持，我不会在你节食时说你无聊；

早知道，上天安排你离开是一种错误，我不会让他得逞；

早知道……

早知道……

早知道……

多少个早知道已经来不及！

多少个早知道，都在你离去后跟着出来，可是，再多的早知道都已经没用，都唤不回了。

不必等到失去时才后悔，也不必一直念叨“早知道”，好好把握眼前，珍惜当下，会少很多遗憾，少很多悔恨。

过头饭不吃，过头话不说

在修建砖混结构楼房的时候，沿长度方向经常隔一定距离就会有一条断开的缝隙，这是故意设计上去的，叫作“伸缩缝”。是为了防止楼房“生长”的时候挤压变形。修楼如此，做事如此，为人也如此，凡事不可做过头，说话也要留余地。

恶语伤人三冬寒，我们一定要善于控制自己，明白什么是应该说的，什么是不可以说的。永远别说不该说的话，否则只能是伤人伤己。

俗话说：蚊虫遭扇打，只为嘴伤人。许多人总是不加思考、滔滔不绝地讲话，很少考虑别人的感受和自己将面临的后果。有的人性情直爽，动不动就向别人倾吐苦水。虽然这样的交谈富有人情味，但他们没有想到并不是所有的人都能够严守秘密。直到这些不可与人言的隐私成为对头手中的把柄时，他们才会幡然醒悟，追悔莫及。有的人喜欢争论，一定要胜过别人才肯罢休。结果当时确实在口头上胜过了对方，但却深深损害了对方的“尊严”。对方可能从此记恨在心，后果不堪设想。有的人喜欢当众炫耀，陶醉在别人羡慕的眼光里。岂不知在得意忘形中，失去了人心……

所以，为人处世，需要讲究说话的艺术。

过头饭不吃，过头话不说，说话除了要给别人留余地之外，更要给自己留有余地。不要把话说得太满太死。毕竟谁也不知道以后会发生什么事，说话行事为自己留有余地就是为了避免自己将来下不了台。

因此，说话的时候一定要给自己留有余地，让自己可进可退。要知道，说话也好比在战场上一样，只有说出去的话要进可攻，退可守，才能够让自己既有了牢固的后方，出击对方又可及时地退回，从而让自己永远处于主动的地位。

要在谈话时给自己留余地，需注意以下几点：

第一，话不要说得太绝对

这个世界上没有绝对的事情，所以话也不要说得太绝对。尤其是对于一件我们自己都还没有完全弄清楚的事情，就更不要用那些绝对的字眼。因为太绝对的话往往不真实，而且容易让别人反感。你可以仔细想一想，在我们的周围，是不是有很多这样的人，他们总是特别自信，即便自己没有完全的把握，而他就敢在他人面前很有把握地讲话，这样的人，是不是会让你从心底里反感？

老张和李庄是第一次见面，两人聊得还挺投机，聊着聊着便谈起了情理与法理的关系。老张说：“这是个智者见智，仁者见仁的问题，本没有定论的。”但李庄却说：“在这个社会，你必须讲法理，根本不能讲情理。按我的意思呀，在现在的社会，人心不古，跟人讲情理是没用的。必须要用法律来解决问题！”这本是闲聊，但是他的话过于绝对，引起了老张的反感，老张立即反唇相讥：“社会上不讲道德是不行的……”一场针锋相对的吵架就这样诞生了。

与人交谈的时候，即便是我们绝对有把握的事，也不能把话说死，更不用说那些本就没有定论的事情，太绝对的东西总是容易引起他人的挑刺和反感，而如果对方有意挑刺，鸡蛋里都能挑出骨头来，更何况你的一句话呢？那样，只是让你自己陷入尴尬的境地。与其给别人一个挑刺的借口，不如把话说得委婉一点，给自己留一个更为广阔的空间与对方周旋。

第二，话要说得圆润

话好不好听，关键就在于圆不圆润，能把话说得八面玲珑，自然让别人听起来就舒服。尤其是当我们只是出于社交目的甚至是求人办事的目的跟他人谈话时，更要把话说圆润。如果话说得太直，就会激恼对方，最后，你得不到任何好处。说得圆润一点，一方面能给我们留下一定的回旋余地，另一方面，能让人产生好感。

一天中午，某家旅店的服务员犯了难，原来，她发现了前一晚已经结账的高小姐仍然住在客房，如果直接去问张小姐何时起程，就显得不礼貌，但如果不问，又怕高小姐赖账。于是大家商量决定让善于谈话的大李去和高小姐谈谈。

大李很快来到了高小姐的房门口，敲了门，等高小姐开门后说："您好！请问是高小姐吗？""是啊！您是谁？"张小姐问道。"我是公关部的，听我们经理说，您身体不太舒服，不知道现在好点了没有？"这就是大李的开场白。

大李的开场白让高小姐表情轻松了很多"谢谢您的关心，现在好多了。"

于是，大李趁热打铁："我听说您昨天已经结账，可今天没有走成。这几天的天气不好，是不是航班取消了？您看我们能为您做点什么吗？"大李这番话说得滴水不漏，高小姐于是回答道："非常感谢！昨晚结账是因为我的朋友今天要来，我不想账积得太多，就先结了一次，大夫说，我的病还需要观察一段时间。"

"高小姐您不要客气，有什么事只管吩咐好了。"说完，大李就回去了。

"那先谢谢了！有事我一定找你们。"

然后，高小姐就去结账去了。

大李去和高小姐谈话，目的是要弄清楚，到底是走还是不走？如果不走，就要问清楚原因。但这个问题不好开口，说得不好就会得罪人，甚至还会得罪自己的上司。但是大李的话说就得非常圆润，先是寒暄一下，然后又问张小姐需要什么样的帮助，一副非常关心的表情，而让张小姐深受感动，在不知不觉中就弄明白了事情的原委。大李成功的秘诀就在于他的说话技巧十分高超，说得十分圆润，又达到了预期的目的，且没有让对方太过于难堪。

第三，说话不要信口开河，尤其是不能违背常理，违背了常理，谎言就不攻自破了

有两个推销员在火车上推销自己的袜子，其中一个推销员随手拿起一只袜子，拽着袜子的两端使劲拉，怎么拉袜子都没破，目的是向大家展示良好的韧性。然后他又随手拿起一根长长的针，在拉得绷直的袜子上来回划动，说："大家看看，怎么划都不会抽丝。"紧接着他又拿起打火机，在袜子下面轻快地晃动，火苗穿过袜子，但袜子却没有烧着。"大家看，这袜子根本不怕火烧。"

推销员的这番话引起了大家的好奇心，大家都纷纷想试试这个袜子的神奇之处。于是，一位顾客有意拿起针，只划了一下就在袜子上划了一个洞，原来只有顺着纹理划才不易划破，并不是怎样都划不破。另一位顾客更要用打火机烧，急得推销员赶忙补充说："袜子并不是烧不着，我那样做只是证明它的透气性好。"最后大家终于明白怎么回事。袜子的质量的确很好，但明显没有推销员说的那么夸张。最后，还是没有多少人买袜子，因为推销员的夸大其词已经影响了顾客的消费情绪。

而第二位推销员就显得十分聪明了，他也是一边说一边演示，但他懂得话不能说满的技巧。

只见他一边拉扯袜子，一边用打火机穿过袜子的时候这样说道："任何事物都有它的科学性，袜子怎么会烧不着呢？我只是证明它的透气性好。当然它也并不是穿不破，但是韧性是没得挑的。"他的这番介绍就没有给一些人漏下反驳他的空子。接下来，他一边给大家传看袜子，一边讲解促销的优惠价格。显然，比起前一位推销员，人们更愿意买他的袜子，因为他看上去更实在。

所以，说话不要太满，在考虑事情的时候，要有全力以赴的进取准备，也要注意给自己留条退路。这样，才能进可攻，退可守，给自己断了后顾之忧。任何时候，给对方和自己都要留有余地，这样事情才不会陷入尴尬的境地。

不管是日常交流还是朋友之间开玩笑，都应该把握分寸。花不可开得太盛，盛极必衰；话也不可说得太过，过必有所失。把话说满了往往会掐断自己的退路，把话说过头了往往会招人反感。因此，任何时候都要记住"过头饭不吃，过头话不说"的俗话，给自己留些余地，才不会受"失言"之害。

学好三年，学坏三天

闽南俗语说："学好三年，学坏三日。"大意是：一个人学好必须用几年的时间，而学坏只需几天。这话道出一个深刻的哲理："学坏容易学好难。"闽南老一辈的经常用此话来警醒小孩或年轻人：做一个对社会有益的好人，既要有善心又要有恒心，而如果稍微放纵自己，很快就会染上不良习惯和不良行为，发展下去十分危险。

在我们很小的时候，不管是父母还是老师都强调让我们养成各种好习惯，如讲文明懂礼貌，饭前洗手，等等。可就是这些小小的习惯，也要在老师和家长的监督下，我们才会照做。而对一些坏习惯，我们却无师自通，而且还自发行动。

在平常生活中，人们通常所说的"好"，往往是需要积极努力、奋力付出才能做到的。而事实上，人们要获得、要享乐，都离不开物质基础，而物质基础是需要劳动来创造的，并不能像天上掉馅饼般凭空而降。因此，要做到人们所说的"好"，必须从小学习文化知识，学习谋生本领；长大后必须谨慎做人，勤奋努力，这样才能既创造物质财富，又获得人们的口碑。所以，"学好难"。

比方说，守纪律、讲信用、爱劳动、爱清洁、勤奋好学等优良的行为是需要长期培养方可形成的，属于人的社会行为。在培养优良行为的日子里，个体需要对本能加以克制和约束。

而人们通常所说的"坏"，一般都是指那些不劳而获、得寸进尺、作恶多端、心狠手辣、违背道德之事。不劳而获简单，去抢去夺即可；得寸进尺也不难，不要脸即可；作恶多端，更容易，敢做坏事即可；心狠手辣不难，敢下手即可……因此，“学坏容易”。

这些松散、贪心、懒惰、自私自利等坏的行为，则是受人的生存驱动力的影响、源于本能的低级需求，是对欲望的放纵行为，没有意志力的克制，也会自发地表现出来。就像大人要求孩子玩好了玩具要放回原处，这种行为与本能相违，需要意志力和自控力，还需要长期而严格的相应训练，才能养成这一良好的行为习惯。相反地，玩具玩完了一扔了事，既方便，又无需约束，当然不用学也做得到。

但是，我们不能因为学好难，就不学好；也不能学坏容易就去学坏。就如我国古代三国时期刘备曾说：“勿以恶小而为之，勿以善小而不为。”这句话的意思是：恶，即使是小恶也不能去做；善，即使是小善也必须要做。这是刘备去世前给其子刘禅的遗诏中的话，劝勉他要进德修业，有所作为。好事要从小事做起，积小成大，也可成大事；坏事也要从小事开始防范，否则积少成多，也会坏了大事。所以，不要因为好事小而不做，更不能因为不好的事小而去做。小善积多了就成为利天下的大善，而小恶积多了则“足以乱国家”。

享百人之欢，不如释一人之怨

生活中，我们难免与别人产生误会、摩擦。如有的伤了自己的面子，有的让自己下不了台，有的当众给了自己难堪，有的对自己有成见，等等。如果不注意，在我们轻动仇恨之时，仇恨袋便会悄悄成长，你的心灵就会背负上报复的重负而无法获得自由。

英国作家乔治·赫伯特说：“不能宽容的人损坏了他自己必须去过的桥。”这句话的智慧在于，宽容使给予者和接受者都受益。宽容是一种医治的力量，不仅能医治被宽容者的缺陷，还可以挖掘出宽容者身上的伟大之处。不论是想成就一番不平凡的事业，还是想快乐地度过平凡的一生，懂得包容都是一堂人生的必修课。

被尊为“南非国父”的曼德拉，因为领导反对白人种族隔离的政策而入狱，白人统治者把他关在荒凉的大西洋小岛罗本岛上27年。当时，白人统治者对他进行了残酷的虐待。

罗本岛上布满岩石，到处是海豹、蛇和其他动物。曼德拉被关在总集中营一个“锌皮房”，平时打石头，将采石场的大石块碎成石料。有时他还要下到冰冷的海水里捞海带，有时也干采石灰的活儿——每天早晨排队到采石场，然后被解开脚镣，在一个很大的石灰石场里，用尖镐和铁锹挖石灰石。因为曼德拉是要犯，看管他的看守就有3人。他们对他并不友好，总是寻找各种理由虐待他。

1991年，曼德拉出狱当选总统以后，在就职典礼上的一个举动震惊了整个世界。

总统就职仪式开始后，曼德拉起身致辞，欢迎来宾。他依次介绍了来自世界各国的政要，然后他说，能接待这么多尊贵的客人，他深感荣幸，但他最高兴的是，当初在罗本岛监狱看守他的3名狱警也能到场。随即他邀请他们起身，并把他们介绍给大家。

曼德拉的博大胸襟和宽容精神，令那些残酷虐待了他27年的白人汗颜，也让所有到场的人肃然起敬。看着年迈的曼德拉缓缓站起，恭敬地向3个曾关押他的看守致敬，在场的所有来宾以至整个世界，都静下来了。

后来，曼德拉向朋友们解释说，自己年轻时性子很急，脾气暴躁，正是狱中生活使他学会了控制情绪，因此才活了下来。牢狱岁月给了他时间与激励，也使他学会了如何处理自己遭遇的痛苦。他说，感恩与宽容常常源自痛苦与磨难，必须通过极坚韧的毅力来训练。

获释当天，他的心情平静：“当我迈过通往自由的监狱大门时，我已经清楚，自己若不能把悲痛与怨恨留在身后，那么我其实仍在狱中。”

包容产生的道德上的震动比责罚产生的要强烈得多。对于不幸，与其一味地怨憎、萎靡不振，不如以包容之心，化解痛苦。宽宏大量是一种美德，是每一个想成就大业的人必须具备的素养；宽容是一种坚强，而不是软弱，宽容是以退为进，积极地应对和防御，无奈和迫不得已不算是宽容。

宽容是最高尚的精神援助。宽容别人的过失，就意味给别人醒悟的时间和悔过的机会。获得宽容的快乐是最清澈的快乐，给予宽容的快乐时最博大的快乐，正如美国作家哈伯德所说：“宽容和受宽容的难以言喻的快乐，是连神明都会为之羡慕的极大乐事。”

凡事留一线，他日好相见

万事不可做绝，不预留后路，就是把自己逼进了死胡同，没有变通的余地。日后即使想变、想通也无路可走了。而且，世事无常，谁都不能预料前方会发生什么，趁早给自己留条后路，出现变动时不至于束手无策。

《红楼梦》中的平儿，是凤姐儿的心腹和左右手，但在待人处事方面，她并不唯凤姐儿马首是瞻，或者倚仗凤姐，把其他人统统不放进眼里。她始终注意为自己留余地留退路，绝没有犯凤姐儿所说的“心里头只有我，一概没有别人”的错误，更不像凤姐儿那样把事做绝。平儿对下人从不依仗权势，趁火打劫，而是经常私下进行安抚，加以保护。一方面缓和化解众人与凤姐的矛盾，另一方面顺势做了好人，使众人在凤姐和她的对比之中，对她更有感激之情，为自己留出了余地和退路。凤姐死后，大观园一片败落，本是凤姐“党羽”的平儿却多次获得众人帮助渡过难关，终得回报。

在待人处世中，万不可把事做绝，要时时处处为自己留下可以周旋的余地，就像行车走马一样，一下子走到山穷水尽的地方，调头就不容易；留有一些余地，调头就容易多了。正如常言所说：“过头饭不可吃，过头话不可讲。”

与人相处也是如此，事情做“绝”了，对方是善良人还好，对方若是恶人，反身一扑，自己就完全无路可走了。

而在猫与老虎的故事中，猫就聪明得多。传说猫曾做过老虎的老师，教它诸般发威、怒吼、卷尾、剪、扑之技，但猫思虑老虎比自己庞大，若日后它欲反扑于我该怎么办，遂保留了一手爬树的技巧，果然老虎不久就翻脸了，怒欲扑食猫老师，猫老师“嗖”地蹿上树顶，老虎抬头张望无计可施。

“凡事留一线，他日好相见”这句老话，也体现出为人处世的中庸之道。做事情不可做得太极端，话不可说得太满。就如，我国古代有个叫李密庵的学者，写过一首《半半歌》，诗云：“饮酒半酣正好，花开半时偏妍，帆张半扇免翻颠，马放半鞭稳便。半少却饶滋味，半多反厌纠缠。百年苦乐半相掺，会占便宜只半。”就是凡事要留有余地，不要不给自己和别人退路。凡事留有余地，则自由度就增加。进也可、退也可，亲也可、疏也可，上也可、下也可，处于一种自由的境地，体现了一种立身处世的艺术。

因而，做事之前考虑一下退路，说话之时留点回旋的余地，受益最多的人将是自己。物极必反，极端、绝对的为人处世方法可能会伤人害己。

中国人办事讲中庸之道，不偏不倚，不左不右，折中调和，不走极端。在为人处世时，严格要求自己，办事知道节度，不走极端，可以通行无阻，马到功成。

世事无常，万事多留些余地，多些宽容。这是一条重要的做人准则。在你留有余地的同时，别人也会因此而受益匪浅。

前事不忘，后事之师

自己经过的事，不要轻易将其抛诸脑后，忘记过去意味着背叛，无视以前的经验教训，必将在人生的道路上吃亏。“前事不忘，后事之师”。因为前面的成功与失败，个人也好，国家也好，是如何成功的，又是如何失败的，很明显地告诉了我们很多。

相传，在一片深山密林中，一座“仙人居”位于山巅。一日，一位年轻人风尘仆仆，从很远的地方来求见“仙人居”的圣人，想拜他为师，修得正果。年轻人进了深山，走啊走，走了很久，犯难了，路的前方有三条岔路通向不同的地方，年轻人不知道哪一条路能够通向山顶。

忽然，年轻人看见路旁一个老人在小憩，于是走上前去，轻声唤醒老人，询问通向山顶的路。老人睡眼惺忪地嘟哝了一句“左边”，便又睡过去了。年轻人便从左边那条小路往山顶走去。走了很久，路突然消失在一片树林中，年轻人只好原路返回。回到三岔路口，老人家还在睡觉，年轻人又上前问路，老人家舒舒服服地伸了个懒腰，说了一句：“左边。”便又不理他了。年轻人正要分辩，转念一想，也许老人家是从下山角度来讲的“左边”。于是，他又拣了右边那条路往山上走去。走啊走，走了很久，眼前的路又消失了，只剩一片树林。年轻人只好原路返回。

回到三岔路口，见老人家又睡过去了，他更是气不打一处来。他上前推了推老人家，把他叫醒，问道：“你一大把年纪了，何苦来骗我，左边的路我走了，右边的路我也走了，都不能通向山顶，到底哪条路可以去山顶？”老人家笑眯眯地回答：“左边的路不通，右边的路不通，你说哪条路通呢？这么简单的问题还用问吗？”年轻人这才明白过来，应该走中间那条路。但他总想不明白老人家为什么总说“左边”。带着一肚子的疑惑，年轻人来到了“仙人居”。他虔诚地跪下磕头，圣人笑眯眯地看着他，原来圣人就是三岔路口的那位老人家。

这个故事简单内涵却丰富，以前经历的事情要作为现在行事的指南，以过去为镜子，照出成败得失，不能混混沌沌、糊糊涂涂地度过一生。

杜牧的《阿房宫赋》中“秦人不暇自哀，而后人哀之；后人哀之而不鉴之，亦使后人复哀后人也”，这一句便道出了“前事不忘，后事之师”的道理。古人云：“以铜为鉴，可以正衣冠；以人为鉴，可以明得失；以史为鉴，可以知兴替。”以史为鉴，可以找到行事的准绳，看到过去的得失，规划未来的方向。

路径窄处，留一步与人行

古人常说："路径窄处，留一步与人行；滋味浓时，减三分让人尝。"就是说在道路狭窄的时候，要退让一步让别人能走；在享受美餐的时候，要分一些给别人吃。这同时也是立身处世取得成功的最好方法。

对于我们做人来说，不要事事处处争强好胜，不要遇事就和人硬碰硬，应该明白"退一步海阔天空"的道理。处处和人硬来，最终可能双方都头破血流。懂得退让并非示弱，而是智慧的表现。古今中外和许多名人智者都有过类似的经历。

一次，苏格拉底在大街上与人辩论，结果被对方踢了几脚，可苏格拉底显出若无其事的样子。有人对此迷惑不解，苏格拉底解释说："我没有必要去踢一头驴子。"苏格拉底将对方比喻成一头驴子，也就是说，智者是不应该跟一头驴子计较的。驴子是动物，它们没有意识、思想，控制不了自己的言行，所以会做出一些粗鲁的事情来。但是人类是有智慧的，如果与动物较劲，那与动物又有何区别呢？苏格拉底运用这样的思维，避免了一场"战斗"。

试想，如果换作别人，可能丝毫不会后退，没准儿直接冲上去与那个人扭成一团，你打我一拳，我踢你一脚，后果可想而知了。在争执中，人人都不愿承认自己的错误，总是将责任推给对方，对对方大加指责，公说公有理，婆说婆有理，一点小事就由于相互的不依不饶而转变成了大事，那时再要化解就相当难了。

如果遇事不仅不懂得退让，还苦苦相争，那最后受害的肯定是自己。有这样一则寓言：南方的河里有一条豚鱼，游到一座桥下，撞在了桥柱上。它不怪自己不小心，也不想绕过桥柱，反而生气起来，认为是桥柱撞了自己。它气得张开嘴，竖起颚旁的鳍，胀起肚子，漂在水面上，很长时间一动也不动。飞过的老鹰看见它，一把抓起来，把它的肚子撕裂，这条豚鱼就这样成了老鹰的食物。

苏东坡听后就此议论说："世上有的人在不应该发怒的时候发怒，结果遭到了不幸，就像这条豚鱼，'因游而触物，不知罪己'，不去改正自己的错误，却安肆其忿，至于磔腹而死，真是可悲！"

事情发生后总是责备别人，当然会有很多气受了。豚鱼错就错在不会退避。现实生活中，不是有很多这样的"豚鱼"吗？如果不能看清形势，该退的时候就退，而是时时逞强，只会使自己陷入孤独无助的处境；生意场上如果不能量力而行，退让一步，可能会错误投资，损失惨重，那么，种下的苦果只会由自己来吞食。

因此，不管是做人，还是做事，都必须要懂得退让的要诀，要在退让中体现出自己的魄力和智慧，同时也能保存实力，量力而行，而不是为了表面文章而大伤元气，这才不失为人生当中的妙招。

退一步让三分，不仅给别人留一条活路，也是自己拓宽人际资源的绝妙之策。生活中，今天你让了他一步，明天他会还你两步，这样一来二去就等于交了一个好朋友，朋友多了好办事，人脉是一个人在社会上打开一道通往成功的方便之门。如果你凡事都想利益独享，凡是好处都自己独吞，那么即使你有着惊世的才华也只能是无用的白纸，而且在别人的心目中你也是一个自私自利的人，如果学点分享主义，好处利益分给众人，让每个人的心理得到平衡，这样大家肯定会通力合作，协助你顺利取得成功。

《菜根谭》中有句话说：“人情反复，世路崎岖。行不去处，须知退一步之法；行得去处，务加让三分之功。”这句话的意思就是，人间世情反复无常，人生之路崎岖不平。在人生之路走不通的地方，就要知道退让一步的道理；在能走得过去的地方，也一定要给别人三分的便利，这样才能逢凶化吉、一帆风顺。的确，我们要永远记住：路经窄处，留一步与人行。

人无远虑，必有近忧

未来是不可预测的，而人也不是天天走好运的。就是因为这样，我们才要有危机意识，在心理上及实际作为上有所准备，好应付突如其来的变化。

无论目前自己的发展状况多么稳定，都不能排除来自敌人的威胁。在敌人积聚实力的同时，我们自己不突破、不进步，势必会落在后面。我们所能做的是以发展来超越敌人的发展，以进步来超越敌人的进步，一刻也不能停息。

有一只野猪对着树干磨它的獠牙，一只狐狸见了，问它为什么不躺下休息享乐，而且现在也没看到猎人和猎狗！野猪回答说：等到猎人和猎狗出现时再来磨牙就来不及啦！

就像野猪所说的，时刻也不能放松，如果没有远见，看不到潜在的危险，那么，在你防备最松懈的时候，危险突然而至，你除了惊慌失措、束手就擒之外，还能有什么作为？

人如果时刻都有危机意识，不敢懈怠，那么便能生存；如果没有远虑，今朝有酒今朝醉，自我满足、自我陶醉，那么就有可能自取灭亡！

那么，个人应如何把“危机意识”落实到日常生活中呢？这可分成两方面来谈。

首先，应落实在心理上，也就是心理要随时有接受、迎接突发状况的准备，要有远虑，这是心理预防。心理有准备，到时便不会手足无措。

其次，在生活中、工作上和人际关系方面要有足够的认识和准备：人有旦夕祸福，如果有意外的灾难，我的日子怎么继续？要如何解决困难？世上没有天长地久的事，万一失业了，有何退路？有人取代了我现在的位置，我又该怎么办？

其实你要想的“万一”并不只这几样，所有的事你都要有“万一……怎么办”的“远虑”，并未雨绸缪，早做准备。尤其关乎前程与生存的事情，更应该有危机意识，随时把“万一”摆在心里。

心中常有远虑，就能发愤图强，与命运抗争，保持上进心。如果沉湎于安乐，则会消磨意志，麻木不仁，不思进取，停滞不前，直至陷入“近忧”，一筹莫展。

“吾日三省吾身”是一种难得的清醒；“一日无为，三日不安”是一种昂扬的精神。故步自封，因循守旧，得过且过，那将一事无成；同样，如果小富即安，小胜大醉，小利狂喜，那就必败无疑。我们要长久地立于不败之地，就必须时刻保持着危机意识。

有一句话，叫作“没有危机感就是最大的危机”。成功的花朵再美，也只属于过去的时光，前面有着更重的担子在等着我们，有着更曲折的征程在等着我们。我们务必清醒地对待这一点，一切从零开始，带着危机感站在新的起点上，继续奋勇前进。有了危机意识，我们才不会盲目乐观，陷入真正的“危机”。

名誉是把双刃剑

名誉是一座气魄恢宏的大厦，一砖一瓦来自你的日积月累，来自你的一言一行，必须足够小心谨慎，才不会让大厦中途倒塌。

关于名誉，莎士比亚这样说过：“把名誉从我身上拿开，我的生命也就完了。”“无暇的名誉是世间最纯粹的珍宝。失去了名誉，人类不过是一些镀金的粪土、染色的泥块。”

名誉的裁定是一把寒光逼人的双刃剑。好的一面可以让美德濡养四方，让丑恶聚焦于众，然而名誉被错位或颠倒了，往往会让好人痛心、坏人得意，君子皱眉、小人欢心。

一个人被委屈和冤枉的时候一定是心灵最痛苦的时候，那种感觉就像什么东西哽在喉咙里，吐又吐不出，咽又咽不下。尤其是对于那些已经取得过名誉的人，他们在大众的眼里的被监视性和被否定性尤为峻厉，所以他们大多处事谨小慎微、多做少说、处处赔笑。但是即便如此，人有时还是有很多被冤枉的尴尬。

用生命来保全清白的名誉，毕竟太过极端。但许多人为了名誉痛苦不堪，为了名誉挣扎地如此艰难，这都是事实。于是，有人说：“名誉值几个钱？”“走自己的路，让别人说去吧！”这种潇洒的人生态度，对于那些被名誉压得喘不过气的人们来说，确是一道良方。然而，放弃名誉这个世界就会美好吗？有责任感的人绝对不会认同。人与人之间的交往，没有彼此的名誉作为保证，还有什么意义？与名誉相联系的是彼此之间的“信任”和“重视”，放弃名誉，失去的东西会更多，整个人类社会大厦将失去基础，所有事情悬在空中，毫无安全感可言。

人过留名，如果你希望自己留下的是洁白芳香的美名，就应该像鸟儿爱惜自己的羽毛一样，爱惜你的名誉。

为了捍卫名誉，我们应该总是用高标准要求自己。心口如一，不说假话；表里如一，远离虚伪，让自己活得更轻松、更从容。为了捍卫名誉，我们应该锻造自己坚持原则和正义的力量，要坚持自己认为是正确的东西，敢于反对那些违背人性准则的东西；为了捍卫名誉，我们应该坚持不懈、一心一意地追求自己的目标，绝不能轻易动摇。每一个人的名誉都来之不易，追求名誉的过程本身就是一个自我实现、自我认证的过程。

“名誉虽然不是德行的真正原则和标准，但是它离德行的真正原则和标准是最近的。”我们不妨将这句话牢记于心，捍卫我们自己的名誉，就从现在开始。

信誉重于泰山

“狼来了”的故事相信大家都知道：放羊的孩仲由于经常说谎，骗大家说狼来了，大家蜂拥而至去打狼，结果狼没有来，几次三番，让别人对他失去了信任，最后即使狼真的来了，也没人再相信他，结果被狼吃掉了。

人与人之间的交往，信誉是很重要的。如果一个人有信誉，那么别人就愿意跟他交往，在生意上也愿意与之合作，这是双方都有利的效果；如果一个人不讲诚信，那么别人也不愿意和他打交道，长此以往，可能一事无成。

一个南方人在北方做生意，他做人有原则，非常讲信誉。

他的事业现在做得很大，建造了好几个厂区，弟弟也在自己的帮助下，成就了一番事业。在他们家乡那个地方也小有名气，由于他很讲信誉，从不拖欠工人的钱。当地的人也很愿意到他的工厂里做工，由于工资给的高，也及时，老板性格也和气，工人都很爱戴他。

然而，天有不测风云。一年的腊月二十六，这位南方老板为了从北方赶回去给家乡的工人发工资，不顾恶劣的天气，在高速路上出了严重的车祸，一家老小六口人全部遇难。据他的弟弟回忆说，那天天气不好，就劝他说，晚几天再走吧，他却说："我们再怎么也不能拖欠工人的工资，一年到头，就靠着打工赚这么点钱，也不富裕，过年了，肯定也指望这点钱置办年货，过个好年呢。我要是没回去，工资没发，那不是人家年过的也不高兴。"

弟弟听了这话，也没再阻拦，就嘱咐路上小心，结果竟发生如此悲剧。弟弟很是悲痛，在车祸现场几欲昏厥，但是他还是坚持着，把哥哥的遗愿做完，他回了南方的家，给那里的工人一一发完工资，才定下心来办丧事。

那天举行葬礼的仪式现场，前来吊唁的人络绎不绝，灵前跪倒了一片，哭声震天。那是工厂的工人在哀悼自己的老板。

这位南方的老板，人虽然走了，但他的信誉仍然会被大家认可，相信他的事业在弟弟的接手下还会做大，因为只要信誉还在，力量就还在。

在国学经典《论语》中关于信誉有这样讲述：

子贡问孔子治国之道，孔子说："治国要义有三，足食，足兵，民信。"

子贡问："如果不得已，要在这三者中去掉一个，那么先去哪一个呢？"

孔子答曰："去兵。"

问："再去掉一个呢？"

回答说"去食"，最后留下民信。

孔子说了句为政真谛："民无信不立。"

孔子又曰："人而无信，不知其可也。"

中国几千年的信誉文化成为人类生存的法则，祖祖辈辈的遗训，代代传承，推进了人类社会向文明发展。一个国家不讲信誉就不会有所发展，还会造成社会动荡；一个人要是不讲信誉就不会有所作为，反而会变得孤立无援。

孔子曰："人而无信，不知其可也。"冯玉祥将军也说："对人以诚信，人不欺我；对事以诚信，事无不成。诚信乃为人之本。"高尔基如是说："走正直诚实的生活道路，定会有一个问心无愧的归宿。"而富兰克林则认为："失足，你可能马上又站起来；失信，你将永难挽回。"从上面这些至理名言中可见，信誉是何等的重要，我们在感叹当今社会信任出现危机，人人谨慎自保的同时，是否也应当反省一下自己，是否做到"一言既出，驷马难追"。

交际篇

第一章

为人胸怀：造房要余地，做人要余情

——眼界决定境界，气度造就高度

话不可说得太满

花不可开得太盛，盛极必衰，话也不可说得太满，太满必有所失。对于你没有十足把握的事情，不要把话说得太满。给自己留些余地，才不会将自己陷于被动的境地。

当今的社会是一个充满竞争的社会。在这种情况下，“知无不言，言无不尽”有时看起来的确显得很幼稚和可笑。

这样的人给人开始的印象总是比较好的，刚开始大家会认为你很老实、忠厚，可是，渐渐地他们会发现原来你头脑简单、思想简单，这样你便被定位为一个弱者，在没有一种自我保护机制的情况下，常常会吃亏的。

另外，“坦率”的人还常常伤害别人。这种人想说什么就说什么，毫无掩盖，直来直去而且不分场合。你的“坦率”会在连你自己也不知觉的情况下，伤害了别人。这样，你在无形之中就有了无数潜在的敌人，这种敌人比你知道的敌人更可怕，他们会寻找机会来向你发动进攻，趁你不备将你击倒。

最后，“坦率”的人还会被别人利用，因为你“坦率”，所以你对事情的看法往往很浅薄，而且很容易被对方的话激怒，同时也很快做出承诺为某人打抱不平，与其当你在梦醒后发现自己被人利用，倒不如早点醒悟过来，警惕自己，多要求、告诫自己，切不可过于“坦率”和感情用事，“坦率”的背后一定要有理性和智慧的支配，否则，一句“人有失言”就有可能使自己置身于困境当中。

威尔逊刚就任俄亥俄州的州长之时，在一次宴会上，宴会主席向在座众人介绍，说威尔逊是“未来的美国大总统”，这只是主席对威尔逊的称颂罢了。

威尔逊在即兴发言时，给大家讲了一个故事：“在加拿大有一群垂钓的游客，其中一名叫作强森的人，大胆地试饮某种有危险性的酒。强森喝了过多那种有害的酒后，便和其他同伴欲搭火车回去，但是，他却不搭北上的火车，反乘往南下的火车。于是，大家急于把他找回来，就打电话给那班南下列车的车长：‘请将一位叫强森的矮个子，送往北上的火车，他喝醉了。’不久，他们就收到车长的回电，表示：‘请再详示其特征。本列车中有13名醉酒的乘客。他们既不知自己的姓名，更不知目的是何方。’”威尔逊笑着说，“而我威尔逊，确知自己的姓名，可是，却不能像你们的主席一样，确实知道我将来的目的地在哪里。”四座的人士一听都哄然大笑。

威尔逊用一个巧妙的故事补救了主席的“口误”，“我不知道目的地在哪里”，能否当选总统还未可知呢！给自己留下了余地，避免了日后可能产生的问题，还为在座众人留下了谦逊有礼的印象。

人心是最复杂的东西，把心腹之言都掏出来，固然真诚可敬，但往往会触犯人身上的逆鳞；把话说得太满，就会印证那句“水满则溢，月盈则亏”的金玉良言，将自己陷于被动的境地。

身为律师的孙波多年前有一次参加一场不很轻松的国际谈判，最后一天从晚上八九点钟，一直谈到深夜一点钟，双方还在谈判桌上僵持不下。对方有一个人出言不逊，小孙想：“我们怎么可以让他这么放肆呢？”

于是，小孙马上回敬一句，同样略带讽刺的意味，于是，气氛马上僵硬了起来，还好，对方有一个人呼叫说：“大家累了！休息5分钟吧！”他这一句话，化解了尴尬的场面。同时，小孙也惊觉自己犯了兵家大忌，为了逞一时口舌之快，把谈判的有利位置拱手让给了别人。当然，经过了5分钟的缓冲时间，协议后来很快便达成了。

如果有什么话，想要脱口而出时，不妨先从大脑中过滤一下，让嘴巴比脑子慢半拍，说出来的话自然就不至于太满，也不致使自己没有回旋的余地了。

当人们纷纷感叹“处世之难，难于上青天”时，佛陀大师却微笑着将世界比作一场华丽的舞会，聪明人往往选择跳探戈，自始至终保持着优雅奔放、进退自如的姿态。

为人处世中，留三分余地给别人，就是留三分余地给自己。在足够宽敞的空间里，我们才能翩翩起舞，跳一支高贵优雅的生命探戈。

得放手时且放手，得饶人处且饶人

在人际交往中，得理不饶人的现象普遍存在。有些人一旦觉得自己有道理，就会揪住别人的过失，穷追猛打，非逼对方竖起白旗不可。但是，即使对方真的竖起了白旗，恐怕心理也有了很多的怨气，而怨气多了，就会发泄，这样就容易冤冤相报。因此，生活中一些极具智慧的人，大多具有一颗包容的心，他们懂得得理也让人，不会因为自己有理就咄咄逼人，就把对方“赶尽杀绝”，逼向绝路。

贝尼托·华雷斯是墨西哥前总统，墨西哥著名的资产阶级革命家和杰出的民主主义者。他是个纯血统的印第安人，牧童出身，连续当了四任总统。微贱的出身和他建立的丰功伟绩，使他成为一个传奇人物。但是，华雷斯虽然身居高位，却没有以此来严格要求别人，他总是宽厚待人，在别人犯了错时，只要没有违背原则，他就不去计较，宽大处理。

一次，华雷斯到维拉克鲁斯视察。他被迎进了卡利州长的官邸。州长给总统安排了最好的房间，但华雷斯借口奥坎波的房间更接近浴室，恳求和他交换。在总统一再要求下，奥坎波让步了。第二天清晨，华雷斯走出房间到浴室去。没有水。他拍了几下手掌，来了一个名叫罗娜的女仆，她是个乡村妇女，已经不很年轻，还有点脾气。

“你要什么？”这个女仆问道。

“请打一点水来。”华雷斯说。

“你要乐意，就等着吧。好个爱干净的印第安人！我总得先招待总统吧！”

华雷斯什么话也没说，就回自己房间里去了。过了一刻钟左右，总统又请她打点水来。

“你要乐意就等着，我得先伺候华雷斯先生！真不像话！没见过你这么不识相的人！这么着急，您就自己动手嘛，水龙头就在那儿！”说着给他指点了庭院一角的一个盥洗处。

华雷斯没对发脾气的罗娜说什么话，自己走去打水漱洗。

到吃午饭的时候，这个女仆穿上了她最好的衣服，心情紧张地盼着见到总统，希望有机会荣幸地伺候他。

突然间，她看见那个不识相的印第安人穿一身黑色大礼服，在主人卡利陪同下，沿着走廊穿过大厅。

“那家伙也来了。”这个敦厚的女仆想道。

当女仆看见大家一直等那个印第安人坐到他的高背椅上之后才敢入座，她吓得面无人色，浑身哆嗦，不由得惊叫一声。大家转过身来瞧这尴尬的女仆，她哭得悲悲切切。华雷斯站起身来，亲切地拉着她的胳臂说：“别哭了，小姐。您不要担心，没有什么了不起的事嘛。如果您的工作是招待大家，那您就干去吧，因为这里每个人都应当尽自己的本分。”

身为总统，华雷斯完全可以苛责女仆，但他没有那样做，反而在女仆自责难过时给予了安慰，他的雅量，他的宽阔的心胸，无疑是值得我们每个人学习的。

生活中，每个人都有做错事的时候，面对别人的错误我们不能一味地去责备，更不能在公众场合揭他人伤疤，这样就会伤害对方的自尊，也容易留下怨恨。你可换位思考，因为你自己也是个普通人，也会犯错误，在你犯错误的时候难道你不希望别人能够原谅你吗?

得饶人处且饶人，在你给别人留一条路的时候，你也是在给你自己铺一条路，如果把对方往绝路上逼，你的人生结局也不一定会如意。

宠辱不惊，去留无意

陈眉公辑录的《幽窗小记》中记录了明人洪应明的对联：“宠辱不惊，闲看庭前花开花落；去留无意，漫随天外云卷云舒。”这句话的意思是说，为人做事只有把宠辱看作如花开花落般平常，才能不惊；只有把职位去留看作如云卷云舒般变幻，才能无意。

大画家齐白石的座右铭：“人誉之一笑，人骂之一笑。”这句话正好可以看作是对那副对联的最好写照。

“人骂之一笑”的这一句话，看似容易，真正做起来却难，因为那需要“波澜不惊”的情怀。阅历丰富又看惯了人情世故的齐白石老人一直明白一件事情：尽管自己学术有成，但是艺术界一贯如此，树大招风，再加上人多嘴杂、众口难调，有赞赏声，自然也就会有谩骂声。各人欣赏眼光不同，对同一幅艺术作品，喜欢者赞不绝口，厌恶者可能会将其贬得一文不值，且不说是心存偏见还是嫉贤妒能。所以，又何必太在意外界的骂声、诽谤声，虽然也难免会声声入耳，但听了之后不必当真，一笑了之而已。当然，这是对于那些无聊的毁谤，如果是有道理的真知灼见，则不能“一笑了之”了，那就需要有能够接纳忠言的胸襟。

能够做到“人誉之一笑”，需要一个人的睿智通达，知道山外有山，人外有人。每一个领域都新人辈出，各领风骚，即使是被别人奉为大师，自己也不能真的就把自己当作了大师。

比起猛烈的攻击，其实掌声和鲜花容易使人眩晕，因为人在荣誉面前的抵抗力总是很低下的，此刻，一定要保持清醒的头脑，如果真的觉得自己已经可以了，就该落后了，就离淘汰出局不远了。所以，尽管齐白石的艺术生涯硕果累累，一直生活在荣誉和光环中，水到渠成地成为人民艺术家、中国美术家协会主席、人民代表大会代表、国际和平奖获得者……但他却始终是一笑了之，既不得意忘形、目空一切，也不孤芳自赏、故步自封。

齐白石的“两笑”，真正地阐明了一个道理：宠辱不惊。

在现实生活中，人生总是会有起有落，“宠”或“辱”是每个人都会遇到的事情。“受宠”时，我们就难免洋洋自得，忘乎所以，美滋滋地感受着似锦繁花；而当“受辱”时，自然也难免愤怒的火焰在胸中燃烧，痛苦难耐，灼伤了自己，也焚烧了别人。倒不如以平和的心态。看淡“宠辱”，那么，就不会产生失衡的落差了。

无论是显赫名人还是无名小卒，哪有不受毁谤、不招指责，不被调侃、不被人嫉妒的？遇到这种情况如果挨个生气愤怒一遍，再多的精力也不够用啊。

不过，比起“辱”不惊，能做到“宠”不惊的才是真正的高手。

曾有这样一则笑话：

从前有一个老童生，考了一辈子科举连个秀才都没捞上。有一次，他和儿子同科应考。等到放榜的那一天，儿子看了榜，知道自己已经被录取，赶快回家报喜。当时老童生正在房里洗澡，儿子敲门大叫说：“父亲，我考取了！”老子在房里大声呵斥说：“考取一个秀才，算得了什么，这样沉不住气，将来怎么成大器！”儿子一听，吓得不敢大叫，便轻轻地说：“父亲，你也上榜了！”只听“砰”的一声，房门打开，他父亲连衣裤都没穿上，一丝不挂地一冲而出，大声呵斥说：“你为什么不先说？”

看来，能够面对自身的“宠辱”还泰然处之确实需要一些定力。能做到顺其自然，是一种难得的境界。所谓“布衣可终身，宠辱岂足赖”，人生的一切都是过眼云烟，既然如此，人生的宠辱也不过是一刹那，又有什么值得夸耀和留恋呢？

如果一个人能够做到宠辱不惊，那么，不管是在日常生活还是人际关系上，他都不会被世事搅乱，总有一份平和宽松的心态。所谓“君子坦荡荡，小人长戚戚”。一个没有杂念、低调单纯的人，他的心是一片静谧的森林，没有喧闹，没有浮躁，是一种雾霭袅袅的清晨中随着微风低吟的舒缓心境。但是，如果不能够做到这一点，他的心就像暴风雨中的一株小树苗一样，永远处在飘摇之中。

既然如此，何不在平和中找寻人生的美景，将一切都看作平常自然。

高山流水、四季变换不过是轻轻而来，又轻轻而去罢了。世态炎凉、人情冷暖，乐又何妨？怒又何妨？唯有视宠辱如花开花落般平常，才能波澜不惊。

19世纪中期，英国实业家菲尔德率领他的船员和工程师在大西洋底铺了一条海底电缆，首次将欧美两个大陆联结起来，因此被誉为“两个世界的统一者”，一夜之间，他成为最光荣、最受尊敬的英雄；但好景不长，因技术故障，刚接通的电缆信号中断，顷刻之间人们的赞辞颂语骤然变成愤怒的狂涛，曾经的英雄几乎在一眨眼之间，就变成了“骗子”。

面对如此悬殊的宠辱逆差，菲尔德泰然自若，一如既往地坚持自己的事业。

经过6年的努力，海底的电缆最终成功地架起了欧美大陆的信息桥梁。宠也自然，辱也自在，菲尔德之所以成为菲尔德，也正在于此。其实，宠辱不惊可以成为我们心灵的一帖抚慰剂。当我们为爱情、金钱、名利苦苦挣扎时，不妨用平和的潇洒来灌溉焦躁的心田；当我们失意、悲伤时，不妨用宁静的单纯来抚平灼痛的伤口。

若心中无过多的欲念，又怎会患得患失？我们只要管好自己，得之不喜，失之不痛，不计较得失，不在意别人的眼光；只要做自己喜欢的事，按自己的路去走，外界的评说又算得了什么呢？

只有做到宠辱不惊，方能恬然自得。人人都希望拥有愉悦的生活，面对“宠辱”，只要我们做到“不惊”，就可以高枕无忧了。

君子记恩不记仇

俗话说：“君子记恩不记仇。”

有一次，一位作家与两位朋友阿尔和马修一同出外旅行。

三人行经一处山崖时，马修失足滑落，眼看就要丧命，机灵的阿尔拼命拉住他的衣襟，将他救起。

为了永远记住这一恩德，马修在附近的大石头上，用力刻下这样一行字：某年某月某日，阿尔救了马修一命。

于是三人继续前进，几日后来到一处河边。可能因为长途旅行疲劳的缘故，阿尔与马修为了一件小事吵起来了，阿尔一气之下打了马修一耳光。

马修被打得眼前直冒金星，然而他没有还手，而是一口气跑到了沙滩上，在沙滩上写下一行字：某年某月某日，阿尔打了马修一记耳光。

旅行很快结束了。回到家乡，作家怀着好奇心问马修：“你为什么要把阿尔救你的事刻在石头上，而把他打你耳光的事写在沙滩上？”

马修平静地回答：“我将永远感激并记住阿尔救过我的命，至于他打我的事，我想让它随着沙滩上字迹的消失而忘记。”

其实，每个人都应该这样，对于别人的恩典，要牢牢记在心里；对于别人的伤害，要轻轻抹去。

宽容就是记着别人对自己的恩典，忘掉别人对自己的伤害。用爱和感激来代替仇恨，化解积怨。

古人云：“人之有德于我也，不可忘也；人有愧于我也，不可不忘也。”简言之就是别人对我们的帮助，千万不可忘了，反之，别人倘若有愧对我们的地方，应该乐于忘记。

乐于忘记是一种心理平衡。有一句名言叫作："生气是用别人的过错来惩罚自己。"老是"念念不忘"别人的"坏处"，实际上最受伤害的就是自己的心灵，搞得自己痛苦不堪，何必？这种人，轻则自我折磨，重则就可能导致疯狂的报复了。

乐于忘记是灵活做人的一个特征，既往不咎的人，才可甩掉沉重的包袱，大踏步地前进。人要有点"不念旧恶"的精神，在许多情况下，人们误以为"恶"的，又未必就真的是什么"恶"。退一步说，即使是"恶"，对方心存歉疚，诚惶诚恐，你不念旧恶，以礼相待，说不定也能改"恶"从善。

唐朝的李靖，曾任隋炀帝的郡丞，最早发现李渊有图谋天下之意，亲自向隋炀帝检举揭发。李渊灭隋后要手刃李靖，李世民反对报复，再三求保全他性命。后来，李靖驰骋疆场，征战不疲，安邦定国，为唐朝立下赫赫战功。魏征曾鼓动太子建成杀掉李世民，李世民同样不计旧怨，量才重用，使魏征觉得"喜逢知己之主，竭其力用"，也为唐王朝立下了丰功。

宋代的王安石对苏东坡的态度，应当说，也是有那么一点"恶"行的。他当宰相那阵子，因为苏东坡与他政见不同，便借故将苏东坡降职减薪，贬官到了黄州，搞得他好不凄惨。然而，苏东坡胸怀大度，他根本不把这事放在心上，更不念旧恶。王安石从宰相位子上垮台后，两人关系反倒好了起来。他不断写信给隐居金陵的王安石，或共叙友情，互相勉励，或讨论学问，十分投机。

相传唐朝宰相陆贽，有职有权时，曾偏听偏信，认为太常博士李吉甫结伙营私，便把他贬到明州做长史。不久，陆贽被罢相，贬到明州附近的忠州当别驾。后任的宰相明知李、陆有点私怨，便玩弄权术，特意提拔李吉甫为忠州刺史，让他去当陆贽的顶头上司，意在借刀杀人。不想李吉甫不计旧怨，而且上任伊始，便特意与陆贽饮酒同欢，使那位现任宰相借刀杀人之阴谋成了泡影。对此，陆贽深受感动，便积极出点子，协助李吉甫把忠州治理得一天比一天好。李吉甫不图报复，宽待了别人，也帮助了自己。

看了这么多脍炙人口的故事，我们也能感受到，古时官场的险恶，可政敌之间也能常常不计前嫌"化干戈为玉帛"，这种交友用人的态度是值得学习的。以古为镜，可以立德修身。在今日的我们看来，要从中领悟到的是做人要有胸怀，跟人结交关系不能太记旧恶，谁没有过错呢？最难得的不就是将心比心吗？当我们有对不起别人的地方时，不也是很渴望得到对方的谅解吗？

只有宽容才能化解世间的仇恨，只有宽容才是慰藉心灵的良药。不仅如此，宽容还是一种智慧，宽容和气度，不是天生的，而是高度的智慧和高度的自我克制。古语说："宰相肚里可撑船。"因为只有胸襟开阔眼光锐利的人，才有运用智慧的能力。能宽容别人的人，不只是给别人一次机会，同时也是给自己一次机会——收获快乐的机会。

心中充满怨怼的人，会感觉整个世界都是与他对立的，必定无法快乐，而如果以宽容面对，这种对立感自然便会消失，取而代之的是友好与快乐，甚至还可能更多。

话不说满，事不做绝

话说得太满，既容易让自己失去回旋空间，陷入困境，又容易被人抓住把柄，陷于被动挨打的局面，所以不是万不得已或把握十足，说话一定要留有余地。

清乾隆年间，纪晓岚在任左都御史时，员外郎海升的妻子吴雅氏死于非命，海升的内弟贵宁状告海升将他姐姐殴打致死，海升却说吴雅氏是自缢而亡。案子越闹越大，皇上就派纪晓岚来审理此案。

纪晓岚接过这桩案子，也感到很头痛。因为牵扯到阿桂和和珅，他俩都是大学士兼军机大臣，并且两人有矛盾，长期明争暗斗。海升是阿桂的亲戚，原判又逢迎阿桂，纪晓岚敢推翻吗？

而贵宁之所以告不赢不肯罢休实际是得到了和珅的暗中支持，和珅的目的是想借机除掉位居他上头的军机首席大臣阿桂。

打开棺材，纪晓岚等人一同验看。看来看去，纪晓岚看死尸并无缢死的痕迹，心中明白，口中不说，他要先听听大家的意见。

众大臣看过后，都说脖子上有伤痕，显然是缢死的。纪晓岚有了主意，于是说道："我是短视眼，有无伤痕也看不太清，似有也似无，既然诸公看得清楚，那就这么定吧。"于是，纪晓岚与差来验尸的官员，一同签名具奏："共同检验伤痕，实系缢死。"这下更把贵宁激怒了。他这次连步军统领衙门、刑部、都察院一块儿告，说因为海升是阿桂的亲戚，这些官员有意回护，徇私舞弊，断案不公。乾隆看贵宁不服，也对案情产生了怀疑，又派人复验。这回问题出来了：吴雅氏尸身并无缢痕。乾隆心想这事与阿桂关系很大，便派阿桂、和珅会同刑部堂官及原验、复验堂官，一同检验。这回终于真相大白：吴雅氏被殴而死。

于是讯问海升，海升见再也隐瞒不住，只好供出实情：他将吴雅氏殴踢致死，然后制造自缢的假象。

乾隆一怒之下发出诏谕："此案原验、复验之堂官，竟因海升系阿桂姻亲，胆敢有意回护，此番而不严加惩戒，又将何以用人？何以行政？"阿桂革职留任，罚俸五年；叶成额、李阂、庆兴等人革职，发配伊犁效力赎罪，皇上在谕旨中一一判明。唯独对纪晓岚，谕旨中这样写道："朕派出之纪晓岚，本系无用腐儒，原不足具数，况且他于刑名等件素非诸悉，且目系短视，于检验时未能详悉阅看，即以刑部堂官随同附和，其咎尚情有可原，交部议严加论处。"只给了他革职留任的处分，不久又官复原职。纪晓岚在这个案件中之所以得到皇上的原谅，主要是他在验尸中以"我是短视眼""看不太清"为由，给自己留下了退路。

俗话说"祸从口出"，把话说满也是一种为祸的诱因。话说得太满，一般会导致两种后果：一是听者不服，故意找碴儿使绊子；二是自己没有回转的余地，容易搬起石头砸自己的脚。无论哪种，都不是好结果。所以无法做明确决定时，注意使用"模糊语言"，以便为自己赢得主动。对于某些难以回答而又不好回避的问题，不妨含糊其词，给自己留有余地。总之无论办什么事，说什么话，若自己没有绝对把握，或是受夹于两强势力之中左右为难时，则要圆通行事，甚至能躲就躲，能拖就拖，以自己不担责任为好。

在发生矛盾后，双方肯定心里都不痛快，很容易失态，口出恶言，这痛快也只能是一时的，而受伤害的是双方长远的关系和自己的声誉。所以，即使有了再大的矛盾，我们也应该把握住一点，就是不把话说满，把事做绝，给对方，也给自己一个台阶下。

一位顾客在商场买了一件外衣之后，要求退货。衣服她已经穿过一次并且洗过，可她坚持说“绝对没穿过”，要求退货。

售货员检查了外衣，发现有明显干洗过的痕迹。但是，直截了当地向顾客说明这一点，顾客是绝不会轻易承认的，因为她已经说过“绝对没穿过”，而且精心地伪装过。于是，售货员说：“我很想知道是否你们家的某位把这件衣服错送到干洗店去过，我记得不久前我也发生过一件同样的事情。我把一件刚买的衣服和其他衣服堆在一起，结果我丈夫没注意，把这件新衣服和一堆脏衣服一股脑地塞进了洗衣机。我觉得可能你也会遇到这样的事情，因为这件衣服的确看得出被洗过的痕迹。不信的话，可以跟其他衣服比一比。”

顾客看了看证据，知道无可辩驳，而售货员又为她的错误准备了借口，给了她一个台阶下。于是，她顺水推舟，收起衣服走了。

售货员如果直白地揭穿顾客的“伎俩”，再强硬地驳回对方的要求，就等于把事做绝了，换来的只会是一场尴尬和不欢而散。现实中，人们普遍存在着吃软不吃硬的心态。特别是性格刚烈的人，如果你来“硬”的，他也可能比你更硬；你如果来“软”的，对方倒会于心不忍，也就有利于事情的解决。

有的人不明白这个道理，他们一和别人发生矛盾就取下策而用之，与人反目为仇，谩骂指责，把事做绝，以解心头之恨。这样做痛快倒也痛快，但他们没想到，在把别人骂得狗血喷头的同时，也就暴露了自己人格上的缺陷。人们会从这样的情景中看到，他对别人居然如此刻薄，如此不留情面，如此翻脸不认人。

在与人发生矛盾时，不把事情做绝，能体现一个人的宽容大度和高尚品格。在正常情况下，人们的度量大小是很难表现得出来的。而当与别人发生了矛盾，使你难以容忍的时候，能否容人，那就看得一清二楚了。这时只有那些思想品格高尚的人，才会保持理智，以宽容的姿态，不把事情做绝避免伤害对方。友好解决能使发生矛盾的彼此免受进一步的伤害，也可以说这是留给对方的真诚。

水至清则无鱼，人至察则无徒

有一个人自命清高，看不惯尘世，去找禅师诉苦，禅师告诉他：“知道‘水至清则无鱼’吗？美玉还暗藏瑕疵呢，有雅量、懂包容才是大器，君子亦如是。”

古人云：“水至清则无鱼，人至察则无徒。”水太清了，鱼就无法生存；对别人要求太严了，自己就会没有伙伴。这正是古人眼中与人相处的“中道”。水清当然好，但太清的水，容不了任何微生物生存，也没有任何隐蔽，因此，鱼就无法存活。现实社会里，人能明察是非、分清善恶，当然好，但过分明察秋毫，对别人太过苛刻，就变成了对人求全责备的严苛挑剔，就不能容人了。

孔子曰：“君子周而不比，小人比而不周。”周是指包罗万象，好比一个圆满的圆圈，各处都统一；比则是指经常将别人与自己作比较，容不得别人有与自己不同的地方。一个君子的为人处世，就应该平等地对待每一个人，全面看待，并以公正之心待人。如果都希望别人完全和自己一样，则容易流于偏私。比而不周，如果斤斤计较，只和自己友好的、符合自己要求的人做朋友，凡事都以“我”为中心、为标准，这是小人的作为，事物的差异性决定了每个人都不可能是完全一样的，朋友亦是如此。更何况，人无完人，或多或少都会犯些错误。因而，我们对朋友的要求不能太过严苛，对于小的过失、缺陷，应该予以包容、谅解，并尽量欣赏、鼓励朋友，包容原谅他们的无心或情有可原的小过失，这才是应有的处世待人之道。相比之下，因为一点瑕疵就与朋友划清界限，则称不上是明智之举。

汉末魏初的名士管宁、华歆是从小到大的好朋友，恰同学少年结伴读书。一次，两人一同在园中锄菜，地上有块金子，管宁视而不见，继续挥锄，视非己之财与瓦砾无异，华歆却将金子拾起察看，仔细想过之后又将金子丢弃了。此举被管宁视为见利而动心，非君子之举。

还有一次，两人同席读书，外面路上有官员华丽的轿舆车马经过，前呼后拥十分热闹，管宁依旧同往常一样安心读书，华歆却忍不住将书本丢到一边，跑出去看了一下热闹。此举被管宁视为心慕官绅，亦非君子之举。于是，管宁毅然将两人同坐的席子割开，与华歆分坐，断了交情，说：“你不再是我的朋友。”

华歆真如管宁认为的那样不是君子、不值得一交吗？事实并非如此。据史书记载：

华歆自离开管宁后，便出仕为官，并且始终廉洁自奉。当初他受曹操征召将行，“宾客旧人送之者千余人，赠遗数百金”。华歆推辞不过，就暗暗在礼品上做上记号，事后一一送还。魏文帝时，华歆官拜相国，但他一直过着俭朴的生活，得到的俸禄大多拿来接济穷苦的亲戚，以至于自己家一直很贫穷。

而且，两人绝交后，华歆并不因当初的难堪迁怒于管宁，而是多次向朝廷推荐管宁，鼓励管宁出仕，为社会出力，但管宁拒不接受。

从这一点上至少可以看出，华歆这个人是非常豁达、心胸宽广的。而管宁，虽然自比为君子，但显然，他只是一个不合格的、流于偏私的“君子”。

倘若我们像管宁一样不能容忍朋友的缺点，看到朋友有一点瑕疵，就否定他，那么估计也没有人愿意和我们成为要好的朋友了。幻想所有的人都和自己一样，或者幻想所有的人都那么完美，这只能是一厢情愿的想象。照此发展下去，我们就有可能因太过苛刻而流于偏私，从而失去真正值得结交的朋友。

交友如此，做人亦是如此。生活中，如果你以严苛、挑剔的眼光看待周围，那么你看到的将是一个不完美的世界，自己也很容易陷入其中。而如果我们善待周围的一切，以宽容、欣赏的眼光来看待这个世界，就会发现你生活的环境是多么的美好。

一位老禅师和一位老农坐在一个小城镇的道路旁下棋。一位陌生人骑马来到他们的身边，把马停下来，向他们问道：“师父，请问这里是什么镇？住在这里的居民属于哪种类型？我正想决定是否搬到这里居住。”

老禅师抬头望了一下这位陌生人，反问道：“你刚离开的那个小镇上住的人，是属于哪一类的人呢？”

陌生人回答说：“住的都是些不三不四的人，素质十分低下，我住在那儿感到不愉快，因此打算搬到这儿来居住。”

老禅师说：“施主，恐怕你搬到这里来住也会感到失望的，因为这个镇上的人与你离开的那个镇上的人完全一样。”

过了不久，又有另一位陌生人向老禅师打听同样的情况，老禅师又反问他同样的问题。这位陌生人回答说：“啊，我以前居住的小镇上的人都十分友好，我的家人在那儿度过了一段美好的时光，但我正在寻找一个比我以前居住地方更有发展机会的城镇，因此我们搬出来了，尽管我们还很留恋以前的城镇。”

老禅师说道：“年轻人，你很幸运，在这里居住的人都是跟你差不多的人，相信你会喜欢他们，他们也会喜欢你的。”

一旁的老农不明白，为什么同样的问题，老禅师给出了不同的答案，甚至是两个截然相反的答案。

老禅师告诉他：“念由心生，如果你以欢喜之心待人，自然看万事万物都欢喜，如果你以悲苦之心待人，自然看万事万物都悲苦。”

正如故事中老禅师所说的，如果以欢喜、欣赏的眼光看待这个世界，我们看待的将是美好的风景；而如果以悲苦、挑剔的眼光来对待，我们看到的也将是不尽如人意的景象。

虽然每个人心目中所认为应该的，或我们对每个人所认为应该的，各有不同，但包含“应该”之念是一致的。换言之，我们大多数人常以理想的眼光来看待别人，来要求这个世界的变化。然而，我们却也由此对别人、对世界产生了失望之情。所以，对待世间的人和事，我们应抱有客观公正的态度，既能看到他人的优点，也能包容和理解他人的不足。

“水至清则无鱼，人至察则无徒。”不妨心存厚道，多以宽容之心待人，君子和而不同，这样我们在交友与交际上也能变得更加游刃有余。

说话留点余地

人们常说“满饭不能吃，满话不能说”，饭吃太饱容易伤身伤胃，话说太饱，则容易伤人伤己。说话留点余地，给别人一个出路，为自己种一片花田。

一个人做错事情是在所难免的，由此而挨批评也是理所当然的。但任何一个谈话高手都知道，批评的话最好不超过三四句。会做工作的人，在对别人进行批评教育时，总是三言两语见好就收，不忘给对方一定的余地。有的人不懂这个道理，他们总是不肯善罢甘休，非把对方批得体无完肤不可，结果是过犹不及，往往把事情推到了反面。

某工厂一位李姓工人私自把仓库里的钢筋拿了一根回家，安在窗户上。这事让厂领导知道了。领导抓住这一点，把李某狠狠地批评了一通。当然，李某也认识到自己的确错了，很诚恳地向厂领导认错。这件事本该到此为止，但厂领导并没有善罢甘休，非让李某写下书面保证并公开在厂中认错不可。书面保证可以写，但公开认错就有点勉为其难了。这类事本来就不光彩，如果让厂里同事都知道了，李某觉得很难堪，思来想去，仍找不到下台的办法，于是便递交了辞呈。

一般来说，批评应该适可而止，特别是对方已经明确认错，而事情又没有大到不可收拾，便没有必要把对方置于死地，让对方无颜面示人，因为我们批评的目的是治病救人，是为了帮助别人。

批评别要留有余地，自己说话承诺就更要留有余地。对于你没有十足把握的事情，不要把话说得太满，给自己留些余地和退路。逢人且说三分话，说话不说太满，把握不好会吃大亏的。说话最好留点余地，才不至于给自己带来麻烦。

有时在工作中很多人在对领导许下诺言时，是抱着一定要完成的决心的，但是总会有一些不确定的因素干扰着我们，导致我们的工作不能如期完成。当然这并不是为不能遵守承诺找借口，而是要告诫我们自己——不要把话说得太死，凡事要给自己留有余地。否则一旦出现什么差错，不但领导不满，自己也会觉得很难堪。

王军是一家报社的记者，这一天主编安排他去采访一位作家，这位作家是出了名的不接受采访，但是王军并不知道这件事，所以当领导问他能不能做到时，王军自信满满地说："没问题，三天搞定。"主编感到很高兴，以为王军有什么秘诀。

王军在接受任务之后才知道这个作家是不接受采访的，但是既然已经接受就一定要去做，就这样4天过去了，他的采访完全没有进展，主编找到他时，他只好和主编说："对不起，这次采访比较困难，我没有采访到那位作家。"

听了王军的话，主编生气地说："办不了你当初就直说，这不是耽误事吗？"

从这以后主编再也不敢把重要的采访任务交给王军了。

在这里，王军又犯了话说得太满的禁忌。在与领导说话时，我们要吸取王军的教训，做到说话留有余地。具体来说，可以从这几个方面去加强：

领导布置的任务，千万不要在不了解的情况下轻易承诺，因为一旦你在事后在发现自己无法胜任时，会让领导对你的评价大打折扣，认定你是一个不负责任，不可靠的人。

即使是自己熟悉的工作也不要轻易地说保证没问题，而是应该用更谨慎的方式来表达自己的决心，告诉领导你会尽你最大的努力完成这项工作，或者说在没有意外的情况下一定准时完成，这样的说法会让领导明白，工作中是充满了变数的，所以工作被某些变数所干扰而导致工作不能如期完成的情况是存在着的。这样即使工作没有如期完成，领导也会正确的评估你的努力，进而肯定你的成绩。如果工作如期完成了，领导一定会喜出望外，他对你的评价也会随之增高。

如果领导布置给我们的工作，我们没有把握什么时候能够完成，因为制约它的因素很多，这时为了给自己留有余地，说话时一定要给工作加上限制，像是在"××前提之下"一样，这样一旦出现意外，我们能够解释工作拖延的原因。既给自己留有余地，又让领导觉得你是一个认真负责的人。另外，在与领导交谈时，要尽量选择温和的语言，不要用尖酸刻的话与其沟通。凡事多想多考虑，不把话说死，才能为自己留有回旋的余地。

领导作为一个特殊的职位，高高在上，我们说话要倍加小心，但是，对其他同事甚至下属，我们也同样不能掉以轻心，不可把话说满。

在工作中，一旦我们选择了不留余地的说话方式，相当于走上一条不能后退的路，这样的说话方式不但吃力不讨好，还容易得罪他人，使我们日后的工作很难进行。

人生不是游戏，不能重新启动，所以失败是不能重来的，而且社会是复杂多变的，并不是只有黑白两种颜色，这就需要我们在说话时谨慎对待。给他人留有余地，给自己留有余地，才是真正的处世之道。

第二章

待人接物：敬人者人恒敬之，爱人者人恒爱之

——有礼才会有理，圆融但不圆滑

苍蝇不叮无缝的蛋

唐朝的杨慎矜沉毅有才干，深得唐玄宗赏识，被封为户部侍郎兼御史中丞。但右相李林甫、御史中丞王珙等人却深嫉杨慎矜受宠，怕他会威胁到自己的地位，一直虎视眈眈地图谋除掉这个政敌。一个权力欲极强的人，是面对因才干不足而地位不保还是采用极端手段固守权位的困境选择时，李林甫选择后者。

李林甫不是科举出身，文化素养与学识均十分低劣。李林甫的表弟、太常太卿姜度添了个儿子，李林甫兴发，手书贺词："闻有弄獐之喜"，将"弄璋"写成了"弄獐"。贺喜的客人见了，一个个都掩鼻而窃笑。李林甫的学识浅薄，使他对文士产生一种本能的敌视。

杨慎矜生性豪爽，喜爱结交朋友。他还非常迷信，相信逢凶化吉之说。他家祖坟的守墓人告诉他，墓园里的草木似乎在流血。杨慎矜听后非常不安，认为这是不吉的征兆。此时一位叫史敬忠的术士对他说，祈禳可以免祸。

因此，他就在自家的后园大办法事。罢朝归家，杨慎矜就坐在丛棘之上，驱祸求福。就这样做了几十天的法事，据说坟里的树木也不流血了。

为了感谢史敬忠，杨慎矜将家里的一个婢女明珠送给了他。后来，明珠又被史敬忠献给了杨贵妃的妹妹八姨。有一次，八姨带着明珠进宫，被唐玄宗看见。玄宗对明珠的美丽非常惊讶，问八姨从何处得来。八姨说原是杨慎矜家的婢女，近日送给了史敬忠。玄宗又问："史敬忠是何等样子的人，值得杨慎矜送这么漂亮的美人给他？"于是明珠就把杨慎矜听史敬忠的话在家里祈禳避祸的事详说了一遍。玄宗对这种荒诞行为十分不满。

后来，玄宗又把这事告诉了李林甫。李林甫正担心杨慎矜有可能升任宰相，便与王珙密议借机除掉杨慎矜。他们唆使人告发杨慎矜自以为是隋炀帝的子孙，私蓄图谶，秘行邪法，潜谋大逆，妄图恢复隋朝。

听说杨慎矜意图恢复隋朝，玄宗更为震怒，下令马上逮捕杨慎矜，并命刑部尚书肖隐之等人共同审理此案。又命京兆府士曹、著名酷吏吉温前往东都洛阳收捕杨慎矜之兄少府少监杨慎余，以及其弟洛阳令杨慎名，还叫吉温到汝州捕捉史敬忠。

史敬忠与吉温的父亲本是至交，吉温幼小时，史敬忠常常抱着他玩。吉温抓获史敬忠后，将他押往长安。快走到骊山温泉时，他命人对史敬忠说："杨慎矜已经招认，识

相一些，将谋反实情供出，你就能活；不招出谋反之事，你将死无葬身之地。如今说还来得及，到了骊山温泉在皇帝面前，你再哀求招认可就来不及了。”

史敬忠在吉温的逼迫下，只得坐在路边的桑树下写了招状，内容正合吉温之意。此时，吉温才高兴地以子侄之礼拜见眼前这位披枷戴锁的长辈，嬉皮笑脸地说：“丈人莫要见怪！”为了得到“图谶”，李林甫又派殿中侍御史卢铉、御史崔器几次抄检杨慎矜的家，但都没有搜到。最后，卢铉只得制造一个谶书，藏在袖中，再领人到杨家搜索。他们翻箱倒柜，终于在一个极秘密处“查获”了那张要命的谶书。卢铉还用极其残酷的刑罚拷问传说与杨慎矜共解图谶的太府少卿张瑄，但张瑄挺住了，什么也没有说。

由于李林甫、王珙、卢铉、吉温等人的罗织、刑讯，被捕诸人不得不诬服。定案以后，玄宗下诏杨氏三兄弟自尽，家中男女流放岭南，史敬忠重杖一百，流放远郡。

身怀其玉，本身是一件幸事。有时候，聪明反被聪明误，这就变成了不幸。杨慎矜的死就说明了这一点。古人曾主张要韬光养晦，藏锋露拙，因为这样才能消灾灭祸以保全身。即使现在身处顺境也要学会谨慎，因为谁也无法预知以后会发生什么事。也许正当你春光得意之时，已经有人在暗中放暗箭了。只有将自己放在一个很不显眼的地位，别人不会注意你，也就说不上嫉恨和谋害了。

主雅客来勤

古人说：“人和天地阔，主雅客来勤”，说的就是做人和待客之道。“人和天地阔”表示主人家与人相处之道，意思就是为人和善，注重和谐，能与客人和平相处，宽容待人，正所谓家和万事兴就是这个道理。而“主雅客来勤”讲的就是主人气节高雅、品德高尚、文雅大方，对待客人热情周到，那么不用自己到处宣扬，自然就可以吸引各方宾客前来。

这里所说的雅，指一个人有品位，有学问或者素质高，别人与之交往往往能够感到心情愉悦，或者在谈话交往的过程中能学到一些知识或者在其他方面有所收获。对于这种人，人们也常用“与君一席话，胜读十年书”来表达对他们的赞美与喜爱。

战国时期，齐国的相国孟尝君就是一个雅士，广交天下贤士，共同商讨强国富民的政策。因其名声而前去投奔他门下的门客最多的时候有三千多人。在那个战乱纷纷的年代，正是在这些门客的出谋划策之下，孟尝君在齐国当了几十年相国，没有受到丝毫的祸患。

孔子说：“有朋自远方来，不亦乐乎？”说的是有志同道合的朋友自远方而来，不是很高兴的事情吗？每当有客人前来拜访的时候，作为主人应该以诚相待，热情地接待客人，这样客人一定会心情愉悦，也愿意再来拜访。而尊重是待客时最起码的礼貌，如果没有了尊重，也不会有勤来的客人。

以前美国有一对老夫妇，穿着简单朴素的衣服去见哈佛大学的校长。因为没有事先约好而且夫妇二人穿着又比较朴素，校长秘书就武断地认为这二人不会与哈佛有什么业务上的往来，于是很不高兴地说：“我们的校长是非常忙的。”女士说：“没关系，我们可以等。”过了几个小时，实在没办法，校长只好很不情愿地出来见了夫妇二人。这对老夫妇告诉校长："我们的一个儿子曾经在贵校读过一年书，他非常喜欢这所学校，他在这个学校的生活非常开心。但是不幸的是他去年因为在意大利游玩时不幸染病离开了我们，所以我们想在学校为他留一个纪念物，以纪念我们的儿子。"

哈佛大学的校长非但没有被这对老夫妇的举动和他们儿子的不幸而感动，反而是非常不屑地说道："我们可是世界名校，每年有无数的优秀学生在这里学习。我们不可能为每个学生都建立一个纪念碑的，否则我们这里不就成了墓地了吗？"这对老夫妇说："我们不是那个意思，我们只是想为学校捐一座教学楼，而以我们儿子的名字为这个教学楼命名。"

校长看了一眼穿着朴素的老夫妇，觉得这对老人是在开玩笑，然后轻蔑地说："你们这对没见过世面的人，还想捐座教学楼，知道在我们学校建一座教学楼要花多少钱吗？我们学校的建筑物价值现在可是超过了750万美元。"于是老夫妇二人默默地离开了哈佛大学。校长当时还很高兴，以为自己总算打发走了这对讨厌的夫妇。

但是这对老夫妇默默离开之后，用自己的钱在美国加州投资建立了一所私立学校，并用自己儿子的名字为他们的学校命名，这就是后来的斯坦福大学。现在斯坦福大学已经是世界著名的大学之一，每年为美国加州带来无数的财富，也为世界培养了无数的人才。

仅仅是一次对别人的不尊重，不仅使哈佛失去了一次大大提升自己实力的机会，还因为这次的不尊重从此多了一个实力强劲的竞争对手。这就是不尊重别人付出的代价。

随着科技的进步，社会分工日益细化，做任何事情都需要有别人的配合和帮助，这时就更看出朋友的重要性。如何才能广交四方好友呢？"主雅"是关键，那么关键中的关键又是什么呢？那就是要学会尊重，否则勤上门的朋友也会因为不被尊重而离你远去。

将欲取之必先予之

永远不要吝惜对别人的帮助，在帮助别人的同时，你也正是在帮助你自己，你将从中不断收获幸福和快乐。

有一位哲人这样说过，帮助自己的唯一方法，就是去帮助别人。

有一个盲人，在夜晚走路时手里总是提着一个明亮的灯笼。

别人见了觉得非常奇怪，问他："你自己根本看不见，为什么还要打着灯笼走路呢？"

盲人回答道："这个道理很简单，这个灯笼当然不是为了给我自己照路，而是为别人提供光明，帮助别人看清道路。也只有这样，别人才能看见我，不会撞到我身上，我的安全才有保证。"

当盲人无私地为他人着想、方便他人时，恰恰帮助了自己，给自己带来了方便。如果每一个人都能够像盲人这样学会帮助别人、关心别人，我们这个世界一定会变得更加美好。

帮助别人就是帮助自己，有时，仅仅只是举手之劳，却解决了人家的大麻烦、大问题，我们又何乐而不为呢？即使帮助别人需要耗费自己大量的精力、体力，耽误自己的时间，也是值得的，付出一定会有回报，你为他人所做的一切将为你赢得尊重、感激、信任等弥足珍贵的感情。

人与人之间的交往实质是一种平等互惠的关系，也就是说，你对别人怎么样，别人就会怎样对你。你帮助我，我就会帮助你，正所谓“投之以桃，报之以李”，一个人只有大方而热情的帮助和关怀他人，他人才会给你帮助。所以你要想得到别人的帮助，你自己首先必须帮助别人。

当然，帮助别人还能给自己带来精神上的欢愉和满足，能够有余力让他人从困境中解脱出来，这本身就是一件值得自豪的事。我们应该时时伸出热情的手，时时帮助和关怀别人，因为我们的帮助，不仅能助人一臂之力，而且能给对方带来力量和信心，使他们有更大的勇气去战胜困难。

特别是当一个人遇到挫折、处于逆境之中时，如果我们能热情相助，那将犹如雪中送炭，别人也定会有“滴水之恩，当涌泉相报”的感激。“危难中见真情”，很多人在受到别人真诚的帮助后，总能以更真诚的感激报答别人。

在这个世界上，个人的力量总是单薄的，一个人无力去解决生活中的所有问题，没有谁能够离开别人的帮助孤立地活着。为人处世，不能仅从“一己”考虑，只有多为别人着想，人们才会给你以友善的回报。

事实上，我们总想从别人那里获取更多的东西，自己却吝啬哪怕一点点的付出。其实，你只要主动去关照、帮助一下别人，你眼前的世界也许就会因此而改变。

在帮助了他人之后，你就会发现，最快乐的是你自己，并且，你从中还会增强自己处理问题的能力；在帮助别人的同时，你会收获一种十分难得的强者的感觉，正是这种感觉激励着我们奋发图强、走向成功。

以德立身，以德服人

做人必须从“德”字开始，树立有德之人的品牌，这样才能成大事。

罗曼·罗兰说：“没有伟大的品格，就没有伟大的人，甚至也没有伟大的艺术家，伟大的行动者。”成功靠的是什么？勤奋、学识、智慧、机遇、天才，等等，每个人都可以列出自己成功的理由。在迈向成功的征途中，上述因素或多或少，会为你指出前进的方向。但正如罗曼·罗兰所说，伟大的品格不可或缺。一个人成就大事，置于首位的是他的品格和操守。

我们看一个在美国职场广泛流传的例子：

美国加州的数码影像开发有限公司需要招聘一名技术工程师，有一个叫丹佛尔的年轻人通过笔试，进入了最后一关面试，他在一间空旷的会议室里忐忑不安地等待着。过了一会儿，有一个相貌平平、衣着朴素的老者进来了。丹佛尔礼貌地站了起来。那位老者盯着丹佛尔，直直地看了将近5分钟。正在丹佛尔不知所措的时候，这位老人一把抓住丹佛尔的手，激动地说：“真没想到能在这里看见你，可让我找到你了！上次要不是你，我可能就再也见不到我女儿了！”

“对不起，我不明白您的意思。”丹佛尔一脸糊涂地回道。

“上次，在森林公园里游玩时，就是你，就是你把我失足落水的女儿从河里救上来的！”老人肯定地说。丹佛尔明白了事情的原委，原来他把丹佛尔错当成他女儿的救命恩人了。

“先生，您肯定认错人了！不是我救了您女儿！”

“是你，就是你，不会错的！”老人又一次肯定地回答。

丹佛尔面对这个感激不已的老人，只能努力解释：“先生，真的不是我！您说的那个公园我至今还没去过呢！”

听了这句话，老人松开了手，失望地望着丹佛尔：“难道我认错人了？”

丹佛尔安慰老人：“先生，别着急，慢慢找，一定可以找到救您女儿的恩人的！”

后来，丹佛尔接到了录用通知书。有一天，他又遇见了那个老人。丹佛尔关切地与他打招呼，并询问他：“您女儿的恩人找到了吗？”

“没有，我一直没有找到他！”老人默默地走开了。丹佛尔心里很沉重，对旁边的一位同事说起了那天面试的事。不料那个同事哈哈大笑：“他可怜吗？他是我们公司的总裁，他女儿落水的故事讲了好多遍了，事实上他根本没有女儿！”

“噢？”丹佛尔大惑不解，那位同事接着说：“我们总裁就是通过这件事来选人才的。他说过有德之才方是可塑之才！”

丹佛尔被录用后，兢兢业业，不久就脱颖而出，成为公司技术开发部经理，一年间为公司赢得了2000万美元的利润。当总裁退休的时候，丹佛尔继承了总裁位置。后来，他谈到自己的成功经验时说：“一个有德之人，绝对会赢得别人的信任！”

美国哈佛大学行为学家皮鲁克斯在《做人之本》一书中指出：“做人不是一个定下几条要求的问题，而是要从自己的根本开始，把自己变成一个以德为本的人，否则你绝不会赢得别人的信任，更谈不上成功人生，反而会让人生早晚塌方的。”

其实品德对每一个人来讲都极为重要，尤其是身居高位、垂范下属的管理者。品德由种种原则和价值观组成，它给你的生命赋予了方向、意义和内涵。品德构成你的良知，使你明白事理，而非只根据法律或行为守则去判断是非。正直、诚实、勇敢、公正、慷慨等品德，在我们面临重要抉择之时便成了首要因素。

许多人认为，成功靠天资、能力、人缘。历史却教导我们：从长远来看，“真正的自我”比“人家眼中的我”更为重要。古今中外所有关于成功和自我奋斗的故事，都着眼于当事人的德行。人生须以德为本，才能有真正的成就和满足。

我们的祖先在几千年前就讲过“修身、齐家、治国、平天下”的古训，为什么把修身放在第一位呢？那就是不论你是找人办事，还是做任何事，修身是前提，没有修身的基础，一切都无异于空中楼阁。而修身则更倾向于道德问题。

修身不拘年龄，随时可以开始，要诀是自知自省，推己及人。就推己及人的观点而言，须先取得小我的胜利，然后才会有大我的胜利。如果你习惯从生活小事修养自己的品德，将来就更有能力塑造应付大事的毅力。

武器可以杀死人，却不能征服人心。真正能征服人心的，不是武器，而是品德。

有位青年脾气很暴躁，经常和别人打架，大家都不喜欢他。

有一天，这位青年无意中游荡到了大德寺，碰巧听到一位禅师在说法。他听完后发誓痛改前非，于是，对禅师说：“师父，我以后再也不跟人家打架、斗口角了，免得人见人烦，就算是别人朝我脸上吐口水，我也只是忍耐地擦去，默默地承受！”

禅师听了青年的话，笑着说：“哎，何必呢？就让口水自己干了吧，何必擦掉呢？”

青年听后，有些惊讶，于是问禅师：“那怎么可能呢？为什么要这样忍受呢？”

禅师说：“这没有什么能不能忍受的，你就把它当作蚊虫之类的停在脸上，不值得与它打架或者骂它。虽然被吐了口水，但并不是什么侮辱，就微笑着接受吧！”

青年又问：“如果对方不是吐口水，而是用拳头打过来，那可怎么办呢？”

禅师回答：“这不一样吗？不要太在意！这只不过一拳而已。”

青年听了，认为禅师实在是岂有此理，终于忍耐不住了，举起拳头，向禅师的头上打去，并问：“和尚，现在怎么办呢？”

禅师非常关切地说：“我的头硬得像石头，并没有什么感觉，但是你的手大概打疼了吧？”青年愣在那里，已是无话可说。

禅师告诉青年的是“德”，“德”不是空口的说教，而是实际的行动。正是如此，才有了震撼人心的力量。

才能不足恃，唯有道德的力量战无不胜。对任何领域而言，道德是获胜的首要因素，光有能力无法形成力量，将高尚的道德品质运用到实际行动中才能显出成效。

无论是职场打拼，还是为人处事，人们必须记住一点：任何人，如果你想得到别人的信任、尊重乃至服从，你就要修炼自己的人品，使之如润物无声的春雨、出淤泥不染的夏荷、凌寒独放的冬梅……

重视别人的名字

名字对一个人来说，是最重要的东西之一。一个人从出生到去世，名字就一直和他缠在一起。人们不能没有名字，因为这是一个人区别于其他人的重要标志。叫响一个人的名字，这对于他来说，是任何语言中最动听的声音。

安德鲁·卡内基被称为钢铁大王，但他自己对钢铁的制造懂得很少。他手下有好几百个人，都比他了解钢铁。

但是他知道怎样为人处世，这就是他发大财的原因。卡内基小时候，就表现出组织才华。他10岁的时候，就已经发现人们把自己的姓名看得很重要。而卡内基更懂得利用这项发现，去赢得别人的合作。例如，一次，卡内基孩提时代在苏格兰的时抓到一只兔子，那是一只母兔。他又很快发现多了一窝小兔子，但没有东西喂它们。可是他有一个很妙的想法。他对附近的孩子们说，如果他们找到足够的苜蓿和蒲公英，喂饱那些兔子，他就以他们的名字来给那些兔子命名，这个方法太灵验了，孩子们十分珍惜以自己名字为兔子命名的机会，他们不但为兔子找到了足够的吃的，并且在很长一段时间内珍爱那些兔子，他们与卡内基的关系也因此增进了很多，这件事卡内基一直忘不了。

好几年之后，他在商业界利用类似的方法，赚了好几百万元。例如，当卡内基和乔治·普尔门为卧车生意而互相竞争的时候，这位钢铁大王又想起了那个关于兔子的经验。卡内基控制的中央交通公司正在跟普尔门所控制的那家公司争生意。双方都拼命想得到联合太平洋铁路公司的生意，你争我夺，大杀其价，以致毫无利润可言。卡内基和普尔门都到纽约去参加联合太平洋的董事会。有一天晚上，他们在圣尼可斯饭店碰头了，卡内基说："晚安，普尔门先生，我们岂不是在出自己的洋相吗？"

"你这话怎么讲？"普尔门问道。

于是卡内基把他心中的话说出来——把他们两家公司合并起来。他把合作而不互相竞争的好处说得天花乱坠。普尔门倾听着，但是他并没有完全接受。最后他问："这个新公司要叫什么呢？"卡内基立即说："普尔门皇家卧车公司。"

普尔门的眼睛一亮。"到我房间来，"他说，"我们来讨论一番。"这次的讨论改写了美国工业史。

安德鲁·卡内基还以能够叫出许多员工的名字为傲。他很得意地说，当他亲任主管的时候，他的钢铁厂未曾发生过罢工事件。

一般人对自己的名字比对地球上所有的名字之和还要感兴趣。记住别人的名字，而且很轻易就叫出来，等于给予别人一个巧妙而有效的赞美。若是把别人的名字忘掉，或写错了，你就会处于一种非常不利的地位。比如说，一个美国人有一次在巴黎开了一门公开演讲的课程，发出复印的信件给所有住在该地的美国人。那些法国打字员显然不太熟悉英文，自然在打名字的时候，就打错了。有一个人，巴黎一家大的美国银行的经理，写了一封不客气的信给他，因为经理的名字被拼错了。

我们应该注意一个名字所能包含的奇迹，并且要了解名字是完全属于与我们交往的这个人，没有人能够取代。名字能使他在许多人中显得独立。

有时候要记住一个人的名字很难，尤其当它不太好念时。一般人都不愿意去记它，心想：算了！就叫他的小名好了，而且容易记。锡得·李维拜访了一个名字非常难念的顾客——尼古得玛斯·帕帕都拉斯。别人都只叫他"尼克"。李维说："在我拜访他之前，我特别用心地念了几遍他的名字。当我用全名称呼他——尼古得玛斯·帕帕都拉斯先生时，他呆住了。在几分钟内，他都没有答话。最后，眼泪滚下他的双颊，他说：'李维先生，我在这个国家15年了，从没有一个人会试着用我真正的名字来称呼我。'"

刻意记住别人的名字，并且多去喊他的名字，因为，这样做可以让别人感受到你在关心他，重视他。这只是一个细节，一个生活中的细节。其实生活就是由细节堆砌起来的，认真地对待生活中的每一个细节，做好每一个细节，只有这样，我们才善待了生活。

由于认识到了记住他人名字的重要性，在生活和社会交往中，我们就要有意识地去记住对方的名字。怎么正确地记住别人的名字呢？如果没有听清其名字，那么恰当的说法是："您能再重复一遍吗？"如果还不能肯定，那么正确的说法是："抱歉，您可以告诉我怎么写吗？"你是不是有过这样的情况，新介绍给你认识的人在10分钟之内就忘记其名字了？除非多重复几遍，否则，一般人都会忘记。

谈话中记住别人名字的办法是用多种谈话方式使用他人的名字。比如，莫斯格拉夫先生，您是不是在费城出生的？如果一个人的名字较难发音，最好不要回避，但很多人都采取回避的方式。如果碰上一个较难发音的名字，可以问："您的名字我念得对吗？"人们是很愿意帮助你把他们的名字念对的。

是什么把我们需要记住的事物留在头脑中的呢？毫无疑问，联想是最重要的因素。

我们常常会因自己依然记得儿时发生的事而感到惊奇。卡耐基开车到新泽西大西洋城的一个加油站加油，加油站的主人认出了他，虽然他们是在40年前见过面的。这太让卡耐基吃惊了，因为以前他从未注意过这位先生。

“我叫查尔斯·劳森，咱们曾经是同学。”他急切地说道。

卡耐基并不太熟悉他的名字，还在想他可能是搞错了。可是他叫出了卡耐基的名字，还提到了那所学校。他见卡耐基还是有些疑惑，就接着说：“你还记得比尔·格林吗？还记得哈里·施密德吗？”

“哈里！当然记得，他是我最好的朋友之一。”卡耐基回答道。

“你忘了那天由于天花流行，贝尔尼小学停课，我们一群孩子去法尔蒙德公园打棒球，咱们俩一个队？”

“劳森！”卡耐基叫着跳出汽车，使劲和他握手。之所以发生这一幕恰恰是因为联想在起作用，有点像是魔术。

如果一个名字实在太难记了，不妨问问其来历。许多人的名字背后都有一个浪漫的故事，很多人谈起自己的名字比谈论天气更有兴趣。而能准确叫出别人的名字，不只表示了你对别人的尊重，更能让你在对方的心里留下深刻的印象，这对你以后的工作非常重要。

准确叫出别人的名字是对他人的一种隐性赞美。

美国民主党前全国委员会主席、邮务总长吉姆是一位传奇人物。

吉姆小时候家里很穷，10岁就辍学去一家砖厂做工，他把沙土倒入模子里，压成砖瓦，再拿到太阳下晒干。吉姆没有机会受更多的教育，可是他有爱尔兰人乐观的性格，人们自然喜欢他，愿意跟他亲近。在成长过程中，吉姆逐渐养成了一种善于记忆人们名字的特殊才能，这对他后来从政起到了重要的作用。

罗斯福竞选总统前的几个月中，吉姆一天要写数百封信，分发给美国西部、西北部各州的熟人、朋友。然后，他乘上火车，在19天的旅途中，走遍美国20个州，行程12000里。他除了乘坐火车外，还是用其他交通工具，像轻便马车、汽车、轮船等。吉姆每到一个城镇，都去找熟人进行一次极诚恳的谈话，接着再开始下一段的行程。当他回到东部时，立即给在各城镇的朋友每人写一封信，请他们把曾经和他们谈过话的客人名单寄来给他。名单上那些不计其数的人，都得到了吉姆亲密而有礼貌的复函。

吉姆发现，一般人对自己的姓名都很敏感。把一个人的姓名记住，并很自然地叫出口，便是对他有微妙的恭维、赞赏的意味。若反过来讲，把那人的姓名忘记，或是叫错了，不但使对方难堪，而且对自己也是一种很大的损害。

记住别人的名字，本是一件简单的事，可很多人却很少把它真的放在心上。见过一面的朋友，假若再见时，你能一下就喊出他的名字，他会是何等惊喜与激动啊！记住别人的名字，不但是对对方的一种尊重，也是树立自己良好形象的一个有效方法。从现在起，记住与你交往的人的姓名，大方得体地叫出来，你会发现发生在你身上的变化与惊喜。

第三章

自我修炼：一等二靠三落空，一想二干三成功

——人必自重，才能让他人尊重

不怕千着巧，只怕一着错

下棋时我们总喜欢说“一着不慎，满盘皆输”。就是告诉人们“不怕千着巧，只怕一着错”，那一着通常不是出在明显处，而往往隐藏在细节中，忽视细节，一时疏忽，很可能让能人也无力回天。细节决定成败，需要重视的细节一定要做好。

可是很多人往往就在所谓的忙碌中“抓大放小”，忽视了很多看似不太起眼的细节，结果“千里之堤，毁于蚁穴”。

细节不是小事，一些无关紧要的小事当然无须花费时间去重视，但有些需要重视的细节就一定不能忽视。在工作中，对细节的粗心往往容易把前期所有的工作变成白忙活，甚至给自己的职业生涯带来不可估量的影响。

徐子轩大学毕业后到了广东一家报社做广告业务工作，由于业绩突出，报社准备提拔他为副社长。

当时有一家企业在开发区投资，并计划在当地媒体上投放价值总计150万元的广告。徐子轩通过多方努力，终于揽到了这笔业务。开发区举行奠基仪式的那天，他带上了报社里最优秀的记者，并让广告部全体出动，计划用大幅版面进行宣传。

奠基仪式结束后，他高兴地和朋友们去唱卡拉OK，一直玩到了凌晨一点多钟才回家。但在这个时间段内，一个最不应该出现的错误却在悄悄地酝酿中。

徐子轩自以为派出的是报社最优秀的记者，因此非常放心。记者的稿子确实写得非常好，但是由于当时电脑还不普及，记者手写的稿件字迹潦草，“基”和“墓”看起来非常相似。

因为当时还是铅字排版，稿子到了排版人员那里，“基”字被排成了“墓”字。

稿子到了副总编那里，刚好赶上副总编家里有急事，他只匆匆看了一眼就签发了。

于是，到了第二天早上，原本应该是“某某开发区昨日奠基”的头版头条新闻，却变成了“某某开发区昨日奠墓”。

在特别重视“彩头”喜欢吉利的广东企业眼里，这无疑是大忌，更何况这还是在开发区项目正式启动的第一天。

报纸出来后，客户愤怒地取消了150万元的广告订单，报社的声誉也受到了很大的影响，一些潜在客户也由此取消了自己的投放计划。

徐子轩当副社长的梦就此破灭。他非常后悔，“既然我知道这件事非同小可，为什么要在关键的时候去唱卡拉OK，而不是留在报社自己将稿子校对一遍呢？”

我们常说“一字值千金”，此处可是一个字就值150万元！而且还断送了徐子轩的美好升迁之路，让他之前的所有忙碌和准备全部泡了汤。

很多时候，我们往往就是因为某些细节没有把好关，而使所有的忙碌前功尽弃。“不怕千着巧，只怕一着错”，该重视的细节一定要把它做好，克服马马虎虎麻痹大意的坏毛病，做到完美无缺才能忙在点子上。

忍得一时愤，终身无恼闷

俗话说“百忍成金”，烦琐的现实生活无处不在考验着我们，有时候一个不小心流露出的不耐烦，就有可能让我们做出一个错误的决定，甚至有时还会因此悔之不及。“忍得一时愤，终身无恼闷。”只有那些够清醒保持坚忍的人，才能笑到最后，笑得最好。

汉初，张良原本是一个落魄贵族，后来作为汉高祖刘邦的重要谋士，运筹帷幄之中，辅佐高祖平定天下，因功被封为留侯，与萧何、韩信一起被称为“汉初三杰”。

张良年少时因谋刺秦始皇未遂，被迫流落到下邳。一日，他到沂水桥上散步，遇一穿着短袍的老翁，老翁故意把鞋摔到桥下，然后傲慢地差使张良说：“小子，下去给我捡鞋！”面对老人的侮辱，张良愕然，不禁心中有些不平，但碍于长者之故，只好违心地下去取鞋。老人又命其给穿上。饱经沧桑、心怀大志的张良，对此带有侮辱性的举动，居然强忍不满，膝跪于前，小心翼翼地帮老人穿好鞋。老人非但不谢，反而仰面长笑而去。张良呆视良久惊讶无语，不久老人又折返回来，赞叹说：“孺子可教也！”遂约其5天后凌晨在此再次相会。张良迷惑不解，但反应仍然相当迅捷，跪地应诺。

5天后，鸡鸣之时，张良便急匆匆赶到桥上。不料老人已先到，并斥责他：“为什么迟到，再过5天早点来。”第二次，张良半夜就去桥上等候。他的真诚和隐忍博得了老人的赞赏，这才送给他一本书，说：“读此书则可为王者师，10年后天下大乱，你用此书兴邦立国。我是济北毂城山下的黄石公。”说罢扬长而去。张良惊喜异常，天亮看书，乃《太公兵法》。从此，张良日夜诵读，刻苦钻研兵法，俯仰天下大事，终于成为一个深明韬略、文武兼备、足智多谋的“智囊”。

张良的隐忍和恒心，让他最终获得了黄石公的馈赠，也因此成就了自己的事业。试想当初他若是耐不住一时之愤，那么何以得天下奇书，成就一番事业呢？

世人易嗔，鸡毛蒜皮小事与人争执。世人易怒，动不动就大发雷霆；世人爱面子，容不得他人说一点自己的不是……以智慧心对自己，戒除贪嗔痴疑慢，已心成净土，也自然不会再有烦恼。

白隐禅师就是这样一位能以慈悲心对人，以智慧心束己的圣人，他看破了世事，沉默地守护着自己心灵的一方净土。

有一对夫妇，在白隐禅师家附近开了一家小店，家中有一个漂亮的女儿。不经意间，夫妇俩发现女儿的肚子无缘无故地大了起来。

这时使她的父母颇为震怒，免不得要追问来由。她起初不肯招认那人是谁，但是在父母的苦苦逼问之下，终于说出来“白隐”两个字。

她的父母怒不可遏地去找白隐禅师理论，但这位大师只说了一句话：“就是这样吗？”

孩子生下来之后，就被送给了白隐。此时，他的名誉虽已扫地，但是他却并不介意，只是非常细心地照顾这个孩子，他向邻舍乞求婴儿所需的奶水和其他一切用品。

时隔一年，这位没有结婚的妈妈终于忍不住了，向父母吐露了真情：孩子的亲生父亲是一个在鱼市工作的青年。

她的父母立刻把她带到了白隐禅师那里，向他道歉，请他原谅他们当年的错误，并请求他允许他们将孩子带走。

白隐禅师依旧无话，他只是在交回孩子的时候轻声说道：“就是这样吗？”

白隐禅师的修为令人赞叹、景仰，他并没有将被人误解、诽谤看作坏事，而当误会得到澄清时，他也没有过多地表现出欢喜，而是一直默默地承受，心平气和地付出。他以慈悲心对待恶语中伤他的人，并且悉心照顾他们的孩子；又以智慧心对待这件荒唐可笑的“祸事”，从而让自己能够平和地对待，不起烦恼。这样的人，真是圣人！所以他才能够得到众人的叹服，同时获得自己内心的快乐与清净。

可见，真正的智慧不仅是头脑的聪明，而是用宽厚的胸怀来面对一切祸福，是一种爱人如己的智慧。人生是一场持久战，与人交际从懂事开始一直到人临终，那些忍不了一时愤恨之人，那些容不下他人之人，也必定不会被时间和他人所容纳，只有那些能够安忍之人，才是最终的赢家，真正的赢家。

退一步，才能进十步

适时的退让是非常必要的，这对争取到最后的胜利绝对有益无害。要知道，谁笑到最后，谁才能笑得最好。

以“退”的方式来达到“进”的目的，可以说是一条独辟蹊径的成功经验。

俗话说：退一步路更宽。实际上，退是另一种方式的进，而防守也是另一种形式的进攻。暂时退却，忍住一时的欲望，将你内心涌动的志向之火悄悄隐藏，养精蓄锐，鼓足力量，后退之后的前进将是更快、更有效、更有力的。有时，通往成功的路，便是这样一条曲线之路，但踏上这条路你就绝对不会撞得头破血流。欲速则不达，退一步才能进十步，就是这个道理。

一位计算机博士学成后开始找工作，因为有个吓人的博士头衔，一般的用人单位“不敢”录用他，而经验的缺乏又让很多知名企业对他抱有怀疑态度。在整个不景气的就业形势下，他发现自己的“高学历”竟然成了累赘。思索再三，他决定收起所有的学位证明，以一种最低的身份进入职场，去获取自己目前最需要的财富——经验。

不久，他就被一家公司录用为程序输入员。这种初级工作对于拥有博士学位的他来说简直是种“侮辱”，但他并没有敷衍了事，反倒仔仔细细、一丝不苟地工作起来。一次，他指出了程序中的一个重大错误，为公司挽回了损失，老板对他进行了特别嘉奖，这时，他拿出了自己的学士证，于是，他得到了一个与大学毕业生相称的工作。

这对他是个很大的鼓励，他更加用心地工作，不久便出色地完成了几个项目，在老板欣赏的目光中，他又拿出了自己的硕士证，为自己赢得了又一次提升的机会。

爱才惜才的老板对他产生了浓厚的兴趣，开始悉心地观察他，注意他的成长。当他又一次提出一些改善公司经营状况的建议时，老板和他进行了一次私人谈话。看着他的博士证书，老板笑了。他终于得到了理想中的职位，尽管有些曲折，但他却觉得从最低处开始努力的整个过程都很有意义。

这位博士以退为进，先将自己放在一个极低的水平线上，然后踏踏实实地奋斗，为自己积蓄内在资本。“真金不怕火炼”，他在平凡的岗位上显示出了光彩，被慧眼识英雄的老板委以重用。在目标不可能一蹴而就的时候，他选择了暂时的“退”，为自己赢得了另一个事业起步的机会。

一个人只有深谙进退之道，知道审时度势，才能明确自己的处境，从而知进识退，进退有节，挥洒自如，才能在激烈的社会竞争中立于不败之地。

生活的智者们不会在形势不利于自己的时候去硬拼硬打，那样，有可能是以卵击石，自寻死路；也有可能是两败俱伤，损伤惨重。在这种时候，他们会先“退一步”，以求打破僵局，为自己积蓄力量赢得机会，从而可以“前进十步”。真正的智者总能分清不同的场合，进而采取不同的处世态度。当自己处于弱势时，总是采取以退为进的方针，才能避开强者的锋芒，保存自己的实力。等到有朝一日羽翼丰满，才表明自己的主张和态度，这时候，他们就是真正的强者了。

清者自清，浊者自浊

语言沟通是人与人最基本的相处方式之一。然而，说来说去，难免有失真之语。诽谤就是失真言语中的一种攻击性很强的恶意伤害行为。俗语云：“明枪易躲，暗箭难防。”也许，在很多时候，诽谤与流言并非我们所能够制止的，甚至是有人群的地方就有流言。那么，在生活中我们对待流言的态度就显得十分重要，正如美国前总统林肯所说：“如果证明我是对的，那么人家怎么说我都无关紧要；如果证明我是错的，那么即使花十倍的力气来说我是对的，也没有什么用。”

当流言蜚语已经出现，一味地争辩往往会适得其反，让人觉得你在欲盖弥彰，有句话叫作“解释便是掩饰”，这话不是没有道理。因此还属鲁迅先生说得好：沉默是金。的确，很多时候我们越是急于表现自己，就越是起到相反的效果。误会发生了，即使你再虔诚地解释，对方也未必听得进去。所以对付诽谤最好的方法便是保持沉默，让清者自清而浊者自浊，此乃最明智的选择。

《新唐书》中有一则武则天与狄仁杰的故事：武则天称帝后，任命狄仁杰为宰相。有一天，武则天问狄仁杰：“你以前任职于汝南，有极佳的表现，也深受百姓欢迎。但却有一些人总是诽谤诬陷你，你想知道详情吗？”狄仁杰立即告罪道：“陛下如认为那些诽谤诬陷是我的过失，我当恭听改之；若陛下认为并非我的过失，那是臣之大幸。至于到底是谁在诽谤诬陷，如何诽谤，我都不想知道。”武则天闻之大喜，推崇狄仁杰为仁师长。

俗话说：“流言止于智者。”真正有智慧的人是不会被流言中伤的。因为他们懂得用沉默来对待那些毫无意义的流言诽谤。鲁迅先生曾经说过："沉默是最好的反抗。这种无言的回敬可使对方自知理屈，自觉无趣，获得比强词辩解更佳的效果。"在面对无聊的人的谣言攻击时，唯一的态度就是不辩。无视对方，就是给对方最好的反击。

老人言："浊者自浊，清者自清。"用不着过多解释，也没必要整天为着别人说过的话而给自己平增烦恼。心如止水来应对诽谤，令其被时间洗礼，荡涤掉表面的伪装，诽谤自然不攻自破。面对生活中的种种误解与猜疑，就让我们做"流言止于智者"中的智者，宽容豁达地面对一切风风雨雨，我们的人生必定是另一种局面。

该装傻时则装傻，该聪明时不含糊

一个有才华的人，既要学会装傻，做到不露锋芒、暗中进取，又要学会把握时机，该聪明的时候便要果断出击，施展自己的才华，拼出一番伟业。人生如戏，演绎着幻化无穷的各种偶然情况，稍有懈怠就会有闪失，因此必须学会在"傻"与"聪明"之间划清楚只有自己知晓的界线。

楚庄王继位时很年轻，他并未像其他新君那样一上来就烧"三把火"，而是不问国政，只顾纵情享乐。这时的楚庄王根本不像个国君，朝野上下也都把他看作糊涂无能的昏君。

看到这种情况，朝中一些正直的大臣都十分着急，许多人进宫劝谏楚庄王要节制淫乐，以国事为重。可楚庄王完全不予理睬，甚至下了"胆敢劝谏者死"的命令，果然没有人再敢冒死进谏。

大夫伍举知道直谏毫无用处，便给楚庄王讲了个故事："远方的高山上，有只鸟三年不飞也不叫，人人猜不透，实在不知是只什么鸟！"

楚庄王听完这段话，明白这是在说自己，可他故意装出一副失望的神情说道："这有什么可奇怪的呢？三年不飞，一飞冲天；三年不鸣，一鸣惊人嘛。"

之后楚庄王依然故我，甚至变本加厉，几乎不成体统。一位叫苏从的官员再也看不下去了，经直闯进宫对楚庄王说："大王恐怕会像桀、纣一样招致国破身亡之祸啊！"楚庄王大怒，喝道："你没有听到不准上谏的命令吗？难道你不怕死吗？"苏从昂着头说："如果臣死能让大王振作起来，能让楚国强盛起来，那臣心甘情愿。"

楚庄王凝视着苏从，突然激动地说："对了！这就是我要等的社稷栋梁之材。"接着立即斥退了舞姬妃子，与苏从促膝长谈。

第二天，楚庄王召集百官，任用了伍举、苏从等一大批德才兼备的大臣，罢免了一批只知逢迎的庸才，采取了许多强国富民的措施，楚国自此走向富强，楚庄王也成为"春秋五霸"之一。

楚庄王"不鸣则已，一鸣惊人"，让我们看到了一种"狡猾"的生存与成功之道。在时机尚未成熟、条件也不具备的情况下装一回"傻"，才不会被别人小心提防，才能在暗处谋划全局。然而"装傻"又不是消极的明哲保身，而是为日后的大有作为奠定基础，在别人放松警惕的时候充实自身，当天时、地利、人和齐备之际，这些"装傻"的智人便会果断出击，而且一击即中，这时候，他们便不再需要"傻"的外壳来做掩护了。

社会交往中，能产生良好交际效果有时需要人们装傻，能使本来很有距离的双方达到某种“共识”，从而使进一步的交流成为可能。

有位先生和朋友去拜访一位教授，那教授为人严肃，不苟言笑。坐了半天，除了开头说了几句应酬话，剩下的全是让人尴尬的沉默。

忽然，那位先生看到教授家养的热带鱼，其中几条色彩斑斓，游起来让人眼花缭乱。那位先生知道这鱼叫“地图”，因为自己也养了几条，还很得意地为朋友介绍过。教授见那位先生神情专注，就笑着问：“还可以吧？才买的，见过吗？”那位先生说：“还真没见过。叫什么名字？明儿我也打算养几条呢！”当时他的朋友不解地看看他，心想装什么糊涂，不是上星期才到我家看过吗？

可教授一听，来了兴致，大谈了一通养鱼经，那位先生听得频频点头。那位教授像是遇到了知音，说说笑笑，如数家珍地给他讲每条鱼的来历、特征，又拉着他到书房看他收集的各类名贵热带鱼的照片，气氛顿时活跃起来。他们一直聊到吃过晚饭才走，朋友才突然领悟到那位先生说谎话的用意。

一句谎话装傻使本来几乎陷入僵局的交谈又顺利地进行下去了。这位先生与其说是装糊涂，不如说是真聪明。他的聪明糊涂学兼用，让教授乖乖“就范”。

该装傻时则装傻，该聪明时不含糊。

生活中，我们常常会碰到这样的场面，到朋友家做客时，主人热情地给客人夹菜，恰恰是客人不喜欢吃的菜。这时，客人不外乎有两种态度。一种是接受主人盛情，一边道谢一边违心地说：“好吃！好吃！”如果说爱吃并强迫自己吃下，只能让自己自讨苦吃。而如果有一天主人知道了原委，也会后悔一辈子。这样，既苦了自己又伤了别人，实在不是高明之举。另一种态度，便是巧妙地拒绝。先说一句：“别客气，我自己来！”再补充一句：“这个菜我挺喜欢吃，就是胃受不了！”如此聪明的回答，既不伤主人的面子，又避免了活受罪，两全其美！

曹雪芹说“假作真时真亦假，无为有处有还无”，该装傻时便装傻，该聪明时绝不含糊，成功便不远了。

人串门子惹是非，狗串门子挨棒槌

人与人相处的时候，一定要时刻注意自己的言行，千万不要惹是生非，搬弄是非，这样不但会伤害别人，也会惹祸上身。

明朝的解缙被皇帝贬官到地方后，他趁着皇帝亲征，入京述职的时候到太子家里拜访，结果惹怒皇帝朱棣，他勃然大怒，立刻将他打入大狱，最后处死。有句老话说“人串门子惹是非，狗串门子挨棒槌”，解缙就是吃了不懂这个道理的亏，断送了自己的前程。

解缙虽然才高八斗，为明朝不可多得的人才。但他“善称之不容口”，“无顾忌”。说白了，就是他不懂得为官之道、不低调，这样就给他造成很多麻烦。有人说，性格决定一个人的命运，确实如此，解缙之败，败在立储之事，再深究一下就摆在他的处事态度上：在立储的风口浪尖上，人人躲避，以求自保，他却迎风而上，稍有不慎，就万劫不复。他的仗义执言，力荐太子，因而得罪了“争储位”失败的朱高煦，“遂致败”。

当年，朱棣在立长子朱高炽和次子朱高煦为太子的问题上，颇费周折。其实，他的私心是想立次子朱高煦的。长子朱高炽虽然宅心仁厚，但外貌不佳，还有脚疾，而朱高煦则英武挺拔，且有政治手腕。解缙对朱棣进言，最终决定了长子朱高炽的太子地位。他对朱棣说“皇长子仁孝，天下归心”，又说“好圣孙”。自古以来，历代皇位，立长立嫡，是为正统。解缙之举，是做的一个臣子应做的本分。他促使朱棣作出了一个正确的选择，也才有了后来明朝的“仁宣之治”。

史书评价，汉王朱高煦心胸狭窄，阴险狡诈。“太子遂定”“高煦由是深恨缙”。朱高煦恨解缙恨得咬牙切齿，恨不得处之而后快，这也为解缙最后悲剧收场埋下了伏笔。于是，他经常无事生非，诬陷迫害解缙。一是所谓的“泄禁中语”。解缙是内阁中的要员，掌管枢密之事。他自然知道皇帝很多最忌讳的事情，皇帝也是很害怕他把这些事泄露出去，于是对他处处提防。但是解缙的不低调，“善称之不容口”，早就引起皇帝的猜忌。二是所谓的“廷试读卷不公”。解缙曾主持过两次会试，一次是永乐二年（1404年），一次是永乐四年（1406年）。说其读卷不公，是因为解缙选拔的状元榜眼探花，都是江西人。但是，这些被选拔出来的人，的确，有才干，这也就是所谓的举贤不避“近”。这两件事，皇帝朱棣没有找到确凿的证据，当然没有惩罚他的理由，但是内心已经对他起了猜忌之心，要是皇帝对臣子起了杀心，死就是早晚的事。

但是倘若事情到此为止，解缙要谨慎自己的言行，可能还能保住自己。毕竟，太子朱高炽对解缙是赏识的，等太子登基，定会得到提升。但永乐八年（1410年），解缙奉命进京奏事。恰逢皇帝朱棣已亲率大军远征漠北了。皇帝不在，解缙自然就去朝见正在留守监国的太子朱高炽。这于公于私，都是很合乎常理的。一般规定，皇帝不在，监国代为处理政务，解缙去向监国报告，也是正常的。但是，朱高煦记在心里，向朱棣告状，说解缙“私觐太子”“无人臣礼”。朱棣回京，本就对解缙不满，加之这时的皇上也提防着太子的一举一动，于是便借题发挥，把解缙打入大牢，最终被处决。

这也可谓是串门子串出来的祸端，我们在与别人的交往中，也一定要谨言慎行，什么该说，什么不该说，自己心中有个尺度。不要为了一时逞口舌之快，什么都想说，不想这样可能惹来不必要的麻烦。

我们身边可能有些人，老喜欢打听别人的一些事，知道了之后就到处宣扬，似乎这样才能显示自己存在的价值。殊不知，时间久了，大家就会讨厌了。

玛丽已经是人到中年，两个孩子都已经成家立业，搬到别的地方居住，她的生活按说已经很安逸，没有什么负担呢。

她在一家企业的仓库里担任配件员的工作，工作很轻松，一天的活儿就是把车间里需要的配件，按时发放到工人手里，其余的时间就是闲着了。这可能是无聊的原因，她喜欢在工厂里，到处串门子，这个部门去待上几分钟，那个部门去聊几句，就这样，一天下来，就搜罗了好多部门的最新消息。

但是，知道了很多事情不要紧，放心里，谁也不会怪罪，本来嘛，这些事，就事不关己，没必要到处宣扬。但是玛丽就是这样一个喜欢到处宣扬的人。她只要知道了这个部门的一些事，隔不了几分钟，那个部门必定就收到了消息。

话说回来，一个企业，那么多部门分工合作，难免在工作衔接问题上出点什么摩擦，这也是正常的。这个部门等着交货，但那个部门就是没完成，一来二去的，两个部门就生了积怨，各自在自己的办公室不免牢骚几句。可是到了玛丽这里，她互相之间一传话，性质就变了。两个部门之间矛盾因此就加深了，本来一点小事，就闹大了。有时互相之间甚至吵嚷起来，不仅影响了工作，还破坏了公司的和谐的工作环境。

不久，玛丽的行为被领导知道了，领导几次找她谈话，她都觉得自己是公司几十年的元老，你不能怎么我，我这点小毛病，算什么啊。玛丽仍旧我行我素，公司部门之间的战争也在持续。

最终，领导开除了她。

生活中，我们一定要以玛丽的例子为戒。在我们看来，是多么微不足道的一件小事，可是养成习惯就是一件影响人生的大事了。

人不在大，要有本事；山不在高，要有景致

刘禹锡曾在《陋室铭》中写道："山不在高，有仙则名。水不在深，有龙则灵。"说的意思是，一座山，出不出名，不在于其是否高大，一条河出不出名不在于其是否够深，如果山里有仙，不高也会闻名，如果水里有龙，不深照样为人所知。而作为人也一样，就像刘禹锡在后面说的"斯是陋室，惟吾德馨"。他居住的虽然是一件简陋的小房子，但是由于他的品性高尚，一样可以让这座房子闻名。

其实，这不仅是刘禹锡个人的看法，古人也早就总结出了这个道理。有句老话是这样说的："人不在小，要有本事，山不在高，要有景致。"说的也是这个道理。而且，古往今来，也确实有无数的人在用自己的实际情况证明着这个道理。

翻开史书，我们能看到很多这样的事情，一些看起来不起眼的人，却取得了很大的成就，这其中，有一个典型，就是晏子。

晏子是春秋时齐国人，历任齐灵公、齐庄公、齐景公三朝的卿相，辅政时间长达50余年，是一名出色的政治家和外交家。晏子逝世后，孔子称赞他说："救民百姓而不夸，行补三君而不有，晏子果君子也！"可谓是对他非常高的肯定了。

晏子虽然有大才，但是外形上并不出众，甚至可以说有些拿不出手，他个子很矮，长得也不好看。在那个人们经常以貌取人的年代里，自然会受到很多轻视，不过，晏子总能用自己的智慧来化解这些不快。

一次，晏子将要出使楚国。楚王听到了这个消息后，对手下说："我早就听说晏婴是齐国的善于言辞的人，可最近一打听竟然是个矮个子，那肯定就没有什么能耐了，看来传言也未必可信。如今，他就要来了，我想要侮辱他，你们说，用什么办法好呢？"楚王手下们马上回答说："大王，等他来时，我们绑一个人从大王面前走过。此时，您就问我们：'绑着的是什么人？'我们回答您'他是齐国人'，然后大王再问'犯了什么罪'，我们回答'犯了偷窃罪'。然后您说'哦？齐国人都好偷盗吗'，不就侮辱了他吗？"

没过几天，晏子就来到了楚国，楚王表示欢迎之后，请晏子喝酒，就在酒喝得正高兴的时候，两个小官吏绑着一个人从众人面前走过。楚王见状，问道："绑着的是

什么人啊？”小吏说：“大王，这是一个齐国人，犯了偷窃罪，我们押他去受刑。”楚王听了后，摆了摆手，让两个小吏走了，然后看着晏子问道：“先生，你们齐国人很善于偷东西吗？”晏子听了楚王的话，离开了座席，恭敬地回答道：“大王，我听过这样一件事：橘生长在淮河以南结出来的就是橘子，生长在淮河以北接出来的就变成了枳，两者形状相似，味道却截然不同。橘子甘甜，枳则奇苦。老农说，之所以有这样的差别，是因为水土不同。如今，这个人在齐国的时候不偷东西，一到了楚国就偷东西，莫非楚国的水土能让百姓喜欢偷窃吗？”

楚王听了晏子的话后，很尴尬，苦笑着说：“圣人不是能随便开玩笑的，那是在自讨没趣。”而且，从那以后，楚王再也不以貌取人了。

相信很多人都看过这个故事，我们看故事的时候，都会为晏子的机智拍手称快，觉得痛快淋漓，而对楚王，则会觉得他是罪有应得，就该被羞辱。

记住那句话，“人不在大，要有本事，山不在高，要有景致”。

而同时，我们也要从另一方面认识到，真正能够让我们不同于众人的，是能力，是智慧，而不是外貌。因此，我们在改变自己的时候也应该注重自己的修养而不是注重外貌。不要因为自己的某些外在的东西不如别人就对自己丧失信心，而应该奋起努力，从内在上充实自己，最后取得成功。

加拿大第一位连任两届总理的让·克雷蒂安小的时候说话口吃，讲话时嘴巴总是向一边歪。

为此，克雷蒂安很伤心，一点也没有自信。后来，妈妈听人说说话的时候嘴里含上一粒石子，可以纠正口吃的毛病，就决定让小克雷蒂安试试。于是，小克雷蒂安就开始了艰苦的训练。

时间长了，克雷蒂安有点懈怠，不想再练了。妈妈看出了他的抵制情绪，跟他说：“每一只漂亮的蝴蝶，都是冲破束缚它的茧之后才变成的。如果你能够克服困难，也可以成为一只漂亮的蝴蝶。”

那以后，小克雷蒂安更加认真了。终于，功夫不负有心人，经过长久的磨炼，克雷蒂安能够流利地讲话了。而且，也对自己有了信心。最后，他参加了全国总理大选，并一举夺得总理的位置。在竞争演说中，他曾诚恳地对选民说：“我要通过刻苦努力，带领国家和人民成为一只美丽的蝴蝶。”后来，他成功了，为祖国作了很多贡献，加拿大人民亲切地称为“蝴蝶总理”。

我们要学习的就是克雷蒂安的这种精神，不要因为自己暂时的失意，或是外在条件的不足而对自己失去信心，记住，只要肯努力，就一定能够成功。

我想，看到这里大家已经明白了。外表，或者说外在，并不能证明一个人的真正实力，于己如此，于人亦然。我们不要因为别人外在的不如意而去嘲笑他，也不要因为自己外在的不如意而灰心。看人要看内在，做人一样要做内在。如果你做到了这些，于人来说，你必将是个受欢迎，受尊重的人；于己来说，也肯定能够实现自己的人生价值，做到不虚此生。

请牢牢记住这句话吧：“人不在大，要有本事，山不在高，要有景致。”

第四章

人际交往：岁寒知松柏，患难见真情

——做好自己，提高情商

奉承你是害你，指教你是爱你

听到赞美的话，很多人会感到开心，甚至有一点点骄傲。的确，赢得朋友的赞赏和肯定，是保持友情的最佳方式。如果朋友之间相互欣赏、相互敬重，友情也会因此而恒久、坚强。

但是，很多人的赞誉并不是发自内心的，正是因为人人喜欢被表扬，有人才会趁机吹捧你。这样的人，并不值得交往。

在我国古代，秦始皇在第五次巡游的途中病逝，随行的宦官赵高与宰相李斯于是伪造了一封遗诏，逼太子扶苏自杀，立胡亥为秦二世。不久赵高又杀了李斯，秦朝的政权便完全落于胡亥与赵高之手。秦二世年龄尚小，奸臣赵高又总是在他左右排挤忠臣，秦国的实力大大减弱，赵高最后逼着胡亥自杀了，另立子婴为帝。

此时天下已经大乱了。刘邦领兵攻破武关以后，长驱直入，在蓝田附近完全歼灭了秦国的兵力，一路畅通地进入秦国的国都咸阳。

进入咸阳以后，刘邦见宫殿美轮美奂，珍宝美人更是目不暇接，就想留在宫中感受一番皇室生活。这时候，也有一些人在他耳边说："这都是大王您的英明啊，如今大王可以苦尽甘来了！"

但武将樊哙劝他不要因小失大，好朋友张良见他不听，严词说道："我们能够来到咸阳，主要是因为秦王残暴无道。我们应该替天行道，消灭余党，推翻秦朝的奢侈和淫乐，让天下人知道艰苦朴素才能长久。现在您才占领了秦国，就要享受秦王所享受的快乐，这是'助纣为虐'的行为！"张良的话点醒了刘邦，想到自己的利欲之心差点被人挑唆，刘邦吓出一身冷汗。于是撤出咸阳，把军队驻扎在灞上。

每个人都会有意志薄弱的时候，如果在这种时候听信了小人之言，那将十分危险！在社会中，一些人经常聚在一起四处游荡、吃喝玩乐、无所事事，和他们相处久了，只会让你在不知不觉中放松对自己的要求，一步步地走向堕落，这种友情往往是建立在利益交换和虚荣的基础上的，无法长久牢固。

一般来说，你欣赏怎样的人，或者你渴望被怎样的人欣赏，就是你结交朋友的标准。真正的朋友，是那种即使性格迥异，也能够相互尊重，相互欣赏的，相互信赖的人。在真正的朋友之间，就算发生一些不愉快的事情，也是值得信赖的。

就比如，在魏晋时期的“竹林七贤”中，山涛和嵇康私交甚好。但是山涛比较乐于做官，而嵇康则对官场避之不及。有一回，山涛在皇上面前推荐嵇康做官，嵇康听说此事后，大为不快，认为好友不懂得自己的心，因此写了一封信给山涛，不仅拒绝了他的推荐，并且与他绝交了。

但是后来，当嵇康担心自己会遭遇不测，托付自己的家人时，第一个想到的还是山涛。他把自己的两个孩子托付给了山涛，而山涛也义不容辞地承担了这个责任。

由于政见的不同，嵇康与山涛的友情破裂了。但是嵇康深知山涛是一位值得托付的朋友，他能够理解自己的心意。要有怎样的信赖，才能将自己的孩子交付给对方？要有怎样的勇气和仁慈，才能让山涛接受抚养子女的嘱托？这就是真正的友情。

怎样保持纯洁的友情，远离那些阿谀奉承的人呢？

这就需要我们有原则地交朋友。如果点头之交都算是朋友，那么朋友就与普通人没有区别了。如果为了达到某种目的而交友，这种目的就不能算是原则，而依据这个标准结交的朋友，也会拿着利益的尺子来衡量你。

保持内心的独立和稳定，也是远离奉承之人的一个方法。当我们可以很清楚地认识到自己的优点和不足，对自己有把握的时候，别人的评价就不再那么重要了，奉承的人说出来的那些溢美之语，也就自然随风而逝了。

信言不美，美言不信

中国古代哲学家老子《道德经》里有一句话，“信言不美，美言不信”。大意是：真实的话往往不好听，好听的话往往不真实。

在这里，“美”与“信”，就是一对矛盾。在生活，像这样的矛盾也有很多。比如，通常喜欢当面谄媚的人，也喜欢背后诋毁人。谦虚是一种美德，但太过谦虚的人可能心有奸诈；沉默是好的品行，但故意不动声色的人可能内藏阴谋。不要认为外表正直的人内心就刚正，对那些看似正人君子实则居心不良的人，要学会提防。

在现实生活中，人的内心常与外表不一，很难看透。有的人笑脸迎人，心中未必友好；有的人痛哭失声，心中未必悲伤。讲别人的坏话，并非直爽；帮别人做坏事，并非有义。古人也十分忌讳那些“厚币甘言”的人。甜言蜜语、厚赠钱财的人，往往另有所图：看似友好，实为贿赂，诱使人徇私枉法。正所谓：画虎画皮难画骨，知人知面不知心。在事前，人心的变化往往难测，而随着事情的发展，真假自然会显露出来，在那个时候，你会发现：给你恰当批评的人，是你的老师；给你恰当肯定的人，是你的朋友；给你不恰当恭维的人，是你的敌人。

老子说：“信言不美，美言不信。”这和我们现代人并不绝缘，在现实生活中，我们常常碰到。有的人说话，说得天花乱坠，很动听，很华美，但是到头来是让你上当受骗。因为他不伪装得美一些，怎么会打动你，让你上钩啊！所以“不信”的话经过外表“包装”变成的“美言”，不就是“美言不信”了吗？相反“信言”是真实的、素朴的，不用“包装”，它往往没有那种外表的美，这就是“信言不美”了。

历史上这种情况就没有断绝过，老子的这种智慧，是从生活、历史中总结出来的，又可以验证生活和历史的。比如汉代陆贾在《新语》中说过："谗夫似贤，美言似信；听之者惑，观之者冥。"这样的例子还少吗？

大家都知道战国时候邹忌讽齐王纳谏的故事，也许一笑了之，但是我们再用老子的理念来解读一番，或许就可以较深地领会为什么"美言不信"了。

齐相邹忌不仅身高八尺，而且长得很帅，一次在要上朝时候，他照着镜子问夫人："我和城北的徐公谁美？"徐公是当时公认的美男子。

夫人回答说："当然我的老公美，徐公怎么比得上你！"这就是老子所谓的"美言"，一般人爱听，但是邹忌觉得有点不可信。这就是邹忌的厉害，他面对"美言"能动动脑筋。

邹忌就再问妾："我和徐公谁美？"妾说："徐公怎么比得上你美啊！"这还是"美言"，真是异口同声的"美言"了。

第二天有个客人来了，邹忌再问客人："我和徐公谁美？"客人说："徐公比不上你美！"

凑巧了，过了一天徐公来了，邹忌仔仔细细地审视他，自以为不如他，再用镜子看自己，发觉远比不上他。

邹忌是一个著名的政治家，他开始考虑，这是为什么。夜深人静，他"寝而思之"，发现了其中的道理。我们也来分析一下，确实这种"美言"有不少内涵。

一是，听到人家的"美言"并非就是真言、信言，要考虑可信否、真实否。不管是面对亲近自己的人，还是面对别人，都应该如此。再说，面对一个人的"美言"应当如此，而面对众口一词的"美言"也应当如此，比如邹忌听到的是三个人共同的"美言"，也不一定是信言，也不要盲目地就信以为真。

二是，"美言"是动听悦耳，听了让人舒服，但是在"美言"的后面往往有动机，有一种利益关系的驱动力。比如，邹忌知道：妻子"美言"，是出于爱；妾的"美言"，是出于怕；客人的"美言"，是出于有求。一个人要能够洞悉"美言"深层的、背后的东西。

三是，"美言"容易蒙蔽人，就要实际地考察一番。邹忌自己看到了徐公，才知道怎么回事了，否则就蒙在鼓里。他又由此及彼，由近及远，由小及大，想到了政治，想到了国家大事，那么是不是也这样呢？于是入朝来见齐威王时，他就讲了这回事情，讽谏齐威王。

邹忌说："我确实知道自己远比不上徐公之美，但是因为妻子爱我，妾又怕我，客有求于我，所以他们称赞我比徐公美。如今齐国土地方圆千里，是有一百二十个城邑的大国，宫里的女人都爱君王，朝廷群臣都害怕君王，国内的人们都有求于君王，由此可见，君王被人蒙蔽得一定更加厉害了。"这一番话，说得真叫丝丝入扣。

邹忌用心思考过了，有人爱我而我受到蒙蔽，那么爱你齐王的人更多了，你齐王受的蒙蔽更大；有人怕我而我受到蒙蔽，那么怕你的人更多，你受到的蒙蔽也更大；有人有求于我而我受到蒙蔽，那么有求于你的人更多，你受到的蒙蔽就更大了。这种内在的逻辑，很有力量啊！

齐威王是一个很善于聆听的人。他听出了"信言不美"的道理，因此称赞说：

"善！"更可贵的是，齐威王不仅聆听出这是信言中的美道，而且去践行美言、美道。他下诏令："从今以后，群臣官吏百姓，能够当面指出我的过错的，可以得到上等赏赐；上书进谏我的，可以得到中等赏赐；能在公众场合批评我的，可以得到下等赏赐。"

所以，当我们面对美言时，一定要保持清醒，冷静对待；当面对信言时，也不妨收起自我防护的盾牌，以包容的心态来接纳。这样做对我们是大有裨益的。那么，反过来说，如果我们是进谏的人，可以将信言美化一点，使得对方更好接受，从而达成目的。

朋友也分类

把朋友分类听起来似乎太无情，从情感上讲有些过不去，但从理智上讲，将交往的朋友划分类别的确有必要，因为你一概平等视之只会使个人精力财力均匀分配出去，既不能在少数人心中树立"铁杆"的形象，又可能被别有用心的人利用，实在是不太明智的做法。

朋友是什么？是你经常惦记着的那个人；是痛苦时第一个想找的人；是打扰了不必说对不起的人；是帮助了不用说谢谢的人；是步步高升了不用改变称呼的人。然而，在交友过程中，往往容易良莠不辨，好坏难分。面对复杂的人性，把朋友分等级是不得不做的一件事情。而心理上有分类的准备，交朋友时也会比较冷静客观，可把伤害程度降到最低。

要把朋友分类，对大多数人来说并不难。古代的圣人孔子在讲到与人交往的时候，也十分在意亲疏远近的等级差异。他说："弟子入则孝，出则悌，谨而信，泛爱众而亲仁。"就是说我们会先爱父母兄弟，然后才会爱亲戚朋友，乃至爱其他万事万物。那么，对于朋友的分类也使用这条法则，根据亲疏远近，我们会把朋友分为知心朋友、好朋友、一般朋友等，这是纵向的分；那么，横向分的话，可以简单地分为"可深交级"和"不可深交级"。

人不一定要有很多朋友，却一定要有一位可深交级的真正的朋友，如果将那些别有所图的不可深交级的人分类到可深交级的朋友当中，只会令自己深受其害。

从前有一个仗义的人，广交天下豪杰。临终前对他儿子讲，别看我自小在江湖闯荡，结交的人如过江之鲫，其实我这一生就交了一个朋友，其他都不值一提。

儿子纳闷不已。他的父亲就贴在他的耳朵边交代一番，然后对他说，你按我说的去见见我的这些朋友，朋友的含义你自然就会懂得。

儿子先去了他父亲认定的"朋友"那里，对他说："我是某某的儿子，现在正被朝廷追杀，情急之下投身你处，请予以搭救！"这人一听，不假思索，赶快叫来自己的儿子，喝令儿子速速将衣服换下，穿在眼前这个并不相识的"朝廷要犯"身上，却让自己儿子穿上了"朝廷要犯"的衣服。

儿子又去了父亲的其他几个"朋友"家。这些人平素与父亲称兄道弟，亲如一家，可当他们弄明白儿子的来意时，都吓得面如土色，找个借口溜走了事。

儿子终于明白，真的朋友是能够在你最危急的时刻伸出援手的那个人；而那些在你春风得意之时与你交好的人往往会在紧要关头丢下你。朋友也分"三六九"，如果把虚情假意的人当作真心朋友，总有一天会受到伤害。

如果仅仅只是虚情假意倒也罢了，怕的是识人不清，误交损友，那后果将严重得多。那么，如何认清人，交到益友呢？每个人都有自己的缺点和不足之处，有些缺点是可以接受和宽容的，但有些缺点是不可接受的，特别是涉及人的本质问题，更是不可接受的。笼而统之，本质有问题的人不可交。

《论语》里关于交友讲到，益者三友：友直，友谅，友多闻。损者三友：友便辟，友善柔，友便佞。意思是，与正直的人交朋友，与诚信的人交朋友，与知识广博的人交朋友，是有益的；与谄媚逢迎的人交朋友，与表面奉承而背后诽谤人的人交朋友，与善于花言巧语的人交朋友，是有害的。

常言道：近朱者赤，近墨者黑。所以，朋友也分类，在不得罪"朋友"的情况下，你可以把朋友分成"刎颈之交类""推心置腹类""可商大事类""点头哈哈类""保持距离类"，等等。

朋友有很多种，所以，你要懂得不同类型的朋友用不同方式去对待。要不然不分好坏、亲疏的一视同仁统一对待，只会让真心待你的人远离，而让唯利是图的人亲近。有这样一条交往的黄金法则——你怎么对待别人，别人就会怎样对待你。那么，反过来说，可是成立的。如果对方真心对你，那么，你也要真心对他；如果对方虚情假意对你，那你也不必还那么真心实意对他。

人生在世，好朋友不用多，只要几个就足够了。因为好朋友就是一本书，他可以打开你的所有世界；好朋友就是当看到你的错误时，会真诚地指出；当你遇到好事时，会真心地感到高兴；当你遭受痛苦的时候，会守在你的身边，鼓励、支持的那个人。

轻信他人，受害的是自己

轻信的错误，很多人都犯过。不同的是，有的人因轻信吃了小亏，有的人因轻信上了大当；有的人因轻信而"吃一堑，长一智"，日后可以接受教训，避免重蹈覆辙；有的人却"屡教不改"，一再轻信他人，付出了惨痛的代价。

轻信，或许不能算大毛病。以善心揣度他人与世事，结果自己上当、倒霉，这弱点，人人难免，而且几乎一犯再犯。

导致人轻信他人的因素颇多，忠厚善良、单纯幼稚、愚昧无知、头脑简单，以及好谀、好利、好大喜功，等等，都可能使人对子虚乌有、胡编乱造，或是巧设圈套、暗藏阴谋之事笃信无疑，并从而吃亏上当。忠厚善良、单纯幼稚的人，常以己心度人，以为别人和自己一样与人为善，全无损人害人之心，故易轻信人言；愚昧无知、头脑简单的人，对他人所说之事是真是假、是对是错，毫无判断能力，故易犯轻信之错；好利、好谀、好大喜功者，往往被别有用心的奉承所迷，被另有企图者精心编造的虚假的利益、虚幻的美好前景所诱，而不知其后有圈套陷阱，故常因轻信而中了他人的诡计。

在那个为人熟知的农夫和蛇的故事里，农夫因为轻信了蛇的谎言，将快冻僵的蛇救活，结果却被以怨报德的蛇咬死了。这个农夫就是一个典型的容易轻信他人的人。

这类人考虑问题总是很简单，而且容易轻信别人的话，常常觉得无所适从，拿不定主意，总觉得“公说的有理，婆说的也有理”，结果把事情弄得一团糟。他们一般不善分辨是非，因为他们缺乏主见，所以对他人所持的不同观点，往往采取全盘吸收的态度，取其精华，但并不去其糟粕。这样一来，是非不分，只能使事情向着多个方向发展，结果自然不可能是一帆风顺、皆大欢喜的。他们大多心地善良、单纯，但思维或行为方式往往显得幼稚甚至愚蠢。因为轻信，他们会像“应声虫”一样，别人说什么就听什么，人云亦云。所以，在人际交往中，他们最容易吃亏上当，被人利用。他们往往个性不强，胆小怕事，没有创新精神，容易产生从众心理。一般来说，轻信的人会因为不能坚持自己的正确意见而失去获得肯定评价的机会，并因此阻碍工作、学习的进程，以致碌碌一生，无所作为。

这个世界，真实与谎言永远并存，怀疑一切太悲观，相信一切恐怕又过于天真了。有很多事，例如商情股市、产品质价，以及娱乐圈的炒做宣传等等，靠个人的智力，判断不了，也左右不了。我们稍稍可能把握的，大约仅限于周围的人际关系。在学习倾听与观察的同时，有些人的话切勿轻信。

不要轻信那些甜言蜜语的人。人最喜欢别人的夸奖，尽管有时做出拒绝奉承的姿态，可赞歌入耳，心里甜丝丝的，神经都会酥麻如触电。其实很多时候，某些人绞尽脑汁说出这些动听的话，只是因为他们对你有所求，当你轻信赞美的时候，你的心将不再设防，对方也就可以轻易地达到目的。

不要轻信那些喜欢许诺的人。各种各样的许愿、承诺、契约，司空见惯，如过眼云烟。回想一下那些拍胸脯答应你的事，究竟兑现了多少？事实常常低于诺言与期望。如果你真的轻信这些没有分量的许诺，抱着一丝幻想坐等对方实现承诺，结果只会耽误时间，浪费生命。

不要轻信那些爱传是非的人。有很多时候，传言可能就是谣言，如果你把这些荒谬不经的话当真，被其影响，做了错误的选择，终有一天会后悔莫及。

怎样克服轻信的弱点呢？那就是多学多看，增长知识，在听取别人意见的同时多动脑想一想，辨清是非后再做决定。要有“怀疑”的精神，对自己和他人的观点多做论证，别轻易认为自己的观点都不对，别人的就是完全正确。

不轻信他人是正确的，但凡事也要有“度”，若对任何人、任何事都持绝对怀疑的态度，又会陷入“多疑”的死胡同，也是不可取的。

会表达，易成功

会说话，拥有好的口才。如果你在社交中能侃侃而谈，用词高雅恰当，言之有物，对问题见解深刻，反应敏捷，应答自如，能够简洁、准确、生动地表达自己的思想与情感，更能表现出其不同凡响的气质和风度，那么，这对于生活和工作都是大有裨益的。

2003年10月15日“神舟五号”发射升空之后，中央电视台《东方时空》曾专门对杨利伟和他的领导进行采访，请他们回答“杨利伟怎样成为中国太空第一人”这一广受关注的问题。

被采访的航天局领导说了3个原因：一是杨利伟在5年多的集训期间，训练成绩一直名列前茅；二是杨利伟处理突发事件的能力特别强，在担任歼击机飞行员时，多次化解飞行险情；三是他的心理素质好，口头表达能力强，说话有条理、有分寸。凭借以上3个优势，杨利伟最终通过了1600人—300人—14人—3人—1人的淘汰考验。

第三点原因令收看此节目的观众感触颇深。节目中还介绍：在总结会上，杨利伟准备充分、积极发言，发言条理清晰，逻辑性强，再加上不慌不忙，故而给领导留下了深刻的印象。所以，当口头表达能力作为选择的一个重要条件时，天平就偏向了杨利伟。

从杨利伟身上，我们可以明白这么一点：出色的口才不但能帮你施展才华，赢得领导的赏识，更会让你的事业成功。

在职场中，工作能力差不多的两个人，语言表达能力不好的人升迁机会往往要比语言表达能力好的人少得多。有人说，干得好不如说得好，这句话虽然有些偏颇，但是在职场中，会做事再加上会表达，这样的人肯定能迅速受到领导的青睐和重用。

美国某研究所进行的一项专门调查显示，有80%以上的企业管理者经常发出这样的抱怨：员工语言表达能力每况愈下，这主要表现在两个方面——与同事沟通出现语言障碍，向领导汇报时表述不清。

另一个数据也同样说明了这个问题。有65%以上的员工因为语言能力有问题而迟迟得不到升迁，有的员工即使因为业务能力强而暂时得到升迁，但继续升迁的困难很大，究其原因就是语言表达能力不过关。

在职场中，有很多下属不善于和领导沟通，甚至害怕和领导沟通。尽管领导对自己也算不错，尽管彼此并无矛盾，尽管也明白沟通很重要，但在工作中还是会不自觉地尽量避免与领导沟通，或者减少沟通的内容。这样的下属得不到领导的赏识就是自然而然的了。

俗话说：会说话能当钱花。意思就是说，如果一个人善于驾驭语言，便可以不用一分一毫，得到所需要的东西。会说话可以推销，可以升官发财，甚至可以不战而屈人之兵。

在战国时期，苏秦和张仪就凭着三寸不烂之舌，跻身于中国统一的推动者之列，还并列成为一言以兴邦，一言以丧邦的纵横派鼻祖。

同样，在三国时期，刘备被曹操大军穷追猛打，眼看就要全军覆没，打出白旗投降服输，诸葛亮单舟渡江，在东吴“舌战群儒”，不花一文钱获得了东吴这个强大的盟友，使刘备免于灭顶之灾；后来，诸葛亮又在阵前温文尔雅地说了一席话，气死了大司徒王朗，真可谓杀人不见血，把语言直接转化为战果，传为千古佳话。

由此可见，会说话是多么的重要。尤其是在现代社会，在这个信息时代，社交成为生活中的重要组成部分，与人合作的机会越来越多，交际越来越多，推销自我的口才也越来越重要。有口才就是会说话。口才是一门艺术，话说得得体，不仅能体现自身修养，让别人舒舒服服地接受我们的意见，使人愿意接近我们，说话可以让我们了解对方的意图，或从中得到启示，增加彼此间的了解，和对方建立良好的友谊。

“会说话”不仅能当钱花，还有比当钱花更多的好处。比如说，会说话能帮助你在竞争中转败为胜。

有一个美国人图拉德，他听说阿根廷需要在国际市场购买2000万美元的丁烷气体，就想做这笔生意，但他的实力远不如竞争对手。这时，他得知阿根廷牛肉过剩，就以买

2000万美元牛肉为条件，说服阿根廷政府把丁烷生意合同给他。接着，他飞往西班牙，找到一家因缺少订货而濒于关闭的造船厂，以定购一艘造价2000万美元的超级油轮为条件，说服他们购买他买下的阿根廷的2000万美元牛肉。然后他直奔费城太阳石油公司，以购买2000万美元的丁烷气体为条件，说服该公司租用他在西班牙建造的2000万美元的超级油轮。最终，图拉德凭借他的口才，做成了这单生意。

“会说话”还能助人把宏伟蓝图变成现实。早在19世纪，梦想修建美国中央铁路的4名加州人，自行组建了太平洋铁路公司。为了实现这个宏伟蓝图，他们亲自出马向铁路沿线的州县政府游说，不仅列举了大量发展铁路事业对促进地方经济繁荣的好处，还详尽说明了他们方案的可行性和可靠性，晓之以理，动之以利，终于从沿线政府筹到大量资金。就这样，他们没出一文钱，靠自己的三寸不烂之舌，借用地方政府的经济力量，建成了美国中央铁路，并赚取了巨额利润。他们被当作美国第一代创业者和美国铁路创建人载入史册。

总之，会说话，当钱花。拥有好的口才，能够帮我们解决一些大大小小的问题，对我们的生活、工作都有很大的益处。

礼多人不怪，多笑惹人爱

做事并不是有“理”就够。很多人因为有“理”在身，所以“理直气壮”地办事情，结果往往适得其反。这其实是因为他们的做事方法太直接了，往往会让人感到不舒服，所以即使有“理”也要变通行事，再多一些“礼”，这样才能顺利方便，百试不爽。

无论是“有‘礼’走遍天下”，还是“伸手不打笑脸人”，都是在强调“礼”的重要性。时时不忘以“礼”待人的人，人际关系才能良好。

一个刚刚走出大学校门的女孩，接到一家大企业的面试通知，她在兴奋之余又非常紧张。在面试那天，尽管做了充分的准备，她还是没能够表现出自己应有的水准，她实在太紧张了，说话结结巴巴、语无伦次，对面的几个考官都皱起了眉头。这时，一位中年男士走进办公室和考官耳语了几句，在他离开时，女孩听到人事主管小声说了句“经理慢走”。那位男士从女孩身边经过，给了她一个鼓励的眼神，女孩非常感激，立刻站起来，毕恭毕敬地对他说：“经理您好，您慢走！”她看到了经理眼中些许的诧异，然后他笑着点了点头。等她再坐下时，她从人事主管的眼中看到了笑意……

一个星期后，她竟然获得了这份宝贵的工作。就是因为她对经理那句礼貌的称呼，让人事部觉得她对行政客服工作能够胜任，所以才改变了对她的印象，决定给了她一个机会。

一句礼貌的称呼为女孩赢得了一次难得的机会。这看来很简单，我们每个人都能做到，但很多人忽略了它。

正是因为“礼”在长期规范和维系着人与人的交往。礼在某种意义上就是情，礼少了，情也就淡了。所以，不管是做人还是处世，多些礼数总没有错，正如那句老话所言“礼多人不怪，多笑惹人爱”。

在商界，有很多成功的经商之道就是打“微笑牌”。

阿尔米公司是美国钢铁公司和国民制酒公司的一家子公司，是一家生产钛产品的联合企业。几年前它的经营成绩低于一般水平，生产效率和利润都很低，但最近5年来，阿尔米公司获得了引人注目的成功，究其原因是因为“大块头”吉姆·丹尼尔出任总经理的时候实施了“微笑计划”。

《华尔街日报》把这项计划形容为“一个由感人肺腑的口号、相互交流和满脸堆笑组成的大拼盘”。丹尼尔的工厂里到处贴着告示，上面写着：“倘若你看到有谁脸无笑容，那就请对他报以微笑吧。”用心微笑才能让你的工作充满活力。

阿尔米公司的标志就是一张笑脸，信笺上、厂门口、厂徽、工人的安全帽上，这张笑脸无处不在。“大块头”吉姆·丹尼尔花费大量时间用于骑车巡视工厂，他和工人们打招呼，相互微笑，倾听他们的意见，彼此称兄道弟。此外，他也很关心工会，当地的工会主席充满敬意地说：“他让我们出席各种会议，让我们了解工作的开展情况，这在别的行业真是前所未有的。”这样做的结果是，在最近3年里，阿尔米公司几乎未加任何投资，但生产率差不多提高了80%。

无独有偶，同样打“微笑牌”的，还有美国希尔顿酒店。它创立于1919年，曾在不到90年的时间里，从一家酒店扩展到一百多家，遍布世界五大洲的各大城市。几十年来，希尔顿酒店的生意如此之好，财富增长如此之快，其成功的主要秘诀就是要求员工用心微笑，让顾客有宾至如归的感觉。

希尔顿在创业之初对员工的要求就是：“微笑，记住了，我们要让顾客有回家的温暖，微笑是很重要的，以后我检查你们工作的重要标准就是，今天你对客人微笑了吗？”

1930年是美国经济萧条最严重的一年，全美国的酒店倒闭了80%，希尔顿的酒店也一家接着一家地亏损，一度负债达50万美元。希尔顿并不灰心，他召集每一家酒店的员工，向他们特别交代和呼吁：“目前正值酒店亏空靠借债度日时期，我决定强渡难关。一旦美国经济恐慌时期过去，我们希尔顿酒店很快就能进入云开日出的局面。因此，我请各位记住，希尔顿的礼仪万万不能忘。无论酒店本身遭遇的困难如何，希尔顿酒店服务员脸上的微笑永远是属于顾客的。”事实上，在那纷纷倒闭后只剩下20%的酒店中，只有希尔顿酒店服务员的微笑是美好的。经济萧条刚过，希尔顿酒店就领先进入了新的繁荣期，跨入了经营的黄金时代。

不管是做事要懂礼数，还是要微笑待人，它反映的不仅是一个人的教养问题，还反映出一个人的生活态度问题。

人生在世，我们无法阻止岁月的流逝，却可以阻止活力的消失。很多人在年轻时就已经进入了夕阳般的衰老疲惫的工作状态，这都是因为他们忘记了用心微笑。奥利弗·霍尔姆斯80岁的时候，人们问他活力依旧的秘诀是什么，他回答说：“要保持愉快的态度，要对自己满意。我从来没有感到愿望得不到满足的痛苦……躁动、野心、不满、忧虑，这些都使皱纹过早地爬上额头。皱纹不会出现在微笑的脸庞上。微笑是年轻的讯息，自我满足是年轻的源泉。”

如果一个人随时保持乐观的微笑状态，保持心灵年轻，那么即使他进入了老年也能够像年轻人那样充满活力。“老骥伏枥，志在千里；烈士暮年，壮心不已。”年龄不是区分衰老与否的主要标志，“笑一笑，十年少；愁一愁，十年老”，无论是处在什么年龄阶段，只要永远保持微笑，你就比别人活得更快乐、更幸福，也更有工作热情。所以，从今天开始用心微笑吧，你会发现原来周围的一切都那么可爱，工作是那么愉快的事情。

话多不如话少，话少不如话好

女人的唠叨对丈夫来说是一场不折不扣的灾难，同样，在人际交往中，爱唠叨的人也是不受人欢迎的。

在现实生活中，很多人都是人群中的活跃者，喜欢以自我为中心，夸夸其谈，当然不会得到好人缘。还有一些人，总是将自己的生活泡在“苦水”里。无论大事还是小事，他们都像“祥林嫂”一样，不遗余力地向人倾诉，向人抱怨。然而，这样做，不仅不会换来同情，还可能惹来别人的厌弃。

俗话说：“话多不如话少，话少不如话好。”话多的人不一定有智慧，话少倒有可能更易让人接受。下面这个案例就是最好的说明。

开始时，王艳向别人推销时总是赖在别人面前不走，直到把对方累垮，业绩却毫无起色，久而久之，她对自己的推销能力也产生了怀疑。后来在别人的帮助和指点下，她决定：“并不一定要向每一个我拜访的人推销保险。如果超过预订的时间，我就要转移目标。为了使别人快乐，我会很快离开，即使我知道如果再磨下去他很可能会买我的保险。”

谁知这样做竟然产生了奇妙的效果：“我每天推销保险的数目开始大增。还有，有些人本来以为我会磨下去的，但当我愉快地离开他们之后，他们反而会到另一间办公室来找我，并且说：‘你不能这样对待我。每一个推销员都会赖着不走，而你居然不再跟我说话就走了。你回来给我填一份保险单。’”

沟通不是一件容易的事情。人是复杂多样的，各有各的癖好，各有各的脾性。

在与人相处时，或许你就有这样的感触：当有人想用言辞来引起你的重视的时候，反而他说得越多，在你看来这个人就越是平淡无奇，或者越是觉得他啰啰唆唆惹人讨厌。

这是因为，说得越多，说出愚蠢的话的可能性也就越大。很多时候，如果能保持缄默，或者把话说得简洁一点，直观一些，或者保留一些，给对方留一点遐想，那么可能会更受欢迎。

常言道：“言多必失”，也是指说话太多的害处。清朝宰相刘墉就曾体验到这样的害处。

提起“刘罗锅”刘墉，人们脑海里立刻出现了一个聪明机智、正直勇敢、不失几分幽默的人物形象。他凭着自己的正直和聪明周旋于危机重重的官场，左右逢源，游刃有余。但很少有人知道，刘墉也曾遭遇重大转折，受到乾隆皇帝的申斥，本该获授的大学士一职也旁落他人。

究其原因，不过是刘墉守口不密，说话不周，酿成了祸患。一次乾隆谈到一位老臣去留的问题，说若老臣要求退休回籍，乾隆也不忍心不答应。刘墉便将这话泄露给了老臣，而老臣真的面圣请辞。乾隆大为恼火，认为这是刘墉觊觎大学士的明证，是谋官的明证，因而训斥一通，将大学士一职改授他人。

因此，足见言语谨慎对于一个人在职场生存立足具有很重要的意义。职场处世戒多言，多言必失。刘墉由于说话不慎，而将到手的大学士丢了，就是最好的明证。

当然了，与人相处，话要少说更要说得好。在我们的人生中，不但要学会适时地沉默，还要学会优美而文雅的谈吐。少说话固然是美德，但是在该说的时候，要注意所说的内容、意义、措辞、声音和姿势，要注意到什么到什么场合说什么话。无论是探讨学问、接洽生意还是交际应酬、娱乐消遣，我们要尽量使自己说出来的话要重点突出、具体而生动。

古语说：兵不在多而在精，说话也应以“精”为好。《墨子闲话》中记下这样一个故事：

子禽有一次问他的老师墨子：“多言有什么好处吗？”

墨子回答说：“青蛙日夜都在鸣叫，弄得口干舌燥，却不为人们所爱听。而晨鸡黎明按时啼，天下不都被叫醒了！多言有什么好处？话要说到点子上才好。”

事实正是如此。要把话说到点子上，说到对方的心坎里，这样才能给交际架起绚丽的彩桥。

蚊子遭扇打，只因嘴伤人

俗话说：“蚊虫遭扇打，只因嘴伤人。”意思是说，以尖酸刻薄之言讽刺别人，只图自己嘴巴一时痛快，殊不知会引来意想不到的灾祸。人与人相处原本没有那么多的矛盾纠葛，可是常常因为有的人逞一时之快，说话不加考虑，只言片语伤害了别人的自尊，让人下不来台，引发了事端。

三国名将关羽，过五关，斩六将，温酒斩华雄，匹马斩颜良，偏师擒于禁，擂鼓三通斩蔡阳，“百万军中取上将之首，如探囊取物耳”。然而，这位叱咤风云、威震三军的一世之雄，下场却很悲惨，居然被吕蒙一个奇袭，兵败地失，被人割了脑袋。关羽兵败被斩的最根本原因是蜀吴联盟破裂，吴主兴兵奇袭荆州。吴蜀联盟的破裂，原因很复杂，但与关羽其人的骄傲有着密切的关系。

诸葛亮离开荆州之前，曾反复叮嘱关羽，要东联孙吴，北拒曹操，但关羽对这一战略方针的重要性认识不足。他瞧不起东吴，也瞧不起孙权，致使吴蜀关系紧张起来。关羽驻守荆州期间，孙权派诸葛瑾到他那里，替孙权的儿子向关羽的女儿求婚：“求结两家之好”，“并力破曹”，这本来是件好事。以婚姻关系维系补充政治联盟，历史上多有先例。如果放下高傲的架子，认真考虑一番，利用这一良机，进一步巩固蜀吴的联盟，将是很有益处的。但是，关羽竟然狂傲地说：“吾虎女安肯嫁犬子乎？”

不嫁就不嫁嘛，又何必出口伤人？试想这话传到孙权那里，孙权的面子如何吃得消？又怎能不使双方关系破裂？关羽的骄傲，使自己吃了一个大大的苦果，最终被自己的盟友结束了生命。

有句话说得好：“说出去的话就像泼出去的水，那是收不回来的。”那么，要想不为说出的话而感到后悔，那就管好自己的嘴。特别是在做人做事时，应和和气气，不做有损人面子的事情，不说有损别人面子的话，这样，才能和平共处，共赢互惠。

语言的伤害力我们不可小视，随口说的一句话可能给人以巨大的创伤，或者使人痛苦不堪。语言不是枪或刀等利器，但残忍的言语比利器还要厉害，它会抹杀人的精神，给人留下无法磨灭的心灵创伤。肉体的伤害容易愈合，但精神的创伤却难以抚平。

语言是引起风波的罪魁祸首，如果别人不能容忍你的话。短短的一句话，能使你的职场步履维艰，能使姻缘断绝，能使友情破裂。语言的威力可谓惊人，如若语言含有毒物，它可以毁灭人生，如若语言含有芳香，它可以愉悦生命。

正所谓："好言一句三冬暖，恶语伤人六月寒。"所以，不要取笑或言语伤人，说者无心，听者未必无意。和气之道、避祸之道表现为言语的和气。以和气的言语、富有爱心的言语对待他人，自己也会有美好的人生。

人情不可透支

在这个世界上，若想活得出色，活得风光，就必须有一些能使自己成才、成器或成事的路子，包括生存的路子，或者成就某一事业的路子。这些路子都不可能靠自己单枪匹马硬闯出来，必须借助他人指导、引荐、支持或帮助才能找到方向，踏上征程。从某种意义上说，这些路子都是别人给的，或者说是别人帮助开拓的。那么，天下之大，人事之繁，别人为什么要单给你路子？为什么乐意帮你开拓路子？答曰：人情使然，有了人情也便有了路子，人情大，路子宽。

群居而活的人们，做事不可能单打独斗，很多时候都需要用到亲戚朋友，换句话说，要动用到人情存款簿。然而人情也不是取之不尽用之不竭的东西，一旦透支，就可能再也用不上了。那么要如何动用才不至于"透支"呢？这就需要在与人交往和办事时掌握好以下几个原则：

首先，要弄清楚你和对方的情分如何，再决定是不是找他帮忙。其次，如果能不找人帮忙就尽量不找人帮忙，就好像银行存款，能不动用当然最好，宁可把这人情用在刀刃上。再则，动用人情的次数要尽量少，以免提早把人情存款用光。然后，要有适度的回馈，也就是"还人情"。回馈有很多种，例如主动去帮助对方，请吃饭、送礼物都可以。总之，不要把人家帮你忙当成应该的，有"提"有"存"，再提还有。就算对方欠你情，你也不可抱着讨人情的心态去要求对方帮忙，因为这有可能引起对方的不快。最后，注意斤斤计较的人，你们交情再深，也不可轻易找他帮忙，否则这笔人情债会像在地下钱庄借钱那般，让你吃不消。

有这样一个故事说，有个人负责某份杂志，由于杂志的财源并不丰裕，不仅人手少，稿费也不高，但他又不愿意因为稿费不高而降低杂志的水准，于是他开始运用人情向一些作家邀稿，这些作家和他都有过交情，但其中一位在写了数篇之后坦白向他说："我是以朋友的立场写稿，但你们稿费太低了，错不在你，但你这样做是在透支人情。"

透支人情说到底不会有什么好结果，对人对己影响都不好。如果透支了人情，你们之间的感情必然会转淡，甚至他对你避之唯恐不及，那么有可能进一步发展的情分就此断了。更甚者，你在他眼中变成了不知人情世故的人，这对你是相当不利的。

如果你不了解这些，动辄找同学、朋友帮你的忙，那么你就会发现，你慢慢变成了不受欢迎的人。当然也有主动帮你忙的人，但切勿认为这是天上掉下来的，你若无适度的回馈，这也是一种“透支”。

对待人情必须把握分寸，把握轻重。如果处理不当，你即便给别人施情，别人也不会接受；你向别人求情，别人也不会帮助。所以，如何对待人情是每个人都应该把握的大学问。

总之，人脉是帮助一个人立身在社会的一个很重要的因素。如何经营好你的人脉是你要掌握好的一门重要的学问。

花香不在多，室雅不在大

评价一个人的标准有很多，品格，绝对是其中最重要的一个。一个有良好品格的人，必定是热心的，能够急人之困，同时肯定也是正直的，能够坚持自己的操守，看到别人遭遇不公时会挺身而出，去维护正义。他们更是能起到表率作用，不仅让自己的人生更加精彩，还能照亮别人。好品格就像是鲜花，花朵不多，但香气浓郁；也像是一间屋子，面积不算大，但是却十分雅致。也就是人们常说的“花香不在多，室雅不在大”。

“花香不在多，室雅不在大”这句话是郑板桥说的，指的就是一个人只要有好品格，那么，他不需要有多么高的地位，也不需要有多么多的财富，一样能够得到人们的尊重，受到别人的赞美。事实上，郑板桥不仅是这样说的也是这样做的。在他的当官生涯中，做了很多好事，为很多穷苦的人伸张正义，主持公平，他用自己的行动证明了自己的品格，让人们知道，他是一个言行合一的人。

我们要学习的就是郑板桥这样的人，做一个有品格，有道德的人。哪怕我们只是人海中普通的一员，也要有不俗的气质，坚守自己，影响他人。做一个平凡但香气浓郁的花朵，做一个不大但雅致的居室。

孔融是东汉末年的大学问家，小时候才思敏捷，聪明好学，反应很快，大家都夸他是神童。孔融4岁时，就已能背诵许多诗赋，并且懂得礼节，父母兄长都非常喜爱他。

这天，父亲的朋友来孔融家做客，带了一盘梨子，送给孔融兄弟们吃。父亲接过篮子后，就交给了孔融，叫孔融分梨。孔融挑了一个最小的梨子给自己，其余的按照长幼顺序分给了兄弟们。父亲和朋友都很惊讶，就问孔融为什么要这么分。小孔融说：“我年纪小，是家里的小弟，就应该吃小的梨，把大梨让给哥哥们。”父亲听后十分高兴，又问道：“可是，弟弟也比你小啊？为什么也要给他大的。”孔融回答：“因为弟弟比我小，所以我才应该让着他啊！”这便是家喻户晓的孔融让梨的故事。

如今，孔融早已作古，但他的这种懂得谦让的品格，却早已印在我们的文化和传承当中，被我们一代又一代的人所铭记。之所以这样，就是因为他的品格。由此，也可以看出品格之于人的作用，它可以穿越千古，让后世铭记一个人的所为所行，通过传承让品格高尚的人得到千代万代的称颂。同时，也能让一个人的价值得到升华，让人脱离低级趣味，超越自我。

我国有五千年的文明，在这文明长河中，有很多品格高尚，为民族，为他人奉献自我的人，这些人就是文明历程中的那些花朵，虽不多，但香气浓郁。在这其中，还有一个是值得大书特书的，她就是王昭君。

王昭君，名嫱，字昭君，汉朝人，生于南郡兴山县。因聪慧丽质，貌美知礼，汉元帝时被选入宫中做“待诏”。

西汉晚期，汉王朝和匈奴议和，停息了长期的战乱，恢复了“和亲”关系。汉元帝竟宁元年，西汉王朝答应匈奴呼韩邪单于的要求，派王昭君出塞和亲。从此出现了汉匈和好、互不侵害的局面，王昭君在其中起了很大作用，也因此受到历代人民的称赞。

王昭君自愿出塞，远嫁异族，为两族的和平做出了巨大的贡献。她还从西汉带去了很多农作物的种子，并亲自交给匈奴人耕种的方法，让他们在牲畜不够吃的时候，还能存有一定的食物，以解生计之困。同时，王昭君还大力在匈奴推广汉文化，增加匈奴人对汉人的了解，这也为两族的和平共处起到了很大的作用。

王昭君一生都是在匈奴度过的，可以说是为了两族的和平贡献了自己的全部青春。但她始终无怨无悔，从未抱怨，也从未想过要逃避，而是始终兢兢业业，真正尽到了一个“使者”的责任。她之所以能做到这样，靠的就是其个人的品格。正是这种品格的支撑，才让她在没有亲人，习俗也不同的异乡度过了自己那漫长而又波澜壮阔的一生。也正是这种品格，让她成了我们的民族英雄，成了家喻户晓的名人，为历史所铭记。

通过这些古人的言行和事迹，我们看到了品格对一个人的重要性。一个有良好品格的人，不仅能让自己的价值得到彰显，更能够影响别人，成为别人的榜样。我们的民族正是因为有千千万万个这样的人，才会有辉煌灿烂的五千年文明，才会有悠久的历史文化传承。作为一个现代人，我们要做的就是继承古人的遗志，以他们为榜样，向他们看齐，并努力超越前人，为民族的复兴贡献自己的一份力量，同时也让自我的价值得到最大的体现。

人人都喜欢鲜花，都喜欢雅室，但光喜欢是不够的，更重要的是，变喜欢为拥有。只有通过自己的努力，提升自己的品格，才能变成社会中的鲜花和雅室，才能得到更多人的认可，也才能让我们的人生更有意义。而想要做到这些，就要从日常的小事开始，慢慢积累，功夫到了，境界自然就到了。

当然，我们也必须要看到，在这个过程中，肯定是会有很多的困难，我们会经受各种各样的干扰。不过不要怕，只要坚持住了，自然就能成功。到那时，你将会感受到品格给你带来的益处。那不仅是自我的愉悦，更有别人的赞扬和鼓励。所以，从现在开始，努力提高自己的品格吧，努力做一朵鲜花，一间雅室。虽然你可能只是一朵，只是一间，但并不影响你散发香气，散发雅致。

再精巧的算盘也有算错的时候

古今中外，耍小聪明误事的，甚至丢掉性命的人比比皆是。

和珅由一名当差的升为户部郎兼军机大臣，官至文华殿大学士，封一等公。和珅为官，弄权耍奸，朝野骂声不绝。故而当他的靠山乾隆帝死后不久，就被嘉庆皇帝宣布20条罪状，令其自裁，抄没家产约值8亿两，等于朝廷一年收入。这“8亿两”乃种种祸国殃民、巧言令色的诸般“前事”的积累和“物化”。“百年原是梦，卅载枉劳神”，总结得何等正确。恋生惧死，人之常情，和珅“伤感”于“前事”，他身陷囹圄之际，最终才明白是他的那种以权谋私的作为，“误了自身，罪有应得，没啥冤枉”。

《红楼梦》中的王熙凤才智过人，手腕灵活，权术机变，口才出众，大权独揽，营私舞弊，并且纵欲、自恃与狠毒，结果是聪明反被聪明误，送上了卿卿性命。

观古可以鉴今。到头来感伤嗟叹，恨“才”“误”身，那份欲说还休的复杂心绪，是何等悲哀与无奈。

聪明之人拥有令人羡慕的资本，但聪明也应审慎用之，聪明用于邪则误入歧途，机关算尽也会必有一失，有才是好事，但也别“身死因才误”。

做人必须吃透很多学问，例如“聪明反被聪明误”，即为其一。“聪明”是一个带有限定性的词，处理不好，即会被聪明误，因为物极必反，任何事情都有一个限度。对深藏不露的意图可利用，却不可滥用，尤其不可泄露。一切智术都须加以掩盖，因为它们招人猜忌；对聪明的意图更应如此，因为它们最容易招人嫉妒。

常言道：聪明一世，糊涂一时。不可否认，胡雪岩是个聪明人，可是在替清政府跟洋人借钱的时候，他这个聪明人却干了一件糊涂事。

一个人发展越顺的时候，越应更加小心。人一旦太顺了，嫉妒的人就多了，想要找碴儿的人也就多了，稍微不小心，就有可能落下把柄在别人的手里。正因为发展太顺了，人们常常会掉以轻心，觉得世间就只有自己聪明，只有自己的如意算盘能够打得响。所以，越是聪明的人，越容易栽大跟头，越是艺高的人，就越容易酿成大祸。

这正如胡雪岩所说：“再精巧的算盘，也有打错的时候。”所以，在现实中，一定不能以为自己聪明，就对什么事情都掉以轻心。

灾难常常是在我们最不经意的时候来临的，所以做事情一定要小心谨慎，不能机关算尽，到头来承担恶果的是自己。

一把米养个恩人，一斗米养个仇人

有时候，送一把米，资助虽少，但能救人于危难，对方会感激。而有时候，送一斗米给人会使人贪得无厌而反目成仇。所以，帮助人要看时机与对象。

古时候，有两户人家是邻居。两家平日里相处得不错，关系很融洽。两家都以种田为生，其中一家的人更勤奋一些，家中条件也更宽裕。

有一年遇上旱灾，两家都颗粒无收。穷家每年都没有多少富余，就指望着田里的收成过活，今年眼看着一家人就要饿肚子了，而富家因为往年有结余，家里有不少储备的粮食。看到邻居家有困难，富家送去了一升米，解了穷家的燃眉之急。

因为这一升米，穷家才没有在灾年饿死。度过灾年后，穷家家长专门去富家拜谢。交谈之中，又提到穷家现在连吃饭都很困难，下一年的种子更没有着落。于是，富家再一次表现慷慨，又拿出一斗粮食给穷家。

回家后，穷家一家人商量这一斗粮食应该怎么分配。分来分去，最后发现，除了吃以外，这斗粮食根本不够明年地里的种子。于是，穷家开始抱怨起来，觉得富家太过分了，既然有富余，就该多给他们一些粮食，心里有了怨气，就难免到处说富家的坏话。

没过多久，富家也知道了穷家的抱怨。富家人非常生气，心想："我白送你们这么多的粮食，不仅不感谢我，还到处说我坏话，太不像话了。"于是，断绝了和穷家的来往。

本来关系挺好的两家人，却因为由一升米提高到一斗米而成为仇人。这就是俗语中常说的"一把米养个恩人，一斗米养个仇人"。

一个人在饥寒交迫的时候，得到一把米，能解决他的生存问题，他自然会感激不尽。不过，如果继续给他米，这个人就会觉得理所当然，慢慢会变得心安理得。一把米已经不够了，两把、三把，甚至更多，对他来说，欲望已经被放大了。

物理法则里面提到，力的作用是相互的，然而经济学却不那么看。经济学家认为，我们向往某事物时，情绪投入越多，第一次接触到此事物时情感体验也越发强烈，但是，第二次接触时，会淡一些，第三次，会更淡……以此发展下去，我们接触该事物的次数越多，我们的情感体验也越为淡漠，一步步趋向乏味。这就是"边际效用递减率"。

曾经有一个母亲在女儿出嫁前嘱咐女儿："到了婆家，记住不要一直做好事。"这位母亲正是深谙"边际效用递减"规律。母亲担心女儿一直做好事，婆家会认为这个媳妇天生就是这样，对她所做的好事不会记在心里，反而会有更多的要求，甚至不允许她日后出现一点点的细小差错。

生活里我们经常会遇到这样的事，当第一次帮助了某人，他会对你心存感激，而第二次帮助他的时候，他的感恩心理就会淡化。数次之后，别人甚至将你的付出当成是理所当然的。一旦他所期望的帮助没有出现，反而会对你心存怨恨。

施恩不图报，这是很多人帮助他人的初衷。然而，当"滴水之恩，涌泉相报"走向了"理所当然，恩而不谢"，你还能坚持把好事做下去吗？所以在扶危济困的时候要有原则，不要助长了他人好吃懒做的贪欲，所谓救急不救穷说的就是这个理儿。

打人莫打脸，骂人莫揭短

俗话说："人有脸树有皮"。自尊心是每个人都有的，因此，在人际交往中，应当尽可能照顾别人的自尊需要，千万不要伤害别人的自尊心，尤其不要揭人短处，戳人伤疤。

当然，人际交往中摩擦是难免的，在摩擦中，应当就事论事，才能保持双方的理智，集中精力解决问题。假如搞人身攻击，不仅问题解决不了，还会引起激烈的冲突，甚至导致双方丧失理智，干出蠢事来。

解决人际交往冲突的方法很多，非原则性的争执，则谦让宽容；原则性的问题，比如对方确实存在错误缺点，则采取"理直气和"法。即在批评别人时坚持以理服人、婉转迂回的方式。

当你用理直气和法去指出或批评别人的缺点、错误时，需要注意以下几点：

1.从正面称赞入手，然后再转入你要指出或批评的问题。

2.间接友善地提醒别人的错误和缺点，启发当事人自己纠正。

3.在指出或批评别人的错误和缺点时，要善于保住别人的面子，给别人台阶。

俗话说："良言一句三冬暖，恶语伤人六月寒。"揭人的短、伤人的自尊心是令人难堪的。在人与人之间的交往中，千万要维护别人的自尊，即使人家有错误，也应该在适当的场合婉转地给人指出。

明太祖朱元璋出身寒微，做皇帝后自然少不了有昔日的穷哥们到京城找他。这些人满以为朱元璋会念在老朋友的情分上给他们封个一官半职，谁知朱元璋最忌讳别人揭他的老底，以为那样有损自己的威信，因此对来访者大都拒而不见。

朱元璋儿时的一位好友，千里迢迢从老家凤阳赶到南京，几经周折才算进了皇宫。一见面，这位老兄便当着文武百官大叫大嚷起来："朱老四，你当了皇帝可真威风呀！还认得我吗？当年咱俩一块儿光着屁股玩耍，你干了坏事总是让我替你挨打。记得有一次咱俩一块儿偷豆子吃，背着大人用破瓦罐煮。豆子还没煮熟你就先抢起来，结果把瓦罐打烂了，豆子撒了一地。你吃得太急，豆子卡在喉咙里还是我帮你弄出来的。你忘了吗？"

这位老兄还在喋喋不休唠叨个没完，朱元璋却坐不住了，心想此人太不知趣，居然当着文武百官的面揭我的短处，让我这个当皇帝的脸往哪儿搁？盛怒之下，朱元璋下令把这个穷哥们儿杀了。

"为尊者讳"，这是官场的一条规矩。一个人，无论他原来的出身多么低贱，有过多么不光彩的经历，一旦当上了大官，爬上了高位，他身上便罩上了灵光，变得神圣起来。往昔那见不得人的一切，要么一笔勾销，永不许再提；要么重新改造、重新解释，赋予新的含义。这位穷哥们儿哪懂得这一点，自以为与朱元璋有旧交，居然当众揭了皇帝的老底，触犯了"逆鳞"，岂不是自找倒霉吗？

朱元璋原本是泥腿子出身，早年当过和尚，后来又参加过推翻元朝统治的红巾军起义。这些经历在朱元璋看来都是卑微的。朱元璋因当过和尚，对"光""秃"一类的字眼十分忌讳；因红巾军被统治者说成是"贼"、"寇"之类的组织，朱元璋便对这些字眼也极为反感。最具有代表性的例子是，杭州徐一在《贺表》里写了"光天之下，天生圣人，为世作则"几个字，朱元璋读了勃然大怒，说："生者僧也，骂我当过和尚。光是削发，说我是秃子。则者近贼，骂我做过贼。"于是，立即下令把徐一处死。洪武年间，大兴文字狱，唯一幸免的文人是翰林院编修张某。他在作贺表文里有"天下有道""万寿无疆"两句话，朱元璋看了发怒说："这老儿竟骂我是强盗呢！"差人逮来当面审讯。张某说："天下有道是孔子说的，万寿无疆出自诗经，说臣诽谤不过如此。"朱元璋被顶住了，无话可说，想了半天才说："这老儿还这般嘴硬，放掉罢。"左右侍臣私下议论："几年来才见饶了这一个人。"

揭皇上的短，要遭杀头。其实不光揭有分量的人物的短会遭到厄运，即便揭平常人的短也会遭人痛恨，让彼此都不愉快。

俗话说："打人莫打脸，骂人莫揭短。""人活一张脸，树活一张皮。"揭他人不光彩的过去是对他人的不尊重，也是自讨没趣的做法。

职场谋略篇

第一章

工作态度：活着一分钟，战斗六十秒

——节制但不保守，进取但不冒进

窍门满地跑，就看找不找

在工作和生活当中，普遍存在着解决问题的小窍门。因为解决问题的方法有多种多样，如果我们能找到比较快捷灵巧的方法，那么解决问题的时候就显得简单方便多了。正应了一句老人言：“窍门满地跑，就看找不找。”

在英国美丽的乡下，有一条小溪蜿蜒地流过农场。有一天，两个小男孩想去小溪的对岸摘果子吃，可是，小溪水挡住了他们的去路。其中一个高个子的男孩，径直走到小溪边，脱下鞋子，想试着蹚过去，可是溪水有点深，他试了几次都退了回来。另一个矮小的男孩却站在岸边思索了片刻，决定绕道过去，因为一公里开外的地方有一座独木桥。

半天的工夫，这个矮小的男孩绕过了小桥，去到对岸，摘到了红红的果子，开心地吃了起来。而另一个高个子男孩还在那里坚持着蹚水。

其实，很多时候，成功并不是仅仅有了勇气、坚持不懈就能达成，多动些脑筋，多用些智慧，就少跑些冤枉路，成功比想象的容易得多。在我们日常的工作中，做事的态度很重要。同样的工作，用不同的态度去做，会干出不同的效果；而干同样工作的人，也会有不同的收获。

杰克和约翰同时在一家店铺做学徒工，一样的勤劳工作，拿着一样的酬劳。可是一段时间后，约翰被提拔做了分店铺的主管，而杰克却仍在原地踏步，做着学徒工。

杰克很不满意老板的不公正待遇，他感觉自己在工作上比约翰卖力多了。终于有一天，他到老板那儿发泄自己的不满。老板一边耐心地听着他的抱怨，一边在心里盘算着怎样向他解释他和约翰之间的差别。

“杰克，你听着，”老板说话了，“你去集市走一趟，看看今天早上有什么新鲜的蔬菜在卖。”

不一会儿，杰克从集市上回来向老板汇报说：“今早集市上一个农民拉了一车土豆在叫卖，土豆看着很新鲜。

“土豆有多少斤？”老板问。

杰克一愣，赶快又跑到集市上，然后回来告诉老板说一共有40袋土豆。

“价格是多少？”

杰克第三次跑到集市上问来了价格。

“好吧，”老板对他说，“现在你坐在那里，别说话，看看约翰怎么做的。”

约翰也从集市上回来了，对于老板问的同一个问题，他向老板汇报说，到目前为止只有一个农民在卖的土豆是最新鲜的，一共40袋，价格是40美分一袋；土豆的表皮光滑，色泽圆润，是上好的土豆，并且他还带回来一个让老板看看。这个农民说，下午他还会运来几篮子西红柿，价格也会非常公道。约翰还说，昨天老板铺子的西红柿销量很好，库存已经不多了。他想这么便宜的西红柿老板可能想要买几篮子，所以约翰不仅带回一个西红柿做样品，而且把那个卖土豆和西红柿的农民也带来了，他现在正在外面等着跟老板面谈呢。

此时老板转向杰克，对他说：“现在你知道为什么约翰能胜任主管的职位了吧？”

我们在平时工作中，也要有多思考，少蛮干。工作遇到难以处理的问题，多与同事和前辈们沟通，多想一些合理地解决问题的方法和途径，不要一味埋头苦干，那样不仅会弄得自己身心疲惫，而且事情还会事倍功半。

在社会上，但凡有点成就的人，都懂得“找到最有效的工作方法”对成功的重要性。

在美国，一个年轻人在一家石油公司工作，他所做的工作很简单，也很乏味，就是巡视并确保石油罐盖有没有自动焊接好。石油罐从输送带上缓慢移动到旋转台上，在那里，焊接剂便自动滴下，并沿着油罐盖四周转动一圈，流程就结束。接着，下一个油罐移动过来，同样重复这道工序，再下一个到来……

这项工作时间久了，年轻人感到枯燥无味，心里厌烦极了。他很想自己能做一项有意义的事业，可是自己没其他的本事，也没经济基础，于是，也就作罢，坚持做着自己的这项工作。

一天，他发现油罐旋转一次，焊接剂滴落39滴，焊接工序就算完成了。他思索着，在一系列简单的工序中，有没有可以改善的地方呢？他观察了很久，后来发现，为什么不能让焊接剂少滴落几滴，但还能达到一样的效果呢？

于是，在工作之余，这位年轻人仔细钻研，终于研制出了37滴型焊接机。但是，试用一段时间之后发现，利用这种型号焊接出来的油罐，偶尔会漏油，并不是很完美。他再接再厉，经过一番努力，研制出了38滴型焊接剂，这次发明很成功，公司对他的这种机型很关注，不久之后，就采用了这种机型用于焊接工序中。这虽然只节省了一滴焊接剂量，但“一滴”却为公司带来了5亿美元的新利润。

这位年轻人，就是后来的石油大王——约翰·D.洛克菲勒。他找到了改善焊接工序的窍门，使自己的人生发生转变。我们在生活中也应该如洛克菲勒一样，勤于思考，善于发现，才能有所创新，有所成就。

世上无难事，只要肯攀登

没有人能一步到达山顶。真正达到人生顶峰的人，是一步一个脚印往前迈进，不管路途有多么崎岖。“世上无难事，只要肯攀登”，成功路上，不会都是坦途，总会遇到一些难事，但是遇到了困难的事，我们也不能就此被打消了锐气，从此畏首畏尾。要想，世上没有困难的事，路在自己脚下，不要畏惧艰难，勇往直前走下去，总会克服困难的。

1940年，对英国人来说，那是一段非常艰难的日子：敦刻尔克大撤退后，希特勒已将自己的纳粹势力扩展到了西欧的大部分地区。在这种情形下，丘吉尔为了鼓舞英国人民的斗志，安慰他们恐惧和不安的心灵，发表了重要的演讲。

这些演讲甚至在我们今天阅读它们的时候，也让我们内心充满面对人生任何困难永不放弃的决心。正如这句："世上无难事，只要肯攀登。"

"虽然欧洲的大部分土地和许多著名的古国已经或可能陷入了盖世太保以及所有可憎的纳粹统治机构的魔爪，但我们绝不气馁、绝不言败，将战斗到底。我们将在法国作战，我们将在海洋中作战，我们将以越来越大的信心和越来越强的力量在空中作战，我们将不惜一切代价保卫本土，我们将在海滩作战，我们将在敌人的登陆点作战，我们将在田野和街头作战，我们将在山区作战。我们绝不投降。"

这些演讲让每个听演讲的英国人内心充满坚定的信念，这些演讲字字真谛，进入了英国人的灵魂深处，唤起了潜伏在每个英国人内心的雄心。

爱迪生说："我最需要的，就是做一个能尽我所能的人。尽我所能，那是我的问题；不是拿破仑或林肯的所能，是尽我所能。我能够在我生命中贡献出最好的，抑或是最坏的，能够利用我能力的10%，15%，25%，抑或90%，这对于世界，对于自己，都可以生出很多差异来。"

在我们日常生活中，很多人是登山运动的爱好者，但很少有人能挑战自我，达到顶峰。关于"人为什么要去登山"这样的问题，英国人乔治·马洛里的回答一直被全世界奉为经典，"因为山在那里"——的确，我们人生的道路上，山存在了，我们要做的就是勇攀高峰，才能继续下面的路。如果我们见到了山，退缩了，那么我们永远走不到终点，跟着远山的呼唤，迈步向山的那一边进发。

一位熨衣服的工人，周薪只有几十美元，他们一家住在拖车改造的房子里，他的妻子收入也很低，他们的生活很艰苦。

一天他们的孩子耳朵发炎，他只好把家里的电话撤掉，省下钱来为孩子买抗生素治疗。

虽然日子清贫，但这位工人有个远大的梦想，就是希望自己成为一名作家。于是他利用自己工作之外的时间不停地写作，家里要是省下点钱也被他拿来打印稿纸，用来付邮费，寄稿子给出版社。但是他的稿子一概都被退了回来，理由也很简单，小说结构上很死板，没有新意。

一天，他读到一部小说，这部小说风格与自己以前写的一本小说风格很类似，兴许有希望。于是，他把自己的小说寄给了那本小说的出版社，那家出版社把他的这本小说拿给了皮尔·汤姆森。

几个星期之后，这个工人收到了汤姆森的来信，信中大意是：这份原稿瑕疵太多，但是他觉得此书作者很有作家的天分，不要气馁，要坚持写下去。

在此后的两年内，他先后又写了两部小说，但都被出版社退回。他还是坚持，他开始写自己的第四部小说，不过由于生活的窘境，他渐渐开始怀疑自己的写作之路到底对不对。

一天夜里，他偷偷把自己的小说，扔进了垃圾桶。第二天，他的妻子又把它捡回来，对他说："你是很有天分的，不要为了别人不赏识你就中途退缩，尤其是你快要成功的时候。"

他听妻子这话，也在犹豫，但是最终坚持下来，因为他认为只要有人相信自己能行，那就要坚持下去，不管这条路多难。

他写完自己的第四部小说，把它寄给了汤姆森，也对此没抱多大希望。

他成功了，汤姆森出版公司预付了2500美元给他。这部小说就是大名鼎鼎的史蒂芬·金的《嘉莉》。这部小说后来卖掉了500万册，并被拍摄成电影，成为1976年最卖座的电影之一。

斯蒂芬·金，在攀登了人生的第一座大山之后，一发不可收拾，先后出版了几十本恐怖小说，成了现今最为流行的恐怖小说家之一。

对于每个人，上帝给予我们一个生的机会，同时也赋予了我们同样的处事环境，但至于一个人到底有怎样的造化，这要看个人的努力。如果你的人生遇到了很多磨难，那是因为上帝想给你更辉煌的人生机遇。面对生活的困难，不要回避，勇于攀登，定会成功!

人生如同攀登高峰，在你奋力向上攀爬的时候，可能遇到狂风，也可能会有雪崩，但不要害怕，心中只要有勇敢的信念，就一定能到达顶峰，俯瞰芸芸众生。

工作中，我们也不可能总是阳光灿烂，必然会有乌云密布的恶劣天气，也会有崎岖泥泞的险路。这时候，你更需要的就是坚定的信念。如果，你并不是池中之物，那你更应该懂得，能够在华山论剑的，一定是有着"天不怕，地不怕"信念的勇士。我们也要养成，在难题面前绝不退缩，在疲惫之时绝不懈怠，在闲暇时间绝不松弛的习惯，时刻准备着往自己的生命制高点进发，相信在不久的将来，一定会有拨开云天见明月之时。

行不行，先尝试

一个人成功的关键在于尝试。只有敢于尝试，理想才能变成现实；只有在不断的尝试中，你才能一步一步地走近成功；只有通过艰难的尝试，你才会看到事情的结果。不要总是问自己结果会怎样，到底行不行，你得尝试过后才知道。

有很多人这样说："成功始于想法。"但是，只有好的想法，却没有进行尝试，看它是不是真的可行，结果还是不可能成功的。好的想法就像种子，不去培育它，它就只能保持最初的样貌，毫无进展；只有立即行动，它才会长成幼苗，长成参天大树，结出累累硕果。当然，在幼苗成长的过程中免不了要遭遇凄风冷雨的摧残，甚至可能在冰雹、干旱等恶劣条件下夭折。你的尝试也不一定总能一下子成功，但你确实为之努力奋斗过，那就足够了，因为你获得了与成功同样宝贵的东西——经验。有了这种财富，你便知道如何去避免再次失败，你就已经向成功迈进了一大步，这一切的一切，都是尝试的结果，它将改变你的人生，扭转你的命运。

有多少人可以始终保持尝试的热情呢?

最伟大的发明家爱迪生为了尝试从黄金葛中提炼出橡胶，居然做了10000多次实验。我们能够知道这一点，是因为他在笔记本中记录了每一次实验的过程。在这些实验的过程中，爱迪生曾向一位记者提到，他已经进行了5000次实验。当记者大为惊讶，脱口而出：“你的意思是，你已经犯了5000次错误了吗？”爱迪生摇摇头，平静地说：“不是这样。我们已经成功地掌握了5000种并不适合的方法。”

对于爱迪生来说，5000次的尝试，实际上是5000次的成功，因为他证明了5000种不能从黄金葛中提炼出橡胶的方法。然后他才能继续尝试下去，直到最终成功。

以这样惊人的勇气和毅力，爱迪生取得了一生中的1093项专利，包括电报、现代化的打字机、实用的电话、第一台留声机、家用白炽电灯泡、第一台发电机、电影、储备式电池、混凝土搅拌机、录音机、油印机等改变人类生活的伟大发明。我们可以想象得到，每一项成果的问世都经历了多少次艰难的尝试，可以肯定地说，正是因为尝试，才能创造出这一个又一个伟大的奇迹。

很多人在尝试做一件事的时候，总是希望得到一种保证，希望一次就能成功，其实这是不可能的。在条件还不成熟的情况下，失败肯定在所难免。但是如果你有一种学习的态度，每次的失败一定会让你变得更加聪明。事实上，每一次尝试、每做一件事对我们都是好的，因为从失败中可以学习到很多经验。重要的不是你尝试做什么，而是你怎么去想。你所尝试做的事情都能让你得到教育，让你能够有正确的思考方式，让你变得更聪明。当你尝试成立一家公司的时候，你可能已经知道会失败，但是当你失败的时候，你已经变得更聪明了。尝试失败可能是让我们更聪明的方法，因为我们都不是天才。

你一定要让自己振作起来，要敢于去尝试，不要想想就算了。一件事情的背后往往会遇到很多新的机遇，而这些机会不去尝试是不会遇到的。你所跨出的每一步，往往会给你下一步的人生带来很大的改变。

人生就像我们蹒跚学步的时候一样，每一次尝试，每跨出一步都是一种改变，都是一种新感觉，都会有一种意外的收获和喜悦。不去尝试就没有机会。

只要你始终保持尝试的热情，奇迹就不远了。

刀不磨要生锈，人不学要落后

一只蜜蜂要酿造一千克的栀子花蜂蜜，需要采集100万朵栀子花的花蜜，假若采蜜的花丛与蜂房之间的平均距离是1.5公里，它就得累计飞行45万公里，差不多等于地球赤道总长的11倍。这正体现了“勤奋”。

这只蜜蜂要酿造一千克的油菜花蜂蜜，也需要采集100万朵油菜花的花蜜，只是油菜花丛距离蜂房更远，已经越过小河的对岸去了，这只蜜蜂仍然像往常一样飞行1.5公里，在小河这边的枯萎的栀子花丛中寻找油菜花。结果这只蜜蜂没有完成采蜜任务，失望地错过了整个油菜花采蜜季节。这样就不仅仅是“勤奋”二字能够解决的问题了？

这只蜜蜂的错误有二：

其一，栀子花丛已经枯萎，已经不可能采到花蜜，采蜜光靠勤劳是不行的。

其二，这只蜜蜂安排的任务是采集油菜花花蜜，它没有探索新的路线，结果还是按照自己旧的思路去做，必定是要失败的。

正如一个人，虽然懂得勤奋对于一个人的成长的重要性。如果不时刻保持清醒的头脑，与时俱进，就不能掌握最新的科学技术，就会对周围环境反应迟钝，不能适应环境的新变化，最后会被社会所淘汰。因此我们不能放松自己，时刻保持旺盛的学习劲头。

列夫·托尔斯泰说过："要有生活的目标，一辈子的目标，一段时期的目标，一个阶段的目标，一年的目标，一个月的目标，一个星期的目标，一天的目标，一小时的目标，一分钟的目标。"

总之，人生就要有目标。我们在执行目标的时候，也不要一味固守先前的经验或已获得的知识，要按照时代或环境的需要，随时不断学习和实践，这样才能在完成自己目标的道路上，时刻保持与时俱进的头脑，成功才不事倍功半。

罗德岛围墙已经存在了一个多世纪了，这堵墙是由大理石一块一块砌成的，之所以有名，不仅在于它的坚固的外观，更多的在于它的艺术价值。一块块大理石在能工巧匠的手中，变成了精美的雕像，直到现在仍然令人惊叹。这堵墙是住在罗德岛的一个人耗费大量时间砌成的，挑选的每一块大理石都是经过他自己考虑，研究它们的特征，最后斟酌着把它们放在最佳的位置上。等到砌成后，他又对这堵墙进行不同角度观察分析，最终倾尽后半生才最终完成这项巨大的"作品"。

石墙完成之后，吸引了世界各地的人，前来一睹石墙的艺术魅力，他也很乐意为大家讲解每一块石头的来历，似乎这些石头每块都有它们特有的生命力。

他用自己的双手，为自己赚来了很多的财富。他认为，以后他的孩子继承的不应该是这些财富，而是自己这种隐含在财富之中的技巧、洞察力和创新的思维。因为财富是可以用尽的，可是这种创造财富的精神是取之不竭的。

上面这位罗德岛的人，他在雕琢这些雕像的时候，要是仅仅关注每一块雕像的特点，没有在砌成石墙之后，再整体上把握每块石头在石墙中的合适位置，那也是不能有这么完美的作品问世的。因此我们在做每件事情的时候，不能觉得一开始完美，就始终是完美的，我们要用发展的眼光看待周围的世界，要不断地学习。因为"刀不磨要生锈，人不学要落后"。

工作宜赶不宜急

工作是忙不完的，所以工作要"赶"，但不要"急"，应该忙中有序地赶工作，而不要紧张兮兮地抢时间。任何事积累到一定程度都会形成压力，心中背负着太多东西的人往往容易乱了分寸，无法静下心来厘清思路，所以容易焦躁、抱怨，甚至愤怒。与其被忙不完的工作所驱使，不如在自己的能力范围之内，坦然面对，做得到的去做，做不到的不强求。

积极的职场人，总是能够将手头的工作理出大小内外，轻重缓急，从而按部就班，有次序地一件一件解决，这样做，既可以保证工作速度，又能保持从容不迫的心情。

有一个农夫挑着一担橘子进城去卖。天色已晚，城门马上就要关了，而他还有二里地的路程。这时迎面走来一个僧人，他焦急地赶上前去问道："小和尚，请问前面城门关了吗？"

“还没有。”僧人看了看他担中满满的橘子，问道，“你赶路进城卖橘子吗？”

“是啊，不知道还来不来得及。”

僧人说：“你如果慢慢地走，也许还来得及。”

农夫以为僧人故意和自己开玩笑，不满地嘀咕了两声，又匆忙上路了。他心中焦急，索性小跑起来，但还没跑出两步，脚下一滑，满筐橘子滚了一地。

僧人赶过来，一边帮他捡橘子，一边说：“你看，不如脚步放稳一些吧？”

农夫急于求成，一味求快，结果却恰恰相反。工作亦是如此，积极与速度并非同义词，速度与效率也往往不成正比，与其在手忙脚乱中浪费时间，不如张弛有度，井然有序地设计好每一步要踏出的距离。一味求快，往往会造成恶果。

“涓流积至沧溟水，拳石垒成泰华岑。”这一出自宋代陆九渊《鹅湖和教授兄韵》的诗句劝喻人们：涓涓细流汇聚起来，就能形成苍茫大海；拳头大的石头垒砌起来，就能形成泰山和华山那样的巍巍高山。只要我们一步步勤勉努力地往前赶，就能够到达梦想的彼岸。

有一个小和尚，在树林中坐禅时看到草丛中有一只蛹，蛹已经出现了一条裂痕，似乎就能看见正在其中挣扎的蝴蝶了。

小和尚静静地观察了很久，只见蝴蝶在蛹中拼命挣扎，却怎么也没有办法从里面挣脱出来，几小时过去，小和尚依然坐在那里静静地看着。

这时候，护林人家的孩子跑了过来，看到地上挣扎的蛹，不由分说地捡起来将蛹上的裂痕撕得更大了，小和尚甚至来不及阻止。

小孩子数落着和尚：“师父，你是出家人，怎么连点慈悲心也没有呢？”

小和尚无奈地叹了口气，说道：“你为何这般性急呢？蝴蝶还没有着急，你为什么这么鲁莽地改变它的生命呢？”

果然，当蝴蝶出来之后，因为翅膀不够有力，变得很臃肿，飞不起来，只能在地上爬。

孩子本想帮蝴蝶的忙，结果反而害了蝴蝶，正是“欲速则不达”。由此不难看出，急于求成只会导致最终的失败。所以，我们不论是在工作，还是在生活中，都不妨放远眼光，注重积累，厚积薄发，自然会水到渠成，实现自己的目标。

很多人在工作中都会像那个孩子一样，急于求成，急于看到结果，恨不得揠苗助长，最后导致工作做得一塌糊涂。

现代职场人，并非高速运转的现代机器，莫不如以一种骑士精神尽展潇洒，纵横驰骋于纷乱的生活，却保持一种美丽的心情，采一柱大漠的孤烟映照黄昏的落日，捉一轮浑圆的清月放飞自由的心灵！对于“一万年太久，只争朝夕”的人来说，最容易犯的毛病就是“欲速则不达”。放眼整个社会，大多数人都知道这个道理，而最终背道而行的人仍是大多数。

三个臭皮匠，赛过诸葛亮

美国心理学家特里普利特做过一个“群体效应”的实验，这个实验项目是选择骑自行车：一是一个人单独骑，二是有人陪伴一块骑，三是与人比赛骑。同一个人在三种情况下产生的结果：有人陪伴着一块骑车的速度比单独一个人骑的速度能提高30%，与人比赛骑的速度又比有人陪伴骑的速度提高5%。这种一个人与他人一起协作，使效率大大提高的现象叫作社会助长作用。

心理学家奥斯博瑞提出一种理论：头脑激励法，证实群体增长智慧。具体做法是：大家围坐在一起，主持人提出一个问题，鼓励现场每位成员提出各自的看法，任意从各个角度思考，畅所欲言，互相不要批评、指责，自由地讨论。在讨论中他人的一些看法或意见，很能启发自己，使之展开发散性思维去想象，从而提出比个人独自思考时高出两倍的意见数量。该做法起到了启发智慧、集思广益的效用，并提出多种创造性解决问题的方法。

群体的力量是无穷的，能成大事者，必要有群体相助。这也是俗语中说的“三个臭皮匠，赛过诸葛亮”，其中体现的精髓：三个天资平庸的人，若能同心协力，也能赛过诸葛亮的谋略，比喻人多智慧多，遇到事情大家一块集体商量对策，就能制定出好的计策。

“三个臭皮匠，赛过诸葛亮”，原来是有典故的：

《三国演义》中，诸葛亮答应周瑜，要造十万支箭用于破曹，谋划了“草船借箭”之计。当日利用天气的优势，诸葛亮命手下的三个裨将，在二十艘小船的两边都安上草靶子，再以布幔遮盖。这三个裨将布置完后，回报军师诸葛亮，并提出他们的布置可能会让曹军看出破绽。三人齐心共同商量了一计，但没有给诸葛亮说，偷偷安排好了，第二天领诸葛亮来查看效果。诸葛亮到了那里，只见每艘小船的船头都立着两三个稻草人，套上衣服、带上帽子，看起来就像真人一样。果不然，曹军中计了，诸葛亮达到了目的。从此便有了“三个臭皮匠赛过诸葛亮”一说，然而此“皮匠”非彼“裨将”，“皮匠”实际是取自“裨将”的谐音，“裨将”在古代是“副将”之意，这句俗语本意是指三个副将的智慧加在一起就能顶一个诸葛亮。后来，在流传过程中，人们竟把“裨将”说成了“皮匠”。

虽说这句话，被以讹传讹了，但是没有改变寓意，说的就是人多办法多，集思广益才能制订出好的计划。但是，要赢过诸葛亮这位知识渊博的人，我们要具备一些因素：

首先，术业有专攻。在职场中，三个臭皮匠不敌一个诸葛亮的事我们也见得不少。俗话说，隔行如隔山，三个皮匠再有能耐也不可能操作计算机编程？反过来，三个会计算机编程的加起来能比一个皮匠处理皮革熟练吗？这里“三个”，“一个”并不是指简单的数字累加，而是指三个相加在质量上等于一个。也就是说，三个人只要在一个领域努力学习专业知识和经验，这样才能掌握事情的重点和难点，对于这一领域的事情才能有一个透彻的看法。

其次，集思广益，多听取他人合理的建议。俗话说，一人计短，两人计长，一个人在工作中，看问题往往不够全面深刻，要是能多听取其他人的建议，集思广益，就可以从总体上把握事情的关键，制定出合理有效的工作方法。在企业里面，往往都是一个小团体分工合作一个项目的研究和开发，这样做的目的就是怕某个方法会出现偏差，大家一起讨论制订计划，有了问题，大家一起商量对策，就不至于在工作中，造成不可避免的失误，从而浪费很多宝贵的时间。

最后，在处理问题的方式上，大家要同等。三个“裨将”为什么能赛过诸葛亮呢？那是因为他们三人的地位是平等的，没有地位和身份的局限，在商量的过程中就可以各抒己见，毫不避讳，遇到偏颇的意见，也敢于反驳，敢于提出中肯意见。工作中，我们有主管、经理、总裁，他们是领导，是决策者。在工作方案的制订上，一定不要自恃职位高，就固执己见，一定要集思广益，听取下面人好的建议和意见，这样才能把事情做好。

侥幸一阵子，受害一辈子

曾国藩刚刚兼任刑部左侍郎，曾经遇到了一件麻烦事。

一天，有一位同乡来他的府上拜访。这位同乡在某地任知府，平日里很少往来，此时突然来访，还带着一箱金子，曾国藩马上感觉到有什么事情要发生。

果然，话没有说几句，那位知府就讲出了他此行的目的。原来，知府的侄子自恃生在官宦世家，平日里被宠坏了，总是做一些打架斗殴的勾当，如今他与别人为了争夺一个头牌歌姬，不小心失手杀了人。死者的家属得知此事，将知府的侄子告到了官府，被知府压了下来。但是知府能够控制了一时，却不能在此事上有更进一步的定夺，想来想去，也只有曾国藩能够帮他这个忙，保住他侄子的性命。

曾国藩听闻此事，就安慰知府说：“你先回去。既然是误杀，官府一定会给你侄子一个说法的，不会有事的。”知府见状，忙给曾国藩递上金子，说：“只要曾大人一句话，我侄子的性命就能够保住了。”曾国藩无论如何也不肯收他的金子，可是知府哪里肯将送来的金子再拿回去？留下了箱子，自己迅速离开了。

曾国藩看知府这番举动，心里顿时犯了嘀咕：按说，如果是误杀，知府不应该这么紧张，况且也用不着送上这箱金子啊。这其中一定还有什么不可告人的秘密。想到此处，曾国藩赶紧派人去调查。

果真不出曾国藩所料。这个知府的侄子仗着有叔父撑腰，平日里横行乡里，鱼肉百姓，欺男霸女，无恶不作。老百姓都恨透了他。曾国藩知道后非常气愤，下令一定要严惩那个恶贼，还要弹劾知府。

从这件事情中，曾国藩想到了自己在家乡的兄弟侄子。官宦人家的孩子总是存有一种侥幸心理，觉得有人给自己撑腰，就可以随意妄为，想做什么就做什么。可是，这样想的结果常常是害了自己。于是，他写信叮嘱自己的亲属，做事情一定要脚踏实地，不能因为存在侥幸心理，就放任自己的行为。

不仅在对待生活方面，曾国藩提倡远离侥幸心理，在军事上，他也十分注重实力的修炼。为此，他一直强调说：“至军事之成败利钝，此关乎国家之福，吾惟力尽人事，不敢存丝毫侥幸之心，诸弟禀告堂上大人，不必悬念。”正是因为远离侥幸心理，曾国藩以文人的心态自修，以武将的心态战斗。

远离侥幸心理，只有脚踏实地才能一步一步走向成功。很多人把事情的成功与否寄托在运气上，如果没有达成自己的心愿，就责怪自己时运不佳，这其实是没有道理的。俗话说，一分辛苦一分收获，只有全身心地投入对自己实力的修炼当中，我们才能逐渐完善自己，最终战胜种种困难，到达成功的彼岸。相反地，侥幸一时，有可能耽误我们一生的发展。因为获得过于容易，就不知道努力，也就不懂得珍惜了。

提到侥幸，有的人以为孙武的智慧就是从别人的身上找破绽，而不赞成强大自己。这是对《孙子兵法》的一种误解，孙武的“慎战”思想中，最重要的部分就是强调如何强大自己，也就是“内修”。

让自己变得强大起来，而不要存在侥幸心理，期望不幸和困难不来进犯，这也是我们应该学习的一种生活态度。曾经有一位作家在自己的传记中写道：“我不祈求上帝让我平安无事，我只祈求上帝在考验我的同时，赐予我战胜困难的勇气和力量。”真金不怕火炼，只要我们准备充分，拥有战胜苦难的实力，无论何时都能够经受住考验。

怎样让自己实力雄厚呢？首先，我们的第一步就是要战胜侥幸心理。生活中处处都是侥幸心理的影子，考试之前猜题、押题，考试时作弊；在口头表达上，经常使用“可能、也许、万一、大概”之类的词汇；总是期待着“意外收获”；不肯脚踏实地地努力，反而将成功的希望寄托在“好运”上。

提高实力的第二步，就是要看到实力的积累是一个长期的过程，需要耐心和恒心。我们来看一看这样一组数据：左思写《三都赋》、曹雪芹写《红楼梦》用了10年；司马迁写《史记》用了15年；达尔文写《物种起源》用了20年；歌德写《浮士德》用了60年……几乎所有的伟大作品和伟大发明都不是几天之内完成的，需要长久的积累和准备。

侥幸有时候会带给我们惊喜，更多时候是一种始料未及的失败。面对事物时不做好准备工作，却希望能够幸免，无疑是对自己的不负责任。将人生大厦建立在侥幸上，犹如空中楼阁、水中花月，只有远离侥幸，我们才能处世稳妥，也才能逐步实现自己的目标，把握自己的命运车轮。

三分苦干，七分巧干

人们常说：一件事情需要三分的苦干加七分的巧干才能完美。意思是行事时要注重寻找解决问题的方法，用巧妙灵活的方法解决难题，胜于一味地蛮干。也就是说，“苦”的坚忍离不开“巧”的灵活。一个人做事，若只知下苦功，则易走入死胡同，若只知用巧，则难免缺乏“根基”，三分苦干加上七分巧干才能达到自己的目标。

王勉是一家医药公司的推销员。一次他坐飞机回家，竟遇到了意想不到的劫机。通过各界的努力，问题终于得以解决。就在要走出机舱的一瞬间，他突然想到：劫机这样的事件非常重大，应该有不少记者前来采访，为什么不好好利用这次机会宣传一下自己公司的形象呢？于是，他立即从箱子里找出一张大纸，在上面写了一行大字：“我是××公司的××，我和公司的××牌医药品安然无恙，非常感谢救了我们的人！”他打着这样的牌子一出机舱，立即就被电视台的镜头捕捉到了。他成了这次劫机事件的明星，很多家新闻媒体都争相对他进行采访报道。

等他回到公司的时候，受到了公司隆重的欢迎。原来，他在机场别出心裁的举动，使得公司和产品的名字家喻户晓了。公司的电话都快被打爆了，客户的订单更是一个接一个。董事长当场宣读了对他的任命书：主管营销和公关的副总经理。之后，公司还奖励了他一笔丰厚的奖金。

王勉的故事说明了一个非常深刻的道理，就是做任何事情都要将“苦”与“巧”结合起来。“苦”在卖力，“巧”在灵活地寻找方法，只有这样，才最容易找到走向成功的捷径。

陈良出生在一个穷困的山村，从小家里就很困难。17岁那年，他独自一人带着8个窝窝头，骑着一辆破自行车，从小山村到离家100公里外的城里去谋生。他好不容易在建筑工地上找到了一份打杂的活儿。一天的工钱是2元钱，这对他而言只够吃饭，但他想尽办法每天省下1元钱接济家人。尽管生活十分艰难，但他还是不断地鼓励自己会有出人头地的一天。为此，他付出了比别人更多的努力。两个月后，他被提升为材料员，每天的工资加了1元钱。

靠着自己的不懈努力，他逐步站稳了脚跟。他认为：要想更多地得到大家的认可，就不能只靠苦干默默地付出，更要靠巧干努力地寻找办法，以尽快地得到提升。那么，怎样才能做到这点呢？冥思苦想之后，他终于想到了一个点子：工地的生活十分枯燥，他想，能不能让大家的业余生活过得丰富一点呢？想到这点，他拿出自己省下来的一点钱，买了《三国演义》《水浒传》等名著，认真阅读后，讲给大家听。这样一来，晚饭后的时间，总是大家最开心的时间。每天，工地上都洋溢着工友们欢心的笑声。

一天，老板来工地检查工作，发现他有非常好的口才，于是决定将他提升为公关业务员。

一个小点子付诸实践后就能有这样的效果，他备受鼓舞。于是，他便将主动找方法的特长，运用到工作的各个方面。

对工地上的所有问题，他都抱着一种主人公的心态去处理。夜班工友有随地小便的习惯，怎么说都没有用，他便想尽各种方法让大家文明上厕所；一个工友性格暴躁，喝酒后要与承包方拼命，他想办法平息矛盾，做到使各方都满意……

别看这些都是小事，但领导都看在眼里。慢慢的，他成了领导的左膀右臂。

由于他经常主动找方法，终于等来了一个创业的良机。有一天，工地领导告诉他，公司本来承包了一个工程，由于各种原因，难度太大，决定放弃。

作为一个凡事都爱“三分苦干，七分巧干”的人，他力劝领导别放弃。领导看他充满热情，突然说了一句话：“这个项目我没有把握做好。如果你看得准，由你牵头来做，我可以为你提供帮助。”

他几乎不敢相信自己的耳朵：这不是给自己提供了一个可以自行创业的绝好机会吗？他毫不犹豫地接下了这个项目，然后信心百倍地干了起来。不久，他便成立了自己的建筑公司，并且事业做得越来越大。

世上没有什么事是只凭蛮劲就能成功的，要加入自己的聪明才智，这样才能取得自己想要的结果。职场之中也是同样的道理，要想使自己的工作得到同事的赞赏、老板的表扬，就要多用智慧。

进攻才是最好的防守

商场如同战场，快一步则生，慢一步则死。面对困境，不能消沉沮丧，要像洛克菲勒一样积极主动寻求出路，将对方置于被动的地步，成功当然由你掌握了。

人生也是如此。处于困境时，不能坐以待毙，静等着对手将自己打败，要主动寻找走出困境的办法，快速进攻，不给对手任何逃脱的机会。

洛克菲勒使用大量资金扩大炼油生产量的同时，为了挤垮对手，他安排人去把一切可以装运石油的油罐列车以及油桶全部包租下来。但宾夕法尼亚公司垄断了油田和东部港口间的铁路货运，迫使洛克菲勒按其要求支付将煤油和其他产品运到东部市场的费用。洛克菲勒决定主动出击，解决这个问题。

1867年下半年，洛克菲勒派人会晤了中央铁路公司的新任副董事长，告诉他洛克菲勒公司不再通过运河运输石油，而保证通过他的铁路每天装运不少于60节车皮的石油，不过条件是在运费上打折扣。而中央铁路公司当时正面临美国运输业大幅震荡，恰好需要一个“承包”者。

于是，中央铁路公司答应了洛克菲勒的要求：从石油区装运原油到克利夫兰每桶35美分，从克利夫兰装运精炼油到东部海滨每桶13美元。

仅此一举，洛克菲勒不仅打破了宾夕法尼亚公司的垄断，而且在运费上也得到了极大优惠。

面对阻力，大胆进攻，最后取得胜利，是洛克菲勒的一贯做法。

1870年，美国铁路货车总装运量不断下降，那些受到经济不景气影响的铁路老板，为了解决困难，着手寻求为自由市场所能提供的更为有利的解决方法。他们设想：既然他们能够同最大的炼油商们合伙经营，分享利润，又何必忍受这种正在消耗着金钱的竞争局面呢？摸透了铁路老板们心理的洛克菲勒，立即与铁路老板们酝酿出一个方案。

根据该方案，各大铁路公司将与各主要炼油商们联合起来，共同安排石油的流通问题。运费将提高，但参加这个方案的成员则可以享受运费回扣，可以得到超过运费的补偿。

洛克菲勒立即将此方案付诸实施，着手组建了南方改良公司。该公司的运费以每桶24美分的优惠价格支付，而非成员的运费则要提高价格。

由于在南方改良公司的2000股中，洛克菲勒及其兄弟威廉占了1180股，这使得美孚石油公司在这个公司中享有的权利比其他任何一个股东都要多。洛克菲勒把这个方案视为一种手段，借以消灭美孚石油公司的竞争对手。

洛克菲勒的主动出击使对手们只有两个选择：要么把自己的企业解散并入美孚公司，要么最后在运费折扣制的压力下破产倒闭。

结果，洛克菲勒有效地垄断了整个美国的石油业。1880年，整个美国生产出来的石油，竟有95%出自洛克菲勒之手。

遇到阻力和困难时，选择退让只会让自己的“地盘”越来越小。在激烈的商战中，大胆进攻，扩大自己的市场份额，这样才会成功。

不担三分险，难练一身胆

俗话说：“不担三分险，难练一身胆”，意思是说，如果想要练就一身胆识，就应该去多经历一些风险。在生活中，我们更是应该遵从这个原则，做任何事时一定要去亲身经历，要敢于去尝试，而不应该畏畏缩缩，瞻前顾后，或者是只去想而不去做。

当我们想到成功喜悦的同时，应该先想到失败的可能，失败与成功可以说是一对孪生兄弟，一个人如果没有经历失败，那么他也就接近不了成功。

杨澜是我国著名的主持人。当她从北京外国语大学英语系毕业时，她和她的同学们一样在到处找工作。一天，她到中外合资的长城饭店去应聘市场销售部的岗位，日本籍经理对她的回答非常满意，于是就给了她一个提问的机会，结果她的提问让经理录取了她。“如果没有一个意外的机会，今天的我恐怕已经做了什么大饭店的什么经理，也许正带着职业的微笑，坐在一张办公桌后面呢。”杨澜所说的这个“意外机会”，是泰国正大集团结束了与几个地方台的合作，转与中央电视台共同制作《正大综艺》。双方决定要挑选一位有大学学历的女主持人。当辛少英导演来到北京外国语大学选人时，杨澜就被系里推荐去应试。

第一批试镜的有50多人。当轮到杨澜上场时，她想：“这么多广播学院、戏剧学院的美女在这里，我基本上没有什么希望了，但我也不能给学校丢脸。”接着，她往灯光下一站，奇怪的是，她一点也不感到紧张。试镜后，杨澜的机灵、学识、胆识给评委留下十分好的印象。导演认为她是有思想的，而且表现得很清纯。但是也有人觉得她“还不够漂亮”。于是剧组决定再从社会公开挑选主持人。杨澜也在接下来的几天里被要求一连试了5次镜。

一个星期后，杨澜被领进中央电视台的外宾接待室，里面坐着主管节目的领导和已经敲定的男主持人、著名相声演员姜昆。当她与一位漂亮的女孩站在一起接受考验时，她的好胜心被完全刺激出来。当被问及“你将如何做这个节目的主持人”时，杨澜很坦然地把自己的想法和盘托出：“我不认为主持人的主要标准是容貌，而是要看他是不是有强烈的与观众沟通的内心。我希望做这个节目的主持人，是因为我特别喜欢旅游。人与大自然相近相亲的快乐是无法用语言描述的，我要把这些感觉讲给观众听……”杨澜说得非常激动。当时，在场的人仿佛都被她镇住了，她最后也如愿以偿地当上了《正大综艺》的主持人。

无论是从女性角度还是传媒人身份来说，杨澜都是活得非常出色的。她从学生一跃成为中央电视台《正大综艺》节目主持人，然而正当红极一时的时候，她又毅然辞职去美国念书，回国后，她又到凤凰卫视主持《杨澜工作室》并兼栏目制片人，再然后她又创办了阳光卫视，她的每一次转型都是在挑战自己。杨澜说：“宁可在尝试中失败，也不愿在保守中成功！”

“不担三分险，难练一身胆。”杨澜不怕失败，不怕挑战，在一次次的尝试中挑战自己。正是她这种勇于探索，不断进取的精神才使得她不断地进步，最终成为家喻户晓的名人。

约·戈达德是美国历史上著名的探险家，在他15岁的时候，他还只是洛杉矶郊区一个没见过世面的孩子，但是，他心中充满了梦想，把自己一辈子想做的大事列了一个表，并命名为“一生的志愿”。

他在志愿表上列有到尼罗河、亚马孙河和刚果河探险；登上珠穆朗玛峰、乞力马扎罗山；要骑大象、骆驼、鸵鸟和野马，等等。他列的每一个项目都编了号，一共有127

个目标要实现。

戈达德把梦想认真地写在纸上后，就开始抓住每一分每一秒，然后下定决心要让目标一一实现。

16岁那年，戈达德终于和父亲到了佐治亚州的大沼泽和佛罗里达州的埃弗格莱兹探险，从而完成他的志愿表上的第一个项目。

20岁时，他已经到加勒比海、爱琴海和红海里潜过水了，这年他还成了一名空军驾驶员，在欧洲的天空有了33次战斗飞行经验。

21岁时，他已经到过了21个国家旅行。就在他刚满22岁时，他来到了马拉的丛林深处，还发现了一座古代玛雅文化的神庙。

同年，他成为洛杉矶探险家俱乐部有史以来最年轻的成员，接下来他筹划着实现自己最重要的目标：探索尼罗河。终于，戈达德在26岁那年，和另外两名探险伙伴来到布隆迪山脉的尼罗河之源，又一次实现了他的目标。

紧接着，戈达德积极地完成了他志愿表上的目标：他乘皮筏漂流了整个科罗拉多河，造访了长达二千七百英里的刚果河，在南美的荒原、婆罗洲和新几内亚与食人族一起生活，爬上了阿拉拉特峰和乞力马扎罗山，就这样，他计划中的目标一件件地实现了。

年近60岁的戈达德，依然显得年轻，他不仅是一个经历无数次探险的传奇人物，还成了电影制片人、作者和演说家。

戈达德在实现自己目标的过程中，有过18次死里逃生的经历。他说："这些经历让我学会了更加珍惜生活，而且凡是我能做的我都想尝试。我相信，每个人都有自己的目标和梦想，但并不是每个人都会努力去实现。"

勇敢尝试，就是迈向成功的第一步。戈达德的经历告诉我们：只有经历过无数次尝试，才会得到人生，只有无数次尝试，才会换来想要的成功。

每个人都应该生活在希望之中，做任何事都要去尝试，去实践。相反地，如果一个人只是得过且过地一天天混日子，心中没有任何希望，那么，他的生命实际上就已经停止了。只有担了三分险，才会换来一身的胆。

不怕百事不利，就怕灰心丧气

人的一生会经历很多的挫折，每个人都会遇到这样或者那样的困难。当我们遇到挫折时，我们不应该感到灰心丧气，知难而退；而是应该积极面对挫折，努力去战胜挫折，从而让成功降临。

每个人的一生或多或少、或大或小都会遇到磨难和坎坷，而每一个人面对这些磨难和坎坷时都会有不同的态度，有的人百折不挠，一往无前，有的人则犹豫不前甚至退避三舍。这不同的人生态度则会导致不同的人生道路，甚至会塑造完全不同的个人命运。

"我的人生中只有两条路，要么赶紧死，要么精彩地活着。"这是无臂钢琴师刘伟的励志名言。刘伟10岁的时候，他因一场事故而被截去双臂。在他12岁的那年，他在康复医院的水疗池里学会了游泳，两年后，刘伟在全国残疾人游泳锦标赛上夺得了两枚金牌；16岁他学会了打字；19岁学习了钢琴，一年后就达到了相当于用手弹钢琴的专业七级水平；22岁他勇敢挑战了吉尼斯世界纪录，一分钟打出了233个字母，成为世界上用脚打字最快的人；23岁时他就登上了维也纳金色大厅的舞台，让全世界都见证了中国男孩的奇迹。当袖管两空的刘伟走上舞台时，所有人都知道他要表演什么，但是没人能想象他究竟要怎样用双脚弹奏钢琴。当他坐到特制的琴凳上之后，优美的旋律就从他的脚下流了出来，他的十个脚趾在琴键上灵活地跳跃着，顿时，全场陷入了一片安静，每个人都在用心聆听这用毅力演奏的天籁之音。当刘伟表演结束之后，所有观众都起身为他鼓掌。刘伟的身后，站立着他的伟大的母亲。一个普普通通的家庭妇女，识字不多，但是懂得一个最基本的道理：这个世界没有什么可以依赖，除了他自己。刘伟没有让母亲失望。

令人欣慰的是，刘伟的自述《活着已值得庆祝》已经出版。而根据他的真实故事创作、由他和倪萍等主演的电影《最长的拥抱》已经杀青，倪萍说："我要买十本送给那些有胳膊的人看。"

感动中国推选委员易中天这样评价刘伟："无臂钢琴师刘伟告诉我们：音乐首先是用心灵来演奏的。有美丽的心灵，就有美丽的世界。"

推选委员陆小华是这样说刘伟的："脚下风景无限，心中音乐如梦。刘伟，用事实告诉人们，努力就有可能。今天的中国，还有什么励志故事能赶上刘伟的钢琴声。"

而感动中国组委会授予刘伟的颁奖辞是这样说的："当命运的绳索无情地缚住双臂，当别人的目光叹息生命的悲哀，他依然固执地为梦想插上翅膀，用双脚在琴键上写下：相信自己。那变幻的旋律，正是他努力飞翔的轨迹。"

刘伟面对生命给他的挫折，面对人生对他的严酷考验，面对没有双臂的巨大缺陷，他没有选择低头，没有惧怕挫折，他没有退缩。相反地，他勇敢地面对上天带给他的不公，他勇敢地回击了命运对他的折磨考验。面对人生的痛苦，他没有灰心丧气，他用自己的坚毅诠释了生命的重量。

一个人不怕起点低，不怕遭遇失败，就怕消极，怕灰心丧气。一个人千万不能被困难和挫折吓倒，相反地要鼓励自己去奋斗，要用实际行动来改变别人的看法。万事不利，不应该成为甘心平庸的托词，相反，应以此激励自己加倍努力、要奋发向上，活出一个人样来。能改变自己人生的只有自己，而不是别人。无论处于何种生活境地，假如自己乐观开朗，积极上进，努力学习和工作，那么人生会变得五彩缤纷、绚丽多彩；假如自己悲观消极，失望落后，无所事事，不肯好好去学习和工作，那么人生会变得漆黑一片，苦不堪言。每个人都不要让自己生活在黑暗当中，而应该生活在阳光之下。

发明大王爱迪生出生于一个普普通通的劳动人民家庭，虽然他只读了3个月的书，但是他却非常喜欢发明。有一次，爱迪生在火车上做实验。因为他的不小心，很多的化学物品都倒在了地上，化学物品在遇到了空气后导致了火车起火。因此，火车司机给了他一个重重的耳光，把他的耳朵打聋了，并且把他的化学物品全部扔了。但他并没有因为这样而放弃发明，经过许许多多的失败，经历多次的困难，终于成为一名发明大王。其中爱迪生光发明电灯就经历了多达1600次的失败后才最终成功。

他从白炽灯开始着手试验。他把一小截耐热的东西装在玻璃泡里，当电流把它烧到白热化的程度时，便由热而发光。他首先想到碳，于是就把一小截碳丝装进玻璃泡里，可刚一通电马上就断裂了。

经过思考，爱迪生又想到用白金进行试验。紧接着，爱迪生和他的助手们用白金试了好几次，可这种熔点较高的白金，虽然使电灯发光时间延长了好多，但不时要自动熄掉再自动发光，仍然很不理想。

爱迪生并不气馁，继续着自己的试验工作。他先后试用了钡、钛、铟等稀有金属，效果都不是很理想。

接下来，他与助手们将这1600种耐热材料分门别类地开始试验，还是采用白金最为合适。由于改进了抽气方法，使玻璃泡内真空。灯的寿命已延长到两小时。但这种由白金为材料做成的灯，价格太昂贵了，谁愿意花这么多钱去买只能用两小时的电灯呢？

爱迪生看到用棉纱织成的围脖，爱迪生脑海突然萌发了一个念头：棉纱的纤维比木材的好，能不能用这种材料？

他急忙从围巾上扯下一根棉纱，小心地把这根棉纱装进玻璃泡里，效果果然很好。爱迪生非常高兴，制造了很多棉纱做成的灯丝，进行多次试验。灯泡的寿命延长到13小时，后来又达到45小时。

但是爱迪生仍旧没有满足，他的目标是希望亮1000小时，最好是能够亮16000小时，于是爱迪生不停地试验，终于让电灯亮的时间更长了。

就像爱迪生一样，做事一定要勇往直前，不怕艰苦，不怕困难，不管经历了多少次失败，都不放弃，最后你才能获得成功，并从中获得经验。在遇到同样的事情中，才能完成得更好，更出色。

“不怕百事不利，就怕灰心丧气”，各种挫折不可怕，可怕的是一颗屈服的心。面对各种困难时不要丧气，勇敢地去面对，你会发现只要有毅力不灰心丧气，困难最终会被踩在脚下。

第二章

竞争智慧：体魄和智慧是竞争的利剑

——在合作中竞争，在竞争中合作

一寸不牢，万丈无用

世间事，都是相互联系的，通常，一件事情当中的各个环节都存在一定的关系，彼此互为依靠，相辅相成，共同组成了一个整体。也正是因为这彼此的联系，才让这些事，这些物品，能够更加紧凑，牢固，和谐。因此，我们在做事的时候，就不能漏掉任何一个环节，哪怕那个环节是微不足道的。不过，话虽如此，想要真正做到就有些难了。特别是面对那些小事的时候，往往都由于不够心细而忽略了，结果导致整个事情都没有做成，甚至是造成让人扼腕的后果。这不是危言耸听，而是每天都在时时发生的事情。关于这点，我们的祖先早就注意到了，人们常说的老话“一寸不牢，万丈无用”，说的就是这个道理。事实也确实如此，一样东西是否牢固，往往不在于其大多部分，哪怕一万丈中，有九千九百九十丈九分都是非常牢固的，只有剩下的那一分不够牢固，也很可能出问题。而这一分正是我们最容易忽视的那一部分。

在现代管理理论中，有一个著名的理论叫木桶理论，又称木桶原理或短板理论。它是由美国管理学家彼得提出，其核心内容：一只木桶盛水的多少，并不取决于桶壁上最高的那块木块，而恰恰取决于桶壁上最短的那块。根据这一核心内容，“木桶理论”还有两个推论：其一，只有桶壁上的所有木板都足够高，那木桶才能盛满水。其二，只要这个木桶里有一块不够高度，木桶里的水就不可能是满的。这和我们所说的老话不言而喻。

那么，一个企业如果想成为一个结实耐用的木桶，首先要想方设法提高所有板子的长度。只有让所有的板子都维持“足够高”的高度，才能充分体现团队精神，完全发挥团队的作用。在这个充满竞争的年代，越来越多的管理者意识到，只要组织里有一个员工的能力很弱，就足以影响整个组织达成预期的目标。

在实际工作中，管理者往往更注重对“明星员工”的利用，而忽视对一般员工的利用和开发。如果企业将过多的精力关注于“明星员工”，而忽略了占公司多数的一般员工，会打击团队士气，从而使“明星员工”的才能与团队合作两者间失去平衡。而事例证明，对“非明星员工”激励得好，效果可以大大胜过对“明星员工”的激励。因为，虽然“明星员工”的光芒很容易看见，但占公司人数绝大多数的是非明星员工。

有一个普通华讯员工，由于与部门主管的关系不太好，工作时的一些想法不能被肯定，从而忧心忡忡、兴致不高。正巧，摩托罗拉公司需要从华讯借调一名技术人员去协助他们做市场服务。于是，华讯的总经理在经过深思熟虑后，决定派这位员工去。这位员工很高兴，觉得这是一个施展自己拳脚的机会。去之前，总经理只对那位员工简单交代了几句："出去工作，既代表公司，也代表我们个人。怎样做，不用我教。如果觉得顶不住了，打个电话回来。"

一个月后，摩托罗拉公司打来电话："你派出的兵还真棒！""我还有更好的呢！"华讯的总经理在不忘推销公司的同时，也着实松了一口气。这位员工回来后，部门主管也对他另眼相看，他自己也增添了自信。后来，这位员工对华讯的发展做出了不小的贡献。

通过华讯的这个例子，我们知道了对"短木板"的激励，可以使"短木板"慢慢变长，从而提高企业的总体实力。人力资源管理不能局限于个体的能力和水平，更应把所有的人融合在团队里，科学配置，好钢才能够用在刀刃上。木板的高低与否有时候不是个人问题，是组织的问题。

想必大家都听说过"千里之堤溃于蚁穴"这个成语。就是说酿成大祸的，可能就是一个小小的问题。"挑战者号"航天飞机事件就是个典型的例子。

"挑战者号"是美国正式使用的第二架航天飞机。开发初期，人们就对其投注了很多心血，不但有最尖端的科技，最专业的科学家，也投入了很大的财力和物力，同时，舆论对它也给予了非常的关注，大家都把这当作是一件大事，是人类航天史上的一项壮举。"挑战者号"原本是被作为高仿真结构测试体的，但在完成初期测试任务后，科学家们把它改装成正式的轨道载体，并定于1983年4月4日正式投入使用，进行任务首航。1986年1月28日，"挑战者号"在进行第10次太空任务时，突然爆炸，一时引起轰动。人们都为它感到惋惜，同时，也对那些在事件中丧失的人表示了极大的哀悼。

可是，任谁也没有想到，集各种高科技于一身，耗费了巨大的资源的"挑战者号"，之所以爆炸是因为右侧固态火箭推进器上面的一个O形环失效，从而导致了一连串的连锁反应……

相信，很多人面对这一事实的时候，心里都是无法接受的。是啊！那可是航天飞机啊！是人类最尖端的科技，也是我们最大的智慧结晶，但是，它竟然毁于一个小小的O形环。航天飞机上的零件不止千万个，其中比这个小小的O形环重要的也是无法计数的，但是，正因为它的一点小小的问题，让整个机体都遭受了损害，最终爆炸，当时航天飞机上的7名工作人员也都去了另一个世界，这不能不说是一个彻底的悲剧。但愿以后这样的悲剧不再发生。

通过这些事例，我们应该明白。很多时候，那些看似不起眼的问题，或者某些我们觉得无所谓的东西，其实都是有着很重要的作用的。他们本身可能很微小，不足以让我们重视，但其很可能会引起巨大的反应。就像有科学家说的那样，一个小小的蝴蝶扇动一下翅膀，就可能引起很远处的一场风暴。

我们一定要记住这句老话"一寸不牢，万丈无用"，把它融入自己的意识当中，时时刻刻提醒自己。不但在做事的时候如此，做人也一样。我们要做就做各个方面都很优秀的人，不要让自己有各种小毛病，很多时候，这些小毛病可能就会成为那个溃堤的蚁穴，或者是引起爆炸的O形环。

总之，要以一种严格的标准来要求自己。不但做人要完美，做事也一样，对任何一件小事，都不要忽视其可能起到的作用。做到了，你就必将会走向成功。

要埋头苦干，不好高骛远

有一篇关于杨石头的报道，讲述了时任奥美北中国区集团事业发展总监和奥美广告国内事业部副总经理杨石头的发展历程，通过他的故事，我们可以从他身上学到：从“牛”做起，埋头苦干的敬业精神。进入职场，我们就应该像一头默默耕耘的牛一样，埋头苦干，勤勤恳恳，不好高骛远。

18岁那年，高中毕业的杨石头没能考上大学，就去冶炼厂当了一名月薪104元钱的临时工。后来听说美术学院文化课要求低，他便决定一边工作一边学习美术，准备再次高考。于是，他不顾自己已经成人的年龄，到少年宫与一群小孩子为伍，从头开始，苦练画画。终于在1993年考入了北京服装学院工艺美术系装潢设计专业。这一年，杨石头已经23岁了，是班中最大的学生。

然而，家庭困难的杨石头，迫于生活压力，在上大学期间，不得不去做一些兼职工作。他选择了一家广告公司，工作可谓千辛万苦，因为当时根本没有现在的喷绘，他只能拿着油漆桶一点一点去刷“停车场”“计划生育”之类的牌子和标语。在大冷天里，还要从嘴里呵出气来才能不让刷子冻住。尽管如此，他还是像“牛”一样埋头苦干。他对同学们说：“我就是‘牛’，而且是一头很能干活的牛。”

有了当过临时工和在校打工的经历和经验，杨石头在大学毕业考虑自己职业生涯规划的时候，就立下志愿一定要当“牛”，职场起步从“牛”开始。杨石头选择了自己最为欣赏的奥美广告公司，经过应聘考试、面试，他顺利过关。就在他即将要成为奥美一员时，他应聘时的面试官、北京奥美的原总经理陈碧富正在创立观唐广告公司。在陈碧富的劝说下，杨石头放弃了奥美。

在观唐，杨石头从做会议记录、出账等基础工作开始，后做业务，从客户执行到客户经理，之后又主动请缨到上海发展，担任上海观唐广告公司客户副总监一职，负责统一中国总部饮料群在上海、北京、武汉、沈阳四个分区的整体传播工作。极盛的时候，杨石头一个人肩负着公司55%的营业额。第一份职场工作让杨石头领悟到：“雄心的一半是耐心，职场生涯就像孵蛋一样，在28天的孵化过程中，虽然表面上没有什么不同，但其实里面每天都在发生变化，而这个过程就是‘牛’的过程。”

作为一个职场“牛”人，杨石头更“牛”的还在后面。2000年的时候。杨石头又进入梅高（中国）传播集团，这家公司的创办人高峻是国内广告行业的教父级人物。杨石头历任客户群总监、中国区集团副总经理，他所负责的烟台啤酒整合传播案例获得了美国纽约广告节创意营销效果奖。而这时，年薪已达百万的杨石头却又在思考着自己的人生，调整着自己的职业生涯规划。

杨石头说，百万年薪不是他的梦，他不想做金钱的奴隶，理想才是他追随的目标。所以他决定放弃人人垂涎三尺的这份年薪百万的梅高中国区副总经理工作，要回归奥美广告公司做月薪只有3000元的文案工作，圆当年加盟奥美的梦想。2003年冬天，杨石头给北京奥美创意总监写了一封求职信，他在信中写道：“我不知道天堂是不是光明的，但是我知道天使一定是光明的。尼采说过，每块石头都有它的梦想。为什么不给我这块石头一点光明呢？”对于当时33岁的杨石头来说，这是一个很难让人理解的决定，以至于他家的小保姆都误认为他破产了。面对众人的不理解，杨石头坦言：“我是‘牛’。我是很能干活的，我必须这样做，尽管这条路走得非常艰辛。”就这样，在时隔八年之后，杨石头如愿以偿地进入了奥美这家全球最好的广告公司。他一如既往从“牛”做起，始终保持着“牛”的心态，“牛”的干劲。

一晃又是五年过去了，阳光果然照亮了这块石头——杨石头成为奥美北中国区集团事业发展总监和奥美广告国内事业部副总经理。在他的手上，北京奥美的国内客户群比例大幅度提升。而他展示出的专业素养以及对国家品牌营销的深刻洞察，使他成为2008年北京奥组委官方执行顾问。2008年11月27日，杨石头获得了国际奥委会主席罗格、国际残奥会主席克雷文和北京奥组委主席刘淇联合签字颁发的金质嘉奖。

除此之外，杨石头还担任国家商务部品牌管理发展中心的首席品牌顾问，北京大学新闻传播学院IMC研究生班主讲教师，清华大学CIMT企业品牌讲师，《中国经济周刊》《数字中国》《亚太活动平台》的专栏作者，北京电视台《名人堂》节目常务对话嘉宾，《创业讲堂》节目主持人。

面对如此众多的角色，杨石头说：“每个人都有梦想，但进入社会之后梦想就转化成理想，就是理智的梦想。然后接下来就是像‘牛’一样一步一步去实现这个理想，等你实现了这个理想，你就是‘牛魔王’。”

在职场上，要知道每件事情都是由细小的事情组成，只有把小事认真勤奋地完成，才能成就未来的事业。如果你想在工作中取得优异的业绩，那就像杨石头一样，埋头苦干工作中的每一件事情。

针尖大的窟窿斗大的风

很多人都会有这样的情结，认为不管什么事情都是大的好。在他们的眼里，人生就是要轰轰烈烈的，做人就要做这世上的最高者，做事就要做这世上的最大事。可是，往往又由于没有足够能力和魄力，最后落得一事无成，不但没有做得了大事，连小事都没能做成一件，这就是悲剧了。

忽视小的害处大家应该都知道了，我国自古就有“千里之堤，溃于蚁穴”的说法，在这里，我们从另一个角度，从反面入手，谈谈注重小的好处。

我们都知道，小事是没有人愿意做的，这时候，在小事的领域内，就会出现一片真空，这片真空中，不论是竞争力，还是难度，都是相对较小的。这时候，就给我们带来了很大的施展空间，可以让我们去翱翔，如果把握住了这机会，那么，成功还会远吗？

相信很多人都看过那个新闻，一个北大的毕业生，毕业后没有从事自己的专业，也没有到大公司去上班，却回家摆了个猪肉摊，做起来小商贩。当时的社会一片哗然，人们都觉得这个人疯了，怎么可以这样呢？放着好好的前途不要，却甘愿做一个商贩，太没有出息了。

不过，几年后，就没有人再这样说了，因为那个北大学子在卖猪肉的行当里闯出了一番名堂，他成功了。在短短的时间内，他就开了31家分店，如今已经是一个小有成就的企业家了。

这就是，注重小的好处。古人常说，“针眼大的窟窿斗大的风”，这虽然是从另一个角度来讲述大小的关系，但是，其道理是相通的。如果不注意小节，就会出现大问题，相反，如果注意到了这些小节，那么，就有可能获得大的成功。

有这样一个故事，一个英国人和一个犹太人都失业在家，他们便结伴同行，一同去找工作。这天，在去往面试的路上，他们同时看到地上有一枚硬币，静静地躺在那里，英国青年看也不看径直走了过去，犹太青年却正好相反，激动地将它捡了起来，在身上擦了擦，小心地装入了口袋。

半小时后，两个人同时走进一家公司，开始面试。在与人力工作者交谈的过程中，两个人了解到，这家公司很小，任务却很重，工作很累，而且工资也不高，英国青年听完介绍后，不屑一顾地走了，而犹太青年高高兴兴地留了下来。

一转眼，两年过去了。就在两年后的一天，两人在街上再一次相遇，此时，犹太青年已成了老板，而英国青年，仍然还在寻找工作。

其实，那个英国青年并非不要钱，可他眼睛盯着的是大钱而不是小钱，所以对他来说，他的钱总在明天。这就是两个人的差别所在，也正是这差别造成了他们际遇上的不同。

通过这个故事，我们明白了，大和小对于一个人的作用，小是可以生出大来的，只要你对小足够重视，就可以做到。但是，在现实生活中，好像很少有人能够看得如此透彻，他们更多的时候都是像那个英国青年一样，在大处着眼，而不屑于小事，结果，也跟那个英国青年差不多，不但没有做成大事，连小事都没有做好。

由此，我们应该明白，不能轻视任何的小事，在做事上如此，在做人上亦然，一个很小的毛病可能是你从来都不在意的，但是一旦出了问题就后悔莫及了。

老张是一个很老的赶车伙计，他从小就跟那些牲畜打交道，仿佛已经能够听得懂牲畜们的话了似的。对于老张来说，这世上只有不会赶车的人，而没有赶不了的车。事实也的确如此。在老张的一生当中，好像从未遇到过不听话的牲畜，不管何时何地，他都能够将车赶得稳稳当当，每次都能顺利地将货送到雇主的手里。

不过，老张也不是没有毛病的，他爱惜自己的马，却很少在意车。通常，对于一个熟练的赶车人来说，这是不可理解的，因为一般的人都是既爱马又爱车的。但老张就是这么奇怪，他很少去看车变得如何了，而总是跟自己的马窃窃私语，好像是多年未见的老朋友一样。

这天，老张又接到了雇主的邀请，让他帮忙送一批货物，货不重却非常值钱。不过，老张是不在意这些的，因为在他的眼里，没有送不到的东西，因此，那东西的价值也就无所谓了。

这次雇主让老张走盘山路，其实盘山路老张已经走过了好多次了。这次也算是轻车熟路了。不过，还是出了问题，问题不是出在老张的赶车技术上，而是出在他的车上——老张的车轴折了。

断了的车轴不能再承载车的重量，货物从车上掉了下来，滚落了山崖，老张看到这一切，傻眼了。傍晚的时候，老张一个人从山上下来了。他的马和车都没有了。因为车同货物一起滑落了山崖，马连着车，也一起掉了下去。

雇主很快就找到了老张，让他赔偿，老张无奈，变卖了自己所有的家当，才勉强凑够了赔款。如今，老张已经一无所有了。

后来，人们找到了老张那跌落山崖的马车。发现车轴上的折痕只有最中间是新的，外面一圈都是旧的。也就是说，老张的车轴早就出现裂痕了，不过是他没有注意到罢了，如果老张早注意到，也就不至于家道败落了。不过这时候后悔已经来不及了。

如果将老张和那个犹太青年放在一起比一比，相信很多人都能够明了，对于大小不同的态度，会产生多么大的差异。是啊，古人的话从来都不是白说的，“针眼大的窟窿斗大的风”是至理名言。如果我们有这样的缺点，就像老张一样，那就应该警惕了，改掉它才会生活得更好；如果我们有这样的优点，就像那个犹太青年一样，这时候你就应该窃喜了，因为你具备了成功的可能。不过要记住，一定要坚持，否则也是没用的。

总之，记住这句话，“针眼大的窟窿斗大的风”，明白不论从正面还是从反面来理解，都能给我们带来启发，你的生命将会更加精彩。

卒子过河能吃车马炮

很多人都会下象棋，自然也懂得其中的规矩。一般来说，人们是不太在意象棋中的卒子的，认为它们没有大的用处，不但行动缓慢，杀伤力也极其有限，但是，经常下象棋的人都知道，看似没用的小卒子一旦过了河，就有了大的用处。它们就可以横冲直撞，可以吃掉车马炮，甚至可以吃掉对方的老将。

由此，我们能明白一个道理，不要小看那些不起眼的人，他们很可能是真正的人才。现在不如意，没有大的作用，不过是没有得到施展的机会罢了。一旦给他们机会，定会有一番作为。同样，如果我们正处在卒子的位置，也不要灰心丧气，要相信自己，要相信机会总有一天会降临到自己头上的，到那时，你就可以成就一番事业了。

不要小看那些平常的人，他们很可能是胸怀大志的英雄，也很可能是怀才不遇的勇士，今天的落魄，不过是一时的不得志罢了。一旦时机成熟，他们定会翻身，成就自我，展现出自己的价值。所以，我们应该知道，不管是什么人，都是值得尊重的，以现在的处境来评价一个人是非常愚蠢的行为。因为你看到的只是他此时的表象罢了，至于其后来会发展成什么样，是谁也不敢确定的。

李君是一个很普通的人，她来自农村，有着农村人那最质朴的情感。她不怕苦不怕累，每天天快黑时，她和丈夫就从家里出来，开始张罗搭篷布，摆桌椅。然后老公掌勺，老婆招呼客人，卖那些最普通的小菜。他们的主要客人就是那些夜猫子和过路司机。两口子每天都是辛苦一晚上，天快亮时才收摊，赚的钱虽然不多，但也足以解决温饱。就这样，两口子勤勉而辛苦地工作着，既发不了家，也饿不了肚子。在李君两口子的眼里，自己就是一个最最普通的老百姓，要过的也是最最普通的日子。可是，这样的情况持续了一年之久。两人开始打鼓了，因为他们看不到未来。城市里的高楼正一天天拔地而起，各色新的东西也都在每天涌现，但两个人还是跟以前一样，没有半点改变，也看不到改变的可能。

他们也曾经想过去创业，但是保守的思维决定了，两个人很难迈出那第一步。就这样，日子一天天过着，平淡而又宁静。但是，人注定是有追求的，李君他们也一样。

突然的一个机会，改变了他们的生活，两个人打听到，在离他们住地不远的地方，有一家饭店不干了，正在以低价出租房子，那个地理位置很好，是开饭店的不二之选，而且，价钱也不贵。

两个人商量了很久，也没有做出这个决定，因为房租虽然相比别的地方不算贵，但对两人来说，依然是一笔不小的开支，差不多已经是他们全部的积蓄了。如果一旦生意失败，两个人连平淡的生活都过不了了。更重要的是，他们不认为自己有能够经营好饭店的本事，在他们眼里，自己就是个最最普通的老百姓……

最后，希望战胜了恐惧，两个人拿出了全部积蓄，租下了房子，很快，他们的饭店就开张了，两个人也忙碌了起来……

如今，李君已经是那座城市里的餐饮界名人了，他们家有很多的分店，也有很多的顾客。

事情往往就是如此，面对一个普通人的时候，我们不看好那人，觉得他不算什么，但很可能他几年后就会变成“韩信”。面对自己的时候也是，自以为自己就是一个小卒子，成不了大气候，但是如果你足够努力，就会发现，自己原来也是可以吃掉“车马炮”的，就像李君，如果不迈出那一步，她永远是个普通的小贩。

所以，我们要意识到，没有永远的失败，只有暂时的不成功。如今是小卒子的人不一定永远是小卒子，就算永远是小卒子，有一天过河之后，依然可以吃掉车马炮。对别人如此，对自己亦然。当我们看到平凡的他人时，不要去嘲笑，而是去尊重，当我们自己面对平淡或是困苦的生活时，不要丧失信心，而是应该努力去寻找那过河的机会。如果你做到了这些，那么，你就会认识更多能吃掉“车马炮”的卒子，你，也很有可能会变成一个能吃掉“车马炮”的卒子。到那时，你就已经成功了。

大船只怕钉眼漏，粒火能烧万重山

千里之行始于足下，万丈高楼起于抔土。任何一件大事都是由小事积累才得来的，没有一点点的积累，就不会产生质变，成就那些伟大。同时，那些大的损失和伤害也都是从一点点小事开始的，一点点积累，积累到了一定的程度，就会爆发，从而造成灾难。就像老话说的那样“大船只怕钉眼漏，粒火能烧万重山”，我们要做的，就是排除这些小的隐患，时刻注意它们，将那些能够造成危险的隐患及时解决掉，而对那些对成功有用的积累坚持下去，最终成就自己。

在大海的边上，有一个小镇，镇子里的人们都靠出海捕鱼来养活自己。在这些捕鱼人中，有一个老汉，是最厉害的，他对海洋非常了解，知道哪里有鱼，也知道什么时候会有鱼。同时，他的捕鱼工具也是镇上最好的，他有一艘大船，跟随他已经好多年了，这些年在海中乘风破浪，养活了他们一家人。老人对这个大船非常爱惜，就像对待自己的孩子那样对待大船，从来不舍得从大船上卸下任何一个零件，他认为，如果那样的话，大船就不完美了，就不再是那个伴随自己多年的老朋友了。

我们都知道，人是会老了的，其实船也一样，年头多了，就会老化，老人的那条大船当然不会脱离这个规律，它也慢慢变得有些破旧了。但在老人的眼里，他的大船依然是这世上最完美，最牢固的。

这天，老人的大儿子来找他，说船上有一块木板松动了，他想要换掉。老人听了，不禁大怒，他开始责备儿子，说他不懂得珍惜东西，说他不懂得珍惜“朋友”：“你知道吗？那条大船跟了我多少年？比你跟我的时间都长，你现在说什么？要把它上面的板子换掉，你知不知道，我对这条大船的感情？怎么可以换掉它的一部分呢？那样，还是那条跟随了我多年的大船吗？”

最后，老人的大儿子无奈地走了，他把那块木板拿了下来，换了个位置，又重新订上了。不过他还是有些不太放心，因为那块板子已经很破旧了，上面满是钉眼，他觉得，这样下去会出问题的。但是，他没有勇气换掉它，也没有勇气再跟父亲提这件事了，因为他了解父亲的脾气。

几天后，大船又一次出发了，带着老人和他的儿子们，去往大海，去寻找可以给人们带来生的希望的鱼类。

不过，这次他们的行程不是很顺利，在出海的第三天，他们碰上了大风暴。不过，老人是不担心这个的，他相信，自己的这条大船已经经历过无数次风浪了，比这次更大更强的都经历过，还会怕这一点点的挫折吗？

可是，老人没有想到，正是这个他非常信任的“老朋友”辜负了他的期望，船漏水了。就是因为那块布满了钉眼的木板引起的。当船上的人们发现了的时候，已经来不及补救了，因为水太大了。最后，船永远地留在了海底，跟着船一起留下的还有那个老人和他的儿子们。

悲剧总是我们不想看到的，但又总是我们不得不看的，就像故事中发生的事情一样。在这个故事中，是有温情的，老人对船的爱就是温情，他代表着一颗感恩的心，代表着一颗怀旧的心。这是一种品格，懂得感谢给自己带来帮助的一切人和事物的一种品格。通过这个，我们可以知道，这一定是个厚道的老人。同时，故事中也有警醒，那就是老人的儿子，他是非常专业的，能够及时发现将要出现的隐患。但，这些都避免不了悲剧的发生，至于悲剧的原因，归根结底，不是那个钉眼，而是没有对微小的隐患重视的粗心。

这个故事震撼人心的原因就是前面说的温情。是啊，越是有温情的悲剧，越是能对人产生冲击；就像越是厚道的人被欺负了，我们就越是生气一样。不过，最重要的是，我们要从这异常震撼的悲剧当中汲取到教训，学到经验，尽最大的努力去避免它。

要知道，在生活中，不能忽视任何一件小事，特别是那些能够导致大问题的小事。往往，这些小事正是决定一个人或一件事成败的关键。可能有些人会对此不以为然，觉得没必要大惊小怪的。不就是一点小小的隐患吗？如果他们知道这小事和大事之间的联系，估计就不会这样说了。

据气象学家研究得出：某地上空一只小小的蝴蝶无意间扇动一下翅膀，就会扰动空气的流动，长时间后可能导致遥远的地方发生一场暴风雨，也就是著名的“蝴蝶效应”。同时，气象学家也以此比喻长时期大范围天气预报往往因一点点微小的因素造成难以预测的严重后果。

通常，微小的偏差是难以避免的，但却可以通过一系列的连锁反应引起很大的骚动。就如打台球、下棋等，往往“差之毫厘，失之千里”“一招不慎，满盘皆输”。

这时，比的就是谁能更在意这些微小的变化和异常。如果注意到了这些，那么离成功就更近了。注意不到，就会像那个老人一样，最后将生命葬送在大海之中。当然，我们日常的生活不会那么凶险，但是因此而失掉成功的机会，还是非常常见的。

所以，想要有一番作为，就要养成一定的良好习惯。在面对小事的时候，一定要引起注意，时间久了，自然就能做到防患于未然，那时，我们就拥有了更强的竞争力，也就会赢得更多的机会。

总之，记住这句话，“大船只怕钉眼漏，粒火能烧万重山”。任何大的灾难，失败，都是一点点积累起来的，没有平时的积累，就不会有最后的爆发，也就不会产生那么多让人扼腕的后果。我们要做的不是眼盯着大前方，一心只想着成功，那样只会让你体会失败。真正能成功的方法是盯着一个个小的地方，将其做好，有益的留下，有隐患的解除，时间长了，成功自然会来到你的身边。那时候，你就会发现，真正取得成功的方式不是紧盯着成功，而是先忘记成功，而去做好一件件小事，排除一个个小的隐忧。

先长的眉毛，不如后长的胡子长

荀子说：“青，取之于蓝，而青于蓝；冰，水为之，而寒于水。”意思大家都应该明白，是在比喻人经过学习或教育之后可以得到提高，甚至可以超过自己的老师。我们在学习中也只有抱着这样的信念，才能够让自己得到更大的提高，取得更多的成绩。如果一味想要躲在别人的庇护之下，觉得自己的老师就应该比自己强，那么，时间久了自然就会失去斗志，同时，也失去了进步的机会。

关于这点，我们民间还流传着一句话，道理也是一样的，那句话叫作“先长的眉毛，不如后长的胡子长”，说的也是后来居上，青出于蓝的道理。要想超过自己的老师，创新是途径之一。

创新有多种形式，它不仅仅指开辟一条前人从未走过的道路，我们也可以尝试着走一条别人已经走过的旧路。因为走新的路，通常要遇到更多的障碍，要面对更大的风险。看清楚眼前要走的路，特别是留意别人怎样走同样的路，一定有让你受益的地方，它能让你避免重复别人已经走过的弯路；另外有一些路，很值得你跟着别人一起走，这会让你成功的机会更大，就像大雁互相依靠着飞行一样。也就是说，在某些时候，我们可以模仿别人，以使自己尽早成功。

当然，创新是摒弃一味模仿的，因为一味的模仿终将步人后尘，生搬硬套，而不会根据自己的需要灵活变通。创新又是鼓励创造性模仿的，在对标杆的模仿中，融入自己的创意，根据自己的情况进行变通，在模仿中变得强大。

当当网上书店就是一个很不错的范例。

“对亚马逊的财务报表，我比华尔街的一些分析师们还要熟悉。我会用当当的指标和它一一做对比，最新的结果是，9项指标中我们只有库存周转率不如它。”当当网上书店联合总裁俞渝毫不讳言对亚马逊这个世界最大、最知名的网上书店的模仿和学习。她将当当网比作是“学龄前儿童”，而“亚马逊”已经是进入“青春期”了。她说：“中国古话说得好，三人行必有我师，择其善者而从之。当当不耻于当学生，因为有的学比没的学要好。”相较之下，当当更在意的是“成功”而不是“复制”。俞渝在实施模仿战略时的心得，即是“要以开阔的心态和眼界去学习，并且在学习中重新建立适合企业本地化生存的新规则”，“用笨方法，从骨子里学”这是俞渝认为当当之所以能够将网上购物这样的新事物，在中国成功推动的“模仿要义”。

三星电子也是通过对电子巨头索尼进行创造性模仿而一步步成长壮大而起来的。

从一只“仿造猫”进化为“太极虎”，三星电子又有多少惊世之谜？2004年4月中旬，三星电子公布了其2004财年第一季度营业额及总收入，第一季度销售额为125亿美元，营业利润超过34.8亿美元。三星电子仅在第一季度，就远远超过索尼2004全年8.13亿美元的盈利预测。但据此就认定三星电子超越了索尼，仍为时尚早。从营业额看，2003年，三星电子的总收入为362.8亿美元，索尼的总收入为720.81亿美元。这距离三星电子的“超越”战略——2005年以前把全球销售收入增长两倍，从而一举超过索尼——还有差距。但这并不影响三星电子作为一个“模仿”神话而成为诸多中国企业推崇的对象。把三星和索尼类比，按中国的思维方式，是有点“青出于蓝而更胜于蓝”的期待在内。几年前的三星，正是索尼的模仿者，而现在，许多中国企业则成了三星电子的模仿者。

要想“青出于蓝”，模仿并不是盲目进行的，而是朝着既定目标进行的创造性模仿。如果只是一味地模仿而不加入自己的思想和创意，只能是重复别人的步伐，走不出一条自己的路。就像国画大师齐白石先生说的：“学我者生，似我者死。”在最初阶段我们都要经过一个模仿过程，向前人学习优秀之处，吸取了他人的精髓，才能更好地完善自己。但是，更重要的是，我们一定要有自己的创造过程。个性是区别于大众的。正因为个性的差异，才构成人生万象的异彩纷呈，才谈得上相互学习、相互促进、相互吸引，才能领悟到成功的真谛。

所以，我们想要做后长的胡子，就必须要走出自己的路来。老跟在别人屁股后边学，充其量只会落下“模仿者”之名。其实，创新都是有个性的，没有个性的创新几乎是没有的。创新之初模仿成功者的模式是可以的，但不能一味模仿而不求突破。模仿是手段，创造才是根本。因此，要根据自己的个性，设计一条成功的路线和方法，这才是高人。

当然，能取得成功，也不能忘记前辈的付出。就像牛顿说的，他之所以能取得如此辉煌的成就，只是因为站在了巨人的肩膀上。这充分表露出牛顿的自谦和感恩。那么，我们在向牛顿式的成功者学习，向他人的卓越之处学习，站在这些巨人的肩膀上的时候，也要有一个低调，谦虚的态度，在学习中努力去超越！

只有这样，我们才能做成“后长出来的胡子”，变得比“先长的眉毛”更长。如果你都做到了，那么，还会常感叹自己的知识不足吗？必然不会了，而且，到那时，你还能品尝到成功的滋味。

不抢风头不越位

摆正自己的角色位置，有节制地出力和做人，“越位”只会让你吃力不讨好。

“到位而不越位”讲的是个“度”的问题。在日常工作中，除了要摆正自己的位置，更重要的是把握好自己的职责权限。分内的事情努力做好，分外的事不要轻易插手，尤其不可做出越级越权的事情来，因为这样不但浪费了自己的时间精力，更会惹人讨厌。

小刘和小王是同一部门的普通工作人员，他们有一个共同的特点，就是精明果断，办事能力颇强。但该部门的主管却拖拖拉拉，优柔寡断。对此，心高气傲的小刘早就颇有微词。公司向该部门下达了新的业务指标，主管反复考虑，瞻前顾后，一直无法提出具体的计划和方案。心怀不满的小刘直接向总经理打报告，提出了自己的一套方案。而为人低调的小王选择跟主管共同商量，拿出相应的对策和方案。在小王的启发下，主管凭借自己丰富的实战经验，很快提交了一套同样出色的方案。最终，公司采纳了主管的方案。不久，主管获得提升，小王在他的推荐下，接替了他的位子。怨气冲天的小刘很快便离开了公司。

小刘忽视了一点：在很多情况下，主管的能力不一定比下属强，但这不能改变主管与下属之间从属的关系。把自己的聪明才智无私地奉献给主管，小刘可能认为这样太冤了，心理上难以平衡。事实上，只有主管得到提升，你才能有出头之日，你在紧急关头及时“救驾”，你的主管会从此视你为得力干将，对你另眼相看。一有机会，你得到提升是水到渠成的事情。

越级越权，企图盖过上司的风头，在上司的上司那里表现自己，这种行为会严重损害到部门主管的感情，给自己以后的晋升带来难以逾越的障碍。因此，除非万不得已，千万不要越级。公司像一部复杂而精密的机器，每一个部件都在固定的位置发挥着不同的作用，以保障整部机器的正常运转。然而有一部分人为了突出自己，老是喜欢搞越级活动，这些人大部分都对自己顶头上司有某种不信任或者不服气。这样做的后果是扰乱了公司正常的工作程序，造成人为的关系紧张，反而影响了工作效率，更会影响到自己的晋升之路。

“凡事做到位，不要越位”必须遵守几条守则：

1. 明确工作权限

进入某一岗位，需要弄清楚自己日常扮演的角色、应当履行的职责、应当遵守的行为规范。

2. 分清“分内”和“分外”

在其位要谋其政，不属于自己职责范围的事情，便要小心谨慎，尽量少插手或不插手。当然，不排除有些上司会下放自己的某些权限，把本属于自己职责范围内的一些工作交给值得信赖的下属去做。此时，作为下属，一定要全力以赴，发挥自己的极限水平去做好。应当注意的是，必须由上司自己亲自委派你干这项工作，一般情况下不要主动要求，以免上司认为你插手太多，有越位之嫌。

3. 不可轻越“雷池”

遇到自己不熟悉的工作时要多请示，否则，往往会不自觉地造成越权行为，好心办错事。“雷池”不可轻越，万事谨慎为先。

劝将不如激将，激将不如逼将

有路可走就意味着有机会，步步紧逼，让对手无路可进、无处可退，就只能听从自己摆布。

隋朝末年，隋炀帝荒淫残暴，民不聊生，遍地饥荒，于是各地不断爆发农民起义，许多有实权的朝廷官员，纷纷拥兵自重，自立为王。但大权在握的李渊并无反叛之意。

到了隋炀帝十三年，各地反叛有数十起，隋炀帝江山岌岌可危。此时李渊任太原太守。他的副手裴寂是一个有长远眼光的人，他悄悄结交李渊的儿子李世民，密谋反叛，但必须动员李渊一起行动，这样才能借助他的兵权。但是劝说工作异常艰苦，于是裴寂和李世民商议，准备切断李渊的退路，逼李渊按照他俩的意愿行事。

有一天，裴寂在晋阳宫设下宴席，请李渊饮酒，二人相交已久，李渊身为宫监，到此赴宴，也合情理。于是李渊也不怀疑，就高高兴兴地去了。

裴寂与李渊坐定，美酒佳肴，依次献上，二人边喝边谈，十分快活，李渊开怀畅饮，不一会儿就有了几分醉意。这时门帘一动，环佩声响，走进两个美人，都生得如花似玉，美不胜收。裴寂即指引两美人，左右分坐，重新劝酒。

就这样，李渊醉卧晋阳宫，两个美人侍寝。李渊只知沉沉入睡，哪里还晓得什么犯法。酣睡多时，李渊酒已醒了大半，见有两个美人陪着，不由感到奇怪。李渊打起精神，问二人姓氏，一美人自称姓尹，一美人自称姓张。李渊又问她们二人是哪里人，二人并称是宫眷。李渊不由大吃一惊，因为和宫眷同寝只能是死路一条。

两位美人却连忙劝慰道：“主上失德，南幸不回，各处已乱离得很，妾等非公保护，免不得遭人污辱，所以裴副监特嘱妾等，早日托身，借保性命。”

李渊频频摇头说：“这……这事怎可行得？”一面说，一面走出寝门，走了几步，正巧遇着裴寂。李渊一把拉住裴寂，叫着裴寂的字说：“玄真，玄真，你难道要害死我吗？”

裴寂笑着说：“明公，你为什么这般胆小？收纳一两个宫人，只是小事，就是那隋室江山，亦唾手可得。”

李渊惊慌道：“你我都是杨氏臣子，怎么出此叛言，自惹灭门大祸？”

裴寂说道：“识时务者为俊杰，今隋主无道，百姓穷困，四方群雄逐鹿。明公手握重兵，令郎储士养马，何不乘时起义，吊民伐罪，经营帝业呢？”

李渊道：“我李家世受皇恩，不敢变志。”

李渊口说不敢变志，奈何退路已断，不反即死。他知道与宫眷同寝的罪名是何等严重，隋炀帝早对李家人心怀疑虑，若他知道这件事，一定会借口杀死自己，甚至诛灭九族。于是，李渊只有反叛一条出路，再加上裴寂、李世民分析天下形势，讲清利害，李渊终于坚定了反叛的决心，最终建立了大唐江山。

裴寂和李世民本来是有求李渊，而且所求之事几乎不可能成功，反而会带来杀身之祸。在久求无效的情况下，二人采用计策让李渊无路可走，只得听从自己的摆布。

一个“逼”字道破了做事成功的机巧，裴寂和李世民切断了李渊的所有可行路线，只留下“起义”一条路，再稍示利弊，李渊怎能不从？所以，将对方逼到关乎切身利益的底线附近，不用再做什么，对方就会出于自保的本性，而顺遂你的意志。

多一个对手就多一份威胁，要保证自己的地位，就要及时遏制潜在对手的成长，等其发展壮大，就悔之晚矣。

做事不由东，累死也无功

《言行录》上有一句老话叫“做事不由东，累死也无功”，大意就是做事不顺应东家的意思做，累死也没有什么功劳可言。它虽是一句简单的俗语，却说明了一个显而易见的道理：在工作上，要服从领导的指挥，尊重领导的意愿，听从领导的安排，只有这样才能做好工作。因为领导是处在公司的全局考虑问题，在安排下属工作的时候，也是从大处考虑，不可能为了某一小处的利害而影响大局。如果我们不听从领导的指挥，只一味强调自我个性，自命不凡、自以为是，那么即使做得再多也是徒劳无益的，因为你费力做的这些工作，很可能违背了公司整个计划的初衷。我们何苦做公司那个“刺头”的员工呢？

至于现实工作遇到的种种问题，也要严格按照领导的指示办事。这也并不是说，领导说的就一定是对的，领导也是人，当然也会有出错的时候，我们在此说的听从领导指挥，更大程度上是强调一种精神，一种良好的工作态度。不是说，工作中，领导错了也是对的，我们在发现领导不对的地方当然也要提出，这样才能共同进步。成长的道路中，适应比地位更重要，适应的能力拥有了，地位再变，我们也会很快融入环境。

我们都知道宋代名将岳飞是一个大英雄，却被奸臣秦桧谋害。这也是一个不争的事实。但从社会权力关系利害这个角度考虑一下，秦桧对岳飞的死也仅仅起了一个导火索的作用，真正不想抗金的是当时的皇帝。当时主战的将领们，尤其是岳飞。总上书直言：“直捣黄龙，迎回‘二圣’，一雪前耻。”这里所说的“二圣”：一是现任皇帝高宗的父皇，另一个是高宗的兄长，之前被金军掳走。这里存在一个权力相争的问题，一个国家的帝王，是一人之下，万人之上，拥有无上的权力。历朝历代不惜为了帝位，闹出了多少父子、手足相残的事情？这里面临一个问题，迎回“二圣”的话，高宗的帝位是否要让出来？试想，历史上有哪位帝王愿意把至高的王权拱手让人？另外，一些拥戴高宗的大臣们也不见得都乐意迎回“二圣”。俗话说，“一朝天子一朝臣”，老皇帝回銮，一定会找借口除掉高宗的亲信，扶植自己的力量的。

这里举岳飞的例子，并不是要推翻历史，相反的，我们一定要肯定岳飞的这种不畏权贵、大义凌然的精神。我们在此，只想从一个细微的角度，窥探一下：下级不听从上级的指挥，危害了上级的利害关系，会出现的不良后果。正是岳飞正义的精神，危害到了高宗的地位，所以一代忠良，被人诬陷，是多么让人心痛啊！

明朝的于谦也是一个典型的例子，土木之变后，明英宗被俘，于谦等一干大臣拥立明景帝继位，尊明英宗为太上皇。次年，英宗被释放回到了京都，却被景帝幽禁于南宫之中。后英宗归位，于谦被借故杀死，不得善终。

岳飞、于谦等人的悲剧再次证明了一句古话：“做事不由东，累死也无功。”

的确，我们要时刻提醒自己，控制自己的行为。在工作心态方面以及行动方面，都要围绕一个主题：做事不由东，累死也无功。

还曾听过一个事，有一个小伙子，在一家公司做室内设计师，他颇有才华，在公司也很受领导的器重，之前做过几个室内设计的项目也是很受客户的喜欢。

一天，领导又安排这个年轻的设计师，给一位海归的老夫妇做室内设计。一般按照流程，都是要求设计师和顾客之间事前沟通好，整体需要什么样的风格，是古典雅致类的，还是大胆张扬的……但是鉴于这对老夫妇还在国外，联系起来不太方便。于是，这对老夫妇就把设计事宜全权委派给年轻设计师的领导去操作。在一系列的实地房内布局观察，细节设计，选材以及方案设定等问题上，领导都提出了自己的建议，认为，这对老夫妇虽然年龄很大，但是他们有多少年的海外生活经验，可能思想和接受事物的理念已经大致接近西方人的思维方式，设计得华贵张扬一点反而更适合。

年轻的设计师却不以为然，认为他们毕竟是老年人，在室内设计的风格上，应该偏重于中式的简约厚重。以前接的几个室内设计的老年顾客一般会选择这个风格。

领导觉得还是不妥，室内设计这项工作，还是要看客户的具体需求，每个人的性格，家庭背景，接受的事物的层次，这些都不是完全相同的，一概按照年龄层次来分是不行的。

于是年轻的设计师听从了领导的建议，把最终方案定在了张扬中不失婉约的风格。经过几个月的努力，工作终于完工，年轻设计师心里还很忐忑，到底这对老夫妇喜欢不喜欢自己的这种设计？如果不喜欢，要返工那对自己的信心将造成很大打击；重要的是，返工这种事情传扬出去，对自己的名声会造成一定的影响，毕竟，室内设计这一行当，口碑很重要。

不久，这对老夫妇从国外归来，验收设计的时候，对年轻人的才华很满意，老太太还很惊讶，“你怎么知道我喜欢这样的风格”？

从这件事看来，领导在工作中考虑事情还是比我们年轻的新人全面，因此，我们应该尊重领导的才能，这样可以避免少走弯路。

所以，一个人要坚定，不管到了哪里，不管从事什么样的职业，都要有服从领导的态度。要你做什么，怎么做，都要踏踏实实地做，不要埋怨，就什么都能做好。只要是领导需要，没有退缩，只有前进；没有情绪，只有认同，除非，你想适应下一个工作。一个人老是在不同的公司之间跳来跳去，这可能不是你能力问题了，最大可能的是你的心态有问题了。

第三章

技能纯粹：书痴者文必工，艺痴者技必良

——做一个不可缺少的人才

不怕人不请，就怕艺不精

汤姆是一名技术娴熟的厨师，在马达加斯加的一家知名酒店工作。

一日晚间客流高峰的时候，侍者端回一盘油炸马铃薯并对汤姆说："有位客人说马铃薯切得太厚了，要你再重新加工一下，切薄一点。"汤姆用手捻起一片马铃薯，发现切法与平常没有不同，厚度已经很薄了，而且重要的是，从来都没有其他客人这样抱怨过太厚的问题，但汤姆还是用自己精湛的厨技，将马铃薯全部对切一半，然后再放进滚烫的锅子里油炸好，最后吩咐侍者端了出去。

不一会儿，侍者又把那盘子马铃薯端了回来，无奈地对汤姆说："那个客人很挑剔，说话犀利，埋怨我服务态度很不好，马铃薯怎么还是这么厚？"汤姆也觉得这个客人实在很挑剔，但心想与其跟这样的人理论半天，浪费时间，不如再将马铃薯切薄一点。等再次切好、炸好捞起来以后，他考虑到马铃薯可能会因为太薄而失去本来的味道，于是顺手在上面洒了些许胡椒与盐巴。

不久，侍者却再次拿着盘子走进来，不过，这次不是再次加工，而是笑着说："那个客人终于满意了，刚刚还嫌太厚不好吃，现在却一个劲地称赞你调理得很棒，还说从来没吃过这么独特的油炸马铃薯。"

从此这个酒店，特色的招牌菜之一就是这道炸马铃薯薄片，它不仅吸引了许多慕名而来的游客来品尝，而且后来这种做法还遍布了全球。这道菜就是：薯片。

"不怕人不请，就怕艺不精。"故事说的就是这个道理。凡事不要贪图走捷径，也不要觉得学的越多越好，只要我们脚踏实地去做，不驰于空想，不骛于虚声，以求真的态度做踏实的工作，并把它做精，做出自己的特色，在工作上不怕没有伯乐。

劳动者劳力，是谋生需要；经营者劳心，也是谋生需要。只要专一，坚持不懈，就会在任何行当取得精湛的成绩。只要技术精湛了，就不会没有出路。人生的好多时候都好比掘井，如果我们选定一个位子，使劲地挖下去，假以时日，定能喝上甘甜的井水，但是如果我们只挖一半，或者是到处乱挖，只是耗费了力气，却不会挖到井水。于是，在工作中，千万不要好高骛远，不踏实专攻一业。你可以博览群书，工作也可以身兼数职，专业也可以跨很多领域……但是，你有没有想过，这样你拿得出手的特长是什么？可能你会迷茫。

在美国耶鲁大学的入学典礼上，按照惯例，校长每年都会介绍一位优秀的新生。去年，校长隆重介绍的是一位会做苹果派的女生，场下的学生都感到吃惊，很不理解，会做苹果派，这没什么大不了的啊，耶鲁大学这样的名校，不乏才华横溢的奇才，为何要推荐一个仅仅善于做苹果派的学生呢？

校长刚开始没有讲话，等下面学生的窃窃私语停止下来的时候，他说："我们学校新生入学，特长一栏，几乎每个人都写了诸如绘画、运动、音乐、读书等几项，这样的特长让人感觉很泛泛，不清楚你到底最擅长什么，这样反而掩饰了自己真正的特长。这位女生就有自信，敢于填写自己的特长：做苹果派，这是你们所不会的，所以她在今年的学生中脱颖而出。

这位女生真是聪明，她知道在耶鲁每个学生都可能有自己的特长，甚至有的人身怀几种技能，但是，把有限的精力去做那么多事，反而不如把精力投入做苹果派这一件简单的事上来的容易得多。同时，她也懂得，在特长一栏，填写"会厨艺"总不如直接写"会做苹果派，来的醒目得多"。那些填写绘画、读书、音乐等的学生，可能也仅仅是会涂鸦几幅画，读了几本书之类的，他们笼统地把这些字眼写在特长一栏，也仅仅是为了博得彩头。

所以说，我们求职的时候，不要一味抱怨没有伯乐识得，找不到好的工作，与其这样抱怨，不如省下时间，好好想一想自己到底会什么一技之长，如果没有，那干脆回去脚踏实地争取学精一门本领，这样即使你不去找工作，工作自然来找你。

谚语说："艺多而不养身，不专之咎也！"技艺会了很多还没饭吃，说明你不专不精。挖井多而没有水喝，是不专的过错。

所以，在成功的路上，不要左顾右盼，老是艳羡别人的成功，别人的好工作。我们只要相信一条：执着，专一，认真，踏实。在以后的生活和工作道路上，就什么也不怕。不管我们现在所处什么职业，都要好好地干，你如果要获得幸福的爱情，美好的事业，唯专一尔！艺精之时，自然会有人请。

有些人，学艺不精还牢骚满腹，把不好的情绪带到工作上来，一有事，就吵吵嚷嚷。所谓职场上说的"博而不精"是指这样一些人：学过很多东西，但多而不够专业；做过很多业务，但只学到皮毛，更无从独立担当。这种人在求职或工作的过程中，经常会为如何选择职业或做什么类型的工作而纠结；对于企业，用这样无法独立创造价值的人，他自身都不清楚自己的职业定位，企业又如何为他们安排合适的职位呢？

人在职场，一个基本理念：胸怀一技，走遍天下，无往不利。许多人在总结自己职场失利的原因，认为自己是不善于吹拍逢迎；不善于融入环境，某个领导老找自己的碴儿……但是，这些都是为自己没能力找理由。我们在职场不顺的时候，多多试着从自身找原因，不要把事事都推到客观条件。企业找员工，不是为了找朋友、找亲戚，而是为了找能干事的"帮手"，帮自己把企业做好做大。所以，有本事的人，不愁找不到好公司、好位置。

宁在人前全不会，不在人前会不全

"邪邪正正术无边，奇峰主处尚有天。宁在人前全不会，莫在人前会不全。"语出自《西湖佳话》。句子大意就是天外有天，人外有人，宁可什么也不会，也不要什么只会一点点，一知半解。

从前，有一个人生来就是瞎子，所以他一直不知道太阳到底是什么样子。

有一天，他问自己的邻居说："太阳到底是什么模样的呢？"

邻居那时正好旁边搁着一个铜盘，于是就拿起来，对盲人说："太阳是圆圆亮亮的一个东西，就像我们日常用的铜盘，你听，这就是铜盘所发出的声音。"

说完，邻居就用力在铜盘上敲了一声，盲人于是在心里牢牢记下了这个声音。

一天，盲人经过一座寺庙，听见庙里和尚敲钟的声音，于是他大声地对身边的友人说："我知道，我知道，这是太阳的声音。"

和尚对他说："这是敲钟的声音，太阳是不会发出声音的。"

盲人有些不解地说："可是我的邻居告诉我太阳就像铜盘。"

和尚说："太阳不仅像铜盘那么圆，还像蜡烛一样会发光。"

盲人回到家里，就去触摸蜡烛，知道了蜡烛的形状。

不几天之后，盲人在家中偶然摸到了一支笛子，惊喜万分地叫了起来："你们快来看啊！我终于找到太阳了。"

邻居们闻声赶来，见了他手中的笛子，都大笑了起来。

这哪里是太阳啊，就是一根笛子，人们就七嘴八舌数落盲人。你没见过太阳到底是什么样，你只是听了一些人的片面之词，就以为自己知道了，其实，你只是对太阳的一些特征有了解，并没有掌握全部。盲人听了很是惭愧，再也不敢在人前卖弄自己的所知了。

在现实生活中，我们也经常像故事里的盲人一样，对于事物只是一知半解，甚至是错误的认识，就到众人面前发表高论。对事物一知半解不如完全不懂；不懂就不会在别人面前炫耀，就不会班门弄斧的嫌疑，而一知半解却容易让人陷入"我懂了"的谜团中，阻碍了自己向别人请教的路，从而导致了自己停止前进，这是很危险的。

塞罗尔说过："世界上最大的麻烦是愚者十分肯定，智者却满腹狐疑。"

杰克是一名机械师，他从小的志向就是要成为一名飞行员。他高中毕业的时候就到空军服役，希望自己能成为一名出色的飞行员。但是，事与愿违，他的视力不及格，因此退役之后，凭借自己在军队学的手艺，在家乡的一家工厂里做了机械师的行当。但是，他还是幻想着自己有一天飞上天空，于是，他经常购买一些飞行方面的书籍，在家研究。

直到有一天，他脑海中冒出这样一个想法："我凭借多年前在空军学到的一点飞行知识，加上自己近几年所看的大量飞行的书籍，我何不自己做个飞行器，使自己飞上天空呢。"于是，他到当地的军用剩余物资店，买了一罐氦气和几十个探测气象用的气球，他认为氦气是能够上升的，那么把氦气装到气球里，就可以使自己升起来。加之，这些气球非常耐用、充满氦气时直径可达四英尺。

在杰克家的草坪上，杰克用牛皮绳把气球全部固定在一个大吊篮上，然后吊篮的另一端固定在汽车的保险杠上，这样防止在给气球充氦气的过程中，气球升起来。

气球全部充满了氦气，他给自己准备了水、食物和一把气枪，气枪的目的是便于自己在降落的时候，打破其中的一些气球，这样他就可以缓缓地落到地面上。

等一切工作准备就绪后，他钻到了大吊篮里，然后割断了吊篮与保险杠之间的连接绳。接着，杰克以百米冲刺的速度冲上天空，这跟自己预先的缓缓升起可不是一回事，他也纳闷，按照自己的经验应该是缓缓地上升呢。他此时，感觉自己已经到了200英尺以上的高空，但气球还在上升，直至到了11000英尺的高度，才最终停下来。在那样高的高空，他不敢再贸然地打破其中的气球，怕再出现预期的意外，这可能会危及性命。他在高空中漂浮了14小时，但是还是没想出好的办法，使自己下降到地面，于是，只能苦苦等待，希望别人能发现他，从而营救他。

终于，等杰克飘到洛杉矶国际机场的上空时，一位机场地面工作人员发现了他，并立刻上报了有关部门。

营救杰克的行动也大费周折，因为洛杉矶国际机场位于海边，到了夜晚，强劲的海风，会使杰克的气球偏离航向，加之，营救的直升机螺旋桨的巨大风力，不能靠近杰克的气球飞行器，因为靠近，巨大的风力反而会把杰克吹得更远。最终，他们盘旋在杰克的上方，用绳子把他救了下来，到了地面，杰克就遭到警察的逮捕，毕竟他给当局带来非常大的麻烦和困扰。

像上面故事中的杰克一样，自认为对飞行知识已经了如指掌，就开始卖弄，殊不知，对自己，对他人造成多么大的不良影响。从这件事中，可以看出丢脸是小事，丢了性命可是大事。

我们在以后的学习和工作中，一定要谦虚，本着“宁在人前全不会，不在人前会不全”的处事理念，多虚心地向别人学习，不要总是觉得什么都知道，什么都精通，这样既局限了自己学习的空间，又给别人造成了困扰，甚至闹出不必要的笑话来，毁了自己信誉。

可能我们在工作中，会遇到好多不能解决的问题，我们也一定要虚心提出来，让大家帮忙一起解决处理。俗话说“三个臭皮匠，顶个诸葛亮”，就是这个道理。拿到工作或任务，千万不要不懂装懂，最后闹得工作没做好，还落得被同事耻笑的下场，那就很不好了。

宁苦干，不苦熬

任何一种工作做得时间久了，都会产生厌倦、前途渺茫的心理。其实，问题并不是出在工作本身，而是人心波澜所致，在工作中，我们要时刻调整自己的心态，任何工作只要坚持肯干，都会有所成就的，如果我们厌烦了工作，只是在那敷衍了事，什么也不会收获的。

有句俗语：“宁苦干，不苦熬。”“苦干”和“苦熬”说的是两种截然不同的心态，前者体现出一种勇于接受挑战、艰苦奋斗的乐观派心态，而后者则表现了一种安于现状、消极逃避现实的悲观心理。

所谓“路漫漫其修远兮”，有些人看见那些成功人士，站在至高点上，接受众人的崇拜，看着他们一个个神采飞扬、举止典雅，这是我们正在为生活苦苦打拼的普通人，所不能享受到的。但是，我们也要想到，我们付出的可能远远少于他们，我们才没成功。在这光鲜亮丽的背后，你可曾想到他们为之付出了多少的汗水，忍受了多少不堪忍受的孤单、寂寞和挫折，甚至还会受到一些人的指责和谩骂。这些他们都忍了，坚持努力，才有了今天的成就。他们的成功也告诉我们这样一个信念：他们相信只有付出才有收获，为了心中的理想他们埋头苦干，通过长期不懈地努力才赢得人生的精彩。这样的成果，不是那些在工作中整天人浮于事的人能取得的。

2006年，一部小成本的荒诞喜剧《疯狂的石头》使得不知名的导演宁浩的名气迅速提升，宁浩不仅因此赢得了业内外广泛的赞誉，还收获了台湾电影金马奖最佳原创剧本、华表奖优秀电影技术奖、优秀数字电影奖和优秀新人导演奖以及第七届华语电影传媒大奖最佳导演等几项大奖。自此，宁浩这一“疯狂”的风格也在电影节拥有了自己的一席之地，这对于苦苦打拼的他来说也实属不易，他为此也想在这条道上走得更远，更好，更受观众的喜爱。2009年，《疯狂的赛车》又给观众带了视觉冲击，取得过亿票房的叫好成绩，这使宁浩成为继张艺谋、陈凯歌、冯小刚之后第四位取得这样好成绩的内地导演，这样的成绩也为宁浩赢得了好的声誉，同时，也巩固了他青年新锐导演的影坛地位。

荣誉口碑双丰收，这对年轻的宁浩来说可谓是在影坛“少年得志”。他与多数当代中国年轻人的人生道路一样，宁浩也是沿着中国教育的阶梯走过了上学、就业、再奋斗的人生三部曲。

1996年，中专毕业的宁浩被分配到太原市话剧团做舞美设计的工作。那时候正赶上话剧事业发展到低谷，话剧团里人气萧条，极少有演出的机会，连工资按时发放都成了一个问题。“宁苦干，不苦熬”，宁浩先后到自行车厂做过临时工、还兼职过平面设计等自由职业来维持生活。几年后，他不满足自己的现状，只身来到北京求学，通过埋头苦干他考入北师大影视班，多年后等待他的是一场疯狂的蜕变。

其实，我们做任何一项工作，只要肯干，也能干成一门艺术，活出自己的精彩。

一位英国游客马克去美国观光，在此期间，他的美国朋友告诉他一家鱼市，“你必须去看一下，那里真的很特别”。

马克听完朋友的话，非常心动，便驱车赶到了那个鱼市。那天天气阴霾，按照惯例，鱼市的鱼腥味在这样的天气，更是刺鼻。但是他们进去以后，并没有感觉气味很大。鱼市内，热闹非凡，他们一边互相像抛棒球一样抛掷冰冻的鱼，接力把鱼装上货车，同时，还不忘互相开玩笑取乐：“10条大马哈鱼飞到明苏达州去了！”“8只肥美的龙虾游到悉尼歌剧院去了。”这里气氛和谐，虽然工作很辛苦，但大家脸上都洋溢着快乐的笑容。

马克很是不解，就问鱼贩：“你们的工作环境这么不好，为什么你们这么快乐呢？”

鱼贩说：“事实上，几年前这里也是很萧条的，工作很累，很苦，生意一直不景气，大家整天抱怨客人来得少，生活无法继续下去。后来，我们发现，与其每天抱怨生活，得过且过地度过每一天，不如改变心态，努力工作，把卖鱼当成一门艺术去对待，再后来，我们想出了好多方法去吸引顾客的到来，我们的原则就是：只要努力了，定有好的成果。”

鱼贩接着说："现在，这个鱼市成了人们眼中的奇迹，现在工作还是很忙碌，我们也没有倦怠。天天重复空中抛掷鱼，我们也练就了杂技演员一样的本领，从来不会失手。我们的这种工作气氛，吸引了好多工作中遇到不顺的人，他们来到这里，跟我们相处久了，自然心情就舒畅，一些企业也为了公司不高的工作效率来这里取经，我们也毫不掩饰，一一讲给他们听，他们也很满意。有时候，我们觉得，工作本身已经不重要，重要的是我们这种踏实肯干、乐观豁达的态度，能给很多人带来快乐。"

生活给每一个人的机会是公平的，我们不要老是抱怨成功的机会不来，老是觉得自己的命运是多么坎坷，不顺利。我们也看看自己周围的那些成功的人，是怎样做的，在我们对工作无聊，发着牢骚的时候，他们还在埋头苦干；在我们回家休息的时候，可能他们还在自己的办公室里面，埋头苦干。我们要多想想自己与成功人的之间到底差在了哪里。说白了，我们不如他们坚持，不如他们肯干。

长久以来，并不是生活亏待了我们，而是我们幻想得太多，行动得太少；并不是工作本身烦闷无聊，而是我们没把工作作为一项艺术去追求。

失败是块磨刀石

失败就像一块磨刀石，磨炼的是坚强的意志、不屈的决心、永恒的信心，经过失败之后，你的人生之剑才会变得更加锋利。

失败与成功是一个我们与生俱来的、每天都要面对的问题，有关这个问题的知识已经非常的完善和系统，以至于每一个人随口都能说出一大套理论。比如，"失败是成功之母"之类。可是，有多少人可以不惧怕失败？有多少人可以真正面对失败？有多少人可以始终保持奋斗的激情呢？

有一个普通的年轻人，从很小的时候就立志要成为一名受人尊敬的作家。贫寒的家境无法支持他去接受专业训练，他只能自己摸索着锻炼写作技巧。

他用干零活赚来的钱买了许多世界名著，并为自己列了一个非常详细的学习计划。每天从早到晚，他都钻在书和稿纸堆里。周围的人对他的"不务正业"根本无法理解，他努力调整心态，对那些讽刺和讥笑不予理会。

他开始动笔写自己的第一本小说，用了将近一年的时间，写了又改，改了又写，他总是无法非常满意。当写不下去时，他从不勉强自己，而是放下笔，拿出世界名著，来到郊外空旷的田野里，坐在那儿静静地读、细细地想。一旦灵感出现，他会抱起书，以百米冲刺的速度跑回家，趴在桌子上写起来。终于，书稿完成了，他极其兴奋地重读一遍，为自己花费无数心血培育出来的"婴儿"而激动不已。

然而，这份激动只能属于他自己，因为整个城市没有一个出版商肯为他出版作品。尽管如此，他仍然没有气馁，他更加刻苦地去学习名家的作品，把每一点儿想法和火花都记录下来。到了晚上，夜深人静，他便坐在台灯下写起小说来。就这样，他又学了5年，写了5年，然而，5年来的辛勤劳动也没有得到任何一个出版商的承认，那厚厚的一摞摞稿子，不曾有一个字变成铅字。这一切使他非常失意、灰心。

在又一次打击之后，他忽然感到，有一种强烈的悲伤在胸中流淌，他有一股冲动要把这种感觉写下来。他再一次拿起笔，尽情地抒写着，那是一个年轻人的成长故事，命运的不公、人生的坎坷，他有很多的话要说，因为，那就是他自己的生活，就是他自己的遭遇。他找到了长久以来自己作品中缺少的东西——真挚的感情和自我的风格，他在模仿别人的路上已经走得太远了。

将书稿寄出的时候，他的心情非常平静。他想，就是再失败他也不怕了，因为他是在为自己写作，笔下流淌的是自己的心声。

两个星期无声无息地过去了，他早就拿起了笔，开始创作另一部作品。一个下午，他接到了电话，一个温和的声音对他说："你的小说内容很好，非常令人感动，我们准备出版它。"

他终于成功了。长达数年的奋斗，不怕打击和失败，这样的经历，给了我们一些启示：只有不畏艰难、不怕失败的人，才能取得真正的成功。

人的一生要找的东西很多，而真正能找到的却很少，重要的不是找到什么，而是你是否一直在寻找。其实，人生是由失败与成功交互堆叠而成的，差别只在两者的次数多寡而已。失败并不可耻，可耻的是心态因挫折而死。

失败一般意味着反省，意味着策略的调整、意识的清醒、方案的检讨。失败不能失去元气，更不能丢了性命，也不能心死，这样才有可能化腐朽为神奇，把失败过程中获得的经验、结识的朋友，取得的各种阶段性成果，加以同化、重组，以便再战。失败正是在这个意义上被称为成功之母，否则，失败就只能是失败。只有卷土重来才能给过去的一切重新赋予新的意义，才能给过去的一切以新的说明。

人生往往都是进两步、退一步。失败是代价，成功是结果。许多人之所以能够成功，就是受赐于先前的屡屡失败。假使他没有遭遇过失败，他恐怕反而不能得到大胜利。对于有骨气、有作为的人，失败反而会增加他的决心与勇气。

跌倒了以后，就立刻站立起来，要学会从失败中求取胜利，这就是古往今来成就伟大人物的一个秘诀。

第四章

行思之道：休将我语同他语，未必他心似我心

——思而不行则无用，行而不思则无功

老马通路数，老人通世故

有一只蝌蚪从卵泡里出来的时候，遇到的第一个动物就是一只小乌龟，它看到小乌龟背着重重的壳，挥动着四肢，很悠闲的样子。小蝌蚪就想我也应该像它一样吧，于是也找了一个空壳背在身上，为此小蝌蚪受了很多苦。直到有一天，它遇到了一只青蛙，青蛙告诉它，不需要背着沉重的壳，我们只需要两腿一蹬，生活就很快乐。

原来摆脱沉重的负担很简单，只要向有智慧的人请教，可能就会绝路变通途。我们在职场之中，也可能遇到类似的问题。一份工作，我们可能接触过这方面的知识，或有了这方面的经验，会做得游刃有余。但是，我们不可能什么工作都能有十足的把握，那么遇到不会处理的问题，我们就需要向有经验的人请教。要知道“老马通路数，老人通世故”，向有经验的人请教会省下很多宝贵的时间，做其他一些有意义的事。千万不要骄傲自满，看不到别人的长处，这是职场中最不可取的，因为这样阻碍了自己的进步。

在任何一家公司都会有优秀的人和散漫的人，而在我们的周围，肯定也会呈现出有的同事很优秀，有的同事很懒散，整体环境我们是没有办法改变的，但是我们可以改变我们跟谁接触，俗话说“物以类聚”“近朱者赤”，优秀的人身边总是聚集一帮优秀的人，而当我们跟着优秀的人的时候，我们会受到这些人的熏陶和影响，在对事对人的态度上会变得更加积极。

对于工作年限较短的职场人而言，很容易受到别人的影响。其他人的一言一行不管是好的还是不好的，很易侵入新人的脑子里。有一位刚从学校出来的新人，开始在做事做人方面还是蛮积极的，也有上进心，但在进一家公司没多久就被一位同事拉去打老虎机，结果天天沉迷在老虎机的赌博中，过了半年他说要戒了，结果还是没戒成，打了近两年的老虎机，工资也耗掉了，精力也耗完了，啥事都没干成。后来一位在职场打拼了多年的领导，看这个新员工起初来公司时的表现还不错，便决定改造他。好在这位年轻人愿意学习，喜欢向这位老领导虚心求教，最终成了该公司的精英。

这个故事告诉我们，我们在人生道路上遇到难题或者人生道路发生了偏差的时候，要想到应该向有经验的人学习，而不是肆意放纵，我行我素。遇到瓶颈、遇到困难，要及时学习，及时改变，以正确的方法向正确的方向迈进，一切问题自然能够迎刃而解。

在一个研究所里有这么一位年轻人：他从小天资聪慧，学业上一路走来，也没遇到

什么挫折，一路就升到了现在的博士学位。但是他还是觉得不满意，想申请国外名牌大学的博士后，于是就努力学习自己的专业的文化知识，学习一段时间之后，他发现好多数学公式，自己没法推导出结果，心里很是郁闷，几个通宵埋头钻研，也是不行，于是就打算放弃。

一次，在研究室里，无意中跟一个硕士的师弟谈话，了解到他原来一直就在研究这个领域。于是就虚心向师弟请教，结果很快师弟就一一给了他满意的解答。

其实，事情就是这样，不要以为自己学的比别人多，地位比别人高，就一定认为本领比别人强。事情也不尽然，只要是能给你人生做出正确指导的人，都是值得我们学习的人，都是我们的良师益友。

在我们的工作中，也常常遇到这样的人。自认为才华横溢，学问满腹，觉得自己比别人高一筹。在工作中遇到难题，就主观妄断地认为："我这么厉害，这么有经验都不能解决的问题，他们怎么可能解决？"我们一定要放下这种不良的心态，孔子说："三人行，必有我师焉！"连圣人都以为自己的学问不够，有些问题还是需要向他人学习，何况我们这些平庸的凡人呢？放下自己的架子，多多与别人沟通，多多向别人请教，这才是职场的成功之道。

在我们的工作中，也会遇到这样的领导：整天吆五喝六，胡乱瞎指挥。工作中出了问题，不去检讨自己的方法是否有问题，却先想到的是把责任推卸到别人身上。面对这样的情况，我们也不能仅仅为了自保，事事顺从，甚至连公司的利益也不顾。我们最应该做到的，就是要静下心来，先把自己手头的工作做好。要是发现，领导在大方向上出了错误，我们也要勇于提出自己正确的见解，让领导渐渐地明白一个道理：地位不能决定一切，经验和智慧才是最重要的。

你要是自己明白了"老马通路数，老人通世故"这个道理，同时还能影响你周围人的工作态度，使他们摆正自己的心态，那么你已经具备了一个成功人士的潜质，成功离你已经不远了。

姜老辣味大，人老经验多

不要嗟叹岁月的无情，带走了我们的青春，却留下苍老的皮囊。你可曾想过，在我们的脑中，记录下了多少人生的历程，这就是财富，而且是岁月赐予老年人的。

年轻的一代，虽然拥有了青春，但是也缺少了丰富的人生阅历。老话说："姜老辣味大，人老经验多"。作为年轻人，何不行动起来，多多向年老有智慧的人学习。这岂不是也是一种智慧：这样我们既能拥有青春的美好，也能享受岁月留下的恩赐。

有这样一个故事，可能我们也听过，但是老生常谈一下，更有助于我们处事。

有一个人，博士毕业分到一家研究所，没想到却成了这个所里学历最高的一个人。

有一天，他一时兴致，就到研究所里的一个小池塘边去钓鱼，其实他不怎么擅长钓鱼。到了那里，正好看见所里的两位老同事也在那里钓鱼。这个博士心里很自傲，想："只是两个老年的本科生，接受知识的层次不一样，估计没什么共同的话题。"于是他只是微微点了点头，算是打了招呼，就坐了下来。

不一会儿，其中一位老同志放下手中的钓竿，伸了伸懒腰，蹭蹭蹭几下，就从水面上如飞般地走到对面去了。博士见到这种情形，嘴巴大张得下巴都快掉下来了。他会“水上漂”？

这可是一个池塘啊，不会的话，是不可能那样穿过去的。那位老同志上完厕所回来的时候，同样也是从水上奔了回来。怎么回事呢？博士生又不好去问，自己是博士哪！怎么可以那么丢人现眼的，这点事情都不知道。

过了一阵，另一位老先生也站起来，紧走几步，蹭蹭蹭地漂过池塘水面上厕所去了。这下子博士更是诧异了：“不会吧，到了一个江湖高手集中的地方？真是人不可貌相啊！”但是，博士还是碍于情面，没好意思问两位老先生。

又过了一会儿，博士生也内急了。但是，这个池塘的两边有围墙，要去对面的厕所，必须绕十分钟的远路不可，而回所里如厕，又太远，怎么办？博士生也不愿意去问两位老先生，憋了半天后，实在憋不住了，就起身往水里迈：“我就不信本科生能过的水面，我博士生却过不去。”

只听扑通一声，博士生栽到了水里。两位老先生赶紧将他拉了出来，问他其中缘由，他问：“为什么你们可以走过去呢？难道真的会水上漂？”

两位老先生听完，相视一笑：“这池塘里有一条水泥做的小路，由于这两天下雨，水涨了，小路就被稍微漫过了。我们都知道这小路的位置，所以可以踩着快步跑过去。你怎么不问我们呢？”

博士听完，感觉很羞愧，从此也改变了想法，但凡遇事都虚心向别的老同志请教。

学历只代表过去，只有不断学习才能代表自己的将来。尊重有经验的人，才能少走弯路，多干实事。一个好的企业，也应该是有学习型的团队，才能取得成功。一个人，也应该时刻学习，多请教，才能赶上时代的步伐。

古时，一位书生和一位老樵夫做了邻居，但是这位书生一向瞧不起这位老樵夫：一辈子只知道砍柴，还能会什么呢？

一天，书生家里没有柴烧了，又没有钱买柴，于是决定自己上山砍柴。家里的人都劝说，你请教一下隔壁的老樵夫吧，让他指点一下，砍柴需要带些什么工具。书生觉得没必要问他，自己读了这么多书，难道还不如一个老樵夫知道得多。

到了山下，书生就开始攀爬山道，但是脚下的草鞋已经腐朽，一使劲儿就扯破了。书生很是沮丧，于是只好蹲下来，开始用一些新的麻绳织补草鞋。

等草鞋弄好之后，好容易爬到山上，找到一个可以做柴草的矮树枝，这时，发现斧子太钝了，根本砍不动。于是匆匆忙忙赶回家，重新研磨了斧子和锯子。等他返回山上的时候，天已经黑了，他夜间害怕豺狼，就沮丧地回到了家里。他付出的代价是：有米下锅，无柴烧火，饿了一夜的肚皮，又遭到家人的埋怨。

这个书生得了这个教训，在以后每遇到疑难的问题，都虚心地向邻里请教。不久之后，他科举成功，做了一个县的县令，在任上也是不忘向县里有经验的长者请教。

愚者做事，只知道苦干、蛮干，不知道向别人请教的重要性。因此愚者做事时就做不到心中有数，只能眉毛胡子一把抓，乱干一气，虽然做了很多事情，不但效果不佳，反而非常忙碌，感觉到压力太大；但事情即使干成时，也因为精疲力竭，没有很大的成就感。再以后，他对做事情就感到力不从心，因而就渐渐害怕做事情，这样长此以往，就失去了做事情的能力。成功对于愚者来说，是难上加难的事了。

所以，我们在职场中，要像智者那样，有了自己的目标以后，多向前人、有经验的人取经，做到心中有数，这样达到目标的概率就会提高一半，成功对于智者来说，何难?

在此还要说一点，值得注意的是：我们在向别人请教的时候，并不是要求一味听从别人。而是要保留自己本色的基础上，汲取别人的经验，并加以甄别。毕竟，时代在变，环境也在变，老一辈的某些经验可能在当时的社会条件下，是正确的，拿到现代，可能就不是很合适。所以我们干什么事，就用一个发展的眼光来对待，相信不久以后，你的经验也会为他人所用。

留条后路，多条出路

“不给自己留后路”，这作为破釜沉舟、一往无前的精神体现，是无可厚非的，可是现实生活中往往充满了变故与无常，勇往直前固然可敬，但也可能因此被撞得头破血流，最终走到山穷水尽处。

美国田纳西州有一位秘鲁移民，他拥有6公顷山林。在美国掀起西部淘金热时，他变卖家产举家西迁，在西部买了90公顷土地进行钻探，希望能找到金沙或铁矿，他一连干了5年，不仅没找到任何东西，最后连家底也折腾光了，不得不又重返田纳西。当他回到故乡时，发现那儿机器轰鸣，工棚林立。原来，被他卖掉的那个山林中就有一座金矿，新主人正在挖山炼金。如今这座金矿仍在开采，它就是美国著名的门罗金矿。

做事留有余地，给自己留一条退路，就不至于落得一败涂地的下场。年轻人阅历浅，说话、办事易冲动。事情如果做尽做绝，就如同话说尽说绝一样，不是伤人就是被别人伤。当事情做到绝处，力、势全部耗尽，想要改变就难了。在做事时要有所保留，以便容纳一些“意外”，给自己留条后路，留下回旋的余地。

木秀于林，风必摧之

古人云：“木秀于林，风必摧之。”每个人都有不安全感。当你在世人面前展现自己、显露才华时，很自然会激起各式各样的怨怼及嫉妒。这是可以预料的，你不可能一辈子都在担忧别人琐碎的感受。然而，对于那些位居你上位的人，你必须采取不同的对应方式。如果想要获得权力，抢过上司的风头或许是最严重的错误。

法国国王路易十四的财政大臣富凯是一位生性爱挥霍的人，他的生活充满着奢华的宴会、漂亮的女人及笙歌宴舞。富凯精明干练，是国王不可或缺的左右手，因此在首相马萨林去世时，他满心以为自己会被任命为继位者，没想到国王竟决定废掉首相的职位。富凯怀疑自己已失宠，因此他决定策划一场前所未有、最壮观的宴会来讨国王欢心。

当时欧洲最显赫的贵族以及最伟大的学者都参加了这场盛大的宴会，莫里哀甚至为了这次盛会写了一出剧本，并亲自表演。宴会上的佳肴珍馐令客人们大开眼界，富凯为了向国王致敬而聘人制作的音乐流泻其间。宴会一直延续到深夜，宾主尽欢，除了国王，所有人都认为这是最令人赞叹的盛事。

遗憾的是，富凯的地位并没有因这场奢华的宴会而获得提高。第二天一早国王就下令逮捕了富凯。不久富凯被控窃占国家财富，他被送进一所最与世隔绝的监牢，在单人囚房里度过了人生最后的时光。

为什么会有这样的结局？很简单，因为国王傲慢自负，他希望自己永远是众人瞩目的焦点，永远高高凌驾于臣民之上，他无法容许任何人在任何方面超越自己，掩盖了他的王者光芒。然而天真的富凯却抢尽了主子的风头，用这种方式向主子示好，无异于自取灭亡。

如果你的内在如明珠般熠熠生辉，那么你就必须学会回避爱慕虚荣的人，否则就得找到方法，在做好本职工作的同时，尽力隐藏自己身上那些最为闪光的特质。通过众多历史的教训，你会发现掩饰长处并非弱点，只要最终可以帮助你握有权力，便不失为明智之举。也许开头会让其他人抢尽风头，但总好过成为他人不安全感下的牺牲品。到时当你决定脱颖而出，你早就已占尽了有利条件。

枯树不结果，谎言不值钱

谎言总是会被揭穿的，只是或早或迟的事。坚持说真话有时候可能会吃亏，但是在自己的内心却会非常坦然；反之，一旦养成了谎话连篇的坏习惯，却可能抱憾终生，甚至处处碰壁。

俗话说“枯树不结果，谎言不值钱”，意思是枯树是不会结果子的，谎言也不会成真的。这是告诫我们：谎言是短暂的，不会支撑我们走得太远。每个人为了各种各样目的而说谎，但谎言本身的性质，决定了我们只要一开口，就已经被对方识破了心机。说谎话，在某种程度上，可以暂时掩人耳目，然而时间一长，听者就会渐渐醒悟过来，不好的影响也就接踵而至。更有甚者，在你说谎言时，并不揭穿你，但等你处在关键时期或暗自得意之时，再给你致命的一击。这样对你的人生是很危险的，也许，你此时正处在事业的高峰期，这样一来，你的事业就会受挫。所有说谎的后果，你要自己承担，但你仍不确定当初说谎是否正确。

美国第一任总统华盛顿小的时候，就是个诚实的孩子。一天，父亲送给他一把小斧头。那小斧头明晃晃的，而且小巧锋利。华盛顿很喜欢父亲给的这个礼物。他经常看到父亲拿着大的斧头砍树，心想：“大斧头能砍倒大树，小斧头能不能砍倒小树呢？我要试一试。”

他看到自家花园角落里有一棵小樱桃树，微风吹来，樱桃树的枝条在左右摇摆，好像在向他招手：“来吧，华盛顿，在我身上试试你的锋利的小斧头吧！”

于是，华盛顿快步跑过去，举起这把小斧头向小樱桃树砍去，只听“咔嚓”一声，小树被砍成了两截，躺倒在地上。

傍晚，父亲回来了，看到那棵茁壮成长的樱桃树倒在地上，很生气。他问华盛顿：“是谁砍倒了樱桃树？”

华盛顿此时才明白自己闯了祸，心想：今天准得挨揍啦！可他从来不说谎，就对父亲说："爸爸！是我砍倒了这棵樱桃树。我只是想试一试这把小斧头快不快，你惩罚我吧！"

父亲听了华盛顿的回答，不但没有打他，还把他抱了起来，高兴地说："我的好孩子，爸爸宁愿损失一千棵樱桃树，也不愿你说一句谎话。爸爸这次原谅你，因为你是诚实的孩子。不过，以后再也不能随便砍树了。"

华盛顿认真地点点头，把父亲的这些话牢牢记在了心上。

诚实的力量是多么伟大啊！华盛顿说了诚实的话，非但没有挨打，反而受到父亲的认可和表扬。如果华盛顿当时因为害怕惩罚，说了谎话，即使当时没有得到惩罚，父亲不久后也会发现是他做的，因为樱桃树是被锋利的小斧头砍伐的，不是他还能是谁？到头来，可能还会得到更严厉的处罚。诚实对于一个人是多么重要，也许正是华盛顿的这种从小诚实的态度，支撑着他走得这么远，最终成了美国开国的总统。

在我国历史长河中，也不乏诚实可信的智者。

曾子，是孔子的学生。有一次，他的妻子到集市上去买日用品，他的儿子哭着要跟着母亲同去。曾子的妻子没办法，就撒谎哄骗孩子说："你先回去，在家等我回来，一会儿我给你杀猪炖肉吃。"孩子信以为真，一边高高兴兴地跑回家，一边喊着："要吃肉了，要吃肉了。"

孩子一整天都待在家里等母亲回来，邻居家的玩伴来找他玩，他都不想去。他一个人依靠在墙根下，静静地等着母亲归来，这样就能吃到香喷喷的猪肉。

傍晚，孩子远远地就看见母亲回来了，他快步上前去迎接，一边喊着："母亲，杀猪炖肉吧。"

曾子的妻子却说："我们家只能靠着这头猪，勉强维持生计呢，怎么能随便就杀掉呢？"

孩子心里很委屈，就哭了起来。曾子闻声赶来，知道了事情的经过以后，也没说什么，转身就回到屋子里。过了一会儿，他举着一把菜刀出来了，曾子的妻子看到这种情景，一时吓坏了，因为曾子一向对孩子管教很严格，以为他要教训孩子呢。于是，连忙把孩子搂在怀里。

哪知曾子却径直走向了猪圈。妻子不解地问："你举着菜刀去猪圈里干啥？"

曾子毫不思索地回答："杀猪啊！"

他的妻子听完他的话，以为他开玩笑，于是笑着说："不过年不过节杀什么猪呢？"

曾子严肃地说："你不是答应过孩子要杀猪炖肉给他吃的，既然答应了就应该做到。"

妻子刚开始还不以为然，说："我只不过是哄骗孩子听话而已，和小孩子说话何必当真呢？"

曾子说："对孩子就更应该说到做到了，不然，为人父母的撒谎，也要孩子学着家长撒谎吗？大人都说话不算话，以后有什么资格教育孩子呢？"

妻子听完这话，惭愧地低下了头，夫妻俩真的杀了猪，炖肉给孩子吃，并且还宴请了乡亲们，告诉乡亲们教育孩子要以身作则，千万不要撒谎。

虽然曾子的做法多少有些愚钝之嫌，但是他却教育出了诚实守信的孩子。

我们现代人，也不能输给古代人。在工作当中，一定要诚实，知之为知之，不知为不知。千万不要为了逞一时的面子，而不懂装懂，那样不仅会做不好工作，有可能还会毁了自己的前程。试想，哪个公司会愿意要一个谎话连篇，不切实际的人。

曾经听过这样一个求职的事情：

一个大学刚毕业的小伙去一家企业面试，正好遇见一个中专毕业的小姑娘也去面试。这个小伙子，内心很高兴，想：一个中专毕业的，学的东西肯定没有我全面，肯定竞争不过我，我还担心什么呢。

一会儿，面试开始，面试官发给他们两个人每人一份简历表，要他们填写。这个小伙子感觉自己得到这份工作十拿九稳，但是在读到特长一栏的时候，小伙子还是犹豫了：到底填什么好呢，平时虽然计算机、英语等都涉猎了点，但是不精通啊。最终小伙子填上了自己一知半解的几个项目。

可是谁料想，面试官拿到这份简历的时候，下一步，就是要他们演示一下自己的特长。这回小伙子傻眼了，最后很尴尬地什么也没做出来。可是反观那个中专的小姑娘，人家老老实实只填了会计算机一点皮毛，最后却录用了她。

这个小伙子很纳闷，同样不会，怎么录用了她？得到的答案是：她很诚实。

身在职场或正在找工作的人，反省一下自己，是否有类似上面小伙子的不诚实的现象，以此为戒吧。要记住“枯树不结果，谎言不值钱”。

伤人之言，深于矛戟

老人言：“与人善言，暖于布帛；伤人之言，深于矛戟。”意思是说：出自好心的话，会令人感觉比布帛还要温暖；伤人的话，比用矛伤人还要厉害。人在与别人相处的过程中，也一定要注意自己的言行，一定不要戳到别人的痛处。说话避开别人的要害，不仅是技巧，也是一种修养。

杰克是一个坏脾气的孩子，他父亲给了他一袋钉子。告诉他，每当他发脾气的时候，就自觉地钉一个钉子在后院的围栏上。

第一天，杰克就钉下了37根钉子。慢慢的，每天钉在围栏上钉子的数量减少了，因为他发现控制自己的脾气比钉那些钉子容易得多。

终于有一天，杰克再也不会失去耐性，乱发脾气。他把这件事告诉了父亲，父亲说，从现在开始，每当他可以控制自己脾气的时候，就拔出一根钉子。一段时间之后，杰克告诉父亲，他终于把所有钉子给拔了出来。

父亲很高兴，拉着杰克的手，来到后院说：“你做得很好，我的孩子，但是你看看围栏上那些被钉子戳的洞，又深又丑陋。这些围栏将永远不能恢复到从前的样子了。这就如你生气的时候说的话，就像钉子一样会在别人的心里留下疤痕。如果你拿刀子捅了别人一刀，不管你说多少次对不起，那个伤口将永远存留在身上。话语的伤痛，有时候比真实的伤痛更令人无法承受。因为身体的疼痛是存在一段时间，那么言语的伤痛可能是一辈子。”

人与人之间可能会造成一些不必要的伤痛，有些可能是无意识中的一句话，有些可能是一时冲动，但造成的伤痕，可能很久都会记在心里。如果我们从自己做起，试着宽恕和原谅他人的过错，不要说一些过激的言语，别人可能也同样对待你。世界是公平的，你为别人开了一扇窗的同时，别人也可能会为你开另一扇窗，这样我们就可以看到更广阔的外部世界。

很多年前，有位老人还是一个正当壮年的年轻人。他像那个年代的农民一样，祖祖辈辈生活在山脚下的村子里，靠山吃山，靠水吃水。但是他也继承了农村的一些相对保守的思想，比如，重男轻女。没办法，他一辈子没出过大山，不知外面的世界怎样，只能遵守父辈们传承下来的一些东西，他以为这就是绝对的真理。

他们村里有一位去山外学过艺术的医生。这个医生为人很好，待人接物总是客客气气，好像从来没有烦恼似的。村里人生病了，没钱给，他也总是不计较了。为此村里人都很敬重他。

那时候，老人最小的儿子在半夜突然发起了高烧，哭闹得厉害。他心里很着急，于是，就半夜去敲医生的门。但是很久之后，他听见医生的老婆喊："医生没在家，去镇上进药品去了，没回来。"

没办法，他只好回到家了，眼看着儿子脸蛋烧得红彤彤的，嘴唇干裂，心里很是难受，好不容易熬到天亮，就去医生家里，看看回来了没。到了之后发现医生正在吃饭，他顿时火冒三丈，说："我的儿子烧得那么厉害，就等着你回来救命呢，你反倒吃起饭来了？真是事不关已不着急啊！"

医生听完这话，愣了一下，也没说什么，放下碗筷，背起药箱，就跟着他来到了家里。医生给孩子打完针，烧很快就退了，医生也嘱咐几句，不要吃生冷的，多穿衣服等，就回去了。

后来，他才知道，是医生的老婆没有告诉医生孩子生病的事，以为吃完饭去也不晚，结果造成这个误会。从此之后，他每次见了医生都很尴尬，但是也没那个脸前去道歉。关系就这么一直尴尬地悬着，医生还和没事人一样照样和和气气的，但是他的心里可是愧疚死了。不几年，医生的老婆得了癌症，不治而亡，医生从那以后，就很消沉。过了几个月之后，医生全家搬到山外大城市的大女儿家去了。

老人从医生搬走，就一直想："医生要是回来探亲，我一定向他道歉，可是等到现在，他也没回来过……"这已经成了老人一生的痛，他当时用言语戳伤了别人，到头来伤的最深的也是自己。

我们在工作中，一定要养成宽以待人的好习惯，不说伤害别人的话，不随意嘲笑不如自己的人，要多看到别人的长处。你这样做了，别人才可能这样对你。

一个篱笆三个桩，一个好汉三个帮

俗话说："一个篱笆三个桩，一个好汉三个帮。"还有句古话说得好："三个臭皮匠，胜过一个诸葛亮。"个体不同，就各有各的优势和长处，所以一定要善于发现别人的优势和长处，取之所长，补己之短。

一个人不能单凭自己的力量完成所有的任务，战胜所有的困难，解决所有的问题。

须知借人之力也可成事，善于借助他人的力量，既是一种技巧，也是一种智慧。

《圣经》中有这样一则故事：当摩西率领人们前往上帝那里要求赠予他们领地时，他的岳父杰罗塞发现，摩西的工作实在超过他所能负荷的。如果他一直这样的话，不仅仅是他自己，大家都会有苦头吃。于是杰罗塞就想办法帮助摩西解决问题。他告诉摩西，将这群人分成几组，每组1000人，然后再将每组分成10个小组，每组100人，再将100人分成两组，每组50人。最后，再将50人分成五组，每组10个人。然后杰罗塞告诫摩西，要他让每一组选出一位首领，而且这个首领必须负责解决本组成员所遇到的任何问题。摩西接受了建议，并吩咐负责1000人的首领，只有他才能将那些无法解决的问题告诉自己。自从摩西听从了杰罗赛的建议后，他就有足够的时间来处理那些真正重要的问题，而这些问题大多数只有他自己才能够解决。简单一点说，杰罗塞交给摩西的处理问题的帮手，其实就是要善于利用别人的智慧，善于调动集体的智慧，用别人的力量帮助自己克服难题。

很多事情就是这样的，当我们无力去完成一件事时，不妨向身边可以信任的人求助，也许对我们来说费力不讨好的事情，对他们来说却可能不费吹灰之力就能轻松搞定。与其自己苦苦追寻而不得，不如将视线一转，呼唤那些有能力解决问题的人。

所谓孤掌难鸣，独木不成桥，在这个世界上没有完美的人，你不完美，他不完美，但如果你们可以完美地结合在一起，就能取得意想不到的成功。

我们时常看到有些没有血缘关系的人，结成亲兄弟般的友谊，互相帮助、互相提携，也可称之为“利用”的一种关系。

利用不是一个丑恶的东西，而是各取所需。一个人，无论在工作、事业、爱情和休闲哪方面，都离不开这种人与人之间的相互利用。因为各人的能力有限，人际关系有所不同，而必须相互利用。借他人之力，正是一个人高明的地方。

就社会和自然状况来看，孤单的，斗不赢拉帮结派的。一个人在社会中，如果没有他人的帮助，他的境况会十分糟糕。普通人如此，一个成就大事业的人更是如此。如果失去了他人的帮助，从而不能利用他人之力，任何事业都无从谈起。

借人之力，利用他人为自己服务，以让自己能够高居人上，这是一个人很难能可贵的地方。尤其对自己所欠缺的东西，更需要多方巧借。

善于借助别人的力量，善于利用别人的智慧，广泛地接受多家的意见，多和不同的人聊聊自己的构想，多倾听别人的想法，多用点脑子来观察周遭的事物，多静下心来思考周遭发生的一些现象，将让你受益匪浅。

忍一时风平浪静

中国传统理念所强调的“忍”，是针对人的品性修养而言的。因为人活在世上，难免会遇到各种问题。如果我们能很好地控制自己，那么就会少一些麻烦，多一些包容。“猝然临之而不惊，无故加之而不怒”，这就是问题出现时，人应该具备的个人修养。

欧玛尔是英国历史上著名的剑手。在他的30年职业生涯中，他有一个与他势均力敌的强劲对手，两个人决斗了这么多年也不分胜负。

在一次决斗中，对手从马上摔了下来，欧玛尔持剑跳到他的身上，按照剑术规则，一秒钟就可以刺死他。

但是正在欧玛尔犹豫的时候，对手却往他脸上吐了一口唾沫，按照常理，一般人都不会再犹豫，直接结果了他。欧玛尔此时，却做了一个惊人的举动，停住了，说："你今天处在劣势，我们明天再打。"

欧玛尔自己也说："30年来，我一直在克制自己，修身养性，让自己不带着一点怒气作战，所以，我才能常胜不败。刚才你吐口水的瞬间，我动了怒气，但我多年培养出来的修养，使我克制住了。如果在那时杀了你，我就失去了一个好的对手，成功对我还有什么乐趣？"

对手很感动，从此甘拜下风，做了欧玛尔的学生。

苏洵在《心术》中说："一忍可以制百勇，一静可以制百动。"由此可见，能够自我克制的人才能真正把握好自己的生活。志之难也，不在胜人，在自胜。战胜自己是人的意志所不容易做到的事，而一旦做到了，就意味着掌控了自己的人生航行。如果达到这个境界，世上什么难事我们不能解决。

黎元洪清末在湖北任职时，一直屈就于张彪之下。张彪是张之洞的心腹，张彪心胸狭小，嫉贤妒能，对黎元洪十分的反感。于是他常在张之洞的面前进谗言，诋毁黎元洪。

然而，黎元洪也非池中之物，也不甘于为人之下。他明知张彪背后进谗言诋毁自己，但是也不迎其锋芒，而是"平敛锋芒，海涵自负，绝不自显头角，以防异己者攻己之隙"。

1907年9月，张之洞任职军机大臣，东三省将军赵尔巽补授湖广总督。赵尔巽看不起张彪，要用黎元洪代替张彪，黎元洪没有接受。之后不久，黎元洪把这件事告诉了张彪，并建议他致电张之洞，让张之洞处理此事。很快，张之洞来函，才保住了张彪的位置。为此张彪很是感激黎元洪，张之洞也认为黎元洪颇有诚心。

张之洞很看重黎元洪的"笃厚"，说："黎元洪恭慎，可任大事。"

黎元洪通过"忍"以及极力帮助张彪，使张彪改变了对自己的态度，这样等于在湖北扶植了一个自己的力量，在关键时刻，可堪大用。

能做大事者，一般不拘小节。有可能此人欺负到自己的头上，还要笑脸相迎，黎元洪就是做到这一点。忍者无敌，那些在历史上有所作为的人，绝不会做因小失大、得不偿失的事。

韩信是汉朝初期的一员大将，很小的时候就失去了父母，主要靠钓鱼换钱维持生计，因此也经常受到周围人的歧视和冷遇。有一次，一群街头恶霸当众羞辱韩信，其中有个屠夫说："你虽然长得又高又大，也喜欢佩剑到处招摇，但其实你胆子很小。有本事的话，你敢用你的佩剑来刺我吗？如果不敢，就从我的裤裆底下钻过去。"韩信自知势单力孤，硬拼很可能会吃亏。于是，当着众人的面，从屠夫的裤裆下钻了过去，这事一直被许多人所耻笑。不过后来韩信跟了刘邦成了一番大事业，史书上将这段故事称为"胯下之辱"。

有人分析说：韩信若想保住自己的人格尊严不受胯下之辱，只有三条出路可供选择：一是拔剑拼杀，可能因此惹上官司；二是装作若无其事，可能被毒打一[illegible]路而逃，但对方不会善罢甘休。这样看来，只有忍辱负重，才是生存之道。

常言道："忍一时风平浪静，退一步海阔天空。"韩信只是不与胸无大志的人一般见识罢了。心怀大志的人，都是善于冷静地处理问题，能够权衡轻重，以最小的代价换取最大的利益的人。

在职场中，我们也会遇到嫉贤妒能的人，也会遇到言语刻薄的人，甚至会遇到对我们使用武力的人，那么我们应该做的并不是以牙还牙，以眼还眼，而是要克制自己，凡事先"忍"之后，再仔细谋略，而后行动。这样我们做事才能想得更全面周到，从而把一些事情的不好的影响降到最低。

试想，我们工作不就是为了能有一个更好的生活。美好生活的前提就是有一份自己喜欢的工作或事业，能实现自己的人生价值。这些达到了就够了，至于那些烦恼事情的出现，都是其中的一些小插曲，我们完全没必要计较太多。

无声胜有声

如果想成为一个讨人喜欢的人和一个成功的人，应该学会在说话之前先倾听别人的意见。

有一位美国管理学专家说过，高效经理人的秘诀之一，就是先倾听别人的意见。这一方面体现了对别人的尊重。作为下属，如果他的老板能够专心倾听他说话，他会感到幸福。作为合作伙伴，如果对方给他首先说话的机会，他会对其马上产生好感。另一方面，只有听了别人的意见，才能够知道他心里想的是什么，也就能相应地做出反应，有利于决策的优化。而如果不愿意倾听别人的话，则会让人非常不快，弄不好还会闹出冲突来。

在商场上应该遵循先倾听别人说话的原则，在日常生活中也是一样。人们都喜欢别人认真倾听自己的话，然后根据听到的来表达自己的意见。是否在说话之前先倾听，在处理人际关系上差别是非常大的。

格林先生从商店买了一套衣服，很快他就失望了，因为衣服会掉色，把他的衬衣领子染成了黄色。他拿着这件衣服来到商店，找到卖这件衣服的售货员，想说说事情的经过，可他在失望之上又加了一层愤怒。售货员根本不听他的陈述，只顾自己发表意见。

"我们卖了几千套这样的衣服，"售货员生硬地说，"从来没有出过问题，您是第一位，您想要干什么？"她的语调似乎表明：你是在撒谎，你想诬赖我们。

他们吵得正凶的时候，另一个售货员走了过来，说："所有深色礼服开始穿的时候都多多少少有掉色的问题，这一点办法都没有。特别是这种价钱的衣服。"

"我气得差点跳起来，"格林先生后来回忆这件事的时候说，"第一个售货员怀疑我是否诚实，第二个售货员说我买的是便宜货，这能不让人生气吗？最气人的还是她们根本不愿意听我说，动不动就打断我的话。我不是去无理取闹的，只是想了解一下怎么回事，她们却以为是上门找碴儿的。我准备对他们说：你们把这件衣服收下，随便扔到什么地方，见鬼去吧。"这时，商店的负责人沃特女士过来了。

话没有讲，听格林先生把话讲完，了解了衣服的问题和他的态
先生的诉求做到了心中有数。结果，她对格林先生道了歉，说这
及时告诉顾客，请求他把这件衣服再穿一个星期，如果还掉色，
对被染色过的衬衣，她送给了格林先生一件新的。

森大概是世界上采访著名人物最多的人之一。他说，许多人没有能给
是由于他们不了解别人的意见，只是自顾自地发表意见。“他们如此
津津有
，完全不听别人对他讲些什么。许多知名人士对我讲，他们重视首先听别人意见的人，而不重视只管说的人。然而，看来人们听的能力弱于说的能力。”

小姜和几个同学代表系里参加学校组织的辩论赛，在辩论过程中他们慷慨发言，说理举例都非常独到，把对方同学压得根本插不上话，获得现场的阵阵掌声。但是结果他们却输给了对方。主持辩论赛的老师在解释原因的时候说：“政治系的同学确实很有水平，口才也非常好，这是值得称赞的。但是他们好像太善于表达自己的意思，而不善于倾听别人的意见了。结果，两个系的同学各说各的，反而不像在辩论了。同学们应该记住，在表达自己意见之前，先要搞清楚别人的想法。要达到这个目的，就要注意倾听，不会听的人很难成为一个成功的表达者。”

每个人都有很强烈的表现欲，但是要想让别人对自己更有好感，同时让自己的表达更有针对性更能被别人接受，一定要暂时压抑这种表现欲，听听别人是怎么想的。

财富篇

第一章

买卖经：千卖万卖折本不卖，酒饮席面话讲当面

——既大手笔，也要精打细算

货有贵贱，识货上策

人生要有“伯乐”，才能更好地施展才华。生意场上也是如此，货物拿到市场上叫卖，就是为了卖一个好价钱。但市场的商品琳琅满目，商家要想拔得头筹，仅仅靠质量上乘，是远远不够的，寻到识得自己货的行家，才是上策。这也是常言道“货有贵贱，识货上策”的道理。

秦琼卖马可能为我们所耳熟能详。隋唐大英雄秦琼，家中颇有些积蓄，加之他为人性情豪爽，济困扶危，在当时人称“小孟尝”。在他一生中，从不把钱财看得那么重要，在一次办差途中，一时疏忽，没带够盘缠，欠下店家几两银子的食宿钱。因一时拿不出这笔银两，店家不依不饶地向他追讨，没办法，只能卖掉自己的马去还债。

他的千里驹黄骠马，马瘦、毛长、不显肥壮，秦琼把马牵到马市上不但卖不出去，反而受到一群不识马的人的奚落。幸亏遇到识马的苏老儿，苏老儿说：“卖金须向识金家！”于是引荐他到单雄信的庄园去碰碰运气。到了那里，单雄信果然识得此马的价值，出了高价，这才将黄骠马卖了出去，还了店主的银两，解了一时之困。从此以后，秦琼不仅与单雄信结为异姓兄弟，共兴大唐，黄骠马也依然是秦琼的良骑，陪伴他驰骋战场，打天下。从秦琼卖马的经历中，我们可知：货物再好，没有识货的买家，也不会卖上好价钱。千里驹黄骠马，牵到马市上竟没人识货，幸亏遇到识货的行家，否则这匹好马就被埋没了。看来做买卖的人能遇到一个识货的买家是多么的重要啊！

有一家企业，生产了一批高质量的牛皮女士包，由于作为原材料的牛皮，是从内蒙古高价收进。在技术上，又聘请了几个有很多年经验的老师傅在厂里亲自指导。在皮的加工选材方面，也经过了严格的筛选，只选用头层的牛皮制作。皮包最后完成之后，外观精致，皮面圆润，一看就是上乘的货色。

企业的领导很高兴，于是想把这批货尽快推入市场，以便回笼资金，从而扩大自己的生产规模。

刚开始，他们在制订销售计划的时候，考虑到这是女士的包，要面对女士多的地方打开市场，于是 番成本定价，市场调查之后，他们决定在市场的里面租的摊位，推销自己的产品，他们有这个想法，主要考虑到两点，一是市场内买菜购置日常用品的大多是女性；二是市场门面租金相对低廉，这样可以降低成本。

但是几个月之后，他们的皮包并没有卖出多少。眼看着要亏损，这时公司内一个女主管提出建议，认为市场内虽然女士多，但是我们的皮包质量高，成本高，价格就高，所以定位的人群应该是那些相对有钱的女士群体。

不几天，他们改变策略，价格不变，但是把自己的摊位改到市中心的商场内，一时间产品大卖，因为他们的产品好，价格也低廉，受到很多识货的女士的青睐。

这则事例主要讲的是商家怎样寻找识货的买家的经历，用通俗的话讲就是在我们推销自己产品的时候，一定要注意产品的消费群体。如果你拿一把上好的古琴卖给一个不懂音乐的人，不仅不会获利，而且琴本身的价值也不会得到体现。所以，商家要主动寻得识货的买家，这样才能有利润。

识货对于卖家的重要性由此可见，对于买家同样如此。买家在买货物的时候，也要识货，才能买到物美价廉的产品。“买椟还珠”就是一个很好的例子。

从前，一个楚国人，因为家境贫寒，打算把自己一颗漂亮的珍珠卖出去。

这个楚国人很懂生财之道，他找来名贵的木兰，为自己的珍珠做了一个盒子（也就是椟），用香料把盒子熏染得古色古香。然后，用翠鸟华丽的羽毛装饰了盒子，并在盒子外面用镂空的技法，精雕出许多活灵活现的人物花鸟。

盒子完成后，这个楚国人把盒子拿到集市上叫卖。一个郑国人看到了，将盒子拿在手里反复看了半天，爱不释手，终于出高价将楚人的珠子买了下来。郑人付了钱之后，便拿着盒子走了。可是过了会这个郑国人回来了。楚国人以为郑国人后悔了，要退货，正心里担心着呢，郑国人已走到楚人跟前。只见郑国人将珍珠交给楚国人说：“先生，我买的只是这个精美的盒子，您将一颗珍珠放在盒子里了，我特意回来把珠子还给您。”于是郑人将珍珠交给了楚国人，转身走了。

楚人拿着被退回的珍珠，甚是不解地站在那里。

我们从“买椟还珠”这个故事可以看到，买家在买自己需要的货物时也一定要擦亮自己的眼睛，不要被卖家一些花哨的推销技巧所蒙骗，最终花了高价，买到的只是不适用的东西，就像郑国人做的那样，只被盒子华丽的外表所迷惑，而失去了真正有价值的珠子。

买卖之中，只有学会识货，买家才能买到称心如意的商品，卖家也才能将货物以好价钱卖给识货的买主。

货无大小，缺者便贵

鲁迅的文章《藤野先生》有一段：“大概物以稀为贵吧，北京的白菜运到浙江，便用红头绳系住菜根，倒挂在水果店头，尊为‘胶菜’；福建野生着的芦荟，一到北京就请进温室，且美其名曰‘龙舌兰’。”这虽然写的是鲁迅先生对于生活的一种感悟，但也道出了这样一个生意经“货无大小，缺者便贵。”2011年，日本地震期间，国内风传日本地震引发的海啸而造成的核泄漏会污染海水。海水是我们食用盐的主要来源之一，于是人们就赶紧抢购市场现有的食盐，免得买到日后被核辐射的食盐，造成身体伤害。在一些地方，人们一窝蜂地抢购食盐，一时间各地食盐缺货很严重，那时候食盐的价格就出奇高。同样一袋食盐，在缺货的情况下，却以高出实际价值十倍的价格出售。这种哄抬物价，盲目消费的行为很不可取，商家一定要抵制这样的行为，但同时也应该看到其中“稀缺”对于卖高价的重要性。其实，货物的贵贱，不在于大小，关键看买家对于这种货物的需求度。

一般来说，商品的价格是受供求关系影响，并沿着自身价值上下波动。所以在交易的过程中，我们常常能看到同一种商品在不同时期价格也是不同的。当涨价时，卖方认为有利可图，会自发地加大生产投入；当减价时，卖方会自觉地减少生产投入。参与者盲目自发地投入生产，这就造成某种产品的饱和状态，需求不变的情况下，价格就降低，这样不但不会赚得财富，反而会赔本。同时，生产是一个相对较长的一个过程，所以我们常能看到一种商品提价后，市场上还没有很多这样的产品，相应的就会造成供不应求，这时，如果一个厂商手头有这样产品，必定大卖，获得丰厚的收益。

因此，我们的厂商，在生产自己产品的时候，一定要提高自己的警惕，时刻关注市场的动向，不要盲目生产，一旦市场饱和，供大于求，即使自己的产品再好，也不会卖上高价的。

《醒世恒言》第三十五卷《徐老仆义愤成家》中说道：“元（原）来贩漆的，都道杭州路近价贱，俱往远处去了，杭州到时常短缺。常言道：货无大小，缺者便贵。故此比别处反胜。”客商是人们生活中不可或缺的，在明代的商业经济中，交通不便利，也没有物流业务，一些行业也形不成规模，一些漆之类的产品，也就成了紧俏货。在《徐老仆义愤成家》中也讲述了开创紧俏买卖的艰难，难归难，但也有人看到了其中有大利可图：“元（原）来采漆之处，原有个牙行，阿寄就行家住下。那贩漆的客人，却也甚多，都是挨次儿打发。阿寄想道：若慢慢的挨去，可不担搁了日子，又费去盘缠。”阿寄只有十二两银子，他向牙商央求后，那牙商“一口应承当晚就往各村户，凑足其数”。大概的意思是，阿寄在行内获悉漆很稀缺，价格必定公道，于是不惜拿着仅有的十二两银子前来贩卖漆，结果获利。但依明代的社会背景看来，那时的漆紧俏的原因，一是交通不便利，没有销售渠道，也不敢大批量生产；二是没有形成一定的规模，如上面所述，只是零星去各家收了，才能凑齐一定的数目。

鉴于此，我们也要吸取《徐老仆义愤成家》中阿寄的经验，身处商场，也要练就自己敏锐的洞察力，时刻发现各行业的动向，瞅准机会，果断行动，就会抢得先机，大捞一笔。

在我们现代的商场中，也不乏智慧的商人利用“缺者便贵”的道理，在商场中赢得自己的一席之地。

一个北京人去云南旅游，看到那里山清水秀，但就是阳光太过炙热，身边很多外地游客都被晒得皮肤黝黑，有的甚至晒伤了；一些人虽然带着遮阳伞，但在拍照取景的时候很不方便；还有一些人，虽然戴着帽子，但传统的遮阳帽帽檐还是太小，不足以遮住整个上半身。他心想，要是能有一种帽子既美观，又能防晒就好了。他也做过生意，有点生意头脑，接下来，他就在云南的各个景区，走访那些卖帽子的店面，果然没发现自己想象的那款大的遮阳帽。

于是他回到北京，筹集了资金，只身来到云南，来之前，朋友对他说，不要这么妄断。一个外地人到了云南，估计不甚解本地的行情以及风俗，吃了大亏怎么办啊。他仍然坚持自己的观点来到了云南。

他在旅游人气最旺的丽江古城租了一家门面，做起了他的生意，开始时他自己凭借自己的想象手工加工草帽，虽然一天只能赶制几个，但卖得很好，内心也就安慰了许多，这说明自己的想法是对的。后来，很多旅客看见别人带着宽大帽檐的帽子，既美观也实用，于是纷纷慕名而来，这时店内的帽子开始供不应求了，于是他到丽江下面的农村，召集了一批熟练的制帽工，替他加工草帽。这样他的草帽事业，也越做越大。不几年就形成了规模，一些别的制帽作坊看到了他的成功，也有很多效仿的，但毕竟起步太晚，没形成一定的气候，现在他的这款帽子在当地很有名气。

这也就是所谓的以稀有取胜。我们在商场中，不管做哪行哪业，也要懂得以稀有取胜的道理。以稀有取胜也并不是说一定要你改变自己的经营类型，最重要的是出奇、出新、出巧。

货有高低三等价，客无远近一般看

货物有高中低三等，才能比较出货物之间的差别。人在人格上却是完全平等的。无论是贫富贵贱，都应该一视同仁。有的商家长着一双势利眼，嫌贫爱富，看见顾客衣着光鲜，出手阔绰，就点头哈腰，作揖打躬；看见顾客穿得寒酸，转眼又是另一副嘴脸。岂不知做生意也如做人，这样势利的人，很是让人厌烦，迟早会影响到自己的生意。

马克·吐温的《百万英镑》，讲了这样的故事。故事发生在上世纪初的英国。一对富豪兄弟用一张面值百万英镑的现钞打赌，看这张钞票究竟会给人带来什么。他们选中从美国来的亚当作为自己打赌的人选，亚当无论去吃饭、逛服装店都会因衣衫褴褛遭到店主的歧视。但当他拿出这张钞票时，店主们不但向他大献殷勤，甚至费用都可以减免，因为在他们看来亚当是有钱的人，而且根本没有人可以给一张百万面值的钞票找零。下面的片段非常经典：

亚当闲来无事，又在大街上溜达。他无意中看到街边有一家装饰考究的服装店，内心顿时涌出一种热切的念头：彻底改变寒酸，给自己弄一套体面的行头。但问题是，自己能买得起吗？身上除了那张一百万英镑的钞票之外，一无所有。

于是，亚当努力克制自己，径直从那家服装店门口走了过去。可是，内心的欲望如喷涌的岩浆，时时鼓动着他。一时按捺不住，他又折了回来，这时，内心另一个声音又告诉他，不能放纵自己，要有男子汉抵制诱惑的气概。就这样，亚当内心徘徊不定，在服装店门口来来回回足足走了六趟，最终，理智败给诱惑，他步入了店内。

亚当环顾了店内四周的状况，对其中一个伙计说："你们手头上有没有别的顾客试过不合身的衣服？"

这个伙计瞟了他一眼，没有搭腔，只是朝另一个伙计点了点头。于是亚当朝点头示意的那个伙计走了过去，那个也不搭理，而是又朝第三个伙计努努嘴，他只好又朝着第三个人走了过去，那人却要他等会儿。

亚当站在那里，内心怯懦的等待着。直到那个伙计忙完手头的一切杂事，才把亚当领到后面一个杂物间内，在一大堆退货中胡乱翻了一通，挑出一件衣服扔给亚当。亚当接过那件衣服穿在了身上。可是，那件衣服皱巴巴的不说，还不合身，毫无魅力可言，这可不是亚当想要的效果。但是现在亚当急需一件衣服，也由不得自己挑剔，他迟疑地对那个伙计说："能不能等两天再结账？我现在手头没有零钱。"

那个店员斜着眼睛，摆出一副刻薄的嘴脸说："噢，您没有零钱？我想也是呢，像您这样体面的先生只配带大票子呢。"

亚当火了，生气地说："你这个人怎么这样，你们做生意不能以貌取人吧。这件衣服，我还是买得起的，只是带了一张大票子，怕你们找不开，惹麻烦。"

那个伙计见亚当生气了，姿态稍稍收敛了一点，语气还是很不善，说："我可没有鄙视您的意思，您可不要为了逃避付款，故意找碴儿。我可告诉您，无论多大的票子，我们都能找得开。"

亚当二话没说，把钞票递给了那个伙计说："哦，那好吧，请您现在找开吧。"

看见有钞票，那个伙计立马摆出一副虚伪的恭敬嘴脸，皮笑肉不笑地把钞票接了过去。可是，只瞟了一眼，他的笑容立马僵硬了，嘴巴还抽搐地抖动着。亚当从来没有见到如此生动的一张脸——瞬息万变、丑态百出。正在那个伙计呆若木鸡的当口，老板看出了端倪，放下手中的账本，走了过来，虚伪地问："怎么了，这位先生，有什么需要帮忙的吗？"

亚当说："没什么，只是等你们找钱。"

老板上下打量一下亚当，拉着脸说："托德，快给他找钱，还有好多活儿要干呢！"

托德讥笑着对老板说："找钱？先生，您说得轻巧，自个看看吧。"说着，就把那张钞票塞到了老板的手里。

老板低头看了一眼，低低地吹了一声口哨，接着一头扎进了那摞退货中又翻找起来，一边翻找，一边不停地唠叨："托德那个傻瓜，早晚我要把他赶走，竟然不识相地把那样一套寒酸的衣服卖给百万富翁！真是个不中用的东西，就因为老是分不清谁是百万富翁，谁是穷酸鬼，我的买卖才不好做了。啊，先生，你赶紧脱了您身上不合身份的衣服，再赏个脸，试试我找的这件衣服。"

待亚当试穿上那件衣服之后，老板又扯着公鸭嗓子说："看呢，这是多么合适啊，质地上乘，做工考究，完全就是按照贵族的标准设计的。再看看这条裤子，是多么的合身啊，先生，再试试这个马甲，啊哈，真是得体！再配上这件外衣，效果更好，简直是绝了，尊敬的哈利法克斯·赫斯庞达尔殿下的派头，也不过如此。"

亚当点头表示满意。

老板见势，接着奉承说："先生您真是见多识广，就是识货。这套衣服，您先顶一阵，我这就按照您的尺寸给你做体面的衣服。托德，愣在那里干吗，赶紧把我的尺子和计量本子拿来。"

一阵忙活之后，亚当愣没插上嘴，老板就已经忙完了，正吩咐做晚礼服、正装、衬衫以及各种场合需要的衣服。亚当插了个空子对老板说："先生，我现在没法定做这些衣服，除非您找开那张钞票，或者允许赊账？"

老板立马笑脸迎着说："先生，可以赊账，您是谁呢，提钱就见外了。托德，赶紧把这些衣服精心地做好，一刻不能耽搁，送到先生的府上去。”

马克·吐温的这个故事很经典，揭露了资本主义“文明”的真相，特别是撕破了资产阶级所谓的道德外衣。在这里我们也可以用来说当今的商场，我们要想成功，必须从上面的小说中吸取教训，和和气气地对待每一位客户，千万不要用势利的眼光看人，从而断了自己的财路。

合理要价，诚信为本

漫天要价，这是近几年来人们议论最多的话题之一。现在大家都可能有这样的经历，也相应地有了经验。在广泛存在漫天要价的市场环境中，多数人不会轻易地从第一个遇到的卖主那里购买商品，而是情愿多跑几家店铺，多问几次价格，多家比较一下，再使用“就地还钱”战术，才算把自己需要的东西买到。

经济学把这种人们花在市场上寻找合适产品和比对价格的过程称为搜寻。显然，搜寻包括了多种方面的支出，它不仅需要付出时间、体力和交通费用等方面的代价，而且还往往有精神方面的折磨，但是衣食住行又是最贴近人们日常生活的，不可避免。

一次交易的过程也就是买卖双方的博弈过程，卖家漫天要价，以求挣大钱；而买家则就地还钱，以期以最低廉的价格买到最满意的货物。最后两者只有在一个合理的价位上达成一致，才能实现这笔交易。

所谓的商道，也就是赚钱之道，不能为了一已私利而不择手段，如果不结合商品的实际的价值，漫天要价，只能让人避之不及，最终也不会赚钱。所以，经商要以诚信为本。

“漫天要价”是不可取的，我们可以用以下几点来论述它的不利之处：

其一，浪费时间，就是浪费金钱。

我们经商，时间也很珍贵，在买与卖的过程中，给自己的货物定一个合理的价位，买主在买商品的过程，就不会为了杀价而大费一番口舌，最终双方各自轻松地完成交易，卖主可以安心招待下一位顾客，而不至于为了议价心力交瘁，冷落了其他的顾客。

时间也就是财富。我们在做生意的时候也要讲求时间观念，不要把时间浪费在“漫天要价，讨价还价”中，这样不仅会失去诚信，而且还会延误商机。

其二，诚信为本。

经商之道最重要的是诚信。何为诚信？诚信是中华民族的传统美德。我国从古代时起，人们就极力推崇诚信，说诚信是“国之宝也”“德之固也”“言之瑞也”“善之主也”“礼之器也”，诚信极为重要。

一般来说，企业的诚信经营至少应包括两层含义：一是对消费者要讲信誉，如企业要深入了解消费者的基本需求，使产品满足消费者使用方便、美观、安全等各方面的需求，真诚地为消费者服务；二是对消费者负责的原则，不搞欺诈、漫天要价等行为。

这其中讲求诚信就必须不能欺诈消费者，买和卖毕竟是双方选择，最终满意才能达成交易，经营者以太高价格欺诈消费者，造成了信誉的丧失。信誉一旦丧失，那么何谈生意兴隆啊！

在中国古代，一条繁华的街上，有两家布庄，百福隆布庄和方家富布庄。两家从祖上开始就是行业的对头，一直经营到了这一代，他们仍然势均力敌，不相上下。

百福隆布庄相对铺面大一点，请的伙计也是清一色会点手艺的，但是方家富布庄就一家三口经营，铺面干净整洁。鉴于此，百福隆布庄上下就有点看不起方家富布庄，认为方家富布庄根本不是自己的对手，是竞争不过自己的，不久这条街就他们独一家了，有时也有点不可一世的样子。

一天，百福隆从苏杭进来一批紧俏货，于是就让伙计们暗中打听，竟然没发现方家富布庄有什么动静，他们没有进来这批货。这时百福隆的老板认为，这么紧俏的布料，我完全可以抬高价格，别人也不会知道，自己可以大赚一笔。于是把这匹布定了高出七倍的价格销售，最终他也赚了很大一笔。于是在此后，更是肆无忌惮，每次进了稀缺的东西，在价格上都定得很高。

而方家富布庄却从不做这样抬高价格的买卖，进到何种布匹，都是抽了一分的利润，讲求的是诚信。时间久了，人们渐渐发现了百福隆不讲诚信，漫天要价，百福隆布庄的门庭也就逐渐冷落了，最终关门大吉，而方家富布庄还在稳稳当当低成本地开着，生意日渐红火。

这也就是诚信带来的不同的命运。

对于消费者来说，不要每件商品都“就地还钱”，这对我们长远的消费来说，也是极其不可取的。

我们在选购商品的时候，也要按照商品的实际价值来衡量价格；如果本来商品的价格已经定得很合理，我们就没必要浪费双方的时间去议价。毕竟卖家也得有利润可图，才能生存下去，这是我们都懂的道理。如果我们对合理的价格，就地还钱，可能会伤害到卖家的利益，并且还会影响他们的经营理念，既然每个顾客都要议价才能购买商品，那么我抬高价格，也是一种正常的经营模式。这样的话，我们消费者可能助长了“漫天要价，就地还钱”的不良气焰。

所以，为了有一个和谐的交易环境，我们卖家和买家两方都要做出自己的努力，共同营造一个良好的气氛，这样才会对买卖双方都有利。

买卖不成仁义在

生意场上并不是只有利益存在。一次生意做不成，没必要太计较得失，以后合作的机会有的是，只要有合适的事情，还可以再度合作。只要关系始终保持着，只要对彼此的信赖不变，就有再次盈利的机会。这是人与人交往的一种基本的道德原则，有的时候不一定非得因利益而结合，就算是为了交了朋友，买卖上也不能伤了和气，以后说不定有彼此用得着的地方，这也是为自己建立人脉关系的一种好的方式。

售楼小姐小李因为没有完成售楼任务，心里非常焦急。一天她很幸运地接待了一位有购买意向的客户，便非常卖力地向对方讲解，对方提出的任何问题，她都不厌其烦地耐心回答。

当小李认为成交有希望，想带客户去办理手续时，不料对方却很肯定地回答说：“我不买。”

小李顿时气不打一处来，一连串地质问客户："你这人怎么这样，既然不买房又何必浪费我那么多时间呢？"

对方说："我的话还没说完呢。我没打算买，是我的朋友想买，我本来打算向他推荐这套房子的，但现在看来没这个必要了。"客户拂袖而去，留下小李一个人懊悔不已。

小李因为买卖没做成不顾惜顾客的颜面，说了些抱怨的话，从而丢了生意。正应了那句俗话："买卖不成仁义在"，如果售楼小姐客气一些，势必能做成这单生意。

生意没做成，商家有失落感是可以理解的，但如果自己的利益没有受损，却与顾客发生争执，伤了和气，失了仁义，就有可能导致更大的损失。

我们在商场之中，一定要定好自己的位置，是把仁义放在前面，还是把利益放在前面，对于自己的成功很重要。

在一个炎热的夏天，孙老太太在马路边摆摊卖西瓜，旁边是一个卖黄瓜和西红柿的大婶。一会儿，一个老先生骑着自行车去钓鱼打这儿经过，于是就停下来，想买一个西瓜带回去。

这位老先生挑了一会儿，终于选中一个又大又圆的西瓜，待称重的时候，孙老太太突然发现自己忘记拿秤了。怎么办呢？老头说，这样吧，我感觉你的西瓜有七斤多，就按照七斤半来算，我估计上下也差不了多少，就几毛钱的事。孙老太太想了一会儿，说："这样吧，我借隔壁大婶的秤来称一下重吧，有多少就是多少。"

于是孙老太太借来了秤，西瓜又太沉，俩人抬着，来回称了半天才称明白，一共七斤四两多一点，就多卖了三毛钱。这来回称了几遍，两个人热得满头大汗。

孙老太太用湿毛巾擦了一下脸，见这位老先生满脸汗水，有点过意不去，于是，顺便切了一个西瓜，一块顺手递到老者手中，一块递给了隔壁卖菜的大婶。这位老先生受宠若惊地说："这哪儿好意思？"

隔壁的大婶笑道："你这一块瓜，应该也要五六毛钱。刚才你还为了三毛钱，把那个西瓜称了几遍。"

孙老太太说："买卖是买卖，仁义是仁义。大热的天，人心都是肉长的，谁还计较那么多，买卖不成仁义在嘛。"

孙老太太在这个路边卖了一夏季的西瓜，这位老先生给她带来了好多自己的钓友。这也是一种仁义的回报。

孙老太太说得多好啊，买卖是买卖，仁义是仁义，买卖不成仁义在，买卖成了，不应该忘记仁义，但买卖不成，我们也不能丢了仁义，断了以后的合作机会。我们在经商的道路上，并不是与每一个顾客的交易都会成功，如果与这个顾客的交易没有成功，就对这个客户加以颜色，那么我们的顾客就会一个一个地减少。厚道做人，精明做事。商场上，顾客资源就像滚雪球一样越滚越大，每一桩买卖应该为下一桩积累资源和创造条件。

我们千万不要买卖不成就斤斤计较。似乎人与人之间的交往就只剩下了利益，一见利益不成，就火冒三丈，实在是不可取的。

我们在日常与人的交往当中，一定要懂得仁义对于我们的重要性，不要一心只想着利益。一个能成大事的人，必定不是只顾眼前这点小恩小惠的人，他们懂得怎么收放，在以后取得更大的利益。试想，买卖的成功，也跟很多因素有关，有可能因为时机、条件不成熟、当时的市场状况等因素，不能合作，那么我们也要讲求仁义，说不定，在不久之后，一些因素成熟了，就可能再次合作，取得更大的利益。所以，不管交易成功与否，都不能失了仁义。

买主买主，衣食父母

顾客是上帝，因为生意人的利润都是从顾客那里来，没有顾客关照，生意人就要折本，生存就难以继续。所以，如何争取顾客前来光顾，如何维护顾客的利益，如何用诚意抓住顾客的心，便成了生意人的最大难题。

一位在汽车领域有所成就的人讲过："家电市场的今天就是汽车市场的明天，竞争将会非常激烈，顾客的选择决定了企业生存空间。顾客是我们的衣食父母，出色的售前、售中、售后服务吸引客户喜欢我们的汽车，要和客人交朋友，客人到店要有到家的感觉，要说到做到。"说到底，顾客就是企业的衣食父母。

无论从事任何工作，都要明确自身的定位：顾客在自己心中处于怎样的位置？有人视顾客为摇钱树，能宰就宰；有人视顾客为利益伙伴，有利就上，无利就退。而有人将顾客视为衣食父母，充满敬畏、充满感恩。

史蒂夫·鲍尔默讲过这样一句话："我认为我是一个积极的人……我喜欢积极向上。当我遇到困难的时候，拜访一下客户，从他们那里获得积极的鼓励，从而知道自己还有很多要做的事情，这对我来说是活力的源泉。"

视顾客为衣食父母，就要常怀敬畏之心。对顾客要有敬意，无论贫富贵贱，都是客人，要一视同仁。如果说，尊敬别人是一种美德，那么，尊重顾客就是一种商场生存之道。记得沃尔玛创始人曾说过：顾客想要惩罚你很简单，不到你商店买东西就足够了。

在我们的周围，往往就有这样的商家，为了一点私利，不顾自己的形象，视顾客如仇家，你买了我的东西可以，要是不买，就是对自己的不敬，俨然把自己放在上帝的位置。殊不知，商家的生存和壮大，都是要靠顾客的支持，否则，利润何来？成功何来？

一位从事推销工作的人，用了短短3年的时间，就成为公司中业绩最好的推销员。有一天，一位新来的推销员向他讨教，问他靠什么秘诀让业绩变得这么出色。

这位推销员说："我是靠'三次致谢'起家的。"

随后他向那位新手解释道：

"第一次致谢，每当我从外面推销回到公司，我一定会按照当天拜访的客户的名单顺序，分别打电话给他们表示致谢，即使其中的一些人并没有购买我推销的产品。

"第二次致谢，几天后，我会分别给那些客户写信表示感谢。

"第三次致谢，在适当的时候，并取得客户的允许，我会再次登门拜访，向客户当面表示自己的感谢。"

新推销员问道："为什么对那些没有购买产品的客户也要致谢呢？"

他回答道："如果只是为'钱'而道谢，就不是成功的推销员。成功的推销员之所以成功，是因为有一颗感恩的心。客户在百忙中抽时间接待我们，即使我们没有达成买卖关系，但他们却给予了我们宾客般的招待，这不是一次刻意的致谢就能够报答的。"

不要以为这种感恩的态度，只是推销员应该具备的。在现代商业社会中，你无论就职于哪家公司，从事何种职业，都应该让自己拥有一种对客户感恩的态度——因为在某种意义上讲，客户是我们的衣食父母。

比尔·盖茨则说："在了解了客户的需求之后，你必须乐于思考怎样让产品更贴近客户，并主动帮助客户。"

事实上，如果一个员工想卖出自己的产品，他首先要做的事，就是要让自己更贴近客户，让客户信任你这个人，这样才能买你的产品。因为正像市场营销专家指出的那样，无论你向客户推销哪种产品，你都必须先向客户推销你自己，推销你渴望向对方提供服务的诚恳态度。

一位美国商业评论家对比尔·盖茨这样评价："这个世界将是他的，只要还有任何东西不在他控制之下，他将不遗余力……此时，微软公司的唯一目标就是赢得用户和消费者的喜爱和信赖，进而长期称霸市场，畅销世界。为实现此目标，微软公司的总裁和员工绞尽了脑汁。"

我们在商业中，一定要借鉴那些成功人士的经验。成功了不倨傲；失败了，不气馁。始终带有一颗感恩的心对待我们面对的每一位顾客，思他们所思，想他们所想，这样才能设身处地为他们考虑，迎合他们的利益。他们满意了，觉得适合自己需要才能购买我们的产品，从而我们才能获利。这是一连串的因果关系，但是最重要的是要有一种良好的态度，这比什么都重要。

在我们与顾客交往中，一定也要认真对待每位顾客对我们提出的宝贵意见。所谓"忠言逆耳利于行"，不要因为话不好听，就不屑于采纳别人的建议，一般能提出中肯意见的，反而是对我们的事业最关心的顾客。换位思考一下，他们提出的意见是最珍贵的，因为他们处在顾客的位置上，最能发现我们的服务或者产品出现的问题。

第二章

经营致富：买卖不懂行，瞎子撞南墙

——推销自己，掌握财富流动的秘密

三分掌柜，七分伙计

如今是一个高速发展的社会，也是一个分工精细的社会。在这样的社会环境下，合作就成了衡量一个人是不是人才的标准了。我们都知道，如今的分工已经非常细致了。以前都是作坊式生产，一个人负责整个产品的所有环节，但现在，都是每个人负责一部分，然后组合到一起，完成整个产品的制作。在这个过程中，需要的就是彼此的合作和默契，只有每个环节都做到最好，才能保证最终的产品的质量，才会有竞争力，企业能够生存，员工也便能够得到发展。由此看来，合作能力已经是一个人必不可少的了，甚至是现代衡量一个人的重要标尺。

我们的老祖宗给我们留下了很多关于合作的重要性的警句，像描述人多智慧大的“三个臭皮匠胜过诸葛亮”，像描述商业合作的“三分掌柜，七分伙计”等，都是在强调这一点的。而且，关于如何合作，古人也进行了很多的探索，其中还有很多个小故事。

在小说《乔家大院》里曾讲到，乔家堡的乔致庸，就曾经对手下的员工实行了股份制，让每个伙计都持有店铺的股份。这样，大家就会把店铺当成是自己的产业，就会用尽自己的全力去为店铺的利益着想，最终也便成就了自己。

当时，正是乔致庸刚刚接过家族产业不久的时候，本来他们家的产业都是由他哥哥负责的，但是他哥哥因为一次失误而陷入了对手的圈套，以至于乔家差点破败。乔致庸接过家族的重任之后，用自己的智慧化解了危机。不过，他也同时看到了问题。那就是很多伙计都不够敬业，对店铺的声誉和利益都不够关心。于是，乔致庸就想了这样一个办法，修改了制度。

按照制度来说，只有掌柜级别的人，才有资格从东家那里分红。但是乔致庸觉得这样不公平，而且也不能充分调动大家的积极性，于是他规定，普通伙计也有分红的机会。当时他的做法在晋商当中引起了很大的轰动。大家都觉得这个乔致庸疯了，怎么可以给每个人都分红呢？那样不是让东家的收入变少吗？甚至有人已经开始联合其他晋商联合抵制乔致庸了。人们都觉得，这个改变了原有规矩的疯狂家伙根本就不懂得生意，不久就会让家族产业丢失殆尽。

但是，很快，那些人就失望了，乔致庸不仅没有败，还成了晋商当中的顶尖人物。

乔致庸能够取得那么大的成就，靠的就是自己的智慧，他懂得合作的道理，知道

“三分掌柜，七分伙计”对自己的好处，明白只有合作才能够更长远。那些不理解他做法的人没有看出这些来，所以，他们的产业不如乔致庸大，发展得也没有那么快。

这是古人的故事，不过今天看来，还是对我们很有启发的，因为时间虽在流逝，但道理是永恒的、不变的。

很多的老板都觉得，在员工身上克扣些工钱是对公司有利的，可以节约公司的运营成本。但他们不知道，这是以牺牲效率为代价，而且这代价不是他节约的那一点点成本能够比得了的。

之所以有人会这样想，就是因为不明白合作的道理，不懂得合作的好处。所以，才会做出这种看似精明实则愚蠢的事情来。

大伊是一家私企老板，他给员工承诺的条件很好，既有基本工资，也有绩效提成，而且大伊给出的提成条件也比同行业多了很多。所以，他招聘员工时很顺利，不久就将公司弄得有声有色的。不过，很快，情况就转变了。

原来，大伊虽然承诺了很多，却从未兑现，他总是在给自己的员工画大饼，告诉他们公司将来多么有前途，员工跟着他能够取得多么大的成就。这些话开始的时候还是管用的，但很快就失灵了，因为大家都看出来大伊所做出承诺的虚假性。

于是，大伊的员工开始慢慢流失，很多有能力的员工都离开了公司，但是大伊依然故我，还是像以前那样做，不知道改变。

很快大伊的公司就没几个人了，已经快要开不下去了。可大伊这时候还是不认为自己有问题，他觉得问题都是出在员工身上的，是员工没有远见，不懂得公司将来的发展空间才离开。

现在，大伊的公司已经倒闭了，不过他还是不明白，自己为什么会创业失败。

我们要做的就是重视合作，学会合作。要明白，做人就要做乔致庸那种的，而不是做大伊那种的。只有懂得合作，明白“三分掌柜，七分伙计”的道理，才能让你赢得更多人的帮助，也就能做成更多的事，那时候，你就会明白，合作给你带来了多少好处了。

先有交代，后有买卖

中华文化，有很多值得人们品味的名言警句，是我们古老民族的智慧。不过，我们也必须看到，随着时间的流逝，社会的变迁，其中有些已经不能适应我们现在的社会了。这其中就有一个“成大事者不拘小节”。我们都知道，现在是一个讲究细节的时代，用一句话说就是细节决定成败。随着科技的发展，人们对技术的掌握越来越精深了，这精深的技术靠的就是一个个细节。由此可知，随着社会的改变，我们也是要做出一定的调整的。只有通过适当调整，才能让我们变得更加适应这个社会，也就能够更加接近成功，得到我们想要的东西。

在我们的文化中，还有这样一个情结，那就是凡事都不喜欢交代清楚，而是凭着各自的爱好或者说心里认知去掌握各种度。其实，这一点与成大事不拘小节是有相通之处的，我们总是认为凡事说得太清了就失去情分了。其实不然，很多时候，就是要说清，不但要说清，有的时候还要写下来。只有这样，才能够避免很多的麻烦。

下面我们先来看一个故事。

大根是一个普通的农民，很穷苦的那种。他家里没有地，只能靠给地主做长工来养活自己。

大根的东家是附近有名的富户王员外。大根觉得跟着这样的东家，肯定是有出息的，至少不会赖自己的工钱。大根去的时候，也没有跟王员外多说，只是大概地谈了一下价钱，就开始干活了。

大根很努力，他每天天不亮就起来，太阳落山了之后才离开地里。而且，大根干的活也很漂亮，又认真又仔细，从不会糊弄东家。

很快，年关就到了，大根去找王员外结工钱，可让大根没想到的是，这个一向以和善著称的员外竟然克扣了他的工钱。王员外只给了大根当初说定的一半的钱。

大根完全没想到会是这样一个结果，于是跟王员外理论。结果，王员外根本不认原来的约定，而是说当时就是这么说的，一年就给这么多钱。大根找不到能够给他作证的人，于是便这样受了欺负。

其实，王员外也本不想克扣大根的工钱，不过是因为夏天的时候家里出了点事，着了一场大火，损失了很多家当，远不如从前殷实了，所以才无奈做下了这种事情。

但是，我们也必须看到，王员外不管遭受了多大的损失，都没有理由赖他人的工钱的，他这么做是绝对不对的。不过关键还是在于大根没有当初约定的证据，这是导致他受了欺负的最直接的原因。

由这个故事，我们可以看到很多的道理。通常，我们都以不拘小节为标准去要求自己。觉得不管是跟朋友，还是跟自己的客户办事的时候，都不能说得太细，那样是很没面子的事情，会显得自己小气。但是，我们必须认识到，这样是最容易出问题的。就像大根一样，他就是由于不好意思开口，又觉得王员外有之前的名声在，不会赖自己的账，才那么大意的。所以，我们应该明白，不要恶意揣度别人，但也不能让自己处于没有保护的状态。更重要的是，凡事都事先说清楚不仅不是小气，而是一种聪明。

小李是一个销售人员，业务也还不错。这天，他联系了一个客户，对他们的产品很满意，决定购买一批。整个单子进行得很顺利，就是在合同条款的约定上出了点问题。原来，客户觉得，小李他们公司的合同写得不够细致，很多可能出现的小问题都没有写进合同当中，在客户看来，这是一种不专业的表现，也很可能在以后导致问题。所以，客户要求修改合同，要做得更细致些。

开始的时候，小李很头疼，他从来没遇到过这种事情，觉得这个客户实在是太多事了。不过为了成单还是忍了。最后，小李修改了很多处，客户才跟他们签了合同。签合同的时候小李还想着，以后可别碰到这么难缠的客户。不过，很快，小李就对客户佩服有加了。原来，小李的同事小张最近也签了一个合同，就是按照公司之前的范本签订的。结果，在客户使用的过程中出现了很多问题，有些是产品本身有毛病，有些是客户使用不当。但是，在合同中没有严格规定这些现象的责任分配问题，搞得事情一团糟。客户说凡是有问题就应该小李他们公司来负责，可公司这边说很多都是客户自己的问题，不应该他们负责，结果本来好好的合作关系变成了敌对关系，搞得小张每天都愁眉苦脸的。而小李当然就没有这种问题了，因为之前合同都规范过了，责任认定很清楚，自然没有这样那样的烦恼。这时候，小李才明白客户那样做的真正用意。

上面的两个故事都是跟我们的生活息息相关的，也是我们在日常生活中总能碰到或听说的。但好像很少会有人对这种事情引起注意或从中汲取经验教训。我们的先人早就说过一句话“先有交代，后有买卖”，说的就是在做事之前应该先规范规则，而不是稀里糊涂的，一副做大事者不拘小节的样子。

就像前面的故事一样，如果当初大根跟王员外签订一个文书，那么，他就可以去告官，追回自己的损失。如果当初小张的合同也像小李一样签，便不会有后来的麻烦。

我们必须要认清，在做事之前先制定规范不是没事找事，也不是说这个人不够大度，这是一种聪明的表现。只有聪明人才能够看到以后可能出现的问题，而在最开始就想着如何去规避，这样做不是在制造麻烦，而是为了以后没有麻烦。

不要因为抹不开面子或者想要逃避现在的麻烦，就在做事的时候稀里糊涂的，很多事情都没有事先交代。这样不但不能保住面子，避免麻烦，反而会让自己丢了面子或制造出更多的麻烦。我们要学习的就是这种智慧，记住“先有交代，后有买卖”的道理。在麻烦发生之前就将其解决掉，这样做了，你会赢得更多。

先做朋友，后做生意

俗话说得好，在家靠父母，在外靠朋友。在外经商就得会做“人情生意”。先做朋友，后做生意，这样才能把事情办好，生意做大。

李先生是杭州一家笔庄的老板。1989年在杭州创业时，他十分窘迫。那个时候是他人生中的最低谷。即使如此，他也没有放弃，而是经常出没于杭州的各个画廊、美术院校，只要有机会就给别人看他的笔。

一天，李先生在一个画廊里遇见了一家画院的院长。李先生看院长气度不凡，就拿出一支上好的鸡毛笔要送给院长，院长看后感到很惊讶。这次巧遇使院长对他的笔产生了浓厚的兴趣，以笔会友，两个人在研究笔的过程中结下了深厚的友谊。为了让更多的人了解他的笔，院长决定帮他开一个笔会，并免费提供场地。通过笔会，李先生认识了画院的更多的朋友，还帮助他解决了欠了多年的债务问题。时间长了，李先生的笔庄在杭州渐渐闯出了名气。

不久后，李先生将他的笔庄开在一个冷清的文化用品市场二楼的拐角里，气氛虽然冷清，但李先生却有他的目的。喜欢毛笔的人都是一些文人，不喜欢很热闹的地方，书法家、画家来这儿一看就会觉得比较高雅，地方也比较宽敞。

如今，李先生已经拥有两个笔庄、一家工厂，每年制作销售毛笔四五万支，李先生正走在成功的创业路上。

其实，做生意投资人情，谈的就是一个“缘”字，彼此能够一拍即合，要保持长期的相互信任、互相关照的关系也不那么容易，要办好事，我们就要牢记人情准则：“先做朋友，后做生意”。

某企业董事长的家里，每到年底时，都会收到堆积如山的赠品。由于太多，而且礼物和赠礼的人不一致的情形也不少。所以听说这位董事长只留下合意的礼物，其余的都退回百货公司。然而，有一年岁末，这位董事长却意想不到地收到了令他满意的礼物！那是在美国流行的“高句丽莱田娃娃”，不知是怎样寄来的，总之是送给董事长的小女儿的。赠品也很别致，而把这别致的礼物不送给董事长而送给他的女儿，的确令人深感其诚意。

有人出席某电气厂商主办的演讲会。演讲后，对送到车站来的主办单位的人员无意中提起“我母亲目前住院……”第二天，也不知演讲会的主办经理怎样打听到的，竟然到此人的母亲入住的医院来探病。此人在震惊于主办者意想不到的好意的同时，感激之情不可言表。

情感是人们沟通、交流的桥梁。饱含真情的语言则是唤起情感的一种最具感召力的武器。运用真情流露的言语策略，可以顺利地使双方产生情感共鸣，关系融洽，形成良好的交际氛围，可以有力地推动人们将某种行为动机付诸实施，并做出积极的反应。

人是感性动物，当然都难逃脱“人情债”。尽管在商场上素来有“认钱不认人”之说，但是成功人士都善于投资“人情生意”，所谓人情投资，就是能够在人情世故上多一份关心，多一份相助。

买卖成交一句话

人是复杂的，很多时候，我们遇到一件事，首先想的就是可能会出现这样的情况，那样的情况，在自己的心中给出了很多个可能；然后又给每种可能都加上了不可能的标签，自己来吓唬自己；然后就在这些臆想当中，失去了信心，不敢去做了；结果，就导致了我们的失败。

但是，事情往往都不是按照我们的想象来发生的。爱因斯坦曾经说过一句话，“世界服从简单性原则”，这话是绝对正确的，绝大多数时候，事情都是简单的，不过是我们把它想得过于复杂了。就像在做生意的过程中，有时候，买卖的成功与否，靠的就是一句话，有了这句话，你就能成功，没有这句话，那么，可能就是另一个景象了。

博恩·崔西是一个伟大的推销员，在他看来，只有不会卖东西的人，没有卖不出的东西。他经常给别人讲述自己成功的经验，给别人讲那些他做成的生意。当然，也会介绍他是如何一步步走向成功的。下面，我们就来看看他的事迹。

当博恩·崔西还是一个菜鸟业务员时，他常常白天沿着街走访，向一家又一家的公司推销自己的产品，晚上则是搜集资料，准备第二天的拜访。不过，那段时间他活得并不幸福。他说，那是他很不喜欢的工作，或者说，他很怕这份工作。

每次拜访客户时，博恩·崔西都会很热情地向客户介绍自己的产品，介绍完产品后，便迟疑地问对方：“请问，您觉得怎么样呢？”

对方总是回答：“把资料留下来吧，我再考虑考虑！用到的时候会联系你的。”

几次之后，博恩·崔西发现，所谓的“我再考虑考虑”的真正意思就是：“我根本不会考虑。”

但当时，博恩·崔西还是天真地以为，每个客户都在“考虑”他的产品，甚至以为，过不了多久，客户就会打电话要订单。结果，根本没有人打来电话。

经过了几个月的失败之后，博恩·崔西明白了，自己总失败的原因与价格、市场需求等都没有关系，真正的原因在他自己，是他从来都不敢主动要求客户下单。

这天，博恩·崔西的心情非常不好，长时间的失败已经让他快要崩溃了。当他再次听到客户“我再考虑考虑，你过几天再来一趟吧”的时候，鼓足勇气说了一句他一生都不会忘记的话：“抱歉，我可能不会再来了。”

“什么？不再来了？”对方很惊讶。

“是的，”博恩·崔西说，“我已经全部解释清楚了，可你不买，就说明不想买，那我干吗还来呢？”

结果，对方看看博恩·崔西，然后抬起头来说：“好吧！我买了。”

博恩·崔西走出大门时，手握着订单，感觉整个人轻飘飘的，他想：“我终于有突破了。”

从那以后，博恩·崔西就好像变了一个人一样，不再是那个失败者了。每次别人跟他说“考虑考虑”时，他都会对那人说一模一样的话，结果也都一样，顾客买了他的产品。

接下来的几个月，博恩·崔西打破了全公司的销售记录，收入也增加了20倍。当他成为一个团队领导的时候，每次给属下培训都会跟他们说，第一次跟客户见面时就要主动要求客户下单……博恩·崔西这一招果然奏效，很快，公司业绩翻了几番！

如今，那句话已经成了博恩·崔西部门的口头禅了，在他们办公室的墙上就贴着那句话。他们部门的每个人都铭记一个道理，很多时候，想要成功卖出你的东西，关键点不在于你有多么能说，多么了解别人，而就在于一句话，只要你多说了那么一句，你就成功了。

不过，我们也必须看到，想要说出有这样效果的一句话，也是需要一定的条件的。首先，要有一颗愿意上进的心。故事中关于这点，没有太多的涉及，博恩·崔西是偶然发现一句话就可以改变自己的工作的。但是，我们既然了解了前人如此成功的经验，就不能再去靠运气和偶然了，那么，靠什么呢？靠的就是一颗上进的心，只要有了上进心，就会去想成功的办法，在这思考的过程中，就可能发现。

其次，还要有一颗聪明的头脑，要学会换位思考。只有掌握了人性，了解了别人是如何思考的，他们的着眼点在哪里，我们才能更好地制订出针对那人的计划，从而将生意做下去。

最后，就是靠坚持了，就像博恩·崔西一样，在失败中不要失去信心，要懂得坚持。我们必须看到一点，虽然博恩·崔西是偶然发现一句话可以改变客户态度的，但是这偶然中也存在着必然。试想，如果博恩·崔西不是特别努力地每晚查找客户的资料，了解客户的信息，那么，他还会有后来的机会吗？显然不会了，就像你去向一个不喝酒的人推销你的酒，无论你说什么，他都不会买的。所以，积累和坚持也很重要。

如果你具备了以上几点，那么，你成功的概率就会大了。

小李是一个刚刚踏入社会的小白领，在公司做销售，不过他的业绩却总也不理想。这件事总是困扰着他，这天，小李问自己：“为什么有些业务员比别人更成功？”

从那天起，小李就开始向同行请教，他最常问的是：“如何解答客户的问题，并最终做成买卖？”然后通过别人的回答，总结技巧，学习经验。

终于，小李慢慢成长了，从那个业绩不怎么样的小菜鸟变成了公司的销售冠军。这一切，都是他爱问的结果，都源于他总问的那一句话。

我们可以看到，小李也是符合上面说的那几点的。他有一颗上进心，懂得换位思考，更是懂得坚持。正因为这样，小李凭借着一个简单的问题，就取得了长足的进步。

我们要学习的就是这些成功人士的经验。在遇到事情的时候不要轻易放弃，而是进一步，再多说一句话，很可能这句话就可以改变你的境遇，给你带来一片新的天地。

请记住这句话："买卖成交一句话"，它告诉我们的是一种进取的心态，让我们在面对失败的时候不是放弃，而是多说一句话，多问一个为什么。这样坚持下去的话，你必将会取得成功的。

卖得回头笑，不请还自到

如今是个开放的社会，更是一个讲求效率、讲究创新的社会。在如今的社会中，财富是很多人追求的目标，但是，大多数人都是眼睛盯着财富，却不知道如何才能够得到财富；更有甚者，还会走入歪道，做些见不得人的事情，以达到追求财富的目的。我们都知道，这样是错误的。我们要做的就是热爱财富，但靠正常的手段去得到财富，而不是靠一些见不得光的办法来获得财富。

但是，很多人可能会说，在竞争如此激烈的社会环境中，老老实实做生意，真的能够得到自己想要的那么多财富吗？答案是肯定的，只要你真的心里装着别人了，那么，你就一定能实现自己的目标。具体来说，也很简单，一个微笑就可以了。

老话早就说过"卖得回头笑，不请还自到"，讲的就是这个道理。很多时候，我们觉得现在的顾客要求太多，给我们开出的条件太苛刻，所以生意不赚钱，日子不好过。可是，我们是否真的换位思考过，是否从自己的身上找过原因。相信很多人都会说没有，他们从来都是眼睛盯着别人，然后去抱怨，要知道，这样是不对的。我们要懂得换位思考，要懂得从别人的角度来想，如果这样做了，在每次对待自己的顾客的时候，都能够提供周到的服务，给他们一个真诚的微笑。那么，你的生意自然就会好起来。

很多人都知道海底捞火锅店，甚至还有人写书专门介绍他们的成功经验。可是，相信一般人不知道，海底捞的核心业务其实不是餐饮，而是服务。

在海底捞，顾客能真正找到人们常说的那种"上帝的感觉"，有时甚至会觉得"不好意思"。有食客就曾点评，"他们的服务实在是太周到了，非常在意顾客，有时候都让人感到不好意思了。不过，我相信，以后家里有客人的时候，还会到这里来消费的。"

这就是事实。海底捞用服务征服了绝大多数的火锅爱好者，很多顾客都会乐此不疲地将在海底捞的就餐经历和心情发布在网上，跟别人述说自己在海底捞享受到的周到服务；因此，越来越多的人被吸引到海底捞，他们的生意自然也就越来越好了。

对很多食客来说，等待，是一个痛苦的过程。你进到任何一家火爆的餐馆，都会看到等待着位置的人们脸上那焦急和无奈的表情，但海底捞把这变成了一种愉悦。在海底捞，手持号码等待就餐的顾客能随时看到屏幕上打出的座位信息，而且还可以享受免费的水果、饮料、零食；如果是一大群人在等待，海底捞的服务员还会主动送上扑克牌、跳棋、五子棋之类的桌面游戏供大家打发时间……

等客人坐定点餐时，他们的服务一样周到，你刚一坐定，围裙、热毛巾已经一一奉送到你的眼前了。服务员还会为长发的女士递上皮筋和发夹，以免头发垂落到食物里或对就餐造成不便；戴眼镜的客人则会得到一个精美擦镜布，以免热气模糊镜片，影响就餐……

在你吃饭的过程当中，也是一样会享受到“上帝般的感觉”。每隔15分钟，服务员就会主动更换你面前的热毛巾，保证客人用的毛巾永远是干净的；如果你带了小孩子，服务员还会送孩子一件小礼物，甚至陪他们在儿童天地做游戏；如果你们桌上有过生日的，还会意外得到一些小惊喜……

餐后，服务员会马上送上口香糖，在你离开的过程中，一路上所有服务员都会向你微笑道别。

还有一个具体的例子。海底捞的店里通常都有一个书架，上面满是各种书籍，供等位置的顾客阅读。一位网友去海底捞吃饭的时候，发现他们的书架上有一些是盗版书。就随便发了一条微博，附上照片，说海底捞的店里有盗版书。可让这位顾客没想到的是，当他吃晚饭出来的时候，书架已经空了。而同时，海底捞的官方微博上还有一条致歉信息，说他们想得不周到，错摆了盗版书，现已经将盗版书下架，会尽快换上正版的……那位顾客看了之后，彻底服了，并在网上夸奖了海底捞的这种服务精神。毫无疑问，这样贴身又贴心的“超级服务”，肯定是会让人流连忘返，一次又一次不自觉地走向这家餐厅的。海底捞也就是靠着这种“超级服务”成了很多人的用餐首选地点。

相信，看了这些之后，很多人都明白了，为什么海底捞那么受欢迎，为什么他们能够赚钱。原因很简单：服务，而在这服务的背后，则是一张张笑脸，是把顾客当成自己亲人的一种精神。正是这种精神，让海底捞创造了一个又一个的奇迹，他们也在这奇迹当中越走越远，越做越大。

此时，我们应该明白为什么我们的生意不赚钱，为什么我们的顾客没有海底捞的多？差别就在于我们的态度，在很多饭店里，也会有微笑服务，但那微笑很多时候都很勉强，而不是像海底捞这样，是一种发自内心的微笑，是把顾客当成亲人的一种微笑。这种差别，就决定了你是否能够赚钱。

记住一句话，“卖得回头笑，不请自来到”，不论是你从事什么行业，只要有海底捞的那种真诚的服务精神，自然就有回头笑，也就能够让更多的客人，不请自来到。

第三章

财富之道：要想吃鱼，就不能怕腥

——通往财富的路虽多却相似

小钱不去，大钱不来

讲一个历史故事，对于我们的买卖经大有益处。

1485年，英国国王理查三世准备在波斯沃斯与奇蒙德伯爵亨利带领的军队决一死战。

这是一场决定谁将统治英国的战役。理查三世打算身先士卒，他命令马夫备好自己最喜欢的战马。

战斗在清晨打响，理查三世跨上战马，率领着他的士兵冲向了敌人的阵地。谁知，他还没有冲出一半，他的坐骑突然马失前蹄，跌倒在地。理查三世也随之从马背上被掀了下来，理查三世还没有来得及抓住缰绳，惊恐的战马就一跃而起，跳起来狂奔而去。士兵们见理查三世被跌翻在地，误以为自己的国王中箭身亡，纷纷转身逃跑，亨利的军队包围了上来。理查三世挥舞着宝剑，对着苍天大喊："马！一匹马！我的国家倾覆就因为这一匹马。"

战斗结束了，理查三世成了亨利的俘虏。

理查三世的坐骑为什么在激烈的战斗中马失前蹄？原来，他的马夫在匆忙中少给马掌钉了一个铁钉。

于是，便有了："少了一个铁钉，丢了一只马掌；少了一只马掌，丢了一匹战马；少了一匹战马，败了一场战役；败了一场战役，失了一个国家。"

莎士比亚的名句"马，马，一马失社稷"说的就是这个故事。在我们的买卖经中，也同样注意"一马失社稷"，切忌目光短浅。聪明的商人看问题知道把眼光放远，不为眼前的蝇头小利而放弃基本的原则。一个成功的商人要懂得善用"小钱"，憨人有福，只是表面的现象，本质上的原因是憨人遵守了天地间最古老的法则"小钱不去，大钱不来"。貌似愚笨，恰是精明之处，因为顾客也都是"有心之人"，也就是，给顾客小处的实惠，赚得商场最有利的资本——顾客对自己的信任，从而从大处获得利润。

美国加利福尼亚州有一个年轻人打算创业，选择了经营家用商品的邮购业务。首先，他从知名的大厂商那里拿到了代销权，然后，他找到了一份很有名的妇女杂志，刊出"1美元商品"广告。所有商品都以1美元的价格出售，而且都是知名的大品牌，又很实用。杂志广告一刊登出来，订购单就像雪片一般飞来。

其实，这位年轻人所出售的商品，只有60%的进货价格是1美元，而大部分的进货价格都要超过1美元。换句话说，他订单越多，卖得越多，也就赔得越多。可这个年轻人并不是傻瓜，他给顾客邮寄商品时，附带寄去20种价格100美元的商品目录和图解说明，还有一张空白汇款单。

就这样虽然卖1美元的商品亏损，但是他是以小金额的商品亏损买到了顾客的“安全感”，强化了信用，顾客会因为信任他而向他买较昂贵的东西。昂贵的、高利润的商品不仅可以弥补1美元的亏损，而且让他赚得盆满钵满。就这样，他的生意就像滚雪球一样越做越大，一年之后，他成立了公司。3年后，他雇用50多个员工，销售额高达5000万美元。当时他不过是一个29岁的小伙子。

上面这则事例中，我们知道吃亏有时也是商人必学的生意经。这位年轻人的成功是“小钱不去，大钱不来”的最好注释。

生姜不老不辣，生意不活不发

如今的市场竞争日益激烈，如何才能做到多销售商品，多赚钱就成了商人不得不考虑的问题。许多企业和商家费尽脑筋想赚钱的门路，可商机还是不那么容易把握。其实做生意要把脑筋用在点上，还要学会灵活变通。

有道是“天上不会掉馅饼”，经济效益需要成功的产品和市场占有率来创造和换取，而市场又不是一成不变的，只有做到“别人想不到我却做得到”，不失时机且源源不断地拿出与众不同的技术和产品，才能使“潜在市场”变成“现实市场”。

如何做好生意，是一门比较复杂的学问。生意场上前辈们都“仁者见仁，智者见智”，各有各的方法。比较重要的一点就是要灵活，要“活”不要“死”，只有灵活把握市场走向，及时调整产品线和销售策略，你的生意才会越做越活，越活越好。

做生意会遇到各种各样的问题，断货就是其中一个问题。比如开面店的，有顾客要买10斤面条，而你只有8斤怎么办？如果你跟他说，“没有了，只剩8斤了”，也许他就会去别的店买了。可是如果你换一种方式说，“现在只有8斤，先拿去吃，吃完再来买会更新鲜”。这样一般人就会接受了。

还有一种情况，就是当遇到顾客要大量商品的时候。而你的店又存货不多。比如一位顾客说要买300瓶红葡萄酒，而你店里实际存货只有50瓶。如果你说，“很抱歉，我们存货只有50瓶，你要不要？”他多半不会要，因为从他买酒的数量上可以推断，他是要有大用途的，数量少的情况下是不会要的。可是你换一种说法，比如说，“货是有的，不过在仓库。如果您急用，我现在就去仓库拿；如果不急用，下午我帮您送过去。”如果对方急用，你可以以去仓库取货的名义，跑到附近的批发部去拿给他。这样，你就成功做成这笔买卖了。

遇到讨价还价的顾客也要灵活。有些买东西比较多的顾客，难免要跟你讨价还价一番。当顾客要求你少算些钱的时候，你不一定就要答应他，而是可以微笑地告诉他，“本店东西已经很薄利了，价格上实在不能再少了，看你买那么多，我多送一盒给你好了”，这样顾客也会觉得划算并且感到满足，跟少要钱比起来，你还是比较划算的。

此外，薄利多销也是灵活经营的一种有效手段。当有了多家竞争对手的时候，不妨把利润看得低一些，如此你便会赢得更多的顾客，从而在销售数量上做到赢利。

商场之上，只有灵活交易，才能把生意做活做大，也才能赢得更多的回头客。经营之道，灵活这一原则必不可少。

正如老话所说："生姜不老不辣，生意不活不发。"

工多出巧艺

付出了，必然有所回报的。我们周围一些人，尝试了很多的工作，最终没有一样是干成的。于是就整天自怨自艾，抱怨上天对自己不公。却不想，一个人做事的时候，从不专一，喜欢东一榔头西一棒槌，这样怎么可能成功？成大器者，必然会在一处下苦功夫，认准了的事，埋头苦干，坚持不懈地走下去，最终都会成功的。

人生境界的提升，最需要的是专注。专注于学习，学有所得；执着于事业，业有所成。在人生道路上，专注给人激情、给人定力，让普通走向伟大，让平凡成就卓越。

常言道，"功贵其久，业贵其专"。做一件好事不难，做一时好人不难，难的是一生专注、一生执着。对人亦如此，对一个专注区域开发，深化区域市场价值、坚持品质、品牌发展的房产企业而言更显可贵。

孔子勤学苦读，"韦编三绝"，最终获得高深的智慧，被奉为圣人。汉代学者董仲舒为著书立说，"三年不窥园"，心无旁骛，专心致志，终成一代鸿儒。唐朝大诗人李白观"铁杵磨针"而发愤读书，亦有所成。

把每一件简单的事做好就是不简单，把每一件平凡的事做好就是不平凡。

从1990年，中国第一家麦当劳餐厅在深圳开业起，目前已有670家麦当劳餐厅分布于全国，"M"标志几乎随处可见，员工人数也超过5万。了解麦当劳不妨从三个数字开始：60、30、4。

60秒。顾客从付钱到下单，到拿到食物，这一整套工作流程必须要在60秒内完成，这是麦当劳对每位顾客的承诺；

30分钟。每隔30分钟，麦当劳的保洁工必须要对店内进行一次全面的清扫；

4℃。可乐在4℃时口感最佳，麦当劳就力争做到每一杯递到顾客手中的可乐都要保持在4℃。

60秒、30分钟和4℃，这看似普通的数字，在麦当劳却演绎成了快捷、舒适和美味的代名词。从细微处着手，标准化的操作流程，把每一个细节都做到极致，这就是麦当劳成功的秘诀，他们的"良苦用心"，带来了顾客的口碑，也带来了丰盈的收益。

如果让一个训练有素的员工每天擦桌子六次，他会不折不扣地执行，每天都会坚持擦六次；可是如果让一个没有经过严格训练的人去做，那么他在第一天可能擦六遍，第二天可能擦六遍，但到第三天可能就会降为五遍，第四天可能就是四遍，甚至三遍，到后来就不了了之。由此可见，做好一件事简单，把每件简单的事都做好就是不简单。慢工出细活，十年磨一剑。认真做事只是把事情做对，用心做事才能把事情做好。

成功的人和企业大都有自己的绝招，所谓绝招，就是用细节的功夫堆砌出来的，简单的招式练到极致就是绝招。正所谓小事成就大事，细节成就完美。管理学上说，细节决定成败。细节是一种创造，细节也是一种功力。细节表现修养，细节体现艺术，细节隐藏机会，细节凝结效率，细节产生效益。

有的人囫囵吞枣，只学到皮毛便自以为是，这种浅尝辄止的行为，结果只会适得其反。商场如战场，想要创造财富，就要多花些工夫，好好磨炼出一身真功夫——专注、执着、注重细节。俗话说，磨刀不误砍柴工。刀磨得越锋利，砍柴的效率自然就会越高。不经过一番努力，就想有所成就，无疑是建造空中楼阁的妄想。

《百喻经》中讲述这样一个故事：在很久以前，有一位财主到朋友家做客。他看到朋友的新屋，宽敞明亮，高大壮丽，心里非常羡慕。于是，他找来工匠说："你们照着样子给我盖，记住要三层楼，要和那幢一模一样。"

工匠们答应了，便开始画图、备料、挖地基。财主来到工地，东瞅瞅，西瞧瞧，看到工匠忙忙碌碌，十分纳闷，便问正在打地基的工匠："你们这是在干什么？"

"我们照您吩咐在建造楼房啊。"工匠答道。

"不对，不对。我只要最上面的那层，下面的我不要，快拆掉。只造最上面的那层。"

工匠们听后哈哈大笑，说："只要最上面那层，我们不会造，你自己造吧！"

工匠们走了，傻财主望着房基发愣。他不知道，只要最上面一层，不要下面两层，那是再高明的工匠也造不出来的。

分析世界500强企业的成功之路，会发现500强的管理和经营细致入微，精益求精。精细的管理和营销孕育出尽善尽美的产品和服务——这是企业做大做强的真谛。空中楼阁犹如无源之水，无本之木。吸收他人的成功经验，就是"站在巨人的肩膀上"。站在巨人肩上，我们会看得更远，走得更远。

有多大本钱，做多大生意

商界，最忌讳的是好大喜功，不切实际。做买卖，要看成本，所谓"有多大本钱，做多大生意"，切莫不顾及自己的经济能力，幻想小成本做成大买卖，这样是很危险的。做生意就得需要资金周转，一笔买卖成功了，回收了资金的同时也赚取了利润，接着商人再把这笔增额的资金投入下一笔买卖当中，再赚取利润，回收成本。就这样，在一笔接着一笔的资金周转当中，商人成长壮大起来，成就了事业。

但是，如果一个商人不顾资金周转的问题，把自己很有限的成本投到自己根本无法驾驭的大生意当中去，那么自己短期内是不可能实现回收的，那么生意何以持续下去？我们经常会看到，一些没建好的大楼在路边空置着。你问知情人，他们就会告诉你，这是开发商建楼的时候，没钱了，只好停下来了，最终这么闲置了。我们做买卖，一定要量力而行，切不可贪大喜功。

在20世纪90年代的中国商业史上，郑州亚细亚商场是不可或缺的一页。

当时，郑州亚细亚商场在中央电视台的广告红遍大江南北，"中原之行哪里去——郑州亚细亚"，这个广告唤起了无数人的向往。没有去过郑州的人都想见识一下亚细亚商场那清新典雅的购物大厅及秀美热情的迎宾小姐，甚至有的小学生把"到亚细亚当营业员"当作长大后的理想。

1989年，亚细亚商场开业，之后连续三年上了三个台阶：1990年销售1.8亿元，1991年2.3亿元，1992年突破3亿元大关。骄人的业绩，成为“亚细亚”傲世同业的资本，在鲜花和掌声中，他们陶醉了。背负着各界寄予的太多的期望，扩张的“雄心”日益膨胀。“亚细亚”计划：10年内不仅要成为“中国最大的零售商业连锁企业”，而且要赶超日本八佰伴、美国沃尔玛，成为世界最大的零售商业集团之一。

两三千万自有资金、管理人员匮乏、准备时间短，扩张计划在这样的背景下全面展开了：不到半年，在南阳、开封、濮阳、漯河的4家直营店投入筹建；北京、广州、上海、福州、成都、西安等地10家连锁店也相继开业。如此平均每4个月开一家店的速度让同行瞠目结舌。由于资产所有者不同，河南境内的连锁店以“亚细亚”为名，省外则称作“仟村百货”。每到一地，“亚细亚”都是隆重登场，狂轰滥炸似的广告，盛大的开业仪式，为顾客开辟公交免费线路，还有不惜血本的打折促销。几乎与此同时，“亚细亚”还冲出国门，赴澳大利亚、俄罗斯寻觅商机，试图在海外建点拓业。

“亚细亚”表面繁华的背后，隐藏着另一番景象：大规模地利用银行贷款，加大运营成本，到了后来，不得不靠职工集资来勉强度日；挤占供货商货款，商企矛盾不断加深；缺乏有经验的管理人员，导致管理混乱，货物丢失、配送跟不上、营业额直线下滑。总而言之，盲目扩张大大地超出了企业的实际能力。

不久，银行贷款、厂家货款、担保款项，林林总总，计达几亿，“亚细亚”被压得喘不过气。谈业务，遭遇的是“亚细亚免谈”；去贷款，银行拒之门外；商标之争等各类诉讼不断。风光一时的连锁店纷纷倒闭、关门，“亚细亚”被迫又收缩回到郑州，并且一蹶不振，2008年，位于郑州市二七广场的亚细亚大厦拆除，一段商业神话就此终结。

常言：吃不穷，穿不穷，算计不到要受穷。一个家庭尚且如此，何况一个企业。

当“亚细亚”蹒跚学步的时候，沃尔玛公司已经是世界上最大的连锁零售企业。

山姆·沃尔顿创立沃尔玛时，同样面临“亚细亚”一样的抉择：是扎根小城镇，以“农村包围城市”；还是在“身单力薄”的情况下，直接与凯玛特、吉布森等“巨无霸”在大城市里“短兵相接”。然而，他选择了另一条路。

山姆·沃尔顿，1918年出生在金菲舍镇，父亲干过银行职员，母亲是一个普通的劳动妇女，家境不是很富裕。“二战”结束后，退役的山姆回到故乡，他向岳父借了2万美元，和妻子海伦在镇上开了一家小店。

“如果我用单价80美分买进东西，以1美元的价格出售，其销量是以1.2美元出售的三倍！单从一件商品上看，我少赚了一半的钱，但我卖出了三倍的商品，总利润实际上大多了。”山姆独辟蹊径的经营手法造就了日后的零售商业帝国，“天天平价，薄利多销”也成了沃尔玛秉承至今的传统之一。

山姆的小店生意一天天好转，利润也逐渐增多，朋友们都建议他到附近的几个大一些的城镇开连锁店，扩大影响，打造声势。听完朋友的建议，山姆摇了摇头，他觉得凡事要量力而行，自已资金少，必须稳扎稳打，要开一家成功一家；而且一些颇具规模的公司，只盯着大城市，认为小城镇利润低，不值得投资。市场的空白恰好让山姆有了施展的空间。于是，他没有听从朋友的劝告去开新连锁店，而是把精力放在降低成本上，他带领员工自己动手改造租来的旧厂房，研究降低存货的方法，尽一切所能降低费用，为实行真正的折价销售奠定基础。

1950年山姆·沃尔顿开设了第一家特价商店。

1962年沃尔顿“Wal-Mart”在阿肯色州拉杰斯市开业。

1972年沃尔玛公司在纽约上市股票。

1979年沃尔玛总销售额首次突破10亿美元。

1985年美国著名财经杂志《福布斯》把沃尔顿列为全美首富。

如今，沃尔玛在全球15个国家开设了超过8000家商场，下设53个品牌，员工总数210多万人，每周光临沃尔玛的顾客2亿人次。而且，这段商业神话还在继续。

俗话说，有多大本钱做多大买卖。对于创业者而言，量力而行尤为重要。大的投入能带来大的收益，但是，相比之下大投入所带来的风险也相应大。我们应该在发展的同时，绷紧风险这根弦。既要善于审时度势，不放弃机会，又要时刻将风险控制在自己所能掌控的范围内，也就成了成功的关键。饭要一口一口地吃，事要一件一件地做。好高骛远，过于急功近利，盲目贪大求全，往往事与愿违，容易陷入困顿的泥潭。

生意不怕折，只怕歇

做生意一时失败是常有的事，我们不能因此气馁，从此一蹶不振。我们做生意不怕折，只怕歇。商场如战场，在生意场中一时的失败，也不一定是坏事，我们从中吸取教训，他日东山再起，就不会再犯类似的错误。好的商人都是一路摸爬滚打走出来的。如果一个商人只因为一时的折本，就歇业了，那么他永远成不了大事。

温斯顿·丘吉尔，被称作有史以来最伟大的英国人。他小学六年级曾经留级，而且，他前半生充满了失败和挫折，直到62岁他当上英国首相，才以“老人”的姿态开始一番作为。

亨利·福特，福特汽车公司的创始人，世界上第一位使用流水线大批量生产汽车的人，唯一上榜“影响人类历史进程的100名人排行榜”的企业家。他创新的生产方式使汽车成为一种大众产品。在成功之前，亨利·福特先后破产过五次。

迈克尔·福布斯，世界上最成功的商业刊物、拥有近百年历史的《福布斯》杂志的总编辑，在普林斯顿大学读书时，却无缘成为一名校刊编辑。

爱迪生一生拥有2000余项发明和1093项专利，从留声机、电影摄影机，到钨丝灯泡，至今，我们的生活中还能随处看到爱迪生发明的影子。在这些成功的背后，他也有常人难以想象的付出：试验了2000多次，才发明灯泡；花了整整十年研制蓄电池……当记者让他谈谈失败时候的沮丧和感想。他的回答是，我从来没失败过，我不过是验证了发明灯泡的2000个步骤。

很多人都在寻找成功的捷径和致富的秘诀。其实道理很简单：坚持，坚持，再坚持。所谓的成功，不仅是你比别人多一份勤奋，也是你比别人更多一份耐心和毅力。失败的人不要气馁，成功的人也不要骄傲。成功和失败都不是最终的结果，它只是人生的一种经历。这个世界上不会有一直成功的人，也没有永远失败的人。成功者要比别人多一颗坚强的心，换个角度看待挫折，结论就会不同。

有位名叫诺曼·伍德的美国收藏家，一次失败的经历却让他另辟蹊径，柳暗花明。

有一次他花了大价钱收了一幅名画，可回家仔细一看，才知是张赝品，当时他已经小有名气，这次“打眼”不仅让他声望受损，而且为了这幅所谓的名画花掉了他很大一部分积蓄，为此他十分懊恼。

诺曼·伍德转念一想，当时很多收藏家都在花巨资收购一些名家名作，名画市场价格也一路攀升，与其搅入激烈的拼杀，不如反其道行之，把那些知名画家的“失败作品”和那些无名画家的作品以低价位收购，或许有利可图。于是，他做起了收购“劣质画”的生意。当时，用5美元或者10美元就可以买一幅这样的作品。许多画家听说以后，觉得废品也能变现，就纷纷把自己曾经的“失败作品”卖给他或者送给他。没过多久，他便收藏了200余幅名家“劣质”绘画作品。

几年后，诺曼·伍德在报纸上刊出一个广告，声称要举办首届“劣画大赛”，目的是让更多喜欢绘画的年轻人从这些名家的手迹中学到东西，从而发现好画与劣画的真正差别。出乎意料，这个画展举办得非常成功。所展出的作品也为人们所津津乐道，争先恐后地观看，有的甚至不远千里从美国各地奔赴画展来观看展览。诺曼·伍德一下子声名鹊起，而且还赚到了一大笔收入。

我们不但能从成功中获取经验，也可以从失败中汲取教训。

树高千尺，因为无数次经受住狂风暴雨的洗礼；船行万里，因为一次次经受得住惊涛骇浪的撞击；一个人能成就一番功业，完全因为他能承受住无数次大大小小的失败和挫折的打击。

有位青年从小家境贫寒，只受过4年小学教育，父亲生意失败后，他不得不四处打工谋生。有一次，他到一家大电器公司求职，公司的人事主管看到他矮小瘦弱而且穿着又破又脏，便委婉地说：“我们现在暂时不缺人，你一个月以后再来看看吧。”

本是推托之词，可一个月后他真的来了，主管找了个借口：“你衣着太脏了，不够资格进入我们企业。”

于是，他借钱买了一身整齐的衣服穿上又来了，负责人还是苦笑地摇了摇头：“你对电器方面几乎一窍不通，我们还是不能要你。”

不料两个月后，他再次出现在人事主管面前，非常自信地说：“我已经学会了不少有关电器方面的知识，您看我哪方面还有差距，我可以一项项弥补。”人事主管被他的耐心和韧性打动，他终于如愿以偿地进入那家公司工作。

多年之后，这位青年创立了一家电器公司。有一次，公司招聘10名推销人员，考试分为笔试和面试。经过筛选，数百名候选人只留下10名优胜者。他亲自过目了一下这些入选者名单，令他意外的是，面试时给他留下深刻印象的年轻人并不在其中。于是，马上吩咐下属去复查考试分数。

经过复查发现这位年轻人的成绩相当不错，在几百人中名列第二。由于计算机出了毛病，把分数和名称排错了，才使得他落选。已是公司总裁的青年听了，立即让下属尽快给年轻人发录取通知书。

第二天，负责办理这件事情的下属带来了一个令人吃惊的消息：由于没有接到公司的录取通知书，年轻人跳楼自杀了。这位下属说：“太可惜了，这位有才华的年轻人，我们没有录取他。”

这位成功人士听了，想了想却摇头，非常坚定地说：“不！幸亏我们没有录用他，意志如此不坚强、心灵如此脆弱的人，干不成大事。面对变幻莫测的市场，每个人都要经受比考试落选更大的失败和挑战，如果在失败之后，一死了之，这样的人谁敢依靠？”

海明威在《老人与海》中写道：“英雄可以毁灭，但不能被击败，英雄的肉体可以被毁灭，但精神和斗志不能被击败。”

在战场上，即使从被击败那一刻起，也要做好抵抗下一波攻击的准备，要给自己信念：我们没有彻底输，只是暂时没有赢。成功的人需要一颗坚强的心。

好物不贱，贱物不好

“好物不贱，贱物不好”，即“便宜没好货，好货不便宜”，这是千百年来人们辨别东西好坏时常说的一句话。人们习惯以价钱的高低和贵贱来裁决一个东西的优劣，普遍认为凡是价钱昂贵的就是好的，凡是价钱便宜的便是坏的。这句话不无道理。

从经济学的角度看，价格是价值的货币表现。价格是一种从属于价值并由价值决定的货币价值形式。换句话说，商品价格的高低是由商品的价值说了算。在其他条件不变的情况下，商品的价值量越大，价格越高；商品的价值量越小，价格越低。简单地说，好的东西，由于成本高，商家要想挣钱，势必要提高售价；而不好的东西，成本相对要低，商品的价格自然也会相对低廉。

“德国制造”一直在世界享有很高的声誉，在专业人士的眼中，“德国制造”几乎成了“精密”“极致”的代名词，这与德国人严谨的做事风格密切相关。

尽管，你可能从超市的货架上找不到来自德国的商品；但是，你是否能想到，那些琳琅满目、来自世界各地的各种商品很多都是用德国机器生产出来的？

如果说，日本人的精明在于精打细算，那么，德国人的精明则在于独一无二。在德国，中小企业众多，甚至十多人的家庭作坊比比皆是。麻雀虽小，却怀有大鹏一样远大志向。它们大都在某一个行业中浸淫数十年、上百年，通过积累和沉淀，在某一个领域做到极致。哪怕一颗小小螺丝，也力求尽善尽美，做得非常精致，价格自然也就非常昂贵。

早在20世纪五六十年代，当日本人的汽车、照相机和家用电器方面的竞争力与日俱增的时候，德国人将生产重点转到了对人员、技术和投资要求更高的大型工业设备、精密机床和高级光学仪器等产品上。

做事严谨的德国人认为，既然一台精密机床能抵得上几万台彩电，一台光学仪器抵得上几万架照相机，何必要在彩电和照相机方面同日本人争一日之长短？目前，德国在大型工业设备、精炼化工产品、精密机床和高级光学仪器等方面拥有无可争辩的优势。

进入20世纪90年代以来，随着市场竞争的日趋激烈，不少德国中小企业开始从自身实际出发，不再一味攀比高精尖，而是密切关注市场需求的变化，瞄准市场空隙，不断推陈出新，生产特色产品，创造新的市场需求。如基米营公司生产的无水洗车巾，占据欧盟市场份额的90%，美国市场份额的100%。阿诺德和里希德公司生产的35毫米电影摄像机，占世界市场份额的70%。而只有10名员工的卡尔·耶格尔公司生产的香柱、香棒，占世界市场份额的85%。

因此，在德国企业，发展一般性产品不是他们研制方面，要搞就搞世界领先水平、高难度的，别人一时无法研制出来的产品。

万宝龙是位于德国的一家精品钢笔、手表与配件的制造商，靠生产钢笔起家。一支钢笔，一个再普通不过的书写工具，在德国工匠的手下，被打磨成古典与经典结合的艺术品，折射出“放缓脚步，尽享生命”人生的哲学。谁能想到，德国人精细到根据笔尖粗细，由细到粗分为“F、M、OM、OB、OBB、B、BB”七个等级。书写英文时，最好选M或B型的笔，签名时则选笔画较粗的OB或OBB比较合适，而S（Special）笔尖是专门为“左撇子”量身定做。

德国人生产的万宝龙钢笔，以制造经典书写工具驰名于世，万宝龙的名号代表着书写的艺术。

可以说“德国制造”是精品中的精品，但是，它们的价格也非常高昂。德国人印证了“好物不贱”。

“好物不贱，贱物不好”，古今中外，莫不如此。

成功创业篇

第一章

利害得失：智者千虑必有一失，愚者千虑必有一得

——锁住目标，有的放矢

驽马恋栈豆

人的一生是需要不停前进的，俗话说得好，“人往高处走，水往低处流”。人应该确定一个目标，然后就努力向着这个目标不停地前进，而不是像一匹驽马一样，每天只贪恋着草栈里的豆料，享受安逸的生活，终日吃了睡睡了吃，低头做工，闷头傻吃，不想做那驰骋千里的千里马。

只有那些不贪图安逸的人，才能体会到生命的价值。一个人浸泡在安逸的蜜水中，每天被享乐的气氛包围，久而久之，快乐便是一种无聊，甘甜就会成为一种奢靡。这样的人每天浑浑噩噩的，终有一天，安逸会埋葬他们腐朽的灵魂。而当一个人有了搏击云天的勇气，有了挑战困难的豪情，他便会信心百倍，积极进取。也只有这样，他才能感受到人生的意义之所在。总之一句话，人生不是要贪图享乐，而是应该追求卓越。

战国时候，齐国有位国君叫齐宣王。他喜爱音乐，特别喜欢听竽乐合奏。吹竽的乐队越大，他听得越起劲儿。有个南郭先生，他既没有学问，又不会劳动，专靠吹牛拍马混饭吃。他每天想的就是怎么样骗吃骗喝，怎么样才可以得一些小恩小惠。他听到齐宣王要组织大乐队的消息，就托人向齐宣王介绍，说自己是吹竽的高手。齐宣王很高兴，就请他加入了竽乐队。合奏的时候，他坐在三百人组成的乐队里，腮帮子一鼓一瘪，上半身前俯后仰，好像吹得十分卖力，其实，他的竽一点声儿也没出。但是，每天他都和其他乐师一样，拿高薪、吃美餐，一混就是好几年。

后来，齐宣王死了，齐湣王当了国君。齐湣王也喜欢听音乐，但是，他不爱听合奏。他让乐师挨个儿独奏给他听。这一来，南郭先生混不下去了，就悄悄地卷起铺盖溜了。

南郭先生一心只想贪图安逸，从来没有一个远大的志向，每天都在混日子，为了那高薪、美餐而不思进取，终日混在众人间，最终讨了一个没趣。假若南郭先生借助这个机会，主动跟那些乐队里的大师讨教一番，多学习学习，或许南郭先生还真能成为一名吹竽的高手，只可惜他只贪恋着金钱、美食，整日不思进取，最终得了一个自讨没趣的下场。

安逸，很容易使人不思进取，使人平庸和沉沦。成于压力，居安思危者存；败于安逸，养尊处优者亡。面对安逸，不应贪图，不应陶醉，而要记住“生于忧患，死于安乐”。

三国时期，魏蜀吴各据一方，征战不休，刘备依靠诸葛亮、关羽、张飞等一批能干的文臣武将打下了江山，他死后将王位传给了儿子刘禅。临终前，刘备嘱咐诸葛亮辅佐

刘禅治理蜀国。但是刘禅是一位非常无能的君主，什么也不懂，什么也不做，整天就知道吃喝玩乐，将政事全都交给诸葛亮去处理。诸葛亮在世的时候，为了蜀国呕心沥血，使蜀国维持着与吴、魏鼎立的地位；诸葛亮去世后，由姜维辅佐刘禅，蜀国的国力则迅速走起了下坡路。

一次，魏国大军侵入蜀国，一路势如破竹。姜维抵挡不住，最后失败。刘禅惊慌不已，一点继续战斗的信心和勇气都没有，为了保命，他竟然赤着上身反绑双臂，叫人捧着玉玺，出宫投降，归顺了魏国，一大批蜀国的臣子也随他做了魏国的俘虏。

投降以后，魏王把刘禅他们接到魏国的京都去居住，还是让他和以前一样的养尊处优，为了笼络他的人心，还封他为安乐公。

司马昭虽然知道刘禅昏庸无能，但对他还是有点怀疑，怕他表面上是装成很顺从的样子，暗地里却存着东山再起的野心，于是便有意要试一试他。有一次，他请刘禅来喝酒，席间，专门为刘禅表演蜀地乐舞。跟随刘禅的蜀国人看了都触景生情，难过得直掉眼泪。司马昭看看刘禅，见他正咧着嘴看得高兴，就故意问他："你想不想故乡呢？"刘禅随口便说："这里很快乐，我并不想念蜀国。"

散席后，刘禅的近臣教他说："下次司马昭再这样问，主公应该痛哭流涕地说'蜀地是我的家乡，我没有一天不想念那里'，这样也许会感动司马昭，他就会放我们回去了。"

果然不久，司马昭又问到这个问题，刘禅就装着悲痛的样子，照这话说了一遍，但他又挤不出眼泪来，只好闭着眼睛。司马昭忍住笑问他："这话是人家教你的吧？"刘禅睁开眼睛，吃惊地说："是呀，正是人家教我的，你是怎么知道的？"司马昭明白刘禅确实是个胸无大志的人，就不再防备他了。

刘禅身为一国之主，居然乐不思蜀，甚至连装着想念故乡都装不出来，贪图享乐而志向沦丧竟到了这种地步，实在可气可叹。

我们在任何情况下，都不应该放弃自己的理想，而要严格要求自己，志存高远，不懈地奋斗，朝着自己的理想努力奋斗，而不是贪图安逸，贪图享乐。没有目标的人生是十分可悲的，而我们应该努力让我们的人生不可悲。

一棵小草表面看起来弱不禁风，一棵柔弱的小植物能有多大的力量呢，但是就是这么一个小小的生命就可以顶起一块大石，给自己创造一片更好的天空。诚然，在石块下它也可以很舒服地生长，无非就是长不高、长不大。但是小草没有选择这种生活，没有接受这种命运。它不会贪图一时的安逸，它放弃了石块给它遮风挡雨的恩惠，而是选择更大的天空，因而它努力地把石块推开，骄傲地面对更广阔的天空。

只有不贪图安逸，才能获得永恒。古罗马帝国强盛了二百余年，却因统治者沉于安逸，骄奢淫逸而毁于一旦。这不正是贪图安逸的恶果吗？小到修身、治家，大到平天下，无不要居安思危，戒奢以俭。只有这样，才不会重奏陈后主的亡国之音；只有这样，才不会重演清末受尽凌辱的悲剧；也只有这样，历史才会散发出永恒灿烂的光辉。

给自己一个远大的目标，然后朝着这个目标奋斗，不要去做一匹驽马，让草栈里的一点点豆料羁绊住你内心的渴望。

和气生财，怄气损财

俗话说得好："和气生财，怄气损财。"一个人总是与人怄气到最后受到伤害和损失的往往是自己。如果人人都为了自己的利益而不去考虑别人，甚至去算计别人，结果往往就会是两败俱伤。人只有和和气气，互帮互助才会让彼此都朝着好的方向前行。

中国的文化传统主张以和为贵，宽容大度，而在做生意时尤其讲究和气生财。如果没有宽容大度的胸襟，只会和顾客怄气，生意就不可能做得下去。做生意讲究的是"和气生财"，只有心平气和、细心周到才能赢得买家的心。

"和气生财"可以说是一句最古老的生意经了。把待人和气用于经商中，不仅会受到顾客的欢迎，改善企业与顾客的关系，提高企业信誉，而且还可以促进成交，扩大销售，增加赢利。从这个角度来说，和气生财是一种不显山不露水的生意经。在生意场上，并不是要打打杀杀，置对方于死地才会让自己更好地发展；相反地，优秀的企业从来都非常重视与伙伴甚至是对手的合作、沟通和交流。做生意和气生财，得理让三分，宽容些换来的就是好名声和好财运。和气生财就是吃些亏，换来的就会是更大的利益。一味怄气生意是无法做下去的，更别说换取更大的利益了。

在日常生活中，我们常常可以注意到这样的情景：同样的商品，有的商家因待客和气，光顾者便络绎不绝，生意十分兴隆；有的商家因待客态度冷淡，结果门前冷清、顾客稀少，生意非常萧条。有些顾客宁可走远路到服务态度好的商家或优秀服务员跟前去买东西，而不愿就近到服务态度不好的商家那买东西，由此可见对顾客的态度对商家来说是至关重要的。

有一次，几位从外地到广州出差的旅客到某饭店用餐。他们一坐下，服务员就亲切地问："你们喜欢吃什么口味的菜呢，还是让我介绍几个给你们？"顾客说："我们带来了罐头，不要菜了，给我们来几碗白米饭就可以了。"服务员很快就端来了白米饭，还带来了盘子和罐头刀，服务员说道："这罐头需要加热吧？"顾客说："不用了。"服务员又要替顾客开罐头，客人还是说："不用了。"服务员无奈就走了。后来，服务员看见桌子上干巴巴的罐头肉，又建议客人添个菜汤。客人说："好吧，您真的是太热情了。"客人满意地吃完了这顿饭。临走时，客人对服务员说："您服务得真周到。改天我们会再来的。"果然，这几个客人连续好几天都到这家饭店来用餐，不过，他们再也不带着罐头来只吃白米饭，饭店的营业额因为他们的到来也增加了。

做生意讲究的是"和气生财"，只有心平气和、细心周到才能赢得买家的心。顾客到店里来，就是商家的客人。无论买与不买，营业员都要以礼相待、热情服务，而不能态度冷淡、语言生硬，甚至顶撞顾客。

在美国的一个市场里，有一个中国妇人的摊位生意特别好，这引起了其他摊贩的嫉妒，于是大家常有意无意地把垃圾扫到她的店门口。然而这个中国妇人只是宽厚地笑笑，从来都不予计较，反而把垃圾清扫到自己家的角落。旁边卖菜的墨西哥妇人观察了她好几天，忍不住问道："大家都把垃圾扫到你这里来，你为什么不生气？"中国妇人笑着说："在我们国家，过年的时候，都会把垃圾往家里扫，垃圾越多就代表会赚很多的钱。现在每天都有人送钱到我这里，我又怎么舍得拒绝呢？你看我的生意不是越来越好吗？”从此以后，那些垃圾就不再出现了。

这个中国妇人对待这件事的态度真的是让人赞叹，她那转坏为喜的宽容美德实在是让人敬佩。她用智慧宽恕了别人，也为自己创造了一个融洽的人际环境。俗话说“和气生财”，她的生意很自然地就会越做越好。如果她不采取这种方式，而是针锋相对，又会怎样呢？结果可想而知。

做人也像做生意一样，交流时切勿语言尖酸刻薄，不给别人留有余地。平时遇事待事时不要总是得理不饶人，要宽容些，大方些，对待别人一定要和和气气的，切勿气急败坏的。和气才能生财，和气才能给自己一个更好的机会，和气才能让自己更好地受到别人的重视。相反的，怄气只会带来伤财的结果，只会让情况变得更坏，只能让别人更加的对你避而远之。所以待人接物还是和气一点好，礼多人不怪。千万不要和别人怄气，因为这样只会给你带来更不好的影响。

呼蛇容易遣蛇难

俗话说得好：“呼蛇容易遣蛇难。”蛇引过来容易，但要把它赶走就困难了。用以比喻招品性不端的人来容易，而要把他打发走就困难了。这就要求我们在平时交友的时候一定要慎重。

一个狐朋狗友很容易地就可以亲近你，讨好你。这种朋友当你有一些小事时会大包大揽，一口答应。而当你最需要他们的时候，或者你落魄的时候，他们便会推辞拖延，甚至反目成仇。这种人平时刻意奉承你、亲近你，给你一种最好的哥们儿的感觉，其实这种朋友是最不可交的。然而，当你亲近了这种人时，他帮助了你一点时，你再想远离他，躲避他就是十分困难的了。

这种人就是墙头草随风倒，心中只有自己的利益，他可以满嘴的仁义道德，一肚子的男盗女娼。表面对你和和气气，内心里却是暗打小算盘。有一个这样的朋友，你想甩都甩不掉。

有一个农夫，他在寒冷的冬天里看见一条蛇冻僵了，觉得它很可怜，就把它拾了起来，然后小心翼翼地揣进怀里，用暖热的身体温暖着它。那蛇受了暖气后就渐渐地复苏了，不一会儿就又恢复了生机。可是等到它彻底苏醒过来，便立即恢复了残忍的本性，它用尖利的毒牙狠狠地咬了救命恩人一口，使农夫受到了致命的创伤。农夫临死的时候非常痛悔地说：“我可怜这种恶人，不辨明好坏，结果害了自己，从而遭到这样的恶报。”

农夫出于好心救下了冻僵的蛇，却被蛇反咬一口，可见小人是多么可恶，恩将仇报。正所谓呼蛇容易遣蛇难啊！

晋国大夫赵简子非常喜爱打猎。有一次他又率领众随从到山中去打猎，在途中遇见了一只狼，这只狼狂叫着挡住了去路。赵简子立即拉弓搭箭，只听得弦响狼嚎，飞箭射穿了狼的前腿。那狼中箭后没有死去，立刻落荒而逃。赵简子非常恼怒，他便驾起猎车穷追不舍。

这时候，东郭先生恰好经过，那狼见到东郭先生便哀怜地对他说：“现在我遇难了，求求你赶快把我藏进你的那条口袋吧！如果我能够活命，今后我一定会报答您的救命之恩。”

东郭先生看着赵简子的人马卷起的尘烟越来越近，出于慈悲心理便对狼说：“好吧，那么你就往我口袋里躲一躲吧！”说着他便拿出书简，腾出了口袋，然后往袋中装狼。狼蜷曲起身躯，把头低弯到尾巴上飞快地躲进了东郭先生的口袋里。

东郭先生把装狼的袋子扛到驴背上以后就退缩到路旁去了。不一会儿，赵简子就策马来到东郭先生面前，他向东郭先生打听狼的去向，东郭先生只推脱说没看到。赵简子听了这话，就调转车头走了。当赵简子走远后，东郭先生便把狼从口袋中放了出来。可是狼一出袋子它就张牙舞爪地向东郭先生扑去。东郭先生慌忙躲闪，围着毛驴兜圈子与狼周旋起来。

就在这时，远方走来了一位拄着藜杖的老人，东郭先生急忙请老人主持公道。老人听了事情的经过，叹息地用藜杖敲着狼说：“你不是知道虎狼也讲父子之情吗？为什么还背叛对你有恩德的人呢？”狼狡辩地说：“他用绳子捆绑我的手脚，用诗书压住我的身体，分明是想把我闷死在那不透气的口袋里，我为什么不吃掉这种人呢？”老人说：“你们说得都非常有道理，我一时也难以裁决。俗话说得好‘眼见为实’。如果你能让东郭先生再把你往口袋里装一次，我就可以依据他谋害你的事实为你作证，这样你岂不有了吃他的充分理由？”狼于是很高兴地听从了老人的劝说，然而，当狼被再次绑进袋子的时候，老人再也没有把它放出来。

东郭先生救了这只狼一条性命，这只狼表面心存感激，其实心中非常邪恶，不但不知恩图报，反而要吃掉东郭先生。像这只狼一样的人，最好不要去亲近，要避而远之，否则一旦有所瓜葛，甩掉就是非常难的事了。

人是不能脱离了社会而自己生活的，这就决定了每个人都应该去融入社会，而想要在社会立足，就需要朋友的支持，好的朋友会让你更加进步、自信，而不好的朋友会让你变得颓废、不思进取。在与人交往的时候一定要慎重，多长几个心眼儿，千万别招惹上那些品性不端的人，因为那些人一旦招惹上，你想要甩掉就十分困难了。

斩草除根，萌芽不发

任何事情都可以看作是“一场游戏”，一场游戏过后，总会有胜利的一方，同样也会有失败的一方。游戏结束后，胜者心安理得，败者服服帖帖。对于胜者来说，“打天下坐天下，谁不服就拔刀相见”，用实力来决定一切；而对于败者来说，“十年河东，十年河西”“君子报仇，十年不晚”，总有一天会东山再起，报仇雪恨。那个时候，败者势必“卧薪尝胆”“厚积薄发”；而胜者势必应该“斩草除根”“除恶务尽”。

斩草一定要除根，如果只是单纯地斩断杂草，那么过一阵子草还是会再次生长出来，并且会越长越旺；再次斩断它，而仍旧没有除掉草根，过一阵子杂草就又会长出，这样下去草永远不会被除尽。而想要把草除尽，就势必要斩草除根，使其萌芽不发。做人做事也应该如此。对待敌人的仁慈就是对待自己的残忍，在打败敌人时，一定要做到除恶务尽，而不能留下后患。

公元前627年，秦国军队想偷袭晋国，但是晋国已经在事先获得了可靠的情报。晋文公的丧事刚办完，晋襄公就跟大臣们商议与秦国交战的事，他们在崤山（地名，现在河南省西部）布置了天罗地网，等候着秦军到来。孟明视等率领的秦军到了崤山就等于钻进了一个大口袋，结果导致秦军全军覆没，尸横遍野，孟明视等三员大将也被活捉了。

晋襄公原来本想把他们杀了，但是因为晋襄公嫡母文嬴，是秦穆公同宗之女，她出面向晋襄公求情，于是襄公就将这三人放走。大将先轸得知这件事后，唾了襄公一口，并大骂"败家子"，将来后悔都来不及了。这样做是放虎归山，将来恶虎一定会返回伤人的。晋襄公醒悟过来，擦去脸上的唾沫说："我错了。"然后晋襄公急忙派人去追赶，可是已经来不及了。孟明视等对追赶的人说："承蒙晋君宽恕了我们，我们万分感激，三年以后，我们一定会再来报答贵国的。"

孟明视等三员大将回到秦国后，秦穆公穿了素服，亲自去城外迎接他们。秦穆公非但没有治他们的罪，反而自责没有听他们父辈的劝告。三人见此，心中十分感激。从此以后，他们更加认真地操练兵马，一心一意要为秦国报仇。这期间，他们率领秦军打了两次仗，又都失败了。然而，秦穆公仍然没有治他们的罪，这就更加激励了他们苦练兵马的决心。

公元前624年夏天，孟明视做好了一切准备，他在秦穆公的全力支持下，再一次向晋国进兵。

大军渡过了黄河，孟明视对众将士们说："此次出兵，是只有进路没有退路的，我想把船烧了，然后以必死的决心打仗，大家看好不好。"将士们听了孟明视的话一致同意。

战斗很快打响了，秦军憋了三年的闷气和仇恨，在战斗中全都爆发了出来，他们势如破竹。没用几天工夫，秦军不仅收复了丢失的城池，还攻下了晋国的八座大城。晋国上下全都慌了，晋襄公下令，只许守城，不许与秦国人交战。秦军在晋国的土地前不停地来回挑战，却没有一个晋国人敢出来应战。

最后，有人向秦穆公建议："晋国已经屈服了，主公不如把崤山的尸骨埋了，也可以洗刷以前的耻辱了。"秦穆公听从了这个建议，然后率兵来到崤山，把三年前秦兵的尸骨埋好，祭奠完毕，才带领将士们回国。这次征战，秦穆公征服了西部的小国和西戎的许多部落，周襄王也派人到秦国赏赐他，并同时封他为西方的霸主。自此，秦穆公成了霸主之一，在中国历史上留下了光辉的一笔。

晋襄公的悲剧是令人同情的，而这个悲剧的原因就在于其一时的妇人之仁，放走了秦国的大将孟明视，使得其有机会东山再起，从而为自己留下了祸根。

斩草除根也是一种智慧，妇人之仁的人是很难成就大事业的。一个人如果想要成就大事，霸气和魄力是必不可少的，而这要求在面对有可能成为后患的人时一定不可心慈手软，而应该斩草除根，以绝后患。

公元前209年，陈胜吴广起义后，各地纷纷响应，其中有楚国贵族出身的项梁、项羽叔侄，还有农民出身的刘邦。陈胜失败后，项梁拥立楚怀王的孙子做了楚王，刘邦也投靠了项梁。

公元前205年，项梁战死，怀王派项羽等人前去救援被秦军围困的赵国，同时派刘邦领兵攻打函谷关。临行时，怀王与诸将约定，先入关者，封为关中王。项羽大破秦军后，听说刘邦已出咸阳，非常恼火，就攻破函谷关，直抵新丰鸿门。这时刘邦的左司马曹无伤暗中派人告诉项羽说刘邦想在关中称王。项羽听了，非常恼怒，就决定第二天发兵攻打刘邦。

张良向刘邦分析，不宜和项羽硬拼。于是刘邦只得退出咸阳，回师灞上，刘邦知道自己军力远不及项羽的四十万大军，刘邦便把在咸阳所得的一切，原封不动地送到项羽营中，并说愿让项羽称关中王。范增已觉出刘邦必成大器，便命项羽设下“鸿门宴”一心想要诛除刘邦。

此事为项伯知悉，项伯顾念和张良故人之情，就向刘邦大军报讯，刘邦知道这鸿门宴是去不得的凶险之地，但张良却表示不去便只有死路一条，赴会也许能有生机，刘邦无奈只得应约前往。

鸿门宴当日，范增早已布下天罗地网，发誓定要把刘邦人头留下，谁知刘邦竟以一跪化解了项羽之怨恨，范增便再命“项庄舞剑，志在沛公”，一心要在席中把刘邦刺死，可是还是被项伯和樊哙解了围，刘邦终于借口去如厕逃遁而去。

大难不死的刘邦在军师张良的辅佐下，经过多次战斗，终于在与项羽的战斗中胜出。天下一统，刘邦称王，而楚霸王项羽只落了个乌江自刎的结局。

斩草除根是一种魄力，是成大事的魄力。有大志气的人一定要拥有这样的魄力，对待敌人时一定要斩草除根，避免其萌芽重发，阻止其成为自己接下来道路上的绊脚石。只有这样才会让自己更好地接近目标。

砍一枝，损百枝

马克思主义哲学说：世界上万事万物都是有联系的，整个世界就是一个普遍联系的统一整体。这就决定了我们在做事情的时候一定要加以考虑，想想会有什么后果。俗话说：“砍一枝，损百枝。”在砍掉一根树枝的时候，我们一定要想到会损坏其他树枝的结果。只有充分考虑后果，我们才会在做一件事情的时候以最小的代价换取最高的回报。

丽丽是一位大二的女学生，由于家境贫寒，家里经济困难，丽丽总是利用寒暑假、周六日的时间去挣钱，以此来缓解家里的经济压力，但是这远远不能负担自己的学费和生活费，于是丽丽瞄向了学校的奖学金，为了得到学校的奖学金，丽丽暗自发誓一定要好好学习，一定要超过别人。

为了这笔诱人的奖学金，丽丽开始每天起早贪黑地学习，除了打工做兼职外，她几乎所有的时间都扑在了学习上，她学习的努力程度甚至超过了高考时候的劲头。为此同学们都称她为“学习的疯子”。

但是丽丽的英语非常不好，甚至可以说是糟糕透顶。为此丽丽决定全力去学习英语，她每天起床就去空旷的广场上大声地背诵英语课文，晚上还会做上一套英语试卷。可是过了一个月她觉得自己的英语水平不但没有长进，似乎还有些下降。她非常着急，一想到在家操劳的父母，心里就一阵阵难过，接着就会非常自责，认为自己对不起辛苦培养自己的父母。一想到这里，丽丽便更加努力地学习了。

一转眼期末考试到了，丽丽怀着激动和忐忑的心情进入了考场，她不停地为自己祈祷，期待自己有一个好成绩。

一转眼出成绩的日子到了。她本以为经过无数日日夜夜的努力，成绩一定会很好的，可是事实却并非如此，她努力学习的英语虽然有所进步，却没有得到一个好的分数。而其他的科目的成绩更是出乎她的意料，由于她放弃学习语文的原因，使得她的语文成绩非常糟糕，而因为语文学得不好，使得其他科目的语言表达方面非常差，进而成绩非常低。

看到成绩，丽丽伤心地哭了，她怎么也不明白自己如此拼命地学习为何却换来了这样的成绩。她又想到了为自己操劳的父母，心中更加痛苦，她觉得非常对不起一直默默支持自己的爸妈，辜负了他们的期望，自己没有脸面再见他们了。越想越痛苦，越想越难受。

姑且不说丽丽的脆弱，单是丽丽学习的方法就让我们感到惋惜。为了学习英语，她不惜放弃学习语文的时间，使得语文成绩受到很大的影响，进而使得其他科目也受到了牵连，最终各科的学习成绩都很不理想。丽丽成绩低的原因是因为她不知道“砍一枝，损百枝”的道理，为了英语成绩的提高，她在其他科目的学习时间大大减少，从而导致了令她非常失望的成绩。

因此，我们做事情一定要考虑好后果，以及做的过程中出现的影响，只有这样才会让我们更好地接近成功。无论公司或者企业甚至是国家都是由许许多多的部分组成的，每一个部分都有它的作用，每一个部分都是整体不可缺少的，如果随便撤销任意一个部分，就会使得其他部分也不能够正常运转，进而使得整体受到影响。

在劲爆的NBA赛场上诞生了一位华裔篮球天才，他的名字叫林书豪。

林书豪是美籍华人，在美国长大，然后考入了美国的著名学府哈佛大学。虽然哈佛大学在世界久负盛名，但是它却不是一个篮球强校，林书豪就是在这样一个不受篮球界重视的高校开始了自己的篮球梦想。

他在选秀失败后，幸运地受到了金州勇士队的青睐，成为NBA赛场上的一员，但是他一直没有机会表现自己。

后来，林书豪先后被交易到了休斯敦火箭队和纽约尼克斯队，在纽约他却征服了世界。

纽约是美国最大的城市之一，因此尼克斯队受到很多人的喜欢。尼克斯队里有很多的篮球天才，其中钱德勒、卡梅隆·安东尼、斯塔德麦尔更是万众瞩目的巨星。然而即使有如此多的优秀队员，球队战绩却非常糟糕。经过了一波漫长的连败，并且当家球星安东尼受伤，主教练甚至面临着下课的危险。尼克斯队的后卫线实力非常弱，尼克斯队只得靠当家球星来掌控比赛，这使得球队对于后卫线实力没有迅速地进行提升。球队的连败，主教练无计可施，于是决定起用林书豪。本以为林书豪仅仅会稍微缓解一下球队的压力，谁知道他却让全世界为他疯狂了。

林书豪开始了自己的表演，他把心中压抑了许久的激情完完全全地释放了出来，他不停地刷新纪录，让球迷被他的表现征服。尼克斯队因为他的横空出世开始赢球，林书豪成了无数球迷的新宠。

众所周知，篮球是五个人的运动，需要五个人全都展现自己的能力，各司其职，只有五个人团结一致，默契合作才会让球队去触碰胜利。五个人缺一不可，任何位置都不可或缺，任何一个位置上的队员，如果不能得到重视就会使得其他位置的球员难以发挥自己的能力，进而影响球队的整体实力。而由于尼克斯队的后卫线弱的原因使得球队连续输球，而当林书豪被委以重任后，球队的后卫实力得到改善，进而使得球队整体运转更加流畅，最终让球队连续赢得胜利。

生活中会有很多需要我们抉择的时候，纵使我们能明白鱼和熊掌不可兼得的道理，我们也不可以不加考虑地舍弃一些事情和事物。一块手表，它的每一个零件都有它的作用，除去任何一个零件这块手表都不能够很好地运行，一个小小的零件的缺失会让与其紧密相连的零件也失去功效，进而使得整块手表失去功效。

做事情的时候一定要考虑事情的各个方面。不要轻易去做一件事而忽略其他方面的影响。“砍一枝，损百枝”，只有充分评估事情所造成的影响后，再去做事情才会更加顺利，更加有效。

当断不断，反受其乱

人们常常说：“当断不断，反受其乱。”在办事过程中，如果机会来了不好好抓住，轻易错过，反过来就可能使自己受到损失。成大事者应该有一个良好的决断能力，如果遇事畏畏缩缩，犹豫不决，那么就会失去成功的好时机。

就像打仗一样，在费尽周折后，双方都在根据对方的行动不停地调整，不停地改变策略。双方都在神经紧绷着，等待着对方的失策，等待着战局优势倒向己方，而一旦获胜的机会来到，就应该毫不犹豫地把握，而不能放之离开。战局瞬息万变，一旦抓住机会就会对战局产生十分关键的影响。而如果机会到来，却犹豫不决，当断不断，最终会错过大好时机，从而导致失败，胜利最终会与之失之交臂。

战国时期，“战国四公子”之一的春申君黄歇，礼贤下士，非常有威望。黄歇身为世家子弟，足智多谋，能文善武，因而深受楚国国君的器重，他曾经担任楚国令尹一职，掌握着楚国的军政大权。

在黄歇掌权期间，他手下有个叫作朱英的门客，劝他及早把另外一个实力派人物李园除掉。朱英认为，李园为人心狠手辣，如果春申君不及早动手，就很有可能反被他杀害。然而，春申君认为李园并没有十分明显的劣迹，并且他是楚国王妃的亲戚，因此犹豫不决，迟迟没有接受这个建议。后来，春申君果然被李园派来的刺客杀死。

就是因为春申君没有听从门客的意见，犹豫不决，当断不断，最终得到了一个被刺杀的下场。因此我们做事情时一定要果断，如果遇事犹豫不决，贻误了时机，到头来只会让自己承受恶果。

其实，在中国的历史上，像春申君这样的例子不在少数，三国时期的袁绍也是这样一个典型。

袁绍出身于豪门世家，他聚集了一大批的战将谋士，并且兵强马壮，形成了一个实力强大的集团，且拥有着非常有利的形势。但是袁绍却有一个特别大的毛病，那就是优柔寡断，多谋少决。在观察他对刘备的表现时，就能看出他优柔寡断的致命伤，这最终让他一败涂地。

在白马之战中，当袁绍听说他的手下大将颜良被一位赤脸长须、手持大刀的勇将杀死以后勃然大怒，他的谋士沮授也建议他尽早除去刘备。

于是袁绍指着刘备说道："你的兄弟杀了我手下大将，你是他的主公，自然你们就是一伙的，这件事情你们肯定早有预谋，我留着你还有什么用呢？"接着命令士兵把刘备推出去斩首。

刘备却不慌不忙地说道："天下相貌一样的人有很多，难道只要赤脸长须的人就都是关羽吗？您为什么不去弄清楚呢？"

袁绍听了刘备的话觉得非常有道理，于是立即改变了主意，并反过头来责怪沮授说："我如果误听了你的话，那就杀错好人了。"于是仍然请刘备坐在营帐中，一起商量如何为颜良报仇。

过了一段时间，袁绍的手下郭图、审配又进来向袁绍汇报，说关羽把袁绍的另外一员大将文丑也给杀了，请求袁绍把刘备杀了，而刘备还装作不知道。

一连损失了手下两员猛将，袁绍非常生气，气急败坏地对刘备说："大耳贼，你竟然敢如此对我？"于是再次喝令手下把刘备推出去砍头。

刘备再次辩解说："曹操一向忌恨我刘备，现在他知道我在您这里，担心我帮助您对付他，因此就故意派我的兄弟杀了您的两位将军。您知道这件事情以后一定会十分生气，这样势必会杀了我以解心头之恨。这是曹操的借刀杀人之计，目的就是借您的手除掉我，我希望您能够多多考虑一下，以免中了曹操的奸计。"

袁绍听了刘备的话后，又反过来把手下人训斥了一番，说道："刘备的话非常的有道理，你们这些人差点让我失去了应有的英明，我几乎杀害了贤士，这是多么的昏庸啊。"

袁绍两次想杀刘备，都因为刘备的一番话而放弃了。刘备固然机敏，但袁绍优柔寡断、缺乏主见的性格特点却是更为主要的原因。

机遇是捉摸不定的，人们总期望机遇垂青自己。然而机遇是需要我们自己去寻找的。只有自己努力去寻找机遇，机遇才会更加垂青我们。而且当我们遇见机遇时，就一定要积极地采取行动，去努力把握。机会就摆在那儿，我们却前怕狼后怕虎，犹豫不决，以致机会从眼前飞走，这样的事例经常发生在我们身上或身边，这正是由于我们不敢相信自己也能借机遇而一下成功，对自己缺乏足够的信心，所以在机会唾手可得时，也不敢利用机会，让自己成功。

成功者都是善于抓住机遇的人，虽然他们有时难免也会犯错误，但是他们比起那些做事犹豫的人要强很多，而他们取得成功的概率也比优柔寡断的人要大得多。

俗话说："机不可失，时不再来。"面对良机，就应该当机立断，迅速出击，否则不仅机会一旦错过就来不及了，还会受到不必要的损失，所谓"当断不断，反受其乱"，遇见机会的时候就一定要果断抓住，而不可犹豫不决，畏畏缩缩。

在做一件事之前思考一下是应该的，但是如果过于犹豫不决就显得非常不好了。做事时犹豫不决、瞻前顾后，缺乏应有的勇气，当断不断，那么事情就不会很好地完成了，甚至事情会朝着相反的方向发展。

因而，我们做事时一定要果断，该下决断的时候一定要果断，千万不可拖拖拉拉，瞻前顾后，这样会失去大好的机会，当断不断，最终会反受其乱。

选对行业，成就一生

三百六十行，行行出状元。但其“状元之才”之所以能够浮出水面，为世人称颂，就是因为他选择了适合自己的位置。

有些人做事，从一开始就注定了要失败，不是因为他们能力不够、机会不多，而是因为他们上错了船、进错了门，始终在做着自己并不擅长的工作。

在生活中，这些人出于惰性，或者出于这样那样的担心，明知目前的工作根本不适合自己，明知在目前的环境中绝无发展机会，仍然恋恋不舍。对着一份毫无兴趣的工作，做一天和尚撞一天钟，只求应付了事，其结果，不但荒废了岁月，还彻底消磨了斗志。

一份工作的好坏，以能否发挥特长、能否提升自己为判断依据。每个人的兴趣、才能以及追求目标都不一样，一些人如鱼得水的职业，却能将另一些人“淹死”。所以，最重要的不是适应行业——这只是不得已而为之的做法，最明智的做法是选择适合自己的行业。

鞋子合不合脚，只有脚知道；这个行业是否适合自己，只有自己心里最清楚。对一个有志者来说，不能指望别人给自己一个最适合自己发展的机会，应该根据自身需要和喜好，去寻找适合自己的发展空间。

刘铭从小就渴望成为一名创作型歌手。在学校时，他就很努力地自己作词、编曲，他带着自己组建的乐队在各大高校巡回演出，令他沮丧的是，演出没能引起轰动。毕业前夕，他想卖掉手边的一些CD，于是选出了几位对这方面有兴趣的朋友，分别写信问他们，看谁愿意买。其中一位朋友看了信之后非常愿意购买，于是立刻回信，在这封回函里，这位朋友不断地夸赞他文笔流畅，颇具说服力。因此便建议他，既然能写出这么有魅力的推销信函，为什么不投入广告界从事撰写广告的工作呢？

朋友的这封信，就像一块小石头丢入水中，激起了他心中的阵阵涟漪，“投入广告界立志做个出色的广告人”这个想法点燃了他的激情，一个崭新的天地展现在他眼前……5年过去，他成为当地首屈一指的业界精英，他的广告作品在全省乃至全国都有不小的影响力，不少广告语甚至成为人们的口头流行语……他终于找到了最适合自己的那个位置。

选对行业能够成就一生，这的确是一条颠扑不破的真理，只有在最适合你，你也最有兴趣的地方，才能够发挥出你的全部能量。不管你从前是怎样评估自己的身价的，只要你能稍稍改变一下内心的想法，就能够彻底改变自己的人生。

对你而言，现阶段最重要的不是在你既有的能力上再加入一些新奇的力量，而是如何将你现在所拥有的能力百分之百地运用发挥。

也就是说，人生的第一要务并不是要立刻学得新的本领，而是应先将我们现有的才能发挥到极限。

每个人都有自己特殊的才能，如果你因为技不如人而心生愧疚，那仅仅是因为这个行业更适合他人而不是你。你要做的不是怨天尤人，而是开始发掘身上的闪光点，找到最合适你的那个位置。

不能成为一流科学家的阿西莫夫成了举世闻名的科幻作家，研究工程科学的伦琴最终成为物理学家……他们的成功始于一个人生的抉择——找到最适合自己的位置。那么，你的位置又在哪里呢？

成功者之所以成功，就在于选好了最适合自己的行业，选好了属于自己的位置；失败者为什么失败，只因为他可能一生都在从事自己不擅长的事务，以致天赋全被埋没。

人生总有一个最适合你的位置，它能让你的才能发挥得淋漓尽致。让你置身其中，即使忙忙碌碌也不知疲倦，即使面对千难万险也不会想到退缩。你会为它痴狂，为它心醉，为它倾其一生、死而后已。

人的兴趣、才能、素质是不同的。如果你不了解这一点，没能把自己的所长利用起来，你所从事的行业需要的素质和才能正是你所缺乏的，那么，你将会自我埋没。反之，如果你有自知之明，善于设计自己，选择从事你最擅长的工作，你就会获得成功。

礼下于人，必有所求

俗话说：“虚心竹有低头叶，傲骨梅无仰面花。”意思是竹子内心谦逊才向人虚心低头，梅花高傲不屈从不仰面拍马逢迎。生活中也如此，礼下于人时，定是有所求。平时不向你低头的人在向你低头的时候，一定是遇到了问题。

其实在为人处世的时候，一旦遇到问题时，礼下于人，低下头未尝不是一种好的办法。“礼下于人，必有所求”，而当有所求的时候，礼下于人也是一种很高的智慧。

春秋后期，各国诸侯王的地位一落千丈，而卿大夫的势力不断崛起，原来是礼乐征伐自天子出的状况，现在变为卿大夫们横行专权。当时，各国都发生了公室与卿大夫夺权的斗争，鲁国就出现了季孙氏、叔孙氏、孟孙氏瓜分公室的事件。

原来鲁昭公时，鲁国的大权实际是由季孙、叔孙、孟孙三家执掌的，三家中以季孙氏的势力最为强大。因而鲁昭公很不高兴，慢慢地，他与季孙氏的矛盾越来越大。于是鲁昭公就萌生了除掉季孙氏的想法，于是就发兵围攻了季孙意如。季孙意如被围困在高台上，他对昭公说：“贤君也不调查一下我是否有罪，就派兵来攻打我，我希望你能够调查清楚，然后再打我不迟。”鲁昭公说：“你的罪行十分的明显，连小孩子都知道，还用调查吗？”季孙意如没办法，就请求昭公把他囚禁在费城，然而昭公没有同意。最后，他请求昭公同意他坐一辆车子流亡到国外。

昭公听到这就想杀了他，不管他怎么说就是不答应。这时昭公的家臣对昭公说：“您还是答应季孙氏的请求吧。鲁国的政权已经掌握在季孙氏手里多年了，他又非常会笼络人，所以支持他的百姓非常多。我们一时还不能攻下高台，攻下以后也不知会发生什么变故，所以答应他的请求把他驱逐出国是一个不错的办法。”但昭公仍旧不听，接着他就派人去刺杀季孙意如。

叔孙氏得知了消息，非常不安，叔孙的家臣劝叔孙说：“假如昭公消灭了季孙氏，那他也会不久来消灭我们的，我们最好要救助季孙氏。”叔孙氏觉得有道理，于是便发兵攻打鲁昭公的军队。孟孙氏得知后，也派兵围攻鲁昭公。一时三股军队合围了昭公，风云突变，鲁昭公的军队一下就被打散了，尸体满山遍野，血流成河，昭公一看大势已去，便领着几个随从逃往齐国。齐景公听说鲁国内乱，昭公已经逃到了阳州，便准备到阳州去慰问。鲁昭公听说齐景公要来，便先率人到了野井。

齐景公慰问昭公，这是出于礼节。而昭公先去野井迎接，这是礼先于人。假如想求人帮助，必然先礼下于人，低头致敬，讲究礼貌。齐景公见昭公礼先于己，便对昭公说："你的忧虑就是我的忧虑，我献给你二万五千户人家，一切听从你的安排。"

昭公一听十分高兴，于是不久便派人同齐国订立了盟约。从而为自己东山再起打下了基础。

鲁昭公的低头策略为自己赢得了机会，赢得了帮助，礼下于人并不是真正的示弱，而是避一时的不利，等待更好的机会。

有求于人时，不妨先低头，在很多人心中总会认为是低三下四地去求别人，其实大可不必有这样的想法，因为每个人都有求人办事的时候。求人办事时自己本身就低势于人，同时也只有这样才容易得到别人的认可，得到别人的同情。这种"低势"其实就是为了"欺骗"对方的眼睛，把自己强大、高调的一面隐藏起来，让对方忽视你，同情你，最后就能帮助你，进而让你获得良机。

在人屋檐下，要懂得适时地低头。这是一种处世的柔术，一种权变，更是最高明的生存智慧。

老百姓有一句俗语，叫作"人在屋檐下，不得不低头"，意思就是说人在权势、机会处处都不如别人或受人限制的时候，就不得不低头退让，年轻人要想有所成就，不妨将此当作磨炼自己的机会，并借此休养生息，以便让将来东山再起的机会增大，而绝不可一味地消极甚至消沉。只有那些经不起困难和挫折的人，才将一时的逆境看作是事业的尽头、人生的失败，不去想办法克服眼前的困难，只是一味地怨天尤人、听天由命。

"礼下于人，必有所求"，这句话可以说是洞彻世事人情，相当有智慧。当人有需要的时候往往就会收起平时的强势，摆出一个低姿态，以此来博得同情并最终换取帮助。求人也如此，当你需要帮助时，你不可能摆出一副恃强凌弱的姿态去寻得帮助。想要得到帮助应该礼下于人，放低自己的姿态，这样才会得到别人的认可，别人才会伸出援手，给你尽可能的帮助。

礼下于人的时候，你会明白那是有所求，如果你能够帮助他的话，就尽可能地伸出你的援助之手。而当你有求于人的时候，礼下于人是一个非常好的方法。人在屋檐下，不得不低头，主动放下身段求人你会发现在不久的时间后，你可以更好地伸直腰板。

大智若愚

庄子说："知其愚者，非大愚也；知其惑者，非大惑也。"人只要知道自己的愚和惑，就不算是真愚真惑。是愚是惑，各人心里明白就足够了。

在一个小镇上，有一个傻孩子，人们常常捉弄他。其中最为乐此不疲的一个游戏是挑硬币，他们把一枚五分硬币和一枚一角硬币丢在孩子面前，他每次都会拿走那个五分的。于是大家哈哈大笑，感叹一番“真傻”“傻得不可救药”。

一个女教师偶然看到了这一幕，心中非常难过，她为那些没有同情心的人感到可悲。她把孩子拉到一边，对他说：“孩子，你难道不知道一角钱要比五分钱多吗？为什么要让人家嘲笑你呢？”

出乎意料的事发生了，孩子双眼闪出灵动的光芒，他笑着说：“当然知道！可是如果我拿了那一角钱，以后就再也拿不到那许多的五分钱了。”

这个孩子正是那种貌似愚钝、内心清明的人，他的傻只是一种伪装，那些肤浅的人们在嘲笑他的同时，却扮演了被算计、被愚弄的角色。

在纷繁复杂、变幻莫测的世界上，那些智者不得不故意装憨卖傻，以一副糊涂表象示之于众人。然而也唯有如此，方称得上有“大智慧”，是“大聪明”。明朝时唐伯虎曾经被宁王请去做幕僚，但是唐伯虎很快发现，宁王图谋不轨，包藏犯上作乱的祸心，自己如果跟着他，后果不堪设想。怎么办呢？唐伯虎心生一记：装疯卖傻。于是他整日在街头上装疯，甚至赤裸狂奔，闹得满城风雨。宁王无奈，只好派人将其送回家乡。唐伯虎得以巧妙脱身，后来宁王兵败被俘，他没有受到牵连。

装傻是人际关系范畴的必不可少的技巧和艺术。装傻是一种人生大智慧。每个人都希望比别人显得更聪明。装傻可以满足这种心理。他会感觉自己很聪明，至少比你聪明一些。一旦他意识到这一点，他将再也不会怀疑你可能有更加重要的目的。

做事要分轻重缓急

你应该找到那件最重要、最关键的事情，去做好它，而不是被纷繁芜杂的假象所蒙蔽，因小失大，酿成祸患。

有一个笑话，说的是一对馋嘴的夫妻一起分3个饼，你一个，我一个，最后还剩下一个，两人互不相让，于是决定从现在起都不说话，谁坚持的时间长，就能得到最后的饼。

两人面对面坐下，果然都不开口。到了晚上，一个盗贼溜进屋里，看见夫妻俩，先是有点害怕，看他们毫无反应，就放心大胆地搜罗起财物来。盗贼将家中稍微值钱点的东西一件一件地搬出门去，妻子心里虽然着急，看丈夫一动不动，便只好继续忍耐。盗贼有恃无恐，干脆连最后一个米缸也搬走了。妻子再也坐不住了，高声叫喊起来，并恼怒地对丈夫说：“你怎么这样傻啊！为了一个饼，眼看着有贼也不理会。”丈夫立刻高兴地跳了起来，拍着手笑道：“啊，蠢货！你最先开口讲的话，这个饼属于我了。”

在这个笑话中，这一对愚蠢的夫妇就是没有分清事情的轻重缓急，没有找到当前最重要的问题，结果因小失大，闹出了笑话。当两人打赌争饼时，遵守赌约、闭口无言是双方的主要问题，应着力解决。可是，当盗贼进屋盗窃财物时，如何联手赶走盗贼，保护家中财产，则成为新的主要问题，赌饼约定已经不再重要。此时此刻，夫妇二人就应该抓住最主要的问题，齐心协力，抓住盗贼，保护财产。然而，夫妇二人因为牢记赌约，对盗贼不予理睬，让盗贼有了可乘之机，将财物盗走，从而丧失了抓贼的大好时机，为了一只饼失去了全部财产。

古人常说：“射人先射马，擒贼先擒王。”想问题、办事情，就是应该牢牢抓住最主要的问题，不能主次不分，因小失大。在实际工作中，我们也必须弄清当时当地客观存在的最重要的问题是什么，从而采取正确的解决方法，以收到事半功倍的效果。

英国前首相撒切尔夫人对抓住重点有深刻而简洁的见解。有人问她：“在日理万机的情况下还能照顾好家庭，你的秘诀是什么？”她回答说：“把要做的事情按轻重缓急一条一条列下来，积极行动，做好之后，再一条一条删下去就成了！”

真理是朴素的，也是容易被忽视的。加强计划，抓住重点，积极突破，这就是各个领域普遍、适用的重要方法，也是常被忽视的重要方法。

一个人每天都有很多事情要做，有大事、有小事，有令人愉快的事，有令人心烦意乱的事。但是哪些事才是你最重要的呢？不弄明白这个问题，你就会浪费许多精力，空耗许多时间，结果给你带来痛苦，使你身心疲惫。

当然，所谓“重要”，必须是出自你自己的想法、感觉，你认为什么对你才是重要的。在某种意义上，人生就是选择对自己最重要的事情，然后去努力完成它、实现它。

如果你不希望被纷繁芜杂的大小问题弄得手忙脚乱，你就必须学会合理有序地安排事务处理的次序。根据事情的“轻重缓急”，你可以将自己的行动分成四个层次：

1. 重且急

这些是最优先处理的，应当高度重视并且立即行动。

2. 重但缓

可以稍后再做，但也要进入优先处理的行列，一定不要无休止地拖延下去。

3. 急但轻

这些表面上看起来非常紧急的事务，往往会被错误地列入优先行列中去，使真正重要的工作被拖延。

4. 轻且缓

其实大量的工作是既不紧急也不重要的，我们却常常由于各种原因，本末倒置，耗费了不必要的时间和精力。

当你依照这个程序执行一段时间之后，你就会获得有形的成果及回馈，最终，你将拥有所有你想要的东西，甚至更多。

第二章

危机防患：马临险崖收缰晚，船到江心补漏迟

——未雨绸缪，才能高枕无忧

败家子挥金如粪，兴家人惜粪如金

随着经济的发展，人们的生活水平越来越高。中国的百万富翁也越来越多，中国也正在成为世界奢侈品的消费大国。这一方面说明了人们的生活水平好了，手里的钱多了，能够选择的余地变大了。但另一方面，所谓的官二代、富二代平日里极度地炫富，没有受过一点苦，有的人甚至连生活都不能自理，他们总是花钱大手大脚的，从不节制更没有规划。这样看来“富不过三代”这句话就说得非常有道理。节俭并不代表抠门，事实上只有那些败家子才挥金如土，所谓君子爱财，取之有道，能够兴家的人往往都是那些惜粪如金的人。

“一个人只有用好每一分钱，他才能做到事业有成。”这是比尔·盖茨的生活教条。

比尔·盖茨39岁就成为世界首富，并连续14年登上福布斯财富榜首位的宝座，成为21世纪的财富偶像。1996年12月，微软股价创下新高——同比上涨88%。曾经有人计算过，比尔·盖茨拥有的财富可以购买31.57架航天飞机，或者344架波音747，拍摄268部《泰坦尼克号》。

比尔·盖茨却认为，这些钱只是成功的象征而已，除此之外，他不觉得还有什么意义。事实上，钱既不会改变比尔·盖茨的生活，也没有使他在工作上分心。比尔·盖茨经常告诉那些向他求教的朋友：“当你有了一亿美元的时候，你就会明白钱只不过是一种符号而已。”

比尔·盖茨在接受《花花公子》杂志记者的采访时是这样说的：“我不觉得讲究派头是一个榜样应该做的事情，一个人如果习惯于享受，就无法再过普通人的生活。对我来说，过普通人的生活才是一种享受，奢靡富贵和挥金如土的生活并不适合我，我只能敬而远之。”

追求生活质量，是每个人的基本要求。作为世界巨富，比尔·盖茨有足够的能力和资格尽情地过着奢侈的生活，然而比尔·盖茨“害怕享受”，并始终将自己定位于财富的“看管人”，而非所有者和消费者。他不喜欢像其他富翁一样前呼后拥，甚至极力反对因钱改变自己本色的生活。

就是因为比尔·盖茨放弃挥金如土，纸醉金迷的享受生活，认真对待自己的每一分钱，把它们用到正确的地方，才会使比尔·盖茨拥有永不停歇的步伐，不停地前进，使

得微软公司长久立于竞争激烈的计算机行业。连世界首富都尚且如此，我们还有什么理由去大手大脚地花钱享乐呢?

败家子挥金如粪，兴家人惜粪如金。真正聪明的人惜粪如金，在乎每一件他们身边的东西，在乎他们的每一分钱。一万元有一万元的价值，我们要在生活中，尽量运用金钱的价值，去把金钱用在需要的地方，该省的地方要懂得节俭，需要花费的地方也不要吝啬，只有这样才会兴家，只有这样才是聪明的。

世界另一个大富翁股神巴菲特在省钱方面有着自己独特的见解。他虽然坐拥亿万资产，但他仍然住在几十年前买的小房子里。并且经常自己去商场购物。令人敬佩的是，他每次都会把商场给的优惠券收好，以便下次购物时使用。有人问他："你这么有钱，为什么还使用优惠券呢？这样做不过每天能节省一两美元，一生才能够节省多少？"

巴菲特答道："你错了，这省下的可是非常多的，足足有上亿美元呢。"

"一天省一两块，能够省下一亿美元？"虽然巴菲特是股神，但是那个人还是抱着怀疑的态度。

巴菲特接着分析道："虽然每天省一两美元，从表面上看起来没有多少。但是如果我一直这样坚持下去，一生中我大约能省下5万美元。而如果你不这样做，那么，假如我们其他收入一样多的话，我至少比你多出5万美元。更重要的是，我会将这5万美元用于我的投资，购买股票。根据过去几年来我平均投资股票获得的18%的收益率，这些钱每过4年就会翻一番，4年后我就会有10万美元，40年后将达到5120万美元，44年后就超过了1亿美元，60年后就超过16亿。如果你每天省下一两块钱，到时候你会拥有16亿，你会怎么做？"

那个人听后若有所思，似乎明白了巴菲特的用钱之道。

"历览前贤国与家，成由勤俭败由奢。"其实，节俭的美德不只是为了节约成本。节俭是能决定一个人乃至一项事业的成败。斯诺在延安时，看到毛泽东穿着打着补丁的衣服，周恩来睡着土坑，彭德怀穿着用缴获的降落伞改做的背心，林伯渠耳朵上用绳子系着断了腿的眼镜，他称之为"东方魔力"，并断定它是"兴国之光"。淮海大战中，国民党将领黄维被俘后死不认输，当他目睹了刘伯承、邓小平、陈毅这些布衣将军后，才幡然醒悟："在国共内战的战争中，国民党的失败不仅仅是败在战场上更是败在作风和精神上。"

有一次，李嘉诚上车前掏手绢擦脸，带出一块钱硬币掉到地上。天下着雨，李嘉诚执意要从车下把钱捡回来。后来还是旁边的侍者为他捡回了这一块钱，李嘉诚付给他100块钱，然后说："那一块钱如果不捡起来，就会被水冲走，这样就浪费了，而这100块钱小费却不会被浪费，钱是社会创造的财富，不应被浪费。"

这些有名的大富翁对待自己的每一分钱时是如此的严谨，如此的认真，他们从不像一些富豪一样吃喝玩乐，享受安逸，花钱大手大脚；反而，他们珍惜每一分钱，重视每一分钱的使用。试想这样的人怎么不会有大作为呢?

记住"败家子挥金如粪，兴家人惜粪如金"这句话吧，你会发现挥金如土的人是多么的可笑，而惜粪如金的人是多么的睿智。

笨人先起身，笨鸟早出林

有人这样认为，人取得成绩的好坏往往取决于其智商的高低，有的人把自己成绩不如别人的原因归结于没有别人的头脑好使。其实这种观点是错误的，有很多的名人、有成就的人脑子都不是那么好使，他们之所以取得了令人称赞的成就是因为他们的努力，勤能补拙，他们付出了比其他人更多的辛勤汗水。

在我们的周围，常常会看到一些并不很聪明的人，但是靠着刻苦勤奋，取得了令人称羡的成就，成为有所作为的人。在世界伟人的名单里，我们也能看到一些原本天生愚笨的人，他们最终靠着异于常人的勤奋努力，取得了伟大的成就，站在了世界伟人的队列里。

曾国藩是中国近代历史上最有名的政治家之一，就连毛泽东都对他钦佩不已。然而，他小时候的天赋并不高，他凭借着自己的努力才达到了他所有的成就。

少年时期的曾国藩非常勤奋。有一天夜里，曾国藩在灯下读书，他对一篇文章重复读了不知多少次但是还是没有背下来。这时候他家来了一个贼，潜伏在他的屋檐下，那贼想等曾国藩入睡之后再去偷东西。可是他等啊等，就是不见曾国藩睡觉，曾国藩还是翻来覆去地读那篇文章。贼人大怒，竟然跳出来对曾国藩说："就你这种水平还读什么书？"将那篇文章背诵一遍后，然后扬长而去。

这个贼是非常聪明，至少比曾国藩要聪明，但是他只知道不劳而获，因此他只能成为贼，这使得他不仅无所作为，还祸害他人。曾国藩却因为他这种异于常人的勤奋，最终成为一位学识渊博、成就显赫的政治家，成为后人学习的榜样。

"勤能补拙是良训，一分辛苦一分甜。"这是中国著名数学家华罗庚的名言。一个"勤"字道出了成功的秘诀，勤奋的人即使比别人笨，但是凭借着不懈的努力，仍然会比聪明人取得更好的成就。相反的，那些头脑聪明却懒惰自大的人往往都会一事无成，他们总是嘲笑笨者，可到了最后他们更可能会成为被别人嘲笑的对象。

金溪平民方仲永，世代以耕田为业。方仲永5岁时，还不曾认识笔、墨、纸、砚，然而有一天，方仲永哭着向父亲要这些东西。父亲对此感到非常惊异，于是就从邻近人家借来给他，仲永当即写了四句诗，并且题上自己的名字。这首诗以赡养父母、团结同宗族的人为内容，这首诗很快就传送给了全乡的秀才观赏，从此方仲永这个神童就声名远扬。秀才们指定物品让他作诗，方仲永就能够立即完成，他的诗的文采和道理都有值得称赞的地方。同县的人对他感到非常惊奇，渐渐地就都请他的父亲去做客，有的人甚至还花钱求仲永题诗。他的父亲认为这样有利可图，于是就每天拉着仲永四处拜访同县的人，而不让他学习。

方仲永很快长大了，但是因为他的父亲总是带他出去拜访同县的人，使得他没有时间去学习，长大后他的水平仍然是他5岁时候的样子。他的成就甚至都不如同县的笨人，方仲永从此成为一个笑谈。

方仲永的通晓、领悟能力是非常有天赋的。他的天资比一般有才能的人还要高得多。但是他最终成为一个平凡的人，这是因为他没有受到后天的教育。像他那样天生聪明，如此有才智的人，没有受到后天的教育，尚且要成为平凡的人，那么，现在那些不是天生聪明，本来就平凡的人，又不接受后天的教育，想成为一个平常的人恐怕都不能够吧？

中国著名相声大师侯宝林只上过3年小学，认识的字可能还不超过5个，以这样的文化水平，要成为相声大师，谈何容易，但是侯宝林深信勤能补拙的道理。既然文化底子不足，那么就靠勤奋的自学来弥补。就这样，他靠着死记硬背来记相声台词，靠听戏看戏折子来学习认字，靠广泛阅读来增加文学修养。

有一次，侯宝林为了买到自己想买的一部明代的笑话书，几乎跑遍了北京城所有的旧书摊，但也未能如愿。后来，他得知北京图书馆有这部书，就决定把书抄回来。适值冬日，他顶着狂风，冒着大雪，竟然一连18天跑到图书馆里去抄书，一部十多万字的书，终于被他抄录到手。靠着不懈的努力，侯宝林大师从不识几个字到能自己整理古籍资料，能写相声段子，能写论文，甚至担任北京大学的兼职教授，被人们尊为相声语言大师。侯宝林大师自己也常说："我是靠勤奋学习才有了现在的成绩。"

假如侯宝林自怨自艾，因为自己的笨拙而放弃自己的理想，那么我国相声界就会少了这样一个艺术大师了，我们就会少了很多的欢声笑语。

爱因斯坦小时候被人称作"智力迟钝、差劲的笨蛋"，就连手工课上做的凳子也粗劣不堪。爱迪生小时候学习能力非常低，因此他被学校拒之门外。牛顿年少时也曾是被伙伴们歧视的"笨蛋"，他是别人经常嘲笑的对象。世界杰出的女性海伦·凯勒自幼双耳失聪，双目失明，生活对她来说是非常苛刻的。他们先天的条件哪一个能比得上我们现在的一个普通人呢？然而，他们都没有因为先天的不足而自暴自弃，而是用不平常的勤奋弥补了自己身体上的不足，最终都取得了举世瞩目的成就。在我们当中，大多数人的智力平常，有的人可能因为种种原因，智力稍微低一些，但这样也要比爱迪生和海伦小时候强许多，那么，我们还有什么理由因为自己智力一般或者稍稍愚笨就感到自卑，然后就放弃勤奋的努力呢？

笨鸟先飞，如果你比别人笨的话，那么就加倍地努力吧，勤能补拙，只要经过不懈的努力，你的目标一定会达到的，只有经过努力，付出比别人更多的汗水后，笨鸟才会早入林。

不会做小事的人，也做不出大事来

很多人都梦想着有一天做成别人做不成的大事，梦想着自己有所作为，有一番大成就，但是他们瞧不上平日里的小事情，认为做大事的人怎么能被这些芝麻大的事情所困扰呢，其实这种想法是大错特错的。"千里之行，始于足下""一屋不扫又何以扫天下"，不会做小事的人，是永远也不会做出大事来的。只有注重细节的人，才会有掌握全局的能力。

人，只要能够一心一意地做事，世间就没有做不好的事。很多时候，小事不一定就真的小，大事不一定就真的大，关键在于做事者的认知能力。那些一心想做大事的人，常常对小事嗤之以鼻，不屑一顾。其实连小事都做不好的人，大事是很难成功的。那些真正伟大的人物从来都不轻视日常生活中的各种小事情，即使常人认为很微小的事情，他们也都满腔热情地去对待。

“勿以善小而不为，勿以恶小而为之”。细微之处见精神。拥有做小事的精神，才能产生做大事的气魄。不要小看做小事，不要讨厌做小事。每个人都应从小事做起，因为用小事堆砌起来的事业大厦才是坚固、牢靠的。

有一个求职者去一家公司应聘，那个公司招聘一名营销经理，年薪8万。这名求职者一路闯关，从99位应聘者中杀出，终于获得了总裁的召见。

这名求职者走进总裁办公室。总裁不在，只有一位年轻漂亮的女秘书，她微笑着对这名求职者说：“先生，您好。总裁不在，总裁让您给他打个电话。”这名求职者就掏出了手机，拨了一串号码。但就在这时，求职者看见办公桌上有两部电话，就问那小姐：“我可以用用吗？”“可以。”女秘书依然微笑着。

于是求职者拿起了电话，终于跟总裁联系上了。总裁在那端兴奋地说：“我看了你的简历，打听了你的答辩情况，你的确很优秀，欢迎你加盟本公司。”求职者听了总裁的话，高兴得心花怒放，他的第一个反应就是要将这个好消息与女友分享。而半个月前，女友出差去了国外。求职者刚拨了手机，却又迟疑了：这可是国际长途啊！这时，他又看了看那两部电话，忽然想道：“我都快是公司的人了，他们是大公司，不会在乎一点儿电话费吧？”于是便拿起电话给他的女友报告他被录取的好消息。恰在这时，另一部电话响起。

“先生，您的电话。”女秘书送了求职者一个非常诡秘的笑。

“对不起，刚才我的话宣布作废。通过我们公司的监控，你没能闯过最后一关，实在抱歉……”总裁在电话里温和地对求职者说。

“为什么？”求职者非常不解地问。

女秘书惋惜地摇摇头，对他说道：“唉，许多人和您一样，都忽略了一个微小的细节。在没有成为公司正式员工之前，你明明身上有手机，干吗不用手机呢？”

因为一个小小的细节使得这名求职者最终与成功失之交臂，没有被公司录取。可见细节对成败的作用是多么的巨大啊。

懂得做小事的人才是聪明的人，这些人往往会取得更好的成就，小事做多了也就成了大事了。

1984年在东京国际马拉松邀请赛中，名不见经传的青年选手出人意料地夺得了冠军。当记者问他凭什么取得如此惊人的成绩时，他只说了一句话：“凭智慧战胜对手。”

大多数人都认为这个矮个子选手是在故弄玄虚。马拉松比赛是比拼体力和耐力的运动，只要身体素质好且耐性好的话就有机会夺冠，而说用智慧取胜确实有点勉强。

两年后，意大利国际马拉松邀请赛在意大利北部城市米兰举行，这位青年代表本国参加比赛。这一次，他又获得了冠军，记者又请他谈谈经验。

青年不善言辞，回答的仍是上次那句话：“用智慧成胜对手。”这回记者没有在报纸上没挖苦他，但是他们对他所谓的智慧仍旧感到迷惑不解。

10年后，这个谜终于被解开了。青年在自传中是这么说的：“每次比赛之前，我都要乘车把比赛的线路仔细地看一遍，并把沿途比较醒目的标志画下来，如第一个标志是银行，第二个标志是一棵大树，第三个标志是一座红房子，这样一直画到赛程的终点。然后比赛开始后，我就以百米冲刺的速度奋力地向第一个目标冲去，等到达第一个目标后，我又以同样的速度向第二个目标冲去。40多千米的赛程，就被我细化成许多个小目标轻松地跑完了。起初，我并不懂这样的道理，我把目标定在40多千米外终点前天线上的那面旗帜上，结果我跑到10多千米时就疲惫不堪了，然后我就被前面那段遥远的距离吓倒了。”

青年是聪明的，他把一件事分成很多很多的小部分，然后再去努力地把这些细化的小事一一做完，最终做成了大事。假如他仍旧像最初一样把目标定在终点，那么他很可能就不会有如此巨大的成就了。

不会做小事的人，也做不出大事来。只有那些注重细节，认真做每一件小事的人才会做成大事的。瞧不起做小事的人并且不屑做小事的人最终也不会有大的成就。

害人之心不可有，防人之心不可无

有一句老话：“害人之心不可有，防人之心不可无。”这句话告诉我们无论在生活中，还是在工作中，我们虽然不能有害人之心，但是一定要有防人之心。

所谓“防人”，就是凡事要多一个心眼儿，采取必要的防卫手段，让人无法加害自己。

前秦的皇帝苻坚对人非常善良，他的心胸极为宽广，他对投降和被俘的人，从不乱杀，他也很少猜疑，有的甚至还委以重任。

当时，鲜卑亲王慕容垂投靠他，苻坚毫不设防，盛情相待，像亲兄弟一样信任他。有的大臣认为慕容垂并不可靠，于是对苻坚说：“皇上心地善良，好行善事，但也不能滥施仁义，轻易地相信人。我看慕容垂面露奸诈，不是忠厚的人，他只是走投无路才投靠皇上的，对他应当警惕啊。”

苻坚平日里最恨那些无情无义的人，他认为这是大臣嫉妒慕容垂，于是对大臣说：“慕容垂是个非常难得的人才，他能投靠我，正是因为他相信我啊。我善待他是应该的，否则，天下的能人志士一定会说我没有容人的气度，这对我声名是非常有损的。”

苻坚伐晋失败后，前秦民心浮动，形势十分不稳。这个时候，一直心怀鬼胎的慕容垂以安抚百姓为名，脱离了苻坚，并号召前燕帝国的鲜卑遗民复国，接着就建立了后燕帝国。

羌部落首领叫作姚苌，苻坚在做亲王时曾经救过他一命。当时，姚苌犯的罪名应当斩首，在赶赴刑场时，苻坚见他英武不凡，于是善心大发，当场将他免死。后来，苻坚做了皇帝后，对姚苌更加的器重，和他无话不谈，甚至给了他非常大的权力。

许多人都认为姚苌是一个小人，有的还揭发他说：“姚苌身为羌人，却时刻想要自立为王，他一直在暗中联络羌人，不停地招兵买马，这都是他有野心的明证。皇上如果对他过于宽厚，就是对自己残忍。”

然而，苻坚不听良言。他曾得意地说：“我只担心自己的善行不多，我从不相信这样做有什么坏处。因此，谁也不能阻止我行善。”

姚苌后来也叛变了，建立了后秦帝国。慕容垂和姚苌的反叛，给了苻坚致命一击，前秦也很快就瓦解了。更惨的是，苻坚成了姚苌的俘虏，姚苌不但不感念旧情，反而把他活活地勒死了。苻坚死时，姚苌的羌人部队都感到于心不忍，为他流下了眼泪。苻坚他只知行善的好处，却不知对恶人行善的坏处，所以才会落下如此的悲剧。

社会之所以在不断进步，是因为有更多的人在推动，但是这仍旧避免不了会有一些社会的败类存在。如果一个人对这些人不能理智及时地加以防范，便可能会被他们所利用、所侵害、所控制。

在现实生活中，与人打交道时应该要谨慎小心，以免造成不必要的伤害。

春秋战国时期，有一个叫作易牙的人。有一次，齐桓公随便问仆人人肉是什么味道，没想到易牙就记在了心里。为了表示自己的忠心，他竟烹了自己的小儿子，然后献给齐桓公品尝，由此他得到了齐桓公的宠信。齐桓公晚年时，易牙勾结一些奸人臣子把齐桓公锁进深宫饿死。

齐桓公之所以惨死，就是因为他太宠信易牙，对他没有防备之心。俗话说："人无害虎心，虎有伤人意。"所以我们在堂堂正正做人的同时，还要多点防人之心，以免自己吃亏。

潭水虽然波平如镜，但很可能深不可测；外貌虽然忠厚善良，也许内心却极富心机。所以说看人如果只看表面的话，有时就会吃亏上当。也许是因为"画虎画皮难画骨，知人知面不知心"的缘故，许多吃过亏的人，常常感叹世道之艰险、人心之叵测。因此，古人在劝喻世人"害人之心不可有"的同时，又告诫人们"防人之心不可无。"

人生就像是一场战争。在这场战争中，人们为了求得生存，必须要有慎重的生活方式和态度，这样才不至于上当、吃亏。当然，我们并不需要去欺骗别人，但是，社会上鱼龙混杂，陷阱、圈套任何地方都有可能存在，这就决定了我们一定要小心提防。正所谓"害人之心不可有，防人之心不可无"。

第三章

务实精神：眼望高山，脚踏实地

——路不行不到，事不为不成

眼望高山，脚踏实地

麦当劳创始人克罗克在考虑人才时，并不在乎学位。他甚至有些歧视有学位的人，他说，因为“大部分学位高的人都不肯努力工作，他们只想坐在银行的桌子后面，以为这样便是进入商界了。我喜欢愿意努力工作、不怕艰难、脚踏实地的人”。

许多早期的麦当劳员工不但没有大学学位，而且可能根本进不了其他公司，但他们在麦当劳取得了成功，这是因为他们从实际出发，脚踏实地努力工作的结果。

一位哲人说过：“好高骛远会导致盲目行事，脚踏实地则更容易成就未来。”年轻人往往充满梦想，这是件好事情。但年轻人还要懂得，梦想只有在脚踏实地的工作中才能得以实现。

有一位老教授说：“在我多年来的教学实践中，发现有许多在校时资质平凡的学生，他们的成绩大多在中等或中等偏下，没有特殊的天分，有的只是安分守己的诚实性格。这些孩子走上社会参加工作，不爱出风头，默默地奉献。他们平凡无奇，毕业后，老师、同学都不太记得他们的名字和长相。但毕业后几年、十几年后，他们却带着成功的事业回来看老师，而那些原本看来会有美好前程的孩子，却一事无成。这是怎么回事？

“我常与同事一起琢磨，认为成功与在校成绩并没有什么必然的联系，但与踏实的性格密切相关。平凡的人比较务实，比较能自律，所以许多机会落在这种人身上。平凡的人如果加上勤能补拙的特质，成功之门必定会向他大方地敞开。”

一个人如果做事脚踏实地，具有不断学习的主动性，并积极为一技之长下工夫，那么他便容易获得成功。一个肯不断加强自己能力的人，总有一颗热忱的心，他们肯干肯学，多方向人求教，他们在不同职位上增长了见识，学到了许多不同的知识。

脚踏实地的人，能够控制自己心中的激情，认认真真地走好每一步，踏踏实实地用好每一分钟。他们甘愿从基础工作做起，在平凡中孕育和成就梦想。无知与好高骛远是年轻人最容易犯的两个错误，也是导致他们失败的原因。许多人内心充满梦想与激情，却不能脚踏实地去干。

很多年轻人在谋职时，总是盯着高职、高薪，总希望英雄能有用武之地，可一旦当他们对工作厌烦时，就会抱怨工作的枯燥与单调，当他们遭受挫折与失败时，就会怀疑工作的意义，渐渐地，他们轻视自己的工作，并厌倦生活。

那些有所成就的人士，都具备务实的心态，都是踏踏实实地从简单的工作开始，通过一些微不足道的小事找到自我发展的平衡点和支撑点。

所以，只有踏实肯干，一个萝卜一个坑，最终才能有所成就。

车到山前必有路，船到桥头自然直

挫折几乎贯穿于我们每个人的一生，从小时候的努力练习走路到老后做任何事都非常困难，困难如影随形。面对困难时，有的人就灰心丧气，自暴自弃，不思进取。而有的人却加倍努力，相信“车到山前必有路，船到桥头自然直”，保持着乐观自信的精神面貌。

困难其实是我们的朋友，所以面对困难时我们大可不必惊慌失措，失败是成功之母，只有经过了无数的困难，我们才能够看见胜利的曙光。面对困难我们一定要保持乐观的心态，要相信天无绝人之路，只有保持积极向上的态度，才会最终成功。

有一位作家名字叫刘侠，笔名叫杏林子，她12岁时就得了风湿性关节炎，40年来，她几乎每天都在与病魔搏斗。后来甚至发展到连讲一句话都要喘息不止。然而面对这样的困境，她竟然能够很乐观地去面对，而且还跟主治医师幽默对话，谈笑风生，让主治医师非常佩服。

最令人感动的是，她在这样的情况下，竟然还用了3年的时间，录制完名为《生命之歌》的录音带。她就是想把自己所经历的困境、奋斗的过程及她对生命的感受，留传给后代的人，让他们也能够积极地去面对类似的困境。由此可见，她是一个乐观向上、有使命感的人。

面对困境要有积极乐观的心态，要不屈不挠，勇敢地去面对，而不是要避而远之。在自己的内心深处一直提醒自己：天无绝人之路，车到山前必有路，船到桥头自然直。只有具备了这样的心态，才能真正地坚持到最后，并最终成功。

一位商人一生向佛，天天都在行善。后来有一次做生意被同伙欺骗了。于是有一天，他怀着无比绝望的心情来到当地一座寺庙，找到了一位高僧并对他说道：“师父，我除了自杀应该没有什么路可以走了。我没有别的要求，只求您看在我一生信佛的分儿上，在我死后收养我那8岁的女儿。”

高僧不动声色地问道：“施主活得好好的，为什么张嘴是死，闭嘴也是死呢？”

商人痛哭流涕地说：“师父啊！我在经商的时候诚心诚意地对待别人，可是别人却对我落井下石，以至于我现在负债累累，现如今被债主们逼得无路可走，只有一死了之！”

高僧道：“难道你就没有别的财产了吗？”

商人痛苦地说道：“没有，我除了有一个年幼的女儿以外，已经是一无所有了！”高僧这时眼中一亮，高兴地对商人说道：“你的女儿就是你最大的财富！”

商人迷茫地问道：“师父，我很不明白您的意思！”

高僧接着说道：“这样吧，如果你把女儿嫁给我，我就帮你还债，怎么样？”

商人一听，大惊失色道：“师父，您不是在和我开玩笑吧？”

高僧却笑着说道：“相信我吧，我能帮助你把问题解决。”

这位商人平日里非常敬重高僧的为人，也十分虔信高僧的智慧，于是他回家后立刻宣布：这个月的十五，高僧要到家里来做他的女婿。

消息不胫而走，全城人都为之轰动了。大家都在翘首以待，等待这个如此特殊日子的到来。到了迎亲的那一天，看热闹的人把大门口挤得水泄不通，高僧到达后，吩咐在门前摆上一张桌子，上置文房四宝，高僧则开始挥毫泼墨，高僧的文字写得龙飞凤舞让大家拍手称赞。围观的人们争相欣赏、购买，没用多长时间，买书画的钱就装满了箩筐。

高僧问商人说："这些钱够你还债了吗？"

商人急忙拉过女儿跪在地上，长跪不起说道："谢谢您救了我们的命。"

高僧淡淡一笑说："阿弥陀佛，债帮你还完了，我也就不做你的女婿了！"说完就走了。

"车到山前必有路，船到桥头自然直"这句话说得很有道理。人生的路很长，但也很多。我们总会被环境所迫，为条件所困，为生活所累。有些事情是我们无法改变的，然而我们却可以换一种思考方式。生活中，我们有时在一条路上不断地行走，走久了，走累了，走厌了的时候，有可能就会觉得脚下的路越走越走不通，甚至到了山穷水尽的地步，于是就再也没有勇气继续往前迈动步子了。实际上，不是路太狭窄了，而是我们的眼光太狭窄了。其实，许多时候堵死我们的不是路，而是我们自己狭隘的心态，没有坚强的心更没有乐观的心态。我们只是止步在即将迈进成功的前一刻，最终使得成功与我们擦肩而过。

一位经营农场的农场主，他与家人的生活只能达到温饱。他的身体非常强健，工作也认真勤勉，但他却从来不敢妄想财富。突然有一天，他瘫痪在床了，他躺在床上动弹不得。亲友们全都认为他这辈子完了，然而事实却没有朝着人们想象的那样发展。

他的身体虽然瘫痪，但是他的意志却丝毫不受影响，他依然可以进行思考和计划。于是他决定要让自己活得更加充满希望、乐观、开朗，让自己做一个有用的人，继续养家糊口，而不要成为家人沉重的负担。

他对他的家人说道："我的双手已经不能工作了，我要开始用大脑工作，而由你们代替我的双手。我们的农场要全部改种玉米，然后用收成的玉米养猪，趁着乳猪肉质鲜嫩的时候然后灌成香肠出售，这样一定会很畅销的。"

他的家人决定全力支持他，于是就按照他的构想实行起来。没过多久，乳猪香肠果然一炮而红，成为家喻户晓的美食。

每个人的一生都会遇到这样或者那样的困难，这就要求我们应该要时时刻刻激励自己。每个人都应该牢记一句话："车到山前必有路，船到桥头自然直。"

有一位哲人曾经这样说道："一个人如果不能追赶太阳，就应该选择月亮。"这句话是非常的有道理的，当我们在原来的道路上不能进退的时候，我们应该学会正视现实，做一些必要的改变，往旁边挪动几步，就会出现无数条的路，这些路会指引我们用另一种思路去思考问题并且最终会引领我们走向新的希望。只要自己的眼光不过于窄小，眼皮不过于厚重看不清远方，每个人都可以在走不下去的时候发现新的路。只要自己的认识不那么肤浅，懂得人生有顺境逆境，有成功失败，有祸福得失，我们就可以冲破迷雾看到阳光。

请相信“车到山前必有路，船到桥头自然直”这句话吧，当你就遇到困境的时候，拿出来激励自己，你会发现再大的困难也会被解决掉的。

十个空想家，抵不上一个实干家

成功就像爬山，不要妄想着飞到顶峰，而要靠一滴滴汗水加上一个个脚印地去攀登，一蹴而就只能是一厢情愿的臆想。那些不想付出却幻想坐享其成的人永远是被讽刺的对象。一个人如果只会想，却不能做，那他永远不可能成功。

梦想在任何时候都是一种支持生命的力量，失去它，生命就会枯竭。梦想是每一个奋斗者的热烈企盼和向往，是每一个奋斗者为之倾心的夙愿。在它的推动下，人就能够被激励、鞭策，处于一种昂扬、激奋的状态下，去积极进取，向着美好的未来挺进。

人应当志存高远，但梦想的价值是指引行动，从而使梦想成为现实。梦想如果缺乏行动的支持，就会成为空想。满脑子空想的人是最可悲的，穷尽此生，他们将一无所获。

一位乡下小伙子登门拜访一位老诗人。小伙子自称是一个诗歌爱好者，从7岁起就开始进行诗歌创作，但由于地处偏僻，一直得不到名师的指点，因仰慕老诗人的大名，故千里迢迢前来寻求文学上的指导。

这位青年诗人虽然出身贫寒，但谈吐优雅，气度不凡。老少两位诗人谈得非常融洽，老诗人对他非常欣赏。

临走时，青年诗人留下了薄薄的几页诗稿。

老诗人读了这几页诗稿后，认定这位乡下小伙子在文学上将会前途无量，决定用心指点他，于是，他们开始书信往来。

但是，这位青年诗人以后再也没有寄诗稿来，信却越写越长，奇思异想层出不穷，大谈特谈文学问题，语气越来越傲慢。

老诗人忍不住了，在信中提出想看看年轻人有什么新作问世，但年轻人总是含糊其词，说自己正在创作一部长篇史诗。几个月过去了，这部“巨作”似乎还只是停留在他的脑海里……

转眼间，一年过去了。

青年诗人继续给老诗人写信，但从不提起他的大作品。信越写越短，语气也越来越沮丧，直到有一天，他终于在信中承认，长时间以来他什么都没写，以前所谓的大作品根本就是子虚乌有之事，完全是他的空想。

很久以来他就渴望成为一个大作家，周围所有的人都认为他是个有才华、有前途的人，他认为自己是个大诗人，必须写出大作品。在想象中，他感觉自己和历史上的大诗人是并驾齐驱的。空想似乎已经耗尽了他的激情，他现在什么也写不出了。

从此以后，老诗人再也没有收到这位青年诗人的来信。

十个空想家也抵不上一个实干家，因为空想家将生命浪费在构建空中楼阁的时候，务实的人们早就一步一个脚印，开始创造属于自己的一切了。两者的区别显而易见。幻想写出长篇巨作的年轻人，从未真正开始着手实现自己美好的愿望，最终贻误了自己的一生。空想对于我们的人生是多么危险，由此可见一斑。

这个世界上有太多思想的巨人，行动的矮子。行动面前，自己的空想就已经把自己打败了。而那些“思想单纯”的人呢？他们绝没有这样丰富到多余的想法。他们想到一件事，而且想去做，便做了，边做边想，有了问题修正，有了经验总结，原本20%的希望，却成就了100%的结果。

天地如此广阔，世界如此美好，我们不仅仅需要一对梦想的翅膀，更需要一双踏踏实实的脚，去开创我们的未来。

清谈者坐而论道，百无一用；空想者原地踏步，一事无成；唯有行动，才能让自身不断超越，变得越来越优秀。

笨鸟先飞早入林

世界上的人是有聪明和笨的区别的，有的人生来就智力超群，做事的能力也胜过众人。而有的人却是非常笨，做事情也比别人差很多。这个世界是残酷的，竞争随着社会的发展而变得越来越激烈。面对这种情况，智力超群的人做事情当然会轻而易举的，然而笨的人甚至是有缺陷的人就会落后别人一步了，为了在激烈的竞争中不被淘汰，这些人就应该付出比别人更多的努力，正所谓“笨鸟先飞早入林”。

一个人的条件如果比其他人差的话，那么他就应该付出比别人多数倍的努力，勤能补拙，只有靠着不懈的努力才不会被这个世界抛弃，才能让自己成功。

伟大的科学家爱因斯坦曾说过：“成功等于艰苦劳动、正确的方法及少说空话之和。”这也正是他成功的秘诀。在这三个条件中，“勤”是首要的条件。因为勤能补拙。爱因斯坦小时候也不是超人的天才，甚至有人说他是笨蛋。但是爱因斯坦深信天才出于勤奋，他用勤奋来弥补自己的“笨拙”。为了彻底弄清一个问题，他比别人要多花几倍的时间，终于用汗水浇开了成功之花，对科学技术的发展作出了巨大的贡献，从而自己也走上了成功。“笨鸟先飞早入林”的意思就是如果自己能力不行，害怕自己落后的话，就应该比别人先行动，以此来弥补自身的不足。

现在的社会上，有许多人总是抱怨自己的情况不好，干不好事情，而不去努力。如果他们能学习“笨鸟”，在自己的弱点上努力改进，他们肯定能克服困难，最终能用勤来补拙的。其实世界上并没有完美的人，许多人是靠自己的辛勤努力才走上了成功的道路。当然了，如果一个人有很多的优点但是却不好好地利用，也会变为“拙”的。最好的例子就是方仲永，他小时候可谓是一个天才，只要指一样物品让他做诗，他很快就可以完成。可是，后来他父亲不让他学习，方仲永也就重新变成了普通的人，最后也没有什么成就。因此，当我们发现身上的缺点时，千万不用懊恼，要记住，勤能补拙，只要肯努力就没有什么困难是不能被征服的，最终就一定会成功的。

爱因斯坦小时候，是被所有人公认的一个小笨蛋，笨到同学们见到他就会不停地议论纷纷，笨到老师也觉得他无可救药了。可是，爱因斯坦却具有常人所没有的意志力，那就是“勤奋”！有一次在手工课上，别的小朋友都交了一个个非常精美的手工作品，可是他却交了一个工艺粗糙的的小木凳子，看了他的作品大家都大声地笑话他。老师也讽刺他：“我看没有比这个更糟糕的东西了！”可是爱因斯坦却拿出了两个比这个更加糟糕的小凳子。这时，老师和同学们全部都惊呆了，也由此改变了对他的看法。

这是爱因斯坦的成长过程中一次小小的勤奋，他的收获是得到了同学和老师对他新的看法。当爱因斯坦长大了以后，他变得更加勤奋了，他的成就也就更大了——他得到了诺贝尔奖以及许多数都数不清的奖项。最终成为了一位让世人夸赞的大科学家。

笨鸟先飞早入林，勤能补拙，只有努力才会获得别人无法获得的成就。

说话要诚实，办事要公道

人生在世，短短几十年，如果我们对自己的人生没有一把衡量对错的标尺，那是很危险的，我们可能会迷失在罪恶的万丈深渊中。我们做人要堂堂正正地做人；在办事情、处理问题时，也要站在公正的立场上，提出合理的解决方案。我们在对待任何事物时都要遵循自己的原则，诚实待人，公正对物。

春秋时期，吴国有一个人叫季札，有一次君王派他出使鲁国，季札在出使的途中经过徐国，于是徐国国君设宴招待他。等大家都入席坐稳之后，徐国国君言语之间，掩饰不住他对季札那一把宝剑的喜爱之情。季札心里就琢磨："他喜欢我的这一把宝剑，出于两国的和平考虑，我也应该把它送给徐国国君。但是现在不行，因为我要出使鲁国，这个佩剑是必要的显示身份的礼仪，所以只能等办完事以后才可以送给他。"所以季札在心里记住了这件事。后来等他顺利出使鲁国，返回来经过徐国时，他就去特意去拜访徐国国君，想要把宝剑亲自送给他。

不巧，徐国国君不久便去世了。季札知道以后，就前往他的墓前给他祭拜。祭拜完了，把宝剑挂在墓旁的树梢上，然后离开。他的仆从说："主人，你没有必要这样做啊，因为你之前就没有亲口答应要把这把宝剑送给徐国国君。纵使你答应过他，他现在也已经死了，你遵守不遵守对他来说还有何意义呢？"季札回答说："我的心里早就已经答应送给他了。怎么可以因为他去世而违背我的内心的承诺呢？"这就是历史上著名的"季札挂剑"的由来。

古代人的"信"不只在言语上，连一个念头也不能违背，因为他们不愿违背自己的良心。古代人的这种精神，正说明了古人做人的诚实，我们后人要好好地向他们学习才是。

包拯，字希仁，庐州合肥人。年少时，包拯就勤奋好学，"不为戏狎"；成年后，他十分注重名节礼仪，立志做一个有所作为和道德高尚的人。宋仁宗天圣五年，未到而立之年的包拯就中了进士甲科，从此开始了自己清正严明的为官之道。他为官二十多年，自始至终严于律己，以铁面无私，执法不避亲党著称，是北宋时期最有影响的一位大清官，赢得了后人的敬重。

生活在朝政腐败、贿赂成风时代的包拯，却为官清廉，不为浊世所污染，已经很是难得。包拯在做御史中丞时，曾连续弹劾了两位大臣——张方平和宋祁，他们在朝廷是很有影响力的人物。张方平在执掌大权期间，有一个开酒坊的刘姓富翁，因拖欠官府的粮食，折合一百多万钱，借贷无着的情况下，只有变卖家产来偿还债务。这时，张方平便利用职务之便，廉价收购了刘家的宅院，据为己有。这桩不光彩的事情被包拯知道后，上奏仁宗，罢免了他职务。张方平的继任者宋祁，生活习性散漫，名声不好，他终日游宴，生活异常奢靡。他代张方平出任三司使不久，就在包拯等直言纳谏官员的一片“弹劾”声中，被贬为郑州知州。

包拯为人，性情峭直，从不会做虚伪狡诈的勾当。他疾恶如仇，执法不避亲属，所有故旧、亲朋的一些请托，都被他一一拒绝。他更注重自身的廉洁，虽贵为朝廷重臣，“衣服、器用、饮食如布衣时”。他最痛恨贪赃枉法之辈，曾作遗嘱道：“后世子孙中若有做官的犯了赃罪，生前不得让其进家门，死后也不许葬入包家的坟地。如不遵守我的遗训，就不能算我的子孙。”

包拯可谓大公无私的典范，我们后人至今还为他的所作所为而钦佩不已。

由古思今，一个人，一个企业要想在商场中立足，就必须懂得这两点：做人诚实，办事公道。曾经一个成功的企业家说过：“其实一个老板，不必要有太大的能耐，最要紧的是要厚道，然后你的员工就地道了。”

厚道也是一个道理，它是一个人做人的基本准则。一个企业有生命力，首先就要有明确的企业基本准则、企业的精神和文化，这与做人是一样的，企业能够诚实、公正对待自己的客户，那么就能建立雄厚的企业。企业的成长不是一个人就能支撑，需要领导和员工的共同努力。一个领导在企业中就如同一个领航掌舵的人，他的言行举止，一举一动都会影响员工的处事方式，有一个厚道、诚信、坚持原则的领导，那么长期的“近朱者赤”的熏染，员工也会变得厚道起来，企业也会受到社会的认可。

第四章

机遇把握：君子藏器于身，待时而动

——善于捕捉时机，敢于果敢出手

慈不主兵

有句话叫作“慈不主兵”。意思就是心怀仁慈的人不能掌管军队。这句话说得非常有道理。心慈手软的人不适合掌管军队，因为战争是残酷的，战局是瞬息万变的，想要打赢一场战争就应该该出手时就出手，战机到来就应该立刻抓住，然后改变战争的格局。而心慈手软的人总是妇人之仁，遇事也总是犹豫不决，畏首畏尾，并且在进行决断时，也总是拖泥带水，这都是兵家的大忌。如果太过讲道义，掌管钱财时往往就会徇情，而不是钉是钉铆是铆的那么一丝不苟。

在日常生活中，我们同样也应该遵循这个原则，做事情一定要敢于下决心，而不是总是犹犹豫豫的，怕这怕那，瞻前顾后。弱肉强食的环境里，竞争是非常残酷的。面对敌人，如果过于仁慈就容易被敌人趁机反攻自己，从而害了自己；面对自己亲密的人，如果他们犯了错，你却依然一味的过于仁慈，就很难树立自己的威信，进而就不能树立一个令人信服的规矩。因此，为了生存，适当的“不慈”是非常有必要的。

在《左传》里有一个非常经典的故事。孙武去见吴王阖闾，与他谈论带兵打仗之事，而孙武说得头头是道。吴王心里就想：“纸上谈兵有什么用呢，还是让我来考考他吧。”于是吴王便出了一个难题给孙武，让孙武替他操练嫔妃宫女。

于是孙武挑选了一百个宫女，然后让吴王的两个宠姬担任队长。接着孙武将列队操练的要领讲得清清楚楚。然而，当他喊口令时，这些女人却笑得前仰后合，乱作一团，谁也不听他的。

孙武再次讲解了要领，并要求两个队长以身作则。可是他一喊口令，宫女们还是满不在乎的，两个当队长的宠姬更是笑弯了腰。孙武非常严厉地说道：“这里是演武场，不是王宫，你们现在的身份是兵士，不是宫女，我的口令就是军令，而不是玩笑。你们不按口令操练，两个队长带头不听指挥，这就是公然违反军法，理当斩首！”说完，孙武便叫武士将两个宠姬杀了。

场上顿时变得一片安静，宫女们吓得谁也不敢出声。当孙武再次喊口令时，她们全都步调整齐，动作划一，俨然成了训练有素的军人。

孙武派人请吴王来检阅，吴王正为失去两个宠姬而感到难过，但是又不得不佩服孙武的练兵能力，只好说道：“先生的带兵之道我已领教，由你指挥的军队一定是纪律严明，能打胜仗。”

假如孙武碍于吴王的压力，心慈手软地屈服于这些宫女们，那么最后他就不会把这些宫女训练得纪律严明，训练有素了。

心慈手软往往难成大事，因为太过仁慈的人总会遇事不决，难下决定，从而错过机会并为自己埋下祸根，正所谓当断不断，反受其乱。

东汉建安元年，刘备被吕布打败，兵微将寡，无奈之下，刘备就投靠在了曹操门下，因为刘备宽厚仁慈，曹操非常器重他，封他为豫州牧，并允许其收纳原来溃败失散的兵将，还供给刘备军队所需的粮草，刘备因此羽翼渐丰。

后来张鲁在汉中称王，刘备就向曹操自荐，愿领兵去讨伐张鲁。这时有人对曹操说：“刘备貌似忠厚，实怀雄才大略，如果派他去讨伐张鲁，无异于放虎于山林。”然而，曹操不听劝告，刘备于是领兵而去，随后刘备率军队占据了下邳，接着攻下了徐州，并用巧计夺取了荆州，势力不断壮大。

曹操见此大为震怒，于是亲率大军南下。刘备见此便听从军师诸葛亮的建议联合孙权抗曹，最终在赤壁一战，曹操败给了孙刘联军。刘备接着便建都巴蜀，称帝建国。最终成了三国鼎立之势。曹操临死还含恨于此。悔恨当初没有听从别人的意见，以致造成大患。

所以，当我们遇到需要立下决定的情况时，千万不可以犹豫不决，而应该立下决定，从而不让转瞬即逝的机会与自己擦肩而过。让自己坚定一些，摆脱掉遇事犹豫的毛病，才能够让成功来到你的身边。

逢强智取，遇弱活擒

在战争中讲究的是：“逢强智取，遇弱活擒。”在为人处世中也是如此，面对不好惹的人，就得多动动脑筋，用最有效的方法将他“制服”；遇到问题时，一定要仔细地分析问题，从而找到最好的解决办法。

只要肯想，办法总是有的。但是办法一定要对路，要能够见招拆招。只有开动脑筋，逢强智取，遇弱活擒，在不同的情况下想出不同的可以解决问题的好方法，只有这样才能够真正地解决问题，最终助你达到成功。

暑假来了，张平想要出去打工，一来可以锻炼自己，二来还可以缓解家里的经济危机，张平买了一份找工作的报纸，他在广告栏上仔细寻找，终于选定了一个很适合他专长的工作，广告上说工作的人可以拿着简历在第二天早上8点钟到达他们的公司设定的面试地点。张平很想试一试，于是就在第二天的7点45分到了那儿。可是他看到居然已经有20个男孩排在那里，而他则排在队伍的最后面。

看到这种形势，他感到非常郁闷。他心里想：“这样下去的话，我面试上的概率非常的小，我得想个办法，怎样才能引起特别注意而竞争成功呢？”张平就是有一股不服输的劲头，他始终相信只要认真思考，办法总是会有的。终于，他想出了一个办法。

张平拿出了一张纸，然后在上面写了一些东西，折得整整齐齐，走向面试官，然后恭敬地说：“先生，我希望您可以看一下。”

面试官看到了纸条后突然大笑了起来，因为纸条上写着："先生，我排在队伍中的第15位，在你没看到我之前，请不要早早地作决定。"

最终，张平得到了这份工作。

张平开动了自己的脑筋，他想到自己排队面试成功的概率非常小的情况，没有同别人一样去好好地排队，而是想出了一个非常高明的办法，从而使自己如愿以偿地获得了工作。

李小龙是我国著名的功夫大师，功夫电影明星。他曾经自创了截拳道，为我国武术的发展作出了杰出的贡献。他是一个非常善于思考、精于谋划的人，因此他在处事时，总是能够分清局势，成功地绕开危机，并能最终获得成功。

有一次，李小龙去宣传自己的截拳道，在表演前他首先做了一番讲演，仔细阐明了截拳道的优势，同时也分析了其他武术门派的弊病。李小龙的言论立刻激起了一名在场的日本武师山本的强烈不满，这名武师属日本空手道黑带三段，在另一所大学就读。听了李小龙的演讲，他立即不服气地走到场边，然后以污言秽语羞辱李小龙，他戳着李小龙叫道："你的截拳道既然如此厉害，那么你敢不敢接我的空手道呢？"

李小龙原本想将他的截拳道招数表演完毕再和他理论，见此情景不得不中止，终于他忍无可忍地接受了对方的挑战。李小龙对山本说道："空手道是从中国武术演变而来的，我哪有怕空手道的道理呢？"

于是，双方摆下了架势，李小龙立刻闪电般地贴近山本跟前，他的攻势迅猛凌厉，在短短的11秒内就结束了这场比武。再看山本，则被李小龙打得满脸鲜血，倒地不起。

后来李小龙知道这名日本武师的功夫属于上乘，名气也非常大。然而李小龙还是轻而易举地将他击败，从此李小龙声名鹊起，名声大噪，这次比武为他自己做了一次非常成功的广告。此后，慕名投奔李小龙门下的学生也越来越多，他的武馆从此大见起色。

李小龙是聪明的，他认真分析了局势，考虑到对方是练习空手道的武师，而空手道是从中国演变而来的，且自己的截拳道也吸收了空手道的经验，于是很自信地认为自己可以打败他，这样也可以为宣传自己的截拳道起到非常好的效果。于是他立刻凭借自己的能力打败了那名武师。

在做事情时一定要多思考，多分析。逢山开路，遇水搭桥；兵来将挡，水来土掩；只有这样才能够使问题更好地更有效地解决。

东汉末年，魏、蜀、吴三分天下。蜀国丞相诸葛亮受到刘备托孤的遗诏，立志北伐，以重兴汉室。然而，蜀国南方的孟获又率兵来犯，诸葛亮当即点兵南征。双方首战诸葛亮就大获全胜。他亲率主力大军进入益州。这时雍闿已被高定的部下杀死，孟获代替雍闿为主，召集雍闿余部抵抗诸葛亮。

孟获虽然有勇无谋，但是却在当地少数民族中威望很高，所以诸葛亮根据自己的既定方针，决定生擒孟获，使他心服归降。

于是他下了一道命令，只许活捉孟获，不能伤害他。于是诸葛亮七次抓到孟获，又七次把他放掉，最终让孟获降服。

诸葛亮七擒孟获平定南中，不仅解除了蜀汉的南顾之忧，稳定了后方，而且从南方调拨了非常多的人力物力，从而充实了蜀汉的财政力量，让其可以专心于北伐。

诸葛亮平定南中后，命令孟获和各部落的首领照旧管理他们原来的地区。有人对诸葛亮说：“我们好不容易征服了南中，为什么不派官吏来，反倒仍旧让这些头领管理呢？”

诸葛亮说：“我们派官吏来，没有好处，只有不方便。因为派官吏，就得留兵。我们如果要留下大批兵士，那么我们的粮食就会接济不上。再说，刚刚打过仗，难免死伤了一些人，如果我们留下官吏统治，一定会发生祸患。现在我们不派官吏，既不要留军队，又不需要运军粮。让各部落自己管理，汉人和各部落相安无事，岂不是更好？”

诸葛亮想到了战后的统治问题，因此不能杀死孟获，而应该让其归顺，然后令其臣服蜀国，一举两得。

因此，做事情千万不能盲目地去做，而是应该结合具体的情况，想出一个可以对症下药的方法来，只有这样事情才会被很好地解决。

将计就计，其计方易

每个人的一生都会遇到敌手的，为了胜过别人你就一定要多动脑，多努力。虽然“消灭自己敌人的最好办法就是把他变成你的朋友”这句话说得很好，但是我们并不能把每一个对手都变成好朋友，这就要求我们学会去面对他们，去战胜他们。

并不是每个对手都会和你光明正大、堂堂正正地竞争。有的对手往往会暗地里向你使用见不得人的招数，所谓“明枪易躲，暗箭难防”，面对对手的小伎俩，我们应该学会将计就计，借力打力，才能够很好地回击。“将计就计”如果能够圆满完成，不仅能让自己摆脱困境，更能让对手的计划落空，甚至于让对手反过头来落入自己的圈套里面，从而使他陷入困境。

当你和他人斗智斗勇时，难免会棋逢对手，双方会呈现非常胶着的状态，谁也不能占到对方半点便宜。如果这样相持下去的话，就会使得双方都会元气大伤。就算是一直耗下去最终获得了成功，也只能留下一个难以让人接受的烂摊子。这样的胜果，代价实在是太大了。而如果我们懂得将计就计，利用别人的计谋然后有针对性地制订计划，就会很快地粉碎别人的计谋，从而让自己更轻松地获得胜利。

1941年秋，侵华日军华北总司令冈村宁次调集了数万日伪军，集中力量对晋察冀边区进行了大规模的扫荡行动。面对这种情况，晋察冀军区的司令员聂荣臻立即决定，由军区直属机关留在中心地区以牵制敌人，同敌人周旋。主力部队则跳到外线去有效地打击敌人，从而一举粉碎敌人的大扫荡。

按照这个部署，聂荣臻率军区直属机关开始向安全地带进行转移。在转移的途中却遭到了敌人飞机的狂轰滥炸，接着很多敌军在飞机的引导下尾随而来。军区机关换了很多的地方，但就是摆脱不了敌军。大家都觉得非常奇怪，为什么军区机关转移到哪里，敌人的飞机就出现在哪里呢？聂荣臻经过反复分析，认为敌人之所以能对军区机关迅速转移做出快速的反应，是因为敌人掌握了军区机关电台的信号。于是，他决定将计就计，命令一个小分队携带着一部电台赶往距军区机关驻地几里外的一个电台点，然后用军区的呼号不断地发报。果然，敌机就开始猛烈地对那个电台点狂轰滥炸，各路敌军也不断扑向那个电台点。从而为机关和军队的转移赢得了宝贵的时间。

聂荣臻及时洞悉敌人尾随军区机关的原因，然后将计就计，调虎离山，最终粉碎了敌人对军区机关的重点进攻。

将计就计就是要利用对方的计策然后向对方实施一个计策。要想将计就计，首先就得先识破对方的计谋，知道他的意图所在，然后才能“就计”而行，从而战胜对手。

《三国演义》里，贾诩也曾搞了一次将计就计，当时曹操发兵攻打张绣，张绣在南阳死守。曹操攻打了很久也没有打下来，于是曹操便骑马围着南阳城转了3天。不久，他发现南阳城的东南城墙非常不坚固，于是便公开传令让兵将们在城西北堆积柴薪，接着会集诸将，摆出了从西北处攻城的架势，而暗地里却命令军中秘密准备攻城的器具，企图从东南角攻入城内。

谁料，城中张绣的谋士贾谊识破了曹操“声东击西”之计，他经过分析，决定将计就计，他让饱食轻装的精壮士兵全部藏在城东南的房屋之内，让老百姓假扮成军士，登上城西北角，不断地摇旗呐喊。曹操以为张绣中计，于是就白天在城西北进行佯攻，到了晚上则悄悄带着精兵从东南角爬入城内，结果却反中了贾谊的计谋，最后被杀得丢盔弃甲，损失了几万兵力。

贾谊正是在识破了曹操的计谋后，再根据曹操的计划制订一个可以击败他的计划，从而把曹操打得一败涂地，进而解决了曹操围城的困境。

将计就计的关键就在于能否看透第一个“计”，如果看透了，你就可以认真地想出一个得当的方法来对付它，而如果你看不懂对方的意图，那么你就无法将计就计了，而是只能中计了。

韩襄毅名雍，谥号襄毅，一次，有个郡守准备了丰盛的酒宴进献给他，这酒宴用一个大盒子装上，并且有一个美女也装在了盒子里，然后直接进献到韩襄毅所住的营帐中。

这必定是当地的郡守想借此来窥探韩公的。韩襄毅知道这里面一定有不可见人的东西，但是他又不好违背郡守请他饮酒的好意，更不能若无其事地处理他派来的窥探者。思来想去，他决定将计就计。于是他就请郡守进入军帐，然后打开盒子，让在盒子里的美女献完酒之后，就依旧放回了盒子里，最后又把盒子还给了郡守，让美女随着郡守一起出去。

韩襄毅识破了郡守的意思，但又碍于情面无法拒绝，于是他就将计就计地让美女敬了酒，然后又把美女完好地送回，不但接受了郡守的好意，也表明了自己的态度，实在是高啊。

因此在与对手斗法时，不能仅仅借助于自己的蛮力，更要开动自己的脑筋，努力去了解对手的计划，然后根据他的计划，布置一个自己的计划，让他在实施自己计划的过程中就不知不觉地落入自己的计划之中，从而实现打败他的目标。

机会从来不等人

“机会从来不等人”。当你做了充分准备，机会来临时就是你的；如果你没有做好准备，任何机会都不会是你的。

机会不会向每个人冲奔而来，有的时候机会来到我们身边仅仅是短暂的瞬间。谁错过了这一瞬间，它绝不会再恩赐第二遍。

机会从来不等人。在通往失败的路上，处处是错失了机会、坐待幸运到来的人。

抓住机会，见机而动，这个道理并不难理解。但许多人却令人遗憾地失去了机会。失机的原因恐怕体现在两个环节上，一个是识机，一个是择机。

时机来到，有的人能及时发现，有的人却视而不见，有的人虽然有所发现，但认识不清，把握不准。

致使良机丢失的另一个原因，是多谋少决，不敢决断，不能当即择机。这固然受到对时机认识不明的制约和影响，但与决策者的心理素质也有很大关系。有的人天生意志软弱，缺乏决断力，面对几种互相矛盾的选择方案，不知取舍，无所适从。

可见，机遇并不是赐给每个人的。无论在社会生活还是社会斗争中，机遇只偏爱那些有准备头脑的人，只垂青那些深谙如何追求它的人，只赐给那些自信必能成功的人。机遇稍纵即逝，犹如白驹过隙，常言道，机不可失，时不再来。在进退之间，不能把握时机者，必将一事无成，蹉跎终身。

机会总是来去匆匆，它从不为任何人稍作停留，但这并不是说，机会可遇而不可求。机会可遇亦可求。所谓可求，就是说每个人都可以为自己制造机会。机会常常会出现在你面前，你完全可以把握住机会，将它变为有利条件。而你需要做的事情只有一件：行动起来。

软弱和犹豫不决的人，总是找借口说没机会，他们总是喊：机会！请给我机会！

弱者等待机会，强者创造机会。即使做不成强者，至少也要抓住机会。

事实上，你缺乏的不是机会。而是辨别机会的慧眼和抓住机会的双手。

世界上最小的门是机会之门，只要你关闭，拒绝接受，就是连一根针也插不进去；世界上最大的也是机会之门，只要你打开，它可以创造无数奇迹。其实，一个人生活中的每时每刻都充满了机会。学校里的每一堂课是一次机会；每一次考试是一次机会；每一个工作任务是一次机会；每一次都是展示你的优雅与礼貌，果断与勇气的机会，更是表现你诚实品质的机会。

在这个世界上生存，本身就意味着你拥有奋发进取的特权，你要利用这个机会，充分展示自己的才华，去追求成功，那么这个机会所能给予你的东西，要远远大于它本身。

不打无准备之仗

俗话说得好："好的开始是成功的一半。"做每一件事的时候，如果准备充分的话，往往会有事半功倍的效果。"不打无准备之仗"，在做事情的时候一定要规划好，准备好，这样才会使成功更加顺利的到来。

著名的作家梁晓声曾接到过一位大学生写来的信。在信中他倾诉自己对文学的虔诚与热爱，以及想成为作家的愿望，只是由于自己是学工科的，因此不能将大量的精力花在自己热爱的文学上，所以他感觉自己是世界上最不幸的人。

梁晓声在回信中坦诚地说道："与同龄的青年相比，能够考入一所名牌的大学，你已经是最幸运的人了。目前对你来说，努力学习是最合适的事情，学习应当成为你生活的全部，即使你要成为作家，大学的学习对你也是非常有益的积累。我劝你还是先按下当作家的迫切愿望，等到将来大学毕业了，再从业余作家做起，然后当半专业作家，直到进入专业作家的行列。”

令人遗憾的是，这位大学生根本听不进梁晓声的劝告，他把所有的心思都用到了写作上。结果，他没有一篇“作品”发表，相反的，他的学习成绩却一天天地下滑，甚至连续几次补考都没有及格，最后不得不离开了大学校园，回家去了。

再后来，梁晓声听说他精神失常了，便非常痛惜地说道：“这实在是太可惜了。”

这名大学生没有听从梁晓声的正确意见，一心只想着写作，但是他没有写作的天分，又不去为当一名作家而做准备，积累经验，而是急于求成最终落了个令人痛惜的下场。

我们再来看另外一个例子：

著名的女作家铁凝曾经接触过一位文学爱好者。她是一位四川乡村的女青年，她为了文学，竟然不远万里地找到铁凝。她希望在铁凝的指导下早日成为一名作家。

但是铁凝心里非常清楚，一个人仅仅靠一个作家的培养而成为作家的概率是非常小的。福楼拜是莫泊桑母亲的老友，他曾经对莫泊桑进行过极其严格的写作训练。但是莫泊桑在以《羊脂球》而闻名文坛之前，他一直在一个默默无闻的小职员的位置上奋斗了十余年。

铁凝了解了女青年的大致情况后，善意地向她提出建议：“你最重要的是工作问题，因为有了工作才能有工资，有了工资才能活着。只有活着才能去写作，去追求梦想。”

那位女青年听从了铁凝的劝告，回到家乡。在一个小县城里找到了一份最普通的工作。以后她常把她的习作邮寄给铁凝指导。终于，她的文章开始在地区的小报刊上连续发表了。渐渐地，她开始引起人们的注意，并最终实现了她的梦想。

同样热衷于文学，两个青年却有着截然不同的结局，出现这种情况的原因是因为前者对写作这件事没有准备充分，急于求成。第二个青年则听从了铁凝的建议为自己的梦想积极地做准备，最终实现了自己的梦想。

一个年轻的猎人带着充足的弹药和擦得锃亮的猎枪去打猎。

老猎手们都劝他在出门之前把弹药装好再去寻找猎物，但他还是带着空枪走了。他对老猎手们说道：“我到达打猎的地方需要一个钟头，到了那再装子弹也有的是时间。”

他走到了开垦地，就发现了一大群野鸭密密麻麻地浮在水面上。以往在这种情景下，猎人们一枪就能打中六七只，这足够他们吃上一个礼拜的了。可这个猎人却需要忙着装子弹，此时野鸭发出一声鸣叫，一起飞了起来，很快就飞得无影无踪了。

他徒然穿过曲折狭窄的小径，在树林里不停奔跑搜索，这片树林是个荒凉的地方，他连一只麻雀也没有见到。更不幸的是，这时天空霹雳一声，然后下起了倾盆大雨。

猎人浑身上下都是雨水，袋子里空空如也，最后猎人只好拖着疲乏的脚步回家去了。

在看到猎物的时候才去装弹药，连作为一名猎手最起码的准备工作都没有做好，当然就不可能有什么收获了。如果他在出发前做好充分的准备，那肯定会满载而归。

北宋大画家文同，字与可。他画的竹子远近闻名，每天总有很多人登门求画。那么文同画竹的妙诀在哪里呢？

原来，文同在自己家的房前屋后种上各种各样的竹子，无论春夏秋冬，阴晴风雨，他经常去竹林观察竹子的生长变化情况，琢磨竹枝的长短粗细，叶子的形态、颜色，每当有新的感受就回到书房，铺纸研墨，把心中的印象画在纸上。日积月累，竹子在不同季节、不同天气、不同时辰的形象都深深地印在他的心中，只要凝神提笔，在画纸前一站，平日观察到的各种形态的竹子立刻浮现在眼前，所以每次画竹，他都显得非常从容自信，画出的竹子，无不逼真传神。

当人们夸奖他的画时，他总是谦虚地说："我只是把心中琢磨成熟的竹子画下来罢了。"

文同竹子画得传神，是因为他在画竹子之前，对竹子做了大量的观察，使得他对竹子的特性了如指掌，因此就可以画出惟妙惟肖的竹子了。

总而言之，做任何事情之前，一定要做好充分的准备，只有充分的准备后才会更加自信地去做事情，从而更加顺利地去实现目标。

善用现有资源

一家建设公司董事长长期专心经营"没有资金赚大钱"的生意，他想了许多办法，"预约销售"是其中最有效的方法之一。譬如有人要卖某处山坡的地上物时，他就前去找买主，一找到，他就跟买主接洽。他说："那座山上的木料价值有100万元以上，主人现在有意以80万脱手，请你把它买下来，两个月内保证赚一成。超出一成利润时，超出部分由我所得，如果赚不到一成时，我可以赔你一成的利润。"他又让有钱的朋友给他做连带担保，如果买方把它买下来，他就代买主销售，如此他往往以买价两倍左右的价格脱手。对买主来说，两个月就有一成的利润，而一成利润比一年的银行利息要多得多，而且有保证，安全可靠，因此找买主并不困难。

善用现有资源并不是现代才出现的，中国古代就有不少这样的高手，战国时期的张仪就是其中之一。

张仪，和别人一同跑到楚国去求富贵。但楚王丝毫不重视他们，张仪等人穷困潦倒。

那时候，楚王正宠爱着两个美人，一个是南后，一个是郑袖。

张仪就去面见楚王。见到了楚王，张仪就说："我到这里很久了，大王还不给我事做。如果大王真的不想用我的话，请允许我离开这里，到晋国去碰一碰运气！"

"好吧，你只管去吧！"楚王满口答应。

"当然，不管那边有没有机会，我还是要回来一次的。"张仪说，"但请问大王，需要从晋国带些什么吗？譬如那边的土特产，您如果喜欢，我可以顺便带一些回来。"

楚王扫了他一眼，淡淡地说："晋国的东西有什么稀罕的？"

"大王就不喜欢那边的美女吗？"张仪问道，"那真是妙呀！漂亮极了！晋国的女子哪一个不似仙女一样？粉红的脸颊，雪白的肌肤，头发黑得发亮，走起路来如风吹杨柳，说话娇滴滴的，简直比银铃还清脆……"

这席话引得楚王连声道："你不说我倒忘了，那你就给我去办，多带些名贵的'土特产’回来吧！”

“不过，大王，没银两办事可就难了。”张仪说。

“那还用说，银两是少不了的。”楚王立即给了张仪很多银子，让他尽快去办。张仪领到银子后，又故意把这消息传开，一直传到南后和郑袖的耳朵里。两个人一听，大为恐慌，急忙去贿赂张仪，让他不要给楚王带什么美女，免得动摇自己的地位。

这样，张仪又捞了一笔。

张仪要去晋国了，他在向楚王辞行时说：“我这一次到晋国去，路途遥远，交通不便，不知哪一天可以回来，请大王赐我几杯酒，给我壮壮胆吧！”

楚王同意了，还特意把最宠爱的南后和郑袖请了出来，轮流给张仪敬酒。

张仪一见，“扑通”一声跪在楚王面前，说：“请大王把我杀了吧，我欺骗大王了。”

“为什么？”楚王惊讶不已。

张仪说：“我走遍天下，从未见过有人长得比大王的这两位贵妃更漂亮。过去我对大王说过要去找‘土特产’，那是没有见过贵妃之故，现在见了，觉得把大王给欺骗了，罪该万死！”

楚王松了口气，对张仪说：“我以为是什么呢！那你不必起程了，也不必介意。我明白，天下根本就没有谁比得上我的爱妃，是不是？”这样，张仪讨好了南后和郑袖，引起了楚王的注意，还从中捞了不少银子。

谁说要想得到鸡蛋，就必须有一只肥母鸡呢？在对有限财富的争夺战中，善用现有资源的成功案例比比皆是。不用花一分本钱，就能让你赚得盆满钵满，这就是善用现有资源的好处。相较于用力气赚钱，用钱赚钱，用脑子赚钱，可以说是最上乘的赚钱之法了。不仅是赚钱，做别的事情也应该是这样，善于利用资源，在纵横捭阖中谋取利益，这是最高的智慧。

磨刀不误砍柴工

做一件事的准备活动是非常重要的，一个良好的准备过程可以让事情做起来更加得心应手，甚至会达到事半功倍的效果。“磨刀不误砍柴工”，不要去吝啬那短短的磨刀时间，殊不知就是这短短的磨刀时间却能够给你带来更多的惊喜。

“磨刀不误砍柴工”表面的意思是在刀很钝的情况下，就会严重影响砍柴的速度与效率，在砍柴前虽然会浪费一些时间来磨刀，而致使不能立即去砍柴，但一旦当刀磨得很快，砍柴的速度与效率会大大提高，砍同样的柴反而用时比钝刀少。

从前有一个年轻人，他跟着一个砍柴很久的师傅搭档，每天都一起进山砍柴。在每天上山砍柴之前，老师傅都会把斧子磨一磨，并还教育他砍柴之前最好要把斧子好好地磨一下。但是这个年轻人总是太心急，他认为磨斧子是一件很浪费时间的事，他认为如果把磨斧子的时间用在砍柴上就能够砍更多的柴。于是他就抱着这个思想每天都和老师傅一同上山砍柴。

刚开始，他的确是比老师傅砍得快，还砍得多。他心里沾沾自喜，觉得自己比老师傅还厉害，他觉得自己印证了磨斧子是没有用的想法。

第二天，他还是不磨斧子，早早地就进山了，并且劝老师傅也不要再浪费时间磨斧子，快点一起进山。老师傅却不为所动，依然认真地磨着自己的斧子。

结果，这一天年轻人和老师傅砍的柴是一样多。回到家以后，年轻人很不服气，他认为自己之所以砍得少是因为自己今天没有力气的缘故，并暗下决心明天一定要比老师傅砍得多。第三天，年轻人起得很早，在老师傅刚刚起来，还没有磨斧子的时候就进山了，并加倍地努力砍柴，他想要砍得比老师傅多，于是砍得比前两天还要卖力。但遗憾的是，他累了一整天，却比前一天还少。

回到家里以后，他觉得非常沮丧，甚至连饭也吃不下去了。老师傅看到了他的困惑，就过来开导他。对他说："年轻人，你想知道为什么你砍的柴越来越少吗？你想知道你砍柴为什么越来越吃力吗？"

年轻人非常想知道其中的原因，于是很认真地听着。老师傅语重心长地对他说："年轻人，干事情不能那么急躁，砍柴之前一定要磨好斧子，不要害怕浪费磨斧子的那点时间，当你把斧子磨好之后你就会更快地砍柴了，这就叫作'磨刀不误砍柴工'。"

年轻人听完以后将信将疑，于是他就决定听一次老师傅的话，并在明天验证一下。

于是，第四天早上，他没有早早地出发，而是和老师傅一起磨斧子，一直把斧子磨得又快又光之后才去砍柴。

结果令他欣喜的是，他又恢复第一天的水平。

在现实生活中，每个人都应该充分重视准备活动的重要性。所谓"工欲善其事，必先利其器"就是这个道理。如果平时不勤奋地"磨刀"而只是迫不及待地去做事情，等机会来临时就会发觉自己的能力远远不够，基础非常不扎实，这样的话再怎么临时抱佛脚，恐怕也已经晚了。

因此，我们应该注重自己平时的积累，注重做事情前的准备活动，为接下来做事情打下一个良好的基础。

一对隐居山野的夫妇，长年以来，他们都过着远离都市，自由自在的生活。

一天中午，妻子突然想要吃鱼，于是吩咐丈夫利用下午的闲暇时间去河边钓鱼，这么一来，晚餐时就可以吃到新鲜、美味的炖鱼了。

妻子在家里盘算着晚上的鱼的做法，一面做准备，一面催促着丈夫赶紧去钓鱼。

丈夫就拿着渔竿出去了，傍晚时，丈夫却垂头丧气，两手空空地回到了家里。妻子看到丈夫一副狼狈的模样，就焦急地问："你怎么一条鱼也没带回来呢？"

丈夫一边擦汗一边说："别提了，现在的鱼实在是太狡猾了，我在河边等了一个下午，不但没有钓到半条鱼，鱼饵还被吃光了，简直把我给气死了。"

妻子听了半信半疑，这条河的鱼非常多，怎么突然间连一条鱼也钓不上来呢？

于是，她拿起了渔竿，仔细地看了看后说："难怪呢，鱼钩都已经直了，怎么可能钓到鱼呢？你怎么连这都没发现呢？怪不得蹲了一下午一条鱼也没钓到，这个鱼钩根本就没有作用了，你还是赶紧换上一个新鱼钩吧，这样就会钓到鱼了。"

丈夫没有找出问题的症结，因此忙碌了半天，只是徒劳无功。纵使付出了再多的力量，他也不会钓到鱼的。

要办成一件事，不一定要立即着手，而是先要进行一些筹划、进行可行性论证和步骤安排，做好充分准备，创造有利条件，这样会大大提高办事效率，做事情前一定要事先做好充分的准备，只有做好充分的准备才能使工作效率更高，做事速度更快。正所谓“兵马未动，粮草先行”，有了可靠的保障后，做事情就会胸有成竹了。

求人不如求己

每个人都会遇到这样或者那样的事情，每个人都会有求于别人，但是我们不能总是靠着别人的力量来完成一件事，而且别人也不会帮助我们完成每一件事。这就要求我们做事情时仍要靠着自己的力量去努力完成，而不是一遇到问题就寻求别人的帮助。所谓“求人不如求己”，别人不可能总会为你做好每一件事，事情终究是你的，最终仍要凭借着你自己的能力去完成。

别人的帮助有的时候可以为我们开辟一条新的道路，让我们更加顺利地渡过难关，解决问题，但我们绝对不能过分依赖着别人的帮助，别人的帮助只能起到辅助的作用，而真正起到主导作用的还应该是我们自己。一个人如果把别人的帮助看得太过重要，久而久之，他的做事能力就会严重下降，而每当出现问题时，他首先想到的不会是靠着自己的智慧和力量去解决问题，而是去寻求别人的帮助。慢慢地，他就会严重依赖别人的帮助了，这样他就对自己更没有信心了。

佛印禅师和苏东坡是至交，他们两个人经常在一起参禅论道、游山玩水。

有一天，他们出去游玩，在路过杭州的中天竺寺时，两人便进去参礼。

当他们礼拜完毕后，苏东坡看着千手观音菩萨手中持着的念珠，就问佛印道：“禅师，观音既是菩萨，为什么还要数手里的那串念珠呢？”

禅师答道：“她也像凡夫们一样在祷告啊。”

苏东坡很是不解地问道：“她向谁祷告呢？”

禅师笑着答道：“呵呵，她当然在向观音菩萨祷告呀！”

东坡又追问道：“她自己不就是观音菩萨吗，为什么还要向自己祷告呢？”

佛印接着笑了笑，说道：“求人不如求己吗！”

另一则关于观音菩萨的故事是这样说的：

有一个人在路上行走着，突然天空下起了大雨。这个人于是就在屋檐下躲雨，这时他看见观音打着雨伞在雨中走着。于是他对打着雨伞的观音说：“观音度我一度。”观音说：“你在屋檐下，我在雨中，谁能够度谁呢！”这个人听观音这样一说，就从屋檐下走入雨中。然后他对观音说：“现在我也在雨中了，请观音度我一度吧”。观音说道：“你在雨中，我也在雨中，只不过我手中有伞，你手中没伞。你应该要伞度你，而不是叫我度你。”

这个人听了观音的话后非常郁闷，很无奈地回家去了。

连一向普度众生、救苦救难的观音菩萨都在向着自己祷告，劝诫别人要靠自己的力量做事情，可见人最终还是要靠自己啊。

求人不如求己，做事情的时候，我们应该先问一问自己是否可以做，然后我们再努力地靠自己去完成，而不是一有问题就去寻求别人的帮助，请求别人伸出援助之手。如果一个人，从来都不相信自己，可以磨炼自己、发展自己，让自己做自己的救世主，那他还能做什么呢？对自己都没有信心的人，还能指望别人能帮得了多少呢？一味地否认自我，寄希望于他人，这个人就永远无法在竞争中占据主动，而只能受制于人。

海伦·凯勒来到世间才16个月，猩红热就夺去了她的视觉、听觉和语言能力。失去了思维依托的海伦智力十分低下，她既看不到五光十色的世界，也听不到山鸣谷应，更无从表达她内心的忧郁，但她硬是凭借着惊人的毅力，踏踏实实、一点点地学习，终于有所成绩。她不仅练就了正常人的思维能力，还创造了常人难以达到的辉煌。她掌握英、法、德、希腊和拉丁语，还发表了大量的文学作品，使得她成了全美国最受尊敬的文学家、教育家。

当有人问她："是什么让你这样坚持地走下去？"她只是淡淡地说道："因为我一直告诉自己，不管遇到多大的困难，只有自己才能拯救自己。"

海伦·凯勒从来都没有向命运低头，她没有乞求别人的帮助，而是靠着自己的力量一点点地让自己走向成功，从而使自己的人生绽放出了夺目的光芒。

从美国哈佛大学毕业的女学生布露柯·艾莉森成为哈佛大学的第一位四肢瘫痪的学生。

21岁的艾莉森在7年级开学的第一天就发生了严重的车祸，在那次车祸里她几乎丧失了自己的性命，但是她在医院里昏迷了36小时后竟然奇迹般地苏醒过来，然而她的四肢却全部瘫痪。她醒后首先想到不是关心自己怎么样了，而是急切地询问什么时候可以去上学，她甚至还在担心功课是否会被落下。尽管她已经瘫痪了，但是不服输的精神点燃了她希望的火焰。此后，她以优异的成绩从哈佛大学毕业，并取得心理学和生物学两个学士学位。面对四肢瘫痪这种常人难以想象的痛苦，她仍无比坚毅地说："这就是我的生活，我一直感到，不管我所面对的情况如何困难，我都应该坚持下去，只有自己才可以拯救自己。"

因此，我们应该去借助自己的力量与智慧不断提高自己，脚踏实地地做好每一件事，为自己去奋斗，努力挖掘出自己最大的潜力，只有通过这样的不断地努力与磨炼，才能够让自己在面对问题时信心百倍，并可以自信地达到成功。求人不如求己，一定要树立信心，坚定信念，变被动为主动、寄希望于自我才是最可靠、最有利的成功法则。

给自己一点点信心吧，要坚定自己的信念。遇到困难时咬紧牙关对自己说："我能做到，我可以的，我不能依赖别人的帮助，我自己帮助自己……"只有这样，才能在困难面前面不改色，自信十足。人的潜力是巨大的，相信自己，把自己潜藏的力量激发出来吧，你会发现，没有别人，每一件事情依然可以凭借自己的力量很好地完成。

第五章

成功创业：人凭志气虎凭威

——经营自己，创造无愧无悔的事业

不怕无能，就怕无恒

人的一生会遇到各种各样的困难，同时人与人的能力也是有差别的，这就决定了每个人做事情的方法和思路是不同的。智商较高的人能够轻而易举做成的事情，也许对稍微笨一些的人来说就是非常棘手的问题。有的人常常会抱怨自己比别人笨，别人能够做好的事情自己却怎么也做不好。其实大可不必这样想。古人曾说，“勤能补拙”，如果你比别人笨的话，那么你就要付出比别人更多的努力，坚持不懈，奋战到底。“不怕无能，就怕无恒”。

有恒心的人往往能够获得别人不能获得的成就，他们也许并不聪明，甚至于比别人差很多，但是他们相信只要努力就会有回报，只有努力才能够让自己成功。传说太阳神炎帝有一个小女儿，名叫女娃，是他最钟爱的女儿。炎帝不仅管太阳，还管五谷和药材。他事情很多，每天一大早就要去东海，指挥太阳升起，直到太阳西沉才回家。炎帝不在家时，女娃便独自玩耍，她非常想让父亲带她出去，到东海太阳升起的地方去看一看。可是父亲总是忙于公事，没有时间带她出去。女娃挨不住寂寞，终于有一天，女娃便一个人驾着一只小船向东海太阳升起的地方划去。不幸的是，海上起了风暴，像山一样的海浪把小船打翻了，女娃被无情的大海吞没了，永远回不来了。炎帝十分痛惜自己的女儿，但却不能用医药来使她死而复生，也只有独自神伤嗟叹了。

女娃死了，她的精魂化作了一只小鸟，发出“精卫、精卫”的悲鸣，所以，人们又叫此鸟为“精卫”。精卫痛恨无情的大海夺去了自己年轻的生命，她要报仇雪恨。因此，她一刻不停地从她住的发鸠山上衔了一粒小石子，或是一段小树枝，展翅高飞，一直飞到东海。她在波涛汹涌的海面上飞翔，悲鸣，把石子树枝投下去，想把大海填平。精卫飞翔着、鸣叫着，离开大海，又飞回发鸠山去衔石子和树枝。她衔呀，扔呀，成年累月，往复飞翔，从不停息。

姑且不谈精卫有没有可能把大海填平，光是她的这份决心就足以让人对她肃然起敬。只要有恒心，世界上就不会有什么可以阻挡一颗勇敢的心。

不要在抱怨自己没有别人聪明了，更不要把自己不如别人当作自己做不好事情的借口，再聪明的人也需要去努力奋斗，去不断提高自己。

如果你比别人笨的话，那么你就更应该去努力，只有用你的勤奋去弥补你的不足，你才能跟上别人的步伐。如果你只是每天抱怨着各种事情，那么你就会被别人越拉越远了。不要怕自己无能，只怕自己缺少恒心。虽然聪明但是却没有毅力，最后仍会一事无成。而如果你有坚持不懈的精神，即使再笨，你也会凭着自己的努力实现你的目标的。

铁匠没样，边打边像

俗话说“铁匠没样，边打边像”，意思是说打铁的时候，没有样本去参照，而是一边打铁，一边调整铁的形状。做事情的时候，我们同样也应该像打铁一样，要自己亲身经历、亲自试验，在不断地探索中不断地迈向成功。

有的人总是会迷恋书本上所写的，照搬照抄别人的经验教训，这样做的结果往往会不尽如人意。别人的经验固然好，但那毕竟是别人的经历，百闻不如一见，只有自己去亲身经历一下，不断地摸索，这样才会使自己获得想要的知识和经验。

传说中在神农氏那个年代人口已经繁衍得非常多了。然而，仅仅靠打猎已经养活不了那么多的人了，因此氏族中经常有人因为食物不足而生病甚至饿死，食物成了人们生存的最大困难。

神农氏看到部落中的人们因为缺少食物而死的死、病的病，不由心中焦急万分。“怎样使部落里的人不再挨饿呢？怎样使部落里的人能够吃到足够的食物呢？”神农氏在山路上一边走一边想着。这时满山茂盛的植物进入了他的眼帘，树上各种果实招来了鸟类，山上的草丛引来了野鹿、山羊。看到这里他突然想到：“这些树木的果实、茎叶不是可以吃吗？那些动物不就是靠吃这些东西生存的吗？”于是，神农氏决定亲口尝一尝各种野生植物的滋味，以确定哪些能吃或不能吃，哪些好吃或不好吃。

他采集了各种植物的果实、种子和根、茎、叶，然后一样一样地亲口去尝。尝过后，神农氏发现有些东西味道甜美，非常好吃；而有些东西却又苦又涩，尝过以后就再以不想碰它；还有些东西味道虽然尝起来不错，可吃下去后不是腹痛难忍，就是让人头昏眼花，甚至还会出现昏厥的情况。这些冒着生命危险得到的知识和经验，神农氏都一一地记录了下来。

神农氏并没有被困难和危险吓退，他为了多找到一些食物每天都亲尝各种植物，从他的记录里，部落的人们开发出了很多种可食用的植物，从而大大地解决了人们的生存问题。然而神农氏还不满足，当他看到人们为了采摘这些植物，有时要冒非常大的危险，就又开动脑筋寻找解决的办法。神农氏通过观察发现，人们吃完扔在地上或自己长熟落在地上的瓜子、果核，到第二年竟然又会发出新芽，长出新的瓜蔓和植株。后来他又发现天气、土地对植物有很大的影响。于是他针对天气的情况和不同类型的土地，指导人们对植物进行人工培植，收集植物的果实种子作为食物，从而使得人们减少了找食物的危险，并使得食物更加的多了。

神农氏尝百草的传说，反映了先民在同自然做斗争的坚强意志。他们在这一斗争过程中，经过了一代又一代人们的尝试，从一次次的失败中取得经验。神农氏更是冒着生命危险亲尝百草，不断地去尝试着，在这样的过程中，他从一无所知到懂得很少到懂得较多，逐渐增加了对植物的认识，从靠天吃饭发展到利用天时、地利来使生活变得安定，最后才取得了成功，让人们的生活更加的安定，稳当。

想知道梨子的味道就一定要自己去亲自尝一尝，别人的描述永远也不会比自己的真实体验更准确。做事情时也要亲自去尝试，不要迷恋前人所说的一切，只有自己去做了，然后在做的过程中不断地摸索、探究，才会使自己深有体会。

李时珍是我国伟大的自然科学家、医药学家。他为我国的医学发展作出了巨大的贡献。李时珍出生在一个医生的家庭。他从小就体弱多病，总是在与疾病作斗争。因此他立下志愿，一定要熟读医书，解除天下人的疾苦。但是，在读书的过程中，李时珍却发现医书中记载的许多药性和功效与疗效是不相符的，而且还存在非常多的错误，这导致很多的病人因为得不到正确的救助而丧失了性命。于是，李时珍暗暗地下定了决心，一定要亲自尝试，以此来改正医书中的错误。

有一次，李时珍听说均州（现在湖北省均县）的太和山上有一种非常少见的果子叫榔梅，人如果吃了就可以长寿。于是李时珍就决定亲自去看看，这一天他来到太和山，在半山腰一座庙里休息。看庙的老头见到他就上前和他闲聊，而当听他说要上山采榔梅时，老头就小心地对他说："你可不能去啊！因为当今皇上已经下了命令，榔梅只能由皇家来采。谁要是采了，是会被杀头的！"李时珍听后非常生气地说道："榔梅是天生的果树，又不是皇上自己种的，为什么不允许我们老百姓采摘？我一定要弄几个回去，看看到底是什么果实，看看它到底有多大功效。"老头见他如此执着，只得摇摇头地走了。

当天夜里，李时珍趁着月色偷偷从小路溜到了山上，终于采到了几个榔梅，并且还连枝带叶地折了好几枝，然后连夜下山去了。

回到家后，李时珍急忙拿出来榔梅然后非常仔细地研究，这时他才知道原来榔梅是一种榆树类的果实，根本不是什么"仙果"。说吃了能长生的话语，完全是骗人的。

李时珍的医药功效全都是经过他的考察试验得来的，他每一次找到一种可能有医药价值的东西后，总是会仔细观察并分析药材的知识。什么河豚的肝脏有毒，刀豆对治打嗝有很好的功效等等，他都是这样学来的。李时珍觉得民间有一个取之不尽、用之不竭的医药宝库，因此无论走到哪里，都会认认真真地向老百姓学习。他的足迹踏遍了江西、江苏、安徽、湖南、广东，行程不下万里。

李时珍非常重视直接经验。他曾经亲自下过煤窑，到过炼铅、炼汞的作坊，研究工人的中毒现象和职业性疾病。他把许多植物连根采回来仔细研究并同其他植物作比较，从而发现了许多前人没有涉及和介绍不够科学的医学道理，为医学的发展作出了无与伦比的贡献。

在30年间，李时珍记下了几百万字的笔记，然后经过他一遍又一遍地修改、整理，最后剩下了一百多万字。这时候，李时珍已经61岁了，但他仍然不知疲倦地加工整理。他的儿子、孙子、徒弟被他的毅力打动了，于是全都加入其中，帮他抄写、画图，他自己又反复校订，终于著成了举世闻名的中药巨著《本草纲目》，成为我国医药史上最重要的著作之一。

李时珍为了修改整理医药书籍中的错误，自己亲身去体会、去试验，摸着石头过河，反反复复地尝试着，终于著成了中药巨著《本草纲目》，从而为我国医药事业贡献了他的一份力量。

“铁匠没样，边打边像”，我们一定要有探索精神，而不能一味地迷恋书本和前人的话语，因为只有去亲身经历所想的才会对其有更好的认识。

大胆天下去得，小心寸步难行

做事情就应该大胆地去做，而不能畏首畏尾，缩手缩脚的。事情的变化往往会超过计划的预期，当面对预料之外的情况时，你是选择犹豫不前呢，还是选择抓住时机、当机立断呢？请记住这句话：“大胆天下去得，小心寸步难行。”

武则天是中国古代的唯一一位女皇帝。她自幼聪慧伶俐，善于表达，胆识超人。父亲深感她是可造之才，于是就教她读书识字，使她通晓事理。

贞观十一年（637），14岁的武则天因为长相俊美而被选入宫中，受封为“才人”。入宫之后，武则天行事干练，非常善解人意，再加上她姿色娇艳，于是颇得唐太宗的欢心，于是赐号“媚娘”。不久后，太宗又发现武则天学识非常好，并且懂礼仪，便把她从侍穿衣着的行列，调入御书房侍候文墨。这一变化使武则天开始接触皇家公文，了解了一些宫廷大事并能让她读到许多不易得见的书籍典章，她的眼界越发的开阔了，她也日渐通晓官场政治和权术了。

贞观二十三年（649）太宗驾崩，按照当时宫廷的规矩，武则天被送进感业寺（供奉太宗灵位之处）出家，不许再度婚配。李治为太子时，曾与武媚娘私情甚笃，太宗忌日的时候，李治到感业寺上香和武媚娘不期而遇，于是旧情萌发。适逢宫内王皇后正与萧淑妃争宠，武则天意外受益，成了王皇后对付萧淑妃的一张牌而得以进宫，并得到李治宠爱。高宗即位两年后，把武则天从尼姑庵接出，封为昭仪。

没过多久，高宗害了一场病，成天感觉头昏眼花，他看武则天非常能干，又懂文墨，索性就把朝政大事全交给她管了。

由于武后处理政务有章有法，不像高宗那样犹豫不决，因此让群臣非常佩服。

公元683年，唐高宗李治病故，武则天先后把两个儿子立为皇帝——中宗李显和睿宗李旦，但是两人都不让她满意。于是她就废了中宗，软禁睿宗，自己则以太后名义临朝执政。

太后执政立刻遭到一些大臣和宗室的反对，但是都被武则天一一镇压平息，全国恢复了安宁，从此也没有人再敢反对她了。武则天巩固了统治之后，又不满足太后执政的地位。于是她决心称帝。

公元690年，武则天自称圣神皇帝，改国号为周。至此，她就成了中国历史上唯一的女皇帝。这年她67岁。

武则天前后执政近半个世纪，上承“贞观之治”，下启“开元盛世”，历史功绩昭然于世，但是过失错误也不可饶恕，总的来说她的成绩是值得肯定的。

武则天改唐为周长达15年。神龙元年（705），武则天被迫让位给庐陵王李显，由于特殊原因，又恢复了唐王朝统治，自己想当一个王朝创始人的志愿就此落空。

这个中国历史上唯一的女皇帝，给自己的身后立了一块“无字碑”，她不愧是杰出政治家，她明白历史功过自有历史去作出评判。

中国的皇帝全部都是男性，这也是中国古代男尊女卑思想的重要体现，但是偏偏出现了武则天这样一个大胆的女人，她敢于做大事，她敢于打破常规，她敢于用自己的力量去治理一个广阔的国家。就是因为她敢于做事，才使得唐朝出现了盛世的局面。如果她害怕别人的质疑而不去称帝，那么中国历史就缺少了她的壮丽。

在一次拍卖会上，有大批的脚踏车等待出售。当第一辆脚踏车开始竞拍时，站在最前面的一个不到12岁的小男孩抢先出价："5元钱"，可惜，最后这辆车被出价更高的人买走了。

紧接着，另一辆脚踏车也开始拍卖，这位小男孩又出价5元钱，但是脚踏车还是被别人买走。接下来，他每次都出这个价，而且不再加价。但是，5元钱毕竟太少了，那些脚踏车都卖到35或40元，有的甚至卖到了100元以上。因此他几乎没有机会得到一辆脚踏车。

暂停休息的时候，拍卖员问小男孩为什么不出高价竞争，小男孩无奈地说："因为我只有 5 元钱。"

不久后，拍卖继续，小男孩还是给每辆脚踏车出价5元，他的这一举动引起了所有人的注意，人们交头接耳地议论着他，经过漫长的一个半小时后，拍卖会快要结束了，只剩下最后一辆脚踏车，是非常棒的一辆，车身光亮如新，令小男孩怦然心动。拍卖员问道："有谁要出价吗？"这时，几乎失去希望的小男孩犹豫不决，他知道这辆车是最好的一辆，5元钱肯定买不了的。但是他还是抱有一点点希望。可是面对众人的议论，他实在是没有信心喊出来，他犹豫不决，始终不能大胆喊出来。

他的心里仿佛过了一个世纪那么长，他真的喜欢那辆脚踏车，于是他咬咬牙鼓起勇气大声地说："5元钱。"

拍卖员停止了叫价，静静地站在那里，观众也默不做声，没有人举手喊价。静待片刻后，拍卖员说："成交！5元钱卖给那位穿短裤、白色球鞋的小伙子。"这时候观众纷纷鼓掌。

小男孩脸上洋溢着幸福的光辉，拿出握在汗湿的手心揉皱了的5元钱，买下了那辆无疑是世界上最漂亮的脚踏车。

正是小男孩最后时刻大胆地喊出了自己的价格，才使得观众们感动了，最终把脚踏车让给了他。假如他最后一刻犹豫不决，这辆脚踏车最终就不会属于他了。

所以大胆地下定决心吧，大胆地去做事吧。犹豫不决的话，你会丧失掉转瞬即逝的机会；畏畏缩缩的话，你就抓不住成功的那一刻。只有大胆做事的人才可以走遍天下，那些做事情小心翼翼，畏畏缩缩的人到头来会寸步难行。

宁走十步远，不走一步险

俗话说："宁走十步远，不走一步险。"这是非常有道理的。人们在做事情的时候需要稳中求胜，要稳扎稳打，而不是为了急于求成而铤而走险。

不要为了尽快成功而去冒险，成功不是靠冒险而得来的，相反的，成功是通过一点点地做事，经过不断努力才最终实现的。做事一定要稳扎稳打，知己知彼才能百战不殆；做到成竹在胸，掌控了大局后，循着自己所想的思路去一点点的实现，只有这样才可以更好地成功。虽然说有的时候需要冒险精神，但是这并不意味着要靠着运气去做事情。为了做成某事而去冒险，结果往往是一着不慎，满盘皆输。

姚明是中国的篮球符号。他凭借着不懈的努力和自己出色的篮球技术在NBA打出了一片天空，姚明所在的休斯敦火箭队甚至成了中国球迷的主队，无数的人因为姚明而爱上了篮球。

火箭队的实力不是很强，尤其是替补球员表现总不令人满意。早期的火箭队主帅是范甘迪，他为了球队的战绩总是不敢重用替补球员，这使得主力球员的身体被过度使用，而过度疲劳使得伤病的概率增加。

《休斯敦纪事报》的火箭队专家弗兰·布林巴里曾经狠狠地批评了范甘迪，他对范甘迪说："你不是一个傻瓜，比赛还需要五个人之外更多的人力量！"这是在指责范甘迪在比赛中不安排替补球员上场的行为。常常还能够听到这样的批评："范甘迪是在让姚明一个人去对抗对手5个人！"很显然范甘迪不能把姚明当超人看，但是他的做法确是在把姚明当作超人来使用。为了赢球范甘迪不能不冒险，尽管冒险就一定会付出冒险的代价。好在姚明是全明星级别的表现，以及火箭在比赛中好运连连，也掩盖了范甘迪用人缺陷。

也不能说范甘迪是在切断自己的后路，因为火箭替补们的表现的确难让人满意。作为主教练范甘迪对此也非常窝火，但是他把一些队员禁锢在板凳上，而让姚明在球场上劳累奔波的行为确实值得商榷。姚明甚至出现了连续数场的出场时间都超过了40分钟。可以相信范甘迪绝对不想拖垮姚明的身体，但是他实际上是在冒险、是在拖垮姚明的双腿。

冒险终究会带来厄运的。在常规赛休斯敦火箭与洛杉矶快船的一场比赛中，姚明跳起想封盖快船球员的投篮，落地时，右膝下方连续遭到队友海耶斯以及对方球员蒂姆·托马斯的撞击，姚明的膝盖甚至还被托马斯的身体压了一下，倒地后，姚明马上捂着自己的膝盖，表情极为痛苦。

姚明立即被送往休斯敦的赫尔曼纪念医院，接受核磁共振检查。据球队训练师琼斯透露，姚明右腿的胫骨出现骨折，火箭方面原本估计姚明只是骨头被撞伤，出现淤血，但实际情况要更严重一些，琼斯也表示，现在只能寄望无须动手术来治愈这次伤病。右脚膝盖下方出现骨折，姚明至少需要休战六周。没有了姚明的火箭，在这场比赛中，最终以93：98负于快船。失败的原因来自哪里？几乎不言而喻。就是因为主教练冒险的使用姚明，使得姚明身体被累垮，那么受伤就在所难免了。假如主教练可以合理使用每一个球员，让球队稳扎稳打，而不是急于提升自己的战绩就不会出现这种情况了。

伯纳德·劳·蒙哥马利是第二次世界大战中英国的卓越将领。

1887年蒙哥马利出生在伦敦肯宁顿的一个牧师家中。1907年，他进入了桑德赫斯特皇家军事学院。他参加过第一次世界大战，并因作战勇敢而被授予优异服务勋章。第二次世界大战初期，蒙哥马利作为第3师师长成功地组织了敦刻尔克撤退。1942年，他出任英国驻北非第8集团军司令，在阿拉曼战役中打败德国著名将领"沙漠之狐"隆美尔，从而扭转了北非的战局。北非战役结束后，他率部与美军一起转战西西里和意大利，并于1944年1月升任第21集团军群司令，负责计划、组织和实施诺曼底登陆战役。

1944年9月1日，蒙哥马利被授予元帅军衔，同年5月代表英国接受德国北方军的投降。1958年秋，蒙哥马利光荣退役，曾荣获各种高级勋章和外国勋章。

蒙哥马利戎马一生，征战时间长达50年，他服役的时间超过了英国的著名将领威灵顿，其卓越的指挥才能、无比的敬业精神、对战士细致入微的关心，使他在英国军界和广大人民中享有崇高的威望。人们都承认他是20世纪战争舞台上的一位卓越将领，是第二次世界大战中颇有建树的英国名将。至今，蒙哥马利指挥北非战役的铜像仍然是英国国防部广场上唯一的雕像。

蒙哥马利之所以百战百胜，是因为他从不打无准备的仗，他不会为了急于求成而冒险，他从不险中求胜，从来都不会靠运气打仗，他总是在稳中求胜，用自己有把握的方式作战。他把一切都计划好，然后稳扎稳打，让战局完全掌握在自己手上，正因为此，他才屡战屡胜，终成世界名将。

做好一件事是不能只靠运气的，就像下棋一样，下棋总会有输有赢。铤而走险，想要险中求胜往往会输得一败涂地。如果按照计划好的路子走下去，完全掌握大局，稳扎稳打，那么胜利虽然来得慢，但终究会到来的。因此，“宁走十步远，不走一步险”。宁肯一点点地有保证地向成功靠近，也不要破釜沉舟似的赌运气。

守信者先守时

诚实守信是中华民族良好传统，无论古代还是现代，守信一直是评价一个人好坏的重要因素。一个诚实守信的人总是会得到别人的称赞，获得别人的认可。而一个不诚实守信的人往往会被别人唾弃，诚信守信是立人之本，一个人如果连诚实守信都做不到，那么这个人就连起码的做人条件都不具备。这样的人会被别人孤立的。诚实守信对于每个人来说都是非常重要的，做到诚实守信先要做到守时。

时间对每个人都是十分珍贵的，它不会因为你的需要而增加，它只会遵循它的消失规律一分一秒地失去。时间的流逝就代表着生命的流逝。有的人能够很好地利用时间，而有的人却总是在浪费。浪费时间是非常不明智的，而浪费别人的时间就更是不好的。鲁迅先生曾经说过：“浪费别人的时间就无异于谋财害命。”可见守时对于人们来说是多么的重要。

春秋时期，鲁国曲阜有个年轻人名字叫尾生。尾生为人非常正直，他乐于助人，和朋友交往总是很守信用，因此受到了四乡八邻的普遍赞誉。

有一次，他的一位亲戚家里的醋用完了，便来向尾生借，恰好尾生家也没有醋，但是他并没有因此而回绝，而是说：“你稍等一下，我里屋还有，我这就进去给你拿来。”然后尾生悄悄地从后门溜了出去，向邻居家借了一坛醋，回来对亲戚说这是自己的，并送给了那位亲戚。

孔子知道这件事后，批评尾生为人不诚实，弄虚作假。尾生却不以为然，他认为帮助别人是应该的，虽然说了谎，但出发点是对的，只要帮助了人就是好的。

后来，尾生迁居到了梁地。他在那里认识了一位年轻漂亮的姑娘。两人一见钟情，并很快私订了终身。但是姑娘的父母嫌弃尾生家境贫寒，坚决反对这门亲事。为了追求爱情和幸福，姑娘便决定背着父母和尾生私奔，跟着尾生回到曲阜老家去。

那一天，两人约定在韩城外的一座木桥边会面，然后双双远走高飞。黄昏的时候，尾生提前来到桥上等候。不料，六月的天气说变就变，突然天空乌云密布，狂风怒吼，雷鸣电闪，滂沱大雨不一会就倾盆而下。接着山洪暴发了，滚滚的江水淹没了桥面，没过了尾生的膝盖。

“城外桥面，不见不散”，尾生想起了与姑娘的誓言。他环顾四周，仍然不见姑娘的踪影。但他仍然寸步不离，死死地抱着桥柱，最后终于被活活淹死。

而姑娘因为私奔的念头被泄露，就被父母禁锢家中，不得脱身。直到半夜她才找到机会逃出了家门，她冒雨来到城外桥边时，此时洪水已渐渐退去。这时姑娘看到了紧抱桥柱而死的尾生，伤心欲绝。她抱着尾生的尸体号啕大哭，哭罢，便相拥纵身投入江中。

尾生为了遵守自己的誓言，死死地守在桥下，甚至不惜性命等待着自己的心上人的到来，最终被淹死在桥下，他的守信守时的精神实在是令人感动不已。

守时对于每个人来说都很重要，不论是对待熟悉的人还是陌生的人。守时是对别人最起码的尊重，也是你诚意的表现。虽然守时非常重要，但是在生活中，往往会有很多人做不到守时。而不能守时往往会让等待的人感觉很恼火，也往往会因此耽误很多的事情。

有一个赴德的考察团要去参观奔驰公司。他们在出国前就已经联系好了所有的事务。他们的原计划是下午两点出发，而德方的接待人员在一点半来接考察团成员。

但是，到了参观的那天，德方的接待人员在约定时间前就已经到达了酒店，而当大家在约定的时间里碰头的时候，发现仍然还有三个人没有下楼。打电话去催，两个人表示马上下来，而有一个人却说要方便一下，值得一提的是，这个人正是考察团的最高领导。

在焦急的等待了5分钟之后，德方的接待人员表示不能再等了，如果考察团仍然要参观的话就得马上走了。但是考察团成员表示，等到团长一来就立刻走，而且不会花费太久的时间。但是德方代表坚决不同意，他们非常抱歉地表示：“对不起，这次的参观只能取消了。”然后转身就走了。

在他们的眼中，方便的问题是属于个人问题，既然是个人问题就应该在属于自己的时间内解决，而不是在约定好的时间里让大家都等待，浪费别人的时间，这是不守信不守时的表现，是不能被容忍的。

守时是一种美德，也是对别人的礼貌和尊重。守时，应该成为一种习惯和责任。只有做到守时的人才能赢得别人的尊重，也才会有成功的机会。守时，不仅可以节约自己的时间，也能够为自己赢得一个又一个的朋友，赢得一个又一个的机会，它的重要性是无可比拟的。因此人一定要守时守信，一个连守时守信都做不到的人，还能要求别人信任他吗？一个连守时守信都做不到的人，还可以指望他多少呢？

每个人的时间都是无比珍贵的，所以一定要珍惜自己的时间，更要在乎别人的时间，所以一定要在约定的时间做好约定的事情，只有这样才会得到别人的认可，获得别人的信赖。

守时是一种美德，更是对别人的尊重和自己真诚的表现。因此，学会做到守时吧，因为只有守时的人才能得到别人的信任。

保持谦逊才能邂逅成功

世界上没有十全十美的人，我们每个人都应该正确地认识自己，不但要认识自己的优势和长处，更要了解自己的劣势和短处。俗话说："谦虚使人进步，骄傲使人落后。"保持谦虚的人常常能够邂逅成功，而骄傲的人总是会因为自己的自负而酿成苦果。

谦虚是成功者的秘诀，更是成功者的美好品质。即使你的学习成绩很好，工作业绩很优秀，你也应该保持谦逊低调的姿态。每个人都有其自身的弱点，就是再聪明的人也不例外。别人再愚笨，也会有我们需要学习的地方。因此每个人都应该存有一颗低调谦虚的心，只有谦虚的人才会不断地进步，才会不断去努力并以此来提高自己。

梅兰芳是我国著名的京剧大师，他不仅在京剧艺术上有很深的造诣，而且还是画画的高手。他曾经拜名画家齐白石为师，向他虚心求教，每次都是礼数有加，并经常为齐白石磨墨铺纸，完全不因为自己是个著名演员而自傲。

有一次齐白石和梅兰芳一同到一个朋友家做客，齐白石先到了，他穿的是布衣布鞋，而其他宾朋则是西装革履或长袍马褂，因此齐白石显得有些寒酸，不引人注意。过了一会儿，梅兰芳也到了，主人非常高兴出门相迎，其余宾客也都蜂拥而上，一一同他握手。可梅兰芳知道齐白石也来赴宴，便四下环顾，寻找他的老师。忽然，他看到了被大家冷落在一旁的齐白石，于是他就让开别人伸过来的手，挤出人群向齐白石恭恭敬敬地叫了一声"老师"，向他致意问安。在座的人见到这种情况感到很惊讶，齐白石也深受感动。几天后就特向梅兰芳馈赠了《雪中送炭图》并题诗道："记得前朝享太平，布衣尊贵动公卿。如今沦落长安市，幸有梅郎识姓名。"

梅兰芳不仅拜齐白石为师，他也曾拜普通人为师。有一次，他在演出京剧《杀惜》时，在众多喝彩叫好声中，他听到有个老年观众说"不好"。戏唱完后，梅兰芳来不及卸妆更衣就用专车把这位老人接到家中，然后恭恭敬敬地对老人说："说我不好的人，是我的老师。先生说我不好，必有高见，定请赐教，学生决心亡羊补牢。"老人于是便说道："阎婆惜上楼和下楼的台步，按梨园规定，应是上七下八，而你却为何八上八下？"梅兰芳听了恍然大悟，连声称谢。从此以后，梅兰芳经常请这位老先生观看他演戏，请他指正，称他"老师"。

俗话说"满招损，谦受益"，自满的人会招来损害，谦虚的人会得到益处。

孔子是我国历史上著名的教育家，思想家。他一生留下了无数的精神财富，后世尊称他为圣人，但是他却一直保持谦虚的态度。

有一次，孔子带着学生到鲁桓公的祠庙里参观，这时候他看到了一个可以用来装水的器皿，这个器皿是倾斜地放在祠庙里。

孔子便向守庙的人问道："请你告诉我，这是什么器皿呢？"守庙的人告诉他："这是欹器，是放在座位右边，用来警戒自己，如'座右铭'一般用来伴坐的器皿。"孔子说："我听说这种用来装水的伴坐的器皿，在没有装水或装水少时就会歪倒，而如果水装得不多不少的时候就会是端正的，里面的水若要装得过多或装满了，它也会翻倒的。"说完，孔子立即回过头来对他的学生们说："你们往里面倒水试试看吧！"学生们听后就都舀来了水，一个个慢慢地向这个可用来装水的器皿里灌水。果然如孔子所说的那样，当水装得适中的时候，这个器皿就端端正正地在那里。不一会儿，水灌满了，它就翻倒了，里面的水也不停地流了出来。再过了一会儿，器皿里的水流尽了，就又倾斜了，还是像原来一样歪斜在那里。

这时候，孔子便长长地叹了一口气说道："世上哪里会有太满而不倾覆翻倒的事物啊！"

欹器装满水就会倾覆翻倒，这就告诉我们一定要保持谦虚，不要骄傲自满。凡是骄傲自满的人，没有不失败的。

懂得低调处世的人，才能获得一片广阔的天地，成就一份完美的事业，更能赢得一个蕴涵厚重、丰富充沛的人生。经常看到自身的不足，就能够使自己谦虚起来；总是看不到自身的不足，而认为自己比别人聪明，就会使自己骄傲起来，而到了最后往往会为骄傲付出代价。

1929年3月14日是爱因斯坦的50岁生日。世界各地的报纸都发表了关于爱因斯坦的文章。在柏林的爱因斯坦住所中，装满了好几篮子从全世界寄来的祝寿的信件。

然而，此时的爱因斯坦却不在自己的住所里，他在几天前就来到了郊外的一个农舍里躲了起来。

爱因斯坦9岁的儿子问他："爸爸，您为什么那样有名呢？"爱因斯坦听了哈哈大笑地对他的儿子说："你看，瞎甲虫在球面上爬行的时候，它并不知道它走的路是弯曲的。而我则正相反，有幸觉察到了这一点。"爱因斯坦就是这样一个谦虚的人，名声越大，他就越谦虚。

成就越大，就越要保持谦虚，只有这样才会向着更高的目标迈进，相反，如果获得了一点点成绩后就骄傲自满，妄自尊大，最终就会停滞不前，不会再有更高的追求，从而最终被别人超越。

所以保持一颗谦虚的心吧，只有这样你才会不停地奋斗，不停地向着人生的一个又一个的高峰攀登。

反驳也要给别人留面子

反驳别人的观点也是一门非常深的学问。懂得反驳技巧的人往往是反对别人的观点后还会让别人接受自己的看法，而不会反驳技巧的人总是在道出自己的观点后就得罪了别人，甚至于反目成仇。因此，学会反驳别人，在人际交往中是非常重要的。

反驳是一种技术，也是一种艺术，而如何选择最有利的突破口是反驳成功的前提。学会选择最有利的突破口，就会使反驳成功了一半，不但不会伤害别人，相反地还会让别人高兴地接受你的观点。

一位政治家在演讲时，遭到了当地某个妇女组织代表的激烈指责，这些代表言辞激烈地批评他作为一个政治家，竟然不考虑到国家的形象，和两个女人发生过关系。顿时，所有在场的观众都屏声敛气，等着听这位政治家的桃色新闻。这位政治家并没有感到窘迫和难堪，而是十分轻松地对这些妇女代表说道："现在我还和五个女人发生了关系。"

这种直言不讳的回答，使代表和群众非常吃惊，迷惑不解。然后，政治家继续说道："这五位女士，在年轻时曾无微不至地照顾我，现在她们都已老态龙钟了，我当然要在经济上照顾她们，在精神上安慰她们，这五位女士就是我的家人。"

结果，那些代表们全部无言以对，而观众席中则掌声如雷。

面对别人的诽谤，这位政治家并没有恼羞成怒，而是机智地用幽默的口气化解了尴尬，不但反驳了别人，还为自己赢得了掌声。

在说服别人时，常常要反驳对方的无理观点。反驳不是一件难事，难的是要带着微笑反驳，让对方能够心服口服地接受你的观点。反驳需要给别人留有面子，不能直截了当地反驳，而应该抓准关键点，然后用轻松幽默或者别人可以听进去的话语进行反驳，这样既可以反驳别人的挑衅，又可以让别人接受你的思想，甚至对你佩服有加。周恩来在这方面就做得非常棒。

在一次外交部举行的记者招待会上，周恩来介绍了我国经济建设的成就及对外方针后，开始回答记者的提问。一位西方记者提问道："请问，中国人民银行有多少钱呢？"这实际上是讥笑新中国成立初期的贫穷。

周恩来平静地回答道："中国人民银行货币资金有18元8角8分。"听到这个回答，全场愕然，顿时鸦雀无声。

紧接着，周恩来以风趣的语调解释说："中国人民银行发行面额为十元、五元、二元、一元、五角、二角、一角、五分、二分、一分10种主辅币人民币，合计为18元8角8分。中国人民银行是由全中国人民当家做主的金融机构，有全国人民作后盾，信用卓著，实力雄厚，它所发行的货币，是世界上最有信誉的货币之一，在国际上享有盛誉。"周恩来一语惊四座，大厅内立刻响起了听众的热烈掌声。

周恩来运用自己的机智不但化解了尴尬的局面，更为国家赢得了尊严，反驳别人的时候没有一句言辞激烈的话语，却让与会的记者非常扫兴，最后无话可说。

学会用正确的方法反驳别人，给别人留有面子，只有这样才能既不伤和气，又可以反驳了别人的胡搅蛮缠。有的时候，言语激烈并不能够让别人听进心里，相反地会让别人更加的固执，完全听不进你的观点；而掌握了好的反驳方法就不一样了，不但可以表述自己的立场，还可以有力地反驳别人的观点，最重要的是还不会让别人感到尴尬，窘迫。

1961年6月，英国已经退役了的陆军元帅蒙哥马利访问中国。有一次他在河南洛阳参观，他非常好奇地走进了一家剧院，剧院正在上演豫剧《穆桂英挂帅》。当他了解了该剧的剧情后，连连摇头，并说道："这个很不好，怎么能够让一个女人当元帅呢？"中方陪同人员连忙解释说："这是中国的民间传奇故事，人们很爱看的。"蒙哥马利立即说道："爱看女人当元帅的男人不是真正的男人，爱看女人当元帅的女人也不是真正的女人。"

中方陪同人听后非常不服气地说："我们主张男女平等，男同志能办到的事，女同志也能办到。中国红军里就有很多女战士，现在的解放军里还有很多女少将呢。"

蒙哥马利毫不退让道："我一向对红军、解放军很敬佩，但不知道解放军里还有女少将。如果真的是这样的话，真的是非常有损解放军的荣誉啊。"

中方陪同人员又反驳说："英国女王也是女的啊。按照英国的政治体制，女王是英国的国家元首和全国武装部队的总司令，这又会不会有损英国军队的声誉呢？"

听到这话，蒙哥马利顿时无话可说了。

中方陪同人员智地抓住蒙哥马利的心理很巧妙又毫不留情地反驳了他，不但让蒙哥马利无言以对，更让他无法生气，最后不得不作罢。

学会反驳，在反驳的时候给人一个台阶下，让其不会颜面扫地在人际交往中是非常有必要的。掌握好反驳的技巧，你会在交往过程中更加主动。

和谐家庭篇

第一章

夫妻伉俪：夫妻无隔宿之仇

——最浪漫的事就是一起慢慢变老

丑是家中宝，可喜惹烦恼

爱美之心人皆有之，每个男人都喜欢有一个漂亮又贤惠的老婆陪伴着自己。但是这个美好的愿望有的时候是不会被实现的。缘分这东西是非常奇怪的，有的时候你看到一个人你就会有似曾相识的感觉，虽然对方可能并不好看。因此，很多人的老婆也不好看，但是不要去太过纠结于外貌的好坏，每个人都有每个人的优点，人丑并不代表这个人就是不好的。俗话说："丑是家中宝，可喜惹烦恼"。

美丑并不是评价一个人的主要标准，上帝在关上一扇门的时候，往往会打开一扇窗。漂亮的老婆也许会让你赏心悦目，会让你在朋友面前长面子，但是漂亮的只是外表，美丽的老婆如果心肠歹毒的话也是个丑陋的人。

商纣王宠幸苏妲己，对她疼爱有加，苏妲己长得貌美如花，让人神魂颠倒。商纣王当然也被她迷得意乱情迷，不顾国家。为了苏妲己，他造酒池肉林，让宫女侍卫们在里边裸体嬉戏；为了苏妲己，他无情残杀忠诚的大臣。结果，他终因迷恋酒色而葬送了自己的江山。

正是因为商纣王贪恋妲己的美色，并且终日与她寻欢作乐，使得他葬送了自己的江山和性命，苏妲己再美也终究成了浮云一场。

可见老婆再美而心肠不好的话，终究不会有好的结果。

再来看看诸葛亮的例子：

诸葛亮是三国时期著名的政治家、军事家。在他的帮助下，刘备建立了蜀汉霸业。诸葛亮对蜀汉尽心尽力，死而后已。在他的决策下，刘备和孙权联手大败曹操，形成了三国鼎立之势。以诸葛亮的条件，必然是名门世家选择乘龙快婿的理想对象。谁也没有料到二十五岁的诸葛亮却找了个丑女结婚。

诸葛亮的妻子名字叫黄硕，她身体壮硕，人亦如其名，黄头发，黑皮肤，皮肤上还起一些疙瘩。黄硕是河南名士黄承彦的女儿。

诸葛亮把黄硕娶回家门，他的邻居们就以貌取人，不明就里地讥讽诸葛亮说："莫学孔明择妇，止得阿承丑女。"然而他们哪里知道诸葛亮正为娶了黄硕而兴奋不已呢，他非常庆幸自己娶到了一位贤德的妻子。

果然，黄硕到诸葛亮家后，亲操杵臼，兼顾农桑，里里外外的粗活儿与琐事，都按部就班地处理得妥妥当当的，诸葛亮对她也是疼爱有加。

除此之外，这个丑媳妇不但无微不至地照顾与侍候着诸葛亮，就连他的朋友博陵崔州平，汝南孟公威，颍川石广元及徐元直等人，也时常在诸葛亮家里受到这位丑嫂嫂亲切的照顾，每个人都非常尊敬这位丑嫂嫂。久而久之，邻居们对诸葛亮的丑媳妇态度逐渐改变，他们从一开始的打心眼里瞧不起诸葛亮的丑媳妇到对其佩服有加，赞叹不止。

诸葛亮的丑媳妇，不但是一个粗细活都能料理得干净利落的小妇人，她甚至还可以出言不俗地与丈夫娓娓交谈。外人只是觉得诸葛亮的丑媳妇貌丑德美，但是他们却从来不知她还是一个具有另一种“内在美”的女人呢。

诸葛亮六出祁山，威震中原，在伐魏的时候，他发明了一种新的运输工具，叫“木牛流马”，这极大地解决了几十万大军的粮草运输问题，此外，诸葛亮又发明了“连弩”，这种武器使得蜀军在作战的时候出奇制胜，魏国的大将张郃就死在这种武器之下。但是几乎没人知道这些发明实际上都是诸葛亮的媳妇教的。此外，诸葛亮五月渡泸，深入南中，七擒孟获，为避瘴气而发明的“诸葛行军散”，“卧龙丹”也是他的丑媳妇教给他的。

所以说，丑媳妇并不一定就是不好的媳妇，诸葛亮的老婆奇丑无比，但是她心灵手巧，懂得的事情很多，不但持家顾夫，还能够为诸葛亮分忧解难，真的是非常的贤惠。反观商纣王，苏妲己可以说是倾国倾城，有闭月羞花之容，有沉鱼落雁之貌。但是她却成了葬送丈夫江山的罪魁祸首，试问，这样的妻子哪个男人敢要呢？

因此，正在找自己另一半的人千万不要只以美貌为选择标准，更要了解她的内在。觉得自己的妻子不好看而总是抱怨的人不必再抱怨了，因为丑妻是家中的宝，妻丑往往会有其他的能力，而这能力往往会让你的人生更加光辉，丑妻总是会旺夫的。

家有贤妻，夫不遭横祸飞灾

妻子对丈夫来说是非常重要的，俗话说“近朱者赤，近墨者黑”。丈夫每天伴着一个好的妻子的话，那么他也会让自己更加的出色，而如果每天伴着一个坏心眼的妻子的话，他也会把心眼变坏。所以男人在选择自己的伴侣的时候，一定要考虑对方的内在是否美。

正如黄宏在小品里说的：“坏媳妇就是男人身边的炸药，而好媳妇才是男人身边的碉堡。”可见一个好的妻子对男人是多么的重要啊。

有一个姓冯的秀才，他知识渊博，学富五车，乡里乡亲的都非常尊敬他，可是他家的日子却过得非常困难，里里外外全都靠着妻子杜氏打理。然而，即使家境贫寒，两口子倒也过得安然无事。

有一年入腊月，家家都准备请神办年货，而冯秀才手无分文，除了会念“之乎者也”以外，什么也干不成。杜氏看着丈夫每天愁得唉声叹气，就温柔地对丈夫说：“靠山吃山，靠水吃水，你难道不可以凭着自己的学问挣一些钱吗？快过年了，家家都需要贴对联，你可以到街上写几副对联卖了呀，这样我们还能够凑合着过个好年。”

冯秀才听了妻子的话，茅塞顿开。于是他就高高兴兴地出了门，多日的烦恼也一下子也被抛上了九霄云外。到了街上，他赊了十张大红纸，然后磨得墨浓，蘸得笔饱，一气写了十几副对联。由于冯秀才不会作生意，对联要价低廉，再加上对联也确实写得不错，不大一会儿，就被人们抢购一空，冯秀才也赚了几个钱。

第二天，冯秀才又到街上去卖对联，他的妻子则在家里杀鸡，以准备晚上祭灶的物品。这时候，几个身材魁梧的大汉闯了进来，然后抓起退了毛的鸡，杜氏还没弄清是怎么一回事，就被这伙人强行打骂："你好大的胆子啊，竟敢到员外家里偷鸡，找死是吧。"大骂了一会儿，那些人才愤愤地离开了秀才的家。

晚上，冯秀才祭灶却找不见鸡，于是便问妻子杜氏："为什么鸡没有端上来呢？"杜氏怕丈夫听了生气，又恐因此引起祸端，便低声说道："因为鸡笼没有关好，鸡被黄鼠狼给吃了。"冯秀才听罢，也只好认倒霉。

然而这天晚上，员外家的鸡又飞回来了，员外立刻知道自己错怪了冯秀才，心里不免有点过意不去，他担心秀才会来他家中闹事，于是祭完灶神，就召集家眷商议对策。这天晚上员外家的人都捏着一把汗，可是折腾了一夜，等到了天亮，也没有看见冯秀才上门闹事。一连几天都是如此。

员外担心地说："看来是这个穷秀才年前还想挣几个钱过年，因此顾不上来闹事，我料想他大年初一非来不可。于是他再让家眷们做好防备。可结果冯秀才初一仍然没来。

员外又想到："肯定是他觉得初二人太多，刻意来大闹一场。"

想到这，员外非常害怕，然后战战兢兢地度过了初二，谁知仍旧没见秀才的踪影。员外心里更加不安，他实在是弄不清秀才到底心里打的什么主意，时间一长，员外竟然因此生起病来。

管家非常明白员外的心事，于是便对员外说："老爷得体欠安，冯秀才的事小人设法解决就是了。"

员外苦笑了一下，想要说些什么竟然没有说得出来。

为了解决员外的心病，管家特意去拜访冯秀才。他见冯秀才对他十分热情，料定他不敢开口谈论关于鸡的事情，因此在临别时他对冯秀才说："适逢佳节，先生何不府上一聚呢？舍下有友人送的上好名酒，还有点小事要请教先生。"冯秀方听了马上拱拱手说："在下一定择日亲临府上拜见先生。"

过了几天，冯秀才备礼拜访管家，管家急忙将冯秀才让进客厅，并非常热情地款待他。在闲谈的时候，管家见冯秀才知书达理，谈吐不俗，不禁心中暗暗惊奇，便对他说道："先生饱读诗书，何不进京应试，以求金榜题名呢？"

秀才听了皱着眉说道："在下也有此意，无奈在下家境贫寒，每日为饱暖四处奔波，哪还敢妄想应试呢？"

管家连忙说道："你若有心应试，我愿意全力帮助你，你觉得怎么样？"

冯秀才见说，激动地抓住管家的手："先生如果真能帮助我的话，就是我的再生父母，我永远都不会忘记的。"管家听了便对冯秀才说："我有白银一百五十两，还有一些衣物，现在一起送给你，希望你可以立即起程赶考。"

于是冯秀才便拿着钱和衣服回到了家中。回家立刻对杜氏说了一遍，杜氏也很高兴。于是就给丈夫准备行装，第二天就进京应试。

结果冯秀才果然金榜题名，最后又被封为县令。

有一日在后堂，冯秀才对杜氏说："我能有今天，多亏了员外的管家。"杜氏听了只应不答，冯秀才见妻子笑得奇怪，便追问原因，杜氏便说了那只鸡的前后经过。冯秀才这时才恍然大悟。从此后对妻子更加敬重，大小事都要和妻子商量。

"家有贤妻，夫不遭横祸飞灾"，因此对于男人来说，选择另一半一定要看清她的好坏，而不能仅仅以相貌来评价一个人的好坏。对于女人来说，做一个贤内助不但可以让自己更加快乐，还可以让自己的丈夫旺起来，而做一个坏老婆只会让丈夫更加失败，最终又会影响到自己。因此，只有拥有一个贤妻，家才会更加的美好。

捆绑不成夫妻

"有缘千里来相会，无缘对面不相逢"，人与人相遇就是一种缘分，而要成为夫妻，那就是缘分中的缘分。只有彼此有缘的人，互相有心的人才会成为夫妻，夫妻是几辈子修来的福分，所以每一对夫妻都应该珍惜。然而有的夫妻并不是相亲相爱的，而是由于各种原因而不得不走到一起的，这样的夫妻往往会有一些悲剧性的结局发生。捆绑不成夫妻，想要和喜欢的人在一起还要讲求缘分，是你的就是你的，别人想抢也抢不走，而不是你的终究不是你的，你再怎么强求也不会有什么好的结果。

中国古代讲究父母之命，媒妁之言。父母几乎包办了儿女的婚姻，这也使得古代出现凄惨爱情故事的几率非常大。现在虽然讲究自由恋爱，不干涉婚姻，但是儿女的婚姻大事总是会征求父母的意见的，而当父母不同意的时候，一桩婚事总会是难以达成。这种情况随着社会的进步在一点点地减少，但是各种因素的影响，总会出现那种没有感情的婚姻，或者婚后没有了感觉丧失了爱。这使得现在的离婚率高居不下。

捆绑不成夫妻，两个人如果在一起，就一定要互相存有感情。没有爱情的婚姻只能算是交情。强扭的瓜不甜，霸王硬上弓的做法是不明智的。

传说西晋时，汝南郡南三十里梁庄有一青年叫梁山伯，他遵从父母之命到红罗山书院求学，当他路过一个叫曹桥的地方的时候，就在路边的亭子里休息。离梁庄东十八里有个祝庄，庄上祝员外家有一女儿叫祝英台。祝英台十分聪明，一心求学，但是学堂不招女孩，情急之下，祝英台说服了父母，然后女扮男装，化名九弟，也前往红罗山书院求学。

梁山伯与祝英台恰巧相遇在曹桥亭，两人互问了家乡、年庚后，就结拜为弟兄，然后一同赴红罗山书院求学。

两人在书院非常亲密，形影不离，总会在一起玩耍、嬉戏。红罗山书院四面环水，景色十分宜人。有一次，梁山伯、祝英台和同学们一块玩耍，用石头砸水中嬉戏的鸳鸯。祝英台在扔石头的时候腰闪了一下，同学都大叫道："九弟像女人一样。"听了这话祝英台顿时满脸绯红。

后来师娘发现了祝英台的女儿身，于是就在梁山伯与祝英台的床中间立了块界牌。梁山伯生性憨厚，不懂这其中的意思，总是觉得很别扭。

当祝英台回家看望母亲时，梁山伯竟然恋恋不舍地送了十八里。一路上祝英台作了许多暗示，但是梁山伯仍不解其意。最后，祝英台说家中九妹尚未婚嫁，想说与山伯，山伯想了想就答应了。

后来，梁山伯来到了祝家，祝英台让梁山伯在客厅等候，说让九妹出来献茶。接着祝英台就换上了女人的服装并端着茶走了出来。梁山伯非常诧异地说：“你不就是九弟吗？”祝英台说：“九弟即九妹，九妹即九弟”，梁山伯听罢，立刻对祝英台心生爱慕，于是二人私订了终身。

北马庄有一秀才叫马文才，他的姥娘家就是祝庄的，祝员外有心为女儿找一个门当户对的人家成亲，就托马文才的姥娘说媒，于是马文才的姥娘就把马文才说与了祝员外，祝员外对马文才非常赞赏，于是决定把女儿许给了马家，祝英台非常无奈，但是这是父亲的决定，也只得同意了。

然而，梁山伯如约前来商议婚事，却听到了祝英台已许配给马文才的消息，梁山伯立刻气得当场吐血，回到家后一病身亡。家人遵照梁山伯生前的意愿，将其埋在了马乡官路的西沿，然后刻上了梁山伯与祝英台的名字。

马文才翌日迎娶祝英台，花轿至马乡村后，突起旋风挡路，祝英台看到了路旁的墓碑，立刻下轿哭祭梁山伯，这时候墓碑忽然裂开，祝英台看到这种情况立刻扑入了墓中，墓随即合上。接着从墓中飞出了一只金黄、一只雪白的蝴蝶，在天空中翩翩起舞。

梁山伯与祝英台的故事深刻的说明了捆绑不成夫妻的道理，两个人的相爱是不能够被别人左右的，而别人的思想往往动摇不了两个坠入爱河的人，如果其他人不顾对方的感受而采取用强的办法去逼迫别人，这段姻缘即使成功，也不会是好的。

张爱玲曾说：“于千万人中遇见你所要遇见的人，于千万年之中，时间的无涯的荒野里，没有早一步，也没有晚一步，刚巧赶上了，那时也没有别的话，唯有轻轻地问一声：‘喂你也在这里吗？’”缘分似乎早已注定，红线被月老牵过，两个人会在不经意间相遇和碰撞，而故事才就此开始演绎。因此说缘分是不能勉强的。

宁拆三座庙，不破一家婚

俗话说：“宁拆三座庙，不破一家婚。”意思是说宁肯拆除三座寺庙，也不可以去拆散一桩婚事，可见拆散一桩婚事是多么大的过错啊。

两个人相遇就是非常大的缘分，而只有经过了无数的困难和磨炼两个人才会走到一起。既然相爱这么不容易，还怎么狠心去破坏一桩婚事呢？

许仙和白素贞唯美的爱情故事家喻户晓。许仙是一个普普通通的人，有一次他上山采药，途中看见一人在打一条白蛇，许仙心地善良，看了非常不忍心于是立刻制止了那人，然后把这条小白蛇给放了。

后来这条白蛇修炼成人形，她依然记得救自己的许仙恩人，她一心想要报答许仙的救命之恩，终于在观音菩萨的指引下，找到了自己的恩人。

二人在西湖边相见，互生情愫，最终一把纸伞定终生。二人成亲之后，恩恩爱爱，如胶似漆，一刻也不能离开彼此，每天都过得又幸福又自在，许仙在娘子白素贞的帮助下行医救人，过得有滋有味。

然而金山寺的法海禅师，向来降妖除魔，对妖怪绝不姑息。有一天，他来到镇上化缘，恰巧碰到许仙，他发现许仙眉宇间藏有妖气，立刻心下生疑，为了保险起见他给了许仙一个可以辟邪的法器。

许仙回家后，白素贞看到许仙身上带的东西，立刻害怕之极。许仙看到娘子如此害怕，不但没有起疑心，反而责怪法海骗自己。

后来法海弄清了事情的眉目，他知道了白素贞是一条千年蛇妖，连同白素贞身边的丫鬟也是一条青蛇精。为了除掉妖怪，法海开始不断地找白素贞的麻烦，但是白素贞法力非常高，并且许仙也常常在身旁，使得法海始终无法得手。

终于有一天，法海无计可施只得把许仙藏在了金山寺，不让他见自己的娘子。白素贞寻夫不着，只得来到金山寺要人，法海不依，白素贞最终忍无可忍，水漫金山寺，大水淹没了金山寺，淹没了城镇，淹死了无数的人。

后来，许仙终于知道了自己的娘子是一条千年蛇精，但是他感念娘子的心地善良并没有因为她是妖怪而放弃她。可是，白素贞最终被法海关在了雷峰塔下。

几乎所有人都在抱怨法海的多管闲事，而没有人反对许仙和白蛇的爱情。可是，法海是出家人，他不懂尘缘的爱恨离别，因此无情地拆散了一对恩爱的夫妻，使得一个美好的家庭支离破碎，一段美好的姻缘就这样被无情地破坏了。虽然法海尽职尽责，却被世人所骂。

一段姻缘真的是来之不易，如果想要拆除它，就真的是太过无情了，并且这种无情的举动往往会带来一个非常不好的结果。

在古代，有个女孩叫刘兰芝，她性格贞烈，重情重义，并且非常懂事理。十七岁的那年，刘兰芝嫁给了庐江郡的一个小吏焦仲卿为妻。焦家人口简单，丈夫之外只有守寡多年的老母和一位小姑子，丈夫对兰芝可以说是疼爱有加，然而她的婆婆却不喜欢她，总是挑她的理，认为媳妇没有礼节，凡事爱自作主张，总会让人心里不快活，最终把刘兰芝赶出了家门。

当天夜里，夫妻两人相拥而泣到了天明，焦仲卿一再解释他的尴尬处境，并保证假以时日，情况必然会获得改善，并劝慰刘兰芝务必要暂时忍耐，过些日子定来相迎。

刘兰芝回家后，县令立即遣媒为他刚满十八岁的小儿子求亲，刘兰芝的母亲非常理解女儿的心情，于是就在女儿的恳求下代为谢绝了。

不久，太守造县丞为他的五少爷求婚。当母亲再次准备为女儿谢绝时，她的兄长出面干涉，无奈之下，刘兰芝只得违心答应了这门婚事，并纳采行聘，选定了良辰吉日，准备迎亲过门。

焦仲卿听到刘兰芝再嫁的消息，快马加鞭赶到了刘家，见到刘兰芝，焦仲卿便气急败坏地说："我如磐石，千年不转移，而你蒲苇的韧性呢？何以在一天一夜之间一切就变了样子呢？我们的海誓山盟呢！我只有祝贺你攀上高枝，一天比一天过得好。"说完转身就走了。

刘兰芝知道自己对不起丈夫，心里非常的难过，于是深夜里趁人不备，跃身投入村外的池塘之中，用她的生命来诠释情爱的坚贞。

回到家焦仲卿生不如死，悲痛万分，终于不顾母亲的劝解，一心向死，于是解下腰带，绑在树上自缢而死。

天亮以后，焦仲卿与刘兰芝双双殉情的消息，轰动了附近村里，焦母呼天抢地，为独子的死悲恸不已，而刘家兄长更是愧悔交加，因为自己的贪利趋势，而害得妹妹走投无路最终投水保贞，村民更是由同情转而愤慨，聚集在两家门前，大骂两家人，并要求将两人合葬在华盖山麓。从此两人长久的在一起。

刘兰芝和焦仲卿本来是一对互相恩爱的伴侣却最终落了如此的下场，真的是让人感叹啊。

面对一段爱情，我们一定要尊重，而不要去破坏，因为两个人从相遇到相知再到相爱真的是非常不容易。既然两个人你有情我有意，我们为什么不能祝福和赞许这段缘分呢？相信每一个相爱的人都不愿意有人去拆散他们的美好爱情，既然连自己都不愿意的事情，那么我们又怎么能在别人身上去做呢？己所不欲，勿施于人。所以一定要记住这句话："宁拆三座庙，不破一家婚。"因为只有你尊重别人的爱情，别人才会反过来尊重你的爱情。

妻是枕边人，十事商量

妻子是男人最亲密的人，因此男人的优缺点，妻子是最了解不过的了。男人在做事情的时候，或是遇到问题的时候，不妨问一下妻子，与她商量一番，或许会得到意想不到的办法，从而顺利完成手上的事情、解决面对的问题。

不要总是想妻子是一个女流之辈不能想出好办法的，其实不然，每个人看问题的思路和方式是不同的，况且女人本就比男人心思细密，她们的建议往往是经过深思熟虑后才说出来的，因此，常与妻子商量一下，只会有好处，不会有坏处的。

晏婴是战国时齐景公的宰相，他身材虽然非常矮小，其貌不扬，但他却很有才干，名闻诸侯。有一天晏婴出门，坐着马车，他的马车夫娴熟地驾着车。那位马车夫的妻子很贤淑，当马车夫驾着车子经过自己家的门口时，他的妻子在门缝里偷看，看见她丈夫挥着马鞭，表现出扬扬得意的样子。

当天晚上她丈夫回家时，她就责备丈夫道："晏婴身长不满六尺，却当了齐国的宰相，而且名闻天下，各国诸侯都知道他，敬仰他。但是我看他的态度，还是很谦虚，一点也没有自满的意思。而你身长八尺，外表比他雄伟得多，却只做了他的驾车人，还洋洋得意，显得非常骄傲的样子，所以你不会发达，只能做这些低贱的职务，我实在替你觉得难为情啊！"

马车夫听了妻子的话顿时羞愧难当。从此他听从了妻子的话，态度逐渐转变了，处处显得谦虚和蔼。晏婴看见马车夫突然谦和起来，觉得很奇怪，于是问他原因。马车夫就把妻子所说的一番话老老实实地告诉晏婴。晏婴看他听到谏劝，就能够马上改过，是一个值得提拔的人，于是推荐他当了官。

马车夫的妻子看到自己的丈夫做着低贱的工作还扬扬得意，最终把他骂醒，使得他当了大官。可见一个好的明事理的妻子对男人来说是多么的重要啊，而如果马车夫平时跟妻子多商议一下工作的情况，得到妻子的建议，那么想必他飞黄腾达的时间会更早吧。

妻子的建议不妨多听一听。俗话说，“三人行必有我师”，妻子是最了解你的人，那么她的建议往往是最切中要害的，多听一听不但可以了解自己的优缺点，还可以解决相关的问题，何乐而不为呢？

唐太宗李世民是中国古代的明君，在他的治理下，唐朝出现了盛世的局面，使得中国成为了当时世界上最强大的国家。但是李世民的伟大功绩却需要记一笔功劳在她的贤内助长孙皇后身上。正是因为长孙皇后的陪伴，不停地鞭策着唐太宗，在他遇到问题时为他出谋划策，才使得唐太宗一生爱民如子，治国有方。

李世民征战南北期间，是长孙王妃紧紧追随着自己的丈夫四处奔波，任劳任怨，为照料他的生活起居，使李世民在繁忙的战事之余能得到来自她的温柔的抚慰，从而使他在作战中更加精神抖擞，所向无敌。

唐太宗即位后，长孙皇后一如既往地保持着贤良恭俭的美德。对于年老赋闲的太上皇李渊，她十分恭敬而细致地侍奉；而对后宫的妃嫔，她也是非常宽容和顺，并且常规劝李世民要公平地对待每一位妃嫔。

长孙皇后非常明事理，她不愿以自己特殊的身份干预国家大事。有时唐太宗坚持要听她的看法，她就只是提出一些实用的原则，而不愿用细枝末节的建议来束缚自己的丈夫。唐太宗的手下有一个大臣魏征，他总是上书纳谏，甚至为唐太宗挑毛病，为此太宗有时在气头上就听不进魏征的建议，这时候就是长孙皇后给太宗做思想工作，使他改变主意接受魏征的进谏，从而使得唐太宗一直保持着关心国家大事、积极听取劝告的好秉性。

长孙皇后在弥留之际还嘱咐唐太宗一定要善待贤臣，不要让外戚位居显要；并请求死后薄葬，一切从简。就是这样一个伟大中透着平凡的女人，一直支撑着唐太宗，使得唐太宗励精图治、爱惜百姓，终成一代明君。

一个好妻子的作用不言而喻，好妻子的意见就像一盏明灯一样指引着自己的丈夫找到归家的方向，好妻子的意见也像迷雾中的强光，让自己的丈夫走上正确的道路。所以多听一听妻子的心中所想，遇到事情多与妻子商议一下，会让你得到更好的方法，进而更快地奔向成功的大道。

孙中山和宋庆龄是一对革命夫妻，在他俩的努力下，中国的革命事业才得以不断地进步。

1913年孙中山发动讨袁二次革命失败后，不得不逃亡到了日本。他的英文秘书宋霭龄由于要回国结婚，因此宋嘉树提出由宋庆龄把这个工作接过来。而宋庆龄在与孙中山接触中，进一步了解了孙中山的高尚品德和革命精神，因此对他十分敬仰和爱戴。同时孙中山也从宋庆龄的身上感受到了振作和鼓舞，于是两人在配合默契的革命斗争中开始相爱了，1915年孙中山与分居多年的妻子卢慕贞正式办理了离婚手续，准备和宋庆龄结为夫妻。

由于二人年龄相差27岁，宋庆龄的父亲又是孙中山的好友，于是孙中山便让宋庆龄回国先征求父母的意见。宋庆龄回到上海向父母亲一说，便遭到了全家人强烈的反对。宋庆龄在这种情况下毅然离家出走，果断地乘船到达日本东京，回到了孙中山的身边。

1915年10月25日，孙中山与宋庆龄正式办理了结婚手续，并举行了简朴的茶点宴会，当时孙中山49岁，宋庆龄22岁。

宋庆龄和孙中山结为夫妇后，宋庆龄开始全力支持孙中山，不但照料孙中山的生活起居，自己也正式投身于革命事业，不断为孙中山出谋划策，成为了孙中山最亲密的战友、助手和伴侣。他们夫妻二人风雨同舟，为中国革命作出巨大贡献。

总而言之，妻子是你身边最重要的人，也是最了解你的人，她的话语对你是非常有用的，因此遇到问题时，不妨与她多商量商量，这样你就会更好地去做事情了。

情人眼里出西施

俗话说："萝卜白菜，各有所爱。"这句话一点都不假，在日常生活中，有的人就喜欢吃白菜，而有的人就喜欢吃萝卜。这没有什么道理可言，仅仅是单纯的喜欢。对于人们来说，找寻自己另一半的时候，往往会根据自己的看法来打量对方。也许对方是一个美女，可有的人会觉得一点都不漂亮。同样的长得不漂亮的人往往在有的人眼里好似天仙一般婀娜多姿。

因为受到不同的时代、不同的文化背景以及不同的价值观的影响，人们的审美观会表现得非常不同。同样一个人，在有的人看来，几乎是完美无缺，而在另外一些人眼里，则就可能只是个普普通通的人而已。情人眼里出西施，人们观察事物的时候往往会出现偏差，就像诗里说的那样"横看成岭侧成峰，远近高低各不同"，人们在观察别人的方法，角度都是不一样的，这就决定了不同人对不同的人和事会出现不一致的看法。

有个成语叫作"爱屋及乌"，意思是说如果我们喜欢某个人，就会连同栖息在他屋上的乌鸦一同喜欢。这是因为我们对房子的主人非常喜欢了，就连屋顶的乌鸦也喜欢了。这其实是一种认识的偏差，这种偏差在心理学上叫"晕轮定律"。所谓晕轮，是指太阳周围的一圈光晕，有扩大化的意思。晕轮定律就是说，人们在判断其他事物时，容易犯以点代面、以偏概全的错误，即由一个优点推及得出所有优点，由一个缺点推及到所有缺点。也正因为此，才有了情人眼里出西施的情况。

小王去参加同学聚会，同学见面席间推杯把盏，有说有笑。期间小王和同学们谈起了"班花"的近况，班长很兴奋地说，"班花"最近走了桃花运，她的心情非常的好，因为她说她找到了比电影明星还要帅上好几倍的男朋友，而且还是个才貌双全的钻石王老五。小王一听，立刻来了兴趣，于是兴致勃勃地拨通了"班花"的电话。

电话打通后，小王开门见山地对"班花"说："班花，听说你搞定了一个又有钱又非常帅的王老五啊，恭喜你呀，你可是真让我们羡慕啊。我们可都期待着一睹他的风采呢，你什么时候带他过来让我们见上一面呀？"

手机里顿时传来了"班花"得意的声音："嘻嘻，很快你们就能见到他了。前几天他向我求婚了，到时候你们来参加我的婚礼就能看到他了。"众人立即高兴地恭喜了她一番。

这时候，有人问道："听说你的男朋友比电影明星还要帅几倍，是真的吗？"

"班花"抑制不住内心的喜悦，非常不客气地说："当然啦，怎么可能骗你们呢？他真的很帅的，假不了的。你们不知道他可比电影明星更要有成熟的魅力呢，更重要的是他非常温柔体贴。"

"班花"毫不掩饰地夸赞了她的男朋友一番，使得所有人都想立刻见到这位高大帅气又善解人意的人物。一转眼就到了"班花"大婚的喜庆日子。在温馨的乐曲声中，"班花"挽着新郎的手臂款款步入了酒店大厅。大家怀着万分期待的心情，等待着"班花"嘴里的大帅哥出现，脑海里闪过的是刘德华，周润发的样子。可是当新郎走出来时，出乎所有人意料的是，新郎竟然是个挺着啤酒肚的中年男人。

小王非常失望地对大伙说："似乎新郎官没有我想象中那么好。"

还有人不以为然地说："还没有我长得帅呢，他走起路来像只鸭子，和电影明星有得比吗？真不知道'班花'怎么想的。"

然而新郎全然不知道他们的议论，走过来笑眯眯地招呼大家喝酒，露出了两排参差不齐的牙齿。

大家相视一笑，异口同声地说："真是情人眼里出西施啊。"

在"班花"眼中，她的丈夫是个又高又帅的男人，有钱还不霸道，还很温柔体贴，可以说这个男人在"班花"眼中是个完美的男人。可是对小王和他的同学们来说，这个男人不过是一个普普通通的中年人，有着啤酒肚，大腹便便，个子不是那么高，甚至还有一嘴难看之极的牙齿，总之是与"班花"所形容的相差甚远，最终不得不发出"情人眼里出西施"的感慨。

不是"班花"在说谎话，也不是"班花"在故意炫耀，而是她真真切切地觉得自己的丈夫是一个又高又帅、温柔体贴的完美男人。或许是她的审美观点与别人的不同，或许是她看到了别人不曾看到的一面，又或许是她就喜欢这一类的男人，总之，她觉得这个男人是非常好的。这就是情人眼里出西施的结果。

情人眼里出西施并不是什么不好的事，感情是需要看缘分的，一个人看中了对方，就说明他们之间是有缘分的，而相貌的好坏并不会影响他们的缘分的，因此，我们还是要相信缘分，相信情人眼里出西施吧！

少年夫妻老来伴，一天不见问三遍

少年夫妻老来伴，从年轻的时候一直到老，总有一个人在你身边陪伴你，那就是你的另一半，你可能给不了他荣华富贵，可能不能带他去游遍世界，但是他不会为此而抛弃你，他只会默默地陪伴着你，关心着你，体贴着你，从开始到最后，不离不弃。也许你们会因为某件小事而吵吵闹闹，但最终彼此都会原谅彼此，并且彼此的感情会更加地浓。珍惜身边的他吧，因为只有他会陪你一直走下去。

少年夫妻老来伴。其实很多人的婚姻生活都是这样的，也许当初的浪漫和激情早就归于平淡，而女人一旦有了孩子，更是转移了更多的爱，使她们往往忽略了身边的男人，男人在家里越来越找不到当初的感觉。温柔少了很多，过去的嘘寒问暖已成奢望，更谈不上给男人赏心悦目的吸引了，于是激情少了，争吵多了，但是吵来吵去，最终还会重归于好。

少年夫妻老来伴，就是老了彼此为伴儿，年少时曾有过卿卿我我，更有过磕磕碰碰，有过坎坎坷坷，也有过吵吵闹闹，有过曲曲折折，这一切的经历使得夫妻到老才明白原来夫妻的最终意义就是彼此相伴，然后会想到年轻时候何苦要彼此苛求、彼此折磨、彼此较量。

少年夫妻老来伴，说的是年少的时候是夫妻，等到了老年才是人生真正的伴侣，年少的夫妻有可能因为某种原因离异，可是真正到了老年，才是人生相互支撑的开始，那种是几十年如一日地磨合，是一种习惯，是一种浓浓的亲情，是一种融入生命的东西。

百年修得同船渡，千年修得共枕眠。婚姻就好像开车一样，只有经历了磨合期，才能慢慢地顺畅，进而渐入佳境。少年时的夫妻也许个性太强，也许会因为生活琐事，工作压力出现矛盾和摩擦。有时，因为年轻、因为独立，彼此之间会认为这个世界少了谁都不怕，哪怕对方是自己的配偶，也不肯退让半步。出现矛盾时，为了面子或强调自我，彼此多了坚持少了妥协，这往往也是婚姻生活过得磕磕撞撞的原因。而到了老年，彼此争斗的心渐渐平和了，也看淡了世间的一切，回头发现，以前的磕磕碰碰换来了今天的风雨相伴。身边的那个人一直陪着自己，并会一直陪着自己走完人生。

珍惜彼此吧，因为经历了大风大浪、鸡毛蒜皮后你会发现，身旁坚定站着的依然是你的另一半。

易求无价宝，难得有心郎

男怕入错行，女怕嫁错郎，对于女人来说，找到一个称心如意的丈夫是非常重要的，因为这个男人将要成为自己的依赖，今后的路将要和其一起走下去。选择一个如意郎君可以让自己以后更幸福更开心，而选择一个不如意的丈夫就会使自己以后的路更加的坎坷。

女人相对男人来说比较脆弱，无论是身体还是心理上，女性总是表现出脆弱的一面，同时中国古代讲究三纲五常，使得中国是一个父系社会，男人是社会最活跃的因子，女子通常是在家相夫教子，不轻易出门。而一旦自己的丈夫死去或者离开了自己，那么这个女人就会孤独无依，非常可怜。现代社会遵循男女平等的原则，女性的社会地位得到显著提高，但是这并不能改变男人仍然是处于社会核心的这一现状，这就决定了女性还是对男性有一定的依赖性，选择一个好的丈夫，就显得十分重要了。

王学勤是一个45岁的中年人，他是芜湖县陶辛镇南埂村村民。多年来他用自己的实际行动向大家展示了当代新好男人的形象。

王学勤是一个非常勤快的人，他手勤、腿勤、口勤、脑勤，几乎是整天都闲不住，他诚诚恳恳做事，实实在在做人，从不计较个人得失。尤其是对他的妻子更是好得不得了。他对妻子非常爱护、理解和包容，妻子在一家工厂里上班，每当看到妻子每天拖着疲惫的身体回家的时候，他总是感到不忍心，于是他就每天接送孩子并做好饭等着妻子，尽量不让妻子再回家做家务，好让妻子每天回到家可以好好地休息。

夫妻生活这么久，难免会有磕磕碰碰。但是王学勤总是会包容自己的妻子，与妻子发生争执时，他既不会大吼大叫，更不会拔拳相向，而只会缄口无语，退避三舍，在忍让中化解矛盾，在宽容中再造和谐。家庭以和为贵，王学勤就是把这句话放在心上，对妻子宽容之至，使得他的家里从来没有出现过大吵大闹的时候，即使是小打小闹，也会很快地恢复如初。

他的妻子经常对别人说："遇到我工作生活有不顺心，他总能化解我的困惑，让我知足常乐。尽管他没当过老师，但我却感到他博学多才，幽默睿智，精明能干，他说话非常富有哲理，给人以启迪，是我的良师益友。他一心念家，真心对老婆和儿子，有什么好吃的东西先让我和儿子吃，穿戴也先顾着我们，只要看到我们高兴，他脸上便会满足地浮起一家之主的笑容。"

对于王学勤的妻子来说，她无疑是幸福的，是幸运的。她有一个好丈夫，有一个好家庭，这让她觉得即使再苦、再累，也是快乐的。她不会为了生活而发愁，因为她的丈夫是她的最信赖的靠山，有了这个靠山，她会觉得心安。

好丈夫会成为一座大山，让女人感到踏实；好丈夫会成为浩瀚的大海，让女人体会到爱的宽广；好丈夫拥有一双温暖的大手，在女人最需要关怀的时候，紧紧握住她脆弱的心；好丈夫拥有一副宽广的臂膀，在女人最需要安慰的时候，让她有一个信赖的地方哭泣。好丈夫是女人的天，只有在这片天空下，才可以无忧无虑，肆无忌惮的飞翔。所以女人一定要选择一个好男人做自己的丈夫，做自己的守护神。而男人一定要努力做到最好，让自己成为妻子的保护伞，不但为她遮阳避雨，更可以让她安心。

女人在选择自己的终身伴侣的时候一定要慎重，因为这是一辈子的事情，一步错，就步步错。选择丈夫时千万不能只看外表，因为外表不是一个人的全部。更不能贪恋权贵，迷恋钱财，古今中外多少富豪高官过着骄奢淫逸的生活，选择这样一个丈夫只会让你感到更加地无助，而不会有幸福感。同样的，男人一定要努力把自己变成一个好丈夫，这样你才会让妻子感到幸福、放心。

愿做鸳鸯不羡仙

爱情是个永恒的话题，每个人都希望自己能够拥有一份纯真又美好的爱情，并期待着美好一直延续下去。爱情的魔力非常的大，它可以让陷入情爱的男男女女们不顾一切阻力，它可以让人狂热、盲目，甚至让人失去理智。

每个人都渴望爱情，都渴望那种愿做鸳鸯不羡仙的美好生活。为了爱情，许许多多的人付出了代价，刘兰芝和焦仲卿为了捍卫自己的爱情，不惜双双了结自己的性命；孟姜女为了寻夫哭倒了长城；王宝钏为了等待丈夫回家，在寒窑里苦盼了十八年；许仙和白素贞为了爱情，与法海锲而不舍地作斗争。许许多多的凄美爱情在我们的脑海里闪烁着，正如诗里说的那样："生命诚可贵，爱情价更高，若为自由故，两者皆可抛。"

古时候有个青年叫牛郎，他爹娘很早就去世了，他跟着哥哥嫂嫂过日子。哥哥嫂嫂都对他非常不好。于是他经常出去放牛，牛郎最亲密的伙伴就是那头牛了。

牛郎的哥哥嫂嫂把家里的财产占为己有，只把牛和破车给了牛郎，牛郎只好牵着牛拉着破车离开了家。

后来，牛郎自己砍柴搭成一个茅草屋，每天倒也过得自在。有一天晚上，牛郎走进屋子，听到有人说话，他循声望去，却发现是他的老牛在说话。他非常吃惊。由于老牛是他最好的伙伴，牛郎也没有害怕，反而凑过去问话。

老牛说道："主人现在依然单身，我想撮合你一段美事，翻过山有一座森林，森林前有一个湖，明天黄昏会有些仙女会在湖里洗澡，你要捡起那件粉红色的纱衣，跑到树林里等着，那位和你要衣裳的仙女就是你的妻子了。"牛郎听了非常高兴，于是准备妥当，期盼着明天到来。

第二天黄昏，牛郎来到了湖边。果然看到有许多仙女在洗澡，于是就按照老牛说的做法把一件粉红色的衣服拿走了，过了一会，果然有一个仙女来找牛郎要衣裳。

这个仙女原来叫织女，因为王母娘娘每天都让织女织许多的布，并不让她出去玩。所以织女一直都很想去人间玩耍。终于有一天，王母娘娘由于喝多了酒睡着了，织女和几个仙女才一起来到了人间。牛郎和仙女情投意合，在人间结为夫妻，不久有了两个孩子，他们一家过着幸福的生活。

仙女下凡的事情终究被王母娘娘知道了，王母娘娘非常生气，决定亲自下凡去找织女。于是织女被王母娘娘抓走了。

牛郎不会飞只好干瞪眼，这时老牛又开口说话了："主人，我即将死去，你可以披上我的牛皮，然后挑着担子，让你的儿子分坐在两边，这样你就可以追上他们了。"于是牛郎披上了牛皮，刚走出了门就飞起来了。

牛郎的速度很快，马上就追上了王母娘娘，眼看就要追上了，可王母娘娘把玉簪在牛郎前面轻轻划了一道，成了一条银河，牛郎再也不能飞过去了。

可是，织女不死心，硬是要和牛郎在一起，每天以泪洗面。最后，王母娘娘也被她感动，破例允许她每年七月七日跟牛郎会面，到时候会有喜鹊搭桥让他们夫妻二人重逢。

每当七夕的时候，我们都仿佛看到牛郎织女鹊桥相会的场面。再想到他们的凄美爱情，不觉黯然心伤。

爱情让人沉醉，让人改变，有的人因为爱情的滋润重拾了信心，有的人却因为爱情，颓废了一生。总之爱情美好得让人害怕，痛苦得让人肝肠寸断。

爱情是美好的，更是来之不易的，没有爱情的人生是不完整的，因为有了爱情，灰色的天空才现出色彩。因此，珍惜你的爱情吧，千万不要随随便便地就放弃一段感情，因为爱情对你来说会非常的重要，抛弃了你就再也找不回来了。

嫌人易丑，等人易久

俗话说："嫌人易丑，等人易久。"就是说，如果你嫌弃一个人，你就会越看那人越觉得丑，如果你是等一个人，就会越等越难挨。在爱情的世界里，这条法则同样适用，一个人在恋爱过程中，要是根本就没看上对方，就会怎么看都不顺眼，越不顺眼，越觉得对方丑。这就好比等人一样，容易心烦，等的时间本来并不是很长，但感觉起来就好像是很长。而有的人总是觉得自己的另一半这也不好那也不好，从嫌弃一点到嫌弃整个人，直到最终厌弃。

其实爱情中难免会有磕磕绊绊，两口子过日子应该以和为贵，互相包容彼此，出现问题时，不要立刻付诸吵闹，而是应该平心静气地坐下来，共同想一想分歧所在，然后找到行之有效的解决办法，这样就不会大吵大闹了。

两个人能够走到一起是非常不容易的，缘分不是和什么人都有的。茫茫人海中，你遇见了我，我看到了你，这个概率是如此的低。所以我们应该珍惜这得来不易的感情，不要因为一些小事情就心生厌恶，不断积累就会形成大偏见。每个人都应该学会宽容，去包容彼此的小毛病，去包容彼此的小错误。人非圣贤，孰能无过。每个人都会有这样或者那样的问题，每个人都会犯错误，学会宽容一些，爱情才会更长久，心才会更满意。

东汉初年，有一位隐士叫梁鸿，字伯鸾，扶风平陵人（今陕西咸阳西北）。他博学多才，虽然家里贫穷，可是他崇尚气节。东汉初，他曾进太学学习。他结束学业后，就在皇家林苑上林苑放猪。有一次，梁鸿因为不小心，点燃了房屋，火势很猛，立刻延及到了周围的人家。大火扑灭之后，梁鸿就去查问每家所遭受的损失，并以猪来作为赔偿。

有一家人嫌梁鸿赔得太少，梁鸿就对他说："我没有别的财物，但是我愿意为你做一段时间的工来补偿。"那家主人想想也没办法于是就答应了梁鸿的要求。

第二天，梁鸿就来这家干活。他在这家干活时不怕苦不怕累，勤勤恳恳，毫无怨言。邻家的一些老人见梁鸿的行为非同一般，就联合起来责怪那家主人，责怪其不该如此对待梁鸿。那家主人也觉得自己做得有些过分，于是就开始尊敬他，并将猪悉数还给了梁鸿，但是梁鸿坚辞不受，后来就回乡去了。从此，梁鸿的仁义品德在四邻八乡传开了。由于梁鸿的高尚品德，许多人想把女儿嫁给他，梁鸿都一一谢绝了，就是不娶，人们都很诧异，不解其中的道理。

同县的一位孟氏，他家有一个女儿，长得又黑又肥又丑，而且力气极大，能把石臼轻易举起来。每次家人为她找婆家时，她都立刻拒绝就是不嫁，转眼间她已三十岁了，父母非常着急她的婚姻大事，于是就问她为何不嫁。她说："我要嫁像梁伯鸾一样贤德的人。"梁鸿听说后，立刻就下了聘礼，准备娶她。孟女高高兴兴地准备嫁妆。等到过门那天，她打扮得漂漂亮亮的。两人就结为了夫妻。可是让孟女没想到的是，婚后一连七日，梁鸿一言不发，夫妻间根本没有恩爱的表现。孟家女就来到梁鸿面前跪下，对他说："妾早闻夫君贤名，立誓非您莫嫁，而夫君也拒绝了许多家的提亲，最后选定了妾为妻。可不知为什么，婚后夫君默默无语，不知妾犯了什么过失？"梁鸿听了她的话才开口答道："我一直希望自己的妻子是位能穿麻葛衣，并能与我一起隐居到深山老林中的人。现在你却穿着名贵的丝织品缝制的衣服，涂脂抹粉、梳妆打扮，这哪里是我理想中的妻子啊？"孟女听了，对梁鸿说："我这些日子的穿着打扮，只是想验证一下，夫君你是否真是我理想中的贤士。妾身早就准备好了劳作的服装与用品。"说完，便将头发卷成髻，穿上粗布衣，架起织机，动手织布。

梁鸿见状大喜，高兴地走过去，对妻子说："你果真是我梁鸿的妻子啊！"接着，他为妻子取名为孟光，字德曜，意思是她的仁德如同光芒般闪耀。后来两人一道去了霸陵（今西安市东北）的山中，过起了隐居的生活。在霸陵山深处，他们以耕织为业，或咏诗书，或弹琴自娱，好不自在。不久，梁鸿为了躲避征召他入京的官吏，夫妻二人到了吴地（今江苏境内）。梁鸿一家住在大族皋伯通家宅的廊下小屋中，靠给人舂米过活，生活非常困苦，但两人很快乐，孟光也从来也没有因为梁鸿没有前途而加以责备。

每次归家时，孟光都会备好食物，然后低头不敢仰视自己的夫君，把装饭菜的托盘高高举起，请梁鸿进食。皋伯通见此情形，大吃一惊，心想：一个小小的苦力竟然能让他的妻子如此恭敬有加，那他一定不凡。于是他立即把梁鸿全家迁入他的家宅中居住，并供给他们衣食。

如果世人都像梁鸿和孟光夫妇一样，互相尊重对方，互相包容彼此，不因为一点小问题就嫌弃对方，那么，爱情的世界里就会少一些聚散分离了。

因为爱，彼此想在一起，因为爱，彼此不愿意让对方离开。如果大家互相伤害着，那么彼此都会觉得自己是最终的受害者。而不管最后做出怎样的决定，没有人会在这场战争中取胜。既然两人牵手面对世界的风风雨雨，那么彼此就应该珍惜彼此的存在，不要因为一点点小事儿抱怨不止。“嫌人易丑，等人易久”，经常的抱怨会让心中的小抱怨不断积累，久而久之，就会形成偏见，最终会影响对对方的看法，从而产生不好的结果。为了维系珍贵的夫妻关系，还是学会宽容吧。

百年随缘过，万事转头空

爱情是很美好的事情，但是两个人相爱是讲求缘分的，只有两个人互有心意，一段爱情才会是美好的，才会长久。一厢情愿的爱情往往不会有好的结局，一味地强求缘分往往最后都不能成功。缘分是可遇而不可求的，面对无心的“流水”，我们应该选择放弃，放弃不属于我们的缘分。

缘分是非常奇妙的。缘分的事，谁也说不清、道不明。每个人只知道它是可遇而不可求的。凡事都不可强求，只是顺其自然就好。每个人都渴求缘分，但是缘分不会因为你的渴望就来到你身边，冥冥之中似乎有一种无形的力量在支配着缘分，是你的，再怎么擦肩最后也会来到你身旁；不是你的，任你再怎么强求也是没有用的。

什么是缘分？没人可以说清。缘分就像风一样，它可以随时来，也可以随时散。缘分总是飘忽不定的，让人抓不住行踪，所以你越是有强烈的要求，它就会离你越远。强求只是一厢情愿的事情，到头来才知道那一切不过是和生命开了个玩笑而已。有的时候你喜欢某一个人，喜欢到每天辗转反侧，无法入眠。然而对方却一点也不喜欢你，这就是你与对方是没有缘分的，而无论你怎么喜欢，怎么死去活来的就都是没用的，正所谓：“落花有意随流水，流水无心恋落花。”

因此一切随缘，凡事都不去强求，只有这样，你才会更加的豁达，而不是活在痛苦和烦闷当中。

一座山上建有一个寺庙，庙里有一个老和尚和一个小和尚。每一天，老和尚都会给小和尚讲述经文的道理，寒来暑往，从不间断。

又到了酷热的夏天，天气非常炎热，骄阳似火，已经有好久没下雨了，天气异常干燥，就连寺院草地上的草都开始死的死，枯的枯，变成光秃秃的一片黄土。

小和尚非常焦急地对师父建议道：“师父，草都死了，院子里好难看啊！我们还是赶快撒点草种子吧！”

“现在不行，等过些日子吧，等天气凉爽了，随时我们都可以撒草种子。”师父挥挥手道。

这一等就是数十天，转眼间中秋节到了，天气也渐渐凉爽下来。这时师父买了一包草籽，并吩咐小和尚去播种。小和尚非常高兴，于是他就拿着草籽去撒在院子里，正当他在撒草籽时，一阵秋风吹过，草籽被吹得四处飘洒。

小和尚急忙惊慌地喊道："不好了！好多种子都被吹走了，多么可惜呀。"

"没关系，吹走的种子多半是空的，就是撒下去也发不了芽的。"师父安慰着弟子，接着又说道："一切随性吧。"

这时候，一些鸟儿看见了撒在地上的种子，就飞来啄食。

小和尚发现了，急得直跺脚，大声叫喊着："真要命！种子全都被鸟吃了！"

"没关系的！种子还有好多呢，吃也吃不完的。一切随遇吧。"师父不以为意地说。

到了半夜时分，天空突然下了大暴雨。一大早，小和尚就冲进禅房嚷嚷道："师父！这下真完了，好多草籽都被雨给冲走了！"

师父高高兴兴地说："太好了，雨水一到，草籽就会扎根发芽了，不要担心，一切还是随缘的好。"

一个星期过去，原本光秃秃的地面，突然之间冒出了许多青翠的草苗，更令人开心的是，一些原本没有播种的角落，墙角、门槛，现在也泛出了绿意。原本毫无生机的院落，现在变得生机勃勃。

小和尚高兴得直拍手，叫道："师父说得真对啊，现在草全都长出来了。"师父点头道："随喜！"

生活也如此，凡事要讲求缘分，而缘分是可遇不可求的，一切随缘才可享受生活的乐趣。

生活中总会有不如意的事情发生，感情方面更是如此，你爱的人他不一定会爱你，你喜欢的事物可能你永远也得不到。可能是缘分未到吧，因此不要去强求什么，看开一些，宽容一些，不去逼自己钻牛角尖，只有这样你才会真正地享受快乐和幸福。

有个书生，他和未婚妻预定好某年某月某天结婚。然而到了那一天，未婚妻却嫁给了别人，因此书生受到了很大的打击，从此一病不起。家人为了治好书生的病，用尽了各种方法却仍没有效果。

这时，一位云游四方的僧人路过书生的家门口，当他得知情况后，决定点化他。僧人来到了书生的床前，然后从怀中掏出了一面镜子让书生看，书生不知其意，于是就凑到镜子旁，这时书生看到了茫茫大海，有一个遇害的女子全身一丝不挂地躺在海滩上。许多的路人看到这个女子后，全都是摇摇头走了。这时候又过来了一个人，这个人看到了躺在海滩上的没穿衣服的女子，于是将衣服脱下盖在了女尸身上，然后就哀叹着走了。又过了一会，又有一个人路过这里，他看到了躺在海滩的女子，出于怜悯，他就挖了一个坑，然后小心翼翼地把尸体给掩埋了。

书生不解其意，正待要询问僧人，这时画面切换，书生看见了自己的未婚妻。镜子里，洞房花烛，气氛温馨，本应该是自己的未婚妻甜蜜地依偎在丈夫的怀里，脸上写满了幸福。

书生还是不明所以，不知道僧人为何给自己看这些。

见到书生的疑惑，僧人便不紧不慢地解释道："那海滩上的女尸，其实就是你未婚妻的前世，而你则是第一个路过的人，是你给过她一件衣服。她之所以今生和你相恋，只是为了还你这个人情。然而，她最终要报答一生一世的人，却是最后那个把她掩埋的人，那人就是她现在的丈夫。现在你明白了吗？"

书生恍然大悟，他立刻从床上猛地坐了起来，不久，书生的疾病也不药而愈了。

每个人都应该明白，缘分这东西是不可强求的，该你的，早晚是你的。不该是你的，怎么努力也得不到。是聚是散都要去随缘，千万不要去强求。

一切随缘吧，不要再为落花有意随流水，流水无心恋落花而烦恼了。缘分可遇不可求，如果刻意去寻找反而得不到，但如果顺其自然，反而可能会遇上。

第二章

人伦之道：知子莫若父，百善孝为先

——孝是人道第一步，敬人在心不在貌

家有一老，黄金活宝

俗话说："家有一老，黄金活宝。"随着现代社会的不断进步，人们生活节奏的加快，使得人们陪伴老人的时间越来越少。现代社会文化更新的速度越来越快，很多事物在不断地出现，这也要求人们学习的能力一定要跟得上更新的速度。很多青年人都认为老人的思想是落后于社会发展的。其实不然，老人经过了一生的风风雨雨，遇到了无数的事情，他们有着非常丰富的经验教训，或许他们的知识不能为儿女提供什么有价值的意见和建议，但是他们的经验教训是儿女们所没有的。这些宝贵的经验教训可以给我们非常大的帮助，甚至可以决定我们的一生。

家中有一老，犹如有一宝。如果说家庭是社会细胞的话，那么老人就是一个家庭的根，心理上的魂，是一个家庭诸多成员感情纽带的运转中心，是疏导家庭各种关系、使和谐产生的枢纽。老人的一生，阅历丰富，无论是处事原则还是做人方法，都可以让年轻人得到非常大的启发。

"老马识途""姜还是老的辣"，很多的成语俗语都在夸赞老人的巨大作用，家有一老，如有一宝，儿女们应该多向老人取取经，多向老人询问问题，会让你有很大的收获的。

老人经历了一辈子的事情，大风大浪有过，鸡毛蒜皮的小事也经历过，他们会对经历过的事有一个很好的分析和看法，这对儿女们来说是十分有益的。老人经历了那么多后，会心如止水，做事沉稳，看问题不偏激。而这些都是年轻人欠缺的。

所以青年人一定要多听听老人的建议和意见，家里有老人的家庭，不妨让老人做主，或者在遇到问题时与老人商量一下，征求他们的意见。这样会使问题得到更好的解决的。俗话说：不听老人言，吃亏在眼前，多听听老人的话，会让你少走很多的弯路，会让你做事情更加顺利的。"家有一老，黄金活宝"，因此重视你的家里的老人吧，因为那是你的财富。

兄弟合力山成玉，父子同心土变金

俗话说："兄弟合力山成玉，父子同心土变金。"说的是团结的力量，只有团结才

会拧成一股绳，才会有力朝一个地方使。打虎亲兄弟，上阵父子兵，只有一家人相互团结起来，才会是一个强大的家庭。

蚂蚁力量虽然小，但是它们齐心协力的为了生存而奋斗，集体齐心可以非常轻易地抬起一只大昆虫。狼无法与虎豹争抢食物，因为它们不是虎豹的对手，然而他们懂得团结的力量是强大的，于是它们集体行动，集体捕猎，使得虎豹也避而远之。大自然的动物尚且如此，何况人类呢？更别说一家人了。

爱护自己的父母吧，只有你的父母才会疼惜你、支持你。只有家庭成员之间和睦相处，这个家才是强大的。

吃尽味道盐好，走遍天下娘好

“吃尽味道盐好，走遍天下娘好”，这句话说得非常有道理，别人再怎么好也不会比自己的母亲好，别人对自己的恩德再大，也大不过母亲的恩德。

从十月怀胎到一朝分娩，母亲为了生下我们遭受了无数的折磨。当我们呱呱坠地后，母亲用甜美的乳汁哺育着我们成长，我们躺在妈妈的怀中，享受着温暖，是妈妈让我们远离了风霜雪雨，是妈妈让我们健康成长。妈妈在我们成长的道路上付出了她的青春，她的精力，付出了她的一切。

每个人都应该感谢自己的母亲，因为她从生我们到养我们付出了巨大的艰辛。每一次吃饭的时候，她总会把最好吃的菜留给我们。她总会对我们说鱼肚子间的肉比较好吃，而又会骗我们说她只爱吃鱼头和鱼尾。她的衣服总是那一件，而我们的衣服却越来越好。我们欠母亲的太多太多了，我们只有用自己的努力去换取她的不再操心，可是这似乎是不可能的，因为母亲无时无刻不在为自己的孩子祈祷、为自己的孩子操劳，因为她只想让自己的孩子好。

是母亲教育我们做人，让我们懂事，是她告诉我们跌倒了再爬起来，是她告诉我们困难不可怕，可怕的是一颗没有自信心的心。她教会了我们要勇往直前，她教会我们要勤劳善良。

一个好母亲能够让儿女们心生豪情壮志，会让误入迷途的儿女们悬崖勒马，会让儿女们懂得如何去做人、做事。

战国时期，燕国上将军乐毅曾带领着赵、楚、韩、燕、魏五诸侯国联合进攻齐国，使得齐王大败。

在战乱中，跟随齐王的大夫王孙贾，与齐王失去了联系。王孙贾的母亲就对他说：“你每天早出晚归，我总是靠在门口等候你回来；你晚出不归，我也总是靠在窗口等你回来。你现在侍奉君王，却不知君王的下落，你还怎么好意思回家来啊？”

王孙贾听了母亲的话羞愧难当，于是立即来到街市上号召人们保家卫国，他高声喊道：“愿意跟我干的人脱掉左边的衣袖！”一时有三百人响应，于是他就随同这群人一起作战。他们奋勇杀敌，最终杀死了楚国的战将淖齿，后来又找到齐王的儿子，尊奉他为王，最终恢复了齐国。

王孙贾的母亲教会了他要有担当，要尽职尽责，王孙贾在母亲的教化下十分自责，最终努力找回了齐王的儿子，恢复了齐国。

晋代大将军陶侃的母亲湛氏，是豫章新淦人。在她的谆谆教诲下，陶侃最终成才，出人头地。

开始的时候，陶侃的父亲陶丹娶她为妾，生下了陶侃。陶家十分贫穷，湛氏总是用纺麻线换来的钱资助陶侃，并让他去和有声望的人交往。

陶侃年轻时当过浔阳县吏，他在当监管捕鱼的鱼梁吏时，他给了母亲一瓦罐腌鱼。湛氏见了，就把腌鱼退还给陶侃，并写信责备他说："你身为官吏，竟然拿官家的东西送我，这不但没有好处，反而还会增加我的精神负担了。以后不要再送了。"

还有一次，范逵到陶侃家投宿。当时正是冰天雪地的冬日，天气非常严寒，然而陶侃家徒四壁，空空如也，而范逵的随从仆人和马匹却非常多。陶侃看到这种情况非常犹豫是否留范逵在家里过夜。

湛氏明白陶侃的心理，于是就对陶侃说："你只管到前面留客吧，我自有办法。"接着湛氏舍弃了自己的头发，剪下来做成假发，卖了钱后买了几斛米。然后她又把屋里的柱子劈下一半当柴烧，铡碎了睡觉用的草席给马匹当草料。

经过她的努力，终于备办出了稍微像样的酒饭待客，随从的仆人也都得到了热情的招待。后来范逵听说这件事后，感叹道："没有这样的母亲就不会有陶侃这样出色的儿子了！"范逵到了洛阳后，广泛传播了陶侃母子的声名，陶侃也因此名扬四海，最终做了大官，为后人所敬仰。

陶侃的母亲为了让自己的儿子有出息可谓是煞费苦心啊，正是因为有了这样的母亲，才使得陶侃如此宅心仁厚，可以说是湛氏造就了陶侃。

岳飞是我国历史上著名的英雄，他的一生所作所为都为后人所钦佩。他的母亲姚太夫人是一位良母，同样也被后人敬仰。

岳飞十五六岁时，北方的金人南侵，宋朝当权者腐败无能，节节败退，国家处在生死存亡的关头。为了国家岳飞毅然投军抗辽。不久，岳飞的父亲去世，于是他就退伍还乡守孝。

1126年，金兵大举入侵中原，岳飞再次投军。临行前，姚太夫人把岳飞叫到跟前，对他说："现在国难当头，你有什么打算？"

"到前线杀敌，尽忠报国！"岳飞毫不犹豫地说。

姚太夫人听了儿子的回答，非常满意，而"尽忠报国"正是母亲对儿子的希望。于是她决定把这四个字刺在儿子的背上，让他永远铭记在心。

岳飞解开上衣，露出瘦瘦的脊背，请母亲下针。

姚太夫人问："孩子，针刺是非常痛的，你害怕吗？"

岳飞说："母亲，小小钢针算不了什么，如果连针都怕，我又怎么去前线打仗呢！"

听了岳飞的话，姚太夫人就在岳飞背上写了字，然后用绣花针刺了起来。刺完之后，岳母又涂上醋墨。从此，"尽忠报国"四个字就永不褪色地留在了岳飞的后背上。

母亲的鼓舞一直激励着岳飞，岳飞投军后，很快就因作战勇敢而被升为秉义郎。这时宋都开封被金军围困，岳飞便随副元帅宗泽前去救援，在岳飞的带领下，宋军多次打败金军，因此岳飞受到了宗泽的赏识，并称赞他"智勇才艺，古良将不能过"，后来成为著名的抗金英雄，为历代人民所敬仰。

岳飞的母亲姚太夫人，教子尽忠报国。她作为母教典范和妇女楷模，在国家危亡之际，励子从戎，精忠报国，被传为佳话，世尊贤母。

可见母亲对于儿女的影响是多么的大啊，因此我们一定要对母亲心存感恩，用我们的努力换取她的笑颜。只有这样，我们才能够报答母亲的养育之恩。

儿不嫌母丑，犬不嫌主贫

俗话说："儿不嫌母丑，犬不嫌主贫。"做儿女的绝对不能嫌弃自己的父母，这是一个做人的最起码准则。父母为了儿女操尽了心，受尽了苦。为了儿女们，光滑的双手变得粗糙不堪，脸上没有了昔日的光泽，取而代之的是一道道的沧桑；为了让儿女们，父母殚精竭虑，给儿女们创造最好的环境；为了儿女们，父母舍不得吃，舍不得穿，却把最好的都留给了儿女，可以说父母为我们做了一切。

父母恩似海深，对于父母们所做的一切，我们应该去懂得感恩，我们应该去努力报答，而不应该因为相貌和地位的不好就嫌弃父母。狗从来都不嫌弃主人家贫穷，它只会忠诚的为主人看家护院。狗尚且能不嫌弃主人家的穷苦，我们人还有什么理由嫌弃我们的父母呢？

包拯是我国历史上非常有名的清官，他的一生清正廉洁，为世人所歌颂。然而，包拯不光是一个廉洁的父母官，他还是一个大孝子。

包拯，字希仁，是庐州合肥（今安徽合肥）人，包拯少年时便以孝而闻名，他性直敦厚。在宋仁宗天圣五年，包拯考中了进士，当时他28岁。他先被任命为大理寺评事，后来又出任建昌（今江西永修）知县，因为父母年老不愿随他到他乡去，包拯便马上辞去了官职，回家照顾父母。他的孝心受到了官吏们的交口称颂。

在封建社会，封建纲常非常的严格，如果父母只有一个儿子，那么这个儿子就不能扔下父母不管，这是违背封建法律规定的。一般情况下，父母为了儿子的前程，都会跟随去的。父母不愿意随儿子去做官的地方养老，这在封建时代是很少见的，因为这意味着儿子要遵守封建礼教的约束，因此包拯就毅然辞去了官职照料自己的父母。几年后，父母相继辞世，包拯这才重新踏入了仕途。

包拯为了孝敬自己的父母，不惜放弃了高官厚禄，而一心在父母身边照料着，直到父母离世，他才再一次地拾起了自己为国为民的理想，踏上了仕途。他的孝心是如此的令人称赞啊！我们应该像包拯一样，孝敬父母，对其不离不弃，只有这样我们才能够报答父母的养育之恩。

一个人降生在人间，在他的婴儿、童年、少年时代，是父母用辛勤的双手一直保护在他身边。当他进入青年、壮年时期，他开始学习、工作，仍然是父母在他的背后默默地支持着。父母付出了这么多，你怎么忍心不孝顺，怎么忍心去嫌弃呢？

建兴六年（228年）春，蜀国丞相诸葛亮第一次兵出祁山，正值天水太守马遵带领着姜维和功曹梁绪、主簿尹赏、主记梁虔等人随雍州刺史郭淮在各地视察。

马遵闻蜀军至祁山后，立刻做好了迎敌的准备，郭淮闻后，马上决定东行，回上邽进行守备。然而马遵怀疑姜维等人有异心，于是，也乘夜随郭淮至上邽。姜维发现马遵已走，但对其又无可奈何。于是姜维回到了翼县，翼县百姓见到姜维前来非常高兴，于是就推举姜维去见诸葛亮。当时马谡已经丧失了街亭，诸葛亮的整个作战计划都遭到了破坏。诸葛亮只好派兵攻克了西县，然后率领千余户和姜维等人班师。

不久，姜维接到母亲的书信，让他回家。姜维说："良田百顷，不在一亩；但有远志，不在当归。"于是就想回魏国，高官厚禄全不在乎。诸葛亮见姜维一心想要回家，但又十分不舍，于是就命令下属去把他的母亲接来了，姜维见到了自己的母亲非常的高兴，于是就一心归顺了诸葛亮。

诸葛亮非常赞赏姜维的胆智，于是命其为仓曹掾，奉义将军，封当阳亭侯。姜维当时年仅27岁。

姜维为了自己的老母亲，毅然要放弃自己的大好前程，回到家中与老母亲相聚，这份孝心是非常值得我们学习的。即使飞黄腾达了，仍要挂记着自己的父母，不忘父母的恩情，这才是一个有良知的人应该做的事情。

我们血管里流的是父母的血液，嘴里讲的是父母教会的话语，写的是父母教会的字，我们无论如何也找不到任何一个嫌弃父母的理由。所以请善待自己的父母，不要因为父母使你的面子挂不住就心生嫌弃，父母养育儿女长大是多么的不容易，一个有感恩心的人一定会在心里感激着自己的父母。我们的出生日，就是母亲的受难日，父母的受苦受难换来了我们的出生、成长，我们还怎么能去嫌弃父母呢？

儿孙自有儿孙福，莫为儿孙作牛马

父母从孩子一生下来就开始不停地为其操劳，从哺育孩子成长到教孩子说话，走路。孩子进步的每一个阶段都包含着父母辛勤的汗水。可以说父母为了孩子操劳了一生。

当孩子长大了，各种的问题也随之而来，当父母的却从没停止对孩子的操劳，上学、工作、恋爱、买房、买车、结婚……每件事都得过问，每件事都不放心。其实大可不必这样，生活在石块庇护下的小草是不会长成大树的，因为它已经习惯了石块的保护，养成了依赖。同样父母也大可不必为已经长大成人的孩子操心费力，他们有他们的思想，他们需要自己的努力去追求梦想，他们需要去磨炼，因为只有这样，他们才会更好地面对人生。

山崖边住着一只老鹰和它的刚出生没多久的两只小鹰，一只小黑鹰，一只小灰鹰，两只小鹰在鹰妈妈的精心照顾下一天天地长大了，身体也变得越来越强壮。

有一天，鹰妈妈对两只小鹰说："孩子们，现在你们已经长大了，以后妈妈也不可能会一直陪在你们身边，因此，作为我们老鹰家族的后代，你们一定要学会在高空飞翔，只有学会了飞翔，你们才能更好地独立生活。"说完，鹰妈妈带着两只小雄鹰飞到了的树枝上。

鹰妈妈一边向小鹰们讲解飞翔的要领，一边不停地比画着自己的翅膀，小鹰则在一旁看得非常仔细。"好了，现在你们看明白了吗？"鹰妈妈做完一套动作后向小鹰们问道。“嗯，看明白了。”小鹰兄弟异口同声回答道。“那好，现在我带你们去练习一下吧。”鹰妈妈带着两只小鹰来了一个的山崖边上。“你们两个谁想先来试飞一下呀？”鹰妈妈问到。两只小鹰往下望了望，看到下面如此深，心里顿时有些发慌，不自觉地就往后退了两步。“妈妈，这样子跳下去真的能飞起来吗？”这时小灰鹰似乎有点心虚了。“傻孩子，只要你们按照妈妈刚才说的去做，你们肯定可以飞起来的，记住你们是我们老鹰家族的后代，你们要相信自己一定可以飞起来的。”鹰妈妈耐心地说。这时小黑鹰勇敢地走到山崖边上，跟鹰妈妈说道：“妈妈，那让我先来吧。”“好啊！”鹰妈妈赞赏地说。

于是小黑鹰学着刚刚鹰妈妈所讲的方式，努力地拍打着翅膀，然后从山崖边跳了下去。小黑鹰越飞越低，眼看就要撞到地上，这时他想起了妈妈所讲的话，“孩子，你是老鹰家族的后代，你一定可以飞起来的”，想到这里，小黑鹰再次用力拍了拍翅膀，在离地不到一米的地方，飞了起来，并越飞越高，越飞越稳，站在山崖边上一直看着的鹰妈妈看到它学会了飞翔也很高兴。等小黑鹰飞回来后，鹰妈妈就对一旁的小灰鹰说：“小灰，你看小黑按照妈妈说的去做，就慢慢飞起来了，现在该轮到你飞了。”“好吧。”小灰鹰虽然口上答应了，可是心里还是有点怕，但看到鹰妈妈期待的眼神，还是走到山崖边上，学着妈妈的样子拍打着翅膀跳了下去。小灰鹰越飞越吃力，身体不由自主地往下掉，还好山崖并不高，摔在地上时只是擦破了一点皮。之后，鹰妈妈把两只小雄鹰带回家了，在回家的路上，小灰鹰偷偷地跟妈妈说：“妈妈，我们以后能不能不要飞得那么高了，刚刚摔得我好痛。”鹰妈妈听了它的话后语重心长地说：“孩子，有一天妈妈也要离开你们的，你们要学会独立生活，如果你不学会飞翔，以后就没有办法得到更多食物，那样你就不会生存下去。”小灰鹰听了妈妈的话后，低下了头。

小黑鹰学飞时因为比较用心，肯吃苦，学会了鹰妈妈所说的高空飞翔。后来，他每次出去捕猎总能获得很多食物。而小灰鹰在学飞时每次因为怕痛，没飞几下就不飞了，所以它很久都没能学会高空飞翔，它的信心也一点点的丧失掉了。

由于不会高空飞翔，小灰鹰很难找到食物，但是鹰妈妈每次和小黑鹰出去找食物都可以找到很多，可是它们偏偏不给小灰鹰吃，鹰妈妈严厉地对小灰鹰说：“如果你想要更多的食物，那么你就去自己捉，不要靠别人的施舍，那样会被瞧不起的。”

小灰鹰很难过，但是为了得到食物，它只得再一次来到了山崖边，因为它知道，只有学会了高空飞翔才会抓到更多的猎物。

它望着山崖，心里非常害怕，可一想到妈妈的样子就立时狠下心来飞身跳了下去，它使劲地扑打着翅膀，不停地扑打，渐渐的，它停止了坠落，开始慢慢飞起来，它非常兴奋，接着一用力，冲上了天空。

鹰妈妈非常懂得高空飞翔对于鹰来说意味着什么，因此，它不惜逼迫自己的孩子去拼死学习，因为它知道想要吃到可口的猎物，就要自己去捉，没有人会一直帮助你的，能够一直帮助你的只有你自己。因此，人间天堂，只在你的一念之间，在你自己的造化了。

虽说“可怜天下父母心”，但是父母将子女们抚养成人以后，就应该把这份“可怜心”收起来了，大可不必再为他们的一切事情操心不已了，毕竟管得了一时管不了一世。

父母应清醒地认识这一点：小鸡躲在母鸡的翅膀底下，永远也不会长大；孩子在父母的怀里，永远也不会坚强。因此父母不要害怕孩子经受任何挫折，因为每一个挫折都是对孩子承受能力的绝好锻炼，父母如果疼爱自己的孩子，就应该要让儿女们养成自立、自强的习惯，因为明天是他们自己的，他们应该有自己的生活，他们的幸福应该由他们自己来把握。

百善孝为先

中国自古以来都注重孝道，孝顺父母是一个人最起码的道德，如果一个人连孝道都不施行的话，那么这个人也就不会有道德可言，更别说他的为人了。

俗话说："养儿防老，积谷防饥。"父母为了养育孩子，付出了他们的所有。而他们却从不求回报，只求自己老时可以儿孙满堂，热热闹闹的。岁月催人老，转眼间几十年的光阴匆匆而过，岁月在父母的身上留下不可磨灭的痕迹。满头斑白的头发，一脸深深的皱纹，还有那低沉的声音，老花的眼睛。岁月这把无情刀不光在割着父母的容颜，更是在割着儿女的心。辛苦一辈子的父母为我们默默付出，而我们只是不停地索取，很少回报。父母不在乎我们是否富贵，是否荣华，他们在乎的是全家的平平安安、团团圆圆，可以说，父母给子女的是他们全部的爱。

北宋末年，梁山好汉黑旋风李逵是一个非常孝顺的人，他上了梁山，过上了好日子，但是他一刻也没有忘记自己的老娘，于是他毅然千里迢迢回到老家沂水接老娘上梁山享福。

当他们路过东镇沂山时，老娘感觉又累又渴，李逵便将母亲安置在崖顶古松下休息，自己则下崖去取水。当他用石香炉端水回来，却不见了老母，顿时大吃一惊，四处呼叫寻找，但找来找去也不见踪影，他急得捶胸顿足，这时他低头看见地上有血迹，因此她怀疑老娘被虎狼伤害，于是连忙寻着血迹直追到崖下，深入虎洞，一看果然如此，自己的老娘被几只老虎给吃了。他顿时怒气填胸，火冒千丈，不顾个人生死，上前与虎搏斗，他手起刀落，立时把所有的老虎给杀死了。

母仇虽然报了，但老娘不在了，李逵心中悲伤万分，回到崖上，抱头痛哭一场，只得怅然返回梁山。

李逵虽然没有救回自己的老娘，但是他千里迢迢接老娘享受晚年的孝心确是让人赞叹不已。

满文军的《懂你》这首歌把母爱诠释得非常到位。MV里的那个母亲，独自养育着好几个孩子，每天起早贪黑的干活，白天去砍柴，她弱小的身体被木柴拖动得摇摇晃晃，但是她仍旧努力地将其拉回家。她晚上等孩子睡着后，还依然在做着针线活。她总是把最好的饭菜留给孩子，而自己在一旁偷偷地舔着未刷的碗。看到孩子离家求学，她送到火车站望着远去的火车，带走了自己的思念，捎去了自己的不舍……看到这里，相信每个人会流下眼泪，父母给予我们的我们几辈子都还不完。

有这样一个故事：

很久很久以前，在一个偏僻的村子里有一位壮族老妈妈，她的丈夫很早就去世了，她为了抚养三个儿子而没有再嫁人，于是她就和她的三个儿子住在一间破茅草屋里。

这位老妈妈每天都在忙着织壮锦，然后拿到街上去卖一点钱以贴补家用。因为她织的壮锦非常美丽，所以许多人都喜欢买她的壮锦，这样一来日子倒也过得去。

有一次，老妈妈很用心地织了一幅壮锦，上面的图案非常美丽，高大漂亮的房子坐落在小溪边，有一个美丽的花园，花园外是金色的麦田和一个大大的池塘，成群的鸭子在池塘里游泳，羊群在绿茵茵的草地上吃草。整个壮锦的画面非常传神，令人称奇，这幅画里的景象就是老妈妈所盼望的生活。

忽然天空刮来了一阵大风，把老妈妈刚刚织好的壮锦卷上了天，原来是住在天上的仙女们看到了这幅漂亮的壮锦并爱上了它，于是便拿去做样子。

失去了壮锦，老妈妈感到十分伤心，于是便叫老大去把它找回来。老大为了让妈妈高兴起来，立刻就动身去找寻。

在半路上，老大遇到了一个白胡子老头，老头给了他一袋金子。老大就把找壮锦的事儿抛到了一边，到城市里享乐去了。老妈妈见老大很久都没回来，便又叫老二去找，老二也碰到了这位老头，老头也给了他一袋金子，老二从来没有见过这么多的金子，立刻心花怒放地跑到了城里去吃喝玩乐。

老妈妈见老大、老二都迟迟未归，顿时有些心灰意冷，就想放下找寻壮锦的事情。然而，孝顺的小儿子不愿看到自己的妈妈整日愁眉不展，于是便偷偷上路去找壮锦了。

半路上，他也遇到了这位白胡子老头，但他没有拿金子，而是继续向远方走去。

天渐渐黑下来了，老三便来到一座破庙前，他实在太累了，于是便靠在庙门前的石马上睡着了。

他做了一个梦，梦中有位穿红衣服的美丽姑娘对他说："你若想要回壮锦，必须用石头敲掉两颗门牙，然后把门牙安在石马嘴里。只有这样你才能够要回壮锦。"

后来老三醒来，当想到梦里发生的事情时，将信将疑的拾起了一块石头，敲掉了自己的两颗门牙，并安在了石马嘴里。令人惊奇的是，这只石马有了牙齿，竟然变成了真马，吃了几口草，就驮上老三向天空飞驰而去。

石马带着老三跨过了大海和高山，最后来到了仙境，他找到了仙女们。仙女们正照着老妈妈的壮锦飞针走线。当仙女们看见老三来要壮锦，便一起去给他准备饭菜。这时有个仙女走出来，悄悄对他说："她们不想让你拿走壮锦，因此她们在饭菜里放了一种能使人睡上十年的药。待会你一定不能吃下去，而是要假装吃，等我们都去睡觉时，你再带着壮锦骑上石马离开。"老三看到仙女诚心帮助自己，心里十分的感激。于是老三就按照那名仙女说的那样做了。

老三很快就回到了家，他开心地把这幅壮锦慢慢伸展开来，这时奇迹发生了，壮锦变成了一个真正的家园，并且帮助自己的仙女也从壮锦中款款地走了出来。

原来这名仙女喜欢老三的勇敢和孝顺，于是就偷偷地在上面织下了自己，因此她也被带回来了，而她则把壮锦上的画面变成了现实。

从此，老三和这位美丽的姑娘结为夫妻，同妈妈一起过着幸福美满的生活。

善待你的父母吧，只有做一个孝顺父母的人，才会是一个真正有良知的人，才会被别人欣赏，从而获得机遇。父母对儿女的要求不高，只是在他们感到孤独寂寞的时候多陪陪他们而已。乌鸦反哺，羊羔跪乳。动物尚且如此，何况我们有思想有良知的人呢？

在家敬父母，何用远烧香

孝敬父母是中华民族的传统美德，一个人是否孝顺决定了这个人的责任心的强弱，进而决定了这个人的好坏，试问一个连自己父母都不孝敬的人还会对别人尊敬吗?

有的人总是烧香拜佛以此来祈求神灵保佑自己的父母，但不去做孝敬父母的实事。父母操劳了一辈子，他们心里最大的愿望不是让儿女们照顾自己，而是希望儿女们能够活得好好地，看到儿女们过上好日子，当爹妈的心才会踏实下来。父母对儿女的要求并不高，反而非常的低，他们不求荣华富贵，他们不在乎高品质的生活，他们在乎的是儿女们抽出一点点时间来陪陪自己，哪怕是一点点时间，父母也会觉得很开心。所以既然想要孝敬自己的父母，就不必总是烧香拜佛一味地祈求神灵的保佑，要知道父母心中儿子的挂念和孝敬是比神灵的保佑还重要的，因此，多在家陪陪自己的父母才是最正确的。

杨黼是安徽省太和县人，他非常信佛，当他听说四川省高僧无际大师的道行非常高时，就辞别双亲，去四川向其求道。

他刚到四川省境内，就遇见了一位年逾古稀，面貌慈善的老和尚，老和尚见到他就问他："施主你从哪里来？到哪里去？"他连忙施礼答道："我从安徽省来，想到四川参访高僧无际大师，修学佛法的大道。"老和尚说："你要见无际大师，那还不如去见佛。"杨黼急忙问："我更想见佛，但我却不知道佛在哪里？我请求老师傅指点。"老和尚说："那好，你现在赶快回家去，看到肩上披着大被子，脚上倒穿鞋子的，那就是佛了。"

杨黼听了老和尚的话，深信不疑，于是立刻返回了家中。在路上他又跋涉了将近一个多月的时间。当他回家的时候，已经是傍晚时分了，他敲着家中的大门，呼唤妈妈开门，他妈妈听到儿子回来了，欢喜得从床上跳了起来，来不及穿好身上的衣服，只是胡乱的把棉被披在了肩上，鞋子也顾不得穿好，倒拖着就蹬在了脚上，然后匆匆忙忙的出来开门，急地想要见到自己的儿子。

杨黼看到披衾倒屐的妈妈，这才恍然大悟，原来老和尚说的父母才是佛。老和尚是让我孝敬我的父母啊。从此以后，杨黼竭力孝顺双亲。

父母是自己心中的佛，我们一定要虔诚的孝敬父母，只有这样，我们才能够报答他们辛辛苦苦把我们拉扯大并抚养我们长大成人的所做的一切。

一个人必须孝敬自己的父母。有句话说："修身、齐家、治国、平天下。"一个人想要做大事，就应该先从严格要求自己做起，然后要顾好自己的家，孝敬自己的父母。俗话说："百善孝为先"，如果一个人不孝敬父母，那么无论他作出多大的成绩，获得多么美好的名声，都是只在远处烧香，其人格都是有缺陷的，这个人做人也是不合格的。因为孝敬是其他美德的根基，根基都打不好，建立在根基上的一切也就不会好。一个人是否有良知，就看其是否能够孝敬自己的父母。羊有跪乳之恩，鸦有反哺之情，更何况人呢！把自己的父母放置一边，不管不问，视同路一般人，这种人对他人的态度就可想而知了。因此，孝敬父母是做人的起码要求，而在家敬父母远比千里去烧香要真诚，一个连自己父母都不真正去孝敬的人，神灵会去保佑他吗?

舜，传说中的远古帝王，相传他的父亲瞽叟及继母、异母弟象，多次想要置他于死地，想尽办法去杀害他。有一次让舜修补谷仓的仓顶时，他们从谷仓下纵火，然而舜命不该绝，他手持两个斗笠跳下而得以逃脱。

又有一次，让舜掘井时，瞽叟与象却下土填井，谁知舜掘地道逃脱。然而事后舜竟然一点都不心生嫉恨，仍然对自己的父亲尊敬孝顺，对弟弟也疼爱有加。终于，他的孝行感动了天帝。舜在厉山耕种，天帝派大象替他耕地，鸟代他锄草。帝尧听说舜非常孝顺，并且有处理政事的才干，于是就把两个女儿娥皇和女英嫁给他，经过多年的观察和考验，最终选定舜做了他的继承人。

舜当上部落首领后，仍然恭敬地去看望父亲，对其孝顺有加，舜还封象为诸侯，从此象对舜更加尊敬。

父母对舜如此的残忍，可是他却毫不记恨，仍然恭恭敬敬地侍奉着，这份孝心真的是值得我们学习啊！

孝顺父母的人才是一个合格的人，无论你取得多大的成就，为别人做出了多少的贡献，如果对自己的父母不孝顺的话，都会被别人唾骂。相反地，一个人虽然没有成绩，然而他对自己的父母勤勤恳恳、毫无怨言地侍奉着，这个人也会被别人交口称赞的。

陈毅元帅是中华人民共和国的缔造者之一，为了新中国的胜利，他付出了自己的一生，因此受到了百姓们的爱戴。一个战功如此卓著的元帅，他却总是把父母放在自己的心头，他心里总是很愧疚没有时间陪陪自己的老母亲。

1962年，陈毅元帅出国访问回来，他正好路过家乡，于是便抽空去探望身患重病的老母亲。陈毅的母亲瘫痪在床，大小便不能自理。陈毅刚一进家门时，母亲非常高兴，她刚要向儿子打招呼，忽然想起了换下来的尿裤还在床边，于是就小声地就示意身边的人把它藏到床下。陈毅见到了许久不见的母亲，心里非常激动，立即上前握住母亲的手，关切地问这问那。过了一会儿，他对母亲说："娘，我进来的时候，你们把什么东西藏到床底下了？"母亲见他什么都看到了知道瞒不了自己的儿子，只好说出实情。

陈毅听了，伤心地说："娘，您久病卧床，我不能在您身边伺候，心里已经非常难过了，这裤子本就应当由我去洗，你又为何藏起来呢？"

母亲听了很为难，旁边的人见状连忙把尿裤拿出，争着抢着去洗。陈毅急忙挡住并动情地说："娘，我小时候，您不知为我洗过多少次尿裤，今天我就是洗上10条尿裤，也报答不了您的养育之恩！"说完，陈毅把尿裤和其他脏衣服全部都拿去洗得干干净净，母亲见儿子如此的孝顺，非常欣慰地笑了。陈毅元帅是军队的统帅，国家的重要领导人，公务繁忙，但他不忘自己家中的老母亲。在百忙中抽空回家探望瘫痪在床的母亲，为母亲洗尿裤，以关切的话语温暖抚慰病中的母亲。虽然陈毅元帅为母亲所做的只是一些平常得不能再平常的小事，但从这些平常的小事，我们可以看出他对母亲的一片孝心。他不忘母亲曾为自己付出的一切，他更是理解母亲的艰辛和不易，他知道自己为父母做多少事情都报答不了母亲的养育之恩。他的一片孝心，值得天下所有儿女学习效仿。孝敬父母是中华民族的传统美德，是先辈传承下来的宝贵精神财富，是每个儿女应尽的义务，也是义不容辞的责任。父母对我们恩重如山，我们又怎么能忘本呢？如果真的尽孝道，就不要总是祈求神灵的保佑，而要自己去主动为父母做一些小事。其实父母亲想要的真的不多，他们需要的只是我们的孝心和关爱，希望我们在需要时伸出关怀之手。为了报答父母的养育之恩，回家多陪陪他们吧。

大不正，小不敬

家庭是社会的基层细胞，是孩子生长的摇篮，父母是孩子接触的第一任老师，也是孩子一生中接触最频繁的人，因此父母的举止行为，生活中的点点滴滴，都会对孩子产生非常大的影响。同样的父母的一些陋习，孩子也会耳濡目染。俗话说："上梁不正下梁歪。"父母对孩子的一生有的时候甚至起决定性的作用。

许许多多的问题家庭的孩子，他们的性格大多都比较孤僻，显得非常的不合群，那是因为家庭环境的影响，可见家庭对于一个孩子成长是多么的重要。

宋朝的寇准自幼丧父，家境非常贫寒，全靠母亲织布度日，寇母为了多赚一些钱经常在深夜纺纱，她总是一边纺纱一边教寇准读书，督促指导他苦学成才。寇母临终时，将亲手画好的一幅画交给亲戚刘妈并对她说："日后寇准如果犯错，你就把这幅画给他看。"

后来寇准当了宰相，同僚都为他庆贺生日，寇准大摆宴席，准备好好宴请一下同僚。刘妈认为大摆筵席是不对的，于是便把画交给了寇准。

这是一幅教子图，并且画上有诗说："孤灯课读苦含辛，望你修身为万民。勤俭家风慈母训，他年富贵莫忘贫。"寇准见了这幅画又想起了自己的母亲，顿时泪如泉涌。当即撤宴退礼。

从此以后，寇准廉政为民，终于成为一代贤相。

爱子之心，人皆有之，父母究竟应给后代留下什么才能更好地让儿女们学会做人做事呢？寇母非常睿智并用心良苦地留结了儿子一幅教子做人的画，最终培育出了一代贤相，令人颂扬。

现在社会是一个浮躁的社会，金钱利益充斥着大多数人的思想里，有的人为了面子、利益、金钱嫌弃自己的父母，甚至对其不管不顾。对于子女的不孝、不才，不能怨天怨地，而应多总结和反思一下家庭和社会的教育，尤其是父母，他们是子女的第一任老师，只有教子有方，子女才能成才。"大不正，小不敬"，只有父母做好每一件事，才会给子女树立一个好的榜样，子女们才会受到好的熏陶。

曹操之所以在军中能够享有较高的威望，大小将士都乐于为他卖命，对他唯命是从，很大程度上是因为他能够从自己做起，对自己严格要求，不姑息自己，以此使将士们心服口服。

有一次，曹操班师回朝时，路经一带麦子地，于是曹操传令大小将领，不得践踏麦苗，违者处斩。可是正在这时，曹操的坐骑受惊乱跑，踩坏了大片的麦田，直到很久才制止住。事情发生后，曹操不愿违反自己制订的法纪，于是便找来了行军主簿，要他依法处罚自己，主簿深感曹操深明大义，就劝说曹操不要过于在意。曹操说道："吾自制法，吾若不从之，何以服众？"于是抽剑就要自刎。

众人见状，全都再三劝说，郭嘉劝说道："古者春秋之义，法不加统帅。丞相自统大军，岂可自刎？"曹操听到这话，觉得很有道理，但是犯错又不得不罚，于是采取了一个折中的办法，拿刀割掉了自己的一绺头发而代替了头颅，三军见此，全都对曹操感到敬佩。

虽说曹操有收买人心之嫌，但是遇到错误，他敢于承担，不逃避，为自己的下属兵士们树立一个好的榜样，从而使得军队纪律更加严格。

父母同样也应该注意自己的一言一行，因为这对孩子的影响非常大，上行下效，父母是孩子最信任的人，父母的一举一动，孩子都会看在眼里，记在心上，并认为这是父母做的，所以这就是对的，以后就会像父母做的一样去做。父母做得好的话，孩子就会学到了好的，而如果父母做的是坏的，那么孩子也就会学坏了。

对待孩子绝对不能姑息、纵容，而应严格要求，正确引导。父母的纵容往往是孩子走向错误的信号，因此，父母一定要严格要求孩子，更要严格要求自己。

为了孩子的将来，父母一定要注意自己的一言一行，因为这可以影响孩子的一生。

久病床前无孝子

俗话说："久病床前无孝子。"父母生病或者长期需要照顾的时候，大多数的儿女开始时会非常细致入微地照料，但是时间久了就会心生嫌恶。人都是有心理底线的，一旦触碰到那个底线，人就会情绪失控。但是父母是你的一生中最疼你最爱你的人，你又怎么忍心对你的父母发火或嫌弃呢?

孝敬父母，尊敬长辈，这是做人的本分，更是各种品德形成的前提，因此只有那些孝敬父母的人才会受到人们的认可和称赞，那些连孝道都不尽的人，在其他方面你还能指望他做什么呢？在人的一生中，父母的关心和爱护是最真挚最无私的，父母的养育之恩是永远也诉说不完的，我们在是婴儿的时候，是靠吮着母亲的乳汁才离开襁褓的；我们是揪着父母的心才迈开人生的第一步的；幼儿时期我们又是在父母甜甜的儿歌声中入睡；我们在父母无微不至的关怀中成长，我们每一次生病就是父母的不眠之夜；上学、读书、升学我们更是会花去父母无数的心血；而当我们成家立业时，父母会拿出一生的心血，给我们铺垫一个美好的未来。可以说，父母为养育自己的儿女付出了他们毕生的心血。这种恩情比天高，比地厚，可以说是人世间最伟大的力量。我们一定要爱自己的父母，只有先做到孝敬父母我们才会去真正的爱他人，爱集体，爱社会，爱祖国。

"久病床前无孝子"反映的是社会的悲痛，更是对人性的哀叹。一个连自己的父母都不愿照顾的人，他还会去真心照顾别人吗？一个连对自己的父母都不忠心的人，他还会去对别人忠心诚实吗？一个连最基本的责任都推卸的人，试问他还会对别人有责任感吗?

赵本山是我国著名的笑星，他带给我们无数的欢乐，他的艺术造诣非常高，百姓都非常喜爱他。除此之外，赵本山还是一个非常有孝心的人。赵本山的孝敬在圈内圈外都为人称道。作为赵本山的父亲，赵老爷子在哪里都享受着"最高待遇"。不管是赵本山的员工还是徒弟，都对老爷子非常尊敬，就连老爷子走路都会有人搀着，这样时间长了，老爷子的脾气也增长了很多，但是赵本山从来都对老爷子十分宽容。

因为怕父亲在家闲得慌，赵本山就给老爷子在公司里挂了个"副经理"的头衔，原本只是想让他高兴高兴，可结果老爷子还当真了，并管起了公司。在公司里，老爷子大事小事全都管，电灯泡坏了自己安装好，饭菜剩下了就发脾气，看不惯的事情也不忘唠叨几句，老爷子最忌恨的就是浪费，他见不得别人糟践粮食，也不允许浪费电，为此他甚至还亲自找到总裁、副总裁告状。

虽然知道老爷子是为自己省钱，但是赵本山还是说父亲："你是我爹，但你不是别人的爹。"结果这句话把老爷子惹急了，竟然整整俩月没有和赵本山见面，甚至也没通过电话。后来赵本山给老爷子赔礼道歉，起初老爷子还是很犟就是不理他，但是赵本山还是非常耐心地向父亲说好话，才最终让老爷子不再生气。

赵本山曾经说过："其实我是被我父亲骂大的，从我记事时起，我就是在骂声中长大的。我父亲对我始终不满意，嫌我没能耐，但是当我成名了，演出多了，陪他的时间少了，他就会经常抱怨我连个人影都见不着，没有时间陪他。直到他生病以后，他才开始夸我。"

老爷子生病以后，为了让他能够多吃一口饭，赵本山可谓是想尽了办法。有一天，老爷子对赵本山说要喝鱼汤，于是刚拍完戏的赵本山就连夜开始炖鱼汤。剧组的人见到赵本山如此劳累就都对他说："还是让大厨去弄吧，你去歇一歇。"然而赵本山不同意并很坚定地说："一定要自己亲手做的鱼汤，我爸爸才会喜欢喝。"

老爷子生病住进了医院，有一次，赵本山工作完去看父亲，父亲紧紧拉住他的手不松开，赵本山硬是从晚上7点一直坐在病床前待到了第二天早上7点。因为他稍微一动就会吵醒父亲，所以为了让父亲睡上一个好觉，赵本山一夜没有合眼。等到第二天，他的手已经完全麻了，动弹不得了。因为生病，父亲的小脾气也越来越多，赵本山却很理解地说："老头儿特倔，其实他每次醒来的时候都在找我，如果找不到我就会非常的生气。"

2007年在中国台湾举行的金马奖颁奖典礼，赵本山作为男主角入围者本应到场参加，但是当他在沈阳准备搭机的时候，他收到了父亲病危的消息，于是他立即取消了行程，火速赶回医院照料自己的父亲。

对于没能参加金马奖颁奖典礼，赵本山却没有一点遗憾地说："拿奖还有机会，可是爸爸只有一个，没有什么遗憾的，我只希望能多陪爸爸一天。"赵本山从机场赶到病房后，对病床上的父亲说："爸，我回来了，我不走了，我来陪您了。"老人听见儿子的声音，微微睁开了双眼，看见了赵本山却好像很生气的样子，立刻将头扭到了一边去，然后又慢慢地闭上了眼睛。赵本山又握着父亲的手说："看这手已经不肿了，爸，您就要出院了，就要好了。"老人不知道是不是还在生儿子的气，居然挣脱了被儿子握着的手。赵本山笑着说："呀！还不让握呀，是小金手吗？刚挖过金矿呀？别生气了，我都回来了，您还生什么气呀。"好说歹说，很久后老爷子才露出了笑容。

从2007年12月6日取消前往台湾参加金马奖的行程当晚，赵本山就在沈阳武警总队医院的病房，衣不解带、寸步不离地守在父亲的病榻前整整6天，在这6天里他没有睡过一个好觉，但他一直打起精神陪着自己的父亲。12月11日19时许，赵本山终于陪82岁的老父亲走完人生的最后一程，看着父亲紧闭的双眼，本山再也忍不住了，一声"爸"，喊得非常令人痛心。为了完成父亲的遗愿，赵本山驱车近两个小时，送父亲踏上了回老家开原的路。

赵本山对父亲可谓是尽心尽力，即使父亲不讲道理发脾气，赵本山也会非常迁就并主动承认错误，以此来平息父亲心中的怒气，父亲重病在床，赵本山更是没有一点怨言地守在父亲身边，直到父亲安心地离去。赵本山如此孝顺给我们树立了一个非常好的榜样，我们应该像他一样，对父母尽心尽力，任劳任怨。

孝敬父母，不但要很好地承担对父母应尽的赡养义务，而且要尽心尽力满足父母在精神生活，感情方面的需求。要始终保持对父母的耐心，绝对不能因为父母的犟脾气和不讲理就生怨气，更不能因为长期伺候生病和生活无法自理的父母就发牢骚，甚至不管不理。“久病床前无孝子”是对那些没有良心的人说的，而有良知的人绝对不会嫌弃自己的父母的，因为懂得这是报答父母养育之恩应该做的。

再甜的甘蔗不如糖，再亲的婶子不如娘

俗话说：“再甜的甘蔗不如糖，再亲的婶子不如娘。”意思是说甘蔗再甜也不会比糖甜，婶子再好再疼你爱你也不会比母爱伟大。这说明母爱才是世界上最伟大的感情，母亲才是最应该值得尊敬的人。

母爱的伟大是无法用语言来表达的，母爱是近乎牺牲的爱，因为母亲为了儿女可谓是操劳一生，放弃了很多。从怀胎十月到牙牙学语，再到长大成人，成家立业，母亲可以说是没有一天安生的日子，总会在心里留着儿女，担心这，担心那。每天都有操不完的心，受不完的累。而你的叔叔婶子对你再好，再疼爱你，也不会比母爱来得热烈，来得浓郁。母爱是世上最伟大的爱。

有一天晚上，张强医生正在医院值夜班，突然一个大约十五六岁的男孩被母亲送进了急诊室，男孩的母亲非常着急，男孩却一直在对母亲咆哮。原来，男孩在刚刚举办的毕业晚会上，把眼睛弄伤了。而出现事故的原因是母亲给他买的新鞋的防滑效果不好，使得男孩在表演的过程中不慎从台上重重地摔了下去，眼眶恰巧碰到了桌角上。

此时，男孩的母亲显得非常无助，她一言不发地站在角落里，泪流满面地任凭男孩不停地责骂着。

张强医生见状，就好言安抚着情绪激动的男孩，好让他有一个良好的心态去进行治疗。手术非常顺利，可尽管如此，男孩还是不肯原谅他的母亲。

手术后，张强医生给男孩的眼睛缠上了纱布，并且建议他不要在强光下逗留太久。当晚，男孩所有的同学都来病房看望他，每个人手里都捧着一支蜡烛。漆黑的病房里，霎时间红光闪烁。

同学们有说有笑的，他们开始回忆起那些温暖的往事，并畅想起自己的未来。时间过得很快，所有人都不得不起身相继回家。临走前他们相约，在各自的蜡烛上用笔划出自己的名字，然后当谁走了，就吹灭一支蜡烛，然后把蜡烛送给男孩。

男孩还是能够透过纱布看到微微的烛光，不一会儿一支蜡烛灭了，紧接着，大半的蜡烛开始相继熄灭，顷刻间，整个病房暗了下来。男孩的心里也越来越难过。

最后，只剩一支蜡烛在黑暗中散发着光亮。男孩开始激动地猜测起这捧蜡烛的人，整个人非常兴奋。他认为这支蜡烛一定是王宁留下的，因为王宁是自己最好的朋友。

那一夜，男孩对王宁倾诉了一夜。直到清晨，男孩才疲倦地睡去。可没过多久他就

醒了过来，并大声吵着要医生帮他解开纱布，然后急急地搜寻着满地长短不一的蜡烛。忽然，他顿住了，因为王宁的蜡烛是最长的，这说明他是第一个走掉的。那么，最后一支蜡烛是谁的呢？

突然，男孩看到隔壁的病床上，母亲正在熟睡着，然而手中却握着一支没有名字的蜡烛。在母亲的手背上，有几道鲜红的印记，那是蜡油滴下来凝固而成的。男孩顿时恍然大悟。昨夜，是母亲手握一支粗壮的蜡烛，默默陪了自己一夜。

看着熟睡的母亲，男孩的眼泪大滴大滴地滚落下来。

母亲为了不让儿子伤心，竟然守护着一根没有熄灭的蜡烛直到天亮，母爱是多么伟大啊！

母亲为儿女们操劳一生，却从未有过一句抱怨，她只是单纯地想让自己的孩子过得好一点，将来会有出息，而永远都不会去要求什么，因为母亲的快乐就是看着儿女们好好的。这份感情是多么的伟大啊，因此我们一定要学会感恩，学会孝敬父母。只有这样才能报答父母的养育之恩。

珍惜世上最伟大的爱吧，珍惜母亲陪在自己身边的时光吧，别人对你再好也会是有所保留的，而母亲却会把自己的爱完完全全地奉献出来。“再甜的甘蔗不如糖，再亲的婶子不如娘”，只有母爱才是毫无保留的爱，因此，我们要去感恩，去孝敬自己的父母，只有这样才能报答父母的恩情。

好帮好底做好鞋，好爹好娘养好孩

每个父母都有望子成龙，盼女成凤的愿望。当儿女没有沿着自己设定的轨迹行进时，父母就会认为儿女不努力，不听话。然而，父母在责怪儿女们没有达到自己目标的同时，应该好好地审视一下自己，看看自己在教育孩子方面有没有犯错误的地方。

父母是儿女的第一任老师，因此，父母的一举一动都会对儿女们产生影响，要牢记“上梁不正下梁歪”这句话，从家庭教育，尤其是言行身教来讲，“英雄”老子更容易造就“英雄”儿子。因为老子是英雄，他可以对下一代的成长起到言传身教的作用，同时创造更多对成长有利的条件。

宋朝时，陈州接连发生自然灾害，庄稼颗粒不收，老百姓纷纷离家出走，到处乞讨要饭。

为了赈济灾民，朝廷决定派刘衙内的儿子刘得中和女婿杨金吾前往陈州开仓放粮，救济百姓。

临行前，刘衙内嘱咐二人说：“你们两人去陈州放粮，这是一个有油水的差事，你们俩要趁机捞一把，把米价由五两白银一石细米，改为十两白银一石细米，再往米里掺些泥土糠秕。你们俩就放心大胆地干吧！出了事由我担着。”刘、杨二人心领神会，于是急忙打点行装去了陈州。

到了陈州，刘得中、杨金吾两人依照刘衙内的意思，营私舞弊，他们私下把粮价改了，并往米里掺进了不少糠秕和土块。他俩又收买了管理仓库的小吏，让其在秤杆上做了手脚，这样卖出的粮食都不够斤数。买粮的老百姓都十分气愤，有人说道：“一石六斗米，内中又有泥有糠皮，春将来只剩下一石多米，还是俺们老百姓好欺负啊。”

有一个灾民来买米，他见这些贪官假公肥私，鱼肉人民，顿时怒火万丈，于是便同这些贪官吵了起来，并指责他们贪赃枉法。刘得中、杨金吾仗势欺人，全然不把这个人当回事，派人打死了这名灾民。

众人见官家如此不讲理还打死了人，非常地愤怒，于是大家联合起来上告申冤，一直告到包拯那里。

包拯得知后，便微服私访至陈州，当查清了刘得中、杨金吾的罪行后，立即把他们二人处死了。

俗话说：“上梁不正下梁歪”，正是因为有刘衙内这个混账的爹，才有了上行下效的混账儿子。可见“好帮好底做好鞋，好爹好娘养好孩”这句话是多么的正确。

如果想要自己的儿女们有出息，不做坏事的话，父母就应该首先为其做一个好的榜样，父母的一举一动都会对儿女们产生非常大的影响。

薛仁贵是唐朝著名的军事统帅，他的一生留下了“白衣破高句丽”“三箭定天山”等很多传奇故事。薛仁贵出身穷苦农民，太宗征；时他毅然从军报国。

后来在辽东战场上，薛仁贵屡立奇功，他曾身着白盔白甲横扫敌阵，这引起了唐太宗李世民的注意，于是便将他调入禁卫军。后来，高宗继位后，宫中爆发了洪水，又多亏了薛仁贵把他救出来。此后又薛仁贵又多次出征高句丽，立下了赫赫战功。

薛仁贵武艺高强，他曾一箭射穿了五层盔甲。铁勒叛乱时，他亲率大军平叛，敌军派骁骑数十前来挑战，薛仁贵见状连发三箭，射死三人，立即吓得其余人全部缴械投降，不久薛仁贵就平定了叛乱。此就是广为人知的“三箭定天山”。

高宗乾封元年（666），薛仁贵与李绩等同征高句丽，他连败高句丽军于新城、扶余，经过两年的奋战，终于平定了高句丽。战争结束后，薛仁贵又被派去镇守平壤，指挥高句丽境内的常驻唐军。咸亨元年（670），薛仁贵率唐军十万征讨吐蕃，但由于副将郭待封私自行事，使得薛仁贵的大军被吐蕃军四十万包围，进而唐军大败，战后薛仁贵就被撤职。

不久高句丽发生了叛乱，薛仁贵再次被启用，但不久后又因罪被流放。直到开耀元年（681），68岁的薛仁贵才因大赦回朝，率军抗击突厥。突厥听说领军的是薛仁贵，吓得四散而逃，唐军大获全胜。永淳二年（683）薛仁贵病死。

薛仁贵的一生经历了大小战役数百次，立下了战功无数，是一个顶天立地的大英雄。然而他的儿子薛丁山同样也不输自己的父亲。

薛丁山名薛讷，是薛仁贵之子。他在担任蓝田县令之时，就敢拒绝当朝酷吏来俊臣的不义之举。后突厥犯边，武则天因薛讷是将门之后，于是将他调往幽州前线。薛讷久驻边关，立有战功。玄宗曾于新丰操练唐军，独薛讷和解琬部进退有序。突厥、契丹联合寇边时，薛讷力主出击，得到了玄宗的许可，但因为其余诸将逡巡不前，使得唐军大败，薛讷最终被撤职。

不久吐蕃军十万犯境，薛讷被重新启用，担任陇右节度使。他连败吐蕃于武阶驿、长城堡，斩获无数。之后薛讷一直镇守着青凉，年七十二而亡。

薛丁山之所以成为一代英豪，除了自己的努力外，父亲薛仁贵的影响更是不能忽视。俗话说：老子英雄儿好汉，正是有薛仁贵这样一个英雄父亲，使得薛丁山把父亲当成榜样，处处向他看齐，薛仁贵对自己的儿子更是严格教育，使得薛丁山终成将才。

“近朱者赤，近墨者黑。”父母是孩子最亲密的人，对于孩子的影响是非常大的，孩子通常会认为父母的所作所为都是对的，然后就会随着父母的做法去做。父母做得对的话，孩子就会学会了正确的做事方法。但是如果父母做的是错误的，就给孩子树立了一个坏的榜样，从而让孩子学会了坏的一面。因此，父母一定要注意自己的言行，为孩子们树立一个好的榜样，这样才会有助于孩子的成才。

总而言之，为了让孩子出人头地，父母一定要做一个好的榜样，因为只有好帮好底才可以做好鞋，同样的，只有好爹好娘才能养出好孩子。

至乐莫如读书，至要莫如教子

“至乐莫如读书，至要莫如教子。”一个人最快乐的事情莫过于读书学习，同样的最重要的事情则莫过于教育孩子。读书对于人们来说是非常重要的，因为书籍里几乎包含了所有的知识，多读书可以让你更好地认识世界，学到更多的知识，在长见识的同时还可以身心愉悦。同样的，父母对于孩子的成长起着至关重要的作用，教育孩子可以说是当父母的最重要的事情。

做父母的平时需要工作，以此来养家糊口，更要管教自己的儿女，让其出人头地。儿女是父母的希望，在他们身上承载的不光是自己的理想更是父母的梦想。

书，对于人类来说是非常重要的，一本书就是一个世界。有选择地多读好书，不仅可以使你知识丰富、让你更加聪明，而且还可以陶冶情操，提高自身的修养。读书能够影响人的一生，甚至能够彻底改变一个人的命运。读书能够激励和鞭策人们不断地前进，从而获得幸福美好的生活。读书还能够照亮人们前进的方向，使其从此走上一条通向成功的道路。读书是最好的最能够陶冶心智的活动，没有其他东西比读书更有魅力、更有力量了。

世上或许再也没有别的东西，可以像读书那样有巨大的力量。俗话说，“书中自有颜如玉，书中自有黄金屋”，每一本书都可以带人们走进一个世界，在这个世界里，人们可以肆意地享受乐趣，汲取知识。书就是人们生活中的导游，有不明白的地方，全都可以在书本里找到答案。书又是知识的最重要的载体，多读书可以让你拥有更多的知识，更大的资本。

做父母的生活或许会平淡无奇，每天周而复始地上班、下班、做饭、接孩子、教育孩子……这时候多读书会对生活产生好的作用。举一个最简单的例子：人的一生不可能去遍所有自己想去的地方，或者没钱或者没有时间，但这时候，你完全可以在书本上了解你喜欢的地方，虽然不如亲身经历的好，但也足以让你的身心得到放松，让你感到无比快乐。

富兰克林是美国18世纪著名的政治家、科学家。他为美国的独立和发展作出了巨大的贡献。富兰克林曾经参加过独立战争，还参加了起草了《独立宣言》，他还代表美国同英国谈判，代表美国签订了巴黎和约，他曾创办《宾夕法尼亚报》，建立美国第一个公共图书馆。除此之外，他在电学研究方面也有非常重要贡献，他还发明了避雷针，至今仍然还起着非常重要的作用。总之，富兰克林的一生是非常辉煌的。

富兰克林自幼就酷爱读书，然而家里贫困没有钱上学，富兰克林从少年时代起就独自谋生，并且常常饿肚子省钱买书读。

有一天，富兰克林在路上看到了一位白发老婆婆，她已经饿得走不动了。富兰克林见状，立刻将自己仅有的一块面包送给她。老婆婆看着富兰克林的样子，知道他也是一个穷人，不忍心收下他的面包。“你吃吧，我包里有的是。”富兰克林说着就自豪地拍了拍那只装满书籍的背包。

老婆婆非常感激地吃着面包，这时只见富兰克林从背包里抽出了一本书津津有味地读起来。

“孩子，你为什么不吃面包呢？”老婆婆好奇地问道。富兰克林说：“读书的滋味要比面包好多了。”富兰克林笑着回答。

富克林就是这样酷爱读书，每天都把书籍当作精神食粮，也正是他长期不懈地坚持看书，使得他最终成为了一个伟人。可以说是书籍改变了他的一生。

父母对儿女的影响是非常大的，因此想要教育好自己的儿女，就要先让自己成为好的榜样，而想要成为一个好的榜样，读书是最有效的办法之一。因为书中可以给你你需要的知识和方法，多读书会让你有更加睿智的头脑和更有思想的灵魂，这样就会使你成为一个优秀的父母，一个优秀的父母对于儿女的成长是非常有益的。

孔子是我国古代著名的教育家、思想家，被人们尊称为“圣人”，孔子取得这些成就除了自身的努力外，他的母亲也起到了重要的作用。

孔母为了给儿子提供一个理想的读书环境，就在孔子7岁的时候，变卖了所有家产及首饰，把家从穷乡僻壤迁到了大城市。后来她又花掉所有积蓄送儿子去上学。不仅如此，她还利用一切机会，带着自己的儿子去会见名人，让其增长见识。而孔母自己除忍受着没有丈夫的痛苦和别人的白眼，生活的压力无时无刻不在压迫着她。孔母每天都起早贪黑。养蚕、纺纱、织布、种菜、上集市，用自己的勤劳支撑着这个脆弱不堪的家庭。

有一天，正是秋收时节，孔母却得了重病卧床不起。孔子见状，天未亮就悄悄下地，然后在星光下掰起了玉米。谁知，天刚一亮，母亲便摇摇晃晃地走来，见到儿子在做农活便说道：“孩子，谁让你来的，让母亲来干吧，你快回去吃饭。吃完饭快点上学去。”“母亲，我还是请两天假吧，让我把这地收拾好，您有病了，儿子看着心疼。”然而，不管孔子怎么哀求，母亲就是不同意，并且对孔子说：“如果你要再不回去，为娘我就生气了。”无奈，孔子只好伤心地离去。

还有一次，孔子的母亲因为发高烧而昏倒在桑地里。看到这种情况，孔子非常着急并大声对母亲说：“孩儿不念书了，孩儿只要母亲。”几天后，孔子为母亲买来补品并对母亲说：“我有钱交学费了。”母亲问：“你哪里来的钱？”孔子说：“我给街上办丧事的人家当吹鼓手挣来的。”孔子本以为母亲会夸赞自己一番，结果，母亲却让孔子跪下，生气地说：“孩子啊，你知道吗，你这样会让别人瞧不起啊！”“你只有将来成了才，那才是真正是给母亲分忧呢。”说完母子二人就抱头痛哭。

在母亲的教育下，孔子发愤图强，最终成为了大学问家。

孔子早年的经历在很大程度上影响了他的一生，其中最重要的就是她母亲的影响。孔母虽然是一个普通的女人，然而就是这样的一位女性为我们，为中华民族，为世界培养出了一位千古圣人。可见父母的教育对于孩子来说是多么的重要。

“至乐莫如读书，至要莫如教子”，做父母的平时多看看书会让身心摆脱工作的劳累，进而让身体和精神放松，不但有助于身体健康还可以陶冶情操。这样还可以让自己更好地面对儿女，教育子女是非常重要的，而父母是子女的第一个教师，对子女的影响是最大的，因此把自己调整到一个好的状态，树立一个好的榜样，会让孩子有一个更好的明天！

国家有难思良将，人到中年想子孙

俗话说：“国家有难思良将，人到中年想子孙。”人到了中老年后，生活状态和心理都会有非常大的改变，中老年后人的身体机能逐渐衰退，相应的头脑也会开始一点点地变得迟钝，大部分中老年人都面临着退休的现实，很多人会很乐于放下繁重的工作，去享受安宁、清闲。有的人却会心生无奈之情，感觉自己的世界瞬间崩塌，但也不得不去接受。这时候的中老年人心理是非常脆弱的。脆弱带来的就会是无限的惆怅，再加之儿女们在外辛苦地工作，使得中年人心里更增添了孤独感，这样中老年人就会非常需要子孙的陪伴。

中老年人是家庭中的主心骨，他们在家庭生活中既要扮演丈夫或妻子的角色，还要扮演父亲或母亲的角色，多重角色的转换常会使他们感到心理上的不适应。繁杂的家务、子女的教育、婆媳关系、家庭的各种问题让他们疲惫不堪。人到中年，往往容易对生活产生“厌倦心理”，看事情会更加的偏激，对待问题同样也会变得严苛。

中年人面对生活的改变开始会非常不适应，因此人也就变得不服气，听不进别人说的话。同时，他们的心理也会产生要依赖子孙们生活的想法，觉得自己变得非常没用了，因此一股自卑感也会油然而生。这时候子孙们一定多陪陪他们，多安慰他们，要努力地尽孝道，这样就会让他们的心平静下来了。

一个乖巧的小孙子往往会是一个家庭的兴奋剂，孩子总是能轻易俘获中老年人的心，中老年人也总会把自己的心寄托在孩子身上。因为只有孩子们才会听着自己的喋喋不休，才会爱听那些大人认为并不好笑的故事。在孩子身上，中老年人就会重拾生活的乐趣，重新为自己定位。

李密，字令伯，一名虔，犍为武阳（今四川彭山）人。他幼年丧父，母亲何氏继而改嫁，由祖母把他抚养成人。

李密的祖父李光，曾任朱提太守。李密从小就命运不济，出生6个月父亲就死了，李密在4岁时舅父又强迫母亲何氏改嫁。母亲改嫁后，李密在祖母刘氏的抚养下长大成人。因此非常孝敬祖母。据《晋书·李密传》说：“祖母有疾，他痛哭流涕，夜不解衣，侍其左右。膳食、汤药、必亲自口尝然后进献。”李密年幼时体弱多病，但是却十分好学，他曾经认谯周为老师苦心学习，他博览五经，尤其精通《春秋左氏传》，他的文学造诣非常高。李密年轻时，曾任蜀汉尚书郎。晋灭蜀后，征西将军邓艾敬慕他的才能，于是就请他担任主簿。李密因为要孝敬祖母，就婉言谢绝了邓艾的聘请。泰始三年（267）晋武帝立太子，闻得李密孝敬祖母的事迹，非常敬佩他，于是就下诏征李密为太子洗马。

诏书下达后，李密坚辞不往，然而郡县不断催促他。这时，李密的祖母已经96岁，并且年老多病。于是他向晋武帝上表，陈述家里情况，说明自己无法应诏的原因。这就是著名的《陈情表》。

李密在《陈情表》言辞恳切地说道："我刚出生6个月，父亲就不幸去世了。那时我才4岁，舅父夺母亲守寡的志向，逼迫她改了嫁，祖母刘氏怜悯我孤苦体弱，于是亲自抚养我长大成人。我年幼时经常患病，9岁的时候仍不会走路，一直孤苦伶仃的直到成家立室。我既没有叔父伯父，也没有兄弟，门庭衰微福薄，到了很晚才有儿子。我在外没有建功立业的亲戚，在家更没有看家护孩子的童仆，我就是这样孤孤单单地生活，只有自己的身体与影子相互慰问。祖母刘氏早年疾病缠身，常常卧床不起，我亲自侍奉她膳食汤药，从来没有离开她的左右。祖母已经很年老了，我不能抛下她不管不问，我之所以有今天，全都是祖母的功劳，我如果没有祖母，就不会活到今天了，祖母如果没有我，也就无法安度余生。我们祖孙二人相依为命，正因为这样，我实在不能远离祖母而为陛下尽忠。我今年44岁祖母今年96岁，我可以为陛下尽忠的日子还漫长，然而可以为祖母刘氏尽孝的日子则短少。因此还是恳求陛下，让我尽孝道吧。"

《陈情表》言辞恳切，委婉动人。晋武帝看后，为李密对祖母刘氏的一片孝心所感动，大加赞叹李密"不空有名也"，于是不仅同意李密可以暂不应诏，还嘉奖他孝敬长辈的诚心，赏赐了奴婢二人，让其帮助李密一起照顾祖母，并指令所在郡县，发给他赡养祖母的费用。

《陈情表》以侍亲孝顺之心感人肺腑，千百年来一直被人们广为传诵，影响深远。李密对祖母的孝心天地可鉴。然而，祖母同样也需要李密的相伴。一个老人家孤苦无依的，只有李密与其相依为命，可以想见，假如李密接受诏令，辞了祖母去做官，留下祖母孤身一人，祖母就一定会每天都闷闷不乐的，对生活也会失去了乐趣，因为李密是她的精神寄托。有句话说：老年人活的就是一口气，气顺了人就会精神百倍，长命百岁。如果气不顺了就会体弱多病。李密就是祖母的依赖，因为有他的存在，祖母才会快快乐乐地活着，可见子孙对于中老年人是多么的重要。

人到中年想子孙是中老年人感情的又一次归属，生活的烦躁和精神上的孤独可以有一个很好的落脚点。子孙承载了太多太多自己的感情，只有在子孙身边，中老年人才会感到是最快乐的。所谓的天伦之乐，就是儿孙满堂的喜悦，这是中老年人最喜欢看到的。多陪陪自己的父母和爷爷奶奶吧，因为只有子孙才是中老年人幸福的源泉！

不得乎亲不可为人，不顺乎亲不可为子

当你去买菜，煮饭及做家务，"当家"时，你才会知道和关心柴米油盐的价格，而且是如此的烦琐；当你到了要养儿育女的时候，你就会懂得为人父母是多么费心！这个时候，你就会体会到你父母对你的恩情是多么的深重！

正应了那句名言："当家才知柴米价，养子方晓父母恩。"

在我们小时候都很想自由，不用别人去管。在我们青春期的时候都喜欢叛逆。然而，那时的幼稚想法现在审视是多么的可笑。幼稚的我们不喜欢束缚，就如：学校、家庭、游乐场、连过马路也有交警来管……在当时每个人都想象变成天上的小鸟可以自由地飞翔……

那时，我们总是让父母偷偷地流泪，想想那时的我们，真是"身在福中不知福"啊！从前的我们，是一群天真而顽皮的孩子，幼稚且无知，只有爱我们疼我们的父母才会容忍，从前的我们还不懂这个世界，它的艰辛，它的曲折，我们一无所知，是爸爸妈妈告诉我们，人活着要有意义，没有意义的人生不算完整的人生，那只是人们在虚度年华，浪费生命。

孝敬老人是中华民族的光荣传统，历史上孝子贤孙的故事世世代代相传。诸如"二十四孝""董永卖身葬父""花木兰代父从军"等等，都是家喻户晓、孝感动天的优秀故事。

董永是我国古代的孝子，父亲去世那年，董永没有钱给父亲办丧事。没有办法了，董永擦干了泪，出门去求亲友，想借钱给父亲办丧事。

董永一连在外跑了好几天，却没有收获。晚上，他直直地跪在父亲身旁，一动也不动，脑海里全是父亲的样子。他不知道该求助于何人。走投无路的时候，董永决定卖身葬父，然后用卖身的钱埋葬父亲，以此来报答父母的恩情。天亮了，董永找了几根茅草，绑了小把儿，插在后衣领里。到集市上将自己卖了。正在这时傅家庄的傅员外看董永很有孝心，深受感动，便出钱买下他……

从那时起，董永卖身葬父的故事就一代一代地传下来了。

古语道："百善孝为先。"孝是人们与生俱来的品质。只不过，有些人的孝心被生活的飞尘所掩盖了。可是在我们同学中，不孝敬父母之事时常发生，有些同学厌烦父母的唠叨，常常与父母顶嘴，殊不知，那些唠叨满载着父母的爱；有些同学从未关怀过父母，把父母当成自己的金库，殊不知，爱不是无底洞；有些同学视父母的爱为理所当然，殊不知，父母也需要爱……这样的事时常发生，不由得令人心忧。

感恩父母，因为有了父母才有的我，才使我有机会在这五彩缤纷的世界里体味人生的冷暖，享受生活的快乐与幸福，是他们给了我生命，给了我无微不至的关怀。儿女有了快乐，最为之开心的是父母，儿女有了苦闷，最为之牵挂的也是父母。舐犊情深，父母之爱，深如大海。因此，不管父母的社会地位、知识水平以及其他素养如何，他们都是我们今生最大的恩人，是值得我们永远去爱的人。

或许一声祝福对自己算不了什么，但对父母来说，这声祝福却比什么都美好，都难忘，都足以使他们热泪盈眶！感恩父母，是他们让你体验生命；感恩父母，是他们使你不断成长；感恩父母，是他们让你渡过难关。朋友们，让我们学会感恩父母吧！用一颗感恩的心去对待父母、用一颗真诚的心去与父母交流，用一颗宽容的心去体会父母的唠叨吧！

一个只有懂得感恩父母的人，才能算是一个完整的人。让我们学会感恩父母吧！用一颗感恩的心去对待父母，用一颗真诚的心去与父母交流，不要再认为父母是理所当然帮我们做任何事情的，他们把我们带到这美丽的世界，已经是足够的伟大，且将我们养育成人，不求回报，默默地为我们付出，我们就别再一味地索求他们的付出，感恩吧，感谢父母们给予我们的一切。

孝心的背后就是爱。孝不需要山珍海味，更不需要名车豪宅，也许你的孝心不豪华，只是一次5分的作业，一张100分的试卷。但是，我相信，父母一定会接受它，因为，这里满载着真诚的爱！这才是给予父母最好的礼物！

父母，永远是仁慈的对我们笑，开心地对我们说，哪怕是打，骂我们，也会受到心灵毫不留情的谴责，心上的疼远过我们身上的痛！

您对我们的爱是说不完，写不尽的，您的儿子不知道怎样才能报答您啊，妈妈！

不要等到哪一天，他们去世了，你突然想起还没来得及报答他们。如果父母仍健在，趁现在还来得及。别忘了比以往任何时候都更深地爱着他们父母的爱才是天底下最无私的爱！

健康生活篇

第一章

安卧起居：居行有常，坐卧有方

——生活要讲究品质

宁可食无肉，不可饭无汤

有句谚语说得好：“宁可食无肉，不可饭无汤。”一顿饭，可以没有肉，但是一碗好汤是必不可少的。可见，汤在人们的膳食中占有重要地位。一位烹调学家评价说：汤是餐桌上的第一佳肴，它不仅给人营养，而且汤的气味能使人恢复信心，就连它的热气都能使人感到宽慰。喝汤在我国饮食文化中是重要的一部分。尤其在我国的南方地区，大多数家庭每天都要做汤，浙江宁波人可谓名副其实的“喝汤族”，几乎每顿都离不开汤。

有人把喝汤戏称为“最廉价的健康保险费”，各国对汤都有独特的评价。日本人认为海带汤特效非凡，因而产妇分娩后首先要喝海带汤；朝鲜人竟把蛇肉汤视为治疗神经系统疾病的灵丹妙药，并认为这种汤具有长寿之功效；苏格兰人患了感冒就喝麻雀洋葱汤，据说疗效非常好。

在我国民间也流传着各种“食疗汤”：如鲫鱼汤通乳水，墨鱼汤补血，鸽肉汤利于伤口的收敛，红糖生姜汤可驱寒发表，绿豆汤清凉解暑，萝卜汤消食通气，黑木耳汤明目，白木耳汤补阳，生鱼汤可助手术后伤口愈合，参芪母鸡汤可治体虚之症，米汤可治疗婴儿脱水，黄瓜汤可减肥、美容，芦笋汤可抗癌、降压，虾皮豆腐汤可补钙壮骨。

现代人生活节奏快，工作压力大，很容易产生焦躁，忧虑等情绪，甚至出现神经衰弱，饮食结构的不合理往往会造成营养过剩或营养不良，而汤羹容易被人体吸收，能很好地解决上述问题。而且汤营养丰富，热量少，可滋润肌肤，对于爱美的女性是不错的减肥食品。有研究表明，喝菜汤能减轻体重，又不至于有饥饿感。喝汤的人每餐可少吸收100~190卡的热量。喝汤会使人产生一种腹感，而同等热量的其他食物则不会有这种感觉。喝汤减肥法有减肥药物所不能比拟的优点：效果持久，而且不反弹。

可能很多人以为，喝汤是一件很简单的事，殊不知，只有科学地喝汤，才能既吸收营养，又避免脂肪堆积。在这方面，我们有哪些需要注意的呢?

俗话说“饭前喝汤，苗条健康；饭后喝汤，越喝越胖”。饭前先喝几口汤，有利于食物稀释和搅拌，促进消化吸收。最重要的是，饭前喝汤可使胃里的食物充分贴近胃壁，增强饱腹感，降低食欲。餐后再喝汤容易导致营养过剩，造成肥胖。

餐前的汤怎么喝也很有讲究。老火汤、煲汤其实不适合餐前喝，因为其油盐含量很高，多喝反而不利健康。最好选择口味清淡的蔬菜汤，不仅爽口，还不会增加过多的热量。经常感到胃胀、烧心、反酸的人通常消化不好、胃酸分泌较少，不宜餐前喝汤，因为这样容易冲淡胃液，更不利于食物的消化吸收。需要特别提醒的是高血压、高血脂、肥胖症患者，在外就餐尽量别喝汤。

就算是每个季节，对应的汤品都有所不同。春温、夏热、秋凉、冬寒，一年四季，气候变化明显，依照四季气候的变化特点，我们可以把汤水分为“驱寒除湿”“消暑退热”“滋润肠燥”和“益补强身”四种功能。在不同季节，煲不同种类的老火靓汤，能达到补益强身，滋润养颜的效果。

食不言，睡不语

所谓“食不言，睡不语”是提醒人们，睡觉前要少说话，以免神经过度兴奋，使自己难以入睡；而在进食、吃饭时，不要高谈阔论，而要专注于吃饭，以免影响消化；这样才有助于健康养生。

许多人认为不管什么事情，只有在餐桌上才能谈成，于是常常边吃边谈，甚至边吃边喧闹，或者边饮边抽烟。殊不知，这对身体是极为有害的。因为我们放进嘴里的食物只有在口腔唾液的参与下，牙齿才能将它研磨捣碎，之后才能通过吞咽动作，进入胃中。并且，还得在胃酸和消化系统的作用下进行“食糜”，最后才能再进入小肠，被消化吸收。如果进食时，不断说笑、喧哗或打闹，那么，就会促使胃的蠕动减弱，使消化液分泌减少。而且，进食时高谈阔论还容易将大量的空气吞咽到胃肠，从而引起恶心、呕吐、腹胀等，易诱发慢性胃炎或消化不良诸病。

你也许不知道，在我们的咽部有一前一后两条往下去的通道，在前的是气管，在后的是食管。而且，咽喉是个四通八达的“交通要道”，它往上通向鼻腔、口腔，往下通向食管、气管。然而，食物的通路只能走食管一条道，其余都不是“食管”。

每当我们进餐时，那些在口腔中经过充分咀嚼的食物要由吞咽动作从口腔里往后送，从食道送往胃部。但是，为了保证食物在咽下时不“迷路”，于是这种“吞咽活动”就产生了一系列复杂的动作。一些喉部医生都知道，在人的食道部有一个悬着的小肉垂，俗叫小舌头，每当吞咽食物时，它就往上抬高，正好盖住鼻腔后部，使食物不能进入鼻腔，从而顺利进入食道。

因此，吃东西时，如果不小心，使食物误入了气管，就会不断地咳嗽发呛，直至最后把异物咳出来，但这样是非常难受的。如果食物渣子进入气管，就又会顺着支气管，嵌入较小的细支气管，这样就有可能将这些小支气管堵塞。那么，这些无法排出的饭粒就会在这里繁殖细菌等有害物质，时间一长还将会酿成气管炎、肺炎等，非常危险。所以，为了保护气管，不使异物侵入，吃饭时注意不要说话，更不可以打闹追逐。

进食时除了不要喧哗外，还要定食、定量，细嚼、慢咽，以维护消化功能的稳定，只有这样才能保证胃肠健康。

为什么睡觉时要一心一意，不要说话呢？因为当你准备入睡时躺在床上无边际地闲聊天时，就会使大脑神经趋于兴奋的状态而难入睡，即使入睡也会造成失眠、多梦等，影响睡眠质量。

经过多次临床研究发现，如果临睡前说笑太多，过于兴奋或忧郁，就会很难入睡，即使入睡了，由于大脑皮层的一部分兴奋点还在活动，这就容易做梦，影响大脑休息。而且，有时在第二天早上还会出现头晕、脑涨或无精打采的精神状态，从而妨碍工作或学习，甚至给工作造成差错。

因此，为了好的睡眠，在入睡前最好能使大脑皮层由高度的紧张、兴奋，逐步转入松弛的状态，这样才能促进入眠。

此外，有的人由于睡前太兴奋，而睡后常常说梦话，白天干什么，心里想什么，睡着后会不由自主说出去。如果是该秘密的事情也全坦白说了，这样还会出大乱子的。所以，保持良好的睡眠是很重要的。

一夜不睡，十夜不醒

“一夜不睡，十夜不醒。”意思是说如果一晚上不睡觉或者是没睡好，往往会好几天处于精神萎靡、混沌不振的状态，就是睡上十夜，也不能把一晚上不睡觉的损失补回来。这说明了每天晚上都需要充分安眠休憩的重要性。

生活中，很多人都有这样的感觉，如果一个晚上没有睡好觉，通常会好几天都处于精神不振的状态，由于睡眠时间明显不足，白天就很容易感到疲乏、心烦，注意力不集中，因而办事效率低下等。于是，有些人总是抱怨说：“哎，昨天晚上又没有睡好，今天一点儿精神都没有。到了晚上我一定要睡个好觉。”但是，结果却事与愿违，越想睡好觉越睡不着，如此形成恶性循环，于是在造成失眠的同时，也大大影响了身心健康。

要知道，良好的睡眠，不但能消除身体的疲劳，使体能得到恢复，还能使人体产生新的活力，更重要的是，好睡眠还可以提高免疫力，加强抵抗疾病能力。与之相反，如果长期睡眠不好，人就会出现诸多的不适，比如说心悸、胸闷、腰酸、腹胀等，而且，还会形成“睡不好，吃不香，做不动”的恶性循环，从而让身体的健康指数出现大幅度滑坡，严重影响工作与学习。

近年来，在医学界提出了一个新的养生观念——生物钟养生。这一养生学的核心要旨就是要主动休息，按时就寝，形成规律的生活。而且，一旦这种“生活定型”后，就不要随意去破坏它或打乱它，否则，便会损害健康。

其实，多项科学研究均认为，在人体内确实有一只“钟”，它控制着人体生理机能的运行，甚至掌握着人的生活方式与健康：如觉醒与睡眠、体温高与低、血压升与降、疾病与健康等，以及一些正常生理活动的运行。这种生理活动的规律性，被科学家称之为“生物钟”，然而，面对这个神秘的“时钟”，却要小心维护，一旦冲撞了它的规律性，就有害健康。

生物钟需要良好的起居习惯来维护，而传统的睡眠观点是累了才休息，因此，这就需要修正，要主动休息，以养成习惯，尤其是保证充足的睡眠、不熬夜。

要知道，良好的睡眠不但能消除人的身心疲劳，还能产生新的活力，提高人体的免疫能力，所以即使工作再忙，也要充分休息，也不能太晚睡觉，更不可以一夜不睡。要知道“一夜不眠，十夜难补”的道理。如果睡眠时间大部分被占用了，那么，人体的生物钟就会被打乱，这样一来就会不可避免地引起一系列副作用，使各种生理机能不能正常运转，从而导致体质急剧下降。

所以，养生就要做到每天按时起居、按时工作、按时休息，以保证生物钟正常运转，才能精力充沛，也才能对健康有益。

一般来说，健康的正常人如果有反复或持续早醒的现象，便是抑郁症的“信号”，这是在提示你已经进入抑郁状态或抑郁发作。这时你如果留意一下，就会发现自己情绪低落、精神不振、空虚无聊、悲观消沉、注意力涣散、激情消失、容易激怒等症状，如果真的如此，你就要注意了，要及时到医院接受医生的进一步诊治。

枕头不对，越睡越累

“枕头不对，越睡越累。”这句谚语是说枕头的好坏直接影响我们的睡眠质量。枕头是最重要的卧具之一。其作用是在睡眠时，保证人体颈部的生理弧度不变形。选对了枕头能够保障睡眠的质量，反之不仅睡不好，还容易生病，比如脖子动弹不了、腰酸背痛等。

我们天天都用枕头，但并不是所有人都会选枕头。人一生有三分之一的时间是在睡眠中度过的，枕头可说是相伴我们时间最长的一个伙伴了。这个伙伴选对了，不仅能够保障我们高质量的睡眠，而且决定着其余三分之二时间的工作和生活质量。选用符合人体力学设计的枕头，不仅对颈椎，而且对整个脊椎的生理弯曲及脊旁肌肉都有好处。

中国有句老话“高枕无忧”，说明要睡得好、睡得安稳，就要把枕头垫高。但从科学角度看，这种说法并不正确。长期睡过高的枕头会把颈椎拉直，脊柱就会变弯，并使颈部肌肉、肌腱和韧带受损，容易出现颈肩酸痛、手麻、头昏等症状；再次影响头部血液畅通，不能呼吸，使气管通气受阻，易导致咽干、咽痛和鼻鼾。长期下去必定给身体带来不良影响。

枕头太低也不行，去掉枕头平睡虽有利于维持颈椎的生理弯曲，但会使大脑淤血，造成睡眠不佳、多梦、醒后头昏等。

我国常见的枕头有荞麦皮枕、稻壳枕、羽绒枕、天然乳胶枕、杜邦枕等。此外，还有用菊花等药物做芯的枕头及用藤、竹编制的枕头。

这些枕头都各有各的好处。枕头芯最容易藏污纳垢，久不清洁容易滋生霉菌、螨虫，还可能引发过敏、哮喘等呼吸道疾病。枕头最好两月更换一次。

枕头除需选用合适的枕芯外，还必须选择合适的高度、宽度和硬度。枕头的高度，以躺卧时头与躯干保持水平相当为宜，也就是仰卧时枕高一拳，侧卧时枕高一拳半，成人用枕一般为15~20厘米高，以使仰睡、侧卧都能保持正常的生理弧度和感觉舒服；宽度超过肩宽，才让人睡觉有安全感。枕头不能太硬或太软，以减少头皮与枕头之间的压力强度，便于血液流通。过硬的枕头会使头部与枕头的接触面减少，压强增大；而枕头过软，则难以保持高度。因此，硬度要适中。另外，枕头的弹性不能太大，如“弹簧枕”“气枕”等，因其不断地向头部施加压力，当人体睡眠时，颈部肌肉松弛，很容易造成颈部肌肉的疲劳和损伤。而且，弹性过大的枕头，一般总是中央高、边缘低，头在枕上不稳，易滑落。

我们中国人讲究阴阳调和，在夏天使用凉性的枕头，而冬天寒冷，就应该选择棉类材质的枕头。经常上火的人，比较适合填充蚕沙或者荞麦皮的枕头。老人不宜用凉性的保健枕头，最好用枕木棉、鸭绒类枕头。

每个人的颈椎不同，因此量身订制不同的健康枕头，可能就是我们的最佳选择。要选择出适合自己的枕头，得花一些时间，有一个好枕头就增加了一个安枕无忧的条件。

枕头对于人体的保健起着重要的作用。选择科学合理、方便有效的枕头是防止病痛缠身的一剂良方。若出现颈部酸痛、头痛、头晕、耳鸣及失眠等脑神经衰弱情况，或是睡觉睡到一半感到手麻脚麻，那可能就是你的枕头太高了；枕头过低会使头部充血，容易造成眼睑和颜面浮肿，并且下颌会因此向上抬，容易张口呼吸，出现打鼾的情况。如果颈部与肩醒来后出现酸痛的现象，那就是枕头太低、不用枕头或枕头太软造成的。关注健康，安心睡眠，应该从枕头开始。

吃得巧，睡得好

所谓“吃得巧，睡得好”就是说睡眠的好坏与饮食有很大的关系。如果想拥有良好的睡眠，日常饮食一定要合理适当，特别是晚饭不要吃影响睡眠的食物，而应吃一些有助于睡眠的食物，才能保证睡眠的质量。

我们知道，睡眠是机体复原、整合和巩固记忆的重要环节，因而人的一生有三分之一的时间是在睡眠中度过的。那么，如果晚上睡不好，或者经常失眠，不仅影响第二天的精神状态，对身体健康也有危害。所以，改善睡眠是非常必要的。

睡眠不好与睡前的饮食有很大的关系。只有吃得好，才能睡得好，且不可靠安眠药或其他药物来维持睡眠。因为药物不仅对身体有害，而且会产生依赖性。而有些食物却具有“催眠”的功效，如果能经常在睡前食用一些就可以起到改善睡眠的作用。对于经常失眠的人，最好晚上不宜吃那些高蛋白、高脂肪的食物，因为这些食物会使人体产生难以消化的酸性物质，从而刺激肠胃影响睡眠。最好吃一些富含碳水化合物的食物，如饼干、面包片等，这些食物可以有效增加人体血液中促进睡眠的物质——色氨酸，从而促使好的睡眠。

如果经常被失眠困扰，一定要想办法改善，想法提高自己的睡眠质量。但是，改善不良睡眠不能靠药物，因为如果长期服用安眠药等药物维持睡眠，就会造成耐药性，会使睡眠的效果越来越差，而且有的安眠药还会引起中毒，对肝脏会造成严重损害。因此，改善睡眠质量，通过饮食来调整是最好的办法。具体可以通过以下方法：

水果。如果经常睡眠不好，可以把橘子或苹果等水果切开，放在枕头边。这样躺在床上后，吸入水果的芳香气味，便可安然入睡。这是由于水果中的芳香气味，有较强的镇静神经的作用。

小米粥。我们经常食用的小米粥也有助于睡眠，因为小米中含有丰富的色氨酸，而这种物质能促进大脑细胞分泌出一种使人昏然欲睡的神经递质，从而使人很快入眠。

食醋。食醋也有催眠的作用，如果你是因为旅途劳累而睡不着觉，就可以将一汤匙食醋倒入一杯冷开水中喝下，这样不仅很容易入睡，而且睡得很香。

牛奶。晚上喝一杯牛奶也有助于睡眠，不过由于牛奶的热量高，养成习惯后容易造成肥胖，因此晚上喝牛奶应该在睡前一小时左右。

面包。研究发现，面包所含的氨基酸代谢物能镇静神经，引人入睡。因此，经常失眠的人临睡前可吃点面包。

生菜。经常睡眠不好的人，可每天晚餐时用生菜拌沙拉吃，一般生菜叶三片就可以了。因为生菜中含有一种催眠成分，具有镇静安神、治疗失眠症的作用。

糖水。晚上如果喝上一杯糖水，你能很快进入梦乡。引人睡眠的是大脑中的一种血清素，如果由于烦躁使大脑皮层高度兴奋，难以安静入睡，这时你就可以喝一杯糖水，因为糖水在体内经过一系列化学反应，最后会生成大量的血清素，使大脑皮层受到抑制而进入安眠状态。

为了改善睡眠，中午以后就不要食用含有咖啡因的食物了，以免影响晚上睡眠。此外，在睡前4小时最好不要吃太多东西，在半夜饿醒后可以少量进食，这样会改善睡眠，不过不要养成习惯。

夜夜打呼噜，伴着阎王走

“夜夜打呼噜，伴着阎王走。”要警惕打呼噜对身体健康的危害，长期打呼噜严重妨碍气体交换，使肌体夜间长时间处于缺氧状态，长年累月会引起一系列生理及病理的改变，如高血压、心脏病、脑血栓、癫痫、阳痿等。

打呼噜也称打鼾，是司空见惯、不足为奇的事情，许多人还以为打呼噜是熟睡的表现。其实，鼾声中潜伏着危险因素，这种气流冲击上气道振动而发出的声音，虽不属于疾病，但要警惕其发展；如果鼾声时断时续，有起有伏，超过60分贝，证明上呼吸道可能出现阻塞，则会发生呼吸暂停。7小时睡眠中呼吸暂停超过30次，每次暂停时间超过10秒钟，就称为呼吸暂停综合征。

有一位爱打呼噜的男子去医院求治，医生让他做了“多导呼吸睡眠监测”。报告结果使人大吃一惊，这位男子7个小时的睡眠中，呼吸暂停了213次，最长的一次为156秒钟，暂停累计时间为2小时11分。血氧饱和度最低为61%（正常值大于95%），呼吸紊乱指数为64（正常小于5）。原来是由于该男子悬雍垂（小舌头）过长，扁桃体肥大，使上气道变狭窄，出现了呼吸暂停现象而引发鼾声。如果任其发展，不仅是单纯产生噪音，更可怕的是憋气、窒息甚至死亡。

医学人员在对北京城区和郊区的1.3万余名居民进行鼾症调查中，发现打鼾者比例为18.8%，出现呼吸暂停者占其中的1/5、男性高于女性，症状随年龄增长而加重。

打呼噜容易引起睡眠呼吸暂停低通气综合征（SAHS）。据临床的医生介绍，这种病症往往会被人们忽视，特别是对患有冠心病、高血压病、脑梗死的慢性病病人会使病情加重甚至造成死亡。

睡眠障碍是一种现代文明病，我国大约有4成人失眠、打鼾、早醒，向睡眠要健康，势在必行。其实，我们周围可能有很多打鼾的人，包括我们自己，鼾症是要治疗的。打鼾源于上气道梗阻，如果您有上气道梗阻，比如：过敏性鼻炎、鼻甲肥大、腺样体肥大、扁桃体肥大、舌根肥大等问题，就会引起上气道狭窄、组织松弛肥厚、气道塌陷、睡眠时气道阻塞，阻塞不完全时出现打鼾，完全阻塞时则出现睡眠呼吸暂停。

据呼吸科专家介绍，睡眠呼吸暂停低通气综合征会使许多慢性病加重。

例如冠心病：睡眠呼吸暂停低通气综合征使冠心病患者夜间心肌缺血加重，诱发心绞痛；使心衰患者心源性死亡危险（夜间猝死）增加；使心律失常患者心肌异位兴奋阈值降低，治疗效果差，且反复发作。

高血压病：睡眠呼吸暂停低通气综合征是高血压病的一个独立的危险因素，RDI高，高血压病相对危险度就高，也就是合并脑梗死，脑出血、心肌梗死、肾衰竭的危险度就高。

脑梗死：睡眠呼吸暂停低通气综合征患者易患脑梗死，其中RDI每增加1个单位，死亡率增加5%。脑梗死致残率很高，严重影响个人生活质量，也给家庭带来沉重负担。

睡眠有几个阶段，分浅睡眠及深睡眠。深睡眠身体得到全面修整，睡眠呼吸暂停低通气综合征由于呼吸暂停病人被迫憋醒，很难进入深睡。虽然你自己感觉不到，但睡眠常年游离于“浅睡-呼吸暂停-微觉醒-浅睡-呼吸暂停”之间，变得支离破碎。睡眠质量很差，呼吸暂停阻断了空气中的氧气来源，人就会出现血氧下降。正常人血氧超过95%，打鼾的人会低于85%，严重的可达50%左右。这么缺氧，怎么可能白天不嗜睡呢？

如果你打呼噜，不要以为是正常的小事，天天打呼噜，将会影响你的睡眠质量，导致生活质量下降。所以，一定要到医院呼吸科看看是不是有睡眠呼吸暂停低通气综合征。通过监测得到医生的建议和很好的治疗。

冬睡不蒙头，夏睡不露肚

保持正确的睡姿是达到高质量睡眠的前提，俗话说“冬睡不蒙头，夏睡不露肚。”这一俗语即是告诉人们，在睡觉时应当注意的事项。

人为了保持正常的生理状态，每一分每一秒都不能停止呼吸，即使在睡眠过程中也是如此。呼吸时，吸入氧气，保证全身各部分氧的供应，呼出二氧化碳，排出体内的代谢产物。因为人体细胞每时每刻都在进行着新陈代谢，因此每时每刻都需要氧气的供应。如果氧气供应不足，必将严重影响体内细胞的新陈代谢的进行。

在正常情况下，人在呼吸时将氧气吸入肺内，氧气在肺泡中和血液里的二氧化碳因浓度差产生交换，交换出的二氧化碳再通过呼吸排出体外。经过呼吸和气体交换，使静脉血变成了动脉血，重新恢复了新鲜血液含氧量，只有这样周而复始的呼吸，周而复始的气体交换，才能保证不断有新鲜血液形成，供应细胞使用，保证身体的各部分器官和组织都处在良好的状态中。

有人有睡觉用被子蒙头的习惯，蒙着被子睡觉会严重影响呼吸。因为蒙头后使头部空间变小，空气难以流通，呼吸使氧气的量逐渐减少；与此同时，因呼出的二氧化碳难以散出而使头部周围的二氧化碳越来越浓。如此，呼吸的气体便不能使肺与血管充分地进行气体交换，致使身体各部分器官失去良好的调节，新陈代谢速度降低。

有这种习惯的人早晨醒来常常眼皮浮肿、精神不振、没精打采，甚至哈欠连连、浑身发酸。这种症状主要是大脑新陈代谢受到影响的表现。虽然人已起床，但大脑却仍处于半睡眠状态，脑神经的活动不能马上恢复正常。在这种状态下如何能读好书或做好工作呢？也有人这样认为：蒙头睡觉也无所谓，这种做法只不过为了保暖，或是一种习惯罢了，如果改变了它，就会睡不着觉了。

其实，这种做法长期下去，对人体的影响远不止这些。它对人体的生理和心理都会产生较长久的影响，缓慢侵蚀着机体的健康，降低学习和工作的效率，使疲劳难以恢复。

由此可见，蒙头睡觉决非好习惯。有此习惯的人为了自己的身体健康，为了能更好地学习和工作，一定要下决心改掉。其实改掉这种习惯也不难，如果是因为恐惧，首先应该消除心理负担，多参加社会活动和体育锻炼，养成开朗的性格；如果只是为了保暖，或是怕改变习惯后睡不着觉，那也不难办，可在睡前用热水泡脚，或再饮一杯热牛奶，这都有助于入睡。

而天气热时露脐而眠也会造成感冒。肚脐通人体内外，是保健要穴，中医称之为“神厥穴”或“脐中穴”。肚脐是人身上脂肪层最薄的地方，也是人体对外界抵抗力最薄弱的部位。夏季邪湿之气很容易由此侵入体内。夏天睡觉时会感到热，人们为了防暑，喜欢赤着上身睡觉。但温度是逐渐降低的，如果不盖被子，腹部就会着凉受寒，引起胃肠不适，诱发胃肠痉挛、腹泻、腹痛等疾病。因肚脐与人体健康至关重要，故即使是夏天也应该用毛巾等盖住腹部，以确保肚脐不受寒。

睡觉蒙头容易导致呼吸不畅，长此以往，人的疲劳就很难恢复；肚脐对人体健康也有很重要的关系。所以一定要保持正确的习惯。冬天睡觉不蒙头，夏天睡觉不露肚，不要贪图一时的舒服而导致各种疾病。

经常开窗，有益健康

经常开窗通风，可以保持室内的空气流通，让室外清新空气流进屋内，使居室保持清新空气，从而减少室内空气的污染程度，提高室内空气的清洁度。如此，在室内就可以呼吸到高质量的空气，这样对身体会大有裨益。

经测定发现空气污染最严重的地方不是工厂、马路而是居室。研究分析，居室空气的主要污染源有人体呼出的二氧化碳、废气，以及皮肤毛孔排泄的废水分和废气等。

据科学分析，在人体呼出的气体中，可以找到25种有害物质，这些都是疾病的主要来源。而且，平时做饭取暖时，所燃烧的煤与煤气会产生二氧化硫等有害气体；此外，室内的墙壁、砖块、混凝土以及家具上的黏合剂、油漆会散发出大量的甲醛；就连自来水也会散发出氡和浮尘微生物。因此，室内的空气是非常混浊的，如果长期在这样的环境中，再健康的身体也吃不消。

研究发现，空气中的二氧化碳浓度一旦超过0.5%，就会令人出现头痛、头昏、脑涨、心慌、呼吸急促、脉搏变慢、血压升高的情况，严重者甚至会发生窒息。而且，二氧化碳被吸入后，会立即和血红朊结合，从而妨碍氧气的正常补充，这时人就会出现头痛、恶心、呕吐、疲乏无力等缺氧症状。因此，一些经常在室内工作的人，最好无论春夏或秋冬，都注意多打开门窗，让室外清新空气流进屋内。

此外，科学测定煤气中毒是室内空气中一氧化碳含量达到0.01%时所产生的；二氧化硫和放射物质氡能破坏人体细胞、损害器官；而污浊、潮湿的空气却有利病菌生长繁殖，从而增加流感、流脑、百日咳等呼吸道疾病发生机会。由此可见，污染的空气是疾病之源。

既然不清洁的空气是有害健康的，那么为了避免室内空气的污染，最切实可行的办法就是保证室内空气流通，具体可采用以下方法：

一、早晨通风要点

通常来说，在春、夏、秋三季，早晨时室外的空气清新凉爽，这时可以将所有的窗户都打开，尽量使户外的新鲜空气流进来。等到9点半以后，室外的气温会逐渐升高，这时应将朝南的窗口关闭，拉上窗帘避免阳光的热辐射，而朝北的窗口则不必关闭，可以一直开启到上午的12点。

二、中午通风要点

一般来说，中午的12点至下午5点之间是一天中最炎热的时候，这时应适当地开启空调，不过，在开启前要先通风10分钟；但在开启1~3小时之后，就要关闭空调，再打开窗户，进行室内外的空气流通。而且，在必要时，也可以用换气扇朝外送风，让室内的废气、有害气体排出室外。总之，在中午最热的一段时间之内，至少要通风半小时左右，使空气清洁一些，再关闭门窗，重新启动空调。

三、晚上通风要点

晚上在入睡之前，约10点左右应关闭空调，打开卧室的窗户，以便室内外空气对流。不过，如果天气闷热，则可以用风扇降温，但要注意设定定时关闭电扇。因此，一定要注意，不可持续8~9小时开空调而不通风，要知道，贪一时凉快，很容易惹一身空调病。

开窗通风可以使空气清新，但是，在秋季开窗睡觉反而会诱发一些疾病。特别是一些老年人与儿童，秋季夜晚开窗睡觉，易受风邪侵袭。这是因为睡眠中人体各器官活动减弱，免疫力相对降低，窗外的病菌会乘虚而入，这时腹部和脚底就很容易受凉，而引发腹泻或胃部不适等症状。所以，在秋季可以在睡前适时地开窗，但在睡觉时，请务必关好窗户。

中午睡觉好，犹如捡个宝

“中午睡好觉，犹如捡个宝。”这句谚语告诉我们中午睡午觉能让人们养精蓄锐，以最好的状态迎接下午的工作。

有研究资料证明，一些有午睡习惯的国家和地区冠心病的发病率要比不睡午觉的国家低得多。这也间接证明了午睡能使心脏系统舒缓，并使人体紧张度降低。

可是，白天的睡眠已经被繁忙的工作和紧张的情绪所代替，或被酒茶之类具有提神作用的饮料所消除。只是一到这几个时间点，我们会感到有稍许的睡意。这就是人为什么白天也要打几次盹儿的原因所在。

上午9时和下午5时的睡眠点很快就会过去，因为那时候人们忙着工作，很容易转移睡眠注意力。

午睡在昼长夜短的夏天尤其重要。夏天天气炎热，即使到了晚上，气温仍然很高，难以入睡，要等到下半夜气温稍稍降低之后才能睡着。而第二天四五点钟天已大亮，气温又逐渐升高，又睡不着了，从而导致睡眠不足。

在人的第二个睡眠点，即中午1点左右，这时候肝脏需要休息，大脑反应迟钝，人会感到疲劳。这个睡眠点就很难被转移，人们会停下工作，休息一下。这时候，我们不妨小睡一觉。通过研究证明，午睡能使大脑和身体各个系统都得到放松，更有利于下午晚上的工作和学习，而且也是夏秋季节预防暑热的积极措施。

所以许多人一到中午就昏昏沉沉、毫无精神。如果这时候睡上一小时觉，让大脑和身体其他器官都休息一下，补充一下上午消耗的能量，对提高下午工作效率和身体健康都有好处。

同时，一天中温度最高的时候是中午2点左右，这时候工作过于劳累，容易中暑。特别是那些在户外工作的建筑工人、农民和田野作业者，应该避开中午这段最热的一小时，稍事休息，这对工作和身体都是有益的。

经过了一个上午的工作和学习，午饭后小睡一会儿，能够有效地补充人在脑力、体力方面的消耗。尤其是在炎热的夏天，人体在排汗降温过程中，皮肤的毛细血管扩张，体内血液分布不平衡，大量血液滞留在体表，大脑血液相对而言供应不足。

人们在紧张地工作和学习一上午后，会感到疲劳和精神不振，午睡则可对身体进行及时的调整。午睡对睡眠不足者和老人的健康更是大有裨益。65岁以上的老年人，体重超过标准体重20%的，血压很低的人或血液循环系统有严重障碍的人，特别是因脑血管变窄而经常头晕的人，都不宜午睡。因为进餐后，消化道的血液循环旺盛，脑部血流量相对减少，加上睡眠静止不动，会加重脑部供血不足，有发生心脑血管病的危险。

人一到中午就感觉头脑发涨，没有精神。所以午睡就显得尤为重要，无论是体力劳动者还是脑力劳动者，都应在中午睡一觉，让大脑和全身得到休息。补充能量，才能迎接新的工作。

胡须不能拔，越拔越麻达

胡须是男人的专属品，是男性美与男子汉气概的象征。然而，胡子也要修剪，不能任其生长。修剪胡子需要用剃须工具来刮，不能用手或镊子去拔，因为拔去胡子会引起炎症，从而留下各种后遗症。拔一根胡子就会留下一个坑，长此以往，腮帮子就会变成“橘子皮”。严重的还会引起毛囊发炎，甚至使细菌侵入血液，从而给健康的身体带来危害。所谓“胡须不能拔，越拔越麻达”就是这个道理。（“麻达”在四川话中是“麻烦”的意思。）

胡须也是人体体毛的一种，男性第二性征的重要标志。初时，很少、柔软、颜色比较淡，以后变得稠密、粗硬、色黑，生长的范围也扩大了。它在男性进入青春期后才发生，能体现男性健康的美。因此，如果一个男性不长胡须，就会少了一点儿男子汉的阳刚之美。

可是，面对自己下巴上这片草原，很多男孩子都不喜欢。认为长了黑黑的胡须不好看，会有碍自己面部的美观。于是一看到新冒出的须头，就想把它给除掉。但又怕用剃须刀会使它越长越硬、越长越多。因此，就常常用手或镊子以及铁夹子等，忍着疼痛，一根一根地往下拔。以为拔一根少一根，最后能把它拔光，从而将下巴上的这片“毛草原”给消灭掉。殊不知，这样的做法是徒劳的，也是有害的。

须知，用工具拔胡子只能拔掉胡须的上半部，其根部仍然留在毛囊里，不久还会长出来。

胡须的根部有毛囊包围着，毛囊底部的上皮细胞分裂繁殖，使胡须不断生长。因此，胡须是永远消灭不了的。而且拔去一根胡须，就会形成一个外伤创面。再说，如果手、镊子和夹子不卫生，在使用时容易将细菌带入毛囊内，造成感染，形成毛囊炎。有的毛囊炎愈合后，可使局部的皮肤形成小瘢痕，时间一长，会使下巴上的皮肤形成“橘子皮”。并且，如果炎症扩散，后果更为严重。经调查，那些患唇毛囊炎、疖肿、蜂窝组织炎的男性，几乎都有拔胡须的不良习惯。这就是由于他们平时经常对胡须的“刺激”，从而导致了再生长出的胡须变形、变色、参差不齐等，很不美观。

因此，家长应该告诉自己家的男孩子，不要随便拔掉自己的胡须，让其自然生长。对于一些长胡须，可用剪刀剪短；对浓密的胡须，可以用刮胡刀刮掉，总之，一定不要“信手拔来”。

其实，胡须所在部位，正是医学上所说的“危险三角区”。这里之所以称为“危险区”，是因为它包括上下唇、鼻子以及鼻翼两侧的主要面部器官。而且，这个区域丰富的静脉血管与眼、颅等部位密切相关，所以危险三角区内一旦发生感染，将会很容易导致炎症在整个面部发生扩散，引起严重的脓化类炎症。并且，一旦炎症蔓延到颅腔内的海绵状静脉窦，则很有可能出现败血症、脓毒血症以及脑膜炎、脑脓肿等，这些症状是非常危险的，一旦发生，会危及生命安全。因此，胡子是拔不得的。

胡须当然也是需要保养的。保养胡须，首先要做到清洁卫生。因此，不论是青年男性还是中年男性’对自己的胡须每天都应认真清洗，以免有尘埃等脏物污染胡须。不过，在清洗时，最好不使用香皂、肥皂类，而应使用一些日常用的洗发剂，清洗后再用些护发素来保养胡须。

每当要剃刮胡须之前，都应将胡须清洗一下，然后再用湿热毛巾敷3分钟左右，这样就可以令胡须柔软一些，便于剃刮或修剪。为了防止刮伤脸，也可以先用剃须膏深入软化胡须。而理想的剃须时间，应是沐浴后的几分钟，这时不但毛孔还舒张着，而且脸上已不再滴水，最便于修刮。

在剃须时，刀法的首要诀窍是要先顺势后逆向。不过，在开始持刀看镜时，往往会觉得胡须一片大好，无从下手。这时千万不要东一刀，西一刀，毫无章法地乱剃。要记住，正确的手法顺序，是先刮去面颊上的胡须。其次，再刮两鬓和脖子上的毛发。而且使刀时，要稳记一个“慢”字诀，动作一定要缓慢轻柔。先从左至右，再从上到下；先顺着毛孔剃刮，再逆毛孔剃刮；最后再顺刮一次，就可基本剃净了。

为减少剃须时对皮肤的刺激，造成皮肤浮肿、发红和疼痛等情况，第一轮，一定要顺着胡须的生长方向推刀，这样第一遍下来，大约可以剃掉80%的胡须。刮完一遍后，应该再刮一遍。第二轮要逆着胡须生长的方向去刮，但是不要忘了每刮一遍都应该重新涂一次剃须膏。而且，还要格外记住，当刮到喉结部位时，一定要特别小心，仔细而缓慢地进行。

当胡须纷纷坠地，还要做好“善后事宜”。因为在剃刮胡须时，往往会使皮脂膜受损，为了在新皮脂膜再生之前保护好皮肤，一定要在剃须后用热毛巾在下巴上敷几分钟。然后，涂抹一些须后膏、须后水、面后蜜、护肤脂之类的润肤霜，使皮肤少受外界刺激。如果因为下手过重导致脸上出血，应冷静处置。可立即在该部搽涂止血药膏，也可以用卫生棉或纸巾用力按住伤口一会儿，然后再用干净的纸蘸几滴清水轻轻贴在伤口上，再慢慢把棉花或纸巾揭下来就可以了。

此外，胡须每天都在生长，勤于刮脸有利于卫生健康。对此，挑选好用的剃须刀也很重要。首先，剃须刀的刀片要锋利，不易生锈，而且有一定润滑作用；其次，刀架手感要舒适、防滑，手柄长度应该适中，重量合适。并且不要与他人合用一把剃须刀，以防病菌传染。

有人将刮下来的胡须进行检验发现，在显微镜下看到的胡须上有大量的微生物，除此还有数十种有害物质，如二氧化碳、氮氧化物等，而且这些有害物质很可能会随着人的呼吸作用被吸回呼吸道。此外，胡须还具有吸附有害物质的特性，如果你行走在车水马龙的街道上，汽车等排放的含多环芳烃和铅的尾气，吸烟者的烟雾中含有的致癌物质，统统都会依附在你的胡须上。因此，没有特殊的原因，最好不要留胡须。

寒从脚起，火自头生

由于脚位在下，属阴，而寒亦为阴邪，因此脚部是寒邪侵犯人体的主要途径之一；头位在上，属阳，而火亦为阳邪，因此头部是火热之邪侵犯人体的主要途径之一；这就是人们常说的“寒从脚下起，火自头上生”。

一年四季中，风、寒、暑、湿、燥和火，属于大自然中的六种不同气候变化，当它们表现太过或不及的时候就会危害人体而使人发病。中医认为，人体的头、胸、脚这三个部位最容易受凉，尤其是脚部受寒，与某些疾病的发生与不注意保暖有很大关系。这是因为脚位在下属阴，因此脚是寒邪侵犯人体的主要途径之一。

民间有“寒从脚下起”的说法，因为脚离心脏最远，血液供应慢而少，而且，我们脚部的皮下脂肪又较薄，因而保暖性较差。现代医学认为，脚是人体的“第二心脏”，双脚远离心脏，血液供应较少，脚掌上还密布了许多与人体相通的小血管。因此，一旦脚部受凉，会反射性地引起呼吸道、肠胃道以及其他内脏器官的疾病，并且，很容易引起感冒、腹痛、腰腿痛和妇女痛经等病症。因此，脚部的御寒保暖非常重要，尤其是在数九严寒的时节，脚部的保暖尤应加强。

一般来说，人的正常体温通常在36.5℃左右，而脚指尖的温度却有时只有25℃，可见脚部是多么容易受凉。由于脚与上呼吸道黏膜之间存在着密切的神经联系，脚掌受凉可反射性导致上呼吸道黏膜内的毛细血管收缩，使抵抗力明显削弱。于是，各种病菌、病毒就会乘虚而入，使人发生疾病，为此平时一定要为脚部采取适当的保暖措施。

要使脚不受寒的办法很多，平时应根据情况选用适当的方法。

一、根据年龄和身体状况选用保暖作用好的鞋袜

一般来说，老年人由于气血渐衰，不要穿塑料底鞋，而宜穿布棉鞋。小孩由于皮嫩，保暖力差，因此宜穿那种柔软而暖和的棉鞋；在严寒野外作业的人员，应穿带毛皮的高筒皮靴；青少年好动不怕冷，可以穿皮底鞋与胶底鞋。

对于脚部易干裂的人，应选用透气性差的皮棉鞋和弹力尼龙袜，这样才能保持脚的周围有湿润的环境。而那些脚易出汗的人，则应穿毛袜，用羊毛鞋垫，这样既能达保暖目的，又能吸潮散热。此外，选择大小肥瘦合适的鞋子也很重要。如果鞋子窄小，穿上后不仅有碍血液循环，而且还会使脚周围的空气层缩小，不易保温。

二、坚持睡前用热水洗脚

有人把用热水洗脚视为重要的保健功法之一。的确，睡前用温水泡脚15~20分钟，能促进足部血管扩张、血流加速，同时使脑部血液相对减少，很快就能入睡。因此，民间有“温水泡泡脚，胜吃老母鸡”的说法。临睡之前用温水泡脚不但可以为脚部驱寒，还有助于睡眠与养生。

此外，晚上睡觉时，还要注意把脚盖好。盖好脚部不仅能预防感冒、堵塞寒邪入侵的漏洞，还可以帮助人入睡。

中医认为头为“诸阳之会”“清阳之府”，而阳有主火热的一面。所以，古代大医家朱丹溪说：“头痛甚者火多”。是的，头位在上属阳，而火亦为阳邪，因此人的头部是火热之邪侵犯的主要途径，便产生了“火自头上生”。

我们知道，头部的血管非常丰富，因而温度较高，而且又是中枢神经的“司令部”，因而各种应激力都比较敏感。所以，不管人有何情绪变化，都会引起头面部的充血，从而表现出“面红耳赤”的样子。并且，一些火热之邪致病就多表现于人的头面部。比如，心火上炎会致口舌生疮；胃火炽盛，会致齿龈肿痛；肝火上冲，会致头痛、目赤肿痛；胆火横逆，会致头晕目眩等。

在生活中，人们也常用“火”来形容头面部的异常变化，比如形容着急时，常常会说“两眼冒火星”；形容愤怒时，常会说“七窍生烟”等。因此，我们的头部不像脚部那么怕寒、怕冷，所以也不必像脚部那样捂得太严实，相反，还要适当冻一冻为好。因此，老年人常说的“头冻冻聪明”是有一定道理的。

所以，即使到了冬天，年轻人只要耳朵不冻，头部就不用多加防护，帽子不戴也可过冬天。如果稍微冷一些就戴上厚厚的帽子，动辄满头汗出，这样反而就容易感冒。因此，头部适当冻一冻，有利于让寒冷刺激大脑的清醒，从而能增强人的智力和记忆力。

有学者指出，人在6~30岁，双脚应能整齐地并拢直立。如果不能并拢时，就是早衰的表现。因此，能长期站立的人身体一般健康，如果连站15分钟就有困难的，就一定是循环系统有毛病。如果脚趾活动量极少，也是引起腰痛、肩肘痛等多种现代“文明病”的原因之一。因此，要想少生病，就必须使脚趾经常处于灵活状态。所以，脚部保健，平时还要加强锻炼，多活动，以保证脚部的血液供应，从而达到健康的目的。

耳不掏不聋，眼不揉不瞎

每当眼里进了东西，我们的习惯性动作就是去揉。其实揉眼睛是不良的习惯，在揉眼时很容易将手上带的细菌或病毒带到眼睛里，从而造成急性结膜炎，形成红眼病。严重的，还有可能会引起角膜溃疡、内翻倒睫以及白内障等，这些症状极有可能造成失明。

为了保护眼睛，一定要随时注意清洁，不要随便揉眼睛。尤其是在夏末秋初时不要揉眼，而且，手脏的时候也千万不要揉眼睛，以避免病菌、虫卵等进入眼睛。经临床手术发现，由于手指不洁，并且用力搓揉眼睛之后，常致使虫卵进入眼内滋生。并且，一些虫卵竟然会靠着眼睛附近肌肉的养分来维持它的生命，有的虫卵竟长达近两厘米，严重影响患者视力，几乎造成眼球失明。

通常，在夏末秋初，人最易患上急性结膜炎，就是俗称的“红眼病”或“火眼”，病人眼睛往往有异物感、灼痛、畏光、流泪等状况。这是由于在初秋时，天气潮湿、闷热，使病原微生物繁殖快，一旦感染这些病菌后，就会是患上“红眼病”或其他眼疾。

最常见的细菌感染性眼病，常发病于夏季或初秋。特点是发病急，出现眼睑肿胀、眼红痛、结膜充血等症状。这是由于红眼病常会滋生出大量的脓性或黏液性分泌物，因此，导致患者每天早上醒来时，就会感到一双眼睛常常被一些浓浓的分泌物黏住。不过，红眼病不治也会自发痊愈。如果你一直不去治疗它，那么，情况严重的最多在15~30天之内就会痊愈，而轻者，一般15天之内可自行消退。

由于红眼病患者眼睛的分泌物中，有大量的细菌或病毒，所以使这种病带有很强的传染性。旁人一旦接触病人的分泌物，比如患者用过的毛巾、脸盆、洗脸水、手帕，以及手纸等，都有可能感染大量的病菌。如果其他人使用或触摸患者用过的东西再去揉自己的眼睛，就会受其感染，患上此病。因此，平时一定不要揉眼睛，即使有觉得有些不舒服也不要随便去揉，特别是在触摸了患者的日用品后，除了立即清洗消毒外，还要谨记切不可去揉自己的眼。

此外，要有效预防红眼病，平时应尽量不用手揉眼，还要做好卫生清洁，消灭感染途径。

患者要严加消毒隔离，不但要注意患者眼部用药过程，就是患者洗脸等日用品也要煮沸消毒。平时一定要勤洗手、不揉眼、不摸病人接触过的物品，最好也不要去接近患者。如果一旦发现自己有类似的症状，如眼睛发红、有异物感、灼痛、畏光、流泪等，应立即到医院就诊。

忠告一些爱美女士，眼部按摩也不要随便做。因为一些美眼行为会直接影响眼部健康。如化妆、搽眼霜等，一旦受到污染，会让一些超标细菌入侵眼睛，从而引起眼角膜和结膜的炎症或溃疡，甚至演变成角膜穿孔等。所以，一些小小的美眼举措，其实存大很大的危险。比如，当你搽眼霜之后，非常勤奋地做一下眼睛按摩，想使双目更炯炯有神，或者在外出应酬时又是涂眼线、睫毛液，想使眼部更漂亮些。可是这些美眼举措，很可能造成美眼不足，伤害有余。所以，爱美的你，在渴望美丽的同时，一定不要忘了健康。

众所周知，造成耳聋的原因有先天性的，也有后天疾病诱发的，这些往往不能由人的意志左右。但是，在生活中还有一种人为的导致聋耳的方式，就是民谚中讲的“挖耳”。好多人都有“挖耳”的习惯，每每感到耳朵内有了“耳屎”，发痒或不舒服时，就会用指甲或发卡、火柴棒、钉子、树皮等一些物品去挖耳朵，想方设法把耳内的异物弄出来。殊不知，这样不但不符合卫生要求，而且还会严重地破坏耳朵的健康，使耳膜受伤，造成脓化或溃疡，甚至形成耳鸣或耳聋。

其实，“耳屎”是人耳内的一种像蜡一样的油脂分泌物，它和皮屑、灰尘混合后，在医学上则称为“耵聍”，这种物质有的遇空气干燥后呈薄片状，有的如黏稠的油脂。实际上，它对人体并无妨碍，平时它“藏”在外耳道内，还可以保护外耳道皮肤和粘附外来物质，比如灰尘、小飞虫等，因此它像“哨兵”一样守卫着外耳道的大门口。

因此，平时就是不把“耳屎”掏出来，也不会给人体造成不好的影响。因为我们的机体天生就有自我清除能力，比如，在我们唱歌、说话、吃饭、打呵欠时，就会使我们的下颌肌和耳部肌肉不断运动，这就可以使耳屎不断活动，最后自行沿着外耳道滑出耳外。所以，大可不必担心，耳屎堆积造成耳道阻塞。

如果常用一些不洁之物挖耳，还往往会把致病细菌带入耳内，造成耳内发炎、化脓。再说，外耳道皮肤比较娇嫩、皮下组织少、血液循环差，掏耳朵时如果用力不当，极有可能引起外耳道损伤、感染，导致外耳道疖肿、发炎、溃烂。并且，外耳道本身就是真菌栖息的场所，而这些真菌很容易随着乱挖耳的行为侵入中耳内，造成耳内疾患。而这种由病毒引起的疾病，会慢慢地在耳道内生长，直到影响了听力才引起注意。此外，挖耳道时，还极易戳破鼓膜，引起中耳炎，造成听力减退，给人带来更大的痛苦。并且，如果掏耳的东西未经消毒，还可能会导致耳朵里的乳头状瘤发生恶变，最终堵塞耳道，导致听力下降，造成耳聋。

所以，耳朵是不可以随便“掏”的，掏取里面的异物一定要慎重。如果为了减轻耳朵的痒感，提高听力，也可以采用正确的方式，清除一下过多的耳屎。一般，可以采用脱脂棉签，轻轻地在外耳道不深的地方捻卷几下，以使其吸干耳道的湿物，卷出里面耳屎。如果用此法还达不到目的时，也可以用消过毒的耳勺，轻轻地将耳屎取出来，不过，过程一定要慎重，最好能请医生帮助处理。

鼻不掏不破，牙不剔不稀

洗脸刷牙是大家惯有的清洁习惯，但保养鼻子、清洗鼻孔的习惯可能好多人都没有。其实，鼻子的保养与清洁也很重要的。可是，好多人不但没有清洗过鼻孔，却还有用手指掏鼻孔的习惯。殊不知，这个习惯对鼻子的伤害非常大，因为在我们的鼻孔里面，有一层保护黏膜非常娇嫩，一旦你手上的细菌接触到它，就很容易引起感染。因此，用手掏鼻孔的习惯应该杜绝。

此外，许多人有饭后剔牙的习惯，可这也是个不良习惯，因为经常用东西乱剔牙齿，会使牙缝越剔越大，还会损伤牙龈，如果不慎将牙龈弄出血，就会影响牙齿的健康。所以，剔牙的习惯也不可取。

我们的鼻子是具有多功能的调节器，在中医里，“鼻为肺之窍”，它是人体呼吸道的入口，具有通气、过滤、清洁、加温、加湿、共鸣、反射、嗅觉等功能。在鼻子的前庭，长有鼻毛，它们像一排密密麻麻的卫兵，可以过滤呼吸时吸入气流中的一些颗粒状物，并将灰尘等其他异物阻挡在鼻腔，而鼻毛吸附的一些粉尘和油烟等颗粒，常在这里堆积成稠团，这就是俗称的“鼻屎”。因此，鼻毛具体保养鼻腔、净化呼吸的作用，所以平时不要轻易剪拔鼻毛。

其实，生活中，有很多人往往对鼻子的保养并不在意，有些人一感觉鼻子里有不适感，就用手去掏鼻孔，也有的人因有掏鼻的习惯而故意留了长指甲，殊不知，这是最容易伤害鼻子的习惯。要知道，如果鼻前庭不够清洁，就会不同程度的影响鼻子的功能，而掏鼻孔却极易引起此处的皮肤损伤或炎症，从而导致鼻前庭炎或鼻疖症。因此，平时保养我们的鼻子，对维持身体健康很重要。

我们的鼻子不但对吸入的空气起净化、调温、湿润的作用，而且与我们的肺部有紧密的联系。一旦人体的抵抗力下降，或受了伤寒与风邪，那么，聚集在鼻腔的致病菌就兴风作浪，引起鼻黏膜病变。这时，鼻腔里的病菌，就会通过呼吸侵入喉、气管、肺，从而导致喉炎、气管炎、肺炎发生。因此，为了健康，平时一定要保护好鼻子，要懂得鼻的保健知识和方法，尤其是在呼吸道疾病最易爆发的冬、春两季。

在鼻腔的表面，有丰富的汗腺和皮脂腺，它是人呼吸空气的净化器。就我们正常人来说，每天要呼吸约15000升空气，而空气中大量的污浊物和细菌，就会停留在鼻前庭，但是，时间一长，这些滞留物就会堵塞鼻腔黏膜的自洁功能，造成大量细菌堆积，从而对人体产生极大的危害。

那么，我们怎样才能保持鼻腔的清洁呢？用冷水洗鼻就是最好的办法，当你用冷水清洗鼻孔时，不但可以洗去鼻孔内所存的污垢，还能呼吸通畅、神志清醒，而且还可以预防伤风感冒。因为，用冷水洗鼻时，鼻腔内的黏膜和肌肉都要经历一次收缩-扩张-再收缩的过程，这样就无形中增强了鼻孔及整个上呼吸道，对外界寒冷空气的适应能力，从而构筑起一道抵御冷空气侵袭的屏障，以利于预防伤风。再说，我们的鼻子又与七窍相通，因此，当冷水洗鼻子时，又可以达到明目、聪耳、醒脑、增强肌体免疫力的功效，真可谓健身养生的好方法。

那么，具体应该怎么清洗鼻子呢？最好选择在早晨的时候，先用手捧一捧水，将鼻孔浸泡在里面数秒钟，并缓缓地用鼻子稍微吸入一些，之后等到润湿了鼻子内的污物，再擤出来；然后，再次吸入一些水，这时要用拇指按住鼻孔的一侧，而且适当用力擤出另一侧鼻孔内的水和余污，接下来再按另一侧，重复之前的动作。如此重复清洗两到三次就可以了，每天早晚坚持洗一次，会有很好的效果。

勤洗鼻子还可以预防鼻炎。因为洗鼻时，可以保持鼻腔清洁，使鼻腔不受大量细菌的侵袭，预防呼吸道疾病，特别是鼻炎的发生。其实，鼻腔的脏和干，是诱发鼻炎的直接原因。那么，如果能坚持早晚洗鼻，则可以将鼻腔内已聚集的致病菌及污垢及时地排出，以减少空气中的粉尘的袭击，减轻鼻腔负担，从而使鼻腔恢复正常的生理环境，使鼻腔恢复自我排毒功能。

此外，保护鼻子，使鼻子清洁卫生，您还可以采用以下方法：

1.清晨洗脸时，可以用毛巾先揉一揉鼻唇与鼻翼的两侧，直至鼻子的皮肤有红润、发热感，也可以用拇指、食指夹住鼻根，由上而下，稍微用力地连拉几下，均能起到保健的作用。

2.平时擤鼻涕，不要用力太猛，要逐个鼻孔擤，以免将鼻内分泌物压入鼻窦、鼻咽管，导致鼻窦炎、中耳腔感染。如果用力过大，往往会因气流压力大而损伤鼻黏膜，使毛细血管断裂，致鼻子出血，因此，平时触摸鼻子都要小心。

3.到了冬天，鼻子更需要加强保护，因为这时外界空气异常干燥，所以平时要多喝水、勤漱口，以提高鼻咽腔、鼻腔的相对湿度。也可用杯子盛一些热水，将水蒸气吸入鼻腔内，以改善鼻腔湿度和血运。最好平时能多吃些梨、橘子等水果。

4.为了使鼻毛能更好地发挥其过滤空气的作用，而不至于贴在鼻腔的黏膜上。平时，可以在每天洗脸后，把毛巾洗净后在温水中浸一下，稍拧至不滴水之后，再填往鼻腔的前庭轻轻旋转几下，就可以使鼻腔洁净，通气性能更好。

5.按摩也是养护鼻子的一个不错方法：可以先将两手搓热，用手的中指，沿着鼻子的两侧，从下而上开始按摩，之后再带动其他手指；摩擦到额部时，要向两侧分开，再经两侧而下，反复多次。此外，也可以用手指轻轻地按摩面部的迎香穴与印堂穴多次。迎香穴，在鼻翼两侧，鼻唇沟内；印堂穴，在两眉头连线的中点处。

用手指掏鼻孔，实为一种自毁“门户”的陋习。因为，在平时用手掏鼻孔时，很容易会将鼻毛连根拔掉，这样不但破坏了这道天然的屏障，还会损伤鼻腔内的黏膜，引起毛囊炎或长疖子，而且我们常见的萎缩性鼻炎，也与此有关。所以，这个习惯是要不得的，尤其儿童，一定要早一些进行宣传教育。

生活中，很多人都有剔牙的习惯，但剔牙也是一个不良的习惯。因为经常剔牙，不但会损伤牙齿和牙床，造成牙龈萎缩、牙根暴露，而且还会使牙齿间出现牙缝。如果是原来已有牙缝，那么，剔牙就会使牙缝加宽，这样一来，食物残渣就更容易嵌进牙缝里。而且，最终会使牙根失去保护，引起牙齿松动或脱落。

通常，在我们的牙齿表面，包着一层牙釉，它对牙本质起着保护的作用。但是牙根处的牙釉质很薄，如果经常剔牙，就会使牙釉磨损。牙齿一旦失去了这层保护层，就会对冷、热、酸、甜敏感，引起牙痛。再说，牙齿的形状都是头大根小，一旦牙龈下缩，那么，牙根之间的缝隙就变得更大，食物残渣就越容易进去，于是还得剔，这样形成恶性循环，就会毁坏了牙齿。

尤其是用牙签剔牙，给牙齿造成的伤害会更大。要知道，现在市场上销售的牙签，在包装和消毒方面，很难达到标准的卫生要求。因此，在你用带着各种细菌的牙签开始剔牙时，往往会将一些细菌、病毒引入体内，这样不但易引起牙龈发炎，伤害牙齿，还引起其他疾病。还有，平时不要模仿明星叼含牙签，要知道，牙签头部会较尖，不慎进入食道，有生命危险。

如果没有经常塞牙的现象，平时就不要轻易地去剔牙，更不要形成每天无故剔牙的习惯。最好是，饭后立即漱口，如果实在漱不出来，也可以用牙刷轻轻地刷出来，或者用手帕、毛巾等干净的物品，按在食物所塞的部位，轻轻地将它揩出来即可。

此外，也可以使用牙线，牙线能起到清洁牙面、剔出嵌塞食物的作用，而且对牙齿的损伤也较小。

热水泡泡脚，胜过吃补药

古谚有云："热水泡泡脚，胜过吃补药。"足部洗浴保健法，是我国传统医学宝库中一种优秀的理疗保健方法。中医保健理论曾这样说四季沐足："春天洗脚，开阳固脱；夏天洗脚，暑理可祛；秋天洗脚，肺润肠濡；冬天洗脚，丹田湿灼。"说明早在几千年前，人们就很重视对脚的锻炼和保养，并运用泡脚与足部按摩来防病和治病。

中医记载："人之有脚，犹似树之有根，树枯根先竭，人老脚先衰。"因此，民间有"养树需护根，养人需护脚"的谚语。因此，睡前用热水泡脚，成了人们养生保健的一大疗法。中医认为，足部是足三阴经、足三阳经的起止点，与全身所有脏腑经络均有密切关系。用热水泡脚，可以起到调整脏腑功能、增强体质的作用。如果能常用热水泡脚，不但可以促进脚部血液循环，降低局部肌张力，而且对消除疲劳、改善睡眠等都有很大裨益。

脚部又被现代医学称为人的"第二心脏"。科学研究表明，人的双脚上存在着与各脏腑器官相对应的反射区（穴位），刺激这些反射区，可以促进人体血液循环，调理内分泌系统，增强人体器官机能，取得防病治病的自我保健效果。如果每天能泡脚15分钟左右，就能发挥很好的保健作用。

足部热水洗浴的理疗应用范围很广，一些常见病症均可以缓解或解除，像风湿病、脾胃病、失眠、头痛、感冒等全身性疾病；另外，像截瘫、脑外伤、中风、腰椎间盘突出症、肾病、糖尿病等大病以及重病后的康复及治疗都可以。

经常坚持热水泡脚足疗，对于缓解现代城市人群易发的各种职业病，比如，精神不振、睡眠不好、头痛头晕、疲乏无力、饮食不佳等一系列不适症状，往往有事半功倍之效。

把双脚浸入到40℃左右的热水中，约15分钟之后，或直至发热，会感到神清气爽、全身轻松，一些头痛等症状便会明显缓解。

这是因为双脚血管扩张，血液从头部流向脚部，可相对减少脑充血，从而缓解头痛。如果在泡脚同时，再不断用手按摩涌泉穴及按压大脚趾后方偏外侧足背的太冲穴，还有助于降低血压；如果是感冒发热病引起的头痛，用热水泡脚还有助于退热。

热水泡脚就是足浴，属于中医足疗法内容之一，也是一种常用的外治法。泡脚不同于一般的洗脚，必须将脚泡到一定的程度，达到一定的刺激量，才能发挥作用。因此，泡脚保健方法一定要得当。

有些人习惯在泡脚时，往往把脚泡得通红，还以为水温越高，效果越好。殊不知，泡脚水不能太热，太热往往会引起其他方面的不适。常见有以下四个原因：

其一，水温太高，容易破坏足部皮肤表面的皮脂膜，使角质层干燥甚至皲裂。

其二，正在发育期的小孩，如果常用过热的水泡脚，便会使足底韧带因受热而变形、松弛，不利于足弓发育，日久容易诱发扁平足。

其三，水温太高，对患有心脑血管疾病的朋友来说更为不利。这是因为太热的水会使双脚的血管过度扩张，那么，人体内的血液便会过多地流向下肢，从而极易引起心、脑、肾脏等重要器官供血不足。

其四，糖尿病患者，对水温的高低也应特别留意。由于病症的原因很容易并发周围神经病变，从而使末梢神经不能正常感知外界温度，即使水温很高，也往往感知不到，那么就很容易被烫伤。

泡脚时，最适宜的水温应为40℃左右。开始泡时，应先倒入少量热水，让水没过足背，但水温以能忍受为度。然后，随着水温降低，逐渐添加热水，保持水温，直至双脚变红，全身有热感，有微汗出方可。

泡脚时间不宜过长，一般人应以15~30分钟为宜。泡脚时，由于更多的血液会涌向下肢，因此那些体质虚弱者便容易因脑部供血不足而感到头晕；并且，在泡脚过程中，由于人体血液循环加快，心率也比平时快，如果时间太长的话，就容易增加心脏负担。所以，泡脚时还要控制好时间。

由于我们的双脚是人体中离心脏最远的部位，因而每到冬天，在寒冷空气的刺激下，脚部血管收缩，血液运行发生障碍，便易诱发多种疾病。而热水泡脚，则可以改善局部血液循环，驱除寒冷，从而起到养生保健的作用。

所以，在寒冷的天气里很多老人都喜欢用热水泡泡脚，这样既能解乏又利于睡眠。不过你知道吗？如果泡脚前在水中加点中药，便可以调整脏腑功能，起到防病治病的作用。

这是因为，我们的脚部是人体经脉会聚处之一。脚部的经络穴位多达六十多个，人体12条正经中有足三阳经终止于足，足三阴经起始于足。通过中药浸泡，刺激这些穴位，就可以调节经络、疏通气血。并且，皮肤本身也能够吸收药物，再借助热水，则更利于药效在人体内发挥作用。

一般来说，有慢性病的老年人更适合于采用中药足浴。像更年期综合征、风湿性关节炎、慢性肠炎、神经官能症、冻疮以及高血压的头痛眩晕、慢性支气管炎、中风后遗症等，多种疾病症状都可以通过中药泡脚浴的方式得到良好缓解。

这里我们介绍几种老年常见病症所采用的中药足浴疗法：

1.高血压老年患者常常会出现头痛眩晕感的症状，可采用热水足浴疗法，泡脚前可在热水里加入适量的夏枯草、桑叶、菊花、钩藤等。

2.经常神疲乏力、没精打采的老年人在足浴时，可加入适量的党参、黄芪、白术、甘草等。

3.经常头昏眼花、心悸失眠的老年，足浴时可加入适量的当归、白芍、丹参、酸枣仁等。

4.经常腰腿冷痛的老年人，可以加入适量的威灵仙、当归、桂枝、川芎等。

5.对于四肢不温、畏寒怕冷，小便清长和腹泻者，泡脚时可加适量的附子、桂枝、吴茱萸、五味子等。

6.一些眼目干涩、腰膝酸软、大便秘结的老人，泡脚时可加一些女贞子、墨旱莲、枸杞子、火麻仁等。

7.对于爱患冻疮的人，可加一些当归、桂枝、生姜、麻黄等；而皲裂者，则可加白芨、甘草、地骨皮、刘寄奴等。

用中药泡脚，药物需在煎好后加入热水中，为防烫伤皮肤，温度应以40℃左右为宜，时间以半小时为宜。一些心脑血管疾病患者和老年人应格外注意，如果有胸闷、头晕的感觉，应暂时停止泡脚，并马上躺在床上休息片刻。

泡脚时，不要用铜盆等金属盆，因为此类盆中的化学成分不稳定，容易与中药中的鞣酸发生反应，生成鞣酸铁等有害物质，从而使药物的疗效大大降低。因此，中药泡脚最好用木盆或搪瓷盆。此外，饭后不宜马上足浴，以免影响消化。

要想防病，春捂秋冻

对于春、秋二季的衣服增减，自古有一句民间谚语："春捂秋冻。"此谚语对老年人来说尤为重要，也极为实用。

春捂，是说春天到来，仍要穿得厚一点，再捂一段时间。这是因为，寒冬刚过，春天初到，这时的气温还很不稳定，冷暖不一，不仅日夜温差可达10℃以上，甚至早、中、晚的温度变化也很大。日出则渐暖，日中正午就觉热，日落降温又感寒气袭人，真是"春天孩儿脸，一天变三变"。老年人对温度适用能力差，如果春天一到就急急忙忙脱掉棉衣，一旦遇到刮风下雨，身体突然受凉，就很容易伤风感冒。正如唐代名医孙思邈所说："（春月）天气寒暄不一，春风多厉，不可顿去棉衣，恐风冷外袭易于感冒。"

春捂一段时间，确有必要，但又不可捂得过厚，也不宜捂得过久。有的人直到春末还穿着厚厚的衣服，以致闷热汗出，反而容易生病。正确的做法是，随着气温的逐渐增高，衣服也随之逐渐减少，不要骤减以免受凉。《寿亲养老新书》说得明白："春季天气渐暖，衣服宜渐减，不可顿减，使人受寒。"

人体下部的血液循环要比上部差，容易遭到风寒侵袭，因而不能把衣裤鞋袜穿得过于单薄，尤其是老人，春天到来时不要把下身衣服减得太多。寒风刺骨入下身，时间久了就有生病的隐患。

春捂重下身，还要加强下身的锻炼，以促进血液循环，可以采取腿足保养等方法来活动下身。

秋冻，是说秋天到来，不要急于加衣，可以再冻一段时间。这是因为，初秋天气，余热仍在，即使到了中秋，天气渐凉，晚一点添加衣服，也可以锻炼耐寒的能力。等到深秋来临，气温明显下降，再穿较厚的秋装。《诗经》有"九月授衣"的句子，就是说农历深秋九月，天气转寒，应当添加秋衣了。

秋天晚一点添加衣服，对培养耐寒能力确有好处，但秋冻也要适度。秋季毕竟与夏季不同，"立秋早晚凉"，而且入秋之后，每下一次雨，气温也随之下降一次，衣服也应随着气温的变化逐渐添加。对老弱及病人，尤其不可拘于秋冻之说，以免受凉生病。

人的体温应保持在37℃左右，而要保持体温稳定，只靠身体自己调节还不够，还要靠增减衣服来帮忙。所以，应当正确掌握"春捂秋冻"。切不可过捂，更不可过冻，而应根据气候的冷暖变化，随时增减衣服，老人尤其不可忽视。

春捂秋冻，不生杂病。立秋之后，要正确领悟和操作"薄衣御寒"，不要气温稍有下降就立马添衣加裤，把自己裹得严严实实；而应该尽可能地晚一点增衣，能穿短袖衬衫，尽量不要穿长袖；能穿单衣，尽量不加外套。民谚“二八月，乱穿衣”，说的是穿衣感受，真要从保健意义上说，应该是“二月宜多穿衣，八月宜少穿衣”。当然，凡事都应该有个限度，“薄衣御寒”也不能过头。到了深秋时节，气温很低，仍然穿得很单薄，就没道理了。这时可以按照冬季的一些养生法则进行衣食起居（深秋和初冬本没什么明确界线），一味秋冻反而会致病。而对年老体弱者，或是一些慢性病患者，“薄衣御寒”更应该慎重一点。

疾从食来，病从口入

所谓疾从食来，病从口入，就是说如果不管好自己的嘴巴，做不到合理膳食，很多疾病就会一个接一个来找你。一面是细菌、寄生虫、病毒等传染源容易吃到肚子里去；另一面是快餐中的农产品、蔬菜、肉类含有激素、农药及其他致病菌，人们在无意识中也会吃进身体里，从而引发肥胖、心脑血管病等多种疾病。

现在很多年轻人为了追求潮流，吃法是越来越多。从追求烧、烤、涮发展到生吃。科学研究发现，生吃菱角、茭白、荸荠，可能感染姜片虫；吃醉蟹，易罹患肺吸虫病；生吃淡水鱼、生鱼片、鱼生粥，易患肝吸虫病；热衷吃带着血丝的猪肉和牛肉，易引发猪带绦虫、牛带绦虫病等。

现代人生活节奏紧张，饮食丰富多彩，鸡鸭鱼肉、山珍海味，高脂肪、高蛋白质、高糖饮食会降低人体免疫功能。又因为工作繁忙普遍缺乏运动，热量摄入过多，从而引起肥胖；而肥胖的人，其血中胆固醇及三酰甘油容易升高，血液中的脂肪浓度越来越高，加速动脉硬化，可能导致心绞痛、心肌梗死、主动脉瘤和尿毒症等疾病。

俗话说“病从口入”。如今越来越多的人偏爱生鲜食品，因此吃出来的病也越来越多。

食源性寄生虫病一般可分为六大类：植物源性寄生虫病，如姜片吸虫病；肉源性寄生虫病，如旋毛虫病、猪带绦虫病、牛带绦虫病、弓形虫病；螺源性寄生虫病，如广州管圆线虫病；淡水甲壳动物源性寄生虫病，如肺吸虫病；鱼源性寄生虫病，如肝吸虫病等三十余种食源性寄生虫病。

寄生虫病的感染途径多种多样，人们在吃生鸡生鸭或未熟透的禽类时，许多病源尚未杀死。只有食物通过高温烹饪熟了，寄生虫被彻底杀灭，才能保证我们饮食的安全性。

不吃早餐或早餐质量很差的人，容易感到体力不支、头晕乏力、注意力不集中、工作效率下降等。另外，长期不吃早餐或早餐不讲究者，胃炎、胃溃疡、胆结石、胃癌的发病率较高。

午餐吃了富含糖和淀粉的米饭、面条、面包和甜点心等食物，会使人感觉疲倦。同时也不能暴饮暴食，这样下去同样会引起胃炎、胃溃疡、胆结石、胃癌等疾病。

晚餐吃得过多的人，身体必须要有较多的精力用于食物的消化吸收和处理。另外，人在夜间不活动，吃多了易营养过剩导致肥胖，还可使脂肪沉积到动脉血管壁上，导致心脑血管疾病。

培养良好的饮食习惯和合理的膳食搭配，是预防疾病保持自己身体健康的根本。不要吃未熟透的猪、牛、羊、鸡、鸭、兔等肉类食品，和未煮熟的淡水鱼、虾、螺、蟹，蛙、蛇等食物。只有把住“病从口入”关，高度重视食源性寄生虫病，才能杜绝肝吸虫、肺吸虫、旋毛虫、带绦虫、囊虫、弓形虫等寄生虫病的侵袭。

一日三餐最好用素食慢慢调节，早餐最好吃蔬菜，如生菜、胡萝卜、芹菜。这些摄取叶绿素、胡萝卜素、维生素、纤维素多的蔬菜能和大量的肉、鱼、蛋类取得营养的均衡，调理肠胃。午餐要注意食物的多样性，注意荤素搭配。晚餐一般吃八成饱，这样有利于消化和吸收。应多注意摄取膳食纤维，少吃脂类，有利于消化和排便。“早餐吃好，午餐吃饱，晚餐尽量要吃少”牢记在心，健康加一分。

此外，养成合理膳食习惯，水果也是保持身体健康的必需品。一天之中，最科学的吃水果时间应该是进餐前1小时左右，这样可防止因为进餐过多而导致的肥胖（比较瘦者除外）。水果含有丰富的果糖和葡萄糖，能够快速被机体吸收，降低食欲。美国的研究发现，饭前1~2小时吃水果或饮果汁，能在一定程度上满足体内热量的需求，从而减少对食物的需求量。

为了保护你健康的身体，要养成合理的饮食习惯，少吃油炸生煎等食物，远离不熟或半熟的食物。进餐前后请洗手，一日三餐营养搭配好。总之，只有健康地吃进去，才能健康地生活。

食药同源，凡膳皆药

古人有云，“食药同源，凡膳皆药”。“食疗”在《本草纲目》《食疗本草》中均有记载，如栗子能“治肾虚、腰脚无力，能通肾益气，厚胃肠”，糙米有“止痢，补中益气，坚筋骨，和血脉”的功效。民间常说：“冬吃萝卜夏吃姜，不劳医生开药方”“夏天常吃瓜，中药不用抓”“一日吃数枣，终生不显老”等。

将食物当作药材来用，这与中华民族历来重视对各种食物功能的观察和研究分不开。特别是对各种食物“食疗”作用和营养学功能有很多的研究和发现，如孙思邈《备急千金要方·食治篇》指出：“食谷者，则有智而劳神；食草者，则愚痴而多力；食肉者，则勇猛而多嗔。”这生动地描述了食物结构的不同对人类体质的潜在影响。

中医“食药同源”的理念，在大豆上体现得最为集中。“五保宜为养，失豆则不良”“可一日无肉，不可一日无豆”这些话都明确地指出了豆类食品在平衡膳食中的重要性绝不亚于肉类。中医认为：大豆（黄豆）性味甘平，不凉不燥，具有益气养血，清热解毒，宽中下气，健脾利水消积，通便定痛等功效，是治疗虚劳内伤，消渴水肿，温热伤寒等疾病的佳药。美国食品和药品管理局（FDA）近年将大豆列为“已确立的功能性食品”，可见大豆的保健养生功能不仅有历史依据，也得到西方学术界的公认。这一事实雄辩地说明中华民族“寓医于食”传统营养学理论的科学性。

食药同源，就是说食物也可以像药一样，治愈疾病。孙思邈说：“凡欲治病，先以食疗，食疗不愈，后乃药尔。”虽然在现代医药如此发达的时代，很多疾病都有针对性的特效药可以治疗，但是，我们都知道是药三分毒，在治疗疾病的过程中，也会对我们的身体有所损害。比如，部分降血糖、降血脂药容易造成严重肝肾疾病。所以，通过食物来达到治疗的目的，对于大众来说更加安全和方便。

有“食疗”功能的食物材料可分为食药兼用的食品，如甲鱼、乌鸡、鱼翅、木耳、燕窝、海参、猴头蘑、姜、枣、蒜、枸杞、梨、蜂蜜等；以及中草药，如人参、党参、茯苓、甘草、熟地黄、白芍、当归、川芎等，它们可与香辛料一起作为炖鸡、煮肉、火锅等调治虚弱的食品烹制时的佐料强壮身体。也可以针对某些征候，如：风寒感冒喝“红糖姜汤”，体弱补以“当归乌鸡汤”，止咳润喉用“蜂蜜贝母花梨汤”等等。膳食养生保健是中国传统膳食文化的重要组成部分：“药食同源”“药膳同功”成为传统膳食的哲学思想，中华民族的祖先为了生存，尝百草、吃野果，从生活实践中体验、发展和创造了“寓医于食”的营养学理论。明代医学家李时珍曾写道：“轩辕氏出，教以烹饪，制为方剂，而后民始得养生之道。”说明至少在六千年前，从“神农尝百草”开始，中国人民就在努力探索食物与养生保健的关系。中医强调以食物预防疾病，在世界医药学领域，以历史悠久、内涵丰富、实用可行而倍受青睐。自古以来“食用、食养（食补）、食疗（食治）、食忌（食禁）”就成为中医膳食调理的理论基础，而“药食同源，寓医于食”作为中国传统营养学遵循的重要原则得到广泛的应用。

吃了端午粽，寒衣才可送

所谓“未吃端午粽，寒衣不可送”意思是说，在农历五月初五端午前后，天气还会变冷，这时不要觉得天气一暖和就将御寒的衣服收藏起来，还需要注意保暖，不能大意。

民间谚语说“未吃端午粽，寒衣不可送。吃了端午粽，还要冻三冻。”一般来说，端午节前后在长江中下游地区即将进入梅雨季节，这时南方的暖性海洋气团已经开始向这一带移动，按一般的气候规律来说，天气应该热起来了。不过，这时的天气虽然已经变明暖，但是在短时期内还仍有冷空气南下，气温会明显下降。所以，人们在端午节吃粽子时不要忘了保暖，不能一下子穿得太单薄。

通常，在端午前后，冷暖空气会在江淮流域汇合，形成梅雨。而在梅雨期间，经常有低气压形成并且逐渐东移。因此，当低气压稍有些发展时，其后部的冷气流就会侵袭这些地区。那么，这时的天气也会暂时变冷。但是，不久后又将转成闷热潮湿的天气。所以，这个时候还应多注意天气的变化谨防感冒。

一般来说，在梅雨结束后，才算是真正进入盛夏季节。所以民间有“吃了端午粽，还要冻三冻”的说法。意思就是指盛夏尚未来临之前的一段时间里，还会受到冷空气影响，在穿衣上还不可以陡减，应适当保暖。

端午节是我国的传统节日，每年农历的五月初五就是端午节。虽然它不在二十四节气之中，但与二十四节气的芒种相邻。这时候是小麦成熟收割的时节，天气已经比较热了，因此民间才有“吃了端午粽，寒衣才可送”的说法。看来古人对气候的判断和把握并非没有科学依据。

“未吃端午粽，寒衣不可送；吃了端午粽，还要冻三冻。”是对于长江中下游地区的人们而言的，对华南地区的人们来说，此时已经进入初夏或盛夏了，这句谚语当然也不适用了，这时就需要准备好如何乘凉避夏了。

一场秋雨一场寒，十场秋雨穿上棉

秋季是由夏到冬的过渡季节，进入秋季后各种天气变化就非常明显。大家都会有这样的经验，在秋天里每下一场雨，都会给人添几份凉意，这时随着一场又一场的秋雨，气温会越来越低，人们需逐渐添加衣物，这就是谚语说的“一场秋雨一场寒，十场秋雨穿上棉”。

进入秋季后，各种天气变化非常明显。这时，太阳直射光线逐渐向南移动，因此照射在北半球的光和热一天天减少，这样一来就有利于北方冷空气积累增强。但与此同时，南方地区上空却是正在逐渐衰退中的暖湿空气，于是这时的冷空气南下后就与之交汇形成了雨。于是，便开始了一场又一场的绵绵的秋雨。

人们根据多年的经验发现，每一次冷空气南下，都会带来一场秋雨、一阵秋风，同时也就会造成一次降温，气温也变得一次比一次低。如此，几次冷空气南下后，夏天便一去不返，人们也就需要加衣御寒了。这时人们也该做一些相应的日常保健，以达到养生的目的。

一、防止腹部受凉

秋凉之后，昼夜温差变化大，这时应该注意保暖。特别是患有慢性胃炎的人，要特别注意胃部的保暖，适时增加衣服。尤其是在夜间睡觉时，一定要盖好被褥，以防止腹部着凉，而引发胃痛。

二、早睡早起

深秋之后，天气越来越凉，人们的生活要规律，需要早睡早起。因为早睡以利养阴，早起以利舒肺，呼吸新鲜空气，使机体津液充足，精力充沛。

三、讲究心理卫生

秋季是胃病、十二指肠溃疡等症加重的时节，但其发生与发展，与人的情绪、心态密切相关。因此，保持精神愉快和情绪稳定很重要。所以，在秋季还要避免焦虑、恐惧、紧张、忧伤等不良情绪的刺激。

四、注意皮肤保养

在秋季，人的皮肤水分蒸发很快，外露部分的皮肤因缺水会变得粗糙，弹性变小，严重时还会产生皲裂。这时一定要注意皮肤的日常护理，多吃泥鳅、白鸭肉、花生、红枣、葡萄、芝麻、核桃、蜂蜜、梨等食物，能较好地滋润肌肤。

所谓“十场秋雨穿上棉”，并不是说下了十场秋雨之后人们就一定要穿棉衣了。这种说法只是形容多场秋雨后，天气已经比较寒冷，秋天即将走到尽头，冬天也就要来临了，人们就需要穿上棉衣防寒了。因此，究竟何时穿棉衣，不能一概而论，还要看各地具体的天气情况与自身的素质条件，做好充分准备，适时保暖，以防受寒。

秋天一定要注意饮食调养。在饮食上，应有所忌嘴。不可以再像之前那样吃过冷、过烫、过硬、过辣的食物，更要戒烟禁酒。平时，应以温、软、淡、素、鲜为宜，做到少吃多餐、定时定量，使胃中经常有食物中和胃酸。特别是胃部不舒服者，一定要防止侵蚀胃黏膜和溃疡面而加重病情。

第二章

居家过日子：当用时万金不惜，不当用时一文不费

——管理自己，将亲人带往幸福的明天

人生最大的财富是健康

健康是人生最大的财富，有了健康就有了希望，有了希望就有了一切。

世界上首屈一指的自由是什么？健康。世界上最好的天赋是什么？健康。世界上最美的东西是什么？健康。因为如果没有健康，你就不会有追求自由的权力；没有健康，智慧就不能表现出来，力量不能施展，财富变成土石，容颜渐渐枯萎。

有些人有奇异的天赋，但最终只取得微小的成功，就因为他们在无意中损伤了自己的成功机器——健康，就因为他们不能供给自己必要的动力来启动那机器。世间有千千万万的人，就因为对于身体不加注意与留心，以致壮志未酬，饮恨离世，他们毁掉了自己有所作为的可能性。他们的生活变得枯燥而乏味，他们在身心正该精壮的时候，却已经是“老态龙钟”了，这该是人世间最悲惨的事情。

成功诱惑着许多人，人们围绕着成功绞尽脑汁、终日奔波，却很少有人关注自己的身心健康。

每个人的经历大相径庭，但都会拥有年轻。自视身体强健的年轻人一方面享受青春，一方面也在消耗着健康。初入社会的青年在为成功做出巨大的付出：快节奏的生活、高强度的工作，他们根本没有时间和精力打理自己早就疲惫不堪的身体。他们还未来得及享受生活的滋润就为追求付出了所有，不能不说是一种遗憾。“亚健康”在成为一种城市流行病，这很大程度源于人们对自己的不重视，不重视身体的保养，不重视身体的危机信号，任其恶化，直至被疾病打倒，却悔之晚矣。

有许多人不惜一切地追寻着财富，却不知不觉牺牲了人生的第一财富——健康。世上没有比健康更好的财富，没有比内心快乐更大的快乐。

很多人认为，赚钱可以说是人生中最大的快乐之一，它除了能够给多数人提供主要的智力刺激和社会互动之外，还是许多经营者唯一能展露才能、并获得掌声的标准。拼命赚钱除了可以带来名声之外，还可带来财富、权力及擢升。但是，如果你真的把每一分钟清醒的时间都用来赚钱，而完全忽略自己的健康，那将是得不偿失的。因为，人不是只干活不需要吃饭、睡觉和休息的机器。

健康是“1”，而事业、家庭、爱情等等都不过只是“1”后的“0”，失去健康，所有这些都将变得毫无意义。身心健康是人生最起码的，也是最重要的条件，是人生中

最重要的财富。

什么是健康？有人认为没有病就是健康。其实，健康的概念要比这广泛得多。人除了生理健康外，还应包括心理健康和社会交往方面的健康。人不仅要有无病的身躯，还要有充沛的精力、健全的智能和良好的心态。

一个人无论是想拥有富裕的物质生活，还是希望拥有一种富足的精神生活，都必须拥有健康，拥有精神。健康不但能使人创造出财富，还能使人愉快地享受这些财富。

我们应日日谨记：保持充足的睡眠、适当的户外运动、与友人谈心、不要超强度工作、补充营养，不要过多烦闷、后悔、恐惧、怨尤、愤怨。这是保持健康以应付竞争的法则。

要想成功就一定得珍爱自己的身体，凡是足以摧残你身体，空耗精力、时光的事绝不去做，应时刻关心身体，关心那些是否真正有助于事业与身体的健康。你的身体垮了只能壮志难酬，那时，再多的金钱也将于事无补。

人生最大的财富就是健康。每一位在通向成功路上勇往直前的人都应当倍加珍惜、呵护上天赋予的这份宝贵礼物。

恩爱夫妻多长寿

俗话说得好："老伴、老伴，愈老愈要相伴。"老夫老妻之间的相互体贴、关心，甚至一句暖心话、深情的一瞥，都会使对方感到温暖，成为驱逐孤独、战胜疾病的精神力量。有报道说，一位丧偶的老干部在病房中相识了一位丧夫的退休教师，并很快相爱了，由于老干部子女的干涉，女教师只好洒泪而别，不料这位老干部的病情因此而迅速加重。在垂危中，老干部喃喃地呼唤着女教师的名字。后在医院人员的劝说下，终于使女教师又回到了老干部病榻前，结果这位老干部的病奇迹般痊愈了。这是一对黄昏恩爱鸳鸯，可见爱情可使人长寿。

古往今来，恩爱和谐的夫妻多长寿。据日本人口调查资料表明，离婚者与夫妻恩爱者相比，男性寿命平均短12岁，女性平均短 5 岁；丧偶者当年因病死亡的机会比同龄人高10倍以上。瑞典医学科研人员对989名50~60岁的中老年人追踪观察9年，发现离婚者或鳏夫死亡率22%，而夫妻白头偕老者只有14%。因此良好的夫妻关系对于健康长寿具有重要作用。

夫妻恩爱，能使双方产生一种温暖、宁静、协调的情趣，有利于大脑皮质功能和机体免疫功能的生理协调，从而促进体内分泌出有益的激素、酶和醋酸等物质。这些物质能把体内血液的流量和神经细胞的兴奋程度调节到最佳状态，对机体身心健康十分有益。所以，夫妻感情融洽，不仅有利于家庭和睦，而且有利于健康长寿。老年夫妇也不宜分室而居。人到老年较易患高血压、冠心病等心脑血管疾病，而这些疾病的急性发作，常会给老年人带来严重后果，甚至致命。不少危重急症疾病，如脑血栓、不稳定型心绞痛、心律失常、心肌梗死、脑出血等，在夜间休息、入睡或安静状态发病的情况已屡见不鲜。因此，老年夫妇同居一室，既可及早发现、及早抢救，还可互相照顾。

老筋长，寿命长

俗话说，“老筋长，寿命长”“运动强筋骨，吐纳肺腑良”，中国民间很早就把筋与人的健康、寿命紧密联系起来了。

在中国传统养生文化中，筋占据了重要的地位，古人修炼的很多武功都与筋有关，比如我们经常在影视剧里看到的分筋错骨手、分筋擒拿法、收筋缩骨法等，甚至还有一本专门的书是用来练筋的，那就是我们非常熟悉的《易筋经》。

为什么筋这样重要？我们还是先来了解一下什么是筋。“筋乃人之经络，骨节之外，肌肉之内，四肢百骸，无处非筋，无处非络，联络周身，通行血脉而为精神之辅。”可见，最初的“筋”是指分布于身体各部分的经络。后来，经过时代的演变，筋的定义也发生了改变，逐渐成了韧带和肌腱的俗称，也就是我们现在所说的筋。

在中医里，肝与筋有着紧密的关系。《素问》说：“肝之合筋也，其荣爪也。”头面躯肢病征状态，通过经筋网络汇集于指端的爪甲。脏腑荣枯，气血盛衰，皆可由于经筋的传导引起指甲的变化。因此，有爪为筋之余的说法，虽然这在解剖学上不能与筋完全等同，但在功能上却与筋具有同一性。

说到功能，筋附着在骨头上，起到收缩肌肉，活动关节和固定的作用，人体的活动全靠它来支配。可以说，如果人体没了筋，就会成为一堆毫无活力的骨头和肉。中医认为，肌肉的力量源于筋，所谓“筋长者力大”，筋受伤了自然使不出力气来，尤其是后脚跟这根大筋，支撑着身体全部的重量。这样，我们也就明白了，为什么一个武功高强的人，筋断之后就会成为一个废人，因为他已经使不出力气来了。

因为筋的最基本功能是伸缩，牵引关节做出各种动作，所以筋只有经常活动，经常抻拉，才能保持伸缩力、弹性。古代有许多功夫高手，能够年过百岁而不衰，与练筋是分不开的。不过，需要注意的是，练筋还需要特殊的方法，我们平常所做的跑步、登山等运动活动的主要是肌肉，却远远达不到锻炼筋的目的。因此，需要一种能锻炼筋而尽量不锻炼肌肉的运动，这就需要“易筋”。

易筋有一个十分简单的方法——盘腿。美国哈佛大学医学院，每年有近万名患有各种疾病的人就诊，医生除了给病人用药外，还经常会教他们如何盘腿打坐，以消除精神上的压力、增强体质。在日本，许多地方流行女性做“一日尼姑”的健身潮流，到一家寺庙盘腿打坐，斋戒清心，不仅压力和烦恼消失了，还锻炼了身体。

盘腿而坐时，两腿分别弯曲交叉，把左腿踝关节架在右腿膝关节处，向前俯身，保持这个姿势。如果连10分钟都坚持不了的人，那就说明你的腿部、踝部、髋部的柔韧性不够，平常也缺乏柔韧练习。

怎样锻炼身体柔韧性呢？以下两个简单的练习动作，每次只需要花费约5分钟的时间，针对腰、臀、腿部进行拉伸，就能大幅提高身体灵活性，轻松完成盘腿坐。

坐姿前屈：坐在垫子或床上，双腿并拢伸直，尽可能向前俯身，双手触碰小腿胫骨，感觉到大腿后侧被拉紧时，保持15至30秒钟，休息半分钟，再做一组。

跪姿伸展：跪在垫子上，双膝并拢，脚踝背伸，使两个脚面都贴在垫上。然后双手后撑，尽可能后仰上身，感觉到大腿前部被拉紧时，保持15至30秒钟。休息半分钟，再做一组。随着大小腿柔韧性的增强，你将能够使上半身躺在垫上。

经常练习盘腿，可以改善腿部、踝部、髋部的柔韧性，使两腿、两髋变得柔软，有利于预防和治疗关节痛，实际上是将整个下半身的筋拉松了。另外，久练盘腿，可以放慢下半身的血液循环，等于增加了上半身的血液循环，特别是胸腔和脑部的血液循环。这个姿势还能使呼吸系统不受阻，让人的呼吸顺畅。骨正筋柔，气血自流，长寿秘诀就在于此。

高枕未必无忧

不少人被“高枕无忧”的成语误导，睡觉时用高枕头，甚至用两个枕头，其实，这对身体健康是不利的。

“高枕无忧”用来比喻太平无事、安然入睡，但是枕得高，并不一定能睡得好。

正常人的脊椎有4个生理弯曲，颈部往前凸，胸部往后凸，腰部往前凸，骶尾部往后凸。枕头过高，无论是仰卧还是侧卧，都会改变颈椎的生理状态，早期可能会发生“落枕”，长期以后会使颈椎强直、错位，导致头颈胀痛、失眠、记忆力减退等，还会影响血液循环。长期低枕也会改变颈椎的生理状态，引起烦躁、失眠等症状。

一般患有高血压、高颅压、心脏病、肺气肿、哮喘等病的病人，需要睡高枕；患有低血压、休克、低颅压、贫血的病人，需要低枕。

枕头的高度与每个人的胖瘦、肩的宽窄、颈的长短以及年龄有关，以舒适为宜。每个人都要选择一个适合自己的枕头。

早晨起床后发现脖子僵硬疼痛，不能转动，这多半是由于睡觉姿势不对造成的。落枕也是高枕的后患之一。落枕不可避免，治疗的关键在于肌肉的彻底放松。可以通过以下急救方案来减轻落枕带来的痛苦：

1.淋浴5分钟，使热水直接落在颈部和背部，可以促进血液循环，缓解肌肉紧张，减轻疼痛。

2.将下巴顶在前胸，坚持一会儿，然后头向后仰，眼向上看，再坚持一会儿，头再向前伸。最后向两边轻轻转动脖子数次，这套动作对轻微的落枕很有效。

一般成年人仰卧时，枕头的高度以6厘米最为合适。侧卧基本与肩膀同高或稍低，一般为10~15厘米。如果褥子比较软，枕头宜再低一些。枕头过高，胸锁乳突肌、背部肌肉及头部均处于紧张状态，颈部前凸的生理弯曲也会受到影响，不但不利于消除疲劳，久之也易形成驼背、颈椎病、打呼噜、落枕等疾病。但枕头也不可过低，特别在侧卧时，枕头太低容易导致肩周炎、落枕等。

枕头的硬度主要与枕芯材料有关，什么样的材料好呢？枕芯的关键是适当的硬度和透气性，太硬了不舒服，太软了翻身不便。目前多采用荞麦皮、木棉、羽毛、羽绒、聚乙烯等材料做枕芯。特别是荞麦皮，在不吸热、防潮性等方面都优于其他材料。我们要特别注意枕头不宜过软，也不宜过硬，不宜过高，也不宜过低。选择适合自己的枕头，枕出健康。

老来瘦，未必寿

现代医学研究告诉我们：老人的长寿绝不能单纯用“胖”和“瘦”来衡量，老人只要没有心血管系统疾病，适度的胖并没有太多坏处，更没有必要去刻意寻求越瘦越好的“秘方”。相反，医学专家认为，老人适度的胖，比瘦更能抵抗疾病的消耗。所以，老人大可不必为略胖而烦恼。只要坚持适度的运动和锻炼，适当注意饮食，不使身体过于臃肿就行，切不可走入“千金难买老来瘦”的误区。

老人并非越瘦越好，瘦也应有个限度，公认的限度是不应低于标准体重的20%，否则，预示着体内可能存在某种疾病隐患。

1.恶性肿瘤。所有恶性肿瘤都可能先出现无原因的消瘦，近期有明显消瘦者更应警惕。消瘦伴有吞咽困难者，常常提示食道癌的存在；消瘦伴有便血，要警惕结肠癌、直肠癌；过度消瘦更是胰腺癌早期仅有的症状。

2.糖尿病。早期多为肥胖，但时间一长，消耗增多，会造成消瘦。有些老年糖尿病患者虽没有明显的“三多”症状，但由于体内糖代谢紊乱，也会导致消瘦。

3.结核病。老年人的消瘦由于慢性感染所引起的为数不少，其中较多见者为结核病。

4.甲状腺功能亢进。老年患者的1/3无甲状腺肿大，半数以上无突显症状，但体重下降的可占74%。

5.肾上腺皮质功能减退。老年人发生此病，早期极不典型，仅有消瘦的表现，以后才逐渐出现皮肤黏膜色素沉着等典型表现。

6.胃肠道疾病。慢性胃炎、消化性溃疡、慢性非特异性结肠炎等，由于消化和吸收障碍，也会导致消瘦。

7.药源性消瘦。某些药物，如甲状腺制剂、苯丙胺等可促使身体代谢明显加快，服用洋地黄、氨茶碱、氯化铵、雌激素等药物可引起食欲减退、上腹不适；长期服用泻药会影响肠道吸收功能。

8.其他原因导致的消瘦。情绪过分激动、悲伤、忧愁、兴奋以及失眠，导致睡眠时间不足而影响食欲，或者挑食、偏食、长期素食等都可使机体所需各种营养素摄入不足，从而导致消瘦。

总之，肥胖臃肿固然非福，瘦骨嶙峋同样是祸。身体过于消瘦的老年人除了查明原因，积极诊治隐患以外，在饮食上还要比一般人多吃高热量、高蛋白和含维生素多的食物。

中国俗话说：“千金难买老来瘦。”然而，德国营养专家建议，老年人体形瘦弱未必好，关键在于保持适当的体重，维持正常的生命活动。

德国吉森大学营养研究所的营养专家贝特霍尔德教授指出，60~70岁之间的老年人肌肉将开始出现萎缩。男子每10年萎缩4%，而妇女则可能达到6%。据此，贝特霍尔德教授向老年人提出建议，体重稍微超过正常值甚至更有益于健康。因此，即使体重稍微有些超重，最好也应该保持这一状态。

德国营养研究所的科学家海纳·伯英也强调：“最佳的方案就是保持体重。”当然，专家一致认为，为保持健康，经常进行室外活动并且保证矿物质和维生素的正常摄入，是老年人必须注重的。

虽说“老来瘦”可避免因肥胖而引起的心脏病、高血压、高血脂、胆结石、糖尿病等许多慢性病，然而，医学专家通过分析和临床观察证实，老年人过分追求瘦并不正确，有时稍胖些反而对健康更有利。

老年人体重不应低于标准体重的20%，而当体重超过标准体重的40%时，才会发生各种疾病。倘若饮食及生活环境没有特殊变化，在短时间内身体日渐消瘦，切不可掉以轻心，应及时到医院检查。身体过瘦，原因是血液中的蛋白质含量低、血色素和胆固醇值也不高，一旦患病，抵抗力就会很弱。为此，专家提醒：对少数肥胖的老人来说，适当控制饮食，增加运动量是必要的。但对于并不肥胖又没有疾病的老人来说，切莫过分减肥，也不要以胖瘦作为衡量健康的标准。

无病先防胜于有病再养

《黄帝内经》中有一句话：“是故圣人不治已病治未病，不治已乱治未乱，此之谓也。夫病已成而后药之，乱已成而后治之，譬犹渴而穿井，斗而铸锥，不亦晚乎！”意思是说，聪明的人不会生病了才想着去治疗，而是未雨绸缪，预防在先，防病于未然，这在中医上叫作“治未病”。

“治未病”是中医理论的精髓，就是当疾病尚未发生时，能提前预测到疾病的发展趋势，并采取相应的防治方法，以杜绝或减少疾病的发生。比如春季万物萌生，细菌、病毒等致病微生物也相应活跃，感冒之类的疾病就有可能流行开来，所以中医提出“正月葱、二月韭”的饮食，以提高人们的抗病能力。夏季天气炎热，中暑发生的可能性相对就大，中医就强调“饮食清淡”“夜卧早起，无厌于日”的养生方案，使中暑的发生减少。秋季气候干燥，咳嗽一类疾病的发病率相对较高，所以中医强调秋季以“养肺除燥”为主，多吃梨以生津解渴，从而使一些时令病的发生降到最低限度。冬季要收藏体内的阳气，注意保暖，早卧晚起，好好休息等。

中医“治未病”还体现在一个方面，就是在疾病的潜伏期及时发现，并扼杀它的滋长，使人体恢复真正的健康。不过，相对而言，如今的医疗水平只停留在应付“已病”的人群上。我们可以用这样的比喻来说明“治未病”和“治已病”的区别，“治未病”就像是洪水暴发之前筑堤坝、泄洪的各项防护措施，而“治已病”就像在洪水泛滥以后再去堵窟窿一样，按下葫芦浮起瓢，根本没有更多精力谈预防。

很多人就是由于不注意预防导致疾病缠身，疲于奔命。因此，只有我们提早防微杜渐，防患于未然，把健康掌握在自己手中，人生才会充满自信与快乐。这也是中医“治未病”的最大意义。

早吃好，午吃饱，晚吃少

有规律的生活方式与科学的膳食习惯，可以使人保持良好的工作精神状态，能更好地抵御疾病。按照营养配餐的科学理念与传统的膳食习惯，人们通常将每日进餐分为三次，即早中晚一日三餐。

科学膳食，要把人体一日内需要的热能和营养合理地分配到一日三餐中去，这样每餐所摄取的热量约占全天总热量的1/3左右。但是，午餐既要补充上午的热量消耗，又要为下午的工作、学习提供能量，因此，可以适当多吃一些。这样，早餐一般占全天热能的30%，午餐占全天热能的40%，晚餐占全天热能的30%，以适应人体生理状况和工作需要。

有一句“金早餐，银午餐，铁晚餐”的说法，这句俗语充分说明了早餐的重要性。早饭吃得好的人，整个上午血糖水平均保持在正常水平，所以不论是脑力劳动者或体力劳动者都会感到精力充沛，工作效率很高。

经过一夜的睡眠，在前天晚上进食的营养已基本耗完，因此，早上只有及时地补充营养才能满足上午工作和学习的需要。如果经常不吃早餐，危害性很大，最显而易见的是体力不支、头晕乏力、注意力不集中、工作效率下降，而且患胆结石的几率非常高。另外，长期不吃早餐或早餐不讲究者，胃炎、胃溃疡、胃癌的发病率也较高。因此，早餐是一定要吃的，而且要吃好。

每天坚持吃营养早餐，是延年益寿的要素之一。因此，早餐一定要吃好。要选择最合理的营养搭配，以供身体所需。起码应包括谷物、动物性食品、奶类及蔬菜水果四大部分。一般可以根据以下原则，合理进食早餐。

一、营养搭配

蛋白质：早餐要有一定量的动物蛋白质，如鸡蛋、肉松、豆制品等食物为佐餐。因为人体是否能维持充沛的精力，主要依早餐所食用的蛋白质而定。

碳水化合物：早餐时进食一些淀粉类食物，比如馒头、面包、粥等，因为大脑及神经细胞的运动必须靠这些食物的糖分来产生能量。

维生素：早餐时最好能再吃些拌菜、泡菜、蔬菜沙拉、水果沙拉等，因为这些食物可以提供身体所需的维生素。

二、早餐守则

水分补充：人体一天水分所需，最好有1/3量在上午补充完毕。水分补充在早晨也很重要，如果能在未进食前先来杯开水，活络肠胃；或者喝一杯蜂蜜水，也可以清肠胃；餐后来杯助消化的乳制品，都能起到不错的效果。

复合性糖类：复合性糖类的热能，也是早餐时不可缺少的，摄取一些全麦面包等全谷类制品，可迅速提供你所需能量及多种营养成分。

清淡：一定要记住，早餐宜清淡。因为油脂含量过多的餐点，会使血液循环减缓，血液带氧量减少。

三、就餐时间

一般来说，早晨7~9点是吃早餐的最佳时间。

通常，起床后20~30分钟再吃早餐最合适，这时人的食欲最旺盛。

早餐不但要注意数量，还要讲究质量。最好少吃稀饭、甜面包或炒面等含碳水化合物多的食物，以免使脑中的血清素增加。因为血清素具有镇静作用，使大脑无法达到最佳状态。

早餐也要注意变换，不可千篇一律，至少应该每周换一种主要食物。并且，早餐也不宜吃含有大量脂肪和胆固醇的食物，如油条和熏肉等，这些食物不但不易消化，还会加速胆固醇的升高。

午餐是补充营养能量最关键的一餐，除了要补充上午工作的消耗，还要满足下午工作的需要。通常，早晨刚刚起床还不是很饿，也吃不了太多东西，晚餐又不好吃太多，所以中餐最重要。

午餐的食物要注意多样性，注意荤素搭配，营养俱全。一定要有一些富含蛋白质和脂肪的食物，如鱼类、肉类、蛋类、豆制品等；并且要有米饭、馒头、玉米面发糕、豆包等主食；还要搭配一些新鲜蔬菜，这样才能保持体内血糖继续持于高水平，以保证下午的工作和学习。

照理说，上班族的午餐结构应营养更高一些，最好以吃蛋白质和胆碱含量高的肉类、鱼类、禽蛋和大豆制品等食物为主。要知道，只有这类食物中的优质高蛋白才可以使人的血液中酪氨酸增加，进入人脑之后，可转化为使人头脑保持敏锐的多巴胺和去甲肾上腺素等化学物质。胆碱则是脑神经传递乙酰胆碱的化学介质，乙酰胆碱对脑的理解和记忆功能有重要作用。

特别注意的是，午餐尤其忌吃方便类食品，例如方便面、西式快餐等。这些食品营养含量很低，根本就不能供给身体的营养所需。此外，午餐也不能天天都吃一道菜，一定要经常更换。

下面介绍几道营养丰富、美味可口的午间大餐：

海带肉丝、素什锦：主菜是鲜肉、海带、榨菜、青椒；副菜是西芹、西兰花、油面筋、水发肉皮。

土豆肉排、香菇菜心：主菜是肉排、土豆、西芹；副菜是油菜、豆腐干丝、香菇。

茭白肉丝、素什锦：主菜是鲜肉、茭白、菜椒；副菜是黄瓜、腐竹、胡萝卜、黑木耳。

鸡蛋肉块、生菜：主菜是鸡蛋、五花肉、青椒丝；副菜是生菜、虾皮、枸杞子。

按照科学的膳食方式，晚餐要以清淡、容易消化为原则，最好选择：面条、米粥、鲜玉米、豆类、素馅儿包子、小菜、水果拼盘等食物。并且，应在就寝前两个小时进餐，还要特别注意不要吃肉类食物，并且，最好吃八成饱。

如今，由于午餐作为正餐的习惯早已被打破，晚餐也成了现代家庭中最重要的一顿饭。华灯初上，忙碌了一天，和家人围坐在一起享受丰盛的晚餐好像成了人们最快乐的享受。于是，不少家庭的晚餐菜肴都很丰盛，像鸡、鸭、鱼、肉、蛋摆满餐桌。有一些家庭在晚上八九点钟，甚至十点才吃晚餐；有的人下班后就开始忙“应酬”，吃喝几个钟头，才腆着肚子回家；还有的人加班熬夜后把晚餐和夜宵放在一起，吃完后马上睡觉……

殊不知，这些不好的晚餐习惯便是多种疾病的罪魁祸首。这种以晚餐补、早餐和中餐少的饮食习惯在运动量不足的情况下，会给身体健康埋下“定时炸弹”。像高血压、糖尿病、心脑血管疾病、肝胆疾病等慢性病的发生，可以说与晚餐进食不当有着必然的联系。

在夜间基本没有活动，吃多了易营养过剩，导致肥胖，还可能使脂肪沉积到动脉血管壁上，导致心血管疾病。所以，晚饭最好只吃八成饱，这样有利于消化和吸收。而且应多注意摄取膳食纤维，少吃脂类，这样有助于消化，利于排便。

一般来说，晚餐在六点左右吃最好，尽量不要超过晚上八点。八点之后最好不要再吃任何东西，饮水除外。晚餐千万不能吃饱，更不能过撑。要以吃得少睡得香为准，不过，具体吃多少应依每个人的身体状况和个人的需要而定，以自我感觉不饿为度。并且，晚餐后四个小时内不要就寝，这样可使晚上吃的食物充分消化。

晚上尽量不要吃水果、甜点、油炸食物，而且最好不要喝酒，因为酒精的刺激使胃得不到休息，会导致睡眠不好。晚餐应选择含纤维和碳水化合物多的食物，最好能有两种以上的蔬菜，如凉拌菠菜，既增加维生素又可以提供纤维。可适当吃些粗粮，也可以少量吃一些鱼类。

话说："人是铁，饭是钢，一顿不吃心发慌。"是的，一日三餐是正常饮食，少吃一顿也不行。

从生理角度来看，人什么时候吃饭是由生物钟控制的。科学讲，人的进食习惯分为一日三餐（早、中、晚）也是最合理的。因为在这三个时间段里，人体内各种消化酶的分泌特别活跃，消化吸收能力也较强，能充分地保证机体的营养需求。

近年来健康调查表明：胃肠疾病发病率逐年上升，健康隐患堪忧。原因是生活节奏较快，生活没有规律，很多人特别是一些上班族，忙起来往往有上顿没下顿，时而半饥不饱时而暴饮暴食，殊不知，这样的饮食方式对健康非常有害。因此，培养科学的"吃饭"习惯，对身体的健康至关重要。

半饥不饱或暴饮暴食是身体健康的大忌。掌握一日三餐的进食量是保持健康的关键，吃得太多或太少都不好。据测算，成年人一天的进食量大致如下：粮食500克，鸡蛋1个，瘦肉100克，鱼150克，豆类200克，蔬菜500克，牛奶200克，植物油25克。

少吃咸盐，多活十年

"柴米油盐酱醋茶"，这是开门生活七件事。盐是人们的必需品。并且，百味皆都要以盐为主，因而食盐是调味品中的老大，故有"百味之王"的美称。不过，食盐虽然是生命中所不可缺少的，但是食用过多的盐也不利于健康。要知道，盐在带给我们味觉美的同时，嗜盐也会给健康带来巨大的风险，尤其是对那些患有心脑血管、肾脏等病的人的威胁更严重，并且会影响寿命。因此，若想长寿，必少吃咸盐。

摄盐过多，是困扰现代人的一大问题。因此，盐是一把"双刃剑"，虽然我们的一日三餐绝对缺不了它，可食用不当也会带来很多伤害。据世界卫生组织调查，按照每人每天摄入6克盐的标准，很多人的摄入量却已超标至少两倍以上。

下面我们来盘点一下，平时嗜盐会给健康带来的危害：

1.祸及肾脏。食盐中的钠，经尿排出的约占90%。如果人体的保钠机制较完善，摄入少则排出少，如果盐太多会导致血容量增加，使血压升高，便会加重心脏和肾脏负担，从而引起排钠障碍。因此，平时摄盐量高，会促使肾脏血管发生病理性改变，加重肾脏的负担，从而影响肾脏功能。

2.过多吃盐诱发儿童疾病。儿童保健专家指出，无论是健康儿童，还是病儿，均不宜摄入过多的盐。因为平时饮食太咸，易引发呼吸道感染。高盐饮食可能抑制黏膜抵抗疾病侵袭的作用，加上孩子的免疫能力本身比成人低，又不容易受凉，各种细菌、病毒会乘虚而入，导致感染上呼吸道疾病；并且，高盐饮食，往往使口腔唾液分泌大量减少，这就更利于各种细菌和病毒在上呼吸道的存在。

3.导致高血压。盐食用过多，易导致血容量增加，对血管壁的侧压力增加，导致血压增高，还会导致血管硬化。

4.导致身体浮肿。吃盐过多，会让人产生口渴的感觉，这就需要喝大量的水来缓解，如此一来，长期大量的食盐饮水便会导致身体浮肿。

5.导致骨质疏松。有一句话“限食盐，如补钙”，这就是说，少吃盐对钙实际起到了“不补之补”的作用。研究表明，低钙摄量以及高盐摄量所致高尿钙，是导致骨骼中的钙减少，引起骨质疏松的重要原因。所以，饮食盐量的多少是排钙的主要决定因素，盐的摄入量越高，尿中钙的排出量越大，那么，就极易发生骨质疏松甚至骨折。

6.导致睡眠猝死。你知道吗？睡眠猝死是因为吃盐过多。睡眠猝死症，近年在东南亚国家，如泰国及菲律宾比较常见。菲律宾卫生部长说，超过五成死于此病的人都有急性胰腺炎，而胰腺炎起因，可能是因菲律宾菜偏咸所致，虽然人们对其还没有确切的认定，但长期大量食盐会加速人的死亡是毋庸置疑的。

7.导致胃炎、胃癌。英国和日本科学家对数万名男女的饮食习惯和身体情况进行了研究，发现爱吃过咸食物的人患胃癌的危险是普通人的两倍。与日常饮食较为清淡的人相比，吃盐多的人患胃病的几率要高70%以上，甚至致癌。高盐食品还容易导致萎缩性胃炎，这是胃癌的前一阶段。

8.诱发气喘、白内障。国外一些学者发现，如人过量摄入食盐，会因影响呼吸系统功能而加重气喘，而且患白内障的可能性会增加。女性皱纹丛生，都是盐多惹的祸。“美女生在山上，不生在海边。”这是法国的俗语，意思是说住在海边的女性平时摄入的盐较多，所以皮肤很容易长出皱纹。是的，盐是一把“双刃剑”，虽然我们的身体绝对缺不了它，可食用不当也会带来很多伤害，尤其是女性。

平日里口味比较重的女性，无论是自己下厨房还是在外面点餐，都喜欢吃很咸的菜，长此以往很容易导致皱纹增多。食盐以钠离子和氯离子的形式存在于人体血液和体液中，并且在保持人体渗透压、酸碱平衡和水分平衡方面，起着非常重要的作用。但是，如果平时吃盐过多，人体内的钠离子就会增加，就会导致面部细胞失水，从而造成皮肤老化，时间长了就会使皱纹增多。因此，吃盐过多不仅会造成高血压等其他病患，还会直接影响人的容貌。作为女性，如果要想拥有光亮嫩滑的好皮肤，比较科学的方法是：少吃盐，多喝水，帮助皮肤排毒。

尽管许多肥胖的人挖空心思，使出十八般“招术”想把体重减下来，但始终是效果不佳。这是为什么呢？经反复研究发现，平时口重是很大原因。

在日常生活中我们不难发现，有许多肥胖妇女的脚到了下午就会浮肿，穿的鞋子变得紧绷，走起路来困难，其实是体内的盐分在作怪。而“浮肿”，则是多余的水分未能被排泄而蓄积在体内时所发生的现象。

日本营养学专家，曾进行了一个实验。他们把体格肥胖硕大的100只小白鼠分成两组，每组50只。甲组喂给高浓度食盐食物，乙组喂给低浓度食盐食物，而喂养的食物量都相同。结果一个月以后发现，甲组的体重普遍增加，而乙组的体重普遍下降。这说明，食盐过多会导致体重猛增。

应该说，正常的盐分摄入并不可怕。不过，有关医学院的一份调查显示，人们的饮食普遍偏咸，除了做饭烧菜中放盐多外，在一些熏肉、腊肉制品以及奶酪中，含盐量也相当高，这就大大增加了日常盐分的摄入量。

世界卫生组织规定，成人每日钠盐摄入量应不超过6克，因此，在日常生活中应多加注意几点饮食方式：

1.使用低钠盐是减少摄盐量的最简单方法。由于低钠盐中含有约30%的氯化钾，可以在几乎不影响咸味感觉的同时，轻松地把摄盐量降低三分之一，同时有效增加了钾摄入量。

2.烹饪时，可以多利用蔬菜本身的强烈风味，例如青椒、番茄、洋葱、香菇、香菜，和清淡的食物一起烹煮，尽量少用点盐，如番茄炒鸡蛋就是好例子。

3.注意食品的含盐量。平时，对于随手可得的各种加工食品，要学会阅读包装上的营养标识。少吃以下食品：火腿肠、牛肉干、肉松、鱼松、咸蛋、肉酱、各种鱼罐头、豆腐干、豆瓣酱、味精、鸡精等。

4.多吃水果有利于降低食盐量。许多水果都是高钾低钠的食品，多吃如香蕉、葡萄、橘子、苹果、桃子、石榴、大枣等这些含有丰富钾离子的食物，以达到控制血压的保健效果。

5.少喝汤、少吃泡面。汤料平均含有60%的盐，喝愈多汤就是吃进愈多盐。一盒99克的方便面含7.8克盐，一天的盐量就超过了。

6.少放酱油。炖菜时不要加酱油，做好后依个人爱好酌量添加。

为了掌握食盐的摄入量，在买1000克盐时，要记住开始用到用完的日期，然后计算出天数，用1000克除以天数，再除以家中就餐的人数，便可大致算出每人每天的用盐量。

开始可以还按原来的习惯烹调时加盐，然后再用新法作比较，看是否减少了用盐量。

经国内外研究证明，长期食用加碘盐，会使甲亢病人的减药时间延长，减药剂量受到抑制，因此甲亢病人在药物治疗时，应尽量避免食用加碘盐。

如果在市场上买不到不加碘的食盐，那么可以想个办法除去盐里面的碘。方法很简单，碘在高温下不稳定，可以将碘盐放在锅里先炒一下，这样碘就挥发了。

五谷杂粮营养全，既保身体又省钱

五谷杂粮是我们日常用于填饱肚子的餐食，它除了能维持我们正常的生理机能外，还是经济且实惠的最佳补药。中医里素来认为五谷杂粮的药性既可以用来防治疾病，而且对身体又没有副作用。所以，用五谷杂粮来进补养生，丝毫不比那些名贵的山珍海味逊色。

所谓“五谷杂粮”，主要包括玉米、高粱、小米、荞麦、燕麦、薯类及各种豆类等在内的产品。中医说“五谷为养”，是指吃五谷杂粮对健康有利。就实际而言，杂粮的保健功效的确十分了得。

多亲近杂粮，无疑就多了几分健康保障。现在我们具体看一下五谷杂粮对人类的贡献：

1.维生素含量高。杂粮中维生素的含量不但很高，而且像维生素E、维生素B、β胡萝卜素等，还可以帮助人体清除氧自由基，活化机体酶活性，从而改善内环境平衡，起到抗衰老作用。

2.微量元素含量丰富。杂粮中还含有大量的微量元素、矿物质，可以为我们提供丰富的铁、钙、磷、硒、锌之类。特别是镁，在红薯中含量极丰，有很好的抗癌、降压效果。

3.营养丰富。杂粮不但营养丰富，营养素全面均衡，而且还含有高比例的蛋白质、氨基酸。因此它的营养效果，要远远超过那些精米、白面，所以它是儿童、老年人的最佳副食，可起到营养互补作用。

4.属于碱性食物。你可能不相信杂粮还有缓解疲劳的作用，这是因为它的偏碱性，可中和人体酸性环境，从而起到缓解疲劳、增强体能的作用，并且，还可以通过清除垃圾保留人体的水分。

5.热量低。杂粮体积大，热量低，在肠胃中滞留时间较长，可以使人产生饱胀感，所以它又是糖尿病、高脂血症和减肥者的首选主食。

6.纤维多。杂粮有十分显著的通便作用。这是由于它所含膳食纤维多，既有可溶性的，也有不被人体吸收的粗纤维，因此可以有效缓解和预防便秘发生，从而减少结肠癌的发病率。

在日常生活中，多吃杂粮对人的身体健康有很大的帮助，而且，杂粮营养丰富，对疾病的治疗也有很好的效果，比那些人参、鹿茸等名贵的补药更安全实用。那么，所谓“五谷杂粮”有哪些保健养生的作用呢？下面让我们来详细了解一下。

1.大豆。这种粮食性味甘平，它含有丰富蛋白质与其他营养成分，具有健脾宽中、润燥消水的效用。平常食用，可以辅助治疗疳积泻痢、腹胀羸瘦、外伤出血等症。

2.玉米。它是世界公认的“黄金作物”，其营养价值可见一斑。它能吸收人体的一部分葡萄糖，对糖尿病有缓解作用。据测定，它的纤维素比精米、精面粉要高4~10倍，尤其是这种纤维可加速肠部蠕动，可排除大肠癌的因子，降低胆固醇吸收，预防冠心病。

3.荞麦。其中的糖分含有的维生素B1、B2比小麦还要多两倍，经常食用荞麦对糖尿病也有一定的疗效，荞麦外用还可治疗毒疮肿痛等。因为它还含有其他谷物所不具有的“叶绿素”和“芦丁”，所含的烟酸和芦丁都是治疗高血压的药物。

4.大麦。这种粮食的性味甘、咸、凉，具有和胃、宽肠、利水的作用，常食可以辅助治疗食滞泄泻、小便淋痛、水肿、烫伤。此外，大麦芽性味甘温，有开胃消食、下气、回乳之功效。

5.豇豆。中医常用豇豆作为肾病的食疗品，这是因为它性味甘平，具有健脾、清热、解毒、止血、消渴的功效，可以用来补五脏、益气中和、养调经脉。

6.绿豆。它味甘性寒，有利尿消肿、中和解毒以及清渴的作用。

7.莜麦。莜麦含糖成分少，因此是糖尿病患者的理想食品。此外，它的蛋白质比大米、面粉高1.6~2.2倍，脂肪则多2~2.5倍，而且莜麦脂肪成分中的亚油酸含量较多，易被人体吸收，所以它还具有降低人体血液中胆固醇的作用。

此外，杂粮的诸多益处，可以给人体直接受益。因此，对一些爱美的女士和一些中老年人“三高”症状者，以及一些长期便秘者、接触电脑较多族等人群，平时饮食一定要多吃杂粮。特别是夏天，杂粮可解腻，更宜多吃。白天可以多吃水果，晚餐可以吃杂粮粥等，坚持一个夏天，身体症状与皮肤都会得到良好改善。

吃杂粮虽然有益健康，但还要注意粗粮普遍存在口感不好，以及吸收较差的劣势。因此，在平时食用时可以把粗粮与细粮混起来吃来解决这个问题。此外，对于一些胃肠功能较差的老年人和一些消化功能不健全的孩子，要做到“粗粮细吃”，把杂粗加工精细，再烧煮到软烂后食用。

口水是个宝，常吞身体好

这里说的口水即唾液，是人体津液的一种，是口腔内的分泌液体，在中医里称其学为“金津”“玉液”“玉泉”等，对养生有很重要的作用。因此，民间流传着“口水经常吞，越活越年轻”的说法。

唾液是一种无色且稀薄的液体，被人们俗称为口水，在古代被称为“金津玉液”，它主要由唾液腺分泌。唾液是体液的一部分，来源于饮食，通过胃的“游溢精气”，肠的吸收和脾的“散精”而成。而且，唾液在人体生理上十分重要，是构成人体和维持人体生命活动的基本物质。

现代医学对唾液功能的认识也在不断加深，经研究发现，唾液不仅具有促进消化的作用，而且对维持生命的正常运行也有重要作用。这是因为唾液中含有大量生物化学物质，如其中的两种神经因子，能刺激感觉神经和交感神经正常生长和活动。它所含有的几种蛋白质有促进止血和收缩血管的作用；而且，唾液中含有的分泌型免疫球蛋白A和溶菌素，有免疫和抗菌作用，能杀灭口腔中的某些细菌，从而保护牙齿。

现代医学可以提取唾液腺内分泌素，用于治疗老年性疾病。因为唾液中含有的“唾液激素”是由多种氨基酸组成的蛋白质。它的含量虽少，作用却大，能促进细胞的分裂和生长，加速蛋白质的合成，维持血糖的稳定，调节体内钠离子的平衡和促进人体骨骼、肌肉、关节、眼睛、牙齿的生长。

唾液具有润滑作用，便于吞咽食物，还能帮助口腔软组织受伤区域的血液凝结，增加受伤区域的小血管的渗透能力，吸引白细胞至受伤区，促进伤口愈合等。

唾液还有极强的抗菌杀菌的作用。我们知道口腔经常存在着大量细菌，但口腔内的伤口很少有感染。这就是因为唾液不仅含有溶菌酶的物质，能阻抑空气或水中的多种细菌生长；而且也含有其他抗菌因子，如唾液中的免疫球蛋白等物质，能阻止细菌的附着，抑制其生长，甚至有杀灭细菌的作用。

唾液有很多重要的作用，尤其是对口腔的保护，我们可以将唾液看作是促成或防御牙病的重要外在环境因素。因为我们的牙齿和其他口腔组织均处于唾液的包围中。具体来说，唾液对口腔健康的影响主要有以下两种：

1.唾液的防御能力。唾液的酸碱度和含钙量的变化，大大加强了对牙周疾病的防御力。由于牙周的炎性细菌在碱性溶液中滋生，而唾液中含钙量高，则能促成牙结石的沉积，这样就能增强对牙周疾病的刺激作用。此外，唾液也可影响龋病的防御力，虽然酸度增强可使龋病因素更具优势，导致牙齿脱矿加重，但由于唾液中的含钙量高，因此又可促进牙齿脱矿区的再矿化。

2.唾液的清洁洗刷作用。观察发现，凡唾液分泌量大的人，其患龋的几率较低，而很多患龋率高的人，则常有唾液分泌量过低的现象。这是因为唾液在口腔里经常流动，可以起到清洗口腔的作用，可以很好地减少口腔内的污物和致病因子，保持牙齿和口腔的清洁，利于防病。

使口水增多是良好的生理反应，将唾液慢慢吞咽，有灌溉脏腑、利脾、健胃、强肾的作用，也有滋润肢体毛发的功能，还有增强抗病能力和防衰老的作用。

在古代，用唾液养生的功法，通常是用舌抵上腭，即搭鹊桥，其意义就是刺激唾液腺，使之增加唾液的分泌。而近年来较为流行的“八段锦”功法，就有很好的养生作用。这套功法的大意是：用舌头在口腔之中上下左右转圈搅动，以舌搅津，再将新生的津液分作三口咽下。并且，在吞咽唾液之时，要汩汩有声，但咽时不要太猛，最好能用意念送入丹田之中。

其实，吞咽唾液方法有很多，一般现代人最常用的方法是：在每天早晨起床后，先端坐在床上，使肢体自然放松。这时应排除心中所有的杂念，之后就开始闭目，合口接下来用舌头先从左上牙床内侧转至右；然后再将舌头从右上牙床外侧转向左。再从左下牙内侧转向右，又从右下牙外侧转向左，如此反复各搅9次。最后，再上下牙轻轻地叩敲36次，再用口中唾液鼓腮漱口9次。这时，口腔里渐渐地充满了唾液，可分3次缓缓咽下即可。

唾液不但可以内用养生，还可以外用于面部美容，其方法是：将脸洗净后，将自己新生的清洁唾液置于两手掌上，再将双手拱热，之后就将唾液均匀地涂抹于面部，并加以轻微地按摩。如此，每天早晚各一次，一段时间之后，便会容颜光泽、滋润除皱。

可三日无餐，不可一日无水

“人可三日无餐，不可一日无水”，这句谚语直截了当地指出了喝水对人体健康的好处。水是人体中多种营养物和废物的溶剂及运输工具，是体温调节和维持机体电解质平衡的重要介质。没有水，人体的新陈代谢就无法运行，生命就会终止。

水是人体组织的重要组成部分，在骨骼中占20%，在肌肉中占75%，在血液中占80%，排出的尿液水占95%，汗液水达99%。人只要失去15%的水分就会有生命危险。

一个成人每天至少需要饮用1000毫升水，才能维持正常生理机能。因为人体每摄入一卡路里热量的食物，就需要同时摄入一毫升的水分才能维持体内代谢平衡；水能排出体内的毒素和杀死体内的细菌，特别是对泌尿系统的保健具有举足轻重的作用。每天要饮足够的水才能让泌尿系统清净通畅，避免结石、炎症等疾病的侵袭；医学研究证实，适量喝水，尤其是喝凉开水，有利于燃烧体内热量，从而有利于减肥。从喉咙到直肠，是人体内的一条长长的通道，人吃的食物经这条通道消化分解，营养被吸收，而残渣废物也要经这条通道排出。如果喝水太少，这条通道中的废物不能顺利排出，轻则口臭，皮肤出现不该有的黑斑，重则会导致全身疾病。

水是人体细胞结构的重要组成成分，是细胞内的良好溶剂，许多种物质溶解在水中，细胞内的许多化学反应也都需要有水的参与，多细胞生物体的绝大多数细胞必须浸润在以水为基础的液体环境中。水在人体内的流动，可以把营养物质运送到各个细胞，同时，也把各个细胞在代谢中产生的废物运送到排泄器官或者直接排出体外。总之，不仅是人，各种生物体的一切生命活动，都离不开水。

在成人的身体组织中，水分约占体重的70%，并分布在人体的血液、脑组织、肌肉组织和骨骼里；人若是离开了水，所摄取的食物就不能消化，人体所需要的营养成分不能被输送到人体的各个器官，并且人体内分泌系统所排出的废物、毒素不能排泄，人体的体温也就不能调节和均衡。所以说水不仅是构成身体的成分，而且还具有调节生理功能的作用。

据世界卫生组织统计，腹泻每年大约要夺去一百多万儿童的生命，每200名腹泻患儿中就有1名会死亡。而腹泻造成死亡的原因主要就是脱水。一般严重腹泻会引起脱水和营养不良，新生儿体内80%都是水分，新生儿腹泻出现脱水的症状更快，所以因腹泻而死亡的人数远远高于成年人。

那么，为什么脱水会让人死亡呢？水在人体内维持着水和电解质的平衡，使生命代谢活动维持正常。当水摄入不足或因腹泻、呕吐导致水流失过多时，就会引起体内失水，即脱水。当失水量占到体重的2%~4%时，为轻度脱水。此时会出现口渴、尿少、尿浓缩及工作效率降低等；当失水量占到体重的4%~8%时，为中度脱水。中度脱水除上述表现外，还会出现皮肤干燥、口舌干燥、声音嘶哑及全身乏力等；如果失水量超过体重的8%时，即重度脱水，就会出现皮肤黏膜干燥、高热、烦躁和精神恍惚等；若达到10%以上，就会危及生命。

正常人每日水的摄入和排出约在2500毫升左右，处于一个动态平衡。人如果断食只喝水时可生存数周；但如果断水则只能生存数日，一般断水5~10天即可危及生命。总之，保持身体一个正常运行，每天摄入适量的水是正确之举。

第三章

民以食为天：家财万贯，不过一日三餐

——吃得饱更要吃得好

一天十个枣，医生不用找

按中医说法，大枣能“补中益气，滋脾胃，润心肺，缓阴血，生津液，悦颜色，通九窍，助十二经，和百药”，可见枣的药理作用之大。

红枣，味甘性平，在中医上属补益药，以补气为主。因此，对脾肺虚寒、气血不足、神经衰弱、贫血等症都有一定的疗效。因此，民间一直流传“一天十个枣，医生不用找”的谚语。

被誉为“果中之最”的大枣，自古以来都是人们爱吃的传统果品，因此又被列为“五果”之一，还素有“木本粮食”之称。那么，人们给了它这么高的评价与厚爱，它到底有什么作用呢？下面让我们详细了解一下它对我们有什么贡献。

大枣富含人体不可缺少的营养物质蛋白质、脂肪及多种矿物质元素钙、磷、铁，尤其是含有大量的维生素A、B、C。而且，大枣中含有的环磷酸腺苷，有扩张血管的作用，它可以改善心肌的营养状况，增强心肌收缩力；此外大枣中的山楂酸，则具有抗疲劳与增加人的耐力的功效。

大枣有红枣与黑枣两类，虽然二者都具有营养与药用价值，但红枣更胜一筹。红枣最能滋养血脉，向来被民间视为补气佳品。常食用，不但可医治面容枯槁、肌肉失润、气血不正等症，能防治妇女更年期情绪烦躁与贫血；并且还可以减轻毒性物质对肝脏的损害。因此，红枣还是疗效颇佳的良药，对一些疑难杂症有显著疗效。

医学研究发现，红枣中含有维生素A、维生素C、维生素B2、维生素P等多种维生素，称得上“百果之冠”。据测定，每100克鲜枣肉就含有维生素300~600毫克，因而又有“天然维生素丸”的绰号；而干枣肉的含糖量则高达70%，这比制糖的原料甘蔗、甜菜含糖量还高。尤其是它所含的维生素P能健全人体毛细血管，防治高血压及心血管疾病。

此外，红枣中还含有有益于健康的化学成分，如氨本酸、赖氨酸、精氨酸等14种氨基酸，还有黄酮类化合物及磷、钙、铁等36种微量元素。这些都是人体不可缺少的微量元素与营养物质。

我国民间历来重视枣的食疗作用。实践证明，枣除了祛病强身外，经常吃枣还能健脑益智、滋润皮肤、振奋精神。现在我们将大枣与药物、食物合用，对人体产生的功效卓著的治病食疗方介绍一下。

一般说来，鲜枣宜洗净直接食用，干红枣可煮在粥中食用，这样能够使人体充分吸收它的营养成分。通常，吃枣一般以鲜枣为好，因为鲜枣汁水充足，果中营养更便于人体吸收和利用。而干枣则熟食为宜，吃时应先将干枣浸泡、洗净，再蒸食、熬汤，如加少量生姜熬成枣姜汤或加等量花生、冰糖煮粥吃。

吃鲜枣应先洗净，一次不可吃饱，应量少次多。注意不要吃污损溃烂的鲜枣和霉烂及鼠咬虫蛀过的枣。平时，吃干枣可以采用以下方法：

1.最常用的吃法是，做米饭的时候，饭快熟的时候把大枣洗干净掰开放在饭上一起蒸，口味绝佳。也可以在吃火锅或炖汤时直接放几粒洗净的干枣下去。

2.为了使肠胃容易吸收，可以先把大枣放到开水里焯一下，大概30秒钟左右再捞起，这样不但可以杀菌，还可以防止枣皮粘在肠壁上。

3.如果家里有烤箱，还可以做焦枣，先把中间的枣核取出来，放到烤箱里烤到焦的时候再吃，味道也是不错的。

下面再介绍几种红枣保健佳肴：

红枣赤豆粥、红枣糯米粥，自古以来就是老年、虚弱之人的疗养保健饮食。

红枣与芹菜一起煎服，有助降低胆固醇和软化血管。

用红枣煲花生，对于患脚气病者有辅助作用。

肠胃较易胀满者，则应加些生姜同煮，才不会胀气。

红枣莲藕汤能补血，使肤色红润。

在红枣里加点花旗参，可健脾胃、清热气。

吃枣虽然对健康很有益，但如果食用过量，往往全出现腹胀、腹泻的症状。因此，一次不可贪多。此外，妇女宜在经期食用，这时吃一些红枣有益气养血之功效。婴幼儿可经常吃些枣泥，老弱者吃大枣，比吃其他果品好。不过，有热症、腹胀、齿病的人及有疳积的小孩应少食或不食，以免产生副作用。

常吃素，好养肚

所谓“常吃素，好养肚”是说，常吃素食身体健康，使肠胃、五脏等不生疾病。常吃素，能使人健康长寿，防止高血压、癌症与肥胖症的发生。所以，日常饮食适当调配的素食有益于健康，不但有足够的营养，而且有益于预防和治疗某些疾病。

在古时候，“吃素”是只有出家的和尚等人才有的饮食习惯，可是现代人“吃素”却蔚然成风，成为世界性的潮流。不少人认为只有常吃素食，才能使自已青春健康、少生疾病。于是，这场风起云涌的素食运动，让食素成为一种全球性的时尚，无数人乐此不疲。那么，吃素真的有那么多好处吗？

经研究，吃素对身体的确有益处，因为素食所摄取的蔬菜和水果含有丰富的纤维素，有益于肠胃蠕动与促进消化，能帮助身体排毒。而且，相对于大鱼大肉而言，是较健康的吃法。一般蔬菜水果的胆固醇含量极低，又可以很好地降低心血管疾病的罹患几率。

调查发现，那些常吃素食者比常食肉的人寿命要长得多，比如美洲墨西哥中部的印第安人，是最原始的素食主义民族，他们平均寿命极高，令人羡慕。其实，常素食之人，他们的血液循环得快，而且身体清爽、精力充沛、极富耐力，且思维敏捷而长寿。

素食，在医学上称为碱性食物，这是由于素食食物可使人体的血液保持碱性（其血液清）。而且，素菜无毒，肉食却有毒。因为素食的菜肴，大多数是出自土地生长的蔬菜，与一些粗粮大豆、花生、果品及海藻等相比，它们既富营养，又无毒素。因此，多食青菜可以使血液保持碱性，使人清爽，精力充沛，青春永驻，延年益寿。但常吃肉类食品却不同了，它们能使血液呈酸性（其血液浊）。因此肉食被称为酸性食物，而酸性食物可是引起人体生病患疾的主要原因。多食肉类，可使血液呈酸性，要中和此酸性时，血中的钙质必大量消耗；而且，由于钙量的消失，就会使细胞老化，从而使人体易疲劳，易神志不清与衰老。

从营养学的观点来看，人体所需的营养素可分为蛋白质、糖类、油脂、维生素、矿物质、水六大类。这些必不可少的营养物质，都可以从素食中获得。就先说一下豆类食物吧。经研究，一颗黄豆，高达三分之一的成分是蛋白质，因此，素食者可通过豆类食物，来补充自己对蛋白质的需求。此外，像米饭、面条等日常主食，则是碳水化合物的丰富来源；而芝麻、花生等，则含有不吃动物油的素食者的最佳食用油。由此看出，人体所需的一切营养素，几乎都可从素食中获得。

此外，吃素还可以抵抗疾病、维护健康，我们来了解一下：

1.减少肾脏负担。我们体内的代谢产物，要由血液带至肾脏。而素食却可以起到让肾脏“休息”的作用，但肉食所包含着动物的血液，这无疑会加重肾脏负担。那么，肾病患者如果能坚持素食，就可减轻肾脏负担、维护肾脏健康。

2.减少癌症发病率。素食中由于含有大量纤维素，因此可以刺激肠蠕动加快，利于通便，使粪便中有害物质及时排出，这样就会大大降低有害物质对肠壁的损害。因此，素食者比肉食者患癌症的几率要低的多。

3.降低胆固醇含量。在素食的植物食品中，由于不含有对心脑血管构成威胁的有害物质，因此它可以减少心脑血管疾病的发生率。但是，肉食者就不同了，由于血液中胆固醇含量太多，往往会造成血管阻塞，造成高血压病、心脏病。

4.减轻肥胖症。说起肥胖症，糖类、脂肪、蛋白质等无疑是罪魁祸首。尤其是肉类的脂肪与蛋白质，含有大约12%饱和脂肪或胆固醇。因此，肥胖者一定要改变自己的膳食习惯，为了身体的苗条与健康，不妨养成吃素的习惯。

5.减轻排泄困难。经研究发现，促使人体正常排泄的纤维质，只有从各种素食品之中得到。而肉类由于纤维质极少的这个缺点，所以它在人体的消化管道之中移动得非常缓慢，常使人患上便秘。而素食的蔬菜里却拥有大量的纤维，而这种物质正足以预防便秘疾病。

素食虽然是维护人体健康的主要食物，但在“吃素”的同时一定要把握“营养均衡”原则。要知道，素食不等于健康，因为素食也需要明智选择，才能有效降低慢性病的风险。所以，在日常饮食中，别一味拒绝肉食，吃得过分清淡也会降低体质，使疾病更易乘“素”而入。所以，一些吃素的朋友，在一日三餐中别进入素食的营养误区，下面让我们详细了解一下：

误区之一，蔬菜生吃才有健康价值。现在有好多素食者，都认为生吃蔬菜才能充分发挥其营养价值，于是就十分热衷于以凉拌或沙拉的形式生吃蔬菜。殊不知，蔬菜中的很多营养成分，也是需要添加油脂才能很好地吸收。而且，不要忘了，沙拉酱的脂肪含量高达60%以上，它并不比放油脂烹调热量少。

误区之二，油脂、糖、盐过量。素食一般较为清淡，因此常有一些人会添加大量的油脂、糖、盐和其他调味品来烹调。殊不知，这些做法会带来过多的能量，要知道，精制糖和动物脂肪一样容易升高血脂，诱发脂肪肝。

误区之三，“减肥蔬菜”。减肥也不可以单调地只吃同样的蔬菜，如果只喜欢黄瓜、番茄、冬瓜、苦瓜等几种所谓的“减肥蔬菜”，是很难获得足够的营养物质的。因此，还要多选择一些绿叶蔬菜，如芥蓝、绿菜花、菠菜、油菜、茼蒿菜等。同时，为了增加蛋白质的供应，还要吃一些菇类蔬菜和鲜豆类蔬菜，如各种蘑菇、毛豆等。

误区之四，吃过多水果并未相应减少主食。有很多素食爱好者，水果吃了很多，却没有带来苗条的身材。其实，这是由于他们在每天三餐之外，还要吃许多水果，而水果中含有8%以上的糖分，这就是起不到应有的效果的原因。

常“吃素”的人，平时不要忘了补充维生素B12，以及补充钙、铁与维生素B群。因为维生素B12是维护人体神经的重要营养素，而且它主要存在于动物性食物中，因此，素食者也要偶尔吃点荤。

适量饮酒，健康常有

细心的人会发现，现在街上的“大肚男”越来越多，这些人的肚子多数都是喝酒喝起来的。酒精具有药物和食品两方面的功能，因而在一定的范围内饮用有利于健康。比如，一个成年人每天喝少量的酒，特别是红葡萄酒，有助于身体健康。但是，如果长期过量地饮酒则会促进衰老，并且会产生各种并发症，从而诱发疾病和死亡。

可以说，我国酒文化是盛名已久，人们只要三五聚在一起便会有一场豪爽的酒宴。平常的工作聚餐、喜庆婚宴、人情往来、家人团圆等，大大小小的聚会都需要美酒助兴。

历来就有许多医家将酒看成是良好的药物，认为酒为水谷之气，性热，入心、肝二经，畅通血脉，少饮有益。但是，在饮酒助兴之余，我们还要知道过度饮酒的危害。

下面让我们来盘点一下饮酒的主要危害有哪些。

1.消化道的疾病。经研究，消化道的疾病与长期大量饮酒有明显的关系。饮酒可引起消化道黏膜充血，从而导致食道发炎、胃炎和胃溃疡。特别是在食道癌、胃癌等的发病，嗜酒都是重要因素之一。

2.酒精性脂肪肝。肝是排毒的脏器，可是当酒精进入人体后，主要在肝脏进行分解代谢，因此酒精对肝细胞的毒性，便会使肝细胞对脂肪酸的分解和代谢发生障碍，从而引起肝内脂肪沉积并造成脂肪肝。因此，饮酒越多，脂肪肝也就越严重。并且，酒精性脂肪肝可直接过渡到脂肪性肝硬化。长期嗜酒引起肝硬化，是导致肝癌的重要因素。

3.“啤酒心”。有些人认为啤酒多喝一些无关紧要，殊不知，长期大量饮用啤酒可影响心脏健康，增加心脏负担，加重心肌缺血，诱发心肌梗死、心律失常。这是因为大量的酒精刺激可使心肌纤维变性，失去弹性，医学上称“啤酒心”。

4.韦尼克脑病。有些人，刚四五十岁就说话颠三倒四、手脚震颤，走路不稳，智力明显减退，却不知自己这是患上了什么病。其实，这是韦尼克脑病，也是长期大量饮酒的结果。韦尼克脑病，是由长期饮酒而引起的脑神经系统损害，由于1887年韦尼克医生首先报道了这种病，因而定名为韦尼克脑病。

5.“胎儿酒精综合征”。你也许不知道，酒精还是一种性腺毒素，过量饮酒可使性腺中毒。女性过量饮酒会导致性欲减退、阴冷、月经不调；男性体内酒精过多会使血液中睾丸酮水平下降、性欲减退、阳痿。如此，精子畸形，卵子的基因突变，于是结合后便会产生智能发育差、先天性缺陷、生长缓慢等“胎儿酒精综合征”的婴儿。

6.缺血性中风。长期大量饮酒，还可以使缺血性中风危险性增加20%~30%，因为饮酒不仅会使血压升高，也会使血黏度增高，红细胞柔韧性降低，血小板聚集性增加，从而易形成血栓。随着饮酒量增多，高血压的发病率也相应增多，饮酒可使原有高血压的病人发生脑部出血性中风，且多数病情较重，急性的死亡率极高。

7.骨质疏松症。有关专家认为，饮酒过度所引起的营养不良和吸收障碍，均能影响骨质形成和骨矿质化减少。日久会导致骨质疏松症。成人因酒精中毒引起的股骨头坏死约有以下临床症状：早期衰老、面目憔悴、消瘦、发痴；单侧髋关节疼痛、跛行，关节功能明显受限；X光片显示股骨头损坏，或局部骨质严重塌陷。

8.酒精性贫血。饮酒过量还可造成维生素B1的缺乏，产生口腔炎、口腔溃疡，严重的还会引起酒精性贫血。

9.急性酒精中毒。酒精最显而易见的危害就急性酒精中毒。这种情况是一次饮酒过量引起急性酒精中毒。当血液中酒精浓度达50毫克时，人往往表现出语无伦次、哭笑无常；当血液中酒精浓度150毫克时，人往往表现为语言不清、意识模糊；当血液中酒精浓度250毫克时，人往往表现出昏迷、瞳孔散大、大小便失禁。

医学专家告诉我们，女性在月经期间应禁酒。这是因为月经期女性体内缺乏分解酶，如果一时喝得过多，将使处于醉酒状态的时间延长、酒醉感觉或症状也会更严重。因此，在月经期饮酒最容易上瘾，也容易引发酒精中毒。所以，当月经临近或月经期间，应当禁饮白酒。

此外，女性由于经期不断流血，身体较平时虚弱，抵抗力也较差，这时喝酒就会加快血液循环，从而导致月经量增多，如饮凉啤酒，还可能引起痛经等。所以，女性朋友应爱惜自己，经期时不要饮酒。

有人说，“我喝了这么多年的酒，到现在也没有出现什么问题”，其实，不是没问题，只是时候未到。有些危害要多年后才能显现出来，就像“文火煮青蛙”，年月越久，危害越大。

所以，聪明的人要知道：少饮一口酒，多喝一口汤，老来才能得健康。要健康要长寿，平时一定要尽量少喝酒。并且，在不得已多喝了几口酒之后，一定要及时吃一些可以缓解酒力的食物，把酒精带来的伤害减少到最低。

喝酒之前，适当的喝点葡糖糖口服液，葡萄糖口服液是解酒的。也可以喝些牛奶，这样会减少伤胃。喝酒之后，可以吃些西瓜，因为西瓜也可以解酒。

有一点要切记，喝酒的时候，最好别喝茶，都说喝茶是解酒的，这样的说法是不对的。

你知道吗？酒精与西药是一对不折不扣的“冤家”，因为酒（乙醇）可与许多药物发生化学作用而影响药物的吸收和药物代谢酶的活性；而且，某些药物还会干扰乙醇的正常代谢，造成乙醛蓄积中毒，可以说酒精是西药毒性的催化剂。

因此，服药前后千万别喝酒。对于大部分西药来说，如安定、阿司匹林、降糖药、抗生素等，遇到酒都往往会发生变化。所以，服完这些药后，就连那些含酒精度数低的啤酒、果料酒和滋补的药酒，也不能饮用。

大蒜是个宝，天天少不了

吃大蒜能杀菌消炎，能健脑益智，能提高免疫力，具有预防和治疗胃肠炎等疾病的功效。

大蒜被称为“健康保护神”。它是一种神奇而古老的药食两用珍品，德国是世界上首家大蒜研究所成立的地方。在德国，人人都爱吃大蒜，年消耗量在八九千吨以上，欧洲国家近年来还举办大蒜节。大蒜研究所负责人告诉我们：大蒜含有四百多种对身体健康有益的物质，其营养价值远远高于人参。

许多人都知道，经常吃蒜可以预防和治疗胃肠炎。大蒜对沙门菌等引起的细菌性痢疾有治疗作用；还能杀死如流行性脑脊髓膜炎病毒、流行性感冒病毒、乙型脑炎病毒、肝炎病毒、新型隐球菌（可致严重的脑膜炎）、肺炎双球菌、念珠菌、结核杆菌、伤寒、副伤寒杆菌、阿米巴原虫、阴道滴虫、立克次体等多种致病微生物。研究表明，蒜头中所含蒜氨酸和蒜酶，在胃中可生成大蒜素，具有较强的杀菌能力。

防癌作用。大蒜能阻断致癌物亚硝胺的化学合成，能抑制癌细胞生长，对癌细胞有杀伤作用。大蒜内含丰富的硒，能加速体内过氧化物的分解，减少恶性肿瘤所需的氧气供给，从而抑制癌细胞。科学家认为，大蒜对白血病、口腔癌、食管癌、胃癌、乳腺癌、卵巢癌等均有预防作用。

降血脂作用。大蒜具有一定的降低血脂的作用。

预防心脑血管疾病。大蒜能降低血脂，可降低血液的黏稠度，有明显的抗血小板聚集作用，因而可改善心脑血管动脉硬化，减少血栓形成的危险，使心脏病和脑中风（脑血栓和脑出血）的发作危险大为减少。

科学家已经成功地从大蒜中提取能预防高血压、防治缺血性脑血管疾病的药物。

增强免疫系统的作用。有动物实验表明，大蒜中的脂溶性挥发油能显著提高细胞的吞噬机能，有增强免疫系统的作用。

抗衰老作用。大蒜中含有蛋白质、脂肪、糖类、维生素及矿物质，具有预防血管老化、免疫力衰退等作用。大蒜提取物的体外抗氧化作用优于人参，其有效成分可以保护血管内皮细胞免受过氧化氢作用，对延缓衰老有一定作用。

对身体其他作用。大蒜挥发油可起到保护肝脏的作用，并能提高肝脏的解毒能力；大蒜还可促进胃液分泌，促进对维生素B的吸收，增进食欲；大蒜含有一种能刺激垂体分泌的物质，有助于控制内分泌腺，调节人体对脂肪和糖类的消化吸收，促进机体的代谢活动，可抗肥胖。国外有研究发现，大蒜能预防放射性物质对人体造成的危害，并能减轻由此带来的不良后果。

德国大蒜研究所发明了一种叫作“时间晶体”的全蒜提取物生物制品，这标志着人类对大蒜的利用再一次向前迈进了一步。虽然说大蒜对我们身体有这么多的好处，但是并不是吃得越多越有利。因为大蒜吃多了会影响维生素B的吸收，过多食用大蒜对眼睛有刺激作用，容易引起眼睑炎、眼结膜炎。

此外，大蒜味辛烈，刺激性和腐蚀性较强，因此不宜空腹食用。肝病患者、非细菌性腹泻、眼病患者不宜吃大蒜。

大蒜之所以能有这么多的功效，是因为它有蒜氨酸和蒜酶这两种有效物质。蒜氨酸和蒜酶各自静静地存贮在新鲜大蒜的细胞里，一旦把大蒜碾碎，它们就会互相接触，从而形成一种没有颜色的油滑液体——大蒜素。大蒜素有很强的杀菌作用，它进入人体后能与细菌的胱氨酸反应生成结晶状沉淀，破坏细菌所必需的硫氨基生物中的SH基，使细菌的代谢出现紊乱，从而无法繁殖和生长。

大蒜素遇热时会很快失去作用，所以大蒜适宜生食。大蒜不仅怕热，也怕咸，它遇咸也会失去作用。因此，如果想达到最好的保健效果，食用大蒜最好捣碎成泥，而不是用刀切成蒜末。并且要先放10~15分钟，让蒜氨酸和蒜酶在空气中结合产生大蒜素后再食用。

大蒜可以和肉馅儿一起拌匀，做成春卷、夹肉面包、馄饨等，还可以做成大蒜红烧肉、大蒜面包。德国还有大蒜冰激凌、大蒜果酱和大蒜烧酒等，不仅健康，而且味道也不错。用大蒜素提炼成的大蒜油健康价值也很高，可以抹在面包上吃或作为烹调油食用。

大蒜对人的身体有很多好处，但是不宜多吃，生吃比熟吃好，很多人不吃大蒜是因为害怕吃了口臭，影响与人交流。这里有一些小窍门，让你吃了没有口臭的担忧：1.和蛋白质较丰富的食物一起吃。2.漱口、刷牙。3.喝咖啡、牛奶或绿茶。4.咀嚼茶叶、喝茶。5.多吃大枣清除口臭。6.醋、酒也能除口腔异味。

天天吃醋，年年无灾

这句“天天吃醋，年年无灾”说的是醋对人类的重要性。醋在我国历史悠久，对人类健康起到很大的作用，既可以健身防病，还可以治疗疾病。

醋在我国的历史最早可以追溯到春秋战国时期，那时就出现了酿醋的专门作坊，而且还有了用醋治病的医生扁鹊，说明在当时对醋就已经有了相当高水平的认识。之后，酿醋业在我国不断得到发展，无论是原料的广泛性、工艺的科学性，还是产地的群体化、品种的多样化都遥居世界之先。

醋被人们大量地运用在生活中。炒菜时加点醋，可以保护蔬菜中维生素免受破坏，增加菜的鲜味；春、冬季节用醋熏一熏家里，可以预防感冒；夏、秋季节用醋加白糖制酸梅汤，可以生津止渴。醋还可以除去异味和污垢等。山西人很喜欢吃醋，这与山西大部分地区水质碱性较大有关，吃醋可以起到酸碱中和作用。现在山西人吃醋之风家喻户晓，并作为酒的代用品招待客人。目前山西年产醋上百万吨，有一半都在省内消化掉了，而且山西的老陈醋也是远销海内外。

醋为药用，一是在健身防病上，二是在对疾病的治疗上。

经常食醋能使人的胃液增加、食欲增强、消化加速、从而提高机体的抗病能力。醋有抗菌解毒的功效，喝醋可以预防肠道传染病的发生，治牛皮癣、脚癣、腋臭，治胆道蛔虫引起的腹痛，解蛇虫咬伤之毒和碱性食物中毒。醋还有降低血压和胆固醇的作用，对急性黄疸型肝炎也有一定的治疗效果。

醋还具有一定的抗癌作用。保宁醋总厂，原来是四川西北部癌症高发区，但是建厂50年没有一人死于癌症，它的机制被科学研究的结果所揭示。目前我国根据醋的作用已研制出抗癌醋、降脂醋、美容醋、保健醋等多个品种，并适用于不同的人群，均收到一定的效果，仅山西一省的醋就有5大系列60个品种。日本也研制出了以醋为主要成分的抗癌饮料，使醋亦药亦食的前景显得更加宽阔起来。

作为药用醋主要有三条途径：

直接作为药用，如用醋适量缓缓吞下，治鱼骨鲠喉；用醋泡手，连用1周治鹅掌风、灰指甲；用稀释过的醋适量注入肛门，连用3日治蛲虫病；每次口服醋10毫升，每日3次，治急性黄疸型肝炎；醋加冰糖溶化后每日饭后1汤匙，治高血压、动脉硬化等。

作为引经药，以发挥药的效力，使药能有效地达到效果。

用于中药的炮制，有些中药（如延胡索、鳖甲、龟板等）经过醋炙后以改善药物性能，增强疗效。醋浴是近年来出现的新用法，醋和水混合后洗浴，既能清除肌表的污垢，又能营养肌肤，达到美容的功效。这是醋具有的杀菌、抑菌、溶解表皮脱落的角质细胞功能的体现。如果把醋与各种中药配制后进行洗浴，还有降压、软坚、促眠、消除疲劳等各种不同的功能，时下流行的“国药健身浴醋”系列产品就属于这种制剂，很受国内外消费者的青睐。

上面说了这么多醋的作用，醋为什么有这些奇妙的作用呢？因为醋中含1%~5%的醋酸，老陈醋可达20%。这不仅是酸味的来源，而且是抑杀甲型链球菌、卡他球菌、肺炎双球菌、白色葡萄球菌、流感病毒等的武器，亦是醋具有健脾益胃药理作用的根据。醋中又含有维生素和烟酸等营养物质，为人的全身提供一定的养料。醋中还含有微量的酒精，可以产生少量的热能，供给人体。

醋虽然既是佐味佳品，又是治病良药，但也并不是人人都可以用的。因此，在食用和药用醋时有几点注意：外感风寒患者、胃及十二指肠溃疡患者、骨骼尚未发育成熟的小儿都不宜多食醋或不食浓醋。醋还不能用铜制器皿贮放和进行烹调，以免引起“铜中毒”。食醋后随时漱口，以免损伤牙齿。

经常食醋能使人的胃液增加，消化加速，从而提高机体的抗病能力。同时可以增加人的食欲，消除一些致病因素，进而使人少发病，保持健康的身体。

饭后一个梨，抗癌防便秘

梨也是人们最喜欢吃的水果之一。尤其是它含有的大量维生素是使人体细胞和组织保持健康状态的抗氧化剂，而且它所含有的“非可溶性纤维”，可以净化肾脏、清洁肠道、预防便秘及消化性疾病。因此，长期便秘的人应多吃梨，有助于预防结肠和直肠癌。因而，民间谚语所流传的“饭后一个梨，抗癌防便秘”也是颇有道理的。

大家都知道，梨吃起来鲜甜可口、香脆多汁。但是，关于梨对人体的保健与抗病作用，可能大家还知之甚少。如果中老年人多吃梨，可以帮助净化体内器官、储存钙质，同时还能软化血管，促使血液将更多的钙质送到骨骼。

经测定，每100克梨中约含有3克的纤维素，它是非可溶性纤维，而这种物质可预防便秘及消化性疾病，还可以净化肾脏、清洁肠管。因此，长期便秘的人应多吃梨。

有一项调查结果，发现饭后常吃一个梨，有利于排出积存在人体内的致癌物；并且，那些加热后的梨汁，所含的抗癌物质更多。这是由于加热过的梨汁含有大量的抗癌物质——多酚。给注射过致癌物质的小白鼠喝这样的梨汁，发现小白鼠的尿液中，能排出大量1–羟基芘毒素，从而预防癌患。

经实践与调查显示，那些经常吸烟或吃烤肉的人，在体内会聚集很多强致癌物质——多环芳香烃。这些可怕的物质在吃梨后会显著降低。

有关研究人员曾对一些常吸烟的人进行了一次试验，让他们在4天内每天都要吃750克左右的梨，并且在他们吃梨前后，分别测试他们小便中多环芳香烃的代谢产物——1–羟基芘的含量。测定结果发现，在吸烟之后的6小时再吃一个梨，可使体内血液中1–羟基芘大量经尿液排出。但如果不吃梨，1–羟基芘毒素只能排出很少量。

梨鲜甜可口、香脆多汁，是一种美味的水果。不过，梨虽然很甜，但是它的热量和脂肪含量却很低，因此，极适合爱吃甜又怕胖的人食用。它也同苹果一样，还含有能使人体细胞和组织保持健康状态的氧化剂。

其实，梨素有百果之宗的美誉。它性微寒、味甘，能生津止渴、润燥化痰、润肠通便。因此，如果能在秋季每日吃一两个梨，不仅对秋燥症具有独特功效，还能帮助人体清热、安神，并且对失眠多梦有一定的辅助治疗作用。

如果你患有维生素缺乏症状，更应多吃梨。据测定，一个梨的维生素C含量是“建议每日摄取量”的10%，还富含维生素A、维生素B、维生素C、维生素D和维生素E以及钾元素。因此，对于贫血而面色苍白、患有维生素缺乏的人，多吃梨可以让你脸色红润。

中老年人，多吃梨利于养生。因为它可以帮助人体净化器官、储存钙质，同时还能软化血管，能促使血液将更多的钙质送到骨骼。

此外，用梨树叶晒干泡水可治疗尿道炎、膀胱炎及尿道结石。

梨虽然好吃，但也不能贪多，要根据自己的身体情况而定。因为梨性较寒，因此，对于有脾胃虚寒、腹部冷痛和血虚者，不可以多吃，否则易伤脾胃、助阴湿。对于一些患有风寒咳嗽、脾虚便溏者，也要慎食。

再说不同种类的梨，有不同的性质。像天津鸭梨与贡梨，性偏寒；而皮粗的沙梨和进口的啤梨，寒性更重。通常，鸭梨和雪梨常入药而用，因此在平时买梨时，不要忘了根据体质来选择。

梨不但可以生吃与熟吃，还可以加工制作梨干、梨脯、梨膏、梨汁、梨罐头等，也可用来酿酒、制醋，味道别具一格。并且，不同的吃法有不同的保健功效。

冰糖蒸梨是我国传统的食疗补品，可以滋阴润肺、止咳祛痰，对嗓子也有良好的保护作用。此外，加热过的梨汁含有大量的抗癌物质——多酚，因此，抗癌时应用加热的吃法；为了让肠胃更好地吸收，吃梨时最好细嚼慢咽。

将梨榨成梨汁，是爽口的饮品，如果加上胖大海、冬瓜子、冰糖少许，煮后再饮，对治疗体质火旺、喉炎干涩、声音不扬者，具有滋润喉头、补充津液的功效。

在人们热衷吃煎烤食品、快餐类食品的今天，饭后吃一个梨不失为一种值得推荐的健康生活方式。

梨籽对人体的保健作用也不容忽视。梨籽含有元素，可以预防妇女骨质疏松症。体内的硼充足时，还可以提高记忆力、注意力与心智敏锐度。而且，梨籽里还含有一种叫木质素的物质，它是一种不可溶纤维，可以在肠道中溶解，形成像胶质的薄膜，能拔除肠道里的胆固醇。

三天不吃青，两眼冒金星

日常饮食要多吃些绿色食物。这绿色食物主要是指青菜，它属于蔬菜中的绿叶类，它不但色泽明媚、鲜嫩味美，而且含有大量的维生素、矿物质及植物纤维。因此，它是人们合理的饮食结构中不可缺少的组成部分，更是蔬菜中的首选。

人们为什么说“不吃青菜眼冒金星”呢？这是因为，肉和主食可以提供蛋白质、脂肪和碳水化合物，但青菜却是人体所需的维生素和矿物质的最重要来源。因此，成人每天应摄入300~500克蔬菜，深色蔬菜最好达到一半。

蔬菜的主要营养意义是为人体提供多种维生素和矿物质以及膳食纤维。它所含的维生素C和胡萝卜素非常丰富；而且，蔬菜含钾、钙、镁等矿物质较多，它在人体内的最终代谢产物呈碱性，能够及时和肉类、蛋类分解产生的酸进行中和，对维持体内的酸碱平衡非常有益。

此外，蔬菜还富含各种有机酸、芳香物质和色素等成分，使它们具有良好的感官性状，对增进食欲、促进消化、丰富食品多样性具有重要意义。由于维生素C不能在体内储存，所以，人们只有靠每天吃新鲜蔬菜水果才能满足身体的需要。

研究发现，在蔬菜中，那些深绿色的嫩茎叶类蔬菜含的营养素最丰富。光合作用越强、叶绿素越多的叶片，形成胡萝卜素的含量也越高。因此，深绿色蔬菜是胡萝卜素、维生素C、维生素B2、钙、铁、镁等各种营养素的好来源。据测定，每100克鲜菜中维生素C含量就有20毫克。

很多绿叶蔬菜还富含钙质，比如我们常吃的小油菜、芥蓝、木耳菜、苋菜等，每100克里面含钙量高达100毫克以上，因此，多吃青菜对于保证钙供应具有一定意义。

青菜营养丰富，是人们一年四季都可以享用的美食。但青菜在不同的季节，其营养价值也有所不同。一般来说，春季的青菜，味略淡而鲜，不但维生素含量丰富，含水量也特别高；夏秋两季节的青菜味略苦一些，但这时的青菜却富含对人体去暑降温作用的有机成分，吃了以后具有降邪热、解劳乏、清心明目、益气壮阳等作用；冬季的青菜往往略带甜味，这是由于冬天没有强烈的阳光照射，青菜与光合作用有关的营养物质逐渐增多。因此，这时的青菜含水量相对减少，淀粉类物质转化成麦芽糖成分，所以就带有甜味感。

人们为什么说“吃了青菜，一身轻快”呢？这句话不是凭空而来的，要知道，青菜除了可补充维生素，微量元素、纤维素之外，还有一个更有价值的作用——保健祛病。研究发现，一些青菜在保持健美身材、防治便秘，以及对头痛、失眠、心血管病突发等，都有很好的医疗作用；而且，还具有预防结肠癌、乳腺癌、前列腺癌、胃癌等功效。一个成年人如果每天进食500克蔬菜和水果，就可使肿瘤发病率下降三分之一。

此外，青菜在医疗保健方面，还有以下不可抹灭的功效：

1、糖尿病人最适合吃青菜，因为青菜中富含钾元素。由于糖尿病患者的胰脏已失去控制血糖量的功能，而胰脏的化学元素主要是钾，所以，青菜含有丰富的钾元素，对糖尿病患者有特殊价值。

2、多吃青菜可以减轻消化系统的负担，阻止糖类转化成脂肪的物质，这一功效对于热衷于减肥的人来说，是莫大的好消息。

3、青菜中含有大量粗纤维，食用后会与脂肪结合，防止血浆胆固醇形成，并且促使代谢物排出体外，以减少动脉硬化的形成，从而保持血管弹性。

4、青菜中由于含有大量胡萝卜素和丰富的维生素C，因而食用后可促进皮肤细胞代谢，防止皮肤粗糙及色素沉着，使皮肤细腻、延缓衰老。

5、青菜还有润肠效果，便秘的人不妨多吃一些。

绿色蔬菜的健康吃法：

青菜虽然营养丰富，但不易储藏，吃新鲜的才最好。如果买了青菜不及时吃掉，除口感欠佳外，还会损失大量的维生素。你也许不知道，从田里拔下来的青菜，虽然停止了生长，但它的内部仍进行着复杂的生物学变化和物理变化，这些变化导致青菜的营养成分和食用质量下降。因此，青菜不可久放。

此外，平时在食用菠菜、空心菜、茭白等时，还要讲究合理的吃法，才能起到应有的作用。因为，这类蔬菜的叶子带有涩味，而且含有较多草酸，这种物质会与钙和铁等矿物质结合，从而降低这些矿物质的生物利用率。因此，在食用时，可以先在沸水中焯1分钟，促使大部分草酸溶入水中，之后捞出炒食或凉拌。不过，还要注意的是焯菜时间过久会造成维生素C大量损失，所以应当严格控制时间。

炒青菜大有学问。要是炒不好，不但味道不好，色泽不对，营养价值也会大打折扣。因此，平时炒青菜要记住十二字诀：“猛火快炒，宁可偏生，不可过火。”否则维生素C就会损失殆尽。

常吃葱，人轻松

经常吃些葱，对人的身体健康很有益处。葱是一种“特殊补品”，能补充人体所需要的多种元素。经研究发现，葱还是一种“特殊药品”，能促进人体内新陈代谢功能的充分发挥，对人体具有良好保健作用。

大葱营养十分丰富，含有蛋白质、脂肪、糖类、维生素A、维生素B、维生素C，以及钙、镁、铁、磷等矿物质，大葱能补充人体所需要的多种元素，对人体的新陈代谢功能促进其充分发挥。

《本草纲目》中所述，葱白可“除肝邪气，安中，利五脏”，葱根“主伪寒头痛”。《本草图经》：“凡葱皆能杀鱼肉毒，食品所不可缺也。”是的，经过长期实践人们发现，常吃葱可以解除很多疾病。如果平时不断吃些葱，对心血管硬化、胆固醇上升、便秘、肥胖者的身体健康也很有好处。由于大葱还含有挥发油，油中的主要成分是葱辣素，这是一种罕见的物质，具有较强的杀菌或抑制细菌、病毒的功效。因此，大葱可以有效地治疗伤风感冒，人一旦出现打喷嚏、流鼻涕的病症，即可取一段葱白咀嚼食用，出汗后便可除病。

大葱在民间还有“聪明草”之称，说是吃了葱人会变得聪明，因此有人把葱誉为“脑力劳动者的绿色补品”。现代医学研究也表明，多吃葱能补脑。此外，那些容易疲劳、失眠和神经衰弱的人，多吃葱，就可以兴奋神经而使人精力充沛。

经常吃些葱能降低血脂，使血糖和血压得以有效的降低。因为葱还具有消散血管内淤血块的作用，它能很好地降低血液中胆固醇含量，防止血液不正常的凝固，从而防治动脉硬化。此外，多吃葱还可提高消化机能，因为大葱还有刺激人体汗腺有健胃作用，食用后有助于排出体内不干净的物质。因此，平时多吃些葱，对人体是非常有益的。

现在我们看一下大葱在日常生活中的妙用方法：

用葱白三段熬粥，制成“神仙粥”，可治风寒感冒。葱是脑力劳动者的“绿色补品”，经常吃葱可以补脑。将切碎的洋葱放置于枕边，有诱人入眠的神奇功效。烹调贝类虾蟹时，多放一些大葱，可避免过敏反应。

经常吃葱，可以御寒健身。

我们知道平时多吃葱，对人的身体健康是很有益处的。特别是在春季，多吃一些葱可以预防呼吸道传染病、伤风感冒以及肠胃疾病等。

春季多吃大葱，可以把肠胃积下的污垢、毒素及浊气等有害物清除出去；而对一些患有贫血、低血压的人多吃些葱，则可以补充能量。这是由于葱在人体内可以从事“清扫”和“加油”的工作。

我们知道，春季是细菌滋生最活跃的时期，这时你稍不注意就会发生细菌性中毒或感染疾病。不过，你这时只要能多吃一些葱就可以解除这个顾虑。因为葱里含有的植物杀菌素，具有很强的杀菌作用，特别对痢疾杆菌与皮肤真菌的杀伤力最为明显。此外，春季吃葱，还能预防春季呼吸道传染病，以及减少患伤风感冒的机会。

关于春天吃葱治病的疗方，有两个食葱预防感冒的食谱：

1.治风寒感冒。选用备料，葱白30克，鸡肉500克，生姜15克，粳米100克，芫荽10克，红枣6个。做时，先将葱、芫荽洗净、切碎；红枣去核，粳米洗净；生姜去皮、切碎；鸡肉洗净、切块。一切准备好之后，就可以将鸡肉、粳米、生姜、红枣先放入锅内，并加上适量的水用武火煮沸，之后再用文火煲1小时，待粥熬成时再放入葱白、芫荽，调味服用即可。

2.葱姜水泡足防感冒。取葱白、生姜等量，捣烂，放入脚盆内，之后再冲入沸水1500毫升，等5分钟之后，将双脚放入盆中，一般可洗泡5~10分钟，再用双手揉搓脚心2~3分钟，即可。

3.治感冒头痛发热。连根葱白15根和大米50克煮粥，加入醋10毫升，一日3次。

立春前后的葱，营养丰富，也最好吃。这时也是人体新陈代谢最旺盛的时候，对大葱的需求很多。因而这时多吃葱，可以提高消化功能，从而把胃肠内积下的污垢清除干净。

不过，由于葱性辛辣，所以平时容易出汗或患有各种眼病的人，不宜食之。此外，对于患有急性病感染，或妇女带下黄臭以及月经过多等各种出血症者，也要尽量不食葱。

青菜豆腐保平安，山珍海味坏肚肠

新鲜豆腐含有丰富的营养，尤其含有大量的谷固醇，有抑制胆固醇的作用；而且豆腐有消渴的作用，是糖尿病人的良好食品。民间还有“豆腐得味，远胜燕窝”的说法，所以，豆腐是人们喜欢而又能多吃的美食。再说，一些新鲜的青菜，往往含有人体所需要的多种维生素，并且有的青菜含有的有机成分还可以抗病抑病，因此多食青菜也有益于身体的健康。

俗话说“青菜豆腐保平安”。豆腐被誉为“东方龙脑”，它由西汉淮南王刘安所发明，在很多中医书籍中都有记载：“豆腐，味甘性凉，具有益气和中、生津解毒的功效。”因此，豆腐不仅是味美的食品，还具有养生保健的作用。现在豆腐可以做成许多美食，可以炖着吃，也可以炸着吃，还可以做成冷盘、热菜、汤羹、火锅等，样样皆能，所以民间又有“豆腐得味，远胜燕窝”的说法。

研究发现：豆腐和豆浆的营养不亚于牛奶，豆腐的蛋白质和钙的浓度甚至高于牛奶，而含铁量是牛奶的10~20倍以上；而且，豆腐所含有的蛋白质可与鱼肉相媲美，是植物蛋白中的佼佼者。再加上豆腐中的钙和铁具有较高的吸收率，因此，大豆食品是具有补钙、预防骨质疏松等功能的最好的保健食品。比起牛奶和其他补钙药，豆腐的价格却要便宜得多。所以，很多豆制品是物美价廉的“最佳保健食品”。

为了身体健康，每两天至少应食用半块以上豆腐。中国传统的大豆发酵食品，如豆豉、腐乳等就含有活性很高的功能性大豆多肽。科学研究表明，由于亚洲人的膳食中含有更多大豆制品，因此在心血管疾病、乳腺癌、前列腺癌的发病率要比西方国家人低得多。此外，大豆油脂所含的亚油酸，是人体所必需的主要脂肪酸，而且不含胆固醇，食用以后不但有益血管与大脑的发育生长，而且还可以预防心血管病、肥胖病等常见病的发生。

近年来人们还发现，大豆的蛋白经酶水解后，可以产生出具有抗氧化、降血压及提高免疫力作用的多肽，而这种叫多肽的物质，具有降低血糖、血压、防止动脉硬化的功能。此外，豆腐对消渴有一定作用，是糖尿病人的良好食品；而且还可以解酒精中毒。因此，平时多吃豆腐，让我们在享受美食的同时，又达到了养生保健的目的。

青菜豆腐保平安，这是人们对青菜与豆腐营养与保健价值的赞美。上面我们已经述说了多吃豆腐对人体的益处，那么，平时常吃青菜又会给我们带来哪些好处呢？下面让我们来详细了解一下。

1.延缓衰老。你也许不知道，常吃青菜有延缓衰老的作用，这是因为青菜中含有大量的胡萝卜素和大量的维生素C，这些营养物质在进入人体后，就能促进皮肤细胞代谢，可以防止皮肤粗糙及色素沉着，从而使皮肤变得润滑、亮洁。

2.强身健体。经研究，一个成年人如果每天能吃500克青菜，就可以能满足他身体所需的一些维生素、胡萝卜素、钙、铁等，因为青菜含有丰富的维生素和矿物质，因此，常吃青菜可以保证身体的生理需要提供物质条件，还有助于增强机体免疫能力。

3.防癌抗癌。你也许不相信，青菜还有抗癌的作用。因为在青菜里所含的维生素C，在进入人体内之后，会形成一种“透明质酸抑制物”，而这种物质就具有抗癌的能力，它可以使癌细胞丧失活力。并且，青菜中含有的粗纤维，还可促进大肠蠕动，从而增加大肠内毒素的排出，达到人们防癌抗癌的目的。所以，你可别轻看这些不起眼的青菜，它可是维持你身体健康的美食。

4.保持血管弹性。我们知道青菜中大都含有大量的粗纤维，但就是这些粗纤维进入人体后，与脂肪结合，从而成为防止血浆胆固醇形成的卫士，促使胆固醇代谢物——胆酸得以排出体外，可以有效地减少动脉粥样硬化的形成，从而保持血管的畅通与弹性。

豆腐，起源于西汉，原产地安徽八公山。经过一千多年的烹饪膳食，人们已经把这道“寻常菜”变为“华宴席上的珍品”了。因此，现在的豆腐可以做成诸多美味可口的小吃。“青菜炖豆腐”可是民间流传千古的小吃，现在让我们也分享一下它的美味与做法。

具体操作：将油放锅烧热后，放入姜蒜爆锅；将豆腐块下锅，煎炒片刻之后，加适量热水；待水烧开后，再下入虾干等，改为中火炖煮3分钟；最后，加入青菜叶，再用大火烧开，放入适量的盐、味精和葱花，出锅即可。

最后，还要提醒一下，在将青菜入锅后，就无须盖锅盖了，因为这样能保持青菜的颜色翠绿和口感爽脆。

豆腐虽然营养价值很高，但如果将它单独食用，就会降低蛋白质的利用率，而且营养成分也会大打折扣。因此，需要搭配一些别的食物，才可以使人体更充分吸收利用豆腐中的蛋白质与其他营养。经研究，一些蛋类、肉类中的蛋氨酸含量较高，可以与豆腐混合食用。所以，在做豆腐时加入一些肉末，或是用鸡蛋裹豆腐油煎，便能更充分地利用其中所含的丰富蛋白质，提高食用的营养档次。

早晨喝杯淡盐汤，胜过医生去洗肠

每天早晨起床空腹时，喝一杯淡淡的盐开水，对人体有保健作用。别小看这杯放了些许盐的水，喝了它不仅可以帮助你清理胃火，消除你口中无味与口臭的现象，还可以增强你的消化功能，增进食欲，清理肠部内热，具有洗肠的功效。

食盐是我们最常用的日常调味保健品，而食盐所具有的医用效果却鲜为人知。其实，食盐不但在我们的一日三餐中不可缺少，它还有治病保健的作用。比如，民间谚语所流传的“早晨喝杯淡盐汤，胜过医生去洗肠”，说明这种在早上喝杯盐水的保健方法，在我国古代就早已使用了。那么，它究竟具有哪些方面的作用呢？

首先它可以清理胃火，促进消化。如果能在早晨空腹时，饮淡盐水一杯，不仅可清理胃火、消除口臭现象，还能增强消化功能、增进食欲、清理肠部内热。此外，倘若老年人或儿童由于肠胃热重，大便秘结，那么，常饮用一些盐水，就可起到消热通便的功效。

我们知道，当我们的身体经过一夜的休整，体内水量处于最低状态，这时就需要及时补给大量的水分。但如果能在摄入的水中加一点食盐，以微有咸味为度，则可以达到健肾固齿、清亮眼目、增加胃肠道的蠕动，以及清肠洗胃的效果。

年轻人由于经常熬夜，导致体内上火，或者是由于在饮食偏爱油炸与辛辣等厚重味道，而使嘴里长泡、喉咙干痛、声音嘶哑。那么，不妨在每天早晨起床后喝一杯淡淡的盐水，这样就可以帮助你减轻咽喉部的炎症，消除红肿，还可以帮助清理肠胃、排出毒素。

清晨空腹喝淡盐水的好处很多，具体来说有以下几点。

对于一些患有冠心病和脑动脉硬化者来说，平时多喝些淡盐水也是有好处的。这是因为食盐里含有大量的矿物质和多种微量元素，如果能在清晨时饮用一杯淡盐汤，则可以有效地清除和减少血管壁沉积的胆固醇，从而很好地降低血黏度和防止血栓的形成，还可以起到调节血管的舒缩功能。因此，对于血管疾病者来说，不妨养成早晨喝一杯淡盐水的习惯，从而保证身体的健康。但是一定要谨记，所饮用水一定要很淡很淡的。

对于习惯性便秘者来说，早晨喝上一杯淡盐水也是大有好处的。因为这杯水不但能促进你的肠胃蠕动，还可以帮助你清除肠壁上存留的废物，有助排便，从而解除你大便干结、排泄困难之苦。

淡盐水对于慢性肾炎者来说也是有益的。如果你没有明显的浮肿症状，那么，你也可以在清晨喝一杯淡盐开水，如果再加服一些六味地黄丸，则还会提高疗效。不过，一定要掌握好盐水的浓淡程度，盐分不可过高，否则适得其反。最好以一小杯中放几颗盐粒，使其稍有咸味即可。

此外，每日清晨喝一杯淡盐水，还可以健肾固齿，目清眼亮。水量主要根据自己的体重来适量饮用，一般应在300~500毫升之间，才能满足机体的正常需要。不过，应该注意的是，不论什么情况，盐量都不宜过多，以防起到反作用。

虽然早晨喝淡盐水好处很多，但是对于一些糖尿病、高血压患者，还是要慎重的。一般来说，高血压患者也不宜喝过多咸味重的水，因为这种水中所含的钠会导致血压升高；此外，盐水与蜂蜜水也不适合糖尿病患者，否则会加重肾脏负担。

这些有特殊疾病的人，早晨只要喝不太冷的白开水就可以了。不过对于高血压患者，即使只喝白开水，也要讲究方式。如果你认为夏天出汗太多，应多补充水才能保证健康，这是没错的。但是不要忘了，还应防止一次性喝下太多的水，尤其是纯净水，会很快进入血液，引起血压升高。

高血压病人，喝水要慎重，要保证每天三个时段有水喝：

1.在每天晚上睡觉前半个小时内一定要饮水，以防止晚上因为水分散失，而导致血液黏稠。

2.在半夜醒来上厕所时，一定要记得再补充一杯水。

3.早晨一觉睡醒后，还要再来一杯水，避免血液黏稠引发血栓。

不过，平时饮用的白开水一定要新鲜，不能过凉，一旦过夜之后就不宜饮用了。要知道，那些储存过久的凉白开往往会被细菌感染，并产生一种叫“亚硝酸盐”的致癌物质，这种物质一旦进入人体，就会使血液中的红细胞，失去携带氧气的作用，从而导致组织缺氧，出现恶心、呕吐、头痛、心慌等症状，严重的还能使人因缺氧而致死。所以，平时饮水也需要小心。

早晨喝盐水，晚上饮蜜水，可以消除胃肠中一天饮食的热结。所以，一旦体内的热结解除，你就不会有便秘，更不会有消化不良的情形；而且，由于蜂蜜有养脾气、除心烦的功用，因此它还能使你宁神安睡、梦意酣畅。

铁锅是个宝，家中不可少

常使用铁锅烹调食物，可以增加人体铁的摄入量，这是由于用铁锅烹调的食品中所含的铁的数量会增多，这也许是由于铁锅上的一些微小铁屑的脱落和铁的溶出所致。不过，有一项科学研究也表明，用铁锅烹饪蔬菜可以大大地减少蔬菜中维生素C的损失，这又可以为饮食多一些营养。因而，对于预防缺铁性贫血或补充铁元素来说，用铁锅烹调烧菜或做其他膳食对人体是大有裨益的。

近年来由于电炒锅、铝炒锅等一些现代化的炒锅应运而生，使许多家庭都舍弃了用铁锅做饭的习惯。与一些现代化的锅相比，铁锅往往显得很笨重，并且也不易清洁，因而很多家庭都不愿意再使用它了。其实，这种做法不妥。殊不知，用铁锅烹饪的食物，可以补充人体必需的铁元素。

如果长期不用铁锅炒菜，对人体的健康极为不利。一个首要原因就是会引起缺铁性贫血。这是因为在你用铁锅烹调菜肴的过程中，铁锅上会有较多的铁元素溶解在食物内，为人们源源不断地供应所需要铁质。

食用铁锅做的食物后既补充了食物本身含铁不足的部分，又吸收了铁锅所产生的铁元素，从而便可以很好地起到防止缺铁性贫血的作用。

用铁锅烹饪蔬菜，能大大地减少蔬菜中维生素C的损失；而如果用铝锅炒菜虽也能保留较多的维生素C，但易溶出的铝元素却会对身体健康极为不利。而且，研究者曾经用黄瓜、番茄、青菜、卷心菜等7种新鲜蔬菜做实验，发现使用铁锅烹熟的菜肴，保存维生素C含量明显高于使用不锈钢锅和不粘锅。所以，从增加人体维生素C摄入和健康考虑，烹饪蔬菜首选的是铁锅。

调查发现，目前贫血发生率较高，特别是儿童群体，贫血约占50%。因此如果家中有贫血的患者，更以使用铁锅为宜。用铁锅煮洋葱时，如果只放油不放盐，当煮到5分钟之后，洋葱的含铁量可增加2倍；如果炒洋葱时，加入食盐和番茄酱，煮20分钟之后含铁量可增加11倍；如果加入食醋之后再煮5分钟，那么，含铁量可增加15倍之多。用铁锅炒菜也得掌握一定的技巧，才能为身体带来更多的健康。

1.使用铁锅烹饪也是有讲究的。首先，应注意饮食结构及烹饪方法，在防治缺铁性贫血时，不应该把铁锅烹调当作唯一的方法，而要调整膳食的结构，多选择一些食用富含铁的食品。并且，平时在用铁锅炒菜时，要急火快炒，少加水，以减少维生素的损失。

2.铁锅膳食虽好，但也并非什么食物都可以用它煮熟。比如煮绿豆就不宜用铁锅，因为绿豆皮中所含的单宁质，在遇到铁后就会发生化学反应，从而生成黑色的单宁铁，并使绿豆的汤汁变为黑色，从而影响味道及人体的消化吸收。此外，像煮杨梅、山楂、海棠等一些酸性食品，也不宜用铁锅。这是因为这些酸性食物中含有较多的果酸，而这些物质遇到铁后，就会引起化学反应，从而产生低铁化合物，这种物质人吃了之后往往会引起中毒。

3.在使用铁锅炒菜时，还应该注意尽量不要使用像铝铲等一些铝制的用品。而要选用铁铲或不锈钢铲，这是因为铝制的炊具，质地较软，在铁锅中翻炒时易于磨损，掉在菜中，这样人吃了后会危害健康。

4.平时当用铁锅烹调有腥味的食物时，比如鱼、虾等，极易使铁锅染上腥味，怎么办呢？你可以用些许白酒涂擦一下，或用茶叶加点儿水略煮一下，即可除去腥味。此外，平时尽量不要用铁锅煮汤，以免铁锅表面保护其不生锈的食油层消失。

5.一般来说，普通铁锅大都很容易生锈，那么，长期使用之后，人体就会吸收过多的氧化铁，这种物质就是我们说的铁锈，它会对你的肝脏产生严重的危害。因此，为了健康，平时不要养成用铁锅装盛食物过夜的习惯。

6.清洗铁锅要讲究方法。一般刷锅时，应尽量少用洗涤剂，以防保护层被刷尽。而且，每次刷完锅后，还要尽量将锅内的水擦净，以防生锈。如果有轻微锈迹，可用醋来清洗一下。

当然，如果你经常食含铁的食物，即使长期用铝锅烹调，也不会引起体内缺铁。不过，如果你平时食用的食物本身含铁量就低，那么，再又长期不使用铁锅做菜，就会很容易发生贫血。

使用铁锅烹饪食物，虽然对身体健康大有好处，但是在使用铁锅的溶出量控制却不是一件容易的事。因为铁锅中的铁在人体吸收率较差，因此也就很难用于铁缺乏和人体缺铁性贫血的治疗和预防。再者，也无法估计每天通过使用铁锅烹调，使自己的身体增加了多少膳食铁的摄入量。

使用铁锅最好不要使用生铁锅，因为这类的铁锅都含有一些杂质，而易被氧化，形成其他氧化物，从而影响补铁的效果。而相对于生铁锅来说，一般的精铁锅传热比较均匀，不容易出现粘锅现象，因此，使用的效果相对较好。

并且，由于精铁锅用料好，锅可以做得很薄，这样锅内温度，就可以达到更高，所以做出来的菜肴才会又鲜又香。

春季养肝，食补为先

春季气候渐暖，阳气升发，万物新生，正是调养身体五脏的大好时机。而按中医理论，肝属五行之木，春木旺，肝主事，因此春季护肝尤为重要。但俗话说“药补不如食补”，因此，民间似有“春季养肝，食补为先”之说。

肝是人体中的最大腺体，犹如一个“化工厂”，它不但具有代谢、肝汁分泌、解毒、凝血、免疫、热量产生及水与电解质的调节等功能，在中医里又是“四肢的根本，藏魂之所在”。因此，肝功能在五脏中是非常重要的。再说，在中医理论中肝属五行之木，春木旺，肝主事，因此春季护肝尤为重要。

养阳益肝是首要，以防肝脏淤滞不畅，有“春季养肝以食为先”的原则。若从现代营养学的角度来看，早春二月的膳食原则应该是高蛋白、高维生素、充足热量的均衡膳食，就是要根据个人的具体情况适当地增加蛋白质高的食物，结合春季万物萌生，正是调养好肝脏的大好时机。

春季三月是阳光明媚的季节，也是万物萌生的阶段，春季养生以补肝为先。现在我们就介绍几种春季养肝的方法：

一、以脏补脏，鸡肝为上

春季补肝为什么要首选鸡肝呢？这是因为鸡肝味甘而温，可补血，温胃，是食补肝脏之佳品。食用时，可选新鲜鸡肝3只、大米100克，洗净后一同煮成粥食用即可，食之后可治疗老年人肝血不足，饮食不佳，眼睛干涩或流泪。

二、补肝血，食鸭血最好

鸭血也可以补肝。其实，鸭血不但性平，而且营养丰富，而肝主藏血，可以起到以血补血的作用。食用时，可选上好的鸭血100克、鲫鱼100克、白米100克，之后同煮粥服食之发即可。别小看这款食疗，它不但可以养肝血，还可以辅治贫血，而且它还是肝癌患者的保肝佳肴之一。

三、以味补肝，首选食醋

食醋也可以养肝，这是因为食醋不但具有平肝散淤、解毒抑菌等作用，而且它味酸而宜人肝。特别是那些患有肝阳偏亢的高血压老年人，如果每日用食醋40毫升，加温水冲淡后饮服，每日1次，就可以起到医疗的作用。

四、舒肝养血，菠菜为佳蔬

菠菜是春天的应时蔬菜，它具有滋阴滋燥、舒肝养血等作用。因此，春天常吃菠菜对肝气不舒并发胃病的人有辅疗的作用。

五、猪肝补肝，乌发明目

对于那些肝肾亏虚、精血不足而经常头昏眼花、视力减退、须发早白以及腰腿疲软的人，在春天补肝时可多吃一些猪肝。这是因为猪肝营养丰富，可以起到以肝补肝的作用，而食用时如果再掺入木耳，就具有补肝肾、益精血，乌发明目的功效。

此外，春季补肝还应尽量少吃辛辣食品，而要多吃一些新鲜的蔬菜、水果；并且要做到平衡食物中的蛋白质、碳水化合物、脂肪、维生素、矿物质等，要保持相应的比例；同时，还保持五味不偏；并且，避免暴饮暴食或饥饱不匀。在初春时节，寒气较盛，可以适当地少量饮酒，以利于通经、活血、化淤和肝脏阳气之升发。但是，切不可贪杯过量，因为肝脏代谢酒精的能力是有限的，多饮必伤肝。

养肝还要少发怒。这是因为肝喜疏，恶郁，故生气发怒易导致肝脏气血淤滞不畅而成疾。所以，平时要学会制怒，尽力做到心平气和，使肝火熄灭，使肝气正常生发、顺调。因此，乐观开朗、怡情养性也可以达到护肝保健的目的。

热天一块瓜，强如把药抓

西瓜不但营养丰富、凉甜可口，而且还是一种能治疗多种疾病的良药，具有清热解暑、止渴除烦等疗效。在大热天“苦夏”吃不下饭时，身体消瘦的人，如果能吃上一块西瓜，不仅可以开胃还补充营养。

在中医里，西瓜有“天生白虎汤”之誉。《本草求真》里说：“西瓜内瓤，令人遇直三伏天燥，不论男妇大小，朝夕恣食，诚以燥渴之极，得此味甘色赤，能引心包之热，下入小肠膀胱而出，令人心胸顿冷，烦渴冰消，故书载治太阳，阳明胃中渴及热病大渴等病宜投。”

是的，西瓜不但营养丰富、凉甜可口，而且瓜瓤中还含有人体所需的各种营养成分。现代研究得知，西瓜可治中暑发热、热病伤津、口渴咽干、头胀胸闷、小便短赤及口疮、咽喉炎、牙肿痛等病；并且对慢性肾炎有一定的疗效。

据测定，在每一百克西瓜中就含有水分94.1克，蛋白质1.2克，糖4.2克，热量22千卡，胡萝卜素0.7毫克，钙6毫克，铁0.2毫克，并且还有其他的营养成分。所以，当人们在“苦夏”吃不下饭时，吃一块熟透的西瓜，即可开胃且补充营养。

西瓜还是一种能治多种疾病的良药。它不但具有清热解暑、止渴除烦、通利小便、利咽解酒的功效，热天中暑以及口患热疮或者喝醉酒的人，饮用一定的西瓜汁，可以很快减轻症状。而且，它所含的糖、盐类和酶，有治疗肾炎和降低血压的作用，瓜中的配糖体有降低血压的作用。.

此外，用干西瓜皮40克与鲜茅根60克一起煎汤分3次饮，能使肾炎病人小便通畅，水肿消除。

西瓜虽好但不宜多吃，特别是体虚胃寒、消化不良者和小儿尤要注意。因为西瓜性寒，在《随息居饮食谱》中说：“多食积寒助湿，每患秋病，牛寒多湿，大便滑泄，病后、产后均忌之。”所以，面对甘甜的西瓜如果贪食过多，就易伤脾胃，引起腹痛、腹泻、食欲下降等不适之症。

夏天一碗绿豆汤，解毒去暑赛仙方

中医认为，绿豆味甘、性寒，入胃、心及肝经，食用后有清热解毒、利水消肿、清暑止渴等功效。因此，明代大医家李时珍赞其为“真济世之良谷也”。还有清代的王士雄在他的《随息居饮食谱》中说：“绿豆甘凉。煮食清胆养胃，解暑止渴，润皮肤，消浮肿，利小便，止泻痢，醒酒弭疫……”所以，民间一直流传“夏天一碗绿豆汤，解毒去暑赛仙方”之说。

民间广为传说“绿豆能解百毒”，在《随息居饮食谱》说它“生研绞汁服，解一切草木金石诸药，牛马肉毒”。《本草用法研究》也说：“毒邪内炽，凡脏腑经络皮肤脾胃无一不受毒忧……无不用此（绿豆）奏效。”的确，绿豆的解毒力很强，能解酒毒、野菌毒、砒霜毒、丹石毒、药物毒等多种毒性。

在平常生活中，如果不慎发生了中毒的情况，附近又无医院可以抢救时，就可以绿豆救治。《随息居饮食谱》说：“绿豆粉……新汲水调服，解砒石、野菌、烧酒及诸药毒。”

在炎热的夏季，人体内的阳气最旺，这个时候人们往往会吃很多寒凉的东西，损伤阳气。而绿豆虽性寒，可清热解暑，同时有养肠胃、补益元气的功效，是夏天的济世良谷。

绿豆中含有大量的蛋白质、磷脂，这两种物质可以兴奋神经、增进食欲，可以为机体许多重要脏器增加所需营养。而且绿豆对人体内的葡萄球菌以及某些病毒有抑制作用，所以，它能清热解毒。绿豆还可以防治冠心病、心绞痛，这是因为绿豆中的多糖成分能增强血清脂蛋白酶的活性，使脂蛋白中甘油三酯水解，达到降血脂的疗效。

此外，绿豆中还含有一种球蛋白和多糖，这种物质可以促进动物体内胆固醇在肝脏中分解成胆酸，并能加速胆汁中胆盐分泌并降低小肠对胆固醇的吸收；而且，绿豆含有丰富的胰蛋白酶抑制剂，可以保护肝脏，减少蛋白分解，从而保护肾脏。因此，绿豆可是人体健康最得益的食物之一。

说起绿豆的食疗作用，其实很广：

腮腺炎初起，可用绿豆2两煮水，待绿豆熟时加入白菜心两个，再煮一会儿之后，盛汁饮用，一天2次，连服3日便可消散。

在夏天，用绿豆加水熬成汤，或者是加米煮成粥，食用可解暑除热。如果将绿豆与荷叶一起煮粥加白糖，可消热疖红肿、止痱痒。

用绿豆炖精肉吃，可医治风火牙痛。此外，一切痈肿初起，用生绿豆捣碎，也可加牙皂同研，调醋敷患处，皮破者油调，非常有效。

绿豆除了清热、去毒还是贴心的美味补品。

绿豆薏米粥：选上好绿豆20克、薏仁20克，冰糖适量。做时将薏仁及绿豆洗净后，用清水浸泡隔夜；次日将薏仁加3杯水放入锅内，大火煮沸后，改用小火煮半小时，再放入绿豆煮至熟烂；最后，加入冰糖调味即可。常食之有清热补肺、消暑利水、美白润肤的功效。

绿豆排骨汤：选上好的排骨350克、红枣50克、绿豆50克、姜10克、清水1200克、盐5克、鸡精3克、糖1克。做时先将绿豆洗净待用，接下来将排骨余水，红枣洗净，姜切片，洗净锅上火，放入清水、排骨、姜片、绿豆、红枣，大火烧开。之后，转中火煲45分钟调味即成。常食用具有补血、养心、安神的功效。

另外，绿豆芽也有很多的食疗作用，它可以解酒毒、热毒、利三焦。绿豆芽富含粗纤维素和维生素C，可治便秘和牙龈出血。此外，用绿豆芽炖鲫鱼食用，可帮新妈妈催奶，使乳汁分泌多。

绿豆虽然有诸多好处，从中医的角度看，寒症的人不要多吃，而且一些体质虚弱的人也不要多食用。另外，由于绿豆具有解毒的功效，所以正在吃中药的人也不要多喝。

每顿八分饱，身体不显老

一个人每天都要吃东西，所谓“吃饭是第一件大事”。可是吃多少，却是一个值得注意的问题。这方面的健康论述有很多。

孔子主张“食勿求饱”“节食安胃”。西晋《博物志》中说：“所食愈少，心愈开，年愈益。所食愈多，心愈寒，年愈损。”孙思邈在《千金要方》中告诫人们：“饮食过多，则结积聚；渴饮过量则成痰。”又说：“不欲极饥而食，不欲极渴而饮。”《养生避忌》一书说：“善养生者，先饥而食，食勿令饱；先渴而饮，饮勿令过。食欲数而少，不欲顿而多。”《黄帝内经》中谈到古人“尽终其天年，度百岁乃去”的原因，就是“饮食有节”。《类修要诀》中说：“节饮自然脾健，少餐必定神安。”《管子》指出：“起居时，饮食节，寒暑适，则身利而寿命益。”这些论述均说明，古人已经发现节制饮食可以长寿，每餐过饱会使人短寿。这种认识非常正确，已为现代科学所证实。

有这样一句谚语：宁可撑死人，也不占着盆。意思是说，即使你已经吃饱了，可是为了不占餐具，一定要把这顿饭吃得一点不剩才行。实际上，这种做法是不科学的。科学的做法是“宁可锅中存放，不让肚子饱胀”，剩饭占着锅没关系，把身体撑坏可就划不来了。

要想身体好，吃饭不过饱。大脑是无节制饮食最大的受害者。吃得过饱时，会使大脑反应迟钝，加速大脑的衰老。

我们可能有过这样的感觉：吃得过饱，精神恍惚，昏昏沉沉，这是为什么呢？这是因为吃得过饱，肠胃负担过重，血液都去支持肠胃了，从而导致大脑供血不足，得不到足够的能量维持正常运转，所以才会出现精神恍惚等症状。

科学家对大脑的研究发现，吃得太饱后，“纤维芽细胞生长因子”就会在大脑中快速增长，而这种因子恰恰是引起脑动脉硬化的“罪魁祸首”。长期“饱食终日”，这种物质在大脑中越积越多，达到一定量时，大脑动脉就会硬化，而脑动脉硬化又是老年痴呆症的根本原因。因此，节制饮食，可以预防老年痴呆症的发生。

除了预防老年痴呆症外，节食还可预防多种疾病，如高血压、冠心病、脑血栓、糖尿病等，这些难以治愈的疾病均与高脂肪、高胆固醇、高热量饮食有关。

科学研究表明：假如人不患病或者无意外伤害，可以活到110岁；若限制热量的摄入，则有望活到170岁，而且实施越早对健康越有益。

我们不仅要注意饮食卫生，也应注意食后的保健，如漱口、散步以及掌握食后各种保健常识。注意食后保健，能有效地增强人体的消化功能，减少和避免消化不良现象的产生。

一、食后漱口

早在汉代，医圣张仲景就在《金匮要略》中指出：“食毕当漱口数过，令牙齿不败，口香。”说明进食后漱口，有益于口腔清洁和牙齿坚固，且能保持口腔的湿润度，对防治口腔和牙齿疾病有一定的作用。

经常漱口还可刺激舌上味蕾，增强味觉功能。漱口还可刺激口腔消化腺分泌消化液，有助于增进食欲和帮助消化。漱口必须持之以恒，且每食必漱。每次漱3~5遍，尤以淡盐水为佳。

二、食后不宜立即喝茶

饭后立即喝茶，会冲淡胃酸。又因茶叶中含有大量的单宁酸，当它进入胃肠道后可与食物中的蛋白质结合使之凝固，而影响蛋白质等营养物质的消化与吸收。故应在饭后半小时左右再喝茶较好。

三、食后不宜立即吃水果

进食后如马上吃水果，很容易形成胀气。因为水果中含有不少单糖类物质，极易被小肠吸收，若被堵塞在胃中，就会形成胀气，以致发生便秘。所以吃水果最好在饭后2~3小时，或在饭前1小时。

四、忌食后松裤带

有些人进食过饱，马上松解裤带，这会使餐后的腹腔内压下降，消化器官的活动度和韧带的负荷就要增加，此时容易发生肠扭转，引起肠梗阻和胃下垂，出现上腹不适等不良现象。

五、食后慢步走

孙思邈在强调食后摩腹的同时，十分重视散步，故云“出门庭行五六十步”，“行一二百步，缓缓行”。民间也有俗语：“饭后百步走，活到九十九。”

进食后慢步行走，可以增强胃肠蠕动，增加胃肠血液营养的供应，有助于胃肠消化液的分泌和食物的消化吸收。但千万不可急步快走或登高跳跃，也不可食后即卧或坐看书画，否则，有损于健康。

老人食鱼，延年益寿

鱼肉不仅味道鲜美，而且有极高的营养价值。常食用鱼类不但能使人的身体健壮，还能延长人的寿命。因为它所含有的二十二碳六烯酸是老年人不可忽视的营养素，其所含的营养，又被证实有降糖、护心和防癌的作用。因此，民间有“老人食鱼，延年益寿”的说法。

鱼肉营养价值极高，非常适合人们日常食用。研究发现，经常食用鱼类的老年人，身体比较健壮，寿命也会相应延长；经常食用鱼类的儿童，生长发育增快，智力的发展也比较好；平均每两天吃一次鱼的男性，死亡率是每周吃不到一次鱼的男性的十分之七。尽管鱼类可能受到汞或其他有毒物质污染，但是鱼肉所含的高度不饱和脂肪酸，却能够很好地降低人体的胆固醇。因此，常吃鱼肉，好处多多。

为了身体更加健康，我们应当将鱼类作为日常饮食中的优先选择。

鱼肉含有高蛋白、低脂肪、维生素等，还具有矿物质含量丰富、口味好、易于消化吸收的优点，因此一直是人们喜欢的桌上美食。要知道，鱼肉的肌纤维比较短，蛋白质组织结构十分松散，水分含量也比较多，因此烹饪后肉质比较鲜嫩，和禽畜肉相比，吃起来更觉软嫩，也更容易消化吸收。

说起鱼类对人体养生保健的奥妙，主要有以下营养特点：

1.蛋白质丰富。在鱼肉里含有大量的蛋白质，而且还是完全蛋白质，要知道，这种蛋白质所含氨基酸的量和比值最适合人体需要。而且，其蛋白质含量为猪肉的2倍，且属于优质蛋白，人体吸收率高。研究发现，黄鱼所含的完全蛋白质占17.6%，此外，带鱼含18.1%、鲢鱼含18.6%、鲤鱼含17.3%、鲫鱼含13%。

2.矿物质与维生素含量较高。一些海水鱼和淡水鱼都含有丰富的矿物质与维生素，它们除了含有大量的磺、硫胺素、核黄素、尼克酸，还含有磷、钙、铁等无机盐；而且鱼肉还含有大量的维生素A、维生素D、维生素B_1等，这些可都是人体需要的营养素。鱼肉中所含的维生素D、钙、磷，可以有效地预防骨质疏松症。鱼肉中脂肪含量虽低，但其中的脂肪酸被证实有降糖、护心和防癌的作用。

3.脂肪含量低。鱼肉的脂肪含量一般比较低，并且鱼肉的脂肪多由不饱和脂肪酸组成，由于这些不饱和脂肪酸的碳链较长，所以它还具有降低胆固醇的作用。一般来说，大多数鱼类所含的脂肪只有1%~4%，如黄鱼0.8%、带鱼3.8%、鲢鱼4.3%、鲤鱼5%、鲫鱼1.1%。

我们知道，鱼肉味道鲜美，不论是食肉还是做汤，都清鲜可口、引人食欲，是人们日常饮食中比较喜爱的食物。一些医学上对鱼的食用和医用价值更是大力推崇。经过多年的实践发现，平常吃鱼时，如果能讲究对症而食的话，则可以起到营养保健与帮助治疗康复的双重作用。

下面让我们详细了解一下：

1.鲤鱼。这类鱼味甘性温。可以主治浮肿、乳汁不通、胎气不长等症。这是由于它具有利尿消肿、益气健脾、通脉下乳之功效。

2.鲫鱼。这类鱼味甘性温。可以主治浮肿腹水、产妇乳少、胃下垂、脱肛等症状。这是由于它不仅具有利水消肿、益气健脾、通脉下乳的功效，还有清热解毒的功效。

3.甲鱼。这类就是我们常说的“鳖”，它味甘性平，全身均可入药。鳖甲，可滋阴潜阳、散结消症；鳖血，能滋阴退热，适用于肺结核病人；此外，甲胶还有补血、退热、消淤的作用。

4.青鱼。这类鱼食用后可治疗气虚乏力、胃寒冷痛、脚气、湿痹、疟疾、头痛等症。这是由于它具有补气养胃、化湿利水、祛风解烦等功效。此外，青鱼还含有大量的锌、硒、铁等微量元素，而这些元素，还有防癌抗癌的作用。

5.带鱼。常吃带鱼可滋润肌肤，保持皮肤的润湿与弹性。这是由于它具有滋补五脏、祛风、杀虫的功效，并且非常适于脾胃虚弱、消化不良、皮肤干燥者食用。

6.鳅鱼。这类鱼就是我们常说的“泥鳅”，泥鳅肉质细嫩，营养价值很高。它味甘性平，可以医治湿热黄疸、小便不利、病后盗汗等症；并且，其滑涎还有抗菌消炎的作用。这是由于它具有暖中益气、清利小便、解毒收痔之功效。

7.黑鱼。这类鱼是女性调养身体的天然佳品，女性常食之可以调理血虚体弱、月经量不调以及病人术后恢复。这是由于它具有去淤生新、清热祛风、补脾利水之功效。此外，它的营养成分还可以补肝肾、治浮肿、脚气、疥癣等症。

我们知道，常吃鱼可谓是益处多多，并且吃鱼还可减少吸烟对身体的损害。一项研究发现，鱼肉中含有的氨基酸可遏制动脉硬化，常吃可以有效地减少吸烟的人死于心脏病及中风的机会。多吃鱼肉有助治疗体内机能失调，从而降低抽烟带来的损害。

第四章

治病养身：小病不治，大病难医

——提高免疫，增强体质

吃药不如戒烟，治病不如防病

所谓“吃药不如戒烟，治病不如防病”，是告诉人们要想身体健康，去掉疾病，去医院拿药吃，不如早一些将抽烟的习惯戒掉，因为长期抽烟是引发很多疾病的罪魁祸首。此外，在生活中人们总是在生病之后才去治病，却很少有人想到在生病之前去如何防病。要知道，防病于未然，才是最正确的养生之道。

调查发现，近年来心脏病发病年龄正日趋年轻化，而90%是男性。

对此，专家认为，年轻人患上心脏病趋势上升的主要原因，除了遗传因素与劳累、紧张外，吸烟的恶习也是导致心脏病年轻化趋势的一个主要原因。

大量的资料表明，吸烟者比不吸烟者的冠心病发病率要高2.6倍以上，而心绞痛发生率则高3.6倍以上。研究发现，烟中的大量有害物质会随着烟雾吸进肺里，此后会迅速地吸收到血液中，进而就会作用到心脏、血管和中枢神经系统。为此，有很多的调查都证实了，冠心病的死亡率与吸烟密切相关，尤其是，在成年以前开始吸烟的危害程度会更高。因此，谚语强调“治病不如防病，吃药不如戒烟”。可见吸烟对于年轻人的心脏血管损害之大。

戒烟年龄越早，对冠心病的预防效果越好。其实，年轻人要想保护心脏，拥有健康，除了远离香烟之外，还需要多运动。因为运动可以促进血液循环，加速新陈代谢，增加肌肉与血管弹性。因此，人体在运动时，全身各个器官都得到了锻炼，其中受益最大的是心脏。

治病不如防病，这话说得一点儿不假。但是，生活中却有不少人认为，身体好好的，没有病时，费那个劲干啥。其实，却没有想明白，一旦有病，花钱耽误事不说，自己还得痛苦受罪。再说，人体是一件非常精密的艺术品，损坏容易修复难。所以，治病不如防病，平时多注意保养，多关爱自己的身体，就能拥有健康，少生疾病。如何防病，平时可以从以下两个主要方面做起：

一、合理饮食

食疗对应食物：平时，牙出血可以吃葡萄柚、猕猴桃、柠檬等含维生素C多的食物；当血压增高时，可以喝橘子汁；感冒了可以吃些大蒜；视力不好吃菠菜与黄瓜；有肺病可以多吃鱼；预防癌症，可以吃一些番茄、海带、大蒜、香菇、芦笋；想长寿，平时可以食用枸杞子、核桃、芝麻、红枣等。

最佳喝水时间，早起时，上午10时左右，下午3时左右，睡觉前一小时；吃饭时要细嚼慢咽；早餐一定要吃，如果长期不吃早饭对胃、胆都是一种伤害，易引发胆结石等病。此外，垃圾食品与油炸食品，均无益健康，平时应少吃。

二、良好生活习惯

手是健康的首要关口，因此洗手时不能一冲了之，时间也不能少于15秒种，要彻底洗干净。此外，还要做到冷水洗脸，温水刷牙，热水泡脚。并且，要早晚刷牙，饭后漱口。

平时少熬夜，因为它对人的记忆力、免疫力、视力以及皮肤都有不利的影响。因此，平时一定要保证充足的睡眠，而且宜采用仰卧姿或右侧睡姿。此外，开灯睡会使人免疫力下降易患疾病，因此，睡觉不要开着灯。

不轻易染发，因为染发药剂中有苯胺、苯酚、甲醇等化学物质对人健康不利，应少用。

家用清洁剂应尽少用，因为表面活性剂虽没毒性，但日积月累它对人体器官有害无益。此外，在春、冬二季，应常开窗通风。

烦恼与悲观心理也会给人带来疾病。所以，平时不要让烦恼围绕在身边，更要放下消极的情绪。要有正确的人生观，不要被太强的欲望支配，不要过于挑剔。

感冒不是病，不治要了命

“感冒不是病，不治要了命。”这句谚语告诉我们，感冒对人体的危害也是非常大的，人们要引起足够的重视。特别是现在甲流高发时期，人们更应该注重预防和治疗。

流感是由流感病毒引起的急性呼吸道传染病。它的危害相当严重，不仅会引起一些严重的症状，如高烧、剧烈咳嗽、头疼、全身酸痛等，还会引起流感并发症如心肌炎、肺炎、哮喘等。对患有心肺疾病、肾功能障碍和糖尿病等慢性病的人群，流感会加重其病情，严重的甚至会导致死亡。

感冒是常见的流行病，感冒分两种，流鼻涕的一般是风寒感冒；如果不流鼻涕，一般是风热感冒。风寒感冒起病较急，发热，畏寒，甚至寒战，无汗，鼻塞，流清涕，咳嗽，痰稀色白，头痛，周身酸痛，食欲减退，大小便正常，舌苔薄白等。风热感冒主要表现为发烧重，但畏寒不明显，鼻子堵塞、流浊涕，咳嗽声重，或有黄痰黏稠，头痛，口渴喜饮，咽红、干、痛痒，大便干，小便黄，检查可见扁桃体红肿，咽部充血，舌苔薄黄或黄厚，舌质红，脉浮而快。

对于感冒虽然我们不能制伏它，但我们还是有预防和缓解症状的办法，尤其是秋、冬交替季节，是感冒的多发季节，掌握一些治疗感冒的小方法和技巧是很有必要的。

热水泡脚。每晚用较热的水（温度以热到不能忍受为止）泡脚15分钟，要注意泡脚时水量要没过脚面，泡后双脚要发红，才可预防感冒。

盐水漱口。每日早晚、餐后用淡盐水漱口，以清除口腔病菌。在流感流行的时候更应注意盐水漱口，此时，仰头含漱使盐水充分冲洗咽部效果更佳。

健康警钟。感冒期间饮食误区——感冒期间应吃些滋补食物以增强抵抗力，对付病毒，这是非常错误的观念。

冷水浴面。每天洗脸时要用冷水，用手掬一捧水洗鼻孔，即用鼻孔轻轻吸入少许水（注意勿吸入过深以免呛着）再擤出，反复多次。

按摩鼻沟。两手对搓，掌心热后按摩迎香穴（位于鼻沟内、横平鼻外缘中点）十余次，可以预防感冒及在感冒后减轻鼻塞症状。

鼻子插葱。感冒后鼻子不通气怎么办呢？可以睡觉时在两个鼻孔内各塞进一鲜葱条，3小时后取出，通常一次可愈。倘若不行，可于次日再塞一次。值得提醒的是：首先，葱条要选择粗一点，细了，一是药力小；二是容易吸入鼻腔深部，不易取出；其次，若患者的鼻腔接触鲜葱过敏，可在葱条的外面包上一层薄薄的药棉。

白酒擦身。用铜钱、硬币等光滑硬物蘸白酒，轻刮前后胸、曲池及下肢曲窝处，直至皮肤发红发热，然后喝一碗热姜糖水，约15分钟后便大汗淋漓。汗后周身轻松舒适，此时注意免受风寒，感冒很快痊愈。

可乐煮姜。鲜姜20~30克，去皮切碎，放入一大瓶可口可乐中，用铝锅煮开，稍凉后趁热喝下，防治流感效果良好。

呼吸蒸汽，初发感冒时，在杯中倒入开水，对着热气做深呼吸，直到杯中水凉为止，每日数次，可减轻鼻塞症状。

热风吹面。感冒初起时，可用电吹风对着太阳穴吹3~5分钟热风，每日数次，可减少症状，加速痊愈。

蒜泥蜂蜜。将等份的蒜泥与蜂蜜混匀后，用白开水送服，每次一汤匙，每天4~6次，对治疗流感有佳效。

香油拌蛋。将一两香油加热后打入一鲜鸡蛋，再冲进沸水搅匀，然后趁热喝下，早晚各服一次，2~3天便可治好感冒愈后的咳嗽。

流感的危害不可忽视，它不仅引起一些严重的症状，如高烧、剧烈咳嗽、头疼、全身酸痛等，还会引起流感并发症如心肌炎、肺炎、哮喘等。对患有心肺疾病、肾功能障碍和糖尿病等慢性病的人群，流感会加重其病情，严重的甚至会导致死亡。因此，流感不可小视。

十人九痔，早防早治

“十人九痔，早防早治。”这句谚语告诉我们痔疮发病率很普遍，患上痔疮后，痛苦不堪，所以我们要注意预防痔疮的发生，做到早发现、早治疗。

痔疮特别普遍，只要稍加注意一下，你就会发现有很多名人都得痔疮。比如，法国著名军事家拿破仑，还有俄国著名作家陀思妥耶夫斯基，痔疮几乎折磨了他们整整一生。在行军打仗中，或者在深夜的写作时，让他们坐卧不安。

肛肠专家对此解释道：“几乎每个人都有痔疮，只不过只有半数患者具有症状而已。”而引发人类这最古老的疾病——“痔”的原因，则与便秘和人们不良的排便习惯有关。不及时排便是酿成痔疮的主要原因。如果饮食不节，或长期烟酒、辛辣制品刺激而致肠黏膜充血水肿，影响痔静脉血液运行，也可酿成痔疮。一些不良的排便习惯则更容易让人患上痔疮。而在广东的深圳，目前痔疮在肛肠疾病中的比例是87.25%。

有的人总是认为自己没有患上痔疮。其实，一期痔疮有点儿感觉不到（大多为内痔），二期痔疮有点儿感觉也不理会，到了三期，患者又总以为不挡吃喝、不妨碍工作，再加上面子问题（特别是女同志），不愿到医院去治疗。万不得已到医院治疗的，已是影响正常生活较为严重的痔疮患者。

痔疮的发病率很高，痔疮一般症状为：便时出血，痔块脱出，疼痛，痛痒。痔疮患者经手术治疗或其他疗法治疗后，复发率亦较高。诱发痔疮的原因很多，但经临床证明，最为突出的就是每次排便时间较长。超过3分钟的蹲厕时间，就能导致痔疮的形成，轻重也由时间长短决定。所以，蹲厕时间较长的人，大部分是大便干燥者，应尽早调节饮食或进行药物治疗，养成按时排便的习惯。

蹲厕时间过长，可直接导致直肠静脉曲张，淤血就会形成静脉团（医学称为痔疮）。有的人蹲厕排便时爱看报纸，不卫生不说，若看到情节精彩之处，便排空了也不起来，长此以往自然会使直肠静脉长时间受到挤压，诱发痔疮。

痔疮有最佳的预防办法：

1.每次排便超过3分钟的，应逐步控制在3分钟以内（若控制在1分钟以内，一、二期痔疮可自行康复）。

2.司机、孕妇和坐班人员在每天上午和下午各做10次提肛动作。

3.便后不能及时洗浴的，蹲厕起身前，可用较柔软的多层（2×4厘米）卫生纸夹在肛门处（半小时后取出即可）。这样，在走路运动时，能使直肠静脉迅速活跃还原，正常回流。

以上三点方法，如能结合预防，是远离痔疮的最佳捷径。

痔疮还有七忌：

忌饮酒。饮酒可使痔静脉充血、扩张，痔核肿胀。

忌辛辣。痔疮患者如果嗜食刺激性强的辛辣食物，如辣椒、大蒜、生姜等，可促使痔疮充血，从而加剧疼痛。‘

忌饱食。暴饮暴食、进食过饱，会加大痔疮的发病程度。

忌久坐。久坐不运动，会使腰、臀部的血液循环受到障碍，而加重痔疮的病情。

忌紧腰。过紧束缚腰部，会妨碍腹腔及肛门的血液回流，影响肠的正常蠕动，给排便带来痛苦。

忌憋便。粪便在肠道里滞留的时间长了，水分被过多吸收便会干硬，造成患者排便困难、腹压增加、痔裂出血。

忌讳疾。痔疮患者不能因为部位特殊而不好意思就医，或者认为是小毛病而不予重视，导致病情严重给尽快治愈带来难度。

预防痔疮的方法很多，只要注意在日常生活中认真去做，不仅可以预防和减少痔疮的发生，对于已经患有痔疮的病人，也可以使其症状减轻，减少和防止痔疮的发作。切勿在排便时沉溺于阅读报刊，人为地延长排便时间会让痔疮的发病率增高。如果患了痔疮则应该及时去医院治疗，以免对健康造成更大危害。

大便一通，浑身轻松

“大便一通，浑身轻松。”这个谚语可能很多人都有同感。生活中有不少人常为习惯性便秘而苦恼，因此，只有平时在日常生活中多注意，使机体的排便功能保持正常，才能感到身体舒畅，也才能拥有健康。

“大便一通，浑身轻松。”这话说得一点儿不错，只有大便通畅，身体才能轻松健康。要知道，粪便是新陈代谢的废物，是有毒的，其主要成分是一些未被消化的食物残渣、部分代谢产物以及肠道内的细菌等，如果不及时将这些代谢废物排出，就会再被肠道重新吸收而进入血液循环，这样一来对身体的健康极为不利。一般来说，正常情况下，成年人应该保证每天大便1~2次，以排出废弃物质，如果排便次数过少，甚至几天都不大便一次，对身体的健康非常不利。

然而，不知从何时起，重“入”轻“出”成了现代人在对待自身物质代谢而普遍存在的一种不良的心理。只要我们留心观察，就会发现身边有经常好几天都不排大便者，而且，对此不当回事儿者，明明口中臭秽、舌苔厚腻，却还一个劲儿地吃肉等一些高蛋白、高脂肪、高热量食物，却不知健康离自己越来越远……

早在汉代的《论衡》就指出：“欲得长生，肠中常清；欲得不死，肠中无滓。”这足以说明积极排便、驱除废物在养生防病方面确有重要意义；而现代医学的临床研究也表明，排便能有效排出体内代谢废物和有害细菌。因此，生活中只有那些大便通畅的人，其血液中的肌酸等有害物质才能够得到迅速消减，血液也才能够变得清纯洁净。

所以，要想健康，平时一定要注意饮食结构的调整，并且要努力培养自己的主动排便意识，使自己的排便功能保持正常。从而有利于疾病的预防，有利于肿瘤、肝炎、慢性肾功能衰竭、糖尿病等疾病的康复，保持健康的身体。

研究发现，习惯性便秘的治疗关键，在于建立科学合理的饮食习惯。因此，在日常饮食应该增加一些含植物纤维素较多的粗质蔬菜和水果，要适量食用一些粗糙多渣的杂粮，适当吃一些富含油脂类的干果，尤其要少吃肉类和动物内脏等高蛋白、高胆固醇食物，以及一些辛辣刺激性的食物。

一般来说，各种新鲜瓜果和蔬菜，都有利于排便，如西瓜、香蕉、梨、苦瓜、黄瓜、白菜、芹菜等；一些含油多的坚果也可以治便秘，如松子、芝麻、核桃仁、花生等；平时多吃一些粗粮也有助于排便，如糙米、山芋、绿豆、凉粉、薯类、玉米、燕麦片等。

此外，对于经常便秘者，可以采用以下食疗：

红薯糖水：选用红薯500克，削去皮，切小块，加清水适量煎煮。待到红薯熟透变软后，加白糖适量，生姜2片，再煮片刻即可食用，效果很好。

麻油拌菠菜：先选新鲜的菠菜250克，择净备用。锅中加水并加入食盐适量，烧开后，把菠菜置于盐水中烫约3分钟取出来，再加麻油适量，拌匀即可服食。

清蒸茄子：鲜茄子1~2个，择净后置碟上，加油、盐少许，放入锅中隔水蒸熟可食。每日2次。

患有习惯性便秘的人，如果能每天坚持几次保健功，就可以促进新陈代谢，促进肠壁的张力和胃肠的蠕动，使大便通畅。

具体步骤如下：

1.先仰卧，放松腹肌，用两手食指和中指的指端，轻轻按摩两侧天枢穴（离肚脐左右两侧3厘米处），约1分钟左右即可。

2.接下来，将两手的手心和手背相叠，以肚脐为中心，沿顺时针方向，缓慢地在肚脐周围的小范围处，轻轻地按摩腹部50圈。按摩时要力量适中，以能带动内脏为宜。

3.之后，再在肚脐周围大范围处，按摩腹部50圈。

4.最后，两手相叠，从胸口偏左处开始，向下腹部方向按摩50次，即全部完成。

按摩时一定注意，不能逆时针方向按摩腹部。

不管当时有无便意，能不能排出大便，都要养成每天定时蹲厕所的习惯。如果有便意时，千万不要忍，要马上去大便，只有这样才有利于形成正常排便的条件反射，从而使排便正常。

欲得长生，肠中常清

“欲得长生，肠中常清”说的是要每天要定时排便，排出了体内的垃圾、毒素，人才能健康长寿。

人的衰老与“自身中毒”有关，大肠中腐败食物和细菌产生的毒素如不能及时排出，被机体吸收后可使人慢性中毒，内脏功能也会因中毒作用而发生障碍。长期反复的便秘，使肠内腐败食物和细菌不能及时排出，增加自身中毒的机会，则妨碍健康，加速衰老。

肠道黏膜是人体重要的免疫器官，产生大量的免疫因子，控制肠道各种微生物过度繁殖，保持机体生态平衡。若肠道出现便秘，可破坏此免疫屏障，肠内细菌或毒素大量进入肝脏和血液中，有害物质损伤人体各个器官和系统，从而导致各种疾病的发生。肠道同样也是最重要的排毒器官。大肠不仅排泄食物残渣，更重要的是排出污染人体内环境的各种毒物，保持人体内环境清洁、稳定。

如果肠中不清，则会产生大量毒素。有数据表明：大便积聚在大肠内超过12小时会产生至少22种毒素及致癌物质，其中包括硫化氢、氨气以及一些对人体有害的重金属盐类，释放出的毒素相当于三包香烟。而肠中不清的最严重的后果和表现就是——便秘。

便秘还可引起多方面的症状：大量毒性物质吸收到血液中导致自身中毒，会出现精神淡漠、头晕、恶心、呕吐、食欲减退、乏力、烦躁；由于粪便硬结，排便时引起肛裂及痔疮，导致出血，特别是患高血压的老年人，有的因便秘而排便过于用力，导致脑溢血、心梗等。

人体在新陈代谢过程中会产生不少“废物”，而且从不洁空气中也会吸入大量有毒有害气体和微粒。尽管人体具有一定清除自身毒素的能力，但当体内废物积蓄过多或机体解毒排污功能减弱时，废物不能及时排出时，就会影响健康。

饮食过量会引起一系列“文明病”，甚至会缩短个人的寿命。

从饮食角度考虑，首先要做到膳食平衡，要经得起美味佳肴的诱惑，控制动物性食品的摄入量，并适当多吃些新鲜蔬菜、水果和粗粮杂粮。而对中年人来说，还应限制食物的总摄入量。此外，坚持适度的体育锻炼，以促进肠的蠕动，有利于大便排尽。中年人宜每周洗一次肠。

“洗肠”，就是断食一段时间并饮用一些水，将肠道中的包括宿便在内的各种残留物“冲刷”掉。研究表明，肠道生理功能，不是积极地吸收便是消极地清除，很难同时做此两种工作。在平时，肠道清除废物的工作，只是整个主要吸收过程中次要的过程。真正的清除进行，是完全停食以后。那时，机体不必去对付食物，便可用全力去对付积毒。瑜伽术早就推荐人们每周断食一天（第一天不吃晚餐，第二天三餐不吃，共禁食四餐）。考虑到人体对饥饿的忍受能力，每周洗一次肠子的具体方法是：七天中有一天不吃早，中饭，仅喝温或凉开水或淡茶，到晚餐才吃一点米饭或面食、蔬菜和水果。实践证明，断食洗肠最难忍受的时刻，是在中午11时至下午2时，过了下午2点，人们就不以为然了。对饥饿忍受能力较差的人，早餐可喝点粥、吃点水果（不吃动物性食物）。此后，时而喝些水，直到晚上睡觉前两小时，才适当吃些易消化的粥或者面条。中年人尤其是肥胖者和食欲旺盛的人，不妨每周洗一次肠。当然，胃肠功能差的以及身体不允许的人不宜“洗肠”。

欲要肠清，第一，需养成定时排便习惯。不论多忙或有无便意，都要定时如厕。第二，要注重饮水。饮水不足会诱发便秘。每日清晨饮一杯凉开水，有利通便。第三、要多食富含纤维素的食物。纤维素是最佳的清肠通便剂，要多食含木质纤维的菠菜、芹菜、茼蒿，富含胶质纤维的番茄、南瓜、胡萝卜、红薯、芋头、木耳、银耳、香蕉、木瓜等，同时宜食粗粮，粗细合理搭配。第四，要增强运动，促进胃肠蠕动。第五，按摩腹部。每日睡前或晨起，以双手重叠，手心向下按摩脐部，向左向右各旋转按摩30~50次。第六，不可滥用药物。滥服泻药，等于“无水行舟”，有损健康。同时，也不可滥用抗生素及一些化学药品。这类药物可杀死肠道内正常菌群导致便秘。

日常生活中要做到“肠中常清”。养生要重视大便畅通。要肠清，就养成定时排便习惯。不论多忙或有无便意，都要定时如厕。其次饮水也很重要。饮水不足会诱发便秘。

每日清晨饮一杯凉开水，有利通便；每日饮水不得少于8杯（约1.5升），夏季可酌增。

有病及时治，切忌乱投医

“有病及时治，切忌乱投医”告诫我们有病切不可自己乱了手脚，盲目乱投医，那样既没有达到救治的目的，也浪费了财力，遇到一些以赚钱为目的的医院，不顾及情绪，给你精神带来莫大的压力。

身体生病是防不胜防，不知道哪一天就碰上你了，可要它走，却不是件容易的事。

有很多人都是这样，明知道自己有病要正确面对。但一旦生病了为了治病，什么药都要尝试，什么偏方土方都用，什么医生都信。被江湖上的庸医骗钱。只要从广告上看到什么新药都会迫不及待去买。药没少吃，钱没少花，可并没有出现广告上说的效果。

其实有些病一旦得上就不可能痊愈了，道理明明清楚，可心里总还是抱着一丝希望。就为了那一丝不可能的幻想，不惜扔掉很多金钱。如果有钱的家庭还好点，用钱换份希望。可要是收入不高的家庭，会因此负债累累。

有了病都想早日康复、早日痊愈，在这样的心理下就会乱投医。这样的心理为多少药厂、药商创造了赚钱的商机，也使多少病人付出了惨痛的代价。

当然了，也不是所有的新药都名不副实，不是所有的医院医生都赚昧心的钱。可现在的医药市场上鱼目混珠的太多了，丧失医德的庸医也太多了，连一些医学界的专家都说看不懂现在的药了，更何况没有医学知识的寻常百姓。

就说最普通的感冒药，相同成分的药，商品名字就有几十种，价格也相差很大，普通人怎么能分辨。再加上现在的广告轰炸，要想看病买药时不上当真是要有非常专业的医药常识和坚定信念才行。

有了病谁都想早日康复，想彻底治愈，心情可以理解，可还要记住“病来如山倒，病去如抽丝”这句俗话。世上本来就没有什么灵丹妙药，没有神医仙方，人吃五谷杂粮不可能不生病，生了病不可怕，可怕的是有病不看、有病乱看。

有病不看医生、不吃药，自己硬抗的人，会延误治疗的时机，有可能会使病情加重或转移。

现在的社会，太以经济利益为目的了，只要能赚钱什么也不顾，什么也敢做。厂家为了赚钱可以把几毛钱的药，改头换面卖到几十元、上百元；医院为了赚钱可以把小病当成大病来治；医生为了赚钱可以专给病人开那些有提成的厂家药；药店为了赚钱可以极力给病人推荐那些名不副实的新药特药。

有了病应该到正规的医院诊断治疗，应该在医生的指导下正确用药，不要轻信那些广告上的宣传，特别是那些非法的小广告的宣传，还有一些电台和电视台上的所谓的专家讲座。越是吹得很大的药越要对它多加小心，这样的宣传除了为赚你的钱没有别的目的。

当你或你的家人不幸得病了，千万不要慌乱或者盲目行事，现在科技这么发达，信息这么流通，可以先咨询，知道一些相关的医学常识。如果真遇上那些没有医德的庸医，也不用听他的忽悠。第一，可以根据自己的情况，咨询身边有经验的人。第二，看些有关的医疗书。第三，网上查询。得到了相关的信息，心中有个大概，这时，再去医院看医生，就可以对医生正确地表达自己的病情。

当然自己没有多少医学知识，千万不能盲目瞎对照，更不能把什么病都对号入座，那只有害你自己，没病也要吓出大病来。

有的人得了病，从不愿意找医生。知道自己有什么不舒服，老忍着，以为忍一忍，就过去了。其实这是个很不好的习惯。分析这样的人，有几个原因：1.是真的觉得无所谓。2.怕麻烦，挂号，排队要时间。3.不相信医生，药费高，而且乱开药。所以还不如到药房自己买点药对付一下。

对于这些朋友，这个态度是千万不可取的。一旦有什么病，没有说自己就愈合了的。有什么不舒服，还是要医生来确诊一下。因为小病能治，等错过最佳时机，就会耽误成大病的。

人一生不可能一次病都不生，生病是不可避免的，当得病后，我们要了解病情，找对医生，合理用药，及时治疗。不可盲目乱投医，更不能不看病。

指甲颜色怪，小心把病害

所谓“指甲颜色怪，小心把病害”，是说健康的指甲应该是正常的颜色，指甲的色泽改变可以反映我们自身的健康状况。所以，指甲颜色不正常多是某些疾病的反映，平时一定要注意观察指甲的变化，从而及时地了解自己的健康状况。

时尚女性总爱把指甲涂得花花绿绿的，色彩斑斓煞是好看。但是，这样虽然好看，却掩盖了指甲的正常颜色，使之不能了解自己的健康状况。要知道，指甲的颜色与身体的健康相关，一般来说，不正常的颜色多是某些疾病的反映，所以，平时注意观察指甲的变化，有助于了解自己的健康状况。

中医认为，指甲是人体气血的外在表现。《黄帝内经》指出“肝藏血、主筋……其华在爪（爪为筋之余）”。爪即指甲，小小的一片指甲的色泽和形态，就可以反映出人体气血的盛衰，尤其是肝脏的健康状态。

因此，当身体出现故障的时候，指甲才会出现异常。

一般来说，健康正常的指甲颜色应是微粉色的，而正常的指甲还应该是透明的，而且，正常的指甲的色泽除指示病变外，还主要反映甲床血管的变化。

通常，白甲表现为甲板部分或全部变白，压之不褪色。如果甲板上出现点状、线状、片状白斑，称为甲白斑病，这没什么大碍，因而无须治疗。但发现为原发白斑，则多为脾胃不和、脾肝失和所致；若甲板全部变白，患者常是患有先天性疾病的人。

如果指甲变白，则属于身体有病变，急症见于失血、休克；慢症见于贫血、钩虫并消化道出血、肺结核晚期、肺源性心脏病等；如果指甲白得像毛玻璃一样，则为肝硬化的特征；指甲变白、变薄、变软，多见于慢性消耗性疾病。

黄甲，常表现为甲板变为黄色、橙黄色或黄绿色，这种症状除了老年人因气血不能濡养，发生退行性变外，也可见于银屑病患者；也可能是缺乏维生素E所引起；湿疹患者可使甲板呈现污黄色，甲癣、念珠菌性甲沟炎可使甲板周围呈棕黄色。另外，中医认为多由湿热熏蒸所致，见于甲状腺机能减退、肾病综合征等。

黑甲，多表现为甲板出现带状黑色或全部变黑、灰、黑褐，压之不变色，多为命门火衰或肾水不足。而且，若指甲呈淤黑色，则显示肝血不足，四肢所得的养分便不足够。但如果出现黑斑或青斑，则是中毒的表现。

指甲颜色变灰，并且质地粗糙，肥厚而无光泽，则是受真菌感染。

有时患有灰甲者，还通常是患了甲癣，初期甲旁发痒，继则指甲变形，失去光泽而呈灰白色。而且，患灰甲的人通常有手足癣，需要治疗。

赤红甲表现甲板赤红，压之褪色，表现为出汗口渴，并伴有高热、舌红苔黄。明显发红者，是心力衰竭的表现；指甲周围出现红斑，多见于红斑狼疮和皮肌炎患者。

另外，指甲若是起了坑纹，便是神经虚弱的先兆；在指头若是有倒刺，多半是心火旺盛，睡不安宁；指甲上的白色斑点，表示肝肾亏虚。

而且，如果指甲生长迟缓、容易折断，显示营养不良；指节带黑，则显示肝脏功能欠佳。

指甲确实是观察人体健康的一个窗口，所以我们应当时常注意它的变化，特别是那些长期美甲者的女士，更不要忘记隔段时间给指甲放个假，让它露出本来的真面目。

如果发现自己有多个指甲变异，就应及时就诊。但如果只有一两个指甲有变化，则不必惊慌，可能是外伤所致，通过适当调养就可恢复。

吃药不忌口，坏了大夫手

所谓忌口，是指治病服药时的饮食禁忌。尤其是对中医来说，忌口是治病的一个特点，历来医家对此十分重视，因此，如果在服药期间的饮食上，不能做到有所禁忌，那么就是再好的大夫也会束手无策的。

清代章杏云所著的《调疾饮食辨》一书中说："病人饮食，藉以滋养胃气，宣行药力，故饮食得宜足为药饵之助，失宜则反与药饵为仇。"

这告诉我们在吃药期间一定要忌口。事实证明，忌口是有一定道理的。因为我们平时食用的鱼、肉、鸡、蛋、蔬菜、瓜果、酱、醋、茶、酒等普通食物，本身也都具有各自的性能，因此，当我们食用时就会对疾病的发生、发展和药物产生一定影响。因此，吃药不忌口，药物就不能发挥正常的作用。

如今，随着西医在国内的流行，现代人对此渐渐陌生，这就使很多药物得不到应有的疗效，使病情得不到及时的缓解。其实，病症的食忌是非常重要的，它是根据疾病性质来讲究"忌口"的，像湿热病应忌食辛辣、油腻、煎炸的食品，而寒凉症就应该忌食生冷、寒凉的东西。治疗因气滞而引起的胸闷、腹胀时，不宜食用豆类和白薯，因为这些食物容易引起胀气；而治伤风感冒或小儿出疹未透时，不宜食用生冷、酸涩、油腻的食物；其他诸如水肿病人少食食盐；哮喘、过敏性皮炎病人，应少吃鸡、羊、鱼、虾等。

一般来说，由于疾病的关系，在服药期间，凡属生冷、油腻、腥臭等不易消化或有特殊刺激性的食物，都应忌口。要知道，一旦吃了禁忌的食物，疗效就会不理想或起相反的作用。

在中医上，服药食忌是有很多讲究的。因此，在古代的文献中有大量记载：薄荷忌鳖肉；茯苓忌醋；鳖鱼忌苋菜；荆芥忌鱼、蟹、河豚、驴肉；甘草、黄连、桔梗、乌梅忌猪肉；鸡肉忌黄鳝；蜂蜜忌生葱；天门冬忌鲤鱼；白术忌大蒜、桃、李等。而且，在服用清内热的中药时，不宜食用葱、蒜、胡椒、羊肉、狗肉等热性的食物；而在治疗"寒症"服用中药时，应禁食生冷食物；这些都充分说明，服用某些药物时不可吃某些食物是有一定道理的。

那么，服用中药时，为什么在饮食有这么多禁忌呢？在服药时不宜同吃某些食物，是为了避免降低疗效或加重病情。比如说，服人参时忌食萝卜，这是因为萝卜会降低补药的效果，使其失去补益的作用而达不到治疗目的；而且服人参时也不能吃辣椒，特别是热性病症，服清热凉血或滋阴降炎药时更不宜吃辣椒。此外，像土茯苓、使君子忌茶；鳖甲忌苋菜；地黄、何首乌忌葱、蒜和萝卜等。

服中药时不要喝浓茶。这是因为在茶叶里，含有很多的鞣酸，这种物质与中药同服，就会影响人体对中药有效成分的吸收，从而降低疗效，因此不宜饮用，另外，也不宜饮用如咖啡、可乐、雪碧等，最好以喝白开水为主。

此外，患者在服药期间，还要注意以下饮食禁忌：

头昏失眠、性情急躁的人，忌食胡椒、辛辣、酒等。

伤寒、温湿患者，忌食油腻厚味。

水肿病人，忌食硬固、油、生冷等食物。

服发汗药时，忌食用醋和生冷食物。

服补药时，忌食用茶叶、萝卜。

肝阳、肝风、癫痫、过敏、抽风病人，忌食发物。

肠胃功能弱者，忌食黏滑、油腻等食物。

红肿热痛的外科疮疡，忌食牛、羊、鱼、蟹等食物。

痰湿阻滞、消化不良、泄泻、腹痛者，忌食生冷食物。

热性病患者，忌食用辛辣、香燥、油炸食物。

服药忌口虽然很重要，但是“忌口”也不能绝对化，而要因人、因病而异。因此，对于慢性病人来说，若长时间“忌口”，禁食的种类又多，则会影响身体正常的营养所需，这样反而对恢复健康不利。所以，长期患病者最好能在医师的指导下，适当食用增加营养的食物，以免营养缺乏。

常做噩梦，预示疾病

被人追杀，想要呼救却怎么都发不出声；从上百层的高楼掉落……

这些可怕的噩梦想必很多人都经历过。而且，晚间的一个噩梦不只会影响人们一天的心情，甚至还和人的健康息息相关。

可以说糟糕的噩梦是全球人都有过的经历，噩梦让本不轻松的现代人的神经更加紧绷。有关调查显示，47.4%的人表示噩梦影响了自己的睡眠质量；13.6%的人称加重了心理负担，使自己变得更加焦虑、抑郁等；还有4.9%的人更为严重，不但不能集中精力，影响到正常的工作和生活，而且常常有某些身体疾病。

尽管没有确切数据，但激烈的竞争、巨大的压力、快节奏的生活等让越来越多现代人被噩梦纠缠。那么，现代人究竟为何会爱做噩梦呢？有关研究发现，有三种人更容易做噩梦：

1.女性。经研究人员跟踪发现，30%的女性表示自己经常做噩梦，而只有19%的男性表示自己不断做噩梦。调查发现，女性更易把日常焦虑等情绪带入睡梦中，而且对噩梦的感觉也更为强烈。

2.年轻人。调查研究发现，突然失业、工作压力过大等原因，使得年轻人成为爱做噩梦的“主力军”，特别是受金融危机的影响，使大多的年轻人有做噩梦的习惯。

3.儿童。一些专家认为，做噩梦的频率还可能与年龄有关，通常，5~12岁儿童常常会因噩梦而惊醒。研究发现，这是因为儿童的大脑还在发育，情绪易受外界的影响，因此常做一些噩梦。此外，从青春期走向成人期时，噩梦的频率也会增加，而成人便会减少。

研究发现，噩梦不只和心情有关，如果一个人频繁做噩梦，可能预示着健康状况出现问题。如果一个人长时间做同一个梦，梦到自己某个器官，如肝、牙齿等每次都会疼痛，那么就真的会预示着这个部位有健康隐患。

一般来说，儿童常做噩梦可能是肠胃系统出了问题；老年人常做噩梦来说，有可能是患上痴呆症或帕金森症等。如果梦见自己的喉咙被人掐住，则可能是扁桃体发炎；如果梦到从高处坠落，可能是心脏病先兆等。因此，当你常做噩梦时，首先应考虑自己的身体的某地方是否有欠健康。

梦是人们白天情绪的一面“镜子”，比如，临考的学生经常会梦见交白卷。在这种情况下，最有效的方法就是把自己的心态调整好，减少负面刺激的产生。说实话，在生活中，人人都在承受一定的压力，因此保持一个平和的心态，打理好平时的生活习惯，就可以大大减少做噩梦的几率。

一、养成良好的睡眠习惯

不想做噩梦，应养成晚上早休息、定时睡觉的好习惯，而且在睡前两小时，别做剧烈运动，也不要看刺激性强的书籍、影视作品。最好能选用蚕丝等质地轻柔的被子，并且可以多听听轻柔的音乐，洗个温水澡，泡泡脚等，都可以缓解紧张情绪，减少入眠后做噩梦的机会。

二、少吃辛辣及高脂食物

有研究发现，白天吃高脂肪与辛辣食物越多，睡眠质量变差的几率就越大。这是由于辛辣与高脂肪食物能提高体温，扰乱睡眠，从而导致频繁做噩梦。此外，饮酒过多也有可能导致噩梦。因此，爱做噩梦者，晚上饮食一定要多注意。

三、记录梦境

爱做噩梦的人，不妨每次都写下或画出噩梦中的场景或记录梦境，这有助于医生诊断病情、制订治疗方案，以消除噩梦带来的困扰。但在记录时，还一定要注意梦的情节和自己在梦中的情绪这两大要点。

美梦不一定会成真；噩梦也是如此。因此，科学认识梦是非常重要的，尤其是噩梦。要知道，它往往是你现实生活的“过去式”，所以只要没有影响到你的生活质量，就可以轻松待之。

三九补一冬，来年无病痛

在冬令时节进补身体，可以平衡阴阳、疏通经络、调和气血。所以，民间有“三九补一冬，来年无病痛”的谚语，这是一种传统的防病强身，可以保持来年的身体拥有健康。

进补要顺应自然，尤其是冬季进补，一定要注意养阳，应以滋补为主，着重保证热能的供给，才能使身体温暖而健康，为来年打下良好的基础。

冬季的饮食进补特别讲究，对此，中医有“虚则补之，寒则温之”的原则。所以，在三九寒天的膳食中一定要多吃一些温性、热性的食物，还要特别注意一下温补肾阳的食物，进行体质调理，以提高机体的耐寒保健能力。

在冬令时节，应多吃一些富含蛋白质、维生素和易于消化的食物，而且，粮食、蔬菜以及水果、肉类要全面进食，以使进补达到营养均衡的效果。通常来说，在粮食类可选：粳米、玉米、小麦、黄豆、豌豆等；肉食类可选：羊肉、狗肉、牛肉、鸡肉；水果类可选：橘子、菠萝、荔枝、桂圆等；海鲜类可选：鲤鱼、鲢鱼、带鱼、虾等；蔬菜类可选：香菜、白菜、大蒜、萝卜、黄花菜等。

狗肉和羊肉是冬季滋补的最佳食品，尤其是一些老年人与一些肾气弱的男性，皆可以适当的多食用一些。并且，一些体质虚弱的老年人，冬季可以常食炖母鸡、精肉、蹄筋，常饮牛奶、豆浆等，以增强体质；对于男性肾气弱者，可适当地配合服用一些中药补品，如鹿茸、枸杞、核桃仁、龟板等；另外，需要防风、御寒、活血的老年人，也可以在每天早晨起床后，服用一小杯人参酒或黄芪酒。

女性朋友在冬令时节饮食进补也不可麻痹大意，特别是到了更年期的女性，在冬季更要重视补养肾精。平时可以适当地服用一些补肾养血之品，如阿胶、当归、枸杞、核桃仁等。

第五章

锻炼身体：早睡早起身体好

——提高睡眠质量

登山登山，活过神仙

“登山登山，活过神仙。”这句谚语告诉我们，登山是一项有助人体身心健康的活动。登山的过程，就是磨炼自己意志的过程，也是征服自己、征服衰老的过程。登山还可以锻炼下肢，舒筋活血，锻炼心肺功能。另外，登山可以使人开阔胸怀、心情愉快，自然就会减少疾病，达到长寿的目的。

登山活动对人体有很大的好处，从医学角度来说，它对人的视力、心肺功能、四肢协调能力、体内多余脂肪的消耗、延缓人体衰老等方面有直接的益处。

治疗近视有一个最简捷的办法，就是极力眺望远处，放松眼部肌肉。高山之中，尤其是在山顶之上，可以让目光放至无限远，解除眼部肌肉的疲劳。

行走在山间，对于改善肺通气量，增加肺活量、提高肺的功能很有益处，同时还能增强心脏的收缩能力。大家公认，跑步对增强心脏是最有效的，而登山的功效也是不可忽视的。

山间道路坎坷不平，穿行此间有益改善人体的平衡功能，增强四肢的协调能力。尤其是行走在没有经过人为修饰的非台阶路段，可使人体肌纤维增粗、肌肉发达，增强肢体灵活度。

登山能大量消耗人体内聚集的脂肪组织，尤其是腰、腹部的脂肪组织。因为爬山属于有氧运动，能使肌肉获得比平常高出10倍的氧气，从而使血液中的蛋白质增多，免疫细胞数量增加，帮助体内的有害物质排出；在促进新陈代谢的同时，还可以加快脂肪消耗，具有强体、保健及辅助治疗之功效，其价值对于久居城市的人尤为明显。

登山也有塑形，改善关节功能，保持肌肉和运动器官的协调，减少骨质疏松的功效。

除此之外，登山运动也是调节心情的一剂良药。在风景秀丽、空气新鲜的山峦进行登攀时对神经官能症、情绪抑郁和失眠等症都有良好的治疗作用。

登山还能激发人的智慧、磨砺意志、开阔胸怀。

登山是一项利用自然条件进行全身性锻炼的有氧运动，其消耗热量大约比游泳多2.5倍，比跑步，打羽毛球都要多。脚是人体之根，经常爬山可以增强下肢力量，提高关节灵活性，促进下肢静脉血液回流，预防静脉曲张、骨质疏松及肌肉萎缩等疾病，而且能有效刺激下肢的6条经脉及许多脚底穴位，使经络通畅、延缓衰老。骨质疏松最直接的影响是易发生骨折，而登山可以让人的腿部灵活、腿脚有力，大大减少摔倒的几率。在发生骨折的部位，髋关节骨折对人的影响最大，发生的几率也很大，而登山时要高抬腿，增加了大腿骨的活动范围，使大腿骨粗壮有力。骨质疏松要补钙，登山增加胃动力，阳光下有利于维生素D促进钙的吸收和利用。

登山时双臂摆动，腰、背、颈部的关节和肌肉都在不停地运动，促进身体能量的代谢，增强心脏功能。

登山虽然有益，但有些事情一定要注意。

第一，要准备好装备。一双登山鞋，鞋底沟纹深一些，免得打滑。可以护住脚踝，下雨、下雪不会湿到里面。穿鲜艳好洗的衣服。山里树密，很容易掉队，衣服鲜艳容易被发现。最好准备一根登山杖。下山时身体前倾，容易摔倒，下雨、下雪山路湿滑有杖支撑保险系数高多了。如果遇到野兽什么的可以当武器。

第二，多带水，装些巧克力备用。带一些常用药：创口贴、风油精、速效救心丸等。爬山时不要大量喝水吃东西，爬山时心脏负担重，供血不足，如果此时吃东西、喝水，一部分血液要流到胃里，心脏供血更少，人会因缺血而心慌头晕。

第三，山上很美，景色宜人，如果看景要停住脚步。因为山路大都狭窄，石头树藤很多，容易出事。如果脚受伤，行走和救护都很困难。

第四，登山时不要着急，最忌快走，尤其是刚开始的时候。速度要慢，一步一步适应，慢慢调整呼吸。不要往上看，一看山顶还那么远，容易泄气，脚更没劲了。其实大家体力都差不多，只是有人耐力更好。刚开始不要爬得太高，30分钟左右就休息。

登山是进行脚力锻炼的最佳方式之一。登山可以明显提高腰、腿部的力量，耐力，身体的协调平衡能力等身体素质，加强心、肺功能，增强抗病能力。要想身体健康，越活越年轻，就要经常登山。

要健脑，把绳跳

“要健脑，把绳跳。”这句谚语告诉我们跳绳既健脑又健身。跳绳时身体不停地震颤，脊柱、下肢等处骨骼反复地撞击，会促进骨内血液循环，增强新陈代谢，不仅如此，还有减肥的功效。

跳绳对健脑的作用越来越为人们所了解。跳绳时，全身肌群需要协调配合，以下肢的弹跳和后登动作为主，手臂时时摆动跳绳，腰部也要配合上下肢扭动，所以全身肌群都调动起来；呼吸加深加快，呼吸肌（即肋间肌、膈肌等）也都参加运动，心肺功能得到锻炼；同时，手指上的穴位不断受到绳子的刺激，刺激不断传导给大脑，可兴奋脑细胞，进而增加脑细胞的活力，提高大脑的功能。跳绳对健脑大有裨益。跳绳是小学生调节高级神经、增强智力的好方法。

跳绳是大家公认的一项运动量较大的活动，跳绳看似简单，却调动了全身运动器官，增强了机体有氧代谢功能，是一种提高力量、速度、耐力、柔韧和灵敏等综合素质很好的传统体育项目。跳绳时，足部、下肢肌肉的舒缩对血液流动的促进作用，尤其重要。全身回流血液的增多势必加大心脏的排血功能和肺脏的换气作用。经常跳绳的孩子，心、肺功能一定是健康的。

跳绳花样繁多，可简可繁，随时可做，一学就会。特别适宜在气温较低的季节作为健身运动，而且对女性尤为适宜。从运动量来说，持续跳绳10分钟，与慢跑30分钟或跳健身舞20分钟相差无几，可谓耗时少、耗能大的有氧运动。另外一个方面，跳绳能增强人体心血管、呼吸和神经系统的功能。研究证实，跳绳可以预防诸如糖尿病、关节炎、肥胖症、骨质疏松、高血压、肌肉萎缩、高血脂、失眠症、抑郁症、更年期综合征等多种疾病。对哺乳期和绝经期妇女来说，跳绳还兼有放松情绪的积极作用，因而也有利于女性的心理健康。法国健身专家莫克专门为女性健身者设计了一种“跳绳渐进计划”。

初学时，仅在原地跳1分钟，3天后即可连续跳3分钟，3个月后可连续跳上10分钟，半年后每天可实行“系列跳”——如每次连跳3分钟，共5次，直到一次连续跳上半小时。一次跳半小时，就相当于慢跑90分钟的运动量，已是标准的有氧健身运动。

第一步，选择一条适合你的绳子。长度应就个人的高度而定。其计算方法应约为个人腰际以下高度的两倍，长度适中的绳子可以畅顺地绕过身体及头部。过长或过短的绳子会令跳绳动作不协调。

第二步，选择适合的运动鞋。为减轻脚部因跳绳时与地面接触而产生的撞击力，应选择有避震或弹性设计的运动鞋较佳。

第三步，跳绳前须做热身运动。热身运动应以伸展动作为基础，每个动作须保持8~10秒钟，以达到肌肉柔和舒缓地伸展，使肌肉能充分地准备接受进一步的运动量。一般而言，全套热身运动所需时间长约10~12分钟，但也须配合当时天气的温度，加长或缩短，务求能使身体体温轻微上升和呼吸畅通为止。

第四步，跳绳姿势要正确。眼向前望，腰背要伸直沉肘，手臂与手肘约成90度角为准，脚尖或前脚掌有节奏地踏地跳。

第五步，跳绳后须做舒缓运动。将身体尽量放松，深呼吸，可利用散步方式疏松身体各部分，直至体温和呼吸恢复正常为止。

跳绳时应穿质地软、重量轻的高帮鞋，避免脚踝受伤；绳子软硬、粗细适中。初学者通常宜用硬绳，熟练后可改为软绳；选择软硬适中的草坪、木质地板和泥土地的场地较好，切莫在硬性水泥地上跳绳，以免损伤关节，并易引起头昏；跳绳时需放松肌肉和关节，脚尖和脚跟需用力协调，防止扭伤；胖人和中年妇女宜采用双脚同时起落。同时，上跃也不要太高，以免关节因过于负重而受伤。

跳绳能增强人体心血管、呼吸和神经系统的功能。跳绳能增进人体器官发育，有益于身心健康，强身健体，开发智力，丰富生活，提高整体素质。跳绳时的全身运动及手握绳对拇指穴位的刺激，会大大增强脑细胞的活力，提高思维和想象力，因此跳绳也是健脑的最佳选择。总之，跳绳是一项全身运动。在跳绳中，人体的各个器官和肌肉以及神经系统同时得到锻炼和发展。

出汗不迎风，跑步莫凹胸

通常，运动后身体都会出汗，而出汗后吹风却易患上伤风感冒；再者，如果跑步时凹胸，就会缩小胸腔范围，降低肺活动的能量，这样极不利于心脏跳动，会造成供血不足。因此就有健康谚语“出汗不迎风，跑步莫凹胸”之说。

通常，人在运动之后极易出汗，这是人体因为周遭环境温度上升，为了不使肌体温度过高而出现问题，这时皮肤下边的汗腺组织，就会顺着汗毛孔分泌出一些体液，使其蒸发带走体内过高的温度，从而保持体温正常的一种方式，这就是皮肤出汗的原因与过程。然而，当进行运动锻炼而大量流汗后，如果在风大的地方吹风，就极易患上伤风感冒，影响身体健康。

在生活中，有很多人锻炼后，出了一身的大汗，就会站在有风的地方休息，或者干脆对着电风扇、空调猛吹一通。然而，这样确实不感到热了，可是随之而来便给身体带来了健康隐患。因此，出汗的时候不宜受强风吹，尤其是立即吹风更是不可取的。而且，在跑步的时候，也不要逆风，因为在跑步时，人的呼吸会加快、加深，这时风中的一些细小微粒、细菌等物就很容易随风进入肺部，从而引发肺部疾病。再说，当逆风跑步时，常常感觉会有呼吸困难的现象，这样就会给人体造成氧气供给不足，并且严重的还会导致死亡。因此，平时跑步锻炼身体时，一定要注意避开风向以及强风吹。

在冬天，大量的冷空气由嘴进入体内，会造成腹泻、腹绞疼。因此，锻炼流汗后，切不可站在风大的地方吹风。而最好的保健方式是及时地将身上的汗水擦干，并且要脱掉出汗的运动服装、鞋袜，换上干爽洁净的衣服，还要戴上帽子，防止热量散失过度而着凉。

挺胸能够塑造人的形体美，让人充满自信、精神焕发、朝气蓬勃。更重要的是，常保持抬头挺胸姿势，可以减缓腰颈椎病变，使胸围增大，还能使肺活量增加10%~30%，这样就会使肺腔容纳更多的空气，从而提升血液的含氧量，并会使更多的氧气参与体内的新陈代谢，可以减轻人体的疲劳程度，加速体力的恢复与健康。因此，无论是站立、坐着，还是跑步、走路时，都应养成昂首挺胸的习惯。

尤其是在跑步时，一定要挺起胸脯。因为这时人的呼吸量相当的大，需要频率相当的心脏跳动以及足够的氧气，才能供给身体运动的所需。这时的姿势如果是凹胸，那么，将会缩小胸腔的容量，使肺活量大大降低，使胸腔内空气量减少，从而造成血液的含氧量低下，并会使心脏的跳动受到限制，这样就不利于呼吸，更不利于健康。因此，一个人如果经常低头凹胸，那么，时间一长就容易导致脊柱弯曲、驼背，并且易患上肩胛部炎症和颈椎病，而且还会加速人的衰老。因此，经常保持凹胸的姿势是不可取的。

正确的跑姿是头要正对前方，两眼注视前方。而且，肩部还要适当放松，以避免含胸、驼背。动作要以肩为轴，前后摆臂；落地时，要用脚的中部着地，并让冲击力迅速分散到全脚掌。这样的运动才能达到健康的效果。

此外，对于那些久坐办公室，以及处于生长发育期的青少年，平时更要挺胸抬头。因为只有挺起胸脯才能减轻背部压力，而且还可以预防背痛、防治佝偻病。另外，那些患有支气管疾病的老年人，如果能经常保持昂头挺胸的姿势，还能提高肺部功能，改善各类肺部疾病。

所以，凡是爱好运动的人，都应该记住遵循这条健康谚语：“出汗不迎风，跑步莫凹胸。”

经常运动的人，还要知道出汗量的多少与运动强度大小有关。一般来说，运动强度愈大，产热也就愈多，出汗也越多。但是，那些经常锻炼的人，因为肌肉与其机能都比较强壮，因此参加同样强度的运动时却毫不费力，出汗很少；而相反，那些不常运动的人，稍运动，就会感到十分疲劳，大汗淋漓。

太阳是个宝，常晒身体好

世间万物的生长多依靠太阳，作为人类，我们的生活和身体健康也同样离不开太阳。要知道，太阳光是维持人体生命活动必不可少的物质，如果长期缺乏阳光照射，不但会影响人体对钙的吸收，还极易使人产生骨质疏松、失眠、健忘、佝偻病、抑郁症、记忆力下降等各种症状。所以，阳光是我们的身体健康不可缺少的“维他命”。

晒太阳是“免费”的保健方式。如果我们能在阳光不太强烈的时候，适当晒晒太阳，就会增强身体的抗病力，收获到更多健康。

然而，尽管晒太阳有着诸多好处，但是生活中却有很多人对晒太阳的习惯敬而远之。尤其是一些爱美的女性，每当盛夏时节几乎不出家门，生怕自己的肌肤暴露在阳光下变黑，有位女士这样说：“有时候阳光照着确实挺舒服的，可一想到皮肤会变黑，我就放弃晒太阳了。”

平时最该晒的“太阳”，总是被相当一部分人“冷落”了。因此，越来越多的疾病也陆续“找上门来”，比如抑郁、维生素D和钙缺乏，以及佝偻病、骨质疏松和皮肤癌等。那么，多接触阳光，对身体有哪些好处，与太阳“亲密接触”时该注意什么呢?

经研究发现，人们常晒太阳，不但能预防癌症，还能缓解人的抑郁情绪，使人变得快乐开朗。据精神病专家说，和煦的阳光，可以缓解人们压抑的情绪。而日照时间的减少，也是引起季节性情感障碍的主要原因。其实在生活中我们也会发现，不少人一到阴雨绵绵的天气，就会失眠、胸闷、烦躁，有的人还会显得心神不宁。这是因为人在阴雨的天气中，体内的褪黑素分泌相对增多，而这种褪黑素又与人的抑郁情绪密切相关。人在落寞无聊时，出去晒晒太阳散散步，内心的不快便会随阳光而消散。

此外，阳光中的紫外线可是个宝贝，它可以帮我们杀死皮肤上的细菌，增加皮肤的弹力和抵御外来细菌。因此，多晒太阳能使你的皮肤更加健康，不易生疮、痘和皮肤病；它还可以杀灭空气中的许多细菌，使空气中弥漫的许多霉菌无法存活。

另外，晒太阳还可以防癌。有专家说，由于我们的皮肤，只有在接受紫外线辐射后才能产生维生素D，而维生素D能消除肿瘤形成的血液环境，从而达到预防结直肠癌、前列腺癌的作用，而且，就人类目前的医学情况来说，还没有任何营养素，在防治癌症方面能和维生素D媲美。

每到炎炎夏日，阳光似乎都不受欢迎。殊不知，阳光却是大自然赐给我们的取之不尽、用之不竭的健康资源，万物生长靠太阳，若能利用好阳光，它将是我们治病延年的一大法宝。下面让我们来看一下，常晒太阳有哪些好处：

阳光有自然消毒抗菌的作用，它可以杀死病毒和细菌，从而成为“自然抗生素和消毒剂”。

通过实践人们发现，流感在冬季高发与晒太阳少有关。因为少晒太阳使得人体内的维生素D合成减少，从而导致免疫力低下。并且，晒太阳少使得紫外线的杀菌作用没了“用武之地”，让流感病毒有机可乘。

常晒太阳，有助于提高肝脏功能，进而更顺畅地过滤和排出体内毒素。而且晒太阳时使血液循环的加速，也可以促使人体有效地排毒。

适当晒太阳可增加红细胞和白细胞数量，有增强人体免疫系统的功效。

实践还发现，常晒太阳还有助于减肥。因为阳光有助于促进身体新陈代谢，具有保持血糖持平的功效。

一些科学家认为，阳光可以激发精子的活力，这也是女性在夏季怀孕几率高的原因，因为维生素D能在精液产生过程中起决定作用，而缺少它则可能导致不育。

阳光还可以促进褪黑激素的产生，由大脑松果腺产生的褪黑激素可辅助睡眠，因此，阳光还有促进良好睡眠的作用。

由于阳光有扩张皮下血管、促进血液循环、降低血压、促进心脏健康的功效，因此，常晒太阳还可保护心脏。

虽然晒太阳对健康大有裨益，但也不能不顾时间、强度的一味暴晒。因此，晒太阳也要根据不同年龄段的人对日光的承受能力从而选择不同的时间、方法等，下面让我们来详细了解一下：

1.老年人每天两次，选在早上10点前和下午4点后，每次20~30分钟。这两个时间段，阳光中的紫外线A光束增多，是老年人储备体内维生素D的大好时间。接受适量阳光，有助于防治骨质疏松和抑郁症。但晒太阳时也要有度，一旦引起皮肤发红、脱皮等，要立即暂停。

2.年轻人。每天要晒1~2个小时，可选在上午6~10点和下午4~6点进行。年轻人新陈代谢能力较强，钙质流失较快，需补充较多的维生素D，所以，平时应尽量多晒太阳。

3.少年儿童。对于儿童来说，这时身体成长发育得最快，需大量的维生素D来辅助身体吸收钙，所以更应该多晒太阳，不过要避开正午12点至下午4点之前的阳光。其余时间都可以沐浴阳光，因为缺乏维生素D，会导致儿童生长缓慢。

4.婴幼儿。婴幼儿由于皮肤娇嫩，容易被灼伤，所以要选阳光不强时的清晨或傍晚，每天一次，每次15~30分钟即可。

少跷二郎腿，保护背和腿

“常跷二郎腿，坏了背和腿。”这句谚语告诉人们常跷二郎腿的坏处。跷腿，容易弯腰驼背，造成腰椎与胸椎压力分布不均，长此以往，就会压迫脊椎神经，引起下背痛。

静脉曲张是一种因静脉长期处于扩张状态而导致的慢性病；腿部最为多见，严重者常出现腿部静脉回流不畅，青筋暴突、溃疡、静脉炎、出血和其他疾病。据美国纽约市静脉治疗中心负责人纳瓦罗说，跷二郎腿还会妨碍腿部血液循环，造成腿部静脉曲张。他调查发现，在35岁以上喜欢跷二郎腿的美国妇女中，有一半人患有程度不等的静脉曲张症，另一半人也常感到腿部有种种不适。

跷二郎腿坐着的时候容易弯腰驼背，造成腰椎与胸椎压力分布不均，长此以往，势必压迫脊椎神经，引起下背痛患。下背痛的女性多是因腰椎过于前凸或后弯导致的。美国科学家最新调查研究发现，对于长期久坐的上班女性来说，下背痛可能是最多见的一种疾病。其直接原因大多是脊椎变形所致。据介绍，正常脊椎从侧面看应呈“S”形，腰椎过于前凸或后弯都会使脊椎神经受到压迫而疼痛。

上班族和爱美的女性，应坐有坐相，改变跷二郎腿的不良习惯，最近美国一些医生已发起要求妇女“停止交叉双腿一天”的运动。

经常跷二郎腿可影响男性生殖健康，甚至可导致不育症。因为跷二郎腿时，两腿通常会夹得过紧，使大腿内侧及生殖器周围温度升高。对男性来说，这种高温会损伤精子，长期如此，可能影响生育。

如果你一时改不过来的话那跷腿的时间也不要过长，几分钟便应变换一种坐姿，或一小时后，站起来活动一下筋骨。而且跷二郎腿最好别超过10分钟，两腿切忌交叉过紧，如果感觉大腿内侧有汗渍渗出，最好在通风处走一会儿，以尽快散热。

平日的坐姿也与腿形有关，专家告诫说，人们应当尽量减少跷二郎腿，经常保持双脚平放地面的坐姿，以保持血流通畅。需要长时间坐在办公室的女性，腿部较少机会得到伸展，所以要注意正确的坐姿以及坐着时腿部的活动。标准的美丽坐姿是“与椅子的形状一样”。背脊与椅子的靠背吻合，背部肌肉自然放松，身体和大腿、大腿和膝盖下的小腿成90度直角。两腿的姿势就很优雅合并，向前或向两侧摆放即可。此外，工作一段时间要起身活动活动腰部和腿部，不要因为长时间采用一种姿势而损伤了身体。

跷二郎腿的害处多，长期跷二郎腿的人容易弯腰驼背，造成腰椎与胸椎压力分布不均，长期跷二郎腿可能会压迫脊椎神经，使得腰椎过于前凸或后弯，引起下背疼痛。所以一定要把这个坏习惯改掉。

没事常走路，不用进药铺

“没事常走路，不用进药铺。”这句话告诉我们，健走也是健身的方法之一，因此历代养生家们都认为“百练不如一走”。这是因为走路时四肢自然而协调的动作，可使全身关节筋骨得到适度的运动，促使气血流通、经络畅达、有利关节而养筋骨，还能畅神志而益五脏。所以，唐代大医家孙思邈曾提倡“行三里二里，及三百二百步为佳，令人能饮食无百病”。这足以说明，经常走路锻炼能身体强壮、延年益寿。

《黄帝内经》说“夜卧早起，广步于庭”，提倡人们早晨起床后应到庭院里走一走。还有《紫岩隐书》中也说：“每夜入睡时，绕室行千步，始就枕。”此外，人们常说“人老腿先老，腿老先老脚”，而走路也是预防腿部疾病与腿部衰老的最好方法。那么，常走路为什么会有如此诸多的功效呢？

我们的人体有一个主要的经络——肾经，它可是人的元气、精气储藏的经络。在这个经络上，有一个重要的穴位——涌泉穴，可以主治神经衰弱、失眠、高血压、晕眩、精力减退、妇科病、糖尿病、过敏性鼻炎、更年期障碍、肾脏病等。因此，此穴又称为“长寿穴”，并且还有美容的效果。由于涌泉穴位于人的脚底中间凹陷处，也就是足掌的前三分之一处。因此，适当的行走就是对足底涌泉穴的最好按摩，因而起到的保健效果非常明显。

步行健身，益处多多，人人适用。平稳而有节律的步伐，不但可以加快、加深呼吸，满足肌肉运动时对氧供给的需要，还可以提高呼吸系统机能。当快步走路时引起的腹壁肌肉的运动，能对胃肠起到按摩的作用，它不但有助于食物消化和吸收，还可防治便秘。此外，膈肌活动，有类似气功的妙用，可以增强消化腺的功能。

健走可以防止老年人心功能减弱。这是因为走路对内脏有间接按摩作用，要知道，在走路时为了适应运动的需要，心肌就会加强收缩，促使血液的输出量增加，使血流加快，如此一来对心脏起到了间接按摩的作用，从而起到防止心功能减弱的效果。

同时，走路还是打开智囊的钥匙，可以提高大脑的思维能力。这是因为走路能使身体逐渐发热，加速血液循环，使大脑的供氧量得到增加，从而成为智力劳动的良好催化剂。所以，散步对脑力劳动者非常有益，因为轻快的步伐可以缓解神经肌肉的紧张而收到镇静的效果，尤其是血液循环加快产生的热量，可以提高思维能力。

由于走路有美容、健身的作用，因此，适当的健走可以使女性维持青春容貌，也可以帮助治疗一些疾病，使身体尽快痊愈。

一般来说，那些常年患有手脚冰凉、尿少水肿、大便费力、头晕脚软、睡眠不实、胸闷气短等症状的女性，如果坚持采用“坠足功”健走，每日健走“坠步”500米，长期坚持就可以将这些症状一扫而光。

但务必要掌握行走的要领：

1.要表情放松。抬腿时，要感觉异常沉重；刚勉强抬起一寸，却又重重地落下；而想停下歇一歇时，可后边还有人推着你，使你不得不一步挨着一步地向前“坠落”，如此一定要使全身各处的肌肉，随着自己脚步的起伏而上下自由地颤动。

2.要保持端正的姿态。使两手弯曲自然下垂，随意地放于腰间两侧，并且手掌要处于完全的“肌无力”状态。

3.全身所有的意念，要全部集中在前脚掌。并要用意念往脚底加力，使每踏出一步都好像要把水泥地砸出个坑一样。一定要记住不可使肌肉用力，而要用意念使力，也不要额外地做出用脚跺地的动作。应像铅球坠地般，而不是铁锤砸地，最好能把脚想成是“自由落体”。

第六章

强健身心：心病还须心药医

——好心情胜过一切良药

饭养人，歌养心

吃饭能够维持人的生命，听歌可以让人身心愉悦，排遣烦恼。因此，谚语有“饭养人，歌养心”之说。没错，唱歌是很重要的精神食粮，可以起到食物无法起到的作用。

中医认为，经常开怀歌唱，有泄郁解忧的作用，因而有“脾之志忧，中气郁结，长歌以泄郁”之说。是的，唱歌能吐出心中的郁闷之气，增加呼吸量，锻炼心肺功能，又能宣泄感情，还能增加胸廓扩张程度，因此，对健康很有好处。

现代养生认为，唱歌是一种呼吸新鲜空气的良好活动，随心所欲地吟唱有利于缓解日常生活中产生的疲劳与压力。研究发现，人在唱歌时可以加强胸肌的力量和呼吸机能的新陈代谢，能刺激抗体的产生，从而保护上呼吸道系统免受感染。而且，由于唱歌是声带以及体内各肌肉组织、器官疏导协调的结果，因此，可以推动气的运动，从而促进气血畅通、增强体质。

因此，唱歌有助于提高人体免疫力，因为在唱歌时能使人的血液成分发生变化。有关专家对职业歌手进行研究后发现，唱歌可以提高人体免疫系统中的免疫球蛋白A的浓度。所以，唱歌可以提高机体的抗病能力。再者，由于压力是和人体的免疫系统相关的，所以，唱歌还可以缓解压力，使人的精神轻松起来。

唱歌还被誉为“增氧健身法”，因为放声歌唱时的面部肌肉运动可以改善颈部、面部血液循环，增加肺活量，减慢心肺功能衰退。而且，人在唱歌时通常心情愉快，通过歌唱可以把心中的郁闷忧伤宣泄出来，从而改善心理状况。因此，经常唱歌，是保持好心情的妙法。

长、短、快、慢不同的呼吸，具有促进吐出体内混浊空气、吸进新鲜空气的作用。这就是说，唱歌对生理上的健康也有帮助。

调查发现，在一些年纪大的患者当中，经常唱歌可以减少处方药用量，而门诊的就诊次数和急诊事件的发生也少了很多。尤其是各代的气功家，更是从实践中总结出了不同歌唱时的发音，能够对身体产生不同的作用。

现代医学临床上，让病者通过唱歌来治疗咽喉炎、气道阻塞、气管炎、哮喘病等，常能收到药物达不到的效果。特别是多种吐音练气法，能使人的精神高度集中，杂念全无。其方法是：采用姿势端正的腹式呼吸，嘴里发出各种长短高低不同的声音。如此能调节情志、舒通气血。

唱歌虽然对身体有诸多好处，但也并非多多益善。因为研究表明，如果持续唱歌时间过久，容易伤及声带，引起咽喉疼痛、声音嘶哑等种种不适。最好的唱歌方式是唱一会儿，休息一会儿，如：唱15分钟左右，就休息10分钟左右，如此每天总的唱歌时间2小时为宜，一定要注意过犹不及。

先睡心，后睡眼

“先睡心，后睡眼。”这句俗语告诉人们，要想睡眠好，睡觉前要使自己的心情宁静下来，一心一意地睡觉。睡前恼怒、忧虑、看书、看刺激性电影等都不利于睡眠。

现在，人们身处社会转型期，无论社会环境、工作环境还是人际关系，都呈现出复杂化。社会的改革与开放，给人们带来了人生观、价值观、生活观念的挑战，许多人在为职业、为学业、为升迁日夜奔波，都感到身心疲惫不堪。我国目前心理疾病患者人数已超过了西方的一些发达国家，说明大多数人们得不到应有的身心释负。要做到身心释负，睡眠是最好的途径。

据世界卫生组织发布的一份全球健康状况的调查表明，很多国家人民的睡眠质量都存在着严重的问题。怒则气上，忧则气滞，过度忧愁和恼怒就会身虽卧而心不静，难以入睡。睡前30分钟，如进行下棋、思考难题、争论问题等紧张剧烈的精神活动，或嬉闹、大声说话，都会导致大脑兴奋，难以入睡。对于一些睡眠不好者，晚上困了时即可上床睡觉，不一定要等到规定的时间才上床。上床即睡觉，不在床上看书、看电视或者吃东西，以有利于入睡和睡得安稳。此外，养成按时起床的习惯也有利于促进睡眠。

怎样使自己保持一个良好的睡眠习惯，使自己在优质的睡眠中得到精力补充，得到心态调整活力再现？宋代理学家蔡元定的《睡诀铭》，对提高睡眠质量有很深的研究。

有的人一失眠就通过狠狠地闭眼想尽快入睡，是不正确的。失眠起于“心”，许多人最开始睡不着觉缘于不会调节情绪、精神压力大、心理矛盾冲突等。有的人习惯工作、看电视、讨论热点问题至晚上12点，大脑尚处于兴奋状态，一般需要辗转一两个小时才能静下来，使得整夜睡眠质量处于浅睡眠状态。还有人失眠是由于神经衰弱造成的，患者除了失眠这一主要症状之外，常常还伴有容易兴奋、疲劳、记忆力减退、情绪波动、浑身紧张、说不清的疼痛等系列症状，是脑功能衰弱的表现。这种失眠持续3个月以上，严重影响日常生活，在排除器质性病变以后，就基本被诊断为神经衰弱。神经衰弱是常见病，患者要按照医嘱坚持治疗，合理安排饮食起居，切不可一味地吃药。

许多神经衰弱患者之所以坚持服药也解决不了失眠问题，是因为改不了透支睡眠的坏习惯。有人一天只睡3~5小时，5个工作日累计只有15~25小时的睡眠量，即便周末2天狠睡十几个小时，也达不到一周49小时的总量。如果周末娱乐过度，就会雪上加霜。所以要想治疗由于神经衰弱引发的失眠，正确的生活方式很重要。具体做法是晚饭七八成饱即可。不喝咖啡或茶。从晚上10点之前开始酝酿情绪，全身心地安静下来，尽量排除杂念，让脑子空空。

一般来讲，只要晚上10时以前进入睡眠，1~2小时即可进入深度睡眠状态。而且，还要保证睡眠时间不少于7小时。这样即便次日凌晨四五点开始工作，也不会影响白天的精神状态。如果发现一周睡眠不足49小时，就要及时补觉。周六是补觉的大好时机，完全静下心，及时补足睡眠，不要让拖欠的睡眠过周末。

人的起居作息应与日起日落相吻合。虽然我们今天已进入现代文明社会，人们的活动已打破时间的限制，但是无节制的夜生活给人们的健康带来许多负面效应，亚健康已给人们带来许多麻烦。当自然界万物复苏时，人们应该做到晚睡早起，在春光中舒展你的四肢，呼吸新鲜空气，舒展阳气，以顺应春阳萌生的自然规律。

万事由心生，睡觉睡不好，还是要从心情上来调节。在睡觉前1小时前就要使自己情绪平稳，心思安静。稍稍活动自己的身体，比如睡前洗脸，洗脚，按摩面部和搓脚心，这些都是非常有助于睡眠的。

心宽能撑船，长寿过百年

“心胸宽大能撑船，健康长寿过百年。”这句话是说豁达的胸怀对人的健康极其重要。

王安石发现自己的小妾娇娘背着他与仆人偷情，虽然很生气，但是并没有当面揭穿。中秋与娇娘赏月饮酒时，吟诗道：“日出东来还转东，乌鸦不叫竹竿捅，鲜花搂着棉蚕睡，撇下干姜门外听。”娇娘听后，马上跪下答道：“日出东来转正南，你说这话整一年。大人莫见小人怪，宰相肚里能撑船。”

王安石见状，马上心软了。非但没有责怪两人，还赠银两让二人成亲。事情传开后，大家都夸赞王安石宽宏大量，从此，“宰相肚里能撑船”成为千古美谈。

在生活中，大家要养成乐观豁达的心态，学会正确评价自我，正确对待失误和面对挫折。紧张焦虑时，可以听听音乐、聊聊天。

喜欢笑的人一般来说乐观、长寿，较少患病，生活质量较高。为了自己的健康、幸福，要学会控制自己的情绪，养成无忧无虑的性格。

唱歌能锻炼心肺功能，又能宣泄人的不良情绪，吐出心中郁气，增加呼吸量，增加胸廓扩张的程度与心脏搏动的频率，所以经常唱唱歌，会对健康起到很重要的作用，一举两得。

有位老人很长寿，她的长寿秘诀是生性乐观，喜欢劳动，生活比较有规律，平时每晚一盅白酒，即使是过年过节也不多饮。主食是馒头，从来不挑食，倒是比较喜欢吃面食。

老人认为劳动和运动习惯的养成，能使人精神愉快、心情舒畅。她经常自己出去走走，甚至自己一个人坐公交车逛逛，自从年初摔了一跤后，身体就不好了。她还认为，睡眠时间与长寿也有关，每天睡上8小时左右，对身心健康极为重要。

老人认为自己最大的长寿秘诀是心胸豁达，从来不因为小事生气，哪怕是自己吃亏都没感觉有什么，平时对儿孙都很和蔼，从来没有呵斥过谁。

所谓心宽，就是什么事情都不要往心里去，这样就不会伤肝伤肺，人要是不上火，那么身体也就自然平和了。

保持宽阔的心胸，并不是人人都能做到的，养成乐观的态度，在现代社会尤为重要。

养生先养德，德高人自寿

养生的方法虽然很多，但唯有修心养德才是养生的总法。因此，才有“养生先养德，德高人自寿”的说法。事实证明，那些德高望重、宽以待人、乐于助人的人，不仅品德高尚，而且身心健康、快乐长寿。

如今，人们都在大力提倡养生，但却往往忽略了养生的前提——修德，要知道“养身必须养德”“大德必得其寿”。因此，从养生的角度看，行善积德乃是养生的根本。对此，孔子曾经提出“德润身”“大德必得其寿”“仁者寿”“修身以道，修道以仁”等观点；还有明代的《寿世保元》也说“积善有功，常存阴德，可以延年”等，明确地告诉我们行善、快乐与养生之间的关系。因此，优良的品德修养，有益于人的健康长寿。

为什么善良者能长寿呢？曾有一项研究课题叫“社会关系如何影响人的死亡率”。通过这一课题，研究者发现，那些心怀恶意、损人利己、与他人相处不融洽的人，其死亡率比正常人高出1.5~2倍；而那些乐善好施、与他人相处融洽的人，其预期寿命要显著延长。这是因为常常行善、心怀感恩的人，有益于自身免疫系统，而乐于助人可以激发他人的友爱感激之情，这样助人者就可以从中获得内心的温暖，从而大大缓解了日常生活中常有的焦虑。

而那些对他人怀有敌意、与别人处处为敌的人，遇到事情往往一触即发、暴跳如雷，这样就很容易使血压升高，甚至酿成任何药物都难以治愈的高血压，而且其心脏冠状动脉阻塞的程度也就越大。这是由于那些缺乏道德修养、唯利是图、整天害人者，既要提防别人对自己的报复，又要处处寻思打击别人。这样一来就会令自己终日陷入紧张、愤怒和沮丧的情绪之中，如此大脑就得不到很好的休息，而身体系统功能活动也会相对失调、免疫力下降，以致患病折寿。

正直善良、乐于助人、宁静处世、淡泊名利等良好的行为与心态，能使人的心境保持平静乐观、精神愉快，这样人的机体就会在正常而均衡的状态下运行。而这种良好的心理和精神，便能促进机体分泌更多的有益激素，从而把血液的流量、神经细胞的兴奋调节到最佳状态，增强机体的抗病能力，促进人的健康与长寿。

医学界多年来对长寿老人的研究发现，大凡长寿者，90%左右的老人都是德高望重者。因此，养生一定要在日常生活中修炼好自己的情操：

一、善良的品行

做人要正直，遇事出于公心，平常应淡泊名利，不为世俗势力所动，更不能用敌意、仇恨与他人相处。经常行善积德，无忧无惧、心境平和，使身心常处于一种最佳的状态，如此虽粗茶淡饭亦寿比南山。

二、大公无私

老子主张做人要“少私念，去贪心”，认为“祸莫大于不知足，咎莫大于欲得”。是的，一个人如果在物质享受上怀有很大的贪心，必然会得陇望蜀、损人利己。贪得无厌，就会损公肥私，这样一来就会令自己也终日魂不守舍，然而，一旦心理负担过重就会损害健康。

三、建立良好的人际关系

建立良好的人际关系，是一个人生活的根本所在。生活在社会之中，一定要遵守社会道德规范，尊重他人，有责任感，互谅互助，宽厚待人，如此，才能够妥善地处理人际交往中的各种矛盾与冲突。而和谐的人际关系，是一种天然的镇静剂，有助于消除精神紧张，促进人体各组织器官功能的健全，使人的神经调节达到最佳状态，从而益寿延年。

四、心胸坦荡

一个挖空心思、不择手段的人，必然会做贼心虚，令自己产生紧张、恐惧、焦虑、内疚等心态，这种无形的负担和心理压力，会引起人体器官功能紊乱等一系列生理变化。长此以往，就很容易诱发某些疾病。因此，心胸坦荡，对人对事都能胸襟开阔、光明磊落、无患无求，使自己的身心处于淡泊宁静的良好状态，才能精神泰然、身体健康。

自古以来，为了长寿，人们几乎采取了各种方法，但往往忽视了精神方面的因素和道德的修养，才导致养生达不到应有的效果。因此，努力实现精神与道德境界的最好体现，是养生者必先修好的课程，一定要切记。

有泪尽情流，疾病自然愈

“有泪尽情流，疾病自然愈。”这句谚语告诉我们：想哭就哭出来，不要让情绪憋着，长此以往会淤积成疾。适当流眼泪，可以排出毒素，治疗疾病。

现在有许多疾病是因情绪引起的，越是内向、长期压抑情绪的人，越容易患病。情绪的毒素都在眼泪里，以前说男儿有泪不轻弹，其实男女平等，男人也要多哭，才能排出身体里的毒素。当然，哭也要限时，眼泪流过5分钟就不是排毒，而是消耗体液、伤身。

悲伤有损健康，但悲伤时哭泣却是有利于健康的。心理专家研究发现，人悲伤时掉出的眼泪中，蛋白质含量很高。这种蛋白质是由于精神压抑而产生的有害物质，压抑物质积聚于体内，对人体健康不利。眼泪可以缓解人的压抑感，哭对缓解情绪压力是有益的。

通过对眼泪进行化学分析发现，泪水中含有两种重要的化学物质，即脑啡肽复合物及催乳素。其仅存在于受情绪影响而流出的眼泪中，在受洋葱等刺激流出的眼泪中则测不出来。因而专家们认为，眼泪可以把体内积蓄的导致忧郁的化学物质清除掉，从而减轻心理压力。

专家认为，女子的寿命普遍比男子长的原因，除了职业、生理、激素、心理等方面的优势之外，善于啼哭也是一个重要因素。通常人们哭泣后，在情绪强度上会减低40%，反之，若不能利用眼泪把情绪压力消除掉，会影响身体健康。因此，强忍着眼泪就等于“自杀”。不过，哭不宜超过15分钟。压抑的心情得到发泄、缓解后就不能再哭，否则对身体反而有害。因为人的胃肠机能对情绪极为敏感，忧愁悲伤或哭泣时间过长，胃的运动会减慢、胃液分泌减少、酸度下降；会影响食欲，甚至引起各种胃部疾病。

哭作为一种常见的情绪反应，对人的心理起着一种有效的保护作用。当精神蒙受突如其来的打击时，当心情抑郁不乐时，不妨痛痛快快地哭一哭。不要强忍泪水，那样会加重抑郁，憋出病来的。强烈的负面情绪会造成心理上的高度紧张，而当这种紧张被压抑下去得不到释放时，势必成为一种积累待发的能量，引起神经系统的紊乱，久而久之，会造成身心健康的损害，促成某些疾病的发生与恶化。而哭泣则能提供一种释放能量、缓解心理紧张、消除情绪压力的发泄途径，从而有效地避免或减少此类疾病的发生和发展。

人在悲伤时不哭有害健康，属于慢性影响。美国生物化学家费雷的调查发现，长期不哭的人，患病率比哭的人高1倍。为此我们有理由相信：哭是有益健康的。情感变化引起的哭是机体自然反应的过程，不必克制，尤其是心情抑郁时。

人之所以要哭，是因为身心受到了创伤与刺激，哭是一种宣泄与抚慰，是正常的心理表现，应该顺其自然。如果强制不哭，内心的宣泄没法排出，受伤的心灵得不到来自自身的慰抚，生理上就会产生不平衡，身体就会受到损害。

要做美丽女人，该哭泣时，就要放声哭泣，尽情流泪，这样皮肤才能得到很好的保护。从这一点上说，女人流泪美容美肤，是件“美”事。当人们内心感到委屈或精神受到重大刺激时，往往会哭泣流泪。该哭不哭，一味地忍，闷在心里时间久了，心中的压抑就会越积越重，精神负担也就越来越大，进而出现精神萎靡、情绪低落、叹息不止，导致失眠，影响食欲，出现悲观厌世甚至轻生的念头。反应性抑郁症往往就是这样造成的。但是哭也要适当。压抑的心情得到发泄、缓解后就不要再哭了，否则对身体反而有害。